Raumordnung und Städtebau, Öffentliches Baurecht / Verkehrssysteme und Verkehrsanlagen

Konrad Zilch • Claus Jürgen Diederichs
Rolf Katzenbach • Klaus J. Beckmann (Hrsg.)

Raumordnung und Städtebau, Öffentliches Baurecht / Verkehrssysteme und Verkehrsanlagen

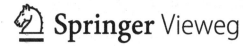

Herausgeber
Konrad Zilch
Lehrstuhl für Massivbau
Technische Universität München
München, Deutschland

Rolf Katzenbach
Institut und Versuchsanstalt für Geotechnik
Technische Universität Darmstadt
Darmstadt, Deutschland

Claus Jürgen Diederichs
DSB + IG-Bau Gbr
Eichenau, Deutschland

Klaus J. Beckmann
Berlin, Deutschland

Der Inhalt der vorliegenden Ausgabe ist Teil des Werkes „Handbuch für Bauingenieure", 2. Auflage

ISBN 978-3-642-41875-4   ISBN 978-3-642-41876-1 (eBook)
DOI 10.1007/978-3-642-41876-1

Die Deutsche Nationalbibliothek verzeichnet diese Publikation in der Deutschen Nationalbibliografie;
detaillierte bibliografische Daten sind im Internet über http://dnb.d-nb.de abrufbar.

Springer Vieweg
© Springer-Verlag Berlin Heidelberg 2013

Gedruckt auf säurefreiem und chlorfrei gebleichtem Papier

Springer Vieweg ist eine Marke von Springer DE. Springer DE ist Teil der Fachverlagsgruppe Springer
Science+Business Media.
www.springer-vieweg.de

Vorwort des Verlages

Teilausgaben großer Werke dienen der Lehre und Praxis. Studierende können für ihre Vertiefungsrichtung die richtige Selektion wählen und erhalten ebenso wie Praktiker die fachliche Bündelung der Themen, die in ihrer Fachrichtung relevant sind.

Die nun vorliegende Ausgabe des „Handbuchs für Bauingenieure", 2. Auflage, erscheint in 6 Teilausgaben mit durchlaufenden Seitennummern. Das Sachverzeichnis verweist entsprechend dieser Logik auch auf Begriffe aus anderen Teilbänden. Damit wird der Zusammenhang des Werkes gewahrt.

Der Verlag bietet mit diesen Teilausgaben eine einzeln erhältliche Fassung aller Kapitel des Standardwerkes für Bauingenieure an.

Übersicht der Teilbände:
1) Grundlagen des Bauingenieurwesens (Seiten 1 – 378)
2) Bauwirtschaft und Baubetrieb (Seiten 379 – 965)
3) Konstruktiver Ingenieurbau und Hochbau (Seiten 966 – 1490)
4) Geotechnik (Seiten 1491 – 1738)
5) Wasserbau, Siedlungswasserwirtschaft, Abfalltechnik (Seiten 1739 – 2030)
6) Raumordnung und Städtebau, Öffentliches Baurecht (Seiten 2031 – 2096) und Verkehrssysteme und Verkehrsanlagen (Seiten 2097 – 2303).

Berlin/Heidelberg, im November 2013

Inhaltsverzeichnis

Autorenverzeichnis

Arslan, Ulvi, Prof. Dr.-Ing., TU Darmstadt, Institut für Werkstoffe und Mechanik im Bauwesen, *Abschn. 4.1*, arslan@iwmb.tu-darmstadt.de

Bandmann, Manfred, Prof. Dipl.-Ing., Gröbenzell, *Abschn. 2.5.4*, manfred.bandmann@online.de

Bauer, Konrad, Abteilungspräsident a.D., Bundesanstalt für Straßenwesen/Zentralabteilung, Bergisch Gladbach, *Abschn. 6.5*, kkubauer@t-online.de

Beckedahl, Hartmut Johannes, Prof. Dr.-Ing., Bergische Universität Wuppertal, Lehr- und Forschungsgebiet Straßenentwurf und Straßenbau, *Abschn. 7.3.2*, beckedahl@uni-wuppertal.de

Beckmann, Klaus J., Univ.-Prof. Dr.-Ing., Deutsches Institut für Urbanistik gGmbH, Berlin, *Abschn. 7.1 und 7.3.1*, kj.beckmann@difu.de

Bockreis, Anke, Dr.-Ing., TU Darmstadt, Institut WAR, Fachgebiet Abfalltechnik, *Abschn. 5.6*, a.bockreis@iwar.tu-darmstadt.de

Böttcher, Peter, Prof. Dr.-Ing., HTW des Saarlandes, Baubetrieb und Baumanagement Saarbrücken, *Abschn. 2.5.3*, boettcher@htw-saarland.de

Brameshuber, Wolfgang, Prof. Dr.-Ing., RWTH Aachen, Institut für Bauforschung, *Abschn. 3.6.1*, brameshuber@ibac.rwth-aachen.de

Büsing, Michael, Dipl.-Ing., Fughafen Hannover-Langenhagen GmbH, *Abschn. 7.5*, m.buesing@hannover-airport.de

Cangahuala Janampa, Ana, Dr.-Ing., TU Darmstadt, Institut WAR, Fachgebiet, Wasserversorgung und Grundwasserschutz, *Abschn. 5.4*, a.cangahuala@iwar.tu-darmstadt.de

Corsten, Bernhard, Dipl.-Ing., Fachhochschule Koblenz/FB Bauingenieurwesen, *Abschn. 2.6.4*, b.corsten@web.de

Dichtl, Norbert, Prof. Dr.-Ing., TU Braunschweig, Institut für Siedlungswasserwirtschaft, *Abschn. 5.5*, n.dichtl@tu-braunschweig.de

Diederichs, Claus Jürgen, Prof. Dr.-Ing., FRICS, DSB + IQ-Bau, Sachverständige Bau + Institut für Baumanagement, Eichenau b. München, *Abschn. 2.1 bis 2.4*, cjd@dsb-diederichs.de

Dreßen, Tobias, Dipl.-Ing., RWTH Aachen, Lehrstuhl und Institut für Massivbau, *Abschn. 3.2.2*, tdressen@imb.rwth-aachen.de

Eligehausen, Rolf, Prof. Dr.-Ing., Universität Stuttgart, Institut für Werkstoffe im Bauwesen, *Abschn. 3.9*, eligehausen@iwb.uni-stuttgart.de

Franke, Horst, Prof. , HFK Rechtsanwälte LLP, Frankfurt am Main, *Abschn. 2.4*, franke@hfk.de

Freitag, Claudia, Dipl.-Ing., TU Darmstadt, Institut für Werkstoffe und Mechanik im Bauwesen, *Abschn. 3.8*, freitag@iwmb.tu-darmstadt.de

Fuchs, Werner, Dr.-Ing., Universität Stuttgart, Institut für Werkstoffe im Bauwesen, *Abschn. 3.9*, fuchs@iwb.uni-stuttgart.de

Giere, Johannes, Dr.-Ing., Prof. Dr.-Ing. E. Vees und Partner Baugrundinstitut GmbH, Leinfelden-Echterdingen, *Abschn. 4.4*

Grebe, Wilhelm, Prof. Dr.-Ing., Flughafendirektor i.R., Isernhagen, *Abschn. 7.5*, dr.grebe@arcor.de

Gutwald, Jörg, Dipl.-Ing., TU Darmstadt, Institut und Versuchsanstalt für Geotechnik, *Abschn. 4.4*, gutwald@geotechnik.tu-darmstadt.de

Hager, Martin, Prof. Dr.-Ing. †, Bonn, *Abschn. 7.4*

Hanswille, Gerhard, Prof. Dr.-Ing., Bergische Universität Wuppertal, Fachgebiet Stahlbau und Verbundkonstruktionen, *Abschn. 3.5*, hanswill@uni-wuppertal.de

Hauer, Bruno, Dr. rer. nat., Verein Deutscher Zementwerke e.V., Düsseldorf, *Abschn. 3.2.2*

Hegger, Josef, Univ.-Prof. Dr.-Ing., RWTH Aachen, Lehrstuhl und Institut für Massivbau, *Abschn. 3.2.2*, heg@imb.rwth-aachen.de

Hegner, Hans-Dieter, Ministerialrat, Dipl.-Ing., Bundesministerium für Verkehr, Bau und Stadtentwicklung, Berlin, *Abschn, 3.2.1*, hans.hegner@bmvbs.bund.de

Helmus, Manfred, Univ.-Prof. Dr.-Ing., Bergische Universität Wuppertal, Lehr- und Forschungsgebiet Baubetrieb und Bauwirtschaft, *Abschn. 2.5.1 und 2.5.2*, helmus@uni-wuppertal.de

Hohnecker, Eberhard, Prof. Dr.-Ing., KIT Karlsruhe, Lehrstuhl Eisenbahnwesen Karlsruhe, *Abschn. 7.2*, eisenbahn@ise.kit.edu

Jager, Johannes, Prof. Dr., TU Darmstadt, Institut WAR, Fachgebiet Wasserversorgung und Grundwasserschutz, *Abschn. 5.6*, j.jager@iwar.tu-darmstadt.de

Kahmen, Heribert, Univ.-Prof. (em.) Dr.-Ing., TU Wien, Insititut für Geodäsie und Geophysik, *Abschn. 1.2*, heribert.kahmen@tuwien-ac-at

Katzenbach, Rolf, Prof. Dr.-Ing., TU Darmstadt, Institut und Versuchsansalt für Geotechnik, *Abschn. 3.10, 4.4 und 4.5*, katzenbach@geotechnik.tu-darmstadt.de

Köhl, Werner W., Prof. Dr.-Ing., ehem. Leiter des Instituts f. Städtebau und Landesplanung der Universität Karlsruhe (TH), Freier Stadtplaner ARL, FGSV, RSAI/GfR, SRL, Reutlingen, *Abschn. 6.1 und 6.2*, werner-koehl@t-online.de

Könke, Carsten, Prof. Dr.-Ing., Bauhaus-Universität Weimar, Institut für Strukturmechanik, *Abschn. 1.5*, carsten.koenke@uni-weimar.de

Krätzig, Wilfried B., Prof. Dr.-Ing. habil. Dr.-Ing. E.h., Ruhr-Universität Bochum, Lehrstuhl für Statik und Dynamik, *Abschn. 1.5*, wilfried.kraetzig@rub.de

Krautzberger, Michael, Prof. Dr., Deutsche Akademie für Städtebau und Landesplanung, Präsident, Bonn/Berlin, *Abschn. 6.3*, michael.krautzberger@gmx.de

Kreuzinger, Heinrich, Univ.-Prof. i.R., Dr.-Ing., TU München, *Abschn. 3.7*, rh.kreuzinger@t-online.de

Maidl, Bernhard, Prof. Dr.-Ing., Maidl Tunnelconsultants GmbH & Co. KG, Duisburg, *Abschn. 4.6*, office@maidl-tc.de

Maidl, Ulrich, Dr.-Ing., Maidl Tunnelconsultants GmbH & Co. KG, Duisburg, *Abschn. 4.6*, u.maidl@maidl-tc.de

Meißner, Udo F., Prof. Dr.-Ing., habil., TU Darmstadt, Institut für Numerische Methoden und Informatik im Bauwesen, *Abschn. 1.1*, sekretariat@iib.tu-darmstadt.de

Meng, Birgit, Prof. Dr. rer. nat., Bundesanstalt für Materialforschung und -prüfung, Berlin, *Abschn. 3.1*, birgit.meng@bam.de

Meskouris, Konstantin, Prof. Dr.-Ing. habil., RWTH Aachen, Lehrstuhl für Baustatik und Baudynamik, *Abschn. 1.5*, meskouris@lbb.rwth-aachen.de

Moormann, Christian, Prof. Dr.-Ing. habil., Universität Stuttgart, Institut für Geotechnik, *Abschn. 3.10*, info@igs.uni-stuttgart.de

Petryna, Yuri, S., Prof. Dr.-Ing. habil., TU Berlin, Lehrstuhl für Statik und Dynamik, *Abschn. 1.5*, yuriy.petryna@tu-berlin.de

Petzschmann, Eberhard, Prof. Dr.-Ing., BTU Cottbus, Lehrstuhl für Baubetrieb und Bauwirtschaft, *Abschn. 2.6.1–2.6.3, 2.6.5, 2.6.6*, petzschmann@yahoo.de

Plank, Johann, Prof. Dr. rer. nat., TU München, Lehrstuhl für Bauchemie, Garching, *Abschn. 1.4*, johann.plank@bauchemie.ch.tum.de

Pulsfort, Matthias, Prof. Dr.-Ing., Bergische Universität Wuppertal, Lehr- und Forschungsgebiet Geotechnik, *Abschn. 4.3*, pulsfort@uni-wuppertal.de

Rackwitz, Rüdiger, Prof. Dr.-Ing. habil., TU München, Lehrstuhl für Massivbau, *Abschn. 1.6*, rackwitz@mb.bv.tum.de

Rank, Ernst, Prof. Dr. rer. nat., TU München, Lehrstuhl für Computation in Engineering, *Abschn. 1.1*, rank@bv.tum.de

Rößler, Günther, Dipl.-Ing., RWTH Aachen, Institut für Bauforschung, *Abschn. 3.1*, roessler@ibac.rwth-aachen.de

Rüppel, Uwe, Prof. Dr.-Ing., TU Darmstadt, Institut für Numerische Methoden und Informatik im Bauwesen, *Abschn. 1.1*, rueppel@iib.tu-darmstadt.de

Savidis, Stavros, Univ.-Prof. Dr.-Ing., TU Berlin, FG Grundbau und Bodenmechanik – DEGEBO, *Abschn. 4.2*, savidis@tu-berlin.de

Schermer, Detleff, Dr.-Ing., TU München, Lehrstuhl für Massivbau, *Abschn. 3.6.2,* schermer@mytum.de

Schießl, Peter, Prof. Dr.-Ing. Dr.-Ing. E.h., Ingenieurbüro Schießl Gehlen Sodeikat GmbH München, *Abschn. 3.1,* schiessl@ib-schiessl.de

Schlotterbeck, Karlheinz, Prof., Vorsitzender Richter a. D., *Abschn. 6.4,* karlheinz.schlotterbeck0220@orange.fr

Schmidt, Peter, Prof. Dr.-Ing., Universität Siegen, Arbeitsgruppe Baukonstruktion, Ingenieurholzbau und Bauphysik, *Abschn. 1.3,* schmidt@bauwesen.uni-siegen.de

Schneider, Ralf, Dr.-Ing., Prof. Feix Ingenieure GmbH, München, *Abschn. 3.3,* ralf.schneider@feix-ing.de

Scholbeck, Rudolf, Prof. Dipl.-Ing., Unterhaching, *Abschn. 2.5.4,* scholbeck@aol.com

Schröder, Petra, Dipl.-Ing., Deutsches Institut für Bautechnik, Berlin, *Abschn. 3.1,* psh@dibt.de

Schultz, Gert A., Prof. (em.) Dr.-Ing., Ruhr-Universität Bochum, Lehrstuhl für Hydrologie, Wasserwirtschaft und Umwelttechnik, *Abschn. 5.2,* gert_schultz@yahoo.de

Schumann, Andreas, Prof. Dr. rer. nat., Ruhr-Universität Bochum, Lehrstuhl für Hydrologie, Wasserwirtschaft und Umwelttechnik, *Abschn. 5.2,* andreas.schumann@rub.de

Schwamborn, Bernd, Dr.-Ing., Aachen, *Abschn. 3.1,* b.schwamborn@t-online.de

Sedlacek, Gerhard, Prof. Dr.-Ing., RWTH Aachen, Lehrstuhl für Stahlbau und Leichtmetallbau, *Abschn. 3.4,* sed@stb.rwth-aachen.de

Spengler, Annette, Dr.-Ing., TU München, Centrum Baustoffe und Materialprüfung, *Abschn. 3.1,* spengler@cbm.bv.tum.de

Stein, Dietrich, Prof. Dr.-Ing., Prof. Dr.-Ing. Stein & Partner GmbH, Bochum, *Abschn. 2.6.7 und 7.6,* dietrich.stein@stein.de

Straube, Edeltraud, Univ.-Prof. Dr.-Ing., Universität Duisburg-Essen, Institut für Straßenbau und Verkehrswesen, *Abschn. 7.3.2,* edeltraud-straube@uni-due.de

Strobl, Theodor, Prof. (em.) Dr.-Ing., TU München, Lehrstuhl für Wasserbau und Wasserwirtschaft, *Abschn. 5.3,* t.strobl@bv.tum.de

Urban, Wilhelm, Prof. Dipl.-Ing. Dr. nat. techn., TU Darmstadt, Institut WAR, Fachgebiet Wasserversorgung und Grundwasserschutz, *Abschn. 5.4,* w.urban@iwar.tu-darmstadt.de

Valentin, Franz, Univ.-Prof. Dr.-Ing., TU München, Lehrstuhl für Hydraulik und Gewässerkunde, *Abschn. 5.1,* valentin@bv.tum.de

Vrettos, Christos, Univ.-Prof. Dr.-Ing. habil., TU Kaiserslautern, Fachgebiet Bodenmechanik und Grundbau, *Abschn. 4.2,* vrettos@rhrk.uni-kl.de

Wagner, Isabel M., Dipl.-Ing., TU Darmstadt, Institut und Versuchsanstalt für Geotechnik, *Abschn. 4.5,* wagner@geotechnik.tu-darmstadt.de

Wallner, Bernd, Dr.-Ing., TU München, Centrum Baustoffe und Materialprüfung, *Abschn. 3.1,* wallner@cmb.bv.tum.de

Weigel, Michael, Dipl.-Ing., KIT Karlsruhe, Lehrstuhl Eisenbahnwesen Karlsruhe, *Abschn 7.2,* michael-weigel@kit.edu

Wiens, Udo, Dr.-Ing., Deutscher Ausschuss für Stahlbeton e.V., Berlin, *Abschn. 3.2.2,* udo.wiens@dafstb.de

Wörner, Johann-Dietrich, Prof. Dr.-Ing., TU Darmstadt, Institut für Werkstoffe und Mechanik im Bauwesen, *Abschn. 3.8,* jan.woerner@dlr.de

Zilch, Konrad, Prof. Dr.-Ing. Dr.-Ing. E.h., TU München, em. Ordinarius für Massivbau, *Abschn. 1.6, 3.3 und 3.10,* konrad.zilch@tum.de

Zunic, Franz, Dr.-Ing., TU München, Lehrstuhl für Wasserbau und Wasserwirtschaft, *Abschn. 5.3,* f.zunic@bv.tum.de

6 Raumordnung und Städtebau, Öffentliches Baurecht

Inhalt

6.1 Raumordnung, Landes- und Regionalplanung

Werner W. Köhl

6.1.1 Entstehung

Mit Beginn der Industrialisierung und dem damit verbundenen großen Zuwachs an Bevölkerung und Beschäftigten waren die Städte, Provinzen und der Staat gezwungen, die finanziell aufwendigen und langlebigen Infrastrukturinvestitionen langfristig vorauszuplanen. Neben Standortüberlegungen für neue Bauflächen waren auch Überlegungen zu Freiflächen erforderlich. Die Leistungsfähigkeit des Naturhaushaltes hat bei der Trink- und Brauchwasserversorgung sowie bei der Entscheidung über die Konzeption der Stadtentwässerung als Mischkanalisation oder als Trennkanalisation eine große Rolle gespielt. Mit der Einführung der Eisenbahn wurden großräumige Personen- und Gütertransporte möglich, die sowohl den Warenaustausch als auch die Bevölkerungsmobilität erleichterten. So waren umfangreiche Ordnungsüberlegungen über die künftige Verteilung der öffentlichen und privaten Investitionen, also der Raumnutzung und ihrer regionalen Erschließung, erforderlich.

In England bestanden um 1849 im heutigen Großraum London 250 voneinander unabhängige „Local Acts" und 8 „Comissions of Sewers". Die vielen kleinen Kommunen leiteten ihr Abwasser jeweils am tiefsten Punkt des Gemeindegebietes in die Themse ein, bezogen jedoch gleichzeitig ihr Trinkwasser jeweils oberhalb aus dem Fluss. Aus der enormen Bevölkerungszunahme ergaben sich zahlreiche negative Folgen, insbesondere Qualitätsprobleme für die Trinkwasserversorgung, sodass die bisher autonom entscheidenden Einzelkommunen zu gemeinsamem Handeln gezwungen waren. So wurde u. a. ab 1902 durch den Metropolitan Water Board ein gemeinsamer Abwasservorfluter parallel zur Themse bis zum untersten Punkt der damaligen Siedlungsagglomeration ermöglicht.

In Deutschland wurde das theoretische Fundament für die Landesplanung durch den Bauingenieur Robert Schmidt gelegt, der als Baudezernent bei der Stadt Essen tätig war. Schmidt verfasste 1912 im Auftrag des Düsseldorfer Regierungspräsidenten eine Denkschrift, die sich unter dem Titel „General-Siedelungsplan" mit der Zukunft von Bau- und Freiflächen, Straßen und Eisenbahnen im rechtsrheinischen Teil des Regierungsbezirks beschäftigte. Robert Schmidt war damit weit über seinen eigentlichen Auftrag, sich Gedanken über die Grünflächen zu machen, hinausgegangen. Weil sein Konzept zunächst auf Ablehnung stieß, reichte er die Denkschrift bei der Technischen Hochschule Aachen als Dissertation ein und wurde dort zum Dr.-Ing. promoviert [Schmidt 1912]. Wegen des Ersten Weltkrieges kam es erst 1920 auf Initiative von Robert Schmidt zum Siedlungsverband Ruhrkohlenbezirk mit umfassenden landesplanerischen Vollmachten, dessen erster Verbandsdirektor er wurde. Der heutige Regionalverband Ruhr (RVR) hat demgegenüber keine Zuständigkeiten für die Regionalplanung mehr. Dafür hat er „Masterpläne" aufzustellen, die als Ziele der Raumordnung bei der Aufstellung der Regionalpläne zu berücksichtigen sind.

Für die Notwendigkeit, in die raumwirtschaftliche Tätigkeit der Staatsbürger ordnend einzugreifen und für das ganze Staatsgebiet räumliche Vorsorge zu treffen, wurde erstmals von Gustav Langen 1925/26 der Begriff Raumordnung verwendet, ohne hierin einen Konflikt mit dem Begriff Landesplanung zu sehen [Istel 1998]. Der Bauingenieur Waldemar Nöldechen hat den Langen'schen Begriff ab 1931 in die praktische Planung übernommen und bei seiner Tätigkeit als Landesplaner in Sachsen, Oberschlesien, der Rheinpfalz und Saarpfalz verwendet [Istel 1998]. Die Nationalsozialisten verwendeten den Begriff Raumordnung im „Gesetz über die Regelung des Landbedarfs der öffentlichen Hand" vom 29.5.1935 [RGBl. I S. 468]", ohne auf die ältere Herkunft des Begriffes einzugehen. Dadurch wurde bis vor wenigen Jahren der Eindruck erweckt, dass der Begriff nationalsozialistischen Ursprungs ist, was durch die Forschungsarbeiten von Wolfgang Istel widerlegt werden konnte [Istel 1998].

Im Raumordnungsgesetz (ROG) werden für die Bundesaufgabe der Begriff „Raumordnung" und für die Aufgabe der Länder die Begriffe „Landesweite Raumordnungspläne, Regionalpläne und regionale Flächennutzungspläne" verwendet (§ 8 ROG).

6.1.2 Aufgaben

Die Raumordnung erfolgt durch gesetzliche Vorgaben des Bundesgesetzgebers im ROG und durch Raumordnungspläne und Abstimmung raumbedeutsamer Planungen und Maßnahmen der Länder sowie durch Regionalplanungen in Teilgebieten der Länder. Raumordnung, Landes- und Regionalplanung sind die zahlreiche Fachplanungen zusammenfassenden und den Landes-, Regional- und Bauleitplanungen übergeordneten Planungen; zu ihnen gehört auch die Abstimmung raumbedeutsamer Planungen und Maßnahmen, die noch nicht in Raumordnungspläne aufgenommen wurden oder einer genaueren raumordnerischen Prüfung bedürfen.

Durch die raumordnerische Tätigkeit sollen die unterschiedlichen konkurrierenden Ansprüche an die Fläche aufeinander abgestimmt und Konflikte zwischen verschiedenen Nutzungen bereinigt werden. So konkurrieren landwirtschaftliche Nutzungen und geplante bauliche Nutzungen miteinander, die bauliche Erweiterung einer Stadt mit der Führung einer Schnellbahntrasse oder eine Siedlungserweiterung allgemein mit dem Freiraumschutz.

In der landes- und regionalplanerischen Arbeit sollen künftige Konflikte erkannt und im Wege der Vorsorge vermieden werden. Dies gilt zum Beispiel für die langfristige Sicherung der Wasserversorgung durch Ausweisung von Wasservorratsgebieten, durch die Ausweisung von Rohstoffgebieten zur Sicherung der Rohstoffversorgung für bauliche und industrielle Zwecke oder die möglichst weitgehende Vermeidung von motorisiertem Individualverkehr durch Zuordnung von künftigen Siedlungsgebieten zu leistungsfähigen Nahverkehrslinien.

Der Raumordnung liegen gesetzgeberische Leitvorstellungen zugrunde. Zu ihnen gehört eine Abstimmung der sozialen und wirtschaftlichen Ansprüche an den Raum mit seinen ökologischen Funktionen im Sinne der Idee einer „nachhaltigen Raumentwicklung", die zu einer „dauerhaften, großräumig ausgewogenen Ordnung führt" (§ 1, Abs. 1 ROG). Konkreter gesagt sollen u. a. die na-

türlichen Lebensgrundlagen geschützt und ausgebaut, Standortvoraussetzungen für die Wirtschaft
geschaffen, aber auch Gestaltungsmöglichkeiten
offen gehalten, die prägende Vielfalt der Teilräume
erhalten und die räumlichen Voraussetzungen für
den Zusammenhalt in Europa geschaffen werden.

6.1.3 Methoden und Instrumente

6.1.3.1 Grundsätze und Ziele der Raumordnung

Raumordnungspläne enthalten Planungsentscheidungen als Ergebnis einer Planung. Weil es immer
mehrere Alternativen gibt und unterschiedliche Interessen zu berücksichtigen sind, muss die Pla-
nungsentscheidung als Abwägungsentscheidung
erfolgen. Dazu sind Leitlinien in Form von technischen, gesellschaftlichen und gesetzlichen Vorgaben erforderlich. Für die Raumordnung gelten
bundesweit „Ziele", „Grundsätze" und „sonstige
Erfordernisse der Raumordnung" (§ 3 ROG).
„Ziele" sind verbindliche Vorgaben, „Grundsätze"
verbindliche Vorgaben für die nachfolgenden Ab-
wägungs- oder Ermessensentscheidungen der
Landes- und Regionalplanung. Es ist nicht möglich, jeweils alle Grundsätze (insgesamt) gleichzeitig und in vollem Umfang zu befolgen. Je nach
Priorität der zu lösenden Aufgabe ist es unver-
meidlich, den einen Grundsatz mehr und damit
gleichzeitig den anderen weniger zu beachten. Besonders konfliktträchtig ist der Grundsatz, die
Siedlungtätigkeit räumlich zu konzentrieren und
die soziale Infrastruktur „vorrangig" in „Zentralen
Orten" zu bündeln, gleichzeitig aber die Grundversorgung mit Dienstleistungen auch in dünn besie-
delten Raumen „in angemessener Weise" zu gewährleisten. Der Gesetzgeber hat vorgeschrieben,
dass die Grundsätze „im Sinne der Leitvorstellung
einer nachhaltigen Raumentwicklung" anzuwenden sind (§ 2 Abs. 1 ROG).

Sind die Grundsätze nur Leitlinien für die Abwägung, stellen die „Ziele der Raumordnung"
raumordnerische Letztentscheidungen dar, die für
nachfolgende Planungsentscheidungen (z. B. Bauleitplanung, Planfeststellungen) sachlich und
räumlich verbindliche Vorgaben sind (§ 3 Nr. 2
ROG). Ziele der Raumordnung können nur von der
Landes- oder der Regionalplanung aufgestellt werden. Sie müssen immer räumlich und sachlich konkret und als „Ziele" erkennbar sein.

Das neue ROG enthält nur noch 8 Grundsätze,
denen die Länder eigene Grundsätze hinzufügen
dürfen. Die Themengebiete lassen sich nach räumlichen und sachlichen Kategorien gliedern. Ver-
waltungsräumliche Kategorien sind der „Gesamtraum" (Deutschland) und die „Teilräume" (Länder,
aber auch Planungsregionen). Aufgrund festzule-
gender Merkmale definierte Raumkategorien sind
„Ballungsräume" und „Ländliche Räume". In beiden können wiederum „Strukturstarke Räume"
und „Strukturschwache Räume" definiert werden.
Funktionale Kategorien sind z. B. Schutzgebiete
(Wasser, Hochwasser, Flora, Fauna, Landschaft,
Wald), Rohstoffsicherungsgebiete, Gebiete für Erholung in Natur und Landschaft, Standorte für
Freizeit und Sport und Grünbereiche. Hinzu treten
Grundsätze für Trassen und Standorte für Infra-
struktur (Straßen, Eisenbahnen, Wasserstraßen.
Flughäfen, Versorgung und Abfall) und militä-
rische Bereiche.

6.1.3.2 Inhalt der Raumordnungspläne

Das ROG zählt beispielhaft einige Festlegungen in
den landesweiten Raumordnungsplänen, Regionalplänen und regionalen Flächennutzungsplänen
auf (§ 8 Abs. 5 ROG). Dazu gehören Festlegungen
zur Siedlungs- und Freiräumstruktur sowie zu
Standorten und Trassen für Infrastruktur, insbesondere Verkehrsinfrastruktur und Umschlaganlagen
sowie Ver- und Entsorgungsinfrastruktur, zu raumbedeutsamen Planungen und Maßnahmen von öffentlichen Stellen und Personen des Privatrechts,
wenn sie „zur Aufnahme in Raumordnungspläne
geeignet und zur Koordinierung von Raumord-
nungsansprüchen erforderlich sind" (§ 8 Abs. 6
ROG).

Das ROG nennt einige wichtige Raumkategorien. Dazu gehören (in der Reihenfolge der Erwäh-
nung im ROG) Ballungsräume, ländliche Räume,
strukturschwache und strukturstarke Regionen,
Städte, Zentrale Orte, Freiraum, dünn besiedelte
Regionen, Innenstädte, verkehrlich hoch belastete
Räume und Korridore, Kulturlandschaften, Ent-
wicklungsschwerpunkte und Entlastungsorte,
Standorte und Trassen für Infrastruktur.

6.1.3.3 Theoretische Vorstellungen

Den raumordnerischen Maßnahmen liegen theoretische Vorstellungen zugrunde, für die es wegen der Komplexität der Zusammenhänge in unterschiedlichem Umfang geschlossene Theorien mit empirischen Belegen gibt. Neben gut bewährten Theorien sind manche Vorstellungen eher den Hypothesen, Vermutungen und politischen Absichtserklärungen zuzuordnen, sodass sie einer Ausfüllung im Einzelfall bedürfen. Für manche Vorgaben des Gesetzgebers fehlen im wissenschaftlichen Sinne abgesicherte Belege (vgl. [Köhl 1994, Pischner/Schaaf 1995, Jessen 1996, Hartog-Niemann/Boesler 1997], mit weiteren Nachweisen). Die zu enge Verfolgung solcher Vorgaben kann die Gefahr in sich bergen, relevante Zusammenhänge zu übersehen [Schönwandt/Wasel 1997]. Viele Aussagen sind unvollständig, räumlich und/oder sachlich unscharf, sodass sie der Auslegung bedürfen [Schulte 1996:22 ff.].

Mit der Ausweisung von „Zentralen Orten" als Standorten von öffentlichen und privaten Einrichtungen verbindet sich die Vorstellung einer Minimierung des Verkehrsaufwandes. Dies z. B. durch die Möglichkeit, mehrere Einrichtungen, insbesondere im Einzelhandel, gewissermaßen in einem Zuge („Kopplung") besuchen zu können. Hinzu kommt die Tatsache, dass Verknüpfungspunkte des öffentlichen Nahverkehrs immer aufwandsminimierende und attraktive Standorte sind. Es ist jedoch nicht gleich, ob es sich bei Standortausweisungen um Angebote an staatliche bzw. kommunale Investoren oder an privatwirtschaftliche Unternehmen handelt. Nur bei „eigenen" Einrichtungen ist die staatliche bzw. kommunale Planung auch für die Investition zuständig; bei privaten Investoren macht sie lediglich Angebote, die angenommen oder angelehnt werden können und an einem anderen Standort für die hochmobilen Bürger dennoch erreichbar sind. Nur für wenige Einrichtungen kann deren Besuch (z. B. Schule) oder deren Benutzung (z. B. Wasserversorgung oder Abfalleinrichtungen) – mit abnehmender Tendenz – vorgeschrieben werden. In den wesentlichen Bereichen bestimmen die Bürger, was sie wann, wo und wie häufig aufsuchen. Das Hauptangebot an öffentlich zugänglichen Einrichtungen (z. B. Arbeitsplätze, Läden, Freizeiteinrichtungen, Weiterbildung) erfolgt durch marktabhängige Unternehmen, die bei Ausbleiben der entsprechenden Nachfrage schließen müssen, im Gegensatz zu den aus Abgaben und Steuern finanzierten öffentlichen Einrichtungen. Das Verhalten der Bürger, einschließlich des nur wenig oder gar nicht beeinflussbaren Ausweichverhaltens bei unbeliebten Restriktionen, sowie betriebswirtschaftliche Gesetzmäßigkeiten müssten in Raumordnungskonzepten mehr beachtet werden (vgl. dazu auch [Linde 1977]). Es ist jedoch nicht einfach, die in der Wirtschaft und im individuellen Verhalten steckenden Dynamik in den doch recht starren Raumordnungsplänen angemessen zu berücksichtigen.

Ein weiteres übliches Instrument ist die Ausweisung von „Achsen" mit der erhofften Folge, dass sich hier die Siedlungstätigkeit konzentrieren und den Freiraum schonen möge. Dem liegt u. a. die Vorstellung zugrunde, die meist vorhandenen oder ausbaufähigen öffentlichen Verkehrsangebote zur Verringerung des Verkehrsaufwandes einzusetzen. Dazu müssen aber auch die Ziele der Verkehrsteilnehmer an diesen Linien liegen bzw. mit vertretbarem Umsteigeaufwand und Transportaufwand (Lasten) erreichbar sein. Nicht alle Einrichtungen können gut erreichbar an Haltepunkten liegen und nicht alle Bewohner wollen unter den Bedingungen extremer städtebaulicher Dichte wohnen. Auch hier gilt es, das tatsächliche Verhalten und das beeinflussbare Verhalten der Bevölkerung realistisch in den Zielformulierungen zu berücksichtigen.

So vielfältig wie die Gegenstände der Raumordnung sind die Wissenschaftsbereiche, die sich mit ihr beschäftigen. Hinzu treten die Anforderungen der täglichen Praxis, die sich im Zusammenspiel mit Politik und Öffentlichkeit in der Konsensfindung bewähren muss. So sind auch die Anforderungen an die theoretische Begründung der raumordnerischen Aussagen je nach Herkunft der handelnden Personen sehr verschieden.

Aussagen über die Raumnutzung und ihre Verteilung stammen aus der Ökonomie (v. Thünen, A. Weber, Lösch, Isard). Mit der Wirkung von Standorten und Trassenführungen haben sich Ingenieure beschäftigt (Launhardt, Blum, Pirath). Geographen befassten sich mit der Lage und Größe von Siedlungen bzw. der Anzahl und Zusammensetzung der in ihnen angebotenen Dienstleistungen (Christaller) und mit dem raumzeitlichen Verhalten von Bewohnern (Hägerstrand). In die Vorstellungen über Anordnung und Dichte von Siedlungen gingen Ergebnisse der Klimaforschung und der Soziologie ein. Agrarwissenschaften, Naturwissenschaften und Landespflege steuerten raumrelevante Erkenntnisse über Fauna und Flora, den Boden und den Freiraum bei. Nicht zuletzt sind die Finanzwissenschaften zu erwähnen, die auf raumrelevanten Wirkungen von Investitionen und Subventionen hingewiesen haben.

6.1.3.4 Instrumente und Verfahren

Es ist zu unterscheiden, ob die institutionalisierte Raumordnung tätig wird oder Entscheidungen anderer Stellen raumordnerische Auswirkungen haben. Große direkte Wirkungen haben z. B. die Wirtschaftsförderung, alle Standortentscheidungen innerhalb der genehmigten Flächennutzungs- bzw. Bebauungspläne sowie Aufstieg und Niedergang von Unternehmen. Die von der Raumordnung bevorzugten Instrumente zur Verwirklichung ihrer planerischen Zielvorstellungen lassen sich in folgende Gruppen einteilen (s. a. [Brösse 1994:507 ff.]).

1. Instrumente der Raumorganisation. Sie sollen das Verhalten der Wirtschaftssubjekte direkt beeinflussen. Zu ihnen lassen sich u. a. zählen: Zentrale Orte, Achsen, Vorbehaltsflächen und Vorranggebiete.
2. Instrumente zur Beeinflussung von Zielvorstellungen. Zu ihnen zählt insbesondere das Informationssystem des Bundesamtes für Bauwesen und Raumordnung (BBR) sowie die von ihm in regelmäßigen Abständen zu erstattenden Raumordnungsberichte (§ 25 ROG).
3. Raumordnerische Gebote. Sie sind u. a. an „Soll-Sätzen" erkennbar, die ein striktes Befolgen fordern. Nur den ähnlich wirkenden Verboten kann durch Unterlassen der benannten Handlung ausgewichen werden. Jedoch ist nicht immer eine strikte Befolgung der Gebote gemeint (abwägungsbedürftiger Charakter der Grundsätze, der auch für Ziele gelten kann [Schulte 1996: 25].
4. Das Instrument der Untersagung raumordnungswidriger Planungen und Maßnahmen. Die Raumordnungsbehörden können nach § 14 ROG zeitlich unbefristet oder auf maximal zwei Jahre befristet Maßnahmen untersagen, denen be-

schlossene Ziele entgegenstehen oder die geplante, aber schon im Aufstellungsverfahren befindliche Ziele gefährden könnten.
5. Das Instrument der förmlichen Planung. Die ist die Kernaufgabe der Landes- und der Regionalplanung. In den Raumordnungsplänen werden nach einem förmlichen Verfahren die zuvor beschriebenen Instrumente in kartografischen Darstellungen, textlichen Grundsätzen und Zielen sowie einer Begründung verankert.
6. Beeinflussung von Verhalten durch Kooperation, Moderation und Koordination. Hier haben die Raumordner eine große Aufgabe zu erfüllen, indem sie zwischen den widerstreitenden Interessen privater und öffentlicher Akteure vermitteln und durch regionales Projektmanagement Problemlösungen ermöglichen. Zu denken ist hierbei insbesondere an die Durchsetzung der raumordnerischen Ziele, aber auch an den öffentlichen Nahverkehr und an die Standortwerbung. Der Erfolg dieses Instrumentes beruht nicht zuletzt auf der Nähe zur unmittelbaren Umsetzung.

Als institutionalisierte Verfahren der Raumordnung sind zu nennen das Planaufstellungsverfahren (s. o. Nr. 5.), das Zielabweichungsverfahren und das Raumordnungsverfahren. Im Zielabweichungsverfahren (§ 6 ROG) wird geprüft, ob eine Abweichung von einem förmlich beschlossenen Ziel aus raumordnerischer Sicht vertretbar ist, weil die Grundzüge des Raumordnungsplanes nicht berührt werden. Das Verfahren kommt vor allem für öffentliche Stellen und die im Auftrag des Bundes tätigen privaten Stellen in Frage. Das Raumordnungsverfahren (§ 15 ROG) dient der Abstimmung raumbedeutsamer Planungen mit den „Erfordernissen der Raumordnung" (§ 3 ROG). Damit sind die Ziele, die Grundsätze, die in Aufstellung einschließlich Änderung befindlichen Ziele und die Ergebnisse förmlicher landesplanerischer Verfahren gemeint. Ein erfolgreich abgeschlossenes Raumordnungsverfahren ist für die meisten großen Ingenieurplanungen sowie einige städtische Projekte (s. dazu RoV) die unverzichtbare erste Stufe zur Verwirklichung. In ihm wird, meist mit einer Umweltverträglichkeitsprüfung [Köhl/Ortgiese 1994], geprüft, ob raumbedeutsame Planungen und Maßnahmen mit den Erfordernissen der Raumordnung übereinstimmen und wie sie unter den Gesichtspunkten der Raumordnung aufeinander abgestimmt und durchgeführt werden können. Dabei ist die Öffentlichkeit zu unterrichten und es ist ihr Gelegenheit zur Stellungnahme zu geben. Dies gilt auch, wenn noch ein Planfeststellungsverfahren folgt, bei dem die Betroffenenbeteiligung über die Planauslegung und Erörterung vorgeschrieben ist. Das Raumordnungsverfahren schließt mit einem raumordnerischen Bescheid ab, der zu den Aussagen „Ja", „Nein" oder einem bedingten „Ja, wenn ..." kommt. Der oder die Antragsteller sind jedoch nicht daran gebunden, werden aber bei Abweichungen in den nachfolgenden Genehmigungsverfahren wegen des Widerspruchs zu den Grundsätzen und Zielen der Raumordnung keinen Erfolg haben. Die erforderliche Übereinstimmung von Maßnahmen mit den Grundsätzen und Zielen der Raumordnung ist in den einschlägigen Fachgesetzen als „Raumordnungsklausel" festgelegt. Es ist deshalb bei Planungen nach Fachplanungsgesetzen zu empfehlen, die Projekte bereits bei der Aufstellung von Raumordnungsplänen oder bei Änderungsverfahren als förmliche Ziele der Raumordnung zu verankern. In den meisten Fällen ist dann ein Raumordnungsverfahren entbehrlich. Von dieser großen Hilfe raumordnerischer Festsetzungen für Fachplanungen, die auch bei gerichtlichen Klagen gegen Projekte sehr bedeutsam sind, wird leider viel zu wenig Gebrauch gemacht.

6.1.4 Beteiligte

Landes- und Regionalplanung sind bisher überwiegend Angelegenheiten von Behörden, die im öffentlichen Interesse tätig werden. Selbstverständlich sind von ihren Auswirkungen (Angeboten, Geboten, Verboten, Entscheidungshilfen) die Bürger mittelbar und unmittelbar betroffen. Sie können aber nur dann mehr an der Regionalplanung teilnehmen, wenn für die Verabschiedung von Regionalplänen kommunal verfasste Regionalverbände mit – meist indirekt – gewählten Vertretern zuständig sind (z. B. in Baden-Württemberg). Immer erfolgt bei der Aufstellung von Raumordnungsplänen der Länder eine Beteiligung der Landkreise und Kommunen sowie der betreffenden Kommunalverbände. Damit ist auch eine Vertretung der Bürgerinteressen gegeben. Eine

weitgehende direkte Beteiligung der Bürger ist umstritten und nur schwer zu realisieren, weil Raumordnung eine staatliche, rahmensetzende Aufgabe ist, die im Interesse des Ganzen auf maximalen Konsens verzichten muss. Es bedarf auch einiger Änderungen und viele guten Willens seitens der Raumordner, mit Laien erfolgreich über so langfristige Fragen und so abstrakte Festsetzungen zu diskutieren. Das Raumordnungsgesetz sieht vor (§ 10), dass die Öffentlichkeit bei der Aufstellung der Raumordnungspläne einbezogen oder beteiligt werden kann. Die Chance, für die Anliegen der Raumordnung in der breiten Öffentlichkeit Verständnis zu finden, sollte genutzt werden.

An der Aufstellung von Raumordnungsplänen der Länder und von Regionalplänen sind immer praktisch alle Fachbehörden beteiligt. Dies gilt über die mit Ingenieuraufgaben befassten Behörden hinaus insbesondere für den Natur- und Umweltschutz sowie das Gesundheitswesen.

6.1.5 Rechtliche und organisatorische Grundlagen

6.1.5.1 Raumordnung des Bundes

Für das gesamte Bundesgebiet ist das Raumordnungsgesetz in seiner Fassung vom 22. Dezember 2008 [BGBl Teil I Nr. 65 S 2986] als Rahmenvorgabe direkt für die Raumordnung in Bund und Ländern sowie deren Planungsregionen (nach den jeweiligen Landesplanungsgesetzen) und indirekt über die Raumordnungspläne bzw. Beteiligung der Raumordnungsbehörden für die Fachplanungen verbindlich.

Für die fachlichen Aufgaben der Raumordnung ist das Bundesministerium für Verkehr, Bau und Stadtentwicklung zuständig. Es stützt sich dabei für die Raumbeobachtung, die Vorbereitung von politischen Maßnahmen sowie die eigene und betreute private Forschung auf das Bundesamt für Bauwesen und Raumordnung (Bundesinstitut für Bau-, Stadt- und Raumforschung – BBSR).

Der Bund kann nach § 17 ROG für einzelne Grundsätze sowie für länderübergreifende Standortkonzepte für See- und Binnenhäfen sowie für Flughäfen im Rahmen der Bundesverkehrswegeplanung Bundesraumordnungspläne aufstellen. Darüber hinaus gehende „Planung" ist Sache der

Länder. Einem Versuch, in den 70er-Jahren mit Zu-stimmung der Bundesländer und des Bundeskabi-netts ein Bundesraumordnungsprogramm aufzustel-len, ist der Erfolg versagt geblieben. Trotz fehlender Planungszuständigkeit außerhalb der Fachplanung beeinflussen die raumordnerischen Aussagen und raumrelevanten Ausgaben des Bundes dennoch die künftige Raumordnung. Für die praktische Arbeit in Bund und Ländern erstellt der Bund über das BBSR Analysen und Prognosen zur Raumentwicklung (z. B. Raumordnungsprognose 2025).

Als Schlussfolgerung aus der bisherigen Raum-entwicklung seit der Wiedervereinigung und ange-sichts der aktuellen Bevölkerungsvorausrechnungen bis 2050 hat die Ministerkonferenz für Raumord-nung die „Leitbilder und Handlungsstrategien der Raumentwicklung" verabschiedet (2006). Beson-ders berücksichtigt wird hier auch der europäische Rahmen. Die „Leitbilder und Handlungsstrategien" lösen den „Raumordnungspolitischen Orientie-rungsrahmen" (1992) und den „Raumordnungspoli-tischen Handlungsrahmen" (1995) ab.

Erstmals wird angesichts der Prognosen der Be-völkerungsentwicklung bis 2050 und der damit verbundenen Infrastrukturbedarfe ein Wohnungs- und Infrastrukturrückbau in schrumpfenden Städ-ten und Gemeinden angesprochen.

6.1.5.2 Landes- und Regionalplanung der Länder

Für die Länder gelten im Rahmen der Vorgaben des ROG die jeweiligen Landesplanungsgesetze. In ihnen ist auch die jeweilige Regionalplanung verankert.

Die Länder stellen die Raumordnungspläne für ihr Gebiet auf. Sie können verschiedene Bezeich-nungen haben (z. B. Landesentwicklungsplan, Lan-desraumordnungsplan, Landesraumordnungspro-gramm, Landesentwicklungsprogramm). Die Regi-onalpläne werden in den meisten Bundesländern in der Verantwortung der Planungsregionen aufge-stellt. Planungsinstitutionen unterschiedlichster Art werden nach Regelungen der jeweiligen Landespla-nungsgesetze gebildet und betrieben. Die organisa-torische Bandbreite reicht von staatlicher Regional-planung über Regionalplanung mit Beiräten bis zu Regionalplanungen mit regionalparlamentarischer Beratung und Verabschiedung. Auch kann sich die Zuständigkeit der Regionen auf weitere Gebiete, wie z. B. den Betrieb des Öffentlichen Nahverkehrs, erstrecken (z. B. Region Stuttgart).

Für landesweite Raumordnungspläne und Regi-onalpläne ist eine Umweltprüfung durchzuführen. In ihr müssen die „erheblichen Auswirkungen" des Raumordnungsplans auf die Schutzgüter ermittelt, beschrieben und bewertet werden. Wird in einer überschlägigen Prüfung festgestellt, dass erheb-liche Auswirkungen nicht zu erwarten sind, kann von der Umweltprüfung abgesehen werden. Öf-fentliche Stellen sind bei der Festlegung des Un-tersuchungsrahmens nur insoweit zu beteiligen, als ihr umwelt- und gesundheitsbezogener Aufgaben-bereich von den Umweltauswirkungen des Raum-ordnungsplans betroffen ist.

Die Raumordnungspläne der Länder sind unter-einander sowie mit den Planungen des benachbar-ten Auslandes nach dem Prinzip der Gegenseitig-keit abzustimmen. Die Koordinierung des poli-tischen Vorgehens erfolgt in der Ministerkonferenz für Raumordnung MKRO, auch in Form von „Ent-schließungen" zu einzelnen Fachfragen.

In den Stadtstaaten Berlin, Bremen und Ham-burg kann ein Flächennutzungsplan nach § 5 BauGB die Funktion eines Raumordnungsplanes übernehmen (§ 8 Abs. 1 Nr. 2 ROG).

In verdichteten Räumen oder bei sonstigen raumstrukturellen Verflechtungen können die Funktionen eines Regionalplanes und eines Flä-chennutzungsplanes zusammengefasst werden (§ 8 Abs. 4 ROG). Dazu sind allerdings regionale Pla-nungsgemeinschaften durch Zusammenschlüsse von Gemeinden und Gemeindeverbänden erfor-derlich, weil ja zugleich die Vorschriften des Bau-gesetzbuches angewandt werden müssen.

6.1.5.3 Europäische Raumordnung

Die Koordinierung der Raumordnung auf europä-ischer Ebene erfolgt in der Europäischen Minister-konferenz für Raumordnung auf der Ebene der Mitgliedsstaaten. Die grenznahe Koordinierung erfolgt direkt zwischen den angrenzenden unteren staatlichen Behörden oder, auf deutscher Seite, durch die Regionalverbände. Vielfach sind jedoch besondere grenzübergreifende Verbände mit ge-meinsamen politischen Gremien gebildet worden, die erfolgreiche Arbeit leisten.

Besondere Gebiete der europäischen Raumordnung sind die Abstimmung der Verkehrswegeplanungen für Wasserstraßen (älteste funktionierende fachliche europäische Zusammenarbeit), Straßen und Schienen (einschließlich Führung der Hochgeschwindigkeitszüge), die Führung der Transitströme durch Europa sowie die schwierige raumordnerische Vorbereitung der Überführung der Agrarwirtschaft in eine moderne Industrie- und Dienstleistungswirtschaft in Teilen Europas.

6.1.5.4 Gegenstromprinzip

Das ROG fordert zwar eine Einpassung der Teilräume in den Gesamtraum, aber auch eine Rücksichtnahme auf die Gegebenheiten der Teilräume und verankert damit das Gegenstromprinzip in der Raumordnung. Der obrigkeitsstaatlichen Verordnung von Planung wird damit eine gesetzgeberische Absage erteilt.

Insbesondere ist es erforderlich, Flächennutzungspläne und von den Gemeinden beschlossene sonstige städtebauliche Planungen (§ 8 Abs. 2 ROG) in der regionalplanerischen Abwägung zu beachten.

Bei verdichteten Räumen über die Grenzen eines Landes hinweg sind Maßnahmen im Einvernehmen über eine grenzüberschreitende, eine gemeinsame oder eine gemeinsame informelle Planung zu treffen (§ 9 Abs. 4 ROG).

6.1.6 Fachplanungen und Raumordnung

In Deutschland sind bestimmte fachliche Aufgaben aufgrund von Bundes- und Landesgesetzen besonderen Fachbehörden übertragen worden. Soweit dazu Planungen erforderlich sind, spricht man auch von Fachplanungsgesetzen. Als Fachleute sind dazu überwiegend Bauingenieure tätig. Dies gilt zum Beispiel für die Bundes-, Landes- und Kreisstraßen, die Schienenwege, die Wasserstraßen, die Flughäfen und die Wasserwirtschaft. Aber auch für Aufgaben des Umweltschutzes sind Bauingenieure aufgrund ihrer spezifischen Ausbildung unverzichtbar.

Die Planungen nach diesen Fachplanungsgesetzen müssen den Erfordernissen der Raumordnung genügen (Raumordnungsklausel). Sie erfolgen

aber kraft eigener fachlicher Zuständigkeit, sodass der Raumordnung kein allgemeinpolitisches Mandat zukommt. Dazu fehlt ihr auch der fachliche Sachverstand, wenngleich man aus der Abwägungsaufgabe der Raumordnung auf eine „raumplanungsimmanente Fachkompetenz" und damit auf eine überfachliche Steuerungskompetenz schließen kann [Schulte 1996: 59 ff.].

Die Raumordnung ist auf die Fachplanungen und die Vorstellungen der Gemeinden mit Veränderungsbedarf angewiesen, um deren Raumansprüche zu koordinieren. Es ist deshalb erforderlich, die Fachplanung und die kommunale Bauleitplanung mit großem Verständnis für diese Abstimmungsaufgabe der Raumordnung zu betreiben.

Literaturverzeichnis Kap. 6.1

Brösse U (1994) Instrumente. In: Handwörterbuch der Raumordnung. pp 507–511

Europäische Raumordnungspolitik (1997) Regionales Management und Marketing; Anforderungen an die Fortschreibung des Landesentwicklungsplans Baden-Württemberg. Akademie für Raumforschung und Landesplanung (ARL). Verlag der ARL, Hannover

Fürst D, Ritter E-H (1993) Landesentwicklungsplanung und Regionalplanung. Ein verwaltungswissenschaftlicher Grundriß. 2. Aufl. Werner, Düsseldorf

Gesetz über den Regionalverband Ruhr vom 24.6.2008 (GV NRW 2008, pp 514)

Gesetz zur Neufassung des Raumordnungsgesetzes und zur Änderung anderer Vorschriften (GeROG) (BGBl I S 2110) vom 18. August 1997

Grundriss der Raumordnung (1982) Akademie für Raumforschung und Landesplanung (ARL). Verlag der ARL, Hannover

Handwörterbuch der Raumforschung und Raumordnung (1970) Akademie für Raumforschung und Landesplanung (ARL). 3 Bde. Jänecke, Hannover

Handwörterbuch der Raumordnung (2005) Akademie für Raumforschung und Landesplanung (ARL). Verlag der ARL, Hannover

Hartog-Niemann E, Boesler A (1997) Zentrale Orte und Einzelhandelsstandorte in Sachsen. Raumforschung und Raumordnung 55 (1997) 6, pp 411–420

Hübler K-H (Hrsg) (1998) Leitbilder der Raumplanung – zur Kontinuität eines Politikfeldes in Deutschland. Springer, Berlin/Heidelberg/New York

Istel W (1998) 70 Jahre „Raumordnung" – Zur Genealogie und Inhaltswandel eines modernen Begriffes. In: Hübler K-H (Hrsg) (1998) Leitbilder der Raumplanung – zur Kontinuität eines Politikfeldes in Deutschland. Springer, Berlin/Heidelberg/New York

Jessen J (1996) Der Weg zur Stadt der kurzen Wege – versperrt oder nur lang? Zur Attraktivität eines Leitbildes. Archiv für Kommunalwissenschaften 35 (1996) 1, pp 1–19

Köhl W (1997) Anforderungen an einen Landesentwicklungsplan der neuen Generation – Gedanken zu Ziel und Zweck, Verfahren und Ergebnis sowie zum Selbstverständnis der Landesplanung. In: Europäische Raumordnungspolitik, pp 126–150

Köhl W, Ortgiese M (1994) Raumordnungsverfahren mit integrierter Umweltverträglichkeitsprüfung. Schriftenreihe Institut für Städtebau und Landesplanung, Nr. 25, Karlsruhe

Leitbilder und Handlungsstrategien der Raumentwicklung (2006) Ministerkonferenz für Raumordnung vom 30.6.2006

Ley N (1970) Landesplanung. In: Handwörterbuch der Raumforschung und Raumordnung, Bd 2, Sp 1713–1734

Linde H (1977) Standortorientierung tertiärer Betriebsstätten im großstädtischen Verdichtungsraum (Stadtregion Karlsruhe) – Entwicklung eines Ansatzes zur Reformulierung der Theorie Zentraler Orte. Akademie für Raumforschung und Landesplanung, Beiträge Bd 8, Schroedel, Hannover

Maurer J (1973) Grundzüge einer Methodik der Raumplanung I. Institut für Orts-, Regional- und Landesplanung an der ETH Zürich. Schriftenreihe zur Orts-, Regional- und Landesplanung Nr. 14

Maurer J, Heer E, Scholich D (Hrsg) (1996) Planungssysteme – Planungskonzepte, wie weiter? ORL-Bericht 101. vdf Hochschulverlag, Zürich (Schweiz)

Methoden und Instrumente räumlicher Planung (1998) Handbuch. Akademie für Raumforschung und Landesplanung (ARL). Verlag der ARL, Hannover

Pischner Th, Schaaf B (1995) Untersuchungen über die Wechselwirkungen zwischen Siedlungsstruktur und Verkehrssystem. Teil A, Literaturanalyse und Untersuchungskonzept. Bundesminister für Verkehr, Bonn (Forschung Straßenverkehrstechnik 758)

Pirath C (1947) Das Raumzeitsystem der Siedlungen. Stuttgart

Pirath C (1955) Verkehrswirtschaft. In: Schleicher F (1955) Taschenbuch für Bauingenieure. Bd. 2. 2. Aufl. Springer, Berlin, pp 179–236

Raumordnung in Deutschland. T 1: Konzepte, Instrumente und Organisation der Raumordnung. T 2: Aufgaben und Lösungsansätze. Bundesforschungsanstalt für Landeskunde und Raumordnung, Bonn (Materialien 39 und 40)

Raumordnungsgesetz (ROG) in der Fassung vom 22. Dezember 2008 (BGBl 2008, T I Nr 65 pp 2986)

Raumordnungsprognose 2025. Bundesamt für Bauwesen und Raumforschung, Bonn. (Materialien zur Raumentwicklung 74)

Raumordnungsverordnung (RoV). 8. Verordnung zu § 6a Abs. 2 des Raumordnungsgesetzes vom 13. Dezember 1990 (BGBl T I pp 3486)

Schleicher F (1955) Taschenbuch für Bauingenieure. Bd. 2. 2. Aufl. Springer, Berlin

Schlums J (1955) Grundlagen der Straßenverkehrsplanung. In: Schleicher F (1955) Taschenbuch für Bauingenieure. Bd. 2. 2. Aufl. Springer, Berlin, pp 413–440

Schmidt R (1912) Denkschrift betreffend Grundsätze zur Aufstellung eines General-Siedelungsplanes für den Regierungsbezirk Düsseldorf (rechtsrheinisch). Von der Königlich Technischen Hochschule zu Aachen zur Erlangung der Würde eines Doktor-Ingenieurs genehmigte Dissertation. Selbstverlag, Essen

Schönwandt WL, Wasel P (1997) Das semiotische Dreieck – ein gedankliches Werkzeug beim Planen. Bauwelt 19 (1997) pp 1028–1042; 20 (1997) pp 1118–1131

Schulte H (1996) Raumplanung und Genehmigung bei der Bodenschätzegewinnung. Beck, München

Spitzer H (1991) Raumnutzungslehre. UTB, Stuttgart

6.2 Städtebau

Werner W. Köhl

6.2.1 Aufgaben

Das Zusammenleben von vielen Menschen in Städten und Gemeinden erfordert organisatorische und technische Vorkehrungen. Wegen der potenziellen planerischen und baulichen Eingriffe in grundgesetzliche Eigentumsrechte sind auch rechtliche Regelungen erforderlich. Die planerische Vorsorge zur Regelung derzeitiger oder künftiger Konflikte, zur Erfüllung von Ansprüchen an Grund und Boden und zur Befriedigung zahlreicher Bedarfe von öffentlichem Interesse ist Aufgabe der Stadtplanung. Die Vorbereitung der Realisierung und der Bau öffentlicher Einrichtungen ist Teil der Aufgaben des Städtebaus. Weil keine Bauaufgabe ohne planerische Vorbereitung erfüllt werden kann, werden beide Aufgaben unter dem Begriff Städtebau zusammengefasst. Die Aufgaben des Städtebaus reichen von der Erarbeitung von Zielvorstellungen aufgrund einer eingehenden Analyse und in Abstimmung mit Abschätzungen/Prognosen möglicher künftiger Zustände in der Stadtentwicklungsplanung über die Bevölkerungsvorausrechnung, die Bauleitplanung, Städtebauliche Rahmenpläne, die Fach- und Sektoralplanungen, die Neuordnung der Baugrundstücke in der Umlegung, die Realisierung der Erschließung, die Wiederherstellung der Gebrauchstauglichkeit alter Bausubstanz in der Stadtsanierung bis hin zu Maßnahmenplänen für spezielle Projekte.

Daran ist eine Reihe von Fachdisziplinen beteiligt. Der Städtebau selbst erfordert wegen seiner komplexen Aufgabenstellung und der hohen Anforderungen dieser öffentlichen Aufgabe eine vertiefte Ausbildung im Rahmen der klassischen Studiengänge der Architektur, des Bauingenieurwesens oder der Raumplanung. Jedoch sind auch Geodäten, Geographen, Soziologen, Wirtschaftsingenieure und Juristen als Spezialisten in der Stadtplanung erforderlich und in ihr tätig.

Der Begründer der Wissenschaft vom Städtebau ist der Bauingenieur Reinhard Baumeister (1833–1917) [Baumeister 1876]. Der städtebaulichen Gestaltung nahm sich besonders der Architekt Camillo Sitte (1843–1903) an [Sitte 1889].

6.2.2 Bedarfsplanung

6.2.2.1 Bevölkerungsentwicklung

Die städtebauliche Planung muss sich zunächst um die aus der Einwohnerentwicklung entstehende Nachfrage und deren Befriedigung kümmern. An erster Stelle steht somit die Bevölkerungsentwicklung, es folgen der Wohnungsbedarf und der Bedarf an sozialen Infrastruktureinrichtungen mit ihren Kapazitäten. Allen ist die Standortfrage eigen, die untrennbar mit der Kapazität verbunden ist. Wegen der höchst unterschiedlichen Entwicklung von Einwohnerzahl, Altersverteilung, Entwicklung der Privathaushalte und deren Wohnungsbedarf sowie der aus der Altersgliederung folgenden Nachfrage nach bestimmten Kapazitäten sozialer Einrichtungen in Zuordnung zu den nachfragenden Einwohnern hat diese komplexe Planung ganz erheblich an Bedeutung gewonnen, so dass sie als Grundaufgabe der städtebaulichen Planung unverzichtbar geworden ist.

Zunächst ist die künftige Einwohnerzahl nach Alter und Geschlecht zu prognostizieren. Dabei müssen zwei Einwohnerbegriffe unterschieden werden. Unter „Wohnbevölkerung" werden die Einwohner mit alleinigem oder ständigem Wohnsitz in der Gemeinde bezeichnet. Diese Zahl taucht regelmäßig in den Statistiken auf. Als wichtige und nicht zu vernachlässigende weitere Einwohner sind jedoch die mit einem „Nebenwohnsitz" in der Gemeinde zu beachten, da sie Infrastruktureinrichtungen benutzen und insbesondere eine Wohnung benötigen. Beide Einwohnerkategorien werden auch als „wohnberechtigte Bevölkerung" oder kurz als „Wohnberechtigte" zusammengefasst. Zwischen beiden Kategorien kann die Differenz 10% betragen. Die Wohnberechtigten sind die eigentlichen Nachfrager nach Wohnraum, Verkehrsleistungen, Wasserversorgung und sind Produzenten von Abwasser und Abfall wie auch Käufer im Einzelhandel.

Die Bevölkerungsprognose erfolgt i. d. R. für die Wohnbevölkerung nach dem Komponentenverfahren. Als Komponenten gehen in das Berechnungsmodell die altersspezifischen Sterblichkeitsraten von Frauen und Männern, die altersspezifischen Fruchtbarkeitsraten von Frauen zwischen 15 und 50 Jahren, die altersspezifischen Fortzugsraten von Frauen und Männern (Außen- und Binnenfortzüge), der Wanderungssaldo in Varianten und die altersspezifischen Zuzugsquoten (Außen- und Binnenzuzüge) von Frauen und Männern ein. Die Wohnberechtigten können anhand von alters- und geschlechtsspezifischen Multiplikatoren aus der Wohnbevölkerung abgeleitet werden, da diese Faktoren relativ stabil sind.

Der Wohnungsbedarf wird in Abhängigkeit von Anzahl und Zusammensetzung der Privathaushalte ermittelt. Die Privathaushalte können für den Bestand mittels einer „Haushaltegenerierung" nach einem Programm der Städtetagsstatistiker aufgrund von Plausibilitäten (z. B. Hausnummer, Geschlecht, Familienname, Altersabstand und Zuzugsdatum) direkt aus dem Melderegister abgeleitet werden. Macht man das für mehrere Analysejahre, lassen sich rückwirkend „Haushaltsmitgliederquoten" ermitteln. Sie ordnen die Wohnberechtigten, von denen die in Heimen lebenden Personen zuvor abgezogen wurden, nach Geschlecht und Alter den Privathaushalten mit 1, 2, … 5 und mehr Personen zu. In der Regel werden je nach Datenlage 6 bis 14 Altersklassen gebildet. Die erforderlichen Angaben werden auch im jährlichen Mikrozensus bundes- und landesweit sowie für Gemeindegrößenklassen erhoben.

Um von der Anzahl der Privathaushalte zum Wohnungsbedarf zu kommen, ist ein Abzug für

Untermieter und ein Zuschlag für den „logistischen Leerstand" zu berücksichtigen. Letzterer ist technisch erforderlich, damit überhaupt Umzüge stattfinden können. Der Umfang des logistischen Leerstands hängt vom Umfang der Außen- und Binnenumzüge ab, nicht vom Wohnungsbestand, auf den er gerne bezogen wird. Da die Umzugstätigkeit derzeit sinkt, kann auch der Zuschlag allmählich ermäßigt werden. Aus der Differenz der jährlichen Wohnungsbestände ergibt sich die jährliche Bestandsveränderung (Zuwachs oder Schrumpfung). Zur Ermittlung des erforderlichen Wohnungsbaus sind die Totalabbrüche und die Salden der Wohnungsumbauten und Nutzungsänderungen hinzuzurechnen. Je nach Modernisierungstätigkeit ist auch an vorübergehenden Nutzungsausfall von Wohnungen zu denken, der überbrückt werden muss.

In der städtebaulichen Planung benutzte Schätzverfahren zum „Wohnflächenbedarf" (z. B. m²/E) sind untauglich, da sie eine falsche Ursachenzuschreibung unterstellen. Die Ursache der steigenden spezifischen Wohnfläche auch bei stagnierender Bevölkerung ist die Zunahme der Anzahl der Privathaushalte aufgrund der Verringerung der mittleren Haushaltsgröße. Sie ist überschlägig an der jährlich veränderten Belegungsdichte zu erkennen, zu deren Ermittlung die Einwohnerzahl durch den Wohnungsbestand dividiert wird (E/W). Da die Wohnungszuschnitte nicht entsprechend flexibel sind, steigt die rechnerische Wohnfläche pro Kopf oder sie kann auch im Verlauf des Familienzyklus sinken (Geburt, Heirat usw.). Der rechnerische Zuwachs wegen größerer Wohnungen im Einfamilienhausbereich ist für den künftigen Wohnungsbestand rechnerisch von geringer Bedeutung.

Der stadtplanerische Flächenbedarf ist korrekt nur über die Wohnungsdichte (W/ha) zu ermitteln, nicht über die Siedlungsdichte (E/ha). Die Wohnungsdichte ist eine über viele Jahre stabile städtebauliche Kennzahl, die örtlich kontrolliert werden kann. Die Einwohnerdichte ändert sich dagegen demographisch bedingt jedes Jahr. Die Wohnungsdichten können auf das Brutto- oder Nettobauland bzw. Wohnbauland bezogen werden. Sie schwanken je nach städtebaulichen Gegebenheiten (städtebaulicher Charakter, Dorf, Stadt, Großstadt, Gebietsgröße) zwischen 30 und 120 W/ha mit jeweils beträchtlicher Streubreite. Da nach den Gemeindereformen städtebauliche Konglomerate unter-

schiedlichsten Charakters entstanden sind, kann die Gesamteinwohnerzahl der neu gebildeten Gemeinden keine geeignete Bezugsbasis für Dichtevorgaben sein.

6.2.2.2 Soziale Infrastruktur

Unmittelbar von der demographischen Entwicklung hängen die Kinderzahlen für Krippen und Kindergärten ab. Sie sind ggf. mit den um die jahrgangs- und geschlechtsspezifischen Besuchsquoten zu modifizieren. Dabei sollten auch Austauschbeziehungen mit Nachbargemeinden oder Beschäftigungsorten berücksichtigt werden. Der eventuelle Neubau von Wohnungen soll möglichst nach Standort und Jahr so erfolgen, dass keine Kapazitätserweiterungen, sondern eher Auslastungsstützungen erfolgen.

Gleiches gilt für die Schulen mit allen Schularten und Klassenstufen. Für sie sind spezielle Dimensionierungsverfahren erforderlich, die das Schulwahlverhalten (Übergangsquoten) und den Schulverlauf (z. B. Kohortenraten) berücksichtigen. Von der Einwohnerentwicklung sind besonders Grundschulstandorte beeinflusst.

Die Sportstättennachfrage ist ebenfalls stark demographieabhängig. Wegen der Verschiebung von den jüngeren zu den älteren Jahrgängen ändert sich auch die Nachfrage nach Sportplätzen, Bädern und Sporthallen. Es können sich daraus städtebauliche Standortprobleme ergeben.

Am Ende der Alterspyramide wird die demographische Entwicklung zu einem erheblichen Zuwachs an Älteren mit einem Zuwachs an Mobilitätseinschränkungen und mit wesentlich mehr Pflegebedürftigen führen. Insbesondere die Gehbehinderungen erfordern städtebauliche Reaktionen und Berücksichtigung im Wohnungsbau sowie bei der Zugänglichkeit aller privaten und öffentlichen Bauten („Barrierefreiheit", auch der Verkehrsflächen).

6.2.2.3 Besondere städtebauliche Aufgaben

Demographischer Wandel, bauliche und energetische Erneuerung und Umbau, Klimaschutz und Klimawandel erfordern eine Umstellung der städtebaulichen Prioritäten und Vorgehensweisen. Es gibt keine generell gültige Entwicklungsrichtung;

wachsende Städte stehen neben schrumpfenden. Alle benötigen eine spezifische Vorgehensweise. Besondere Aufmerksamkeit erfordert die Standortwahl und Dimensionierung des Wohnungsbaus. Kapazitätsabbau und Kapazitätserweiterung im Wohnungsbestand haben ganz unterschiedliche Auswirkungen. In beiden Fällen sind neben den Zwischenzuständen mit ihren Auswirkungen die möglichen Endzustände zu bedenken, wobei die jeweilige Unsicherheit bei der Entwicklung die Maßnahmen bestimmt. Insbesondere das Problem der Baulücken im Bestand muss bewältigt werden. Deshalb gilt der Innenentwicklung die Priorität, vor einer Ausweitung nach außen. Im Neubaubereich sind bei sinkender Nachfrage städtebauliche Missstände dann neben Unzuträglichkeiten (Leerstand) im Altbestand die Folge. Die Chancen zur Erhaltung oder gar Ausweitung des Freiraums sollten genutzt werden. Nicht alle in derzeitigen Flächennutzungsplänen ausgewiesenen Bauflächen werden auch noch benötigt. Im Innenbereich sind Umnutzungen sowie Wiedernutzung von Gewerbebrachen zu bewältigen. Sie eröffnen die Chance, Flächen zu sparen wie auch städtebauliche Missstände zu beheben. Der Wandel in Industrie und Gewerbe hat die Verträglichkeit mit dem Wohnen verbessert.

6.2.3 Städtebauliche Planung

6.2.3.1 Planungs- und Gestaltungsaufgabe

Die städtebauliche Planung ist an gesetzliche Regelungen des Bundes und der Länder gebunden (s. 6.3 und 6.4). Dazu gehören das Bundesbaugesetz (BauGB), die Baunutzungsverordnung und die Landesbauordnungen. Darüber hinaus sind weitere Regelungen, wie z.B. zum Natur- und Landschaftsschutz und zum Schutz des Wassers zu beachten.

Aufgrund der Bedarfsplanung sind die Standorte der privaten und öffentlichen Einrichtungen, der Versorgungseinrichtungen und Versorgungstrassen, die Verkehrswege und die Freiräume festzulegen und zu gestalten. Dies ist eine verantwortungsvolle diffizile Aufgabe, die großes planerisches, gestalterisches und technisches Geschick erfordert. Die geplanten Neuordnungen sind nach kodifizierten Verfahrensregelungen zu entwickeln,

mit den Bürgern und Behörden zu erörtern und politisch beschließen zu lassen.

6.2.3.2 Planerische Grundanforderungen

Details der städtebaulichen Planung und der nachfolgenden Baugenehmigungen sind in den einzelnen Landesbauordnungen für die einzelnen Bundesländer geregelt (s. Abschn. 6.4). Gemeinden können örtliche Bauvorschriften als Ortssatzung erlassen.

So ist z.B. für Grundstücke wegen des Brandschutzes die Lage an einer befahrbaren öffentlichen Verkehrsfläche erforderlich, wobei für nicht befahrbare Wohnwege Ausnahmen gelten, wenn die Feuerwehrzufahrt möglich ist. Von anderen Gebäuden ist zur Belichtung und Besonnung sowie aus brandschutztechnischen Gründen ein bestimmter Abstand einzuhalten. Es sind auf Grundstücken mit mehr als zwei Wohnungen Kinderspielplätze und pro Wohnung mindestens ein Stellplatz so anzulegen, dass Kinder nicht gefährdet werden. Im Übrigen richtet sich die Anzahl der notwendigen Stellplätze nach dem zu erwartenden Verkehr, d.h., es können auch mehr verlangt werden. Anhaltswerte sind z.B. in der BW Verwaltungsvorschrift „Stellplätze" geregelt. Bei sehr guten ÖPNV-Verhältnissen (Erreichbarkeit, Linien, Leistungsfähigkeit, Attraktivität) kann die Zahl der notwendigen Stellplätze, z.B. in Baden-Württemberg bis auf 30% reduziert werden. Sollen zur Leitungsführung (z.B. Kanäle, Wasserleitungen) private Grundstücke in Anspruch genommen werden, ist dies zweckmäßig im Bebauungsplan festzusetzen. Handelt es sich um andere öffentlich-rechtliche Lasten, wie z.B. Fensterabstände, so ist dies in das Baulastenverzeichnis der Gemeinde als Belastung für das Grundstück einzutragen. Zur Gestaltung darf die Gemeinde örtliche Bauvorschriften als Ortssatzung erlassen (z.B. § 74 LBO BW, § 83 SächsBO, § 86 BauO NW). Als Gründe sind nur baugestalterische Absichten, Erhaltung schützenswerter Bauteile, Schutz bestimmter Bauten, Straßen, Plätze, Ortsteile von geschichtlicher, künstlerischer oder städtebaulicher Bedeutung und Schutz von Kultur- und Naturdenkmalen zulässig. Per Satzung können auch die Anzahl der notwendigen Stellplätze erhöht oder erniedrigt, Abstellplätze für Fahrräder verlangt, die Abfuhr von Boden verboten und stattdessen die Aufhöhung der Grundstücke verlangt sowie Anlagen zum Sammeln, Verwenden oder Versickern von Niederschlagswasser angeordnet werden. Die allgemeinen Gestaltungsvorschriften (§ 11 LBO BW, § 12 SächsBO, § 12 BauO NW) entbinden die Stadtplaner nicht von erheblichen Anstrengungen, denn die Gestaltungsvorschriften sollen nur eine Verunstaltung verhindern; das ist für die Stadtplanung zu wenig. Die örtlichen Bauvorschriften können zusammen mit einem Bebauungsplan als dessen Bestandteil beschlossen werden, was wegen des geregelten Verfahrens mit Bürgerbeteiligung zu empfehlen ist. Für Bauingenieure besonders wichtig sind die Vorschriften über den Bauleiter. Er ist dafür verantwortlich, dass die Bauausführung den öffentlich-rechtlichen Vorschriften und den Entwürfen des Planverfassers entspricht (§ 45 LBO BW, § 58 SächsBO, § 57 BauO NW).

6.2.3.4 Planerische Begrenzung der Grundstücksausnutzung

Das städtebaulich Gewollte bedarf neben gestalterischen Vorschlägen und Vorschriften auch einer Festsetzung der erlaubten Art und des Maßes der baulichen Nutzung. Dies erfolgt ebenfalls im Bebauungsplan aufgrund der Baunutzungsverordnung (BauNVO).

Die vielfältigen Formen baulicher Nutzung unter Berücksichtigung der von ihrer Benutzung ausgehenden Störungen erfordern eine Regelung, um die erlaubten Nutzungen vor Untersagungsansprüchen zu schützen und die gegenseitigen Störungen so gering wie möglich zu halten. Dazu sind die baulichen Nutzungsmöglichkeiten in Bauflächen und Baugebiete unterteilt und die darin allgemein oder im Ausnahmefall erlaubten Nutzungen aufgeführt. Zusätzlich wird ein Maß erlaubter Nutzung nach Gebietstypen festgelegt. Aus gestalterischen und technischen Gründen muss auch die Stellung der Gebäude auf dem Grundstück und zur seitlichen Grundstücksgrenze sowie die städtebauliche Bauweise festgesetzt werden.

Tabelle 6.2-1 zeigt die Bauflächen- und Baugebietstypen der BauNVO mit den Maßen der baulichen Nutzung. Dies sind die Grundflächenzahl GRZ, die angibt, welcher Anteil des Baugrundstücks überbaut werden darf, die Geschossflächenzahl GFZ, das Wievielfache des Baugrundstücks

als Geschossfläche (nach den Umfassungswänden) hergestellt werden darf, und die Baumassenzahl BMZ, die angibt, mit wie viel Kubikmetern pro Quadratmeter Baugrundstücksfläche bebaut werden darf. Die Baumassenzahl ist die einzige Zahl, die eine Dimension hat (m³/m²). Sie veranschaulicht die Höhe, mit der theoretisch 100% des Baugrundstücks überbaut werden dürften.

6.2.3.5 Ausführende der Stadtplanung

Die Stadtplanung erfolgt von dazu ausgebildeten und angestellten Stadtplanerinnen und Stadtplanern in Gemeinden oder in deren Auftrag von selbständigen oder angestellten Stadtplanerinnen und Stadtplanern in freien Büros. Bei der Planung und Ausführung von größeren Projekten können auch Unternehmen aus eigenem Interesse stadtplanerische Untersuchungen durchführen oder bei freien Büros in Auftrag geben, um die Bebauungsmöglichkeiten unabhängig von der Gemeinde zu prüfen und qualifizierte Vorschläge zu machen. Bei städtebaulichen Entwicklungsmaßnahmen (§ 165 ff. BauGB) und bei Sanierungsvorhaben sollen die Gemeinden aber die Bauleitplanung selbst übernehmen (§ 157 Abs. 2 BauGB).

6.2.4 Stadtentwicklungsplanung

6.2.4.1 Aufgaben

Die Stadtentwicklungsplanung ist die städtebauliche Grundsatzplanung für alle nachfolgenden Planungen. Sie ist überwiegend eine quantitative Planung. In ihr sollen die Probleme erkundet, Lösungsmöglichkeiten alternativ untersucht und entsprechende Maßnahmen für die nachfolgenden Planungen vorgeschlagen werden. Die Stadtentwicklungsplanung hat i. d. R. mindestens die zeitliche Reichweite des Flächennutzungsplanes, d. h. 15 Jahre, im Einzelfall mit Ausblick („Modellrechnung" unter bestimmten Annahmen) bis 25 Jahre.

6.2.4.2 Inhalte

Jede Stadtentwicklungsplanung (Köhl et al. 1998) muss mit einer Bevölkerungsvorausrechnung beginnen. Diese Untersuchung umfasst auch die einzelnen Stadtteile, wenn auch in einer der statisti-

Tabelle 6.2-1 Bauflächen und Baugebiete der BauNVO

Bauflächen		Baugebiete		GRZ	GFZ	BMZ
W	Wohnbauflächen	WS	Kleinsiedlungsgebiete	0,2	0,4	–
		WR	Reine Wohngebiete	0,4	1,2	–
		WA	Allgemeine Wohngebiete	0,4	1,2	–
		WB	Besondere Wohngebiete	0,6	1,6	–
M	Gemischte Bauflächen	MD	Dorfgebiete	0,6	1,2	–
		MI	Mischgebiete	0,6	1,2	–
		MK	Kerngebiete	1,0	3,0	–
G	Gewerbliche Bauflächen	GE	Gewerbegebiete	0,8	2,4	10,0
		GI	Industriegebiete	0,8	2,4	10,0
S	Sonderbauflächen	SO	sonstige Sondergebiete			
			Wochenendhausgebiete	0,2	0,2	–
			Ferienhausgebiete	0,4	1,2	–
			Campingplatzgebiete			
			Kurgebiete	0,8	2,4	10,0
			Gebiete für die Fremdenbeherbergung	0,8	2,4	10,0
			Ladengebiete	0,8	2,4	10,0
			Gebiete für Einkaufszentren	0,8	2,4	10,0
			Gebiete für großfl. Handelsbetriebe	0,8	2,4	10,0
			Gebiete für Messen	0,8	2,4	10,0
			Gebiete für Ausstellungen	0,8	2,4	10,0
			Gebiete für Kongresse	0,8	2,4	10,0
			Hochschulgebiete	0,8	2,4	10,0
			Klinikgebiete	0,8	2,4	10,0
			Hafengebiete	0,8	2,4	10,0

GRZ: Grundflächenzahl; GFZ: Geschossflächenzahl; BMZ: Baumassenzahl

schen Masse angepassten verringerten Tiefe. Auf dieser Basis können Überlegungen zum Erwerbspersonenpotential angestellt werden, denen volkswirtschaftliche Überlegungen zur künftigen regionalen Wirtschaftsstruktur und ihren örtlichen Auswirkungen anzuschließen sind.

Aufgrund von empirisch gestützten Annahmen zum künftigen Haushaltsbildungsverhalten können die künftigen Haushalte berechnet und unter Berücksichtigung von Eigentums- und Bauformen die benötigten zusätzlichen Wohnungen als Differenz zum Bestand ermittelt werden. Mit Hilfe von Annahmen über die Bebauungsdichte, die zugehörigen Erschließungsflächen und die Folgeflächen, lässt sich der Baulandbedarf berechnen. Künftiger Wohnungsbestand und Einwohnerentwicklung hängen so eng zusammen, dass sie auch zusammen berechnet werden müssen.

Entsprechend der Altersgliederung der Bevölkerung wird dann die benötigte Platzkapazität der einzelnen Einrichtungen berechnet, wie Kinderkrippen, Kindergärten und Schulen aller Arten und für alle Klassenstufen.

Aus dem Erwerbspersonenpotential (Personen zwischen 15 und 65 mit nach Alter unterschiedlichem Anteil der Geschlechter) können Rückschlüsse auf die künftig benötigten Arbeitsplätze gezogen werden. Der Bedarf an Bauflächen für Arbeitsplätze ist wegen der außerordentlich heterogenen Nachfragestruktur bei Industrie und Dienstleistungen nicht in gleicher Weise wie bei den Wohnungen ermittelbar. Rechenverfahren der Praxis sind eher Abschätzungen unter vereinfachenden Annahmen.

Für alle Altersstufen ist über Sport- und Freizeitkonzepte und ihre Auswirkungen auf den Bedarf an Anlagen und Einrichtungen nachzudenken (Sportstättenentwicklungsplanung, z. B. Köhl/ Bach 1998; 2006); die Betrachtung nur des Vereinssports vernachlässigt, je nach Stadtgröße, mehr als die Hälfte der sportlich aktiven Bevölkerung. Den öffentlichen Einrichtungen der Bildung und Ausbildung gelten weitere Überlegungen.

Dem Einzelhandel in seinen vielfältigen Formen und seinen Funktionen an unterschiedlichen Standorten ist ein besonderes Kapitel zu widmen.

Nicht zu vergessen sind Dimensionierungsüberlegungen zum Friedhofsbedarf, welche die unterschiedlichen Bestattungsarten und Liegezeiten, den Gräberrücklauf sowie den sehr weit streuenden spezifischen Flächenbedarf der Gräberarten berücksichtigen.

Alle Anlagen und Einrichtungen an verschiedenen Standorten sind verkehrlich zu erschließen, so dass ein Gesamtverkehrsplan im Vorfeld eines Flächennutzungsplanes erforderlich wird.

Innerhalb der Stadtentwicklungsplanung kann es vielfältige Sonderplanungen geben, z. B. zum Stadtklima, zu Gestaltungsaspekten, zu öffentlichen Plätzen, zur Abfallwirtschaft, zu Bildung und Kultur, zum Sport, zum Denkmalschutz oder zum Gewerbebereich.

6.2.4.3 Übergreifende oder sektorale Bearbeitung

Die fachliche Breite der Stadtentwicklungsplanung verlangt die Einschaltung von Fachleuten für die einzelnen Spezialgebiete. Diese sind jedoch in unterschiedlichstem Umfang miteinander vernetzt, sodass die Stadtentwicklungsplanung von der Stadtverwaltung koordiniert werden muss.

6.2.5 Ablauf der Bauleitplanung

6.2.5.1 Ziel und Zweck

Mit Hilfe der Bauleitplanung sollen die bauliche Nutzung und die nichtbauliche Nutzung der Grundstücke in der Gemeinde vorbereitet und geleitet werden (§ 1 BauGB). Da es unterschiedliche Nutzungsansprüche an die gleiche Fläche geben kann, ist der dadurch auftretende Konflikt nur durch eine Planung zu beheben, die für alle Interessenten verbindlich wird. Nicht alle Wünsche können erfüllt werden. Zuständig für diese Ordnung und Leitung ist die Gemeinde (s. 6.2.4). Sie hat eine Planung vorzulegen, in der die voraussichtlichen Bedürf-

nisse berücksichtigt sind. Darunter ist, je nach Planungsstufe, ein Zeitraum von 15 (Flächennutzungsplan) bis 5 Jahren (Bebauungsplan) gemeint. Im Fall des Vorhabens- und Erschließungsplans kann der Zeitraum auch noch kürzer sein.

6.2.5.2 Flächennutzungsplan

Innerhalb der zweistufigen Bauleitplanung ist der Flächennutzungsplan als vorbereitender Bauleitplan die erste Stufe, die im Unterschied zu den nachfolgenden Bebauungsplänen das ganze Gemeindegebiet oder mehrere Gemeinden umfassen muss. Der Flächennutzungsplan stellt die Art der beabsichtigten Nutzung (Bebauung, Freiflächen, Verkehrsflächen) in groben Zügen dar. Er muss sich an die Ziele der Raumordnung (siehe 6.1.5.4) anpassen. Seine zeitliche Reichweite sollte etwa 15 Jahre umfassen. Gibt es einen beschlossenen Stadtentwicklungsplan oder andere Rahmenplanungen, muss der Flächennutzungsplan diese berücksichtigen.

Bei der Flächennutzungsplanung kommt es auf die Flächendimensionierung, die Standortwahl, die Zuordnung der Flächen unterschiedlicher Nutzung und deren jeweilige Erschließung an. Dabei sind die natürlichen Gegebenheiten, das vorhandene Klima und dessen mögliche Veränderung durch Bebauung sowie gestalterische Gesichtspunkte zu berücksichtigen. Anlage bzw. Ergänzungen des Stadtgrundrisses haben eine außerordentlich lange Lebensdauer und lassen sich nur schwer verändern. Viele Städte in Deutschland beruhen auf einer römischen Stadtanlage, in anderen Ländern sind die ersten Anlagen noch älter (Hotzan 1997).

Der Flächennutzungsplan (FP) wird auf einer Kartengrundlage im Maßstab 1:10 000 bis 1:50 000 (s. Kapitel 1, Raumordnung) mit Höhenlinien dargestellt. Da der FP nur die Behörden bindet, macht er keine Aussagen über Grundstücke und sollte deshalb keine Parzellen enthalten, um Interpretationskonflikte von vornherein zu vermeiden. Darum sollte auch der Maßstab 1:5 000 vermieden werden. Geländeneigung und Richtung (Exposition) sind für die Planung außerordentlich wichtig, weil sich daraus z. B. der Aufwand für die Wasserversorgung (Druckzonen) und den Straßen- und Kanalbau ablesen lässt. Die Himmelsrichtung der Hänge entscheidet über das Kleinklima und die Besonnung und damit den späteren Energieaufwand (Solarenergienutzung), die Höhenunterschiede und die Geologie auf dem Grundstück über die Baukosten.

Die Zuordnung der Flächen sollte in der Reihenfolge ihres Störpotentials bzw. ihres Schutzbedarfes erfolgen. Dies ist i. d. R. die Reihenfolge Gewerbebauflächen (GI, GE) – Gemischte Bauflächen (MK, MI/MD) – Wohnbauflächen (WA, WR, WS), jeweils unter Berücksichtigung der Führung der übergeordneten Verkehrswege. Die Sonderbauflächen sind entsprechend einzuordnen.

Alle baulich genutzten Flächen benötigen eine verkehrliche Erschließung und ausreichende Verkehrskapazitäten für den motorisierten Individualverkehr und den öffentlichen Personennahverkehr. Dies muss zusammen mit der Standortentscheidung überlegt werden (Integrierte Verkehrsplanung).

Durch eine bauliche Nutzung erfolgt ein Eingriff in die Landschaft sowie die natürlichen Verhältnisse von Flora und Fauna. Die dadurch bewirkte Einschränkung muss durch entsprechende Ausgleichsflächen oder Maßnahmen innerhalb des Flächennutzungsplanes kompensiert werden (§ 1a BauGB).

Flächennutzungspläne können auch gemeinsam mit mehreren benachbarten Gemeinden, z. B. in einem Nachbarschaftsverband (§§ 204 ff. BauGB) oder als regionaler Flächennutzungsplan nach § 8 Abs. 4 ROG aufgestellt werden.

6.2.5.3 Städtebauliche Rahmenpläne

Der Maßstabssprung zwischen dem Flächennutzungsplan und den Bebauungsplänen (1:500 bis 1:1 000) ist so groß, dass sich wichtige städtebauliche Rahmenbedingungen anhand des Flächennutzungsplanes allein nicht festlegen lassen. Dies kann für die feinere Nutzungsstaffelung, die städtebauliche Gestaltung oder die Erschließung gelten. Deshalb empfiehlt es sich in kritischen Fällen, einen städtebaulichen Rahmenplan im Maßstab 1:5 000 anzufertigen.

6.2.5.4 Bebauungspläne

Mit Bebauungsplänen (BP) als verbindlichen Bauleitplänen werden Art und Maß der baulichen Nutzung in einem begrenzten Bereich des Gemeindegebietes festgesetzt. Ein Anhaltspunkt für die Gebiets-

größe ist z. B. bei Neubaugebieten eine Bebauung innerhalb von etwa 5 Jahren. Bebauungspläne sind aus dem Flächennutzungsplan zu entwickeln. Im Einzelfall können beide parallel geändert bzw. aufgestellt werden.

Vereinfachte Regelungen sind für Bebauungspläne in Innenbereichen in das BauGB eingefügt worden (Innenentwicklung, § 13a). Damit soll die Bebauung von Baulücken unkomplizierter möglich sein, um die Freiflächen im Außenbereich zu schonen und, angesichts der abnehmenden Bevölkerung, die Konzentration der Bebauung auf den Kern der Gemeinden zu unterstützen.

Die Art der baulichen Nutzung ergibt sich aus dem Baugebietstyp, das Maß aus den Nutzungsziffern der Baunutzungsverordnung.

Der Bebauungsplan wird auf einer Kartengrundlage mit Höhen(linien) und Parzellen im Maßstab 1:500 bis 1:1 000 entworfen. Die Parzelleneinteilung ist für die Festsetzung des Geltungsbereiches (äußere Grenze), für die Ermittlung der Eigentümer und für die nach dem Satzungsbeschluss folgende Neuordnung der Grundstücke (Umlegung, s. Abschn. 6.2.6.2.) erforderlich. Der Bebauungsplan setzt keine neuen Grundstücksgrenzen fest (Ausnahme: Verkehrsflächen innerhalb der Straßenbegrenzungslinie), so dass solche Einzeichnungen unterbleiben sollten. Er kann aber die Mindestmaße (z. B. aus Gründen des Landschaftsschutzes) oder die Höchstmaße (z. B. zum schonenden Umgang mit Grund und Boden) festsetzen (§ 9 Abs. 1 Nr. 3 BauGB).

Erforderliche Angaben im Bebauungsplan für Bauflächen sind die Art und das Maß der baulichen Nutzung GRZ, GFZ, Zahl der Vollgeschosse Z bzw. Höhe H. In Gewerbegebieten und Sondergebieten wird anstelle von GFZ und Z die BMZ benutzt (s. Tabelle 6.2-1). Erforderlich sind Angaben, ob die Gebäude mit oder ohne Grenzabstand gebaut werden sollen (offene oder geschlossene Bauweise), welche Grundstücksflächen überbaubar sein sollen (meist durch Angabe von Baulinien, auf welche die Wand gesetzt werden muss, und Baugrenzen, bis an die gebaut werden kann) und über die Stellung der Gebäude zur Erschließungsanlage (Zeilenbebauungsweise = senkrecht zur Straße, Reihenbebauungsweise = parallel zur Straße). Schließlich sind die Verkehrsflächen durch Angabe der umschließenden Straßenbegrenzungslinien festzusetzen.

Es ist möglich, anstelle einer in Straßengesetzen vorgeschriebenen Planfeststellung für Straßen zur Erlangung von Baurechten, einen Bebauungsplan aufzustellen. Das hat u. a. den Vorteil, dass der Gemeinderat das Verfahren in der Hand hat und eine bessere Abstimmung mit den städtebaulichen Belangen durch Einbeziehung der Randbereiche vornehmen kann. In der Regel erwirbt dann die Gemeinde in Abstimmung mit der Straßenbauverwaltung die Grundstücke. Im Unterschied zur Planfeststellung verliert ein Bebauungsplan nicht durch Zeitablauf seine Gültigkeit.

6.2.5.5 Vorhaben- und Erschließungsplan

Wenn ein Bauvorhaben zusammen mit der Erschließung von einem Bauträger innerhalb einer bestimmten Frist realisiert werden soll, kann auf der Grundlage eines Vorhabens- und Erschließungsplans ein vorhabenbezogener Bebauungsplan aufgestellt werden (§ 12 BauGB). Die Gemeinde ist dabei nicht an die Festsetzungen nach § 9 BauGB und nach der BauNVO gebunden.

6.2.6 Erschließung und Bodenordnung

6.2.6.1 Städtebauliche Erschließung

Baugrundstücke müssen an das Verkehrs- und Versorgungsnetz angeschlossen werden. Ein Baugrundstück darf erst bebaut werden, wenn zum Zeitpunkt der Inbetriebnahme die Erschließung gesichert ist. Dazu gehören: Anschluss an eine befahrbare Straße, an Wasserversorgung und Kanalisation, an Strom, evtl. an Gas und Fernwärme und an Abwasser und Abfallabfuhr.

Der Erschließung ist zunächst eine planerische Netzvorstellung in Verbindung mit der geplanten Bebauung und ihrer Nutzung (Ziel- und Quellverkehr) zugrunde zu legen (s. Tabelle 6.2-2) (EAE 85, RAST). Von der Netzform in Verbindung mit Umfang und Art der Nutzung hängt die Verkehrsqualität des Baugebietes entscheidend ab. Auch über die Flexibilität der Nutzungsmöglichkeiten wird mit dem Netz entschieden. Sodann ist über die Wegequerschnitte und ihre Gestaltung, die Kanalisation (Trenn- oder Mischsystem, Regenwasserversickerung usw.), die Wasserleitungsnetze und die Strom- und Gasleitungsnetze unter Bau- und Betriebsgesichtspunkten

zu entscheiden. Die Lage der Leitungen in Höhe und Zuordnung nebeneinander folgt bestimmten technischen Regeln. Die geschickte Unterbringung im Querschnitt und der koordinierte Bau der Leitungen entscheiden über die Höhe der Erschließungskosten. Für zweckmäßige und kostengünstige Erschließungsanlagen sind die Bauingenieure verantwortlich.

Zu den Erschließungsanlagen gehören die öffentlichen Straßen, Wege und Plätze, die Fuß- und Wohnwege, die Parkflächen und Grünanlagen als Bestandteile der Straßen und Plätze sowie Schallschutzwälle und Schallschutzwände einschließlich der Grundstücksflächen. Die Erschließungsanlagen sind Bestandteil des Bebauungsplanes. Er ist die Rechtsgrundlage für den Bau der Erschließungsanlagen. Sie sollen bis zur Fertigstellung der baulichen Anlagen benutzbar sein. Ihre Funktionsfähigkeit zu diesem Zeitpunkt ist eine Vorbedingung für eine Baugenehmigung.

Die Erschließungskosten werden in beitragsfähige und nicht beitragsfähige unterteilt. Der beitragsfähige Anteil wird nach einem zweckmäßigen, verursachergerechten Maßstab (Grundstücksbreite an der Erschließungsanlage, Grundstücksfläche, Art und Maß der baulichen Nutzung oder Kombinationen) auf die Grundstücke verteilt. Die nicht beitragsfähigen Kosten werden i. d. R. von den Anliegern teilweise als Beiträge (Baukostenzuschüsse) und teilweise als laufende Gebühr mit der Benutzung der Anlagen (z. B. als Zuschlag zur Wasser- und Abwassergebühr) erhoben.

6.2.6.2 Bodenordnung

Die vorhandenen Grundstücke sind nach Lage zur Erschließungsanlage, Abmessungen und Zuschnitt i. d. R. nicht zur Bebauung geeignet. Für den Bau der Erschließungsanlagen und der örtlichen Regenklär- und Regenüberlaufbecken sowie die erforderlichen Ausgleichsmaßnahmen für Erschließungsanlagen werden Grundstücksflächen benötigt. Die benötigten Flächen werden abzüglich der vorhandenen öffentlichen Wegeflächen anteilig auf die Grundstückseigentümer im Gebiet des Bebauungsplanes „umgelegt", sodass sich die Grundstücke nach der Umlegung um den entsprechenden Anteil verkleinert haben. Die Beschaffung der benötigten Grundstücksflächen und die Zuteilung der Baugrundstücke können auch über eine Umlegung

Tabelle 6.2-2 Vor- und Nachteile typischer Netzformen für große Wohngebiete (EAE 85)

	Vorteile	Nachteile
a Rasternetz	– kurze Wege für alle Verkehrsarten – Flexibilität bei Störungen – gleich gute Erreichbarkeit der Grundstücke – viele Netzelemente für ÖV geeignet – gleichmäßige Verteilung der Verkehrsbelastungen – abschnittsweiser Ausbau einfach – einfach Orientierung – Eck- und Platzbildung möglich	– Verteilung des Kraftfahrzeugverhehrs schwer zu beeinflussen – gebietsfremder Kraftfahrzeugverker nicht auszuschließen – bevorrechtigte Führung des ÖV erfordert Hierarchisierung – zahlreiche Überschneidungen zwischen Fahrbahnen und Wegen – Bei geringer Maschenweite aufwendige Doppelerschließung
b achsiales Netz	– direkte Straßenführung – günstige Verbindung mit der Umgebung mit derm Wegenetz – günstige Erschließung durch Linienbusse möglich – einfache Orientierung	– schwierige Zuordnung zentraler Einrichtungen zur Bebauung – Trennwirkung der zentralen Sammelstraße, städtebaulich und für nicht motorisierte Verkehrsteilnehmer – gebietsfremder Kraftfahrzeugverkehr bei beidseitigem Anschluss nicht auszuschließen
c Verästelungsnetz	– straßenbegleitende Geh- und Radwege leicht zu vermaschtem Netz ergänzbar – in Teilbereichen günstige Verbindung mit der Umgebung über das Wegenetz – gebietsfremder Kraftfahrzeugverkehr auf der Sammelstraße i. d. R. nicht möglich	– lange Wege im Binnenverkehr mit Kraftfahrzeugen – Verkehrskonzentrationen im Verküpfungsbereich Sammelstraße/höherrangige Straße nicht auszuschließen – Erschließung durch Linienbusse ungünstig
d Innenringnetz	– Erschließung zentraler Einrichtungen über Sammelstraßen – fahrverkehrsfreie Zone im zentralen Bereich möglich – günstige Verbindung mit der Umgebung über das Wegenetz – Erschließung durch Linienbusse günstig (zweiseitiges Einzugsgebiet)	– Trennwirkung der Sammelstraße zwischen Wohnbereichen und Zentrum – starke Verhehrskonzentrationen im Bereich des Zentrums zu erwarten – geringe Knotenpunktabstände an Sammelstraße – gebietsfremder Kraftfahrzeugverkehr bei mehrfachem Anschluss nicht auszuschließen
e Außenringnetz	– straßenbegleitende Geh- und Radwege leicht zu vermaschtem Netz ergänzbar – Erschließung des zentralen Bereichs durch zusammenhängendes Wegenetz – Randlage der stark belasteten Sammelstraße	– Erschließung der zentralen Einrichtungen im Kraftfahrzeugverkehr nur über Anliegerstraße – Trennwirkung der Sammelstraße zur Umgebung – lange Wege im Binnenverkehr mit Kraftfahrzeugen – Erschließung durch Linienbusse ungünstig (einseitiges Einzugsgebiet) – gebietsfremder Kraftfahrzeugverkehr mich auszuschließen – unwirtschaftliche periphere Erschließung

═══ Hauptverkehrsstraße ········· wichtige Geh- und Radwege

─── Sammelstraße – · □ – Straßenbahn/Stadtbahn

nach Wert erfolgen. Insgesamt dürfen für die öffentlichen Flächen und die mit der Umlegung verbundenen Vorteile für die Grundstückseigentümer bei erstmals erschlossenen Gebieten maximal 30% (sonst 10%) der Altflächen abgezogen werden.

Die Umlegung erfolgt in einem besonderen Verfahren (gesetzliche oder freiwillige Bodenordnung) mit Hilfe eines Umlegungsplanes, der erst nach Inkrafttreten des Bebauungsplanes beschlossen werden kann. Erst ab diesem Zeitpunkt existieren im Gebiet des Bebauungsplans übereinstimmende Baugrundstücke und Katastergrundstücke.

Die möglichst einvernehmliche Regelung der Grundstücksneuordnung zwischen Gemeinde und Eigentümern erfordert eine gewisse Flexibilität bei der Gestaltung des Bebauungsplanes. Im Umlegungsverfahren ergeben sich häufig Hemmnisse für die zügige Umsetzung des Bebauungsplanes infolge Unzufriedenheit mit den Festsetzungen; sie sind nicht zu unterschätzen. Deshalb verlangen viele Gemeinden mit Erfolg die freiwillige vollständige Übertragung aller Grundstücke vor Beginn des Bebauungsplanverfahrens auf die Gemeinde gegen Rückgabegarantie, wenn die Grundstücke anschließend zügig bebaut werden (sonst Rückübertragung auf die Gemeinde). Andernfalls werden nicht bebaubare Ersatzgrundstücke zugeteilt. Für Bebauungsplanverfahren und Umlegungsverfahren hat das große Vorteile, weil die Gemeinde diese mit sich selbst als einziger Beteiligten abwickelt. Auch kann so das Horten unbebauter Grundstücke weitgehend unterbunden werden.

Die Umlegung ist Aufgabe der Vermessungsingenieure.

6.2.7 Stadtsanierung und Städtebauliche Entwicklung

6.2.7.1 Stadtsanierung

Im Laufe der Zeit können in bestimmten Gebieten städtebauliche Missstände auftreten, die nur durch eine gemeinsame und grundlegende Sanierung zu beheben sind. Missstände liegen in schlechten Besonnungs- und Belichtungsverhältnissen, schlechter Bausubstanz, schlecht zugänglichen Grundstücken, unverträglicher Mischung von Wohnen und Arbeiten, Lärmeinwirkungen von benachbarten

Grundstücken, unzureichender Erschließung oder schlechter Ausstattung mit Grünanlagen. Dies ist in einer vorbereitenden Untersuchung zu ermitteln (§ 141 BauGB). In ihr sind die Ziele der Sanierung festzulegen sowie darzulegen, welche nachteiligen Auswirkungen sich auf die Lebensverhältnisse der Bewohner und Betriebsinhaber ergeben und wie dem abgeholfen werden soll.

Das Sanierungsgebiet wird in einer förmlichen Gemeindesatzung vom Gemeinderat beschlossen, mit der Folge, dass in das Grundbuch ein entsprechender Vermerk eingetragen wird. Er soll verhindern, dass wertsteigernde Maßnahmen oder Rechtsänderungen (z. B. grundbuchliche Absicherung von Krediten) ohne Abstimmung mit dem Sanierungskonzept erfolgen. Deshalb sind alle Änderungen der rechtlichen und baulichen Verhältnisse nur mit Zustimmung der Gemeinde möglich. Meistens werden Grundstücke auf die Gemeinde übertragen. Sie sollen nach Abschluss der Sanierung wieder privatisiert werden. Die rentierlichen Kosten der Sanierung werden über die Umlegung des Sanierungsvorteils durch die Eigentümer und die unrentierlichen durch die Gemeinde sowie durch staatliche Zuschüsse gedeckt.

Die Sanierung ist auch vom Verfahren her sehr aufwendig und benötigt einen langen Atem. Sie kann nur Erfolg haben, wenn die Eigentümer und Bewohner zur weitgehenden Mitarbeit überzeugt werden können. Da es sich nicht um eine Routineaufgabe handelt, für die das entsprechende Fachpersonal vorhanden ist, werden häufig Sanierungsträger förmlich beauftragt, an Stelle der Gemeinde, aber in enger Abstimmung mit ihr zu handeln. Der Sanierungsträger kann auch eine kommunale Wohnungsbau- oder Sanierungsgesellschaft sein.

6.2.7.2 Städtebauliche Entwicklungsmaßnahmen

Liegt für ein Bauvorhaben oder einen Bereich nach Umfang, Zeitablauf, Ziel und Zweck ein besonderes öffentliches Interesse vor, so kann anstelle eines normalen Bebauungsplanes eine städtebauliche Entwicklungsmaßnahme nach § 165 ff. BauGB gewählt werden. Zuvor ist eine vorbereitende Untersuchung erforderlich. Für städtebauliche Entwicklungsmaßnahmen gelten besondere Regelungen bezüglich des Verfahrens, des Grunderwerbs und zur Kostentragung, sodass sie zügig durchgeführt werden können.

6.2.7.3 Städtebauliche Erhaltung

Für bestimmte Bereiche kann ein besonderes öffentliches Interesse an der Erhaltung oder der gezielten Änderung vorliegen. Bauliche Anlagen müssen allein oder im Zusammenhang das Ortsbild oder die Stadtgestalt oder das Landschaftsbild prägen oder von besonderer geschichtlicher oder künstlerischer Bedeutung sein. Die Gemeinde kann deshalb eine Erhaltungssatzung mit entsprechenden Auflagen für Bauten, Eigentumswechsel u. a. beschließen (§ 172 ff. BauGB).

6.2.8 Fach- und Sektoralplanungen

6.2.8.1 Landschaftsplanung

Zur Vorbereitung eines Flächennutzungsplanes, bei Bebauungsplänen und für die fachliche Festlegung von Ausgleichsmaßnahmen für Eingriffe in Natur und Landschaft sind Landschaftspläne erforderlich. Bei der Vorbereitung der Flächennutzungsplanung werden die geologischen und bodenkundlichen Verhältnisse, die siedlungsgeschichtliche Entstehung, die natürlichen Verhältnisse von Flora und Fauna einschließlich der potentiellen Vegetation, charakteristische Merkmale des Landschaftsbildes, die Flächennutzung und die klimatische Situation erhoben. Auf dieser Grundlage sind in Plänen und Texten die Auswirkungen von Veränderungen abzuschätzen („Umweltverträglichkeitsprüfung").

Für Bebauungspläne oder im Zusammenhang mit Sanierungsmaßnahmen werden Grünordnungspläne erarbeitet, welche die landschaftsgerechte Einbindung des Baugebietes und die Bemessung und Gestaltung der städtischen Grün- und Freiflächen zum Ziel haben.

Die Landschaftsplanungen erfolgen durch Landespfleger oder durch Landschaftsarchitekten.

6.2.8.2 Verkehrsplanung

Bauleitplanungen können nicht ohne Verkehrsplanungen durchgeführt werden. Bei der Vorbereitung des Flächennutzungsplans ist ein Gesamtverkehrs-

plan erforderlich (vgl. Hinweise 1995). In ihm werden die Verkehrsbedürfnisse und die Möglichkeiten zu ihrer umweltschonenden Erfüllung untersucht.

Für neue Baugebiete muss ermittelt werden, ob und wie ihre Verkehrsbedürfnisse mit den vorhandenen Kapazitäten befriedigt werden können. In jedem Fall ist zu prüfen, ob neue Baugebiete auch gut vom öffentlichen Nahverkehr erschlossen werden können. In letzter Zeit hat sich auch öfter der umgekehrte Fall ergeben, dass ein gutes Nahverkehrsnetz attraktive Standortmöglichkeiten für neue Baugebiete eröffnete (z. B. Stadtbahn Karlsruhe).

Auch bei städtebaulich gewünschter Umgestaltung von Verkehrsanlagen ist die Verkehrsplanung hinzuzuziehen, damit ein geordneter Verkehrsablauf gewährleistet bleibt.

Bei der Errichtung von größeren Bauvorhaben der Wirtschaft, des Handels oder des öffentlichen Bereichs muss durch vorhergehende Verkehrsuntersuchungen sichergestellt werden, dass der Standort zu den erforderlichen Zeiten auch erreichbar ist. Das kann nicht durch Blick auf den Lageplan entschieden werden. Es ist auch sicherzustellen, dass durch den neuen Verkehrserzeuger nicht an anderen Stellen des Verkehrsnetzes und der vorhanden oder der geplanten Nutzungen unzumutbare Verhältnisse eintreten. Planungen von Großvorhaben ohne integrierte Verkehrsplanung sind deshalb im städtebaulichen Sinne unvollständig.

Verkehrsplaner sind i. d. R. Bauingenieure mit Vertiefung in Raum- und Infrastrukturplanung oder Verkehrsplanung.

6.2.9 Aufstellungsverfahren

6.2.9.1 Aufstellungsverfahren

Für die Aufstellung der Bauleitpläne muss ein genau geregeltes Verfahren eingehalten werden (§§ 2 – 4 BauGB). Die rechtlich vorgegeben Schritte können von den Gemeinden durch informelle Schritte ergänzt werden. Bestandteil des Aufstellungsverfahrens ist die Erarbeitung der notwendigen Planunterlagen durch Stadtplaner und Sonderfachleute. Bestandteile der Aufstellungsverfahren sind die Eröffnung (Aufstellungsbeschluss) mit Festlegung des räumlichen Geltungsbereiches. Ihr folgt die Erarbeitung eines Entwurfes und seine Billigung durch den Gemeinderat oder den zuständigen Ausschuss. Danach kann die Beteiligung der Träger öffentlicher Belange erfolgen (i. d. R. mehr als 50) und die Öffentlichkeit informiert werden (vorgezogene Bürgerbeteiligung, meist mit öffentlicher Erläuterung der Planung und deren Diskussion oder schriftliche Information). Danach ist meistens der Entwurf zu überarbeiten, bevor der Gemeinderat den Auslegungsbeschluss fassen kann. Es folgt die öffentliche Auslegung des beschlossenen Bauleitplanes auf die Dauer von genau einem Monat (rechtliche Frist, einzige rechtlich wirksame Möglichkeit für die Bürger, Anregungen schriftlich einzureichen). Nach deren Abschluss werden die eingegangenen Anregungen von den Stadtplanern geprüft und ggf. in den Plan eingearbeitet. Sind sie so umfangreich, dass von einer wesentlichen Änderung gesprochen werden kann, muss der Plan neu ausgelegt werden. Mit dem Beschluss des Gemeinderates über die nicht berücksichtigten Anregungen und den so festgestellten Planungsstand ist das Aufstellungsverfahren beendet (Satzungsbeschluss). Gibt es danach keine rechtlich relevanten Beanstandungen durch die Aufsichtsbehörde, wird der Plan nach Veröffentlichung des Datums des Inkrafttretens rechtswirksam. Der Plan insgesamt oder einzelne Regelungen können noch von Betroffenen verwaltungsgerichtlich angefochten werden.

6.2.9.2 Genehmigungen und Einflussnahme

Auch während der Planaufstellung können Baugenehmigungen erteilt werden, wenn die Planung sich „verfestigt" hat, d. h., wenn der Plan ohne Anregungen ausgelegt worden ist und die Funktionsfähigkeit der geplanten Erschließungsanlagen zum Zeitpunkt der Inbetriebnahme gesichert ist.

Jeder Bürger kann im Vorfeld einer Planung direkt durch private oder öffentliche Äußerungen und Anregungen oder während der Planaufstellung auf die Planung Einfluss nehmen. Die wichtigsten Zeitpunkte sind, neben der Anregung einer Planung, die vorgezogene Bürgerbeteiligung und die öffentliche Auslegung.

6.2.9.3 Aktuellerhaltung

Die Veränderungen im Gemeindegebiet müssen laufend erfasst werden, um rechtzeitig den Verän-

derungs- und Aktualisierungsbedarf bei städtebaulichen Plänen oder Handlungsbedarf zur Unterbindung unerwünschter Entwicklungen zu erkennen. Notwendige Ergänzungen und Änderungen schlagen sich in Änderungen des Flächennutzungsplanes sowie in Änderungen von Bebauungsplänen oder in deren Neuaufstellungen nieder.

Literaturverzeichnis Kap. 6.2

Albers G (1994) Städtebau. In: Handwörterbuch der Raumordnung. pp 875-876

Albers G (1994) Stadtentwicklung. In: Handwörterbuch der Raumordnung. pp 877–884

Albers G, Papageorgiou-Venetas A (1984) Stadtplanung. Entwicklungslinien 1945–1980. 2 Bde. Wasmuth, Tübingen

v Arnim A, Schlotterbeck K (1997) Landesbauordnung für Baden-Württemberg (LBO). Textausgabe mit neuer Garagenverordnung, Nebenbestimmungen und Stichwortverzeichnis. 4. Aufl. Boorberg, Stuttgart

Baugesetzbuch (BauGB) (2006) zuletzt geändert durch das GeROG vom 22.12.2008 (BGBl T I Nr. 65 pp 2986)

Baunutzungsverordnung (BauNVO) in der Fassung der Bekanntmachung vom 23.01.1990 (BGBl. I, S. 132, geänd. d. G. v. 22.4.1993, BGBl T I, pp 466)

Baumeister R (1876) Stadterweiterungen in technischer, baupolizeilicher und wirtschaftlicher Beziehung. Ernst & Korn, Berlin

v Böventer E, Hampe J (1988) Ökonomische Grundlagen der Stadtplanung. Eine Einführung in die Stadtökonomie. Akademie für Raumforschung und Landesplanung (ARL), Hannover

Braam W (1993) Stadtplanung. Aufgabenbereiche, Planungsmethodik, Rechtsgrundlagen. Werner, Düsseldorf

Demografischer Wandel in Deutschland 1 (2007) Bevölkerungs- und Haushaltsentwicklung im Bund und in den Ländern. Hrsg. Statistische Ämter des Bundes und der Länder. Wiesbaden

EAE 85 (1985) Empfehlungen für die Anlage von Erschließungsstraßen. Forschungsgesellschaft für Straßen- und Verkehrswesen. Kirschbaum, Bonn

Fickert HC, Bork G (1995) Die neue Bauordnung für das Land Nordrhein-Westfalen. Deutscher Gemeindeverlag, Köln

Flächennutzungsplan Berlin (1994) Senatsverwaltung für Stadtentwicklung und Umweltschutz. 2. Aufl. Berlin

Flächennutzungsplan Stadt Leipzig (1993) Entwurf. Dezernat für Stadtentwicklung und Raumplanung der Stadt Leipzig

Gelzer K, Birk H-J (1991) Bauplanungsrecht. Schmidt, Köln

Göderitz J (1955) Städtebau. In: Schleicher F (Hrsg) Taschenbuch für Bauingenieure. Bd. II. 2. Aufl. Springer, Berlin, pp 851–898

Grundriss der Stadtplanung (1983) Akademie für Raumforschung und Landesplanung ARL. Vincentz, Hannover

Handwörterbuch der Raumforschung und Raumordnung (1970) Akademie für Raumforschung und Landesplanung (ARL). 3 Bde. Jänecke, Hannover

Handwörterbuch der Raumordnung (1994) Akademie für Raumforschung und Landesplanung (ARL). Verlag der ARL, Hannover

Hinweise zu einer stadtverträglichen Verkehrsplanung. Forschungsgesellschaft für Straßen- und Verkehrswesen (1996), Köln

Hotzan, J (1997) dtv-Atlas Stadt. Von den ersten Gründungen bis zur modernen Stadtplanung. 2. Aufl. DTV, München

Köhl W (1994) Verkehrsvermeidung durch Stadt- und Landesplanung? Verkehrsvermeidung (1994), pp 17–24

Köhl W, Heidemann C, Engelke D, Budau E-M, Stöckner U, Beck T (1998) Stadtentwicklungsplan Gaggenau 2015. Institut für Städtebau und Landesplanung/Institut für Regionalwissenschaft, Universität Karlsruhe

Köhl W, Bach L (1998) Sportentwicklungsplan Buchholz. Reutlingen und Nürnberg

Köhl W, Bach L (2006) Kommentar zum Leitfaden für die Sportstättenentwicklungsplanung. Köln. Sport & Buch Strauß, Köln

Müller-Ibold K (1996a) Einführung in die Stadtplanung. Bd. 1: Definitionen und Bestimmungsfaktoren. Kohlhammer, Stuttgart

Müller-Ibold K (1996b) Einführung in die Stadtplanung. Bd. 2: Leitgedanken, Systeme und Strukturen. Kohlhammer, Stuttgart

Müller-Ibold K (1997) Einführung in die Stadtplanung. Bd. 3 Methoden, Instrumente und Vollzug. Kohlhammer, Stuttgart

Pfeiffer U, Aring J (1993) Stadtentwicklung bei zunehmender Bodenknappheit. Wüstenrot Stiftung. DVA, Stuttgart

Schleicher F (Hrsg) (1955) Taschenbuch für Bauingenieure. 2 Bde. 2. Aufl. Springer, Berlin

Schlotterbeck K, Büchner H, Musall P, Kleffner M (1993) Sächsische Bauordnung. Ergänzbarer Kommentar und systematische Sammlung der bauordnungsrechtlichen Rechts- und Verwaltungsvorschriften. Schmidt, Berlin

Siedlungsentwicklung in der Region Stuttgart 1996–1996 (1998) Verband Region Stuttgart

Sitte C (1889) Der Städtebau nach seinen künstlerischen Grundsätzen. Gräser, Wien (Österreich)

Verkehrsvermeidung – Verkehrsverlagerung – Verkehrslenkung (1994) Forschungsgesellschaft für Straßen- und Verkehrswesen Köln

Willeke R, Heinemann RW (1989) Die Stadt und das Auto. Entwicklung und Lösung eines Problems. Verband der Automobilindustrie (Schriftenreihe Nr. 56) Frankfurt

Wortmann W (1970) Städtebau. In: Handwörterbuch der Raumforschung und Raumordnung. Bd. 3. Jänecke, Hannover, Sp. 31

6.3 Städtebaurecht

Michael Krautzberger

6.3.1 Städtebaurecht des Bundes

Das *öffentliche Baurecht* umfasst die Gesamtheit der Rechtsvorschriften, die die Zulässigkeit und die Grenzen, die Ordnung und die Förderung der baulichen Nutzung des Bodens betreffen, insbesondere durch Errichtung, bestimmungsgemäße Nutzung, wesentliche Veränderung und die Beseitigung baulicher Anlagen. Die Gesetzgebungskompetenz für das öffentliche Baurecht ist nach dem Grundgesetz zwischen dem Bund und den Ländern aufgeteilt.

Das vom Bund geregelte öffentliche Baurecht umfasst das *Städtebaurecht* sowie zahlreiche fachgesetzliche Vorschriften über das Baugeschehen. Die wichtigste Rechtsquelle des Städtebaurechts ist das *Baugesetzbuch* (BauGB). Zum Städtebaurecht des Bundes zählen weiterhin die Baunutzungsverordnung, die Wertermittlungsverordnung und die Planzeichenverordnung.

Die Gesetzgebungszuständigkeit des Bundes für das Städtebaurecht und damit für das Baugesetzbuch ergibt sich aus Art. 74 Nr. 18 des Grundgesetzes. Danach hat der Bund die Gesetzgebungskompetenz für das Bodenrecht. Unter *Bodenrecht* sind die öffentlich-rechtlichen Rechtsnormen zu verstehen, die die rechtlichen Beziehungen des Menschen zu Grund und Boden regeln. Im Einzelnen ergeben sich hieraus Gesetzgebungszuständigkeiten für folgende Bereiche: Recht der städtebaulichen Planung, Recht der Grundstücksumlegung und -zusammenlegung, Recht der Bodenbewertung sowie Enteignungs- und Erschließungsrecht.

Zum Bodenrecht zählt *nicht* das Bauordnungsrecht einschließlich des Baugestaltungsrechts; hier liegt die Gesetzgebungszuständigkeit bei den Ländern.

6.3.2 Bauleitplanung und ihre Sicherung

6.3.2.1 Aufgaben und Grundsätze der Bauleitplanung

Die Bauleitplanung ist im Baugesetzbuch (BauGB) als zentrales Instrument des Städtebaurechts ausgeformt worden. Die Bauleitpläne sind nach § 2 Abs. 1 S. 1 BauGB von der Gemeinde in eigener Verantwortung aufzustellen. Die Bauleitplanung ist ein *Kernbestandteil der kommunalen Planungshoheit* und damit des verfassungsrechtlich garantierten Selbstverwaltungsrechts der Gemeinde für die Angelegenheiten der örtlichen Gemeinschaft (Art. 28 Abs. 2 des Grundgesetzes).

Die *Bauleitplanung* regelt die Nutzung von Grund und Boden; sie steht damit in einem unmittelbaren Bezug zu dem durch Artikel 14 des Grundgesetzes geschützten Eigentum. Die Baufreiheit im Sinne der baulichen Nutzbarkeit eines Grundstücks beruht nicht auf einer öffentlich-rechtlichen Verleihung, sondern ist Bestandteil des Eigentumsrechts. Nach Art. 14 Abs. 1 S. 2 des Grundgesetzes werden Inhalt und Schranken der eigentumsrechtlichen Baufreiheit durch Gesetze bestimmt. Die Bauleitplanung – ergänzt um die sonstigen Zulässigkeitsregelungen des BauGB – formt dieses Nutzungsrecht inhaltlich aus. Der Schutz des Wesensgehalts des Eigentumsrechtes setzt der Ausgestaltung des Eigentums durch die Bauleitplanung Schranken.

Das Baugesetzbuch regelt im Einzelnen den Flächennutzungsplan als vorbereitenden und den Bebauungsplan als verbindlichen Bauleitplan. Im *Flächennutzungsplan* wird die beabsichtigte städtebauliche Entwicklung des Gemeindegebiets in den Grundzügen dargestellt. Er hat Programmcharakter und ist Koordinierungsinstrument. Der *Bebauungsplan* regelt als verbindlicher Bauleitplan die rechtsverbindlichen Festsetzungen für die städtebauliche Ordnung durch Festsetzungen, die für die Zulässigkeit von Vorhaben maßgeblich sind; er hat Rechtsnormcharakter (Satzung).

Die Gemeinden haben die *Bauleitpläne* aufzustellen, sobald und soweit es für die städtebauliche Ordnung und Entwicklung erforderlich ist. Die Bauleitpläne sollen eine nachhaltige städtebauliche Entwicklung und eine dem Wohl der Allgemeinheit entsprechende sozialgerechte Bodennutzung gewährleisten. Sie sollen dazu beitragen, eine menschenwürdige Umwelt zu sichern sowie die natürlichen Lebensgrundlagen zu schützen und zu entwickeln. Bei der Aufstellung der Bauleitpläne sind die öffentlichen und privaten Belange gegeneinander und untereinander gerecht abzuwägen.

6.3.2.2 Verhältnis zu anderen Planungen

Gegenstand der gemeindlichen Bauleitplanung sind alle Flächen des jeweiligen Gemeindegebiets. Im Verhältnis zu benachbarten Gemeinden ergibt sich hieraus ein horizontaler *Abstimmungsbedarf*. Daher sollen die Bauleitpläne benachbarter Gemeinden aufeinander abgestimmt werden. Die Nachbargemeinden können sich dabei darauf berufen, dass die ihnen durch Ziele der Raumordnung zugewiesenen Funktionen sowie Auswirkungen auf ihre zentralen Versorgungsbereiche beachtet werden.

Das Gemeindegebiet ist nicht nur Gegenstand der Bauleitplanung und sonstiger gemeindlicher Planungen, sondern es ist auch durch überörtliche Planungen erfasst: Raumordnung und Landesplanung einschließlich der Regionalplanung beplanen denselben Raum wie die Bauleitplanung. Wie bei der Bauleitplanung handelt es sich dabei um räumliche Gesamtplanungen, die jedoch ein überörtliches Gesamtkonzept verfolgen. Die Umsetzung und Konkretisierung dieser überörtlichen Planungen geschieht über die *Anpassungspflicht* der Bauleitpläne an die Ziele der Raumordnung gemäß § 1 Abs. 4 BauGB.

Das Gemeindegebiet ist neben überörtlichen Gesamtplanungen auch von sonstigen raumbedeutsamen Planungen und Maßnahmen anderer Hoheitsträger betroffen. Öffentliche Planungsträger sind an der Vorbereitung der Bauleitplanung zu beteiligen. Sie haben ihre Planungen dem Flächennutzungsplan anzupassen. Sie können dem Plan nur widersprechen, wenn sie Belange geltend machen können, welche die sich aus dem Flächennutzungsplan ergebenden städtebaulichen Belange wesentlich übertreffen.

Im Verhältnis zur Bauleitplanung ist den *Planfeststellungsverfahren* für Vorhaben von überörtlicher Bedeutung ein Vorrang eingeräumt (§ 38 BauGB). Voraussetzung ist, dass die Gemeinde beteiligt wird und städtebauliche Belange berücksichtigt werden. Dieser Vorrang bezieht sich zum einen auf die materielle Freistellung des Fachplanungsträgers von den Vorschriften über die Zulässigkeit von Vorhaben. Sie bezieht sich zum anderen auf einen Vorrang gegenüber der Bauleitplanung und ihrer Bindungswirkungen.

6.3.2.3 Verfahren zur Aufstellung der Bauleitpläne

Bei der Aufstellung, Ergänzung, Änderung und Aufhebung von Bauleitplänen ist ein bestimmtes Verfahren gesetzlich festgelegt (§§ 2–4c, 6, 10, 13, 13a BauGB). Die *Verfahrensregelungen* stellen sicher, dass die Bürger (nicht nur die Einwohner einer Gemeinde oder die von einem künftigen Bauleitplan Betroffenen) und Behörden (Träger öffentlicher Belange) vor der Beschlussfassung über den Bauleitplan Betroffenheiten, Interessen und sonstige für die Planung relevante Belange vortragen können. Sie sollen damit auch die Gemeinde in die für die Abwägung erforderliche Kenntnis setzen. Das BauGB enthält weiterhin Regelungen, in welchen Fällen und in welchem Umfang die Rechtsaufsicht vor Wirksamwerden des Flächennutzungsplanes und des Bebauungsplanes zu beteiligen ist. Das BauGB setzt auch die europarechtlich vorgegebene *Umweltprüfung* bei Bauleitplänen um. In den Fällen des „beschleunigten Verfahrens" für *Bebauungspläne der Innenentwicklung* (§ 13a BauGB) kann das Verfahren der Umweltprüfung entfallen.

6.3.2.4 Kooperative Handlungsformen

In §§ 11 und 12 BauGB sind mit dem städtebaulichen Vertrag sowie dem Vorhaben- und Erschließungsplan *kooperative Handlungsformen* geregelt, durch welche private Initiativen im Städtebau unterstützt und abgesichert werden sollen. Die Gemeinden sollen hierdurch auch in die Lage versetzt sein, städtebauliche Aufgaben auf Private zu übertragen bzw. anstelle hoheitlicher Anordnungen vertragliche Regelungen zu treffen.

6.3.2.5 Sicherung der Bauleitplanung

Das BauGB enthält mehrere *Vorschriften* zur Sicherung einer Bauleitplanung, insbesondere die Veränderungssperre, die Zurückstellung von Baugesuchen und die gemeindlichen Vorkaufsrechte.

Veränderungssperre, Zurückstellung von Baugesuchen

Die Bauleitplanung kann dadurch erschwert werden, dass während der Aufstellung eines Bebauungsplanes tatsächliche Veränderungen eintreten, die dem künftigen Bebauungsplan widersprechen.

Hierdurch kann die Verwirklichung der Planung behindert oder unmöglich gemacht werden. Mit dem Erlass *Veränderungssperre* (Satzung) hat die Gemeinde deshalb die Möglichkeit, zur Sicherung der mit einem Aufstellungsbeschluss eingeleiteten Bebauungsplanung Veränderungen der Grundstücke sowie die Errichtung, Änderung, Nutzungsänderung oder Beseitigung baulicher Anlagen zu untersagen (§ 14 BauGB). Dauert die Veränderungssperre länger als vier Jahre, ist den Betroffenen für dadurch entstandene Vermögensschäden eine angemessene Entschädigung in Geld zu zahlen (§ 18 BauGB).

Liegen die Voraussetzungen für den Erlass einer Veränderungssperre vor, kann die Gemeinde durch Antrag bei der Baugenehmigungsbehörde im Einzelfall auch ohne Erlass einer Satzung die Zurückstellung von Vorhaben für den Zeitraum bis zu zwölf Monaten veranlassen (§ 15 BauGB).

Vorkaufsrechte

Auch die *gemeindlichen Vorkaufsrechte* (§§ 24–28 BauGB) dienen der Sicherung der Bauleitplanung, aber auch der Sicherung weiterer städtebaulicher Maßnahmen (z. B. Umlegung und Sanierung). Der Gemeinde steht danach ein Vorkaufsrecht für bestimmte im Bebauungsplan festgesetzte Flächen (Gemeinbedarfs-, Wohnbau- und naturschutzrechtliche Ausgleichsflächen) zu. Ein Vorkaufsrecht besteht weiterhin in den Umlegungs- und Sanierungsgebieten, in den Entwicklungsbereichen sowie in den Gebieten mit einer Erhaltungs- oder Stadtumbausatzung und in Überschwemmungsgebieten. Ein Vorkaufsrecht besteht auch an allen Wohnbauflächen. Die Gemeinde kann darüber hinaus durch Satzung ein besonderes Vorkaufsrecht begründen (§ 25 BauGB). Das BauGB enthält spezielle Regelungen über die Voraussetzungen für die Ausübung des Vorkaufsrechts, über Abwendungsrechte des Käufers sowie über den Kaufpreis.

6.3.2.6 Entschädigung

Im Baugesetzbuch ist geregelt, wann und in welchem Umfang Entschädigungen zu leisten sind, wenn durch Planung die Bodennutzbarkeit betroffen ist. Das *Planungsschadensrecht* gewährt Entschädigungen für Fälle, in denen durch Änderung oder Aufhebung der Festsetzung eines Bebauungsplanes die Bebaubarkeit eines Grundstücks einge-schränkt oder hinsichtlich sonstiger Nutzungsmög-lichkeiten beschnitten wird. Das Planungsschadens-recht soll in erster Linie den Wertverlust ausgleichen, der in der Differenz zwischen dem Grundstückswert vor und nach der Planung besteht.

6.3.3 Zulässigkeit von Bauvorhaben

Die Bestimmungen über die Zulässigkeit von Vor-haben unterscheiden für Vorhaben

- im Geltungsbereich eines „qualifizierten" Be-bauungsplanes,
- im „Innenbereich" ohne qualifizierte Bebau-ungspläne und
- im „Außenbereich".

Die Zulässigkeit von Vorhaben im Geltungsbereich eines *qualifizierten Bebauungsplanes* bestimmt sich städtebaurechtlich ausschließlich nach dessen Festsetzungen (§ 30 Abs. 1 BauGB). *Einfache Be-bauungspläne* (§ 30 Abs. 3 BauGB) steuern die Zulässigkeit von Vorhaben entsprechend ihren je-weiligen (begrenzten) Inhalten in den Gebieten nach §§ 34 und 35 BauGB. Ein „qualifizierter" Be-bauungsplan liegt vor, wenn er Vorschriften über Art und Maß der baulichen Nutzung, über die über-baubaren Grundstücksflächen sowie über die ört-lichen Verkehrsflächen enthält. Auch im Geltungs-bereich eines Vorhaben- und Erschließungsplanes („*vorhabenbezogener Bebauungsplan*") ist die Zulässigkeit abschließend bestimmt (§ 30 Abs. 2 BauGB).

§ 34 BauGB regelt die Zulässigkeit von Vorha-ben in den *im Zusammenhang bebauten Ortsteilen* (Innenbereich), für die es keinen oder keinen qua-lifizierten Bebauungsplan gibt. Vorhaben sind da-nach grundsätzlich nur zulässig, wenn sie sich in die vorhandene Bebauung „einfügen". Durch Sat-zungen kann die Gemeinde den Anwendungsbe-reich des § 34 BauGB erweitern (§ 34 Abs. 4 und 5 BauGB).

Wenn ein Grundstück nicht im Geltungsbereich eines qualifizierten Bebauungsplanes liegt und auch nicht innerhalb eines im Zusammenhang be-bauten Ortsteiles, dann bestimmt sich die Zuläs-sigkeit von Vorhaben nach § 35 BauGB (Außenbe-reich). Der *Außenbereich* soll im Grundsatz von der Bebauung freigehalten werden. Im Wesent-lichen dürfen hier nur die sog. „privilegierten Vor-haben" errichtet werden (z. B. land- und forstwirt-schaftliche Anlagen oder ortsgebundene gewerb-liche Betriebe), aber auch Vorhaben, die wegen ihrer nachteiligen Wirkung auf die Umgebung oder ihre besondere Zweckbestimmung nur im Außen-bereich ausgeführt werden sollen sowie bestimmte regenerative Energieerzeugungen (Windkraft und Biomasse). Sonstige Vorhaben werden im Außen-bereich im Einzelfall zugelassen, wenn hierdurch öffentliche Belange nicht beeinträchtigt werden. Besondere Begünstigungen bestehen dabei z. B. für die Umnutzung bisher landwirtschaftlich ge-nutzter Bestände. Für weitere Vorhaben (u. a. Be-standsfälle) bestehen Erleichterungen bei der Zu-lässigkeit.

6.3.4 Bodenordnung, Enteignung, Erschließung

Das BauGB stellt der Gemeinde zur Verwirkli-chung der städtebaulichen Ordnung eine Reihe von speziellen Rechtsinstrumenten zur Verfügung, ins-besondere die Bodenordnung, die Enteignung und die Erschließung.

6.3.4.1 Bodenordnung

Die Bebauungspläne setzen die zulässigen Nut-zungen unabhängig vom Verlauf der Grundstücks-grenzen innerhalb des Plangebiets fest. Eine Ver-wirklichung der plangemäßen Nutzung ist häufig ohne Neuordnung von Grund und Boden nicht möglich. Mit den Instrumenten der *Bodenordnung* (§§ 45–84 BauGB) – können die erforderlichen Neuordnungen von Grundstücksgrenzen („inner-städtische Flurbereinigung") mit dem Ziel durch-geführt werden, nach Lage, Form und Größe für die bauliche oder sonstige Nutzung zweckmäßig ge-staltete Grundstücke zu schaffen.

6.3.4.2 Enteignung

Die *Enteignung* ist das letzte Mittel, wenn die öf-fentliche Hand ein Grundstück (oder bestimmte Rechte an einem Grundstück) benötigt und der Ei-gentümer sich nicht zu einem Verkauf gegen ein

angemessenes Entgelt bewegen lässt. Die Voraussetzungen der Enteignung, das Verfahren und
die Enteignungsentschädigung (für städtebauliche
Zwecke) sind im BauGB umfassend geregelt (vgl.
§§ 85–122 BauGB).

6.3.4.3 Erschließung

Ein Baugebiet ist dann in vollem Umfang sozialge-
recht nutzbar, wenn es „erschlossen" ist. Zur *Erschließung* in diesem umfassenden Sinn gehört,
dass das Gebiet in verkehrlicher, technischer und
sozialer Hinsicht erschlossen ist. Die Sicherstellung einer umfassenden Erschließung (Infrastruktur) obliegt der Gemeinde im Rahmen der Erfüllung ihrer Aufgaben der Daseinsvorsorge. Dies bedeutet nicht, dass die Gemeinde alle Anlagen auch
selbst herstellen muss. Hierfür kommen vielmehr
nach Vorschriften außerhalb des BauGB auch andere Träger in Betracht, so z. B. der Bund oder das
Land als Träger der Straßenbaulast für die Ortsdurchfahrten ihrer überörtlichen Straßen. Das
BauGB regelt die zum Zweck der Baureifmachung
erforderlichen Erschließungsmaßnahmen und zwar
insbesondere die Herstellung der Erschließung
(gemeindliche Aufgaben, Zeit und Umfang der
Erschließung sowie Pflichten der Eigentümer) und
den Erschließungsbeitrag, den die Gemeinde von
den Grundstückseigentümern zu erheben hat; die
Länder haben seit 1993 das Gesetzgebungsrecht
für das Erschließungsbeitragsrecht erhalten, d. h.
die im BauGB geregelten Regelungen können
durch Länderrecht abgelöst werden. Die Erschlie-
ßungsaufgaben können von der Gemeinde vertrag-
lich auf Erschließungsträger übertragen oder durch
Vorhabenträger übernommen werden.

6.3.5 Städtebauliche Sanierungs-
und Entwicklungsmaßnahmen

6.3.5.1 Städtebauliche
Sanierungsmaßnahmen

Das BauGB enthält in §§ 136–164b gesetzliche
Sonderbestimmungen für städtebauliche Sanierungsmaßnahmen, durch die ein Gebiet zur Behebung städtebaulicher Missstände wesentlich verbessert oder umgestaltet werden soll. Das *Sanie-*

rungsrecht soll es der Gemeinde ermöglichen, in
Gebieten mit besonders hohem städtebaulichem
Handlungsbedarf einen planmäßigen und aufeinander abgestimmten Erneuerungsprozess durchzuführen („städtebauliche Gesamtmaßnahme"). Das
BauGB gibt der Gemeinde hierzu besonders weit-
reichende Instrumente.

Das Gesetz unterscheidet zwei Grundfälle der
Sanierung: die Sanierung zur Beseitigung unge-
sunder Wohn- und Arbeitsverhältnisse – dazu gehört auch die Beseitigung von Gefahren für die
Sicherheit („Substanzschwächensanierung") – und
die Sanierung zur Behebung von „Funktions-
schwächen" eines Gebiets. Die Gemeinde legt das
Gebiet, in dem eine städtebauliche Sanierungs-
maßnahme durchgeführt werden soll, durch Beschluss förmlich als *Sanierungsgebiet* fest, und
zwar durch gemeindliche Satzung.

Der Gemeinde obliegen u. a. die Aufgaben der
Vorbereitung einer Sanierung, die Durchführung
der erforderlichen Ordnungsmaßnahmen sowie die
Gesamtverantwortung für die Durchführung der
Baumaßnahmen. Die konkreten Bauaufgaben werden in der Verantwortung der jeweiligen Aufgabenträger (private oder öffentliche Bauherren)
durchgeführt. Das Gesetz enthält eingehende Regelungen über die Mitwirkungsrechte und -pflichten
der von der Sanierung Betroffenen, d. h. der Eigentümer und Mieter sowie über die Beteiligung weiterer öffentlicher Aufgabenträger.

Im Geltungsbereich der *Sanierungssatzung* stehen
der Gemeinde weit reichende bodenrechtliche
Steuerungsmöglichkeiten zur Verfügung. Sofern
die Gemeinde nichts anderes beschließt, bedürfen
im Sanierungsgebiet Vorhaben, Teilungen und
Rechtsvorgänge der gemeindlichen Genehmigung.
Die Genehmigung darf (nur) versagt werden, wenn
Grund zu der Annahme besteht, dass hierdurch die
Sanierung unmöglich gemacht, wesentlich erschwert oder den Zielen und Zwecken der Sanierung zuwiderlaufen würde.

Sofern die Gemeinde in der Sanierungssatzung
nichts anderes bestimmt, gelten Sonderregelungen
für die Behandlung der Bodenwerte. So werden
bei der Bemessung von *Ausgleichs- und Entschä-
digungsleistungen* solche Werterhöhungen nicht
berücksichtigt, die lediglich durch die Aussicht auf
die Sanierung, ihre Vorbereitung oder Durchführung eingetreten sind. Nach Abschluss der Sanie-

rung hat der Eigentümer an die Gemeinde einen Ausgleichsbetrag in Höhe der sanierungsbedingten Erhöhung des Bodenwertes zu entrichten.

Der Gemeinde steht im Sanierungsgebiet ein besonderes Vorkaufsrecht zu. Die Gemeinde kann weiterhin u. a. Miet- und Pachtverhältnisse zur Verwirklichung der Sanierungszwecke aufheben oder verlängern.

Soweit sich städtebauliche Sanierungsmaßnahmen voraussichtlich nachteilig auf die persönlichen Lebensumstände der in dem Gebiet wohnenden oder arbeitenden Menschen auswirken, hat die Gemeinde einen Sozialplan zu entwickeln und fortzuschreiben.

6.3.5.2 Städtebauliche Entwicklungsmaßnahmen

Weitgehend angelehnt an die Rechtsgrundsätze des Sanierungsrechtes steht für die Schaffung neuer Orte oder Ortsteile oder die städtebauliche Neuordnung das Recht der städtebaulichen Entwicklungsmaßnahme zur Verfügung (§§ 165–171 BauGB). Das *städtebauliche Entwicklungsrecht* gibt der Gemeinde die Möglichkeit, Teile des Gemeindegebiets durch gemeindliche Satzung als Entwicklungsbereich festzusetzen und damit zu entwickeln oder neu zu ordnen. Die bodenrechtliche Ausgestaltung geht weiter als das Sanierungsrecht. So ist die Enteignung im Entwicklungsbereich auch ohne Bebauungsplan zulässig. Weiterhin hat die Gemeinde eine Grunderwerbspflicht, mit der eine (spätere) Veräußerungspflicht korrespondiert.

6.3.5.3 Städtebauförderung

Sanierungs- und Entwicklungsmaßnahmen bedürfen wegen der hohen Anteile an Maßnahmen, die im öffentlichen Interesse vorbereitet und durchgeführt werden, einer besonderen *finanziellen Unterstützung*, insbesondere für die Planungen, die Bodenordnung, den Umzug von Bewohnern und Betrieben, Entschädigungen oder die Unterstützung von Bauvorhaben (z. B. Modernisierungen und Denkmalschutz). Der Bund und die Länder unterstützen die Gemeinden hierbei. Die *Städtebauförderung* ist in §§ 164a und 164b BauGB geregelt.

6.3.6 Stadtumbau

In §§ 171a bis 171d BauGB sind die *Stadtumbaumaßnahmen* geregelt. Das BauGB versteht darunter Maßnahmen, durch die in von erheblichen städtebaulichen Funktionsverlusten betroffenen Gebieten Anpassungen zur Herstellung nachhaltiger städtebaulicher Strukturen vorgenommen werden. Erhebliche städtebauliche Funktionsverluste liegen insbesondere vor, wenn ein dauerhaftes Überangebot an baulichen Anlagen für bestimmte Nutzungen, namentlich für Wohnzwecke, besteht oder zu erwarten ist. Die Gemeinde steuert diese Prozesse aufgrund eines städtebaulichen Entwicklungskonzepts.

6.3.7 Soziale Stadt

Maßnahmen der *Sozialen Stadt* (§ 171e BauGB) sind Maßnahmen zur Stabilisierung und Aufwertung von durch soziale Missstände benachteiligten Ortsteilen, in denen ein besonderer Entwicklungsbedarf besteht, und zwar vor allem, wenn es sich um benachteiligte innerstädtische oder innenstadtnah gelegene Gebiete oder verdichtete Wohn- und Mischgebiete handelt, in denen es einer aufeinander abgestimmten Bündelung von investiven und sonstigen Maßnahmen bedarf.

6.3.8 Private Initiativen der Stadtentwicklung

§ 171f. BauGB sieht vor, dass nach Maßgabe des Landesrechts Gebiete festgelegt werden können, in denen in privater Verantwortung standortbezogene Maßnahmen durchgeführt werden, die auf der Grundlage eines mit den städtebaulichen Zielen der Gemeinde abgestimmten Konzepts der Stärkung oder Entwicklung von Bereichen der Innenstädte, Stadtteilzentren, Wohnquartiere und Gewerbezentren sowie von sonstigen für die städtebauliche Entwicklung bedeutsamen Bereichen dienen. Auch die Finanzierung (etwa durch einen Grundsteueranteil) wird landesrechtlich geregelt.

6.3.9 Erhaltungsgebiete

Zur Erhaltung und Erneuerung von Städten und Dörfern enthalten die §§ 172–174 BauGB – „Erhaltungssatzung" – ein Instrument, mit dem die Gemeinde Gebiete festlegen kann, in denen der Abbruch, die Änderung oder die Nutzungsänderung baulicher Anlagen einer besonderen Genehmigung bedarf. Die Festlegung der Gebiete dient der *Erhaltung der städtebaulichen Eigenart* des Gebiets (Schutz des Ortsbildes, der Stadtgestalt, des Landschaftsbildes, der Erhaltung städtebaulich bedeutsamer baulicher Anlagen), der Erhaltung der Zusammensetzung der Wohnbevölkerung oder der Sicherung des sozialgerechten Ablaufs städtebaulicher Umstrukturierungen. Zum Schutz der städtebaulichen Gestalt bedarf auch die Errichtung baulicher Anlagen einer besonderen Genehmigung. Die Länder können in den Gebieten zum Schutz der Zusammensetzung der Wohnbevölkerung auch die Begründung von Wohnungseigentum unter einen gemeindlichen Genehmigungsvorbehalt stellen. Bei der gemeindlichen Genehmigung ist darauf abzustellen, ob das jeweilige Vorhaben den mit der Erhaltungssatzung verfolgten Zielen entspricht. Zur Sicherung der Erhaltungszwecke steht der Gemeinde weiterhin ein besonderes Vorkaufsrecht zu. Die Regelungen über die Erhaltungssatzung werden um landesrechtliche Bestimmungen des Denkmalschutzes oder des Bauordnungsrechtes (z. B. Gestaltungssatzungen) ergänzt.

Literaturverzeichnis Kap. 6.3

Battis U, Krautzberger M, Löhr RP (2009) Baugesetzbuch, Kommentar. 11. Aufl. Beck, München

Driehaus HJ (2007) Erschließungs- und Ausbaubeiträge. 8. Aufl. Beck, München

Dieterich H (2006) Baulandumlegung., 5. Aufl. Beck, München

Ernst W et al. (Stand September 2008) Baugesetzbuch, Loseblattkommentar, Beck, München

Schmidt-Eichstaedt G (1998) Städtebaurecht. 3. Aufl. Kohlhammer, Stuttgart

Stüer B (2008) Handbuch des Bau- und Fachplanungsrechts. 4. Aufl. Beck, München

6.4 Bauordnungsrecht

Karlheinz Schlotterbeck

6.4.1 Einordnung des Bauordnungsrechtes

Das Bauordnungsrecht gehört zusammen mit dem (allgemeinen und besonderen) Städtebaurecht zum traditionell 2-gliedrigen *öffentlichen Baurecht.* Das öffentliche Baurecht tritt neben das *private Baurecht.* Das private Baurecht regelt insbesondere die vertraglichen Rechtsbeziehungen der Bauherren zu den Entwurfsverfassern (Architekten, Ingenieuren), Unternehmern und Bauleitern sowie die der verschiedenen Bauherren zueinander (vgl. Bauherrengemeinschaften) und umfasst namentlich die Vorschriften des WEG und die der (Landes-) Nachbarrechtsgesetze (NRG). Dem privaten Recht gehören auch das verschuldensabhängige (Schadensersatz-) *Amtshaftungsrecht* (§ 839 BGB; Art. 34 GG) und in Anspruchskonkurrenz[1] auch das aus Art. 14 GG abgeleitete und in der Rechtsprechung anerkannte verschuldensunabhängige *Recht auf angemessene Entschädigung wegen enteignungsgleichen Eingriffes* an. Das Amtshaftungs- und das Entschädigungsrecht kann insbesondere für die Bauherren in ihrem Verhältnis zu den Bauaufsichtsbehörden Bedeutung erlangen kann vor allem im Falle rechtswidrigen Handelns oder Unterlassens der (weisungsabhängigen) Bauaufsichtsbehörden wegen pflichtwidriger Versagung oder pflichtwidrig verzögerter Erteilung einer Baugenehmigung oder eines Bauvorbescheides[2] oder wegen pflichtwidriger Unterlassung der Bauaufsichtsbehörde, das rechtswidrig verweigerte städtebaurechtliche Einvernehmen der Gemeinde im Baugenehmigungsverfahren zu ersetzen (§ 36 Abs. 2 Satz 3 BauGB i.V.m. landesrechtlichen Vorschriften[3]).[4]

---

1   BGH NVwZ 1992, 1119.

2   *Schlick,* Neuere Rechtsprechung des BGH zur Amtshaftung und zur Entschädigung aus enteignungsgleichem Eingriff im Zusammenhang mit dem Baurecht, BauR 2008, 290 ff. mit Nachweisen zur BGH-Rechtsprechung; Itzel, Neuere Entwicklungen im Amts- und Staatshaftungsrecht – Rechtsprechungsüberblick 2009, MDR 2010, 426 ff.

3   Vgl. z. B. § 54 Abs. 4 LBO BW, Art. 67 BayBO, § 71 LBauO RP / SächsBO / LBauO MV, § 70 BbgBO, § 69 ThürBO; § 2 Nr. 4 Buchst. a) Abs. 1 BürokratAbbG NW

Städtebaurecht ist Bundesrecht, *Bauordnungs-recht ist Landesrecht.* Dieses Nebeneinander von Bundes- und von Landesbaurecht ist die Folge der verschiedenen Zuständigkeiten für die Gesetzgebung auf dem Gebiet des öffentlichen Baurechtes aufgrund der Art. 70 ff. GG.[5] Das Bauordnungsrecht als Landesbaurecht ist in den Bauordnungen der einzelnen Bundesländer geregelt. Alle Landesbauordnungen orientieren sich an der *ARGEBAU-Musterbauordnung* (MuBO 2002/2008)[6] in einer mehr oder weniger engen Weise.[7] Sie decken sich in den Grundzügen, weichen indessen in Einzelheiten teilweise (auch erheblich) voneinander ab.

Das Bauordnungsrecht zerfällt strukturell in das *allgemeine Bauordnungsrecht* (Baupolizei-, Baugestaltungs-, Bausozial- und Bauökologierecht), in das *besondere Bauordnungsrecht,* dem unter anderem das Bauproduktenrecht, das Abstandsflächenrecht, das Recht der notwendigen Stellplätze und Garagen, das Sonderbautenrecht und das Baulastenrecht angehören, und in das *Bauverwaltungsverfahrensrecht.*

---

4   BGH ZfBR 2011, 249 = NVwZ 2011, 249 und dazu *Zeiser,* BayVBl 2010, 613 ff.; *Beutling/Pauli,* BauR 2010, 418 ff.; *Wortha,* VBlBW 2010, 219 ff.; *Jeromin,* BauR 2011, 456 ff.; *Schlarmann/Krappel,* NVwZ 2011, 215 ff.; Desens, DÖV 2009, 197 ff.; Dippel, NVwZ 2011, 769 ff.; Jäde UPR 2011, 125; VGH BW. Beschl., vom 2.8.2011 – 8 S 1516/11 – <juris>.

5   BVerfGE 3, 407 (sog. Karlsruher Gutachten).

6   Die *ARGEBAU* ist die Arbeitsgemeinschaft der für Städtebau, Bau- und Wohnungswesen zuständigen Minister und Senatoren der 16 Bundesländer (Bauministerkonferenz); der für Bau und Stadtentwicklung zuständige Bundesminister nimmt lediglich als Gast teil. Die Bauministerkonferenz, die über mehrere Fachausschüsse verfügt, behandelt Fragen des Wohnungswesens, des Städtebaues und Baurechtes sowie der Bautechnik, die Länder übergreifende Bedeutung haben. Ziel ist die Abstimmung unter den Ländern und die Formulierung gemeinsamer Länderinteressen gegenüber dem Bund. Beispielsweise wird das in der Kompetenz der Länder liegende Bauordnungsrecht weitgehend geprägt durch die Beschlüsse der Bauministerkonferenz zu der sog. Musterbauordnung. Auch im Bereich der Bauprodukte sind einheitliche Regelungen notwendig, durch die etwa die Vorgaben der EU umgesetzt werden. Die Bauministerkonferenz unterhält ein Online- Informationssystem unter www.is-argebau.de.

7   Die MuBO 2002/2008 kann unter www.is-argebau.de abgerufen werden.

6.4.2 Bauordnungsrechtliche Normenhierarchie

6.4.2.1 Gesetz, Rechtsverordnungen

Das Bauordnungsrecht in den einzelnen Bundesländern ist jeweils normenhierarchisch aufgebaut. Die Spitze dieser Normenhierarchie bilden die Landesbauordnungen als *formelle Landesgesetze.* Die Landesbauordnungen gelten grundsätzlich für alle baulichen Anlagen und Bauprodukte und darüber hinaus für Grundstücke, andere Anlagen und Einrichtungen, falls an sie bauordnungsrechtliche Anforderungen gestellt werden (*sachlicher Anwendungsbereich*). Erfasst werden die Teilung von bebauten Grundstücken bzw. von Grundstücken mit bereits genehmigter Bebauung, die nicht überbauten Flächen der bebauten Grundstücke (Freiflächen), die technische Ausrüstung der Gebäude, namentlich Aufzugs-, Lüftungs-, Leitungs-, Feuerungs-, Wärmeversorgungs- und Wasserentsorgungsanlagen, sanitäre Anlagen (Toiletten, Bäder), häusliche Anlagen für Abfallstoffe und Reststoffe, Kleinkläranlagen, Blitzschutzanlagen, Aufenthaltsräume, Wohnungen, nicht-bauliche Werbeanlagen, nicht-bauliche Einfriedungen, Baustellen.

Die Landesbauordnungen erläutern für ihre Anwendungsbereiche, jeweils gleichsam vor die Klammer gezogen, einzelne (Kern-) Begriffe (*Legaldefinitionen*). Die Definitionen umfassen Begriffe, wie z. B. bauliche Anlage, Gebäude, Gebäudeklassen, Gebäudehöhe, Geschoss, Vollgeschoss (vgl. dazu § 20 Abs. 1 BauNVO), Geländeoberfläche, Wohngebäude, Sonderbau, Anlage der Außenwerbung (Werbeanlage), Stellplatz, Garage, Aufenthaltsraum, Feuerstätte, Bauprodukt, Bauart. Sie bestimmen sodann die allgemeinen baupolizeilichen Anforderungen an alle von den Landesbauordnungen erfassten Anlagen und Einrichtungen. Im Übrigen ist bemerkenswert, dass die Landesbauordnungen häufig nur pauschale bauordnungsrechtliche Aussagen treffen, indem sie unbestimmte Rechtsbegriffe (z. B. öffentliche Sicherheit, Brand-, Betriebs-, Verkehrs-, Standsicherheit, erhebliche Nachteile, erhebliche Belästigungen, ausreichende Stellplatzzahl) verwenden, die sie nicht stets selbst näher bestimmen. Sie ermächtigen deshalb, um die pauschalen Aussagen inhaltlich auszufüllen, zum

Erlass von untergesetzlichen Rechtsverordnungen, nämlich *allgemeinen Ausführungs-, Durchführungs- und Sonderbauverordnungen*. Die Obersten Bauaufsichtsbehörden der Länder haben dann auch von diesen Ermächtigungen regelmäßig Gebrauch gemacht. Die Landesbauordnungen sind deshalb, weil viele Einzelheiten erst aus den erwähnten Rechtsverordnungen sich ergeben, vollzugslastig.

6.4.2.2 Technische Baubestimmungen

Die Landesbauordnungen ermächtigen zur öffentlichen Bekanntmachung von Regeln der (Bau-) Technik (RBt) als sog. *Technischen Baubestimmungen* (TB). Die Obersten Bauaufsichtsbehörden in allen Bundesländern haben von dieser gesetzlichen Ermächtigung auch Gebrauch gemacht und die zu beachtenden RBt in eigenen – regelmäßig aktualisierten – *Listen Technischer Baubestimmungen (LTB)* zusammengefasst und veröffentlicht. Die TB konkretisieren die allgemeinen baupolizeirechtlichen Sicherheitsanforderungen (öffentliche Sicherheit), die an die Errichtung, bautechnische Änderung und Instandhaltung von Anlagen und Einrichtungen zu stellen sind. Sie sind als solche kraft Gesetzes öffentlich-rechtlich zu beachten (*öffentlich-rechtliches Beachtensgebot*); von ihnen darf aufgrund einer gesetzlichen Innovationsklausel abgewichen werden, wenn den Sicherheitsanforderungen nachweislich auf andere Weise ebenso wirksam entsprochen wird (Gleichwertigkeitsprinzip). Es werden nur die RBt bekannt gemacht, die zur Erfüllung der Sicherheitsanforderungen des Bauordnungsrechtes unerlässlich sind. Nicht eingeführte allgemein anerkannte RBt können von den Baurechtsbehörden nur zur Ausfüllung unbestimmter Rechtsbegriffe herangezogen werden. Im Übrigen können die am Bau Beteiligten zu ihrer Einhaltung *privatrechtlich* verpflichtet sein. Ist etwa die VOB/B vereinbart, dann gelten gemäß § 1 Nr. 1 Satz 2 VOB/B auch die Allgemeinen Technischen Vertragsbedingungen (VOB/C) als Bestandteil des Vertrages. Ist sie hingegen nicht vereinbart, gelten die DIN-Normen der VOB/C als Bestandteil der allgemein anerkannten RBt.

Die LTB sind in den einzelnen Bundesländern nach einem einheitlichen Schema aufgebaut;[8] sie bestehen aus den Teilen I, II und III.

Der *Teil I LTB* enthält die RBt für die Planung, Bemessung, Konstruktion baulicher Anlagen und ihrer Teile (DIN-Normen, Richtlinien)[9] und die ggf. in der Liste dazu aufgeführten Anlagen zur LTB. Eine Anlage ist dann notwendig, wenn aus bauaufsichtsrechtlichen Gründen der Verweis auf die RBt allein nicht ausreicht. In der Anlage können Angaben zur Anwendung der Regel gemacht, aber auch technische Ergänzungen oder Änderungen der Regel vorgenommen werden. Anlagen, in denen die Verwendung von Bauprodukten nach harmonisierten technischen Spezifikationen nach der BauPR/EWG[10] geregelt ist (Anwendungsregelungen), sind durch den Buchstaben „E" kenntlich gemacht. Gibt es im Teil I LTB keine RBt für die Verwendung von Bauprodukten nach harmonisierten Normen (hEN) und ist die Verwendung auch nicht durch andere allgemein anerkannte

---

8 Siehe dazu auch die *DIBt- Musterliste*, einsehbar im Internet unter www.dibt.de.

9 *DIN- Normen*, wie z. B. die DIN 4109 (Schallschutz im Hochbau), die DIN 18040/-1 (barrierefreies Bauen; öffentlich zugängliche Gebäude) und die DIN 18040/-2 (barrierefreies Bauen, Wohnungen); *Richtlinien* (RL), wie z. B. die RL für Windenergieanlagen, die RL über den baulichen Brandschutz im Industriebau (IndBauRL), die RL über brandschutztechnische Anforderungen an Systemböden (SysBöR), die RL zur Bemessung von Löschwasser-Rückhalteanlagen beim Lagern wassergefährdender Stoffe (LöRüRL), die RL über brandschutztechnische Anforderungen an Lüftungsanlagen (LüAR), die RL über brandschutztechnische Anforderungen an Leitungsanlagen (LAR), die RL über den Brandschutz bei der Lagerung von Sekundärstoffen aus Kunststoff (KLR), die RL über brandschutztechnische Anforderungen an hochfeuerhemmende Bauteile in Holzbauweise (HFHHolzR), die RL für die Bewertung und Sanierung PCB- belasteter Baustoffe und Bauteile in Gebäuden (PCBRL), die RL für die Bewertung und Sanierung PCP- belasteter Baustoffe und Bauteile in Gebäuden (PCPRL), die RL Richtlinie für die Bewertung und Sanierung schwach gebundener Asbestprodukte in Gebäuden (AsbestRL).

10 RL 89/106/EWG des Rates zur Angleichung der Rechts- und Verwaltungsvorschriften der Mitgliedstaaten über Bauprodukte (*Bauproduktenrichtlinie* – BauPR/EWG) vom 21.12.1988 (ABl. EG Nr. L 40 S. 12), geändert durch Art. 4 RL 93/68/EWG des Rates vom 22.7.1993 (ABl. EG Nr. L 220 S. 1).

Tabelle 6.4-1 LTB-Übersicht

1	**Lastenannahmen und Grundlagen der Tragwerksplanung***
2	**Bemessung und Ausführung**
2.1	Grundbau
2.2	Mauerwerksbau
2.3	Beton-, Stahlbeton- und Spannbetonbau
2.4	Metallbau
2.5	Holzbau
2.6	Bauteile
2.7	Sonderkonstruktionen
3	**Technische Regeln zum Brandschutz**
4	**Technische Regeln zum Wärme- und zum Schallschutz**
4.1	Wärmeschutz
4.2	Schallschutz
5	**Technische Regeln zum Bautenschutz**
5.1	Schutz gegen seismische Einwirkungen
5.2	Holzschutz
6	**Technische Regeln zum Gesundheitsschutz**
7	**Technische Regeln als Planungsgrundlagen**

* *Ziel der Tragwerksplanung* ist es, die erforderliche Tragfähigkeit und Gebrauchstauglichkeit einer Baukonstruktion während der vorgesehenen Lebensdauer mit den Forderungen nach Wirtschaftlichkeit in Einklang zu bringen. Zur Umsetzung dieser Aufgabenstellung wird meist als Hilfsmittel die statische Berechnung, welche auf den Regeln der Baustatik beruht, benutzt. In Ausnahmefällen dienen Versuche als Nachweis der Realisierbarkeit. Der *Tragwerksplaner* (umgangssprachlich Statiker) entwirft das Tragwerk von Gebäuden, Ingenieurbauwerken und anderen baulichen Anlagen. Er erstellt den nach dem Bauordnungsrecht erforderlichen Standsicherheitsnachweis. Grundlage seiner statischen Berechnungen sind Last- und Tragfähigkeitsannahmen sowie Berechnungsmodelle, die er üblicherweise den entsprechenden RBt entnimmt. Die Tätigkeit des Tragwerksplaners kann mit weiteren Aufgaben, z. B. der Wärmeschutzberechnung oder dem Brandschutznachweis, verbunden sein.

RBt geregelt, können Anwendungsregelungen auch im Teil II Abschn. 5 LTB enthalten sein. Europäische technische Zulassungen (ETA;[11] § 6 BauPG) enthalten im Allgemeinen keine Regelungen für die Planung, Bemessung und Konstruktion baulicher Anlagen und ihrer Teile, in welche die Bauprodukte eingebaut werden. Die hierzu erfor-

---

11 European Technical Approval (ETA).

derlichen Anwendungsregelungen sind im Teil II Abschn. 1 bis 4 LTB aufgeführt. Die RBt für Bauprodukte macht das DIBt in der BRL A bekannt; sofern die in Spalte 2 BRL A aufgeführten RBt Festlegungen zu *Bauprodukten* (Produkteigenschaften) enthalten, gelten vorrangig die Bestimmungen der BRL.

Im *Teil II LTB* (produktbezogenen Teil) werden Anwendungsregeln für Bauprodukte und Bausätze (kits) nach harmonisierten technischen Spezifikationen (hEN-Normen und ETAs) nach der BauPR/EWG aufgenommen, die nicht einem Abschnitt von Teil I zugeordnet werden können. Die Schaffung eines solchen Teiles ergibt sich aus der Verpflichtung der EU-Mitgliedstaaten nach BauPR/EWG, Regelungen der Nachweise für die Bemessung und Ausführung von Bauwerken an die harmonisierten technischen Spezifikationen anzupassen, damit die eingeführten Bemessungs- und Ausführungsregeln auch dann angewendet werden können, wenn Bauprodukte mit CE-Kennzeichnung bei der Errichtung von Bauwerken entsprechend den wesentlichen Anforderungen verwendet werden. Diese Verpflichtung hat bei den Bauprodukten nach harmonisierten europäischen Spezifikationen besondere Bedeutung, weil sowohl EN-Normen als auch ETAs ausschließlich Produkteigenschaften beschreiben, nicht aber (auch) Verwendungs- und Ausführungsregeln beinhalten, wie es etwa im Falle der national genormten Bauprodukte durchaus der Fall sein kann und im Bereich der zugelassenen Bauprodukte der Fall ist.

Der *Teil III LTB* enthält Anwendungsregelungen für Bauprodukte und Bausätze (kits), die in den Geltungsbereich von bauproduktenrechtlichen Verordnungen fallen. Das trifft auf die in den einzelnen Bundesländern jeweils erlassenen *Wasserbauprüfverordnungen* (WasBauPrVO) zu. In diesen Verordnungen ist angeordnet, dass für serienmäßig hergestellte Bauprodukte, wie namentlich Abwasserbehandlungsanlagen, z. B. Kleinkläranlagen, die für einen Anfall von Abwässern bis zu 8 m³/Tag bemessen sind, auch hinsichtlich wasserrechtlicher Anforderungen Nachweise der Verwendbarkeit und Übereinstimmungsnachweise nach den Vorschriften der Landesbauordnungen über Bauprodukte zu führen sind. Bei der Festlegung von Anwendungsregelungen für diese Bauprodukte und Bausätze sind sowohl die wasserrechtlichen als auch die bauaufsichtlichen Anforderungen berücksichtigt. Voraussetzung für die Aufnahme dieser Regelungen in den Teil III ist die vorherige Abstimmung mit der LAWA. Aufgrund einer Vereinbarung zwischen dem DIBt und der LAWA erteilt das DIBt allgemeine bauaufsichtliche Zulassungen und es wirken Mitarbeiter des DIBt bei der Normung für Produkte mit, die zwar auch Bauprodukte sind bzw. als solche verwendet werden können, die aber vordringlich in den Geltungsbereich der WasBauPVO fallen. Solche Produkte werden bereits in der BRL A Teil 1 aufgeführt (BRL A Teil 1 Abschn. 15 „Bauprodukte für ortsfest verwendete Anlagen zum Lagern, Abfüllen und Umschlagen von Wasser gefährdenden Stoffen"). Die LAWA hat großes Interesse daran, die betroffenen Produkte auch hinsichtlich ihrer Anwendungsregelungen in gleicher Weise wie die anderen Bauprodukte zu behandeln.

Die vom DIBt im Einvernehmen mit den obersten Bauaufsichtsbehörden in der BRL A bekannt gemachten RBt gelten kraft Gesetzes als TB. Sie werden in den „DIBt- Mitteilungen"[12] bekannt gemacht. Auch für sie gilt das öffentlich-rechtliche Beachtensgebot.

6.4.2.3 Örtliche Bauvorschriften

Die Landesbauordnungen ermächtigen zum Erlass von örtlichen Bauvorschriften (ÖBauV) in der Form von Satzungen, welche die Gemeinden im eigenen (weisungsfreien) Wirkungskreis erlassen dürfen. ÖBauV können stets unabhängig von einem Bebauungsplan (isoliert) beschlossen werden. Sie können auch in einen Bebauungsplan (§ 10 Abs. 1 BauGB) als Festsetzungen aufgenommen werden, falls das einschlägige Landesbaurecht dies durch Rechtsvorschrift so bestimmt (§ 9 Abs. 4 BauGB).[13] Dürfen nach Landesbaurecht ÖBauV in den Bebauungsplan als Festsetzungen aufgenommen werden, kann zusätzlich bestimmt werden, dass dann auch die BauGB- Vorschriften über

Bebauungspläne einschließlich ihrer Genehmigung und ihrer Sicherung (§§ 1 bis 18 Baugesetzbuch) sowie über die Planerhaltung (§§ 214 bis 216 BauGB) anzuwenden sind. Falls dies indessen im einschlägigen Landesbaurecht nicht so geregelt ist, können ÖBauV entweder *isoliert* oder im sog. *Satzungsverbundverfahren*, nämlich zusammen mit einer städtebaurechtlichen Satzung (Bebauungsplan), beschlossen werden.[14]

6.4.2.4 Verwaltungsvorschriften, Richtlinien, innerdienstliche Anordnungen

Verfassungs-, Gesetzes- und Verordnungsrecht schließen nicht aus, dass für die (unteren) Bauaufsichtsbehörden auch (interne) *Verwaltungsvorschriften* (VwV), *Richtlinien* (RL) und *innerdienstliche Anordnungen* (AO) zum Vollzug der Landesbauordnungen erlassen werden. Ihnen fällt allgemein die Aufgabe zu, den Verwaltungsbehörden die Anwendung des Gesetzesrechtes zu erleichtern und den einheitlichen Gesetzesvollzug zu sichern. Sie können norminterpretierend oder eine Orientierungshilfe (grober Anhalt) bei der Anwendung unbestimmter Rechtsbegriffe sein oder als antizipierte Sachverständigengutachten („geronnener Sachverstand") dienen; sie können sogar normkonkretisierende Wirkung haben. Soweit es allerdings um RL geht, die in der LTB aufgeführt sind (*LTB- Richtlinien*), müssen sie als TB grundsätzlich eingehalten und öffentlich-rechtlich beachtet werden, es sei denn, die Bauherren bieten eine nachweislich gleichwertige Lösung an (*Gleichwertigkeitsprinzip*).

6.4.3 Allgemeines Bauordnungsrecht

6.4.3.1 Baupolizeirecht

Bauordnungsrecht ist überwiegend Baupolizeirecht und damit besonderes Polizeirecht, nämlich Recht der präventiven Gefahrenabwehr und der repressiven Störungsbeseitigung. Es stellt hinsichtlich der von ihm erfassten Anlagen und Einrichtungen Anforderungen an die mechanische Festigkeit und Standsicherheit, an den vorbeu-

---

12 Die „DIBt-Mitteilungen" sind zu beziehen bei *Firma Ernst & Sohn, Verlag für Architektur und technische Wissenschaften GmbH & Co, KG, Rotherstraße 21, D 10245 Berlin*, oder über www.dibt.de.

13 Vgl. z. B. Art. 81 Abs. 2 BayBO, § 81 Abs. 4 Satz 1 HBO; § 86 Abs. 4 BauO NW, § 98 NBO.

---

14 Vgl. § 74 Abs. 7 LBO BW.

genden baulichen Erschütterungs-, Wärme-,[15] Schall- und Brandschutz, an die Nutzungs- und Verkehrssicherheit, an die Hygiene, die Gesundheit und den Umweltschutz sowie an Bauprodukte und Bauarten. Es macht einen Rückgriff auf das allgemeine Polizeirecht grundsätzlich entbehrlich.

Die *öffentliche Sicherheit* und die *öffentliche Ordnung* stehen als Rechtsbegriffe im Mittelpunkt des Baupolizeirechtes. Schutzgüter der *öffentlichen Sicherheit* sind namentlich das Leben und die Gesundheit, die durch den Zustand von Anlagen und Einrichtungen, etwa infolge Baufälligkeit, oder durch deren Betrieb, etwa infolge schädlicher Umwelteinwirkungen (§ 3 Abs. 1 BImSchG) namentlich in Form von *Geräuschimmissionen* (§ 3 Abs. 2 BImSchG) oder in Form von *Luftverunreinigungen* (§ 3 Abs. 4 BImSchG; „Rauch, Ruß, Staub, Gase, Aerosole, Dämpfe, Geruchsstoffe"), bedroht sind.

Der Rechtsbegriff der *öffentlichen Ordnung* dient rechtstechnisch dazu, (Sozial-) Normen in das Recht zu überführen, die nicht oder noch nicht in das positive Recht aufgenommen sind. Er umfasst nach hergebrachter Auffassung die Gesamtheit der ungeschriebenen Regeln für das Verhalten des einzelnen in der Öffentlichkeit, deren Beachtung nach den jeweils herrschenden Anschauungen als unentbehrliche Voraussetzung eines geordneten staatsbürgerlichen Zusammenlebens betrachtet wird. Ein ordnungswidriger Zustand in diesem Sinne ergibt sich aus jeder Betätigung der individuellen Freiheit, die gegen die herrschenden ethischen und sozialen Anschauungen oder sonst gegen als gerecht und notwendig empfundenen Werte verstößt, die geeignet ist, die gute Ordnung des Gemeinwesens und des gesellschaftlichen Zusammenlebens zu stören. Ihr Anwendungsbereich beschränkt sich auf Vorgänge, die dem grundgesetzlich verbürgten Menschenbild widersprechen, mit Strafe oder Bußgeld bedroht sind oder wegen ihres Öffentlichkeitsbezugs einem sozialethischen Unwerturteil unterliegen. Dazu zählt sexuelles Verhalten, das schutzwürdige Belange der Allgemeinheit berührt, insbesondere, wenn es nach außen tritt und dadurch die ungestörte Entwicklung junger Menschen in ihrer Sexualsphäre gefährden kann oder andere Personen, die hiervon unbehelligt bleiben wollen, erheblich belästigt. Betroffen sind insbesondere sog. Anbahnungsgaststätten,[16] Swinger- und Pärchen- Clubs, Bordelle, Peep- und Life-Shows, Wohnungsprostitution, Dirnenwohnheime.

Die Schutzgüter der öffentlichen Sicherheit oder Ordnung dürfen nicht konkret gefährdet (bedroht) werden. Eine *konkrete Gefahr* ist gegeben, wenn bei bestimmten Arten von Verhaltensweisen oder Zuständen nach allgemeiner Lebenserfahrung oder fachlichen Erkenntnissen mit hinreichender Wahrscheinlichkeit ein Schaden für die polizeilichen Schutzgüter im Einzelfall, d.h. eine konkrete Gefahrenlage, einzutreten pflegt. Dabei hängt der zu fordernde Wahrscheinlichkeitsgrad von der Bedeutung der gefährdeten Rechtsgüter sowie dem Ausmaß des möglichen Schadens ab. Geht es um den Schutz besonders hochwertiger Rechtsgüter, wie etwa Leben und Gesundheit von Menschen, so kann auch die entfernte Möglichkeit eines Schadenseintrittes ausreichen. Der Gefahrenbegriff ist dadurch gekennzeichnet, dass aus gewissen gegenwärtigen Zuständen nach dem Gesetz der Kausalität gewisse andere Schaden bringende Zustände und Ereignisse erwachsen werden. Schadensmöglichkeiten, die sich deshalb nicht ausschließen lassen, weil nach dem derzeitigen Wissensstand bestimmte Ursachenzusammenhänge weder bejaht noch verneint werden können, begründen keine Gefahr, sondern lediglich einen Gefahrenverdacht oder ein „Besorgnispotential". Vorsorgemaßnahmen zur Abwehr möglicher Beeinträchtigungen im Gefahrenvorfeld werden durch die Ermächtigungsgrundlage nicht gedeckt. Diese lässt sich auch nicht dahingehend erweiternd auslegen, dass der Exekutive eine „Einschätzungsprärogative" in Bezug darauf zugebilligt wird, ob die vorliegenden Erkenntnisse die Annahme einer konkreten Gefahr rechtfertigen.

Maßgebliches Kriterium zur Feststellung einer Gefahr ist die hinreichende Wahrscheinlichkeit des Schadenseintrittes. Unter einer konkreten Gefahr ist nach allgemeiner Meinung eine Sachlage zu

---

15 Was den vorbeugenden baulichen Wärmeschutz anbelangt, gilt allerdings vorrangig das Energieeinsparungsgesetz (EnEG) und die seiner Grundlage erlassene bundesrechtliche Energieeinsparverordnung (EnEV).

16 BVerwG NVwZ 2009, 909.

verstehen, die – aufgrund einer *ex-ante-Betrach-tung* – bei ungehindertem Ablauf des objektiv zu erwartenden Geschehens im Einzelfalle mit hinreichender Wahrscheinlichkeit zu einem Schaden, nämlich zu einer nicht nur unerheblich Beeinträchtigung eines geschützten Rechtsgutes führen wird (*Prognoseentscheidung*).[17] Gefahr ist also definiert als Risiko, bei dem der Schadenseintritt hinreichend wahrscheinlich und deshalb für die Rechtsordnung nicht mehr hinnehmbar ist. Bei der Beurteilung einer Sachlage als konkrete Gefahr ist weder baupolizeilicher Optimismus noch baupolizeilicher Pessimismus, sondern ein mit der Lebenserfahrung im Einklang stehender Realismus angebracht.

6.4.3.2 Baugestaltungsrecht

Bauordnungsrecht ist auch Baugestaltungsrecht. Es hat zum einen – und dies negativ – die *Abwehr von Verunstaltungen*[18] und zum anderen – und dies positiv – *die Bau- oder Gestaltungspflege* zum Inhalt.

Verunstaltung bedeutet soviel wie handgreifliche Negation des Schönen. Mit dem Ausschluss von Verunstaltungen soll verhindert werden, dass Zustände geschaffen werden, die nicht bloß unschön sind, sondern in negativer Richtung darüber hinausgehen und auf den Betrachter hässlich wirken, die – mit anderen Worten – das optisch-ästhetische Empfinden des Betrachters verletzen und es nicht etwa bloß beeinträchtigen. Verhindert werden sollen - wieder anders ausgedrückt – Zustände, die etwa in optisch- ästhetischer Hinsicht grob unangemessen oder Unlust erregend sind oder die als krass oder belastend empfunden werden oder die das Gefühl des Missfallens erwecken und Kritik, ggf. Abhilfe, herausfordern oder die geschmacklos sind und optisch-ästhetisch gleichsam wie die Faust aufs Auge passen. Bei der Beurteilung einer Sachlage als Verunstaltung sind die gesamten Umstände des Einzelfalles zu berücksichtigen, namentlich auch das betroffene Bauge-

biet. Was das optisch-ästhetische Empfinden des Betrachters anbelangt, ist nicht auf den besonders empfindsamen oder sogar geschulten Betrachter abzustellen; denn die Auswahl dieses Personenkreises entzieht sich jeder zuverlässigen Beurteilung. Es kann auch nicht die Ansicht solcher Menschen entscheidend sein, die optisch-ästhetischen Eindrücken gegenüber gleichgültig oder unempfindlich sind; denn ihnen geht in dieser Hinsicht jede sachliche Urteilsfähigkeit ab. Es muss vielmehr das Empfinden jedes für optisch-ästhetische Eindrücke offenen Betrachters maßgebend sein, der zwischen diesen beiden Personenkreisen steht und der als der sog. *Idealbetrachter* angesehen werden kann. Übrigens sind auch die *Werke der Baukunst,* etwa Graffiti, nicht grundsätzlich von Anforderungen an ihre Gestaltung aufgrund bauordnungsrechtlicher Vorschriften freigestellt.[19]

Bau- oder Gestaltungspflege vollzieht sich regelmäßig durch örtliche Bauvorschriften (ÖBauV) der Gemeinden. Die Landesbauordnungen gestatten nämlich den Gemeinden, noch vor der Schwelle der Verunstaltung auch die künftige baugestalterische Entwicklung des *Straßen-, Orts- oder Landschaftsbildes* zu beeinflussen.[20] Die Gemeinden können zu diesem Zweck in ÖBauV im Rahmen des Bauordnungsrechtes Anforderungen stellen insbesondere an die *beabsichtigte äußere Gestaltung baulicher Anlagen* (Fassaden, Dächer, Decken, Fenster, Begrünungen, Gebäudehöhen, Gebäudetiefen), an *Werbeanlagen und Automaten* (Art, Größe, Farbe, Anbringungsort, Ausschluss), an die *besondere Gestaltung, Bepflanzung und Nutzung der unbebauten Flächen* der bebauten Grundstücke (Freiflächen), an *Einfriedungen* (Notwendigkeit, Zulässigkeit, Art, Gestaltung, Höhe). Sie dürfen ÖBauV allerdings nicht erlassen, um mit ihrer Hilfe Städtebau[21] oder Denkmalschutz[22] zu betreiben.

17 Ständige Rechtsprechung; vgl. etwa BVerfG NJW 1980, 2572; BVerwG NVwZ 2004, 610; BVerwG NVwZ 2003, 95; VGH BW NVwZ-RR 1990, 533.
18 Grundlegend BVerwG NJW 1955, 1647; BVerwG BauR 2004, 295; ständige Rechtsprechung; vgl. auch BVerwG NVwZ 2008, 311 (Gesetzgebungskompetenz).

19 BVerwG NVwZ 1991, 983; BVerwG NJW 1995, 2648 (Artemis und Aurora).
20 *Manssen*, Stadtgestaltung durch ÖBauV, 1990.
21 BVerwG NVwZ-RR 1998, 486; BVerwG BauR 2005, 1768.
22 BVerwG NVwZ 2001, 1043.

6.4.3.3 Bausozialrecht

Bauordnungsrecht ist ferner Bausozialrecht, das vor allem das *Erfordernis des barrierefreien Planens und Bauens* erfasst.

Barrierefreiheit ist die Zugänglichkeit (accessibility; accessibilité) und Nutzbarkeit der gestalteten Lebensbereiche für alle Menschen.[23] *Barrierefreie Anlagen* sind Anlagen, die so hergestellt und instand gehalten sind, dass sie von den betroffenen Personen, namentlich von behinderten bzw. alten Menschen, zweckentsprechend ohne fremde Hilfe genutzt werden können. Das barrierefreie Planen und Bauen hat sich an den eigenständigen Bedürfnissen der Zielgruppen zu orientieren, welche die jeweiligen Anlagen zweckentsprechend ohne fremde Hilfe sollen nutzen können. Es betrifft vorwiegend die (horizontalen) Zuwegungen zu den Gebäuden (Rampen, Eingänge, Türen), die (vertikalen und horizontalen) Fortbewegungen (Aufzüge, Flure, Türen) und die sanitären Anlagen in den Gebäuden (Toiletten, Bäder, Duschen). Sie müssen behinderten- bzw. altersgerecht geplant und gebaut werden. Nur dann kann von einer barrierefreien Anlage gesprochen werden. Die DIN 18040/-1 (barrierefreies Bauen; öffentlich zugängliche Gebäude) und die DIN 18040/-2 (barrierefreies Bauen, Wohnungen) konkretisieren den Begriff. Barrierefreie Gestaltung bedeutet, dass die Gebäude nicht nur barrierefrei zugänglich sein müssen, sondern dass sie insgesamt barrierefrei entsprechend den erwähnten DIN- Normen gestaltet sein müssen.

Bausozialrecht äußert sich auch in der gesetzlichen Pflicht zur grundsätzlichen *Herstellung notwendiger Spielplätze für (Klein-) Kinder* unter bestimmten Voraussetzungen auf den Baugrundstücken oder in Ruf- bzw. Sichtweite auf benachbarten Grundstücken.

6.4.3.4 Bauökologierecht

Bauordnungsrecht ist letztlich Bauökologierecht und als solches Bestandteil des Umweltschutzrechtes, das in verschiedenen, die einzelnen Umweltmedien „Luft", „Boden", „Wasser" und „Biosphäre" betreffenden Fachgesetzen (Immissions-

schutz-, Wasser-, Boden- und Naturschutzrecht) übergreifend geregelt ist. Es hat in den Landesbauordnungen lediglich flankierende Bedeutung, um etwa auf das Planen und Bauen von Energie einsparenden Gebäuden (Passiv-, Nullenergie-, Plusenergie-, 3- Liter- Häusern) hinzuwirken. Gegenstand des Bauökologierechtes ist – entsprechend der Staatszielklausel des Art. 20a GG - der gesetzlich hervorgehobene *Schutz der natürlichen Lebensgrundlagen*, der nicht auf den Schutz der absolut notwendigen Lebensvoraussetzungen beschränkt ist, sondern alle diejenigen Umweltgüter umfasst, welche die Grundlage menschlichen, tierischen und pflanzlichen Lebens sind. Dabei bedeutet „Leben" nicht irgendeine Form der Existenz, sondern die natürlichen Grundlagen der Vitalität insgesamt. Der Zusatz „natürlich" soll die Ausgrenzung der sozialen, ökonomischen, kulturellen oder technischen Lebensgrundlagen bzw. der psycho- sozialen Umwelt aus der Staatszielklausel verdeutlichen.

Der Begriff der Lebensgrundlagen ist gleichbedeutend mit dem der Umwelt. Umfasst sind die Umweltgüter bzw. Umweltfaktoren Menschen, Tiere (Fauna) und Pflanzen (Flora), Mikro- Organismen in ihren Lebensräumen, Boden, Wasser, Luft, Klima, auch die Ozonschicht, die Landschaft (auch die rein optisch-ästhetische Qualität, die Schönheit der Landschaft) die Kulturgüter und sonstige Sachgüter sowie die Wechselwirkungen zwischen den vorgenannten Schutzgütern (Biosphäre).

Der Schutz der natürlichen Lebensgrundlagen ist entsprechend der verfassungsrechtlichen Vorgabe (Art. 20a GG) auf Nachhaltigkeit angelegt. Der *Begriff der Nachhaltigkeit* setzt sich im allgemeinen Verständnis aus drei Elementen zusammen, die auch als *3-Säulen-Modell der Nachhaltigkeit* bezeichnet werden.

Die *ökologische Nachhaltigkeit* umschreibt die Zieldimension, Natur und Umwelt für die nachfolgenden Generationen zu erhalten. Dies umfasst den Erhalt der Artenvielfalt, den Klimaschutz, die Pflege von Kultur- und Landschaftsräumen in ihrer ursprünglichen Gestalt sowie generell einen schonenden Umgang mit der natürlichen Umgebung. Die *ökonomische Nachhaltigkeit* stellt das Postulat auf, wonach die Wirtschaftsweise so anzulegen ist, dass sie dauerhaft eine tragfähige Grundlage für Erwerb und Wohlstand bietet. Von besonderer Be-

---

23 Für behinderte Menschen vgl. §§ 3 und 4 BGG.

deutung ist hier der Schutz wirtschaftlicher Ressourcen vor Ausbeutung. Die *soziale Nachhaltigkeit* versteht die Entwicklung der Gesellschaft als einen Weg, der Partizipation für alle Mitglieder einer Gemeinschaft ermöglicht. Dies umfasst einen Ausgleich sozialer Kräfte mit dem Ziel, eine auf Dauer zukunftsfähige, lebenswerte Gesellschaft zu erreichen. Die Nachhaltigkeit betrifft alle Betrachtungsebenen, kann also lokal, regional, national oder global verwirklicht werden. Während aus ökologischer Perspektive zunehmend ein globaler Ansatz verfolgt wird, steht hinsichtlich der wirtschaftlichen und sozialen Nachhaltigkeit oft der nationale Blickwinkel im Vordergrund. Desgleichen wird für immer mehr Bereiche eine nachhaltige Entwicklung postuliert, sei es für den individuellen Lebensstil oder für ganze Sektoren wie Mobilität oder Energieversorgung.

Dem bauökologischen Schutzgebot tragen namentlich das Energie sparende Bauen nach Maßgabe des EnEG[24] und der konkretisierenden EnEV[25] sowie das EEWärmeG[26] Rechnung, das insbesondere im Interesse des Klimaschutzes, der Schonung fossiler Ressourcen und der Minderung der Abhängigkeit von Energieimporten, eine nachhaltige Entwicklung der Energieversorgung ermöglichen und die Weiterentwicklung von Technologien zur Erzeugung von Wärme aus Erneuerbaren Energien fördern will. Das bedeutet vor allem, dass die Eigentümer von bestimmten Gebäuden, die neu errichtet werden, den Wärmeenergiebedarf durch die anteilige Nutzung von Erneuerbaren Energien decken müssen.

---

24 Gesetz zur Einsparung von Energie in Gebäuden (Energieeinsparungsgesetz – EnEG) vom 1.9.2005 (BGBl. I S. 2684).

25 Verordnung über energiesparenden Wärmeschutz und energiesparende Anlagentechnik bei Gebäuden (Energieeinsparverordnung – EnEV) vom 24.7.2007 (BGBl. I S. 1519), geändert durch Art. 1 Verordnung 29.4.2009 (BGBl. I S. 954), zuletzt geändert durch Gesetz vom 28.3.2009 (BGBl. I S. 643).

26 Gesetz zur Förderung Erneuerbarer Energien im Wärmebereich (Erneuerbare- Energien- Wärmegesetz – EEWärmeG) vom 7.8.2008 (BGBl. I S. 1658), zuletzt geändert durch Gesetz vom 28.7.2011 (BGBl. I S. 1634).

6.4.4 Besonderes Bauordnungsrecht

6.4.4.1 Bauproduktenrecht

Allgemeines

Das Bauproduktenrecht gehört verfassungsrechtlich dem Gebiet *„Recht der Wirtschaft"* (Art. 74 Abs. 1 Nr. 11 GG) an. Es geht zurück auf die BauPR/EWG, mit deren Umsetzung in nationales Recht das Inverkehrbringen von Bauprodukten und den freien Warenverkehr mit Bauprodukten von und nach den EU-Mitgliedstaaten oder einem anderen EWR-Vertragsstaat gesichert werden soll. Es hat sich dann im bundesrechtlichen BauPG und einheitlich in den Landesbauordnungen niedergeschlagen, um als notwendige Folge die Verwendung der Bauprodukte und die Anwendung der Bauarten bei der Errichtung, bautechnischen Änderung und Instandhaltung von baulichen Anlagen zu regeln.[27]

---

27 Inzwischen ist die Verordnung (EU) Nr. 305/2011 des europäischen Parlaments und des Rates vom 9.3.2011 zur Festlegung harmonisierter Bedingungen für die Vermarktung von Bauprodukten und zur Aufhebung der Richtlinie 89/196/EWG des Rates – BauPV/EU – (ABl. EU Nr. L 88 S. 5 vom 4.4.2011) erlassen worden; sie ist am 24.4.2011 in Kraft getreten (Art. 68 Abs. 1 BauPV/EU). Sie hat als EU-Rechtsakt allgemeine Geltung, ist in allen Teilen verbindlich und gilt unmittelbar in jedem EU-Mitgliedstaat (vgl. Art. 288 Abs. 2 AEUV). Allerdings gelten die Art. 3 bis Art. 28 BauPV/EU, die Art. 36 bis Art. 38 BauPV/EU, die Art. 56 bis Art. 63 BauPV/EU, Art. 65 BauPV/EU und Art. 66 BauPV/EU sowie die Anhänge I, II, III und V erst ab dem 1.7.2013 (Art. 68 II BauPV/EU); zugleich wird mit Wirkung zum 1.7.2013 die oben erwähnte RL 89/196/EWG (BauPR/EWG) aufgehoben (Art. 65 I BauPV/EU); Verweise auf die BauPR/EWG gelten als Verweise auf die BauPV/EU (Art. 65 II BauPV/EU). Bauprodukte (Art. 2 Nr. 1 BauPV/EU), die vor dem 1.7.2013 in Übereinstimmung mit der BauPR/EWG in Verkehr gebracht werden (Art. 2 Nr. 17 BauPV/EU), gelten als mit der BauPV/EU konform (Art. 66 Abs. 1 BauPV/EU). Die Hersteller (Art. 2 Nr. 19 BauPV/EU) können eine Leistungserklärung auf der Grundlage einer Konformitätsbescheinigung oder einer Konformitätserklärung erstellen, die vor dem 1.7.2013 in Übereinstimmung mit der BauPR/EWG ausgestellt wird (Art. 66 Abs. 2 BauPV/EU). Leitlinien für die europäische technische Zulassung, die vor dem 1.7.2013 gemäß Art. 11 BauPR/EWG veröffentlicht werden, können als Europäische Bewertungsdokumente (Art. 2 Nr. 12 BauPV/EU) verwendet werden (Art. 66 Abs. 3 BauPV/EU). Hersteller (Art. 2 Nr. 19 BauPV/EU) und Importeure (Art. 2 Nr. 21 BauPV/EU) können europäische technische Text ersetzen: Zulassungen, die vor dem 1.7.2013 gemäß Art. 9 BauPR/EWG erteilt werden, während ihrer Gültigkeit als Europäische Technische Bewertungen (Art. 2 Nr. 13 BauPV/EU) verwenden (Art. 66 Abs. 4 BauPV/EU).

Die Landesbauordnungen sind uneingeschränkt auf Bauprodukte sachlich anwendbar. Sie definieren den Begriff des Bauproduktes in Übereinstimmung mit Art. 1 Abs. 2 BauPR/EWG nebst Protokollerklärung und mit § 2 Abs. 1 BauPG, sowie den der Bauart. *Bauprodukte* sind Baustoffe, Bauteile und Anlagen, die hergestellt werden, um dauerhaft in bauliche Anlagen des Hoch- oder des Tiefbaues (Bauwerke) eingebaut zu werden; Bauprodukte sind auch aus Baustoffen und Bauteilen vorgefertigte Anlagen, die hergestellt werden, um mit dem Erdboden verbunden zu werden, wie z. B. Fertighäuser, Fertiggaragen und Silos.[28] Unter einer *Bauart* (technische Fertigungsart; technische Methode) ist das Zusammenfügen von Bauprodukten zu (Teilen von) baulichen Anlagen zu verstehen (z. B. Stahl-, Holzbau-, Gerüst-, Mauerwerkbauart), wodurch ein Bauprodukt eigener Art entsteht.

Die Landesbauordnungen stellen sodann allgemeine materielle Anforderungen an die *Verwendung von Bauprodukten* und folglich auch an die *Anwendung von Bauarten*. Bauprodukte dürfen nur verwendet werden, wenn bei ihrer Verwendung die baulichen Anlagen bei ordnungsgemäßer Instandhaltung während einer dem Zweck entsprechenden angemessenen Zeitdauer die bauordnungsrechtlichen Anforderungen erfüllen und gebrauchstauglich sind; Entsprechendes gilt für Bauarten. Damit haben Bauprodukte und Bauarten im Hinblick auf bauliche Anlagen *Hilfsfunktion*. Die Regelung entspricht dem Art. 3 Abs. 1 BauPR/EWG, wonach mit ihnen bauliche Anlagen errichtet, geändert und instand gehalten werden können, die (als Ganzes und in ihren Teilen) unter Berücksichtigung der Wirtschaftlichkeit gebrauchstauglich sind und hierbei die im Anhang I BauPR/EWG bezeichneten *wesentlichen Anforderungen* erfüllen; diese Anforderungen, die normalerweise vorhersehbare Einwirkungen voraussetzen, müssen bei normaler Instandhaltung über einen wirtschaftlich angemessenen Zeitraum erfüllt werden. Die wesentlichen Anforderungen werden nachfolgend im Einzelnen erläutert.

---

28 Fertighäuser, Fertiggaragen und Silos werden zu baulichen Anlagen, sobald sie dauerhaft mit dem Erdboden verbunden (aufgestellt) sind.

Standsicherheit, mechanische Festigkeit, Tragfähigkeit des Baugrundes

Eine bauliche Anlage muss derart entworfen und ausgeführt sein, dass die während der Errichtung und Nutzung möglichen Einwirkungen keines der nachstehenden Ereignisse zur Folge haben: Einsturz des gesamten Bauwerkes oder eines Teiles, größere Verformungen in unzulässigem Umfang, Beschädigungen anderer Bauteile oder Einrichtungen und Ausstattungen infolge zu großer Verformungen der tragenden Baukonstruktion, Beschädigungen durch ein Ereignis in einem zur ursprünglichen Ursache unverhältnismäßig großen Ausmaß.

Die *Standsicherheit* ist die Anforderung an bauliche Anlagen, nicht einzustürzen. Im Rahmen des rechnerischen Standsicherheitsnachweises wird sie als Quotient zwischen den aufnehmbaren und den vorhandenen Beanspruchungen eines Tragwerkes berechnet. Zum Nachweis der Standsicherheit müssen verschiedene Versagensmechanismen einzeln nachgewiesen werden. Sie können in Systemversagen und örtliches Versagen untergliedert werden. Bei einem Systemversagen wird das Gesamtsystem instabil; ein Beispiel dafür wäre das Kippen einer Wand. Bei einem örtlichen Versagen tritt an einem örtlich begrenzten Bereich eine für das verwendete Material zu große Beanspruchung auf. Wird z. B. die maximal aufnehmbare Spannung für eine Mörtelfuge in einer Mauerwerkswand überschritten, kann dies zu unerwünschten Rissen in der Wand führen. Je nach Tragreserven im Gesamtsystem kann ein örtliches Versagen auch zu einem Systemversagen führen.

Die Standsicherheit einer baulichen Anlage ist abhängig von deren mechanischer Festigkeit. Die *Festigkeit* ist eine Werkstoffeigenschaft. Sie beschreibt den *mechanischen Widerstand*, den ein Werkstoff einer plastischen Verformung oder Trennung entgegensetzt. Aus dem Spannungs-Dehnungs-Diagramm werden die technisch relevanten Festigkeitskennwerte ermittelt. Je nach Werkstoff, Werkstoffzustand, Temperatur, Belastung und Belastungsgeschwindigkeit können unterschiedliche Festigkeiten erreicht werden. Je nach Art der angreifenden Belastung unterscheidet man statische und dynamische Festigkeit: z. B. ruhende, ansteigende, Zeit- oder Dauerfestigkeit, nach der Richtung der Last vor allem Zug- und Druckfestigkeit, aber auch Biege-, Knick- und Scherfestigkeit.

Tabelle 6.4-2 Schutzziele; brandschutztechnische Einzelanforderungen

Bauteile	Schutzziele	Brandschutztechnische Einzelanforderungen
Tragende und aussteifende Wände, Stützen	Tragende und aussteifende Wände und Stützen müssen im Brandfall ausreichend lang standsicher sein.	Die brandschutztechnischen Einzelanforderungen sind entweder der jeweiligen (Landes-) Bauordnung
Außenwände	Außenwände und Außenwandteile, wie z. B. Brüstungen und Schürzen, sind so auszubilden, dass eine Brandausbreitung auf und in diesen Bauteilen ausreichend lang begrenzt ist.	selbst oder einer Ausführungsverordnung (AVO) zur Bauordnung zu entnehmen (z. B. Art. 25 ff. Bay-
Trennwände	Trennwände müssen als Raum abschließende Bauteile von Räumen oder NE innerhalb von Geschossen ausreichend lang widerstandsfähig gegen die Brandausbreitung sein.	BO; §§ 4 ff. LBOAVO BW).
Brandwände	Brandwände müssen als Raum abschließende Bauteile zum Abschluss von Gebäuden (Gebäudeabschlusswand) oder zur Unterteilung von Gebäuden in Brandabschnitte (innere Brandwand) ausreichend lang die Brandausbreitung auf andere Gebäude oder Brandabschnitte verhindern.	
Decken	Decken und ihre Anschlüsse müssen als tragende und Raum abschließende Bauteile zwischen Geschossen im Brandfall ausreichend lang standsicher und widerstandsfähig gegen die Brandausbreitung sein.	
Bedachungen	Bedachungen müssen gegen eine Brandbeanspruchung von außen durch Flugfeuer und strahlende Wärme ausreichend lang widerstandsfähig sein (harte Bedachung).	

Die Kräfte, die eine bauliche Anlage hervorruft, müssen aus Gründen der Standsicherheit sicher in den Baugrund abgeleitet werden, was eine entsprechende *Tragfähigkeit des Baugrundes* erfordert. Mit *Baugrund* wird in diesem Zusammenhang der Bereich des Bodens bezeichnet, der für die Errichtung und die bautechnische Änderung (etwa Aufstockung) einer baulichen Anlage von Bedeutung ist. Besonders wichtig sind die Eigenschaften des Baugrundes in Hinblick auf die Gründung (*Fundamentierung*) der baulichen Anlage. Die wichtigste mechanische Eigenschaft des Baugrundes ist seine *Tragfähigkeit*, also seine Fähigkeit, Lasten aus der baulichen Anlage aufzunehmen, ohne sich dabei zu sehr zu verformen oder gar komplett zu versagen. Im Allgemeinen ist der Baugrund aus Schichten von verschiedenen Böden aufgebaut. Teil des Baugrundes ist auch das Grundwasser. Für die Tragfähigkeit des Baugrundes sind in erster Linie die Bodenarten ausschlaggebend, die im Baugrund angetroffen werden. Diese sind regional – je nach geologisch bedingter Entstehung – sehr verschieden; sie variieren manchmal sogar lokal sehr stark. Daher muss der Baugrund vor Abschluss der Bauwerksplanung untersucht werden. Nach der DIN 1054

(vgl. dazu die LTB) unterscheidet man zwischen Fels, bindigem Boden (Lehm) und nicht bindigem Boden (Sand, Kies). Zur Planungsphase eines Gebäudes gehört stets eine *Baugrunduntersuchung*. Art und Umfang der Untersuchungen regelt die DIN 4020 (Geotechnische Untersuchungen für bautechnische Zwecke). Die Auswertung der Baugrunduntersuchung erfolgt üblicherweise nach der DIN 1054 (Baugrund). Hier werden typische Bodenkennwerte für allgemeine und eindeutige Fälle vorgeben.

Vorbeugender baulicher Brandschutz

Eine bauliche Anlage muss derart entworfen und ausgeführt sein, dass bei einem Brand die Tragfähigkeit des Bauwerkes während eines bestimmten Zeitraumes erhalten bleibt, die Entstehung und Ausbreitung von Feuer und Rauch innerhalb des Bauwerkes sowie die Ausbreitung von Feuer auf benachbarte Bauwerke begrenzt wird, die Bewohner das Gebäude unverletzt verlassen oder durch andere Maßnahmen gerettet werden können, die Sicherheit der Rettungsmannschaften berücksichtigt ist (Selbstrettung, Fremdrettung, Feuerwehrangriff).

Beim vorbeugenden baulichen Brandschutz geht es – erstens – um die Rettung von Menschen und

Tieren und um den Feuerwehrangriff im Brandfalle. In diesem Zusammenhang gilt der *Grundsatz des doppelten Rettungsweges*, es sei denn, die Rettung ist über einen *Sicherheitstreppenraum* möglich, nämlich über einen sicher erreichbaren Treppenraum, in den Feuer und (Brand-) Rauch nicht eindringen können. Der erste Rettungsweg erfolgt über Flure (*notwendige Flure*) und über eine *notwendige Treppe bzw. Rampe*, die zur Sicherstellung der Rettung aus den Geschossen ins Freie grundsätzlich in einem eigenen, durchgehenden Treppenraum (*notwendiger Treppenraum*) liegen muss (*baulicher Rettungsweg*). Der zweite Rettungsweg kann eine weitere notwendige Treppe sein; er kann aber auch eine mit Rettungsgeräten der Feuerwehr erreichbare Stelle der Nutzungseinheit (NE) sein (*eingerichteter Rettungsweg*). Zur Durchführung wirksamer Lösch- und Rettungsarbeiten durch die Feuerwehr müssen geeignete und von den öffentlichen Verkehrsflächen erreichbare Aufstell- und Bewegungsflächen für die erforderlichen Rettungsgeräte (Steck-, Schiebe-, Klapp-, Haken-, Multifunktions-, Strick-, Drehleiter; Sprungretter, Seilgeräte) vorhanden sein. Dazu hat nach den Feuerwehrgesetzen der Länder jede Gemeinde auf ihre Kosten eine den örtlichen Verhältnissen entsprechende leistungsfähige Feuerwehr aufzustellen, auszurüsten und zu unterhalten, insbesondere die für einen geordneten und erfolgreichen Einsatz der Feuerwehr erforderlichen Feuerwehrausrüstungen und Feuerwehreinrichtungen zu beschaffen und zu unterhalten.

Beim vorbeugenden baulichen Brandschutz geht es – zweitens – um die erforderliche *Feuerwiderstandsfähigkeit* (FW) *der einzelnen Bauteile eines Bauwerkes* im Brandfalle, die nur Hilfe entsprechender Bauprodukte erreicht werden kann. In dieser Hinsicht formulieren die Landesbauordnungen die Schutzziele, die aus 2 Elementen sich zusammensetzen, nämlich zum einen aus der von dem einzelnen Bauteil verlangten Funktion im Brandfalle (z. B. aus der Funktion „Standsicherheit" im Falle von tragenden und aussteifenden Wänden und Stützen) und zum anderen aus der „zeitlichen Dauer" (z. B. ausreichend lang). Sie werden sodann durch die geforderte Feuerwiderstandsfähigkeit in den ihnen jeweils zugeordneten Regelungen konkretisiert, wobei auch auf die Zugehörigkeit des Gebäudes zu einzelnen Gebäudeklassen (GK) abgestellt wird.

Bauteile werden nach den *Anforderungen an ihre FW* unterschieden in feuerbeständige, hochfeuerhemmende und feuerhemmende Bauteile; die Feuerwiderstandsdauer (FWD) beträgt bei den *feuerhemmenden Bauteilen* 30 Minuten (F 30), bei den *hochfeuerhemmenden Bauteilen* 60 Minuten (F 60) und bei den *feuerbeständigen Bauteilen* 90 Minuten (F 90). Die FW bezieht sich bei tragenden und aussteifenden Bauteilen auf deren Standsicherheit im Brandfalle, bei Raum abschließenden Bauteilen auf deren Widerstand gegen die Brandausbreitung.

Bauteile werden zusätzlich nach dem *Brandverhalten ihre Baustoffe* (nichtbrennbare, schwerentflammbare, normalentflammbare Baustoffe) unterschieden. Seit der Veröffentlichung in der BRL 2002/1 ist das europäische Klassifizierungssystem *DIN EN 13501* für die Beurteilung des Brandverhaltens von Baustoffen und Bauprodukten in das deutsche Baurecht eingeführt. Im Unterschied

Tabelle 6.4-3 Kombinationen (xx) der Feuerwiderstandsfähigkeit und Baustoffverwendung bei Bauteilen*

	Feuerbeständig und aus nichtbrennbaren Baustoffen	Feuerbeständig	Hochfeuerhemmend	Feuerhemmend
1. Alle Bestandteile sind nichtbrennbar (A-Bauweise).	xx	xx	xx	xx
2. Tragende und aussteifende Teile sind nichtbrennbar (AB-Bauweise).		xx	xx	xx
3. Tragende und aussteifende Teile sind brennbar, haben allerdings eine Brandschutzbekleidung (BA-Bauweise).			xx	xx
4. Alle Teile sind brennbar (B-Bauweise)				xx

Tabelle 6.4-4 Gebäudeklassen (GK): Übersicht

GK 1.1	GK 1.2	GK 2	GK 3	GK 4	GK 5
freistehende Gebäude	freistehende land- oder forstwirtschaftlich genutzte Gebäude	nicht freistehende Gebäude	sonstige freistehende Gebäude und sonstige nicht freistehende Gebäude	Sonstige Gebäude in Bezug auf GK 3	Sonstige Gebäude in Bezug auf GK 1 bis GK 4
Höhe ≤ 7 m	ohne Höhenbegrenzung	Höhe ≤ 7 m	Höhe ≤ 7 m	Höhe ≤ 13 m	Höhe > 13 m
Feuerwehreinsatz mit Steckleiter möglich.				Feuerwehreinsatz mit Drehleiter erforderlich.	
		NE ≤ 2	> 2 NE oder ≤ 2 NE, aber > 400 m² BGF		alternativ höchstens 13 m, aber mehr als höchstens 400 m² BGF/NE
höchstens 400 m² BGF		höchstens insgesamt 400 m² BGF		höchstens 400 m² BGF/NE	
					Selbstständige unterirdische Gebäude, z. B. Tiefgaragen ohne ein oberirdisches Geschoss.

zur nationalen Klassifizierung nach DIN 4102/-1 stellt das europäische Klassifizierungssystem eine größere Vielfalt von Klassen und Kombinationen zur Verfügung. Zusätzlich zum Brandverhalten werden die Brandnebenerscheinungen wie Rauchentwicklung (s1–s3) und brennendes Abtropfen/Abfallen (d0 – d2) in Klassen eingeteilt. Die europäische Norm ist als DIN EN 13501/-1 und DIN EN 13501/-2 erschienen. Das nationale und das europäische Klassifizierungssystem werden für eine Übergangsfrist gleichwertig und alternativ anwendbar sein. In der Bauregelliste erfolgt die Zuordnung der Klassen zu den bauaufsichtlichen Anforderungen an den Brandschutz. In Tabelle 1 sind die Klassen aufgeführt, welche zur Gewährleistung des in Deutschland geltenden Sicherheitsniveaus mindestens einzuhalten sind. Bei besonderen Anforderungen an die Rauchentwicklung ist die Klasse s1 einzuhalten. Wird ein Baustoff gefordert, der nicht brennend abtropfen oder abfallen darf, ist ein Baustoff der Klasse d0 zu verwenden.

Die erforderliche FW einzelner Bauteile ist, wie bereits erwähnt, auch abhängig von der Klasse, dem das Gebäude kraft Gesetzes bzw. Rechtsverordnung zugeordnet ist.[29] Die Landesbauordnungen unterscheiden einheitlich *5 Gebäudeklassen* (GK), die sie dann auch definieren; die GK 1.1, GK 2 bis GK 5 sind alle nutzungsneutral.

Die GK 1 bis GK 3 haben eine definierte Höhe von jeweils ≤ 7 m; *Höhe* ist das Maß der Fußbodenoberkante des höchstgelegenen Geschosses, in dem ein Aufenthaltsraum möglich ist, über der Geländeoberfläche im Mittel; maßgebend sind jeweils die Rohbaumaße.[30]

Die GK 1 und die GK 2 unterscheiden sich lediglich durch das Merkmal *„freistehend"*. Ein Gebäude steht frei, wenn und solange es nicht bautechnisch mit einem anderen Gebäude verbunden ist (Einzelhaus); hingegen erfüllen Doppelhäuser und Haugruppen dieses Merkmal nicht, weil sie aneinander gebaut sind. Auch ein Einzelhaus an der Nachbargrenze ist freistehend. Eine an der Nachbargrenze errichtete sog. *Doppelhaushälfte* ist freistehend, solange die andere Doppelhaushälfte nicht angebaut ist. Es gibt Landesbauordnungen, die gesetzlich bestimmen, dass die GK 1 nicht allein dadurch sich ändert, dass an ein freistehendes Gebäude ein „verfahrensfreies Nebengebäude" angebaut wird.[31] Unterschiedlich beantwortet wird die Frage, ob das Merkmal „freistehend" auch (Mindest-) Abstandsflächentiefen zwischen den Einzelhäusern fordert.[32]

Nutzungseinheit (NE) ist die Summe von Räumen, die aufgrund ihrer organisatorischen und räumlichen Struktur als Einheit betrachtet werden kann. Dazu gehören z. B. die Zugänglichkeit der Räume innerhalb der NE für jede der dort anwesenden Personen, die brandschutztechnische Abgrenzung der einzelnen NE zueinander und der direkte Zugang von den allgemein zugänglichen Rettungswegen (Treppenräumen; allgemein zugänglichen Fluren). Als NE mit Aufenthaltsräumen kommen namentlich in Betracht Wohnungen, Praxen, Büros, Läden, selbstständige Betriebs- und Arbeitsstätten sowie Verwaltungseinheiten. Bei gewerblichen NE mit Aufenthaltsräumen ist es geboten, die NE durch notwendige Brandabschnitte zu begrenzen. Durch den Wortlaut allein ist nicht ausgeschlossen, auch einen einzelnen Raum im Ausnahmefall als NE anzusehen, wenn der vom Gesetzgeber angenommene Regeltyp tatsächlich nicht ausreicht, um den Zweck der Norm, den vorbeugenden baulichen Brandschutz durch zwei voneinander unabhängige Rettungswege zu gewährleisten, zu erfüllen (Ein- Zimmer- Appartements, Ein- Raum- Büros).[33, 34]

---

29 Tragende und aussteifende Wände und Stützen müssen im Brandfall ausreichend lang standsicher sein. Sie müssen grundsätzlich in Gebäuden der GK 5 feuerbeständig, in Gebäuden der GK 4 hochfeuerhemmend und in Gebäuden der GK 2 und GK 3 lediglich feuerhemmend sein.

30 Rohbaumaß ist das Maß im Rohbauzustand, das vom Ausbaumaß (Maß im fertigen Zustand) zu unterscheiden ist.

31 § 2 Abs. 3 Satz 5 BauO Bln; § 2 Abs. 3 Satz 4 LBauO M-V.

32 Vgl. etwa die Handlungsempfehlungen zum Vollzug der HBO - vom 22.1.2004, StAnz. S. 746, aktualisierter Stand: 1.10.2008, Im Internet abrufbar unter: http://www.hessen.de.

33 Diesem Fall sind auch Beherbergungsräume (im Sinne eines in sich abgeschlossenen Bereiches mit Gastzimmer, Bad und eigenem Zimmerflur) in einer Hoteletage zuzuordnen. Sie sind in sich und voneinander abgeschlossen. Dem Gast ist es regelmäßig nicht oder kaum möglich, in andere Hotelzimmer zu gelangen und dort im Gefahrenfall einen Weg nach draußen zu finden. Gleiches gilt für Rettungskräfte, die von außen zu einem gefährdeten Hotelgast gelangen wollen (OVG NW BauR 1997, 1005).

34 Ein separat zugängliches Büro in einem Wohngebäude ist eine eigene NE. Findet die Büronutzung hingegen innerhalb einer Wohnung statt, liegt bezüglich des Büros keine eigene NE vor.

Grundfläche einer NE ist die *Brutto- Grundfläche* (BGF). Die BGF einer NE ist nach der *DIN 277/-1 – 02.2005* (Grundflächen und Rauminhalte von Bauwerken im Hochbau; Begriffe, Berechnungsgrundlagen) zu ermitteln; dabei bleiben Flächen im Kellergeschoss kraft Gesetzes außer Betracht. Die Brutto-Grundfläche ist die Summe der Grundflächen aller Grundrissebenen eines Bauwerkes; nicht dazu gehören die Grundflächen von nicht nutzbaren Dachflächen und von konstruktiv bedingten Hohlräumen, z. B. in belüfteten Dächern oder über abgehängten Decken. Die Brutto- Grundfläche gliedert sich in Konstruktions-Grundfläche (KF) und in Netto- Grundfläche (NF). Geschosse sind definitionsgemäß oberirdische Geschosse, wenn ihre Deckenoberkanten im Mittel mehr als 1,40 m über die Geländeoberfläche hinausragen; im Übrigen sind sie Kellergeschosse. Bloße Hohlräume zwischen der obersten Decke und der Bedachung, in denen Aufenthaltsräume nicht möglich sind, sind schon keine Geschosse.

Allgemeine Anforderungen an Hygiene, Gesundheit und Umweltschutz

Eine bauliche Anlage muss derart entworfen und ausgeführt sein, dass die Hygiene und die Gesundheit der Bewohner und der Anwohner insbesondere durch folgende Einwirkungen nicht gefährdet werden: Freisetzung giftiger Gase, Vorhandensein gefährlicher Teilchen oder Gase in der Luft, Emission gefährlicher Strahlen, Wasser- oder Bodenverunreinigung oder -vergiftung, unsachgemäße Beseitigung von Abwasser, Rauch und festem oder flüssigem Abfall, Feuchtigkeitsansammlung in Bauteilen und auf Oberflächen von Bauteilen in Innenräumen. Die LTB enthält TB zum Gesundheitsschutz (vgl. etwa die PCB-, Asbest- und die PCP- Richtlinie).

Allgemeine Anforderungen an die vorbeugende bauliche Nutzungssicherheit

Eine bauliche Anlage muss derart entworfen und ausgeführt sein, dass sich bei ihrer Nutzung oder ihrem Betrieb keine unannehmbaren Unfallgefahren ergeben, wie Verletzungen durch Rutsch-, Sturz- und Aufprallunfälle, Verbrennungen, Stromschläge, Explosionsverletzungen. Den *Gefahren durch Abstürzen* muss mit Hilfe von *Umwehrungen*

bzw. *Brüstungen*, an die das Bauordnungsrecht besondere Anforderungen stellt, vorgebeugt werden.[35]

Allgemeine Anforderungen an den vorbeugenden baulichen Schallschutz

Die bauliche Anlage muss derart entworfen und ausgeführt sein, dass der von den Bewohnern oder von in der Nähe befindlichen Personen wahrgenommene Schall auf einem Pegel gehalten wird, der nicht gesundheitsgefährdend ist und bei dem zufrieden stellende Nachtruhe-, Freizeit- und Arbeitsbedingungen sichergestellt sind. Deshalb müssen Gebäude einen ihrer Nutzung entsprechenden Schallschutz haben. Schallschutz ist vorbeugend überall dort erforderlich, wo Geräuschimmissionen als *Luftschall* von außen in das Gebäude eindringen können oder Geräuschimmissionen als *Körperschall* innerhalb eines Gebäudes weiter getragen werden. Die *DIN 4109* (11.89) – Schallschutz im Hochbau-; Anforderungen und Nachweise – regelt die Anforderungen an den Schutz gegen Luft- und Körperschallübertragung zwischen fremden Wohn- und Arbeitsräumen, gegen Außenlärm und gegen Geräusche von haustechnischen Anlagen und aus baulich verbundenen Betrieben; sie ist als TB öffentlich-rechtlich zu beachten.

Allgemeine Anforderungen an die Energieeinsparung und den vorbeugenden baulichen Wärmeschutz

Die bauliche Anlage und ihre Anlagen und Einrichtungen für Heizung, Kühlung und Lüftung müssen derart entworfen und ausgeführt sein, dass unter Berücksichtigung der klimatischen Gegebenheiten des Standortes der Energieverbrauch bei seiner Nutzung gering gehalten und ein ausreichender Wärmekomfort der Bewohner gewähr-

---

35 Vgl. dazu auch die als TB bekannt gemachte ETB-RL „Bauteile, die gegen Absturz sichern". ETB-RL sind Normen des Ausschusses für „Einheitliche Technische Baubestimmungen", die unter Umgehung des üblichen Normenverfahrens nach DIN wegen der Dringlichkeit von Fachleuten erarbeitet und bauaufsichtlich zugelassen wurden. Welche der Richtlinien in einem Bundesland gelten, bestimmt seine LTB. Der Ausschuss ist mittlerweile aufgelöst, zuständig für die Normung ist jetzt allein das Deutsche Institut für Normung e. V. (DIN) mit Sitz in Berlin.

Tabelle 6.4-5 Bauprodukte

Gruppe 1	**Geregelte Bauprodukte** mit erforderlichem Verwendbarkeits- und Übereinstimmungsnachweis (BRL A Teil 1)
Gruppe 2	**Nicht geregelte Bauprodukte**
Gruppe 2.1	Nicht geregelte Bauprodukte mit Verwendbarkeits- und Übereinstimmungsnachweis (BRL A Teil 2)
Gruppe 2.2	Nicht geregelte Bauprodukte ohne Verwendbarkeits- und Übereinstimmungsnachweise (Liste C)
Gruppe 3	**Bauprodukte aus dem europäischen Bereich** (BRL B)
Gruppe 4	**Sonstige Bauprodukte** ohne Verwendbarkeits- und Übereinstimmungsnachweis

leistet wird. Damit werden alle Maßnahmen zur Verringerung der verbrauchten Energie der Energieträger bezeichnet. Die Konkretisierung dieser pauschal formulierten Anforderung erfolgt durch die DIN 4108/-2 (07.03), die DIN 4108/-3 (07.01), die DIN 4108/-4 (06.07) und die DIN 4108/-10 (06.08, welche als TB bekannt gemacht sind und die den „Wärmeschutz und die Energieeinsparung in Gebäuden" betreffen, sowie durch das dem Baunebenrecht angehörende *Energieeinsparungsrecht*.[36]

Methodisch bieten sich folgende Ansätze zur Einsparung einer bestimmten Energieform an: Verringerung des Energiebedarfes etwa durch Verzicht auf bestimmte Leistungen sowie Steigerung der Effizienz durch erhöhte Ausnutzung der aufgewendeten Energie (Beispiele: Wärmedämmung, Energiesparlampe). Zur Effizienzsteigerung zählt auch die Nutzung bisher ungenutzter Energieanteile (etwa zusätzliche Nutzung der Abwärme oder Wärmerückgewinnung). Die Nutzung alternativer Energieformen ist keine Energieeinsparung im eigentlichen Sinne. Durch dieses Vorgehen kann jedoch die ursprünglich eingesetzte Energieform reduziert oder gänzlich ersetzt werden. Zu einer Energieeinsparung kommt es dabei nur, wenn die

Nutzung der neuen Energieform effizienter ist als die zu ersetzende (Stichwort: *Energiebilanz*).

Besondere Anforderungen an Bauprodukte

Ein Bauprodukt darf verwendet werden und ist daher brauchbar, wenn es den besonderen formellen und materiell-rechtlichen Anforderungen entspricht, die im Abschnitt „Bauprodukte und Bauarten" der jeweiligen (Landes-)Bauordnungen aufgestellt worden sind. Dort haben nämlich die Landesgesetzgeber die BauPR/EWG in Landesbaurecht (unter Berücksichtigung des BauPG) umgesetzt, dessen Vorschriften gleichfalls in Umsetzung der BauPR/EWG das In-Verkehr-Bringen von Bauprodukten und den freien Warenverkehr mit Bauprodukten von und nach den EU-Mitgliedstaaten oder einem anderen EWR-Vertragsstaat[37] erlassen worden sind. Prüfverfahren, Überwachungen und Zertifizierungen, die von Stellen eines anderen EU-Mitgliedstaates oder der Türkei oder eines EFTA-Staates,[38] einem EWR-Vertragsstaat erbracht werden, sind ebenfalls anzuerkennen, sofern die Stellen aufgrund ihrer Qualifikation, Integrität, Unparteilichkeit und technischen Ausstattung Gewähr dafür bieten, die Prüfung, Überwachung bzw. Zertifizierung gleichermaßen sachgerecht und aussagekräftig durchzuführen (Gleichwertigkeitsklausel). Diese Voraussetzungen gelten insbesondere als erfüllt, wenn die Stellen nach Art. 16 BauPR/EWG für diesen Zweck zugelassen worden sind.

Die *verwendbaren Bauprodukte* sind in den beiden Tabellen 6.4.5 und 6.4.6 dargestellt.

---

36 Vgl dazu das EnEG und die EnEV sowie die Nr. 4 LTB.

37 EWR-Abkommen vom 2.5.1992 (BGBl. 1993 II 267), in der Fassung des Anpassungsprotokolles vom 17.3.1993 (BGBl. II 1294). Vertragstaaten des EWR-Abkommens sind heute die 27 EU-Mitgliedstaaten einerseits und Norwegen, Island und das Fürstentum Liechtenstein (die sog. EWR- EFTA-Staaten) andererseits. Das EWR-Abkommen gilt nicht für die Schweiz, mit welcher die EU stattdessen bilaterale Verträge abgeschlossen hat.

38 Seit 1994 bilden die EFTA (mit Ausnahme der Schweiz) und die EU-Staaten den Europäischen Wirtschaftsraum (EWR). Seit 1995 wird die EFTA (European Free Trade Association) nur noch von Island, Liechtenstein, Norwegen und der Schweiz gebildet.

Tabelle 6.4-6 BRL A und B, Liste C.*

BRL A Teil 1.[a]	In der BRL A Teil 1 werden Bauprodukte, für die es technische Regeln gibt (geregelte Bauprodukte), die Regeln selbst, die erforderlichen Übereinstimmungsnachweise und die bei Abweichung von den RBt erforderlichen Verwendbarkeitsnachweise bekannt gemacht. Die BRL A Teil 1 ist in Spalten gegliedert. In Spalte 3 werden RBt für bestimmte, zu einer laufenden Nummer gehörende (Spalte 1) Bauprodukte (Spalte 2) angegeben, die zur Erfüllung der bauordnungsrechtlichen Sicherheitsanforderungen von Bedeutung sind und die betroffenen Produkte hinsichtlich der Erfüllung der für den Verwendungszweck maßgebenden Anforderungen hinreichend bestimmen. Diese RBt bezeichnen die geregelten Bauprodukte. Im Einzelfalle sind RBt ggf. nur für bestimmte Verwendungszwecke maßgebend. Weitere Bestimmungen sind ggf. in den Anlagen zur BRL A Teil 1 enthalten.
BRL A Teil 2.	Die BRL A Teil 2 gilt für nicht geregelte Bauprodukte, die entweder nicht der Erfüllung erheblicher Anforderungen an die Sicherheit baulicher Anlagen dienen und für die es keine allgemein anerkannten RBT gibt oder die nach allgemein anerkannten Prüfverfahren beurteilt werden. Sie zerfällt in 2 Abschnitte, die beide nicht geregelte Bauprodukte betreffen: Abschnitt 1: Bauprodukte, für die es TB (§ 3 Abs. 3 LBO) oder allgemein anerkannten RBt nicht gibt und deren Verwendung nicht der Erfüllung erheblicher Anforderungen an die Sicherheit baulicher Anlagen dient. Spalte 2 bezeichnet das Bauprodukt, Spalte 3 den Verwendbarkeitsnachweis (Z, P), Spalte 4 den Übereinstimmungsnachweis (ÜH, ÜHP, ÜZ). Abschnitt 2: Bauprodukte, für die es TB (§ 3 Abs. 3 LBO) oder allgemein anerkannte RBt nicht oder nicht für alle Anforderungen gibt und die hinsichtlich dieser Anforderungen nach allgemein anerkannten Prüfverfahren (z. B. nach DIN-Normen) beurteilt werden können, deren Verfahren also geregelt ist. Spalte 2 bezeichnet das Bauprodukt, Spalte 3 den Verwendbarkeitsnachweis (P), Spalte 4 das anerkannte Prüfverfahren, Spalte 5 die Übereinstimmungsnachweise (ÜH; ÜHP; ÜZ).
BRL A Teil 3.	Die BRL A Teil 3 gilt entsprechend für nicht geregelte Bauarten.
BRL B Teil 1. Teil 2.	In die BRL B werden Bauprodukte aufgenommen, die nach Vorschriften der EU- Mitgliedstaaten – einschließlich deutscher Vorschriften – und der EWR- Vertragsstaaten zur Umsetzung von EU-Richtlinien in Verkehr gebracht und gehandelt werden dürfen und welche die CE- Kennzeichnung tragen.
	BRL B Teil 1. Die BRL B Teil 1 ist Bauprodukten vorbehalten, die aufgrund des BauPG in Verkehr gebracht werden, für die es technische Spezifikationen und in Abhängigkeit vom Verwendungszweck Klassen und Leistungsstufen gibt. Darüber hinaus sind Anwendungsnormen und Anwendungsregelungen für Bauprodukte und Bausätze nach technischen Spezifikationen (hEN, ETAG und ETA) nach der BauPR/EWG in der LTB enthalten.
	BRL B Teil 2. In die BRL B Teil 2 werden Bauprodukte aufgenommen, die aufgrund anderer RL als der BauPR/EWG in Verkehr gebracht werden, die CE- Kennzeichnung tragen und nicht alle wesentlichen Anforderungen nach dem BauPG erfüllen. Zusätzliche Verwendbarkeitsnachweise sind deshalb erforderlich.
Liste C.	In die Liste C werden nicht geregelte Bauprodukte aufgenommen, für die es weder TB noch RBt gibt und die für die Erfüllung baurechtlicher Anforderungen nur eine untergeordnete Rolle spielen.

* BRL A, BRL B und Liste C – Ausgabe 2011/1 –, DIBt Mitteilungen Sonderheft Nr. 41 vom 27.6.2011, Verlag Ernst & Sohn, Berlin 2010. Bezugsquelle und Informationen: Wiley-VCH, Kundenservice für Ernst & Sohn, Boschstr. 12, D 69469 Weinheim; Telefon (06201) 606-400; Telefax (06201) 606-184; Email: service@wiley-vch.de. Die vom DIBt einmal jährlich herausgegebenen BRL beinhalten jeweils auf neuestem Stand eine umfassende Darstellung der bauaufsichtlichen Vorgaben zur Verwendung von Bauprodukten. Es werden Bauprodukte und Bauarten aufgenommen, an die bauaufsichtliche Anforderungen gestellt werden. In der BRL B sind Bauprodukte nach europäischen Vorschriften und mit entsprechender CE- Kennzeichnung eingetragen. Sie sind ein unverzichtbares Arbeitsmittel für alle Bauunternehmen, Planungsbüros und Bausachverständige.

a Die in der BRL A bekannt gemachten RBt gelten als TB. Diese Regeln werden nicht auch in der LTB bekannt gemacht.

6.4.4.2 Abstandsflächenrecht

Die Landesbauordnungen stellen aus Gründen der ausreichenden Belichtung und Belüftung der einzelnen Grundstücke und des vorbeugenden baulichen Brandschutzes besondere Anforderungen an die Tiefen der Abstandsflächen von Gebäuden sowie von bestimmten anderen baulichen Anlagen, von denen Wirkungen wie von Gebäuden ausgehen. Die abstandflächenrechtlichen Vorschriften unterscheiden sich in den einzelnen Bundesländern hinsichtlich der Grundstrukturen kaum, wohl aber erheblich in den Einzelheiten. Die nachfolgenden Ausführungen beschränken sich auf die Darstellung der nach dem Regel-Ausnahme-Prinzip aufgebauten Grundstrukturen, die das Abstandsflächengebot, das Freihaltegebot und Überbauungsverbot, das Lagegebot, das Überdeckungsverbot und die Bemessung der Abstandsflächentiefen betreffen.

Das *Abstandsflächengebot* besagt, dass vor den Außenwänden von Gebäuden und vor den abstandflächenrechtlich erheblichen anderen baulichen Anlagen grundsätzlich Abstandsflächen liegen müssen. Dies gilt ausnahmsweise nicht für Außenwände, die an Grundstückgrenzen errichtet werden, wenn nach *städtebaurechtlichen Vorschriften* an die Grenze gebaut werden muss (etwa im Falle geschlossener Bauweise) oder gebaut werden darf (etwa im Falle von offener Bauweise bei zugelassenen Einzel- und Doppelhäusern),[39] und für Außenwände von Gebäuden oder Gebäudeteilen, bei denen nach *bauordnungsrechtlichen Vorschriften* Abstandsflächen nicht erforderlich sind (etwa unter bestimmten Voraussetzungen bei Garagengebäuden).

Das *Freihaltegebot* besagt, dass die erforderlichen Abstandsflächen grundsätzlich nicht von oberirdischen baulichen Anlagen beansprucht werden dürfen; dem entspricht das grundsätzliche *Überbauungsverbot* dort, wo Abstandsflächen zulässigerweise auf Nachbargrundstücke übernommen (umgelenkt) werden. Die (Landes-) Bauordnungen regeln die einzelnen Ausnahmen vom Freihaltegebot bzw. Überbauungsverbot in unterschiedlicher Weise.

Das *Lagegebot* besagt, dass die erforderlichen Abstandsflächen grundsätzlich als *Eigenflächen* auf dem Baugrundstück selber liegen müssen, um

auf diese Weise Abstände der Gebäude bzw. der abstandflächenrechtlich relevanten anderen baulichen Anlagen zu den Nachbargrenzen zu erreichen. Abstandsflächen dürfen sich ausnahmsweise als *Fremdflächen* ganz oder teilweise auf öffentliche Verkehrs-, Wasser- und Grünflächen erstrecken. Sie dürfen auch auf Nachbargrundstücke übernommen werden, falls rechtlich bzw. tatsächlich gesichert ist, dass die übernommenen Abstandsflächen nicht überbaut werden (Überbauungsverbot) und sie nicht auf die auf den Nachbargrundstücken erforderlichen Abstandsflächen angerechnet werden (Anrechnungsverbot). Die rechtliche Sicherung hat je nach Bundesland öffentlich-rechtlich (etwa in Baden-Württemberg durch Übernahmebaulast) bzw. privatrechtlich (etwa in Bayern durch Grunddienstbarkeit und beschränkt persönliche Dienstbarkeit zugunsten der Bauaufsichtsbehörde oder auch durch bloße Nachbarzustimmung) zu erfolgen.

Das *Überdeckungsverbot* besagt, dass die erforderlichen Abstandsflächen grundsätzlich sich nicht überdecken dürfen, wodurch gegenseitige Außenwandabstände und auch Abstände von zwei oder mehreren Gebäuden bzw. abstandflächenrechtlich erheblichen anderen baulichen Anlagen zueinander entstehen, die auf ein und demselben Buchgrundstück sich befinden. Die (Landes-) Bauordnungen regeln die einzelnen Ausnahmen vom Überdeckungsverbot in unterschiedlicher Weise. Das Überdeckungsverbot gilt jedenfalls nicht für Außenwände, die in einem Winkel von mehr als 75° zueinander stehen (75°-Winkelprivileg).

Für die *Bemessung der* erforderlichen *Abstandsflächentiefe T* ist zunächst die Außenwandhöhe H_{AW} maßgebend, die – je nach (Landes-) Bauordnung – mit Hilfe eines *baugebietsabhängigen* (dezimalen) *Multiplikators M* bereinigt wird (z. B. 0,5 H_{AW}). Diesem Wert muss sodann – je nach Landesbauordnung – die Höhe von Dächern und Dachaufbauten H_D bzw. Giebelflächen (H_G)[40] mit Nei-

---

39 Zum *Begriff des Doppelhauses* (§ 22 Abs. 2 BauNVO) vgl. BVerwG NVwZ 2000, 1055.

40 In Baden-Württemberg wurde in Bezug auf die Anrechnung der Höhe von Giebelflächen auf die Außenwandhöhe H_{AW} die sog. *Flächenrelationsmethode* eingeführt. Dort heißt es: „Auf die Wandhöhe H_{AW} wird angerechnet die Höhe einer Giebelfläche gar nicht, soweit kein Teil der Dachfläche eine größere Neigung als 45° aufweist, im Übrigen zur Hälfte des Verhältnisses, in dem die tatsächliche Fläche zur gedachten Gesamtfläche ei-

gungen von > 45° mit einem bestimmten Bruchteil (1/4, 1/1), bereinigt um den entsprechenden Multiplikator M, hinzugerechnet werden (*Hinzurechnungsbefehl*; z. B. 0,5 [H_{AW} + 1/4 $H_{D,\,G}$]). Andererseits sind – je nach Landesbauordnung – unter bestimmten engen Voraussetzungen unbeachtlich (*Außerachtlassungsbefehl*) „ ... vor die Außenwand vortretende untergeordnete Bauteile" (z. B. Gesimse, Dachvorsprünge) sowie „ ... untergeordnete Vorbauten" (z. B. Balkone, Erker, Risalite, Tür-, Fenstervorbauten, Wintergärten). Bei der Bemessung der Abstandsflächentiefe T ist eine *Kappungsgrenze* im Sinne einer (landesabhängigen) Abstandsflächenmindesttiefe zu beachten (z. B. 2,50 m bzw. 3,00 m).

Die Gemeinden sind in den einzelnen Bundesländern ermächtigt, durch Satzung örtliche Bauvorschriften (ÖBauV) zu erlassen über andere als die an sich gesetzlich vorgeschriebenen Maße der Abstandsflächentiefen T, soweit dies zur Durchführung baugestalterischer Absichten oder zur Verwirklichung der Festsetzungen einer städtebaulichen Satzung, insbesondere eines Bebauungsplanes, erforderlich ist sowie eine ausreichende Belichtung und der Brandschutz gewährleistet sind. Die Gemeinden können durch Satzung auch regeln, dass die gesetzliche Bestimmung über baugebietsabhängige Multiplikatoren in Bezug auf die Abstandsflächentiefen T keine Anwendung findet, wenn durch die Festsetzungen einer städtebaulichen Satzung (vgl. etwa § 9 Abs. 1 Nr. 2a BauGB) Außenwände zugelassen oder vorgeschrieben werden, vor denen Abstandsflächen größerer oder geringerer Tiefe als nach diesen Vorschriften liegen müssten.

6.4.4.3 Recht der notwendigen Stellplätze und Garagen

Die Landesbauordnungen (ggf. in Verbindung mit ÖBauV) begründen die Pflicht der Bauherren zur Herstellung von Stellplätzen bzw. Garagen in ausreichender Zahl, die bei abstrakter Betrachtungs-

weise unter Berücksichtigung der Sicherheit und Leichtigkeit des Verkehrs, der Bedürfnisse des ruhenden Verkehrs und der Erschließung durch Einrichtungen des ÖP(N)V für Anlagen erforderlich sind, bei denen ein Zu- und Abgangsverkehr mit Kraftfahrzeugen zu erwarten ist, einschließlich des Mehrbedarfes bei (Nutzungs-) Änderungen der Anlagen (*notwendige Stellplätze* bzw. *Garagen*). Die erforderliche Zahl an Stellplätzen bzw. Garagen ist *vorhabenabhängig* und grundsätzlich *norminterpretierend* in Verwaltungsvorschriften (VwV)[41] bzw. *normkonkretisierend* in Durchführungsverordnungen (DVO)[42] geregelt. Wird die Zahl der notwendigen Stellplätze zulässigerweise[43] durch eine örtliche Bauvorschrift (ÖBauV) der Gemeinde oder durch eine städtebauliche Satzung (Bebauungsplan) festgelegt, ist diese Zahl maßgeblich.[44] Die *Garagenverordnungen* stellen (bau-)technische Einzelheiten an die Nutzungssicherheit von Garagen und Stellplätzen.

Die Bauherren haben die gesetzliche Herstellungsverpflichtung regelmäßig auf dem Baugrundstück oder in zumutbarer (bequem zu überwindender) Entfernung davon auf einem geeigneten Grundstück zu erfüllen, dessen Benutzung für diesen Zweck rechtlich, etwa durch eine Baulast oder durch eine Grunddienstbarkeit (§ 1018 BGB) in Verbindung mit einer beschränkten persönlichen Dienstbarkeit zugunsten der Bauaufsichtsbehörde (§ 1090 BGB), gesichert wird. Die Landesbauordnungen lassen in der Regel unter bestimmten engen Voraussetzungen zu, dass die Herstellungspflicht durch Zahlung eines Geldbetrages an die Gemeinde im Sinne eines Erfüllungssurrogates abgelöst werden kann (*Ablösungsbetrag*), wobei die

---

ner rechteckigen Wand mit denselben Maximalabmessungen steht; die Giebelfläche beginnt an der Horizontalen durch den untersten Schnittpunkt der Wand mit der Dachhaut." Damit hat in Baden-Württemberg auch im Baurecht mithin die Integralrechnung Fuß gefasst (Renner, VBlBW 2010, 387 ff.).

41 Vgl. etwa die baden-württembergische „Verwaltungsvorschrift des Wirtschaftsministeriums über die Herstellung notwendiger Stellplätze (VwV Stellplätze)" vom 16.4.1996 (GABl. S. 289), geändert durch VwV vom 4.8.2003 (GABl. S. 590).

42 Vgl. etwa bayerische „Verordnung über den Bau und Betrieb von Garagen sowie über die Zahl der notwendigen Stellplätze (GaStellVO)" vom 30.11.1993 (GVBl 1993, 310), zuletzt geändert durch § 2 VO vom 8.7.2009 (GVBl. S. 332).

43 Vgl. etwa Art. 47 Abs. 2 Satz 2 BayBO.

44 Vgl. etwa die „Satzung der Landeshauptstadt München über die Ermittlung und den Nachweis von notwendigen Stellplätzen für Kfz (Stellplatzsatzung – StPlS)" vom 19.12.2007 (MüABl. Sonder-Nr. 1, S. 1).

einzelne Gemeinde die Höhe der Ablösungsbeträge nach Art der Nutzung und Lage der Anlage unterschiedlich regeln kann (Zonenregelung).[45] Die Gemeinden haben die bezahlten Ablösungsbeträge zweckgebunden zu verwenden, und zwar für die Herstellung zusätzlicher oder die Instandhaltung, die Instandsetzung oder die Modernisierung bestehender Parkeinrichtungen, sonstige Maßnahmen zur Entlastung der Straßen vom ruhenden Verkehr einschließlich investiver Maßnahmen des ÖP(N)V.

Die Herstellungsverpflichtung wird erst mit der Fertigstellung der Anlage fällig, welche die Verpflichtung verursacht.

6.4.4.4 Sonderbautenrecht

Sonderbauten sind Anlagen und Räume besonderer Art oder Nutzung, an die zur Verwirklichung der allgemeinen Sicherheitsanforderungen *im Einzelfall* besondere Anforderungen gestellt oder Erleichterungen zugelassen werden können oder an die in *Sonderbauverordnungen*[46] oder *LTB-Sonderbaurichtlinien*[47] in genereller Weise besondere Anforderungen gestellt werden und Erleichterungen zugelassen sind. Die (Landes-) Bauordnungen zählen beispielhaft die einzelnen *Sonderbauten* auf; in den Katalog sind solche Anlagen und Einrichtungen aufgenommen, bei denen wegen ihrer Größe, ihrer Zahl und/oder der Schutzbedürftigkeit der in ihnen sich aufhaltenden Personen oder aus anderen Gründen ein besonderes Gefahrenpotential vorhanden ist (z.B. Hochhäuser, Verkaufsstätten, Versammlungs- und Sportstätten, Gaststätten mit mehr als 40 Gastplätzen, Krankenhäuser, Fliegende Bauten, Camping- Wochenend-

und Zeltplätze, Freizeit- und Vergnügungsparks, Spielhallen). Sie zählen auch beispielhaft (fast vollständig) auf, worauf sich die besonderen Anforderungen und Erleichterungen erstrecken können.

6.4.5 Bauverwaltungsverfahrensrecht

6.4.5.1 Behördenaufbau, Zuständigkeiten, Aufgaben, Befugnisse

Die Landesbauordnungen enthalten neben dem materiellen Bauordnungsrecht auch *formelles Bauordnungsrecht*, nämlich besonderes Verwaltungsverfahrensrecht, das namentlich den Aufbau, die sachliche Zuständigkeit, Aufgaben und Befugnisse der Bauaufsichtsbehörden regelt (*Bauverwaltungsverfahrensrecht*). Dieses Bauverwaltungsverfahrensrecht wird durch das jeweilige Verwaltungsorganisations-, Verwaltungsverfahrens-, Datenschutz-, Verwaltungszustellungs-, Verwaltungsvollstreckungs-, Kommunalverfassungs- und Verwaltungsgebührenrecht der einzelnen Bundesländer ergänzt. Es dient der Durchsetzung des materiellen Baurechtes durch die *Bauaufsichtsbehörden*, deren Aufsichtsaufgaben in den einzelnen Landesbauordnungen in der *allgemeinen Aufgabenzuweisungsnorm* umschrieben sind. Die präventiven (vorbeugenden) Bauverwaltungsverfahren sowie die repressiven (unterdrückenden) Bauverwaltungsverfahren aufgrund von allgemeinen und besonderen Befugnisnormen dienen der Erfüllung der erwähnten Aufgaben.

6.4.5.2 Präventive Bauverwaltungsverfahren

Präventive Bauverwaltungsverfahren sind namentlich folgende (Verwaltungs-) Verfahren im Sinne der Landes- Verwaltungsverfahrensgesetze in den einzelnen Bundesländern:

– das (traditionelle, vereinfachte) *Baugenehmigungsverfahren* bei *baugenehmigungspflichtigen* Vorhaben, das dazu dient, auf einen Bauantrag die Vereinbarkeit des Vorhabens mit den von der Bauaufsichtsbehörde im jeweiligen Verfahren zu prüfenden öffentlich-rechtlichen Vorschriften verbindlich festzustellen, wobei die beiden Verfahren durch den *Umfang der materi-*

---

45 Vgl. etwa die „Satzung der Stadt Düsseldorf über die Festlegung der Gebietszonen und der Höhe des Geldbetrages nach § 51 Abs. 5 BauO NW-Stellplatzablösungssatzung" vom 15.7.1996 (ABl. Nr. 30/31 vom 3.8.1996), geändert durch Satzung vom 24.10.2001 (ABl. Nr. 45 vom 10.1.2001).

46 Z.B. Versammlungsstättenverordnung (VStättVO), Verkaufsstättenverordnung (VkVO), Feuerungsverordnung (FeuVO).

47 RL für Windenergieanlagen; Einwirkungen und Standsicherheitsnachweise für Turm und Gründung (Windenergieanlagen-RL – WindEnAnlRL) vom März 2004; RL über den Bau und Betrieb von Hochhäusern (Hochhaus-RL-MHHR), Fassung April 2008.

ellen Prüfkompetenz der Bauaufsichtsbehörden sich voneinander unterscheiden; im traditionellen Baugenehmigungsverfahren gilt das sog. *Separationsmodell,* im vereinfachten Baugenehmigungsverfahren das sog. *Selektionsmodell,*

– das (Bau-) *Vorbescheidsverfahren* bei in der Regel baugenehmigungspflichtigen Vorhaben,[48] das dazu dient, auf eine sog. *Bauvoranfrage* einzelne (Genehmigungs-) Fragen durch (Bau-) Vorbescheid rechtsverbindlich vorab zu klären,
– das isolierte Verwaltungsverfahren auf Zulassung einer Abweichung, Ausnahme oder Befreiung bei verfahrensfreien Vorhaben zum Zwecke der Außerkraftsetzung einer Vorhaben hindernden Rechtsvorschrift im (atypischen) Einzelfall (*isoliertes AAB-Verwaltungsverfahren*),
– das *bauaufsichtsrechtliche Zustimmungsverfahren* bei Vorhaben öffentlicher Bauherren (an Stelle des ansonsten erforderlichen Baugenehmigungsverfahrens),
– das *Ausführungsgenehmigungsverfahren* bei genehmigungspflichtigen *Fliegenden Bauten*,[49]
– das *Typenprüfverfahren* bei Serien- und Systembauten, also bei baulichen Anlagen, die in derselben Ausführung an mehrere Stellen errichtet oder verwendet oder die zwar in unterschiedlicher Ausführung, aber nach einem bestimmte System und aus bestimmten Bauteilen an mehreren Stellen errichtet werden sollen,
– die *Verfahren auf die allgemeine bauaufsichtliche Zulassung* (abZ), auf die *Erteilung eines allgemeinen bauaufsichtlichen Prüfzeugnisses* (abP) und auf die *Zustimmung im Einzelfall* (ZiE) bei nicht geregelten Bauprodukten, also bei Bauprodukten, für die RBt in der BRL A bekannt gemacht sind, die aber von diesen wesentlichen abweichen oder für welche es TB oder allgemein anerkannte RBt nicht gibt.

Daneben kennen einzelne Landesbauordnungen auch das unterschiedlich ausgestaltete Anzeige- bzw. Kenntnisgabe-[50] bzw. Genehmigungsfreistellungsverfahren,[51] die jeweils Zulassungsfunktion haben.

6.4.5.3 Repressive Bauverwaltungsverfahren

Repressive Bauverwaltungsverfahren sind aufgrund *besonderer Befugnisnormen* insbesondere

– das *(Bauarbeiten-) Einstellungsverfahren* (einschließlich *Baustellenversiegelung* und *amtliche Ingewahrsamnahme von Baustellengegenständen*),
– das Verfahren auf Untersagung unrechtmäßig gekennzeichneter Bauprodukte,
– das Verfahren auf Abbruch bzw. Beseitigung von Anlagen (*Abbruchs-, Beseitigungsanordnungsverfahren*),
– das Verfahren auf *Untersagung der Nutzung von Anlagen* (*Nutzungsuntersagungsverfahren*),
– das Verfahren auf *Untersagung des Baubeginnes* sowie
– alle Verfahren aufgrund der *allgemeinen Befugnisnorm*, wonach die Bauaufsichtsbehörden alle Maßnahmen treffen dürfen, die zur Wahrnehmung ihrer (Bauaufsichts-) Aufgaben nach pflichtgemäßem Ermessen entsprechend dem *Opportunitätsprinzip* erforderlich sind bzw. erforderlich erscheinen.

Als *Regelungsadressaten* (Störer) kommen die am Bau Beteiligten (Bauherren, Planverfasser, Unternehmer, Bauleiter) und im Übrigen die Handlungs- und die Zustandsstörer im polizeirechtlichen Sinne in Betracht. Das *bauordnungsrechtliche Eingriffsermächtigungssystem* ist abschließend.

---

48 In Baden-Württemberg findet das (Bau-) Vorbescheidsverfahren auch bei verfahrensfreien und bei Kenntnisgabevorhaben Anwendung.
49 Wesentliches Merkmal eines Fliegenden Baues ist das Fehlen einer festen Beziehung der Anlage zu einem Grundstück, etwa aus Anlass von bestimmten Festen nur vorübergehend aufgestellten Fahr-, Schau-, Belustigungs-, Ausspielungs- und Verkaufsgeschäften.

---

50 Baden-Württemberg.
51 Bayern.

6.4.6 Baulasten

6.4.6.1 Bauordnungsrechtliches Rechtsinstrument

Die öffentliche Baulast ist ein eigenständiges Rechtsinstitut des Landesrechtes.[52] Sie ist sachlich ausschließlich dem (landesrechtlichen) *Bauordnungsrecht* zuzurechnen; bundesrechtliche Baulasten gibt es nicht.[53] Sie begründet öffentlich-rechtliche Verpflichtungen nur gegenüber der Bauaufsichtsbehörde und zwar unabhängig von den privatrechtlichen Beziehungen der durch Baulast tatsächlich belasteten und begünstigten Grundstückseigentümer; öffentlich-rechtliche Beziehungen zwischen Baulastgeber und Baulastnehmer gibt es nicht. Baulasten sind – wie andere Rechtstexte – auslegungsfähig. Durch Auslegung des in das Baulastenverzeichnis eingetragenen Textes ist insbesondere zu ermitteln, ob die Baulast grundstücksbezogen oder vorhabenbezogen in dem Sinne erteilt worden ist, dass sie nur ein konkretes Vorhaben absichern soll;[54] eine Baulast kann grundsätzlich auch auf Vorrat übernommen werden.[55] Baulasten dienen als Instrument des Bauaufsichtsrechtes dazu, bauordnungsrechtliche (Vorhaben-) Hindernisse auszuräumen.[56] Sie schafft einen Zulassungstatbestand und kann z. B. eine Befreiung (Dispens) von bauordnungsrechtlichen Vorschriften entbehrlich machen. Sie verändert und sichert tatsächliche Verhältnisse zugunsten des Bauherrn und unter Umständen zum Nachteil eines Baunachbarn, nicht aber das geltende Recht. Sie ähnelt der Grunddienstbarkeit (§ 1018 BGB).[57]

Baulasten kommen auf dem *Gebiet des Bauordnungsrechtes* vor als Abstandsflächen-, Zufahrts-, Zugangs-, Stellplatz-, (Grundstücks-) Vereinigungsbaulasten u. Ä. m. Sie können auf dem *Gebiet des Städtebaurechtes* Anlass und Grund sein für die Befreiung von Festsetzungen einer städtebaurechtlichen Satzung,[58] etwa im Falle von *Flächenbaulasten*. Mit der Übernahme einer Flächenbaulast soll ein städtebaulicher Ausgleich dafür geschaffen werden, dass ein Grundstück in einer das nach dem einschlägigen Bebauungsplan zulässige Maß der baulichen Nutzung überschreitenden Weise bebaut werden soll. Dies geschieht, indem der Eigentümer eines anderen Grundstückes sich verpflichtet, bei der Ermittlung des Maßes der baulichen Nutzung für sein eigenes Grundstück einen bestimmten Teil nicht zur Anrechnung zu bringen, so dass das begünstigte Grundstück gewissermaßen um diese Fläche vergrößert wird. Keine Rolle spielt dabei, ob die Flächenbaulast auf eine bestimmte, örtlich konkret bezeichnete Grundstücksfläche bezogen wird oder auf einen nur rechnerisch abgegrenzten Anteil am Grundstück.[59]

Einigen Landesbauordnungen ist allerdings das Rechtsinstrument der Baulast fremd;[60] sie begnügen sich mit rechtsnachfolgefähigen Zustimmungen[61] oder (privat-) rechtlichen Sicherungen, etwa mit Grunddienstbarkeiten (§ 1018 BGB) in Verbindung mit beschränkt persönlichen Dienstbarkeiten zugunsten der Bauaufsichtsbehörde (§ 1090 BGB).[62]

6.4.6.2 Inhalt der Baulast

Die Baulast beinhaltet die Erklärung der Grundstückseigentümer gegenüber der (zuständigen) Bauaufsichtsbehörde zu einem die Eigentümer verpflichtenden Tun, Dulden oder Unterlassen in

---

52 BVerwG NJW 1983, 480.
53 Den Ländern steht es frei, besondere bauordnungsrechtliche Anforderungen an das Baugrundstück zu stellen und es insoweit abweichend vom bundesrechtlichen Grundstücksbegriff zu definieren. Insoweit sind die Länder nicht gehindert, als Grundstück im bauordnungsrechtlichen Sinne auch mehrere durch Vereinigungsbaulast zusammengehaltene Grundstücke gelten zu lassen; der städtebaurechtliche Grundstücksbegriff kann indessen durch (landesrechtliche) Baulasten nicht verändert werden (BVerwG NJW 1991, 2783).
54 OVG NW, Beschl. vom 7.12.2009 – 7 A 3150/08 - <juris> m. w. N.; vgl. auch OVG NW, Beschl. vom 8.2.2011 – 7 B 63/11 - <juris>.
55 VGH BW BauR 2005, 1908.
56 VGH BW NVwZ-RR 2007, 662; VGH BW. Beschl. vom 24.1.2011 – 8 S 545/10 - <juris>.

---

57 Art. 74 Nr. 1 GG und die §§ 1018, 1090 BGB versagen dem Landesgesetzgeber nicht den Erlass öffentlich-rechtlicher Baulastvorschriften im Rahmen des Bauordnungsrechtes (BVerwG NJW 1991, 713).
58 BVerwG NJW 1991, 2783.
59 VGH BW BauR 2003, 1554.
60 BayBO; BbgBO.
61 Vgl. etwa Art. 6 Abs. 2 BayBO.
62 Vgl. etwa § 6 Abs. 2 Satz 2 BbgBO.

Bezug auf ihre (Buch-) Grundstücke, wobei die Verpflichtungen sich nicht schon aus öffentlich-rechtlichen Vorschriften ergeben dürfen. Sie ist also eine amtsempfangsbedürftige öffentlich-rechtliche Willenserklärung. Die (Baulast-) Verpflichtungen ruhen als *öffentliche Lasten* auf dem Grundstück, sie wirken deshalb auch gegenüber dem Rechtsnachfolger im Grundeigentum. Die Wirksamkeit einer Baulast auch gegenüber dem Rechtsnachfolger kann nicht durch Vereinbarung ausgeschlossen werden; wird sie ausgeschlossen, liegt schon definitionsgemäß keine Baulast vor. Inhalt einer Baulast können nicht privatrechtliche Verpflichtungen[63] oder Verpflichtungen sein, denen Bebauungsplan ersetzende Wirkungen zukommen.[64]

6.4.6.3 Entstehen der Baulast

Die *Übernahme einer Baulast* durch den Grundstückseigentümer ist grundsätzlich freiwillig, es sei denn, der Eigentümer ist ausnahmsweise aufgrund eines – rechtswirksamen – öffentlich-rechtlichen Vertrages oder privatrechtlich etwa aufgrund einer Nachbarvereinbarung[65] oder aufgrund des Begleitschuldverhältnisses einer Grunddienstbarkeit[66] zur Übernahme verpflichtet; sie kann jedenfalls nicht einseitig durch eine bauaufsichtsrechtliche Anordnung der Bauaufsichtsbehörde erzwungen werden. Zu unterscheiden ist zwischen der (Baulast-) Erklärung des Grundstückseigentümers einerseits, die nicht unwirksam sein darf, und der (erforderlichen) Eintragung der Baulast in das Baulastenverzeichnis andererseits. Eine Baulast, der eine (form-) wirksame Erklärung zugrunde liegt, wird erst mit ihrer Eintragung in das – von den Gemeinden bzw. Bauaufsichtsbehörden geführte – *Baulastenverzeichnis* (Baulastenbuch) wirksam (gestreckter Entstehenstatbestand); das

Baulastenverzeichnis genießt deshalb *materielle Publizität*.[67],[68] Die Baulasterklärung bedarf der *Schriftform*; die Unterschrift muss öffentlich beglaubigt oder vor der zuständigen Behörde geleistet oder vor ihr anerkannt werden.

6.4.6.4 Erlöschen der Baulast

Die Baulast kann nur durch schriftlichen, im Baulastenverzeichnis zu vermerkenden *Verzicht der Bauaufsichtsbehörde* erlöschen. Ist auf sie wirksam verzichtet, dann muss sie als Folge des materiellen Verzichtes formell auch im Baulastenverzeichnis gelöscht werden. Die zuständige Bauaufsichtsbehörde hat auf eine (noch wirksame) Baulast schriftlich zu verzichten, wenn ein öffentliches Interesse an ihr nicht mehr besteht; auf ein irgendwie geartetes privates Interesse des durch die Baulast Begünstigten kommt es nicht an. Im Übrigen kann die einmal übernommene Baulast weder durch eine einseitige Erklärung des durch die Baulast Verpflichteten bzw. des durch sie Begünstigten noch durch eine nachträgliche Vereinbarung zwischen Verpflichtetem und Begünstigtem aufgehoben werden. Sie geht auch nicht im Verfahren der Zwangsversteigerung aufgrund eines erteilten Zuschlages unter.[69] Die Anfechtung der Baulasterklärung wegen Irrtums (§ 119 BGB) oder wegen arglistiger Täuschung (§ 123 BGB) ist allerdings möglich und zulässig.

Abkürzungen zu 6.4

AAB	Abweichung, Ausnahme, Befreiung
ABl.	Amtsblatt
abP	allgemeines bauaufsichtliches Prüfzeugnis (Bauprodukt)
Abs.	Absatz
Abschn.	Abschnitt
abZ	allgemeine bauaufsichtliche Zulassung (Bauprodukt)
AEUV	Vertrag über die Arbeitsweise der EU

63 VGH BW NVwZ-RR 2007, 662.
64 VGH BW BauR 2010, 753, nachgehend BVerwG BauR 2010, 742.
65 Die Verpflichtung zur Abgabe einer Baulasterklärung hängt davon ab, dass das Bauvorhaben, dessen Durchführung mit der Baulast ermöglicht werden soll, im Übrigen baurechtlich zulässig ist, die Baugenehmigung also nur noch von der Baulast abhängt (BGH NJW 1992, 2885/2886; BGH, Beschl. vom 15.5.2008 – V ZR 204/07 – <juris>).
66 BGH NJW 2008, 3703; BGH NJW 1989, 1607.

67 Vgl. z. B. § 83 Abs. 1 Satz 3 BauO NW.
68 Etwas anders gilt in Baden-Württemberg, wo Baulasten allein durch einseitige amtsempfangsbedürftige Erklärung des Grundstückseigentümers gegenüber der Baurechtsbehörde zustande kommen; das Baulastenverzeichnis hat hier lediglich formelle Publizität.
69 BVerwG NJW 1993, 480.

ARGEBAU	Arbeitsgemeinschaft Bauminister-konferenz der Länder	EFTA	Europäische Freihandels-assoziation (*engl.:* European Free Trade Association).
Art.	Artikel		
AVO	Allgemeine Ausführungs-verord-nung (Länder)	EN	europäische Norm
		EnEG	Energieeinsparungsgesetz (Bund)
BauGB	Baugesetzbuch (Bund)	EnEV	Energieeinsparverordnung (Bund)
BauNVO	Baunutzungsverordnung (Bund)	ETA	europäische technische Zulassung (European Technical Approval)
BauO, BO	Bauordnung(en) (Länder)		
BauPG	Bauproduktengesetz (Bund)	ETAGs	Leitlinien für europäische technische Zulassungen (guidelines for Europe-an Technical Approvals)
BauPR/ EWG	RL 89/106/EWG des Rates zur An-gleichung der Rechts- und Verwal-tungsvorschriften der Mitglied-staaten über Bauprodukte (Baupro-duktenrichtlinie) vom 21.12.1988 (ABl. EG Nr. L 40 S. 12) mit spä-teren Änderungen.		
		ETB- Richtlinien	Normen des Ausschusses für „Einheitliche Technische Baubestim-mungen"; der Ausschuss ist mittler-weile aufgelöst, zuständig für die Normung ist jetzt allein das Deutsche Institut für Normung e. V. (DIN).
BauPV/EU	EU-Bauproduktenverordnung vom 9.3.2011 (ABl. EU Nr. L 88 S. 5)		
		EU	Europäische Union
BauR	Baurecht (Zeitschrift)	EWR	Europäischer Wirtschaftsraum
BayBO	Bayerische Bauordnung	FeuVO	Feuerungsverordnung
BbgBO	Brandenburgische Bauordnung	FW	Feuerwiderstandsfähigkeit
Beschl.	Beschluss	FWD	Feuerwiderstandsdauer
BGB	Bürgerliches Gesetzbuch (Bund)	GABl.	Gemeinsames Amtsblatt (BW)
BGBl	Bundesgesetzblatt	GaStellV	Garagen- und Stellplatzverordnung (Bayern)
BGH	Bundesgerichtshof		
BImSchG	Bundes- Immissionsschutzgesetz	GaVO	Garagenverordnung (Länder)
BImSchV	Bundes- Immissionsschutzverord-nung	GBl	Gesetzblatt
		GG	Grundgesetz (Bund)
Bln	Berlin	ggf.	gegebenenfalls
BlnBauO	Berliner Bauordnung	GK	Gebäudeklasse
BRL	Bauregelliste	GMBl.	Gemeinsames Ministerialblatt (Bund)
BVerfG	Bundesverfassungsgericht		
BVerfGE	amtliche Sammlung der BVerfG-Entscheidungen	GVBl	Gesetz- und Verordnungsblatt (Land)
		Hbg	Hamburg
BVerwG	Bundesverwaltungsgericht	hEN	harmonisierte europäische Norm
BW	Baden-Württemberg	HBO	Hessische Bauordnung
bzw.	beziehungsweise	HFHHolzRL	RL über brandschutztechnische An-forderungen an hochfeuerhemmende Bauteile in Holzbauweise
CE	Communauté Européenne (Europä-ische Gemeinschaft)		
		HHRL	RL über die bauaufsichtliche Be-handlung von Hochhäusern
DIBt	Deutsches Institut für Bautechnik mit Sitz in Berlin		
		Hrsg.	Herausgeber
DIN	Deutsches Institut für Normung e. V. mit Sitz in Berlin	IndBauRL	RL über den baulichen Brandschutz im Industriebau (Industriebau-RL)
DÖV	Die öffentliche Verwaltung (Zeit-schrift)	i.V.m.	in Verbindung mit
		juris	Rechtsportal
DVO	Durchführungsverordnung (Länder)	KLRL	RL über den Brandschutz bei der La-gerung von Sekundärstoffen aus Kunststoffen (Kunststofflager-RL)
E	Erlass(e)		
EEWärmeG	Erneuerbare- Energien -Wärmege-setz (Bund)		

LAWA	Bund/Länder-Arbeitsgemeinschaft Wasser
LBauO	Landesbauordnung
LBO BW	Landesbauordnung für Baden-Württemberg
LAR	RL über brandschutztechnische Anforderungen an Leitungsanlagen
LöRüRL	RL zur Bemessung von Löschwasser-Rückhalteanlagen beim Lagern Wasser gefährdender Stoffe
LTB	Liste Technischer Baubestimmungen (Länder)
LüAR	RL über brandschutztechnische Anforderungen an Lüftungsanlagen
m	Meter
m^2	Quadratmeter
MHHR	Muster- Hochhaus- RL
MuBO, MBO	Musterbauordnung, Fassung November 2002 /2008
M-V	Mecklenburg-Vorpommern
NBauO	Niedersächsische Bauordnung
NE	Nutzungseinheit
NJW	Neue Juristische Wochenschrift
Nr.	Nummer
NRG	Nachbarrechtsgesetz (Länder)
NW, NRW	Nordrhein-Westfalen
NVwZ	Neue Zeitschrift für Verwaltungsrecht
NVwZ-RR	Rechtsprechungs-Report Verwaltungsrecht (Zeitschrift)
ÖBauV	Örtliche Bauvorschriften
ÖP(N)V	Öffentlicher Personen(nah)verkehr
OVG	Oberverwaltungsgericht (vgl. auch VGH)
PCB	Polychlorierte Biphenyle
PCP	Pentachlorphenol
RBt	Regeln der (Bau-) Technik
RL	Richtlinie(n)
RP	Rheinland-Pfalz
RVO	Rechtsverordnung
S.	Satz, Seite
SächsBO	Sächsische Bauordnung
SH	Schleswig-Holstein
SysBöRL	RL über brandschutztechnische Anforderungen an Systemböden
TA Lärm	Technische Anleitung zum Schutz gegen Lärm vom 28.8.1998 (GMBl. S. 503)

TB	Technische Baubestimmungen (Regeln der Technik)
ThürBO	Thüringische Bauordnung
u. Ä. m.	und Ähnliches mehr
Urt.	Urteil
V	Verordnung (Bund)
VBl	Verwaltungsblätter
VBlBW	Verwaltungsblätter für Baden-Württemberg (Zeitschrift)
VGH	Verwaltungsgerichtshof (in Baden-Württemberg, Bayern und Hessen); vgl. auch OVG
VkVO	Verkaufsstättenverordnung (Länder)
VO	Verordnung (Land)
VOB	Vergabe- und Vertragsordnung für Bauleistungen
VStättVO	Versammlungsstättenverordnung (Länder)
VwV	Verwaltungsvorschrift(en)
WasBau PrVO	Wasserbauprüfverordnung (Länder)
WEG	Wohnungseigentumsgesetz (Bund)
Wind EnAnlRL	Windenergieanlagen-RL
z. B.	zum Beispiel
z. F.	zur Fortsetzung (Loseblatt)
ZfBR	Zeitschrift für deutsches und internationales Baurecht
ZiE	bauaufsichtliche Zustimmung im Einzelfall (Bauprodukt)

Literatur zu 6.4

Allgemein
Ammon (2006) Musterbauordnung, Textsammlung und Erläuterungen.
Brenner (2009) Baurecht, 3. Auflage.
Brohm (2008) Öffentliches Baurecht, 4. Auflage.
Dürr (2008) Baurecht Baden-Württemberg, 12. Auflage.
Erbguth (2009) Öffentliches Baurecht, 5. Auflage.
Finkelnburg/Ortloff/Otto (2010) Öffentliches Baurecht, Band II, Bauordnungsrecht, Nachbarschutz, Rechtsschutz, 6. Auflage.
Hauth (2008) Vom Bauleitplan zur Baugenehmigung – Bauplanungsrecht, Bauordnungsrecht, Baunachbarrecht, 9. Auflage.
Hoppe, Bönker, Grotefels (2010) Öffentliches Baurecht. Raumordnungsrecht – Städtebaurecht – Bauordnungsrecht, 4. Auflage.

Hoppenberg, de Witt (Hrsg.) (2010) Handbuch des öffentlichen Baurechtes, 27. Auflage.

Jäde (2003) Musterbauordnung (MBO 2002).

Jäde (2009) Bauaufsichtliche Maßnahmen, Beseitigungsanordnung – Nutzungsuntersagung – Einstellung von Arbeiten, 3. Auflage.

Reichel, Schulte (2004) Handbuch Bauordnungsrecht

Stollmann (2009) Öffentliches Baurecht, 6. Auflage.

Wenzel (2002) Baulasten in der Praxis,

Land Baden-Württemberg

Busch, Hager, Hermann, Kirchberg, Schlotterbeck (2011) Das Neue Baurecht in Baden-Württemberg, Kommentar, Loseblatt z. F.

Büchner, Schlotterbeck (2011) Baurecht Band 2, Bauordnungsrecht einschließlich Baunachbarschutzrecht, 4. Auflage.

Sauter (2011) Landesbauordnung für Baden-Württemberg, Kommentar, Loseblatt z. F.

Schlotterbeck, Busch (2011) Abstandsflächenrecht in Baden-Württemberg, Strukturen – Beispiele – Graphiken, 2. Auflage

Schlotterbeck, Hager, Busch, Gammerl (2011) Landesbauordnung für Baden-Württemberg (LBO) und LBOAVO, context- Kommentar. Band 1: LBO Band 2: LBOAVO 6. Auflage

Freistaat Bayern

Abel, Kley (2011) Leitfaden zur Bayerischen Bauordnung, Ein Handbuch für die Praxis.

Baumgartner, Dirnberger, Jäde, Schiebel, Strunz, Wallraven-Lindl, Weiß (2011) Das Baurecht in Bayern, Kommentar, Loseblatt z. F.

Busse, Dirnberger (2009) Die neue Bayerische Bauordnung. Handkommentar 4. Auflage

Boeddinghaus (2007) Abstandsflächen im Bauordnungsrecht Bayern, Kommentierung mit zahlreichen Abbildungen. 2. Auflage.

Büchs, Walter, Amann (2011) Baurecht in Bayern, Kommentar, Loseblatt z. F.

Dirnberger (2011) Abstandsflächenrecht in Bayern, 2. Auflage.

Jäde, Dirnberger, Bauer, Weiß (2011) Die neue Bayerische Bauordnung, Kommentar, Loseblatt z. F.

Jäde (2007) Bayerische Bauordnung 2008 von A – Z.

Koch, Molodovsky, Famers (2011) Bayerische Bauordnung, Kommentar, Loseblatt z. F.

Simon, Busse (2011) Bayerische Bauordnung, Kommentar, Loseblatt z. F.

Schwarzer, König (2011) Bayerische Bauordnung, Kommentar, 4. Auflage.

Thum (2007) Abstandsflächen im bayerischen Baurecht, 5. Auflage.

Wolf (2010) Bayerische Bauordnung, BayBO- Kurzkommentar, 4. Auflage.

Land Berlin

Wilke, Dageförde, Knuth, Meyer, Broy-Bülow (2008) Bauordnung für Berlin, Kommentar mit Rechtsverordnungen und Ausführungsvorschriften, 6. Auflage

Panhenrich, Meyer (2010) Die Bauordnungen für Brandenburg und Berlin sowie weitere bauordnungsrechtliche Vorschriften, 8. Auflage.

Land Brandenburg

Bauer, Böhme, Michel, Radeisen, Thom, Jäde, Dirnberger, Förster (2011) Bauordnungsrecht Brandenburg, Kommentar, Loseblatt z. F.

Jäde, Dirnberger, Förster (2011) Bauordnungsrecht Brandenburg, Kommentar mit ergänzenden Vorschriften, Loseblatt z. F.

Koppitz, Finkeldei (2011) Das neue Baurecht in Brandenburg, Kommentar mit ergänzenden Vorschriften, Loseblatt z. F.

Otto (2008) Brandenburgische Bauordnung, Kommentar für die Praxis mit systematischer Darstellung des Verfahrens in baunachbarrechtlichen Streitigkeiten, 2. Auflage.

Panhenrich, Meyer (2010) Die Bauordnungen für Brandenburg und Berlin sowie weitere bauordnungsrechtliche Vorschriften, 8. Auflage.

Reimus, Semtner, Langer (2009) Die neue brandenburgische Bauorndung, Handkommentar.

Freie und Hansestadt Hamburg

Alexejew (2011) Hamburgisches Bauordnungsrecht, Kommentar, Loseblatt z. F.

Land Hessen

Weiß, Allgeier, Jasch, Skoruppa (2011) Das Baurecht in Hessen, Kommentar, Loseblatt z. F.

Allgeier, Rickenberg (2009) Die Bauordnung für Hessen, mit Zeichnungen zu den Gebäudeklassen, zum Vollgeschoßbegriff und zu den Abstandsregelungen, 8. Auflage.

Hornmann (2011) Hessische Bauordnung, Kommentar, 2. Auflage.

Land Mecklenburg-Vorpommern

Nicolai (2011) Das neue Baurecht in Mecklenburg-Vorpommern, Kommentar, Loseblatt z. F.

Land Niedersachsen

Große-Suchsdorf (2011) Niedersächsische Bauordnung Kommentar, 9. Auflage.

Barth, Mühler (2008) Abstandsvorschriften der niedersächsischen Bauordnung, Kommentar 3. Auflage

Land Nordrhein-Westfalen
Gädtke, Czepuck, Johlen, Plietz, Wenzel (2011) Bauordnung Nordrhein-Westfalen, Kommentar, 12. Auflage.
Bork, Hellkötter, Kamphausen, Schmitz-Rode (2010) Landesbauordnung für Nordrhein-Westfalen, Kommentar.
Boeddinghaus (2007) Abstandsflächen im Bauordnungsrecht Nordrhein-Westfalen, 3. Auflage.
Boeddinghaus, Hahn, Schulte (2011) Bauordnung für das Land Nordrhein-Westfalen, Kommentar, Loseblatt z. F.

Land Rheinland-Pfalz
Jeromin (Hrsg.) (2008) Kommentar zur Landesbauordnung Rheinland-Pfalz, 2. Auflage.

Freistaat Sachsen
Degenhart/Reichel (2011) Das Neue Baurecht in Sachsen, Kommentar, Loseblatt z. F.
Jäde, Dirnberger, Böhme, Bauer, Michel, Radeisen, Thom (2011) Bauordnungsrecht Sachsen, Kommentar mit ergänzenden Vorschriften, Loseblatt z. F.
Passoke, Sinne (2011) Baurecht und Bautechnik Freistaat Sachsen, Loseblatt z. F.
Runkel (2011) Baurecht für den Freistaat Sachsen; ergänzbare Sammlung des Bundes- und Landesrechts mit ergänzenden Vorschriften, Mustern und Anleitungen für die Praxis sowie einer Rechtsprechungsübersicht, Loseblatt z. F.

Land Sachsen-Anhalt
Böhme, Michel, Radeisen, Thom, Jäde, Dirnberger, Bauer (2011) Bauordnungsrecht Sachsen-Anhalt, Kommentar, Loseblatt z. F.
Jäde, Dirnberger, Bauer (2011) Bauordnungsrecht Sachsen-Anhalt, Kommentar mit ergänzenden Vorschriften, Loseblatt z. F.
Förster, Gäbel, Luda-Rudel, Niebergall (2008) Bauordnung des Landes Sachsen-Anhalt. Kommentar.
Prottengeier (2011) Das neue Baurecht in Sachsen-Anhalt, Kommentar, Loseblatt z. F.
Runkel (Hrsg.) (2011) Baurecht für das Land Sachsen-Anhalt, Kommentar, Loseblatt z. F.

Land Schleswig-Holstein
Domning, Möller, Suttkus (2011) Bauordnungsrecht Schleswig-Holstein, Kommentar, Loseblatt z. F.

Land Thüringen
Benkert (2011) Das neue Baurecht in Thüringen, Kommentar, Loseblatt z. F.
Jäde, Dirnberger, Michel (2011) Bauordnungsrecht Thüringen, Kommentar, Loseblatt z. F.
Meißner (2004) Thüringer Bauordnung mit Vollzugsbekanntmachung Kurzkommentierung, 3. Auflage.

6.5 Planungsrecht für Verkehrsanlagen

Konrad Bauer

6.5.1 Straßen

6.5.1.1 Allgemeines

Die Durchführung eines Straßenbauvorhabens (Neubau und Änderung) bedeutet den Eingriff in die Umwelt und meistens in die Rechte von Menschen und sonstigen öffentlich-rechtlichen oder privat-rechtlichen Körperschaften. Gleichzeitig führen die Straßenbauvorhaben in der Regel zur Verbesserung der Infrastruktur und ermöglichen so für die Menschen und für die Wirtschaft einfachere und damit Ressourcen schonendere verkehrliche Verbindungsmöglichkeiten.

Das deutsche Planungsrecht muss diese rechtlich bedeutsamen Gesichtspunkte berücksichtigen und unterliegt wegen der ständigen Veränderung in den gesellschaftlichen Anschauungen einem steten Wandel. In den letzten zwanzig Jahren sind im Bund gesetzgeberische Maßnahmen in Richtung auf Beschleunigung der Planung von Straßenbauvorhaben und damit die Zurückdrängung von Verzögerungsmöglichkeiten für die rechtlich nicht Betroffenen zu beobachten. Einzelne gesetzliche Regelungen der Europäischen Union, die auch in das deutsche Recht umzusetzen waren, bewirken die gegenläufige Tendenz, nämlich durch die möglichst große Einbindung auch von Nichtbetroffenen bei Planungen und durch die Erleichterung des Zugangs zu Informationen und durch Partizipation. Ziel des Planungsrechts in Deutschland muss es deshalb sein, einerseits ein Straßenbauvorhaben entsprechend dem Stand der Technik einschließlich den Anforderungen an die Verkehrssicherheit möglichst schnell und kostengünstig durchzuführen, andererseits den Eingriff in die Rechte der von den Planungen Betroffenen und die Belastungen für die Umwelt möglichst gering zu halten; ein Unterziel besteht sicher auch darin, die Bürger unabhängig von ihrer rechtlichen Betroffenheit zu informieren, zu beteiligen und möglichst von der Erforderlichkeit des geplanten Straßenbauvorhabens zu überzeugen – sie „mitzunehmen" – und dabei den Rechtsfrieden zu wahren.

Unterhaltung und Instandsetzung der Straßen, die der Erhaltung des bestehenden Zustands dienen, sind keine Straßenbauvorhaben i. S. dieser Ausführungen.

Nachfolgend können nur die wesentlichen Abläufe im Planungsrechts dargestellt werden; auf das Eingehen weiterer wichtiger Details wird deshalb weitgehend verzichtet.

6.5.1.2 Zuständigkeit für Verwaltung und Planung

a) Bundesfernstraßen (Bundesautobahnen, Bundesstraßen)

Artikel 90 des Grundgesetzes bestimmt, dass die Verwaltung von Bundesfernstraßen – und damit auch die Planung von Neubau und Änderung dieser Straßen – im Wesentlichen den Bundesländern übertragen ist; auch in Nordrhein-Westfalen ist die Zuständigkeit seit dem Jahr 2001 von den beiden Landschaftsverbänden auf das Land übergegangen. Diese Zuständigkeitsbestimmung erfährt eine erhebliche Einschränkung dadurch, dass nach § 5 Abs. 2 FStrG Gemeinden mit mehr als 80.000 Einwohnern Träger der Straßenbaulast und Eigentümer der Ortsdurchfahrten im Zuge von Bundesstraßen sind.

Diese Regelungen führen zu folgender grundsätzlicher Zuständigkeitsaufteilung:

– Dem Bund, vertreten durch das Bundesministerium für Verkehr, Bau und Stadtentwicklung (BMVBS), ist die Bedarfsplanung und grundsätzlich die Linienbestimmung für die Bundesfernstraßen vorbehalten; er ist Baulastträger, Finanzier und Eigentümer dieser Straßen mit nachfolgender Einschränkung.

– Die Bundesautobahnen sowie die Bundesstraßen außerhalb der Ortsdurchfahrten von Kommunen mit mehr als 80.000 Einwohnern werden von den Straßenbaubehörden der Länder im Auftrag des Bundes verwaltet und geplant, in sogen. Bundesauftragsverwaltung (Art. 85 GG). Für unselbständige Radwege entlang den Bundesstraßen gilt diese Zuständigkeitsregelung ebenfalls. Es ist selbstverständlich, dass sich die Länderverwaltungen bei der Erfüllung ihrer Aufgaben auch privater Planungsbüros für die technischen Arbeiten bedienen können. Durch Verwaltungsver-

einbarungen können die Länder ihre Planungszuständigkeit auch auf andere Länder- bzw. Kommunalverwaltungen übertragen.

– Kommunen mit mehr als 80.000 Einwohnern sind generell zuständig für die Bundesstraßen und die unselbständigen Geh- und Radwege entlang dieser Straßen in der Ortsdurchfahrt; sie planen diese weitgehend selbst. Gemeinden unter 80.000 Einwohner sind zwar für die Gehwege entlang von Bundesstraßen, nicht aber für Radwege zuständig. Der Bund (BMVBS) greift bei Kommunen nur ausnahmsweise in Bezug auf die Planung regelnd ein, z.B. in Fällen, in denen durch bauliche Maßnahmen an einer Ortsdurchfahrt der Charakter einer dem weiträumigen Verkehr dienenden Bundesstraße verloren zu gehen droht.

– Kommunen mit mehr als 50.000 Einwohnern können die Übertragung der Zuständigkeit als Straßenbaulastträger verlangen.

Wieweit diese Zuständigkeitsaufteilung des § 5 FStrG aufgrund der Änderung des Grundgesetzes durch die Föderalismusreform I von 2006 Bestand hat, ist nicht abzusehen, weil nach dieser Reform eine unmittelbare Aufgabenübertragung des Bundes auf die Kommunen durch ein Bundesgesetz nicht möglich ist. Im Interesse der Fortführung einer bisher gut funktionierenden Praxis ist davon auszugehen, dass die gesetzliche Regelung fort gilt, bis das jeweilige Land sie durch eine andere ersetzt.

b) Landes-, Kreis- und Gemeindestraßen

Die Straßengesetze der 16 Bundesländer gelten für alle übrigen dem öffentlichen Verkehr gewidmeten Straßen. In diesen Gesetzen sind die Straßenkategorien aufgeführt, in aller Regel also *Landesstraßen* (Landstraßen, Staatsstraßen; früher: Landstraßen I. Ordnung), *Kreisstraßen* (früher: Landstraßen II. Ordnung) sowie *Gemeindestraßen* und *öffentliche Wege.* Der Begriff „klassifizierte Straßen" wird herkömmlich für die Bundes-, Landes- und Kreisstraßen benutzt; er ist auf die reichseinheitliche gesetzliche Regelung von 1934 zurückzuführen und wird nach dem Erlass des FStrG und der Länderstraßengesetze in Straßengesetzen nicht mehr verwendet. Die Verwaltung des jeweiligen Baulastträgers (Land; Kreis oder Kommune) ist auch für die Planung zuständig. Die gesetzlichen und technischen Regelungen für die Planung, den Bau und die Unterhaltung von Landesstraßen sind inhaltlich weitgehend identisch mit denen von Bundesfernstraßen (vgl. Kodal Straßenrecht „Vergleichende Übersicht über Straßen- und Wegegesetze der Länder unter Einbeziehung des FStrG").

Maßnahmen für Gemeindestraßen und *öffentliche Wege* werden meist nicht nach straßenrechtlichen Planverfahren, sondern mittels Bebauungsplänen gemäß Baugesetzbuch geplant; einzelne Straßengesetze schließen für kommunale Straßen sogar ein Planen nach Landesstraßengesetz aus. Häufig werden allerdings Kreis- und auch Gemeindestraßen aufgrund von Verwaltungsabkommen oder gesetzlichen Bestimmungen von der staatlichen Straßenverwaltung nach den für Gemeindestraßen geltenden Vorschriften geplant und unterhalten. Auch Ortsumgehungen können nach dem BauGB geplant werden.

c) Straßenbau durch Private

Auch *Private* können aufgrund von gesetzlichen Regelungen, meist aber aufgrund von öffentlich-rechtlichen Verträgen mit staatlichen Stellen, sog. Sonderbaulastträger sein und damit öffentliche Straßen bauen und unterhalten und auch das Eigentum daran besitzen. Im Rahmen der rechtlich davon zu unterscheidenden Private-Public-Partnerschaft-Maßnahmen können Private außerdem öffentliche Straßen bauen und betreiben sowie für die Finanzierung aufkommen; Straßenbaulastträger und Eigentümer bleibt in diesen Fällen die jeweiligen öffentlichen Baulastträger. Die Zuständigkeit zum Erlass des staatlichen Hoheitsaktes „Erteilung des Baurechts" in Form des Planfeststellungsbeschlusses u.a. ist ihnen nicht übertragen. Eine Übertragung dieser Zuständigkeit könnte nur aufgrund einer – zur Zeit nicht bestehenden – gesetzlichen Regelung erfolgen, wodurch Private zum sog. „Beliehenen Unternehmer" würden.

6.5.1.3 Bedarfsplanung, Bundesverkehrswegeplan

a) Bedarfsplan für die Bundesfernstraßen

Der Bundesgesetzgeber hat im Bedarfsplan für die Bundesfernstraßen, der dem FStrAbG als Anlage angefügt ist, das Netz der Bundesfernstraßen dargestellt, wie es nach seinen Vorstellungen ausgebaut werden soll. Der Ausbaubedarf ist in „Vor-

dringlichen Bedarf – VB" und „Weiteren Bedarf – WB" unterschieden; der Ausbaustandard (z. B. 2-streifig, 4-streifig usw.) kommt durch verschiedene Farben bzw. verschieden breite Farbstriche auf dem Plan zum Ausdruck. Innerhalb der Dringlichkeitsstufen sind weitere Kategorien enthalten, so z. B. weiterer Bedarf mit Planungsrecht (WB*) und Vorhaben mit erkannter naturschutzfachlicher Konflikthäufung.

Mit der Aufnahme in diesen Plan und damit in das Gesetz ist der Bedarf einer Straße für die Linienbestimmung nach §16 FStrG und die Planfeststellung nach §17 FStrG verbindlich festgelegt und kann auch von Gerichten nicht mehr in Frage gestellt werden. Nur wenn der Bedarfsplan verfassungswidrig wäre, weil keinerlei sachlich vertretbarer Grund für den Bedarf der Planung vorhanden ist, könnte er vor dem Bundesverfassungsgericht angegriffen werden [BVerwG 25.01.1996].

Bei unvorhergesehenem Mehr- bzw. Minderbedarf kann das BMVBS gemäß § 6 FStrAbG von den gesetzlichen Festlegungen positiv oder negativ abweichen. Ein Plan für die Fernstraßen, die der Bund künftig nicht mehr als Bundesfernstraßen braucht und die deshalb in eine durch Landesgesetze geregelte Straßenkategorie abzustufen sind, existiert bisher nicht.

Die Aufnahme in den Bedarfsplan bedeutet nicht, dass damit die Straße gebaut oder ausgebaut werden kann. Vielmehr muss zusätzlich das Baurecht nach § 17 FStrG bzw. BauGB bestehen, und es müssen entsprechende Finanzmittel im Bundeshaushalt (Kap.1210: Straßenbauplan) zur Verfügung stehen. Die Bundesregierung hat einen Investitionsrahmenplan – IRP – aufgestellt (gegenwärtig für den Zeitraum 2007–2010), in dem „hochprioritäre" Neu-, Ausbau-, Ersatz- und Erhaltungsmaßnahmen aufgeführt sind. Alle fünf Jahre prüft das BMVBS, ob der Bedarfsplan an die Verkehrsentwicklung anzupassen ist.

b) Bundesverkehrswegeplan (BVWPl)

Der *Bedarfsplan für die Bundesfernstraßen* ist ein Teil des vom Bundeskabinett beschlossenen Bundesverkehrswegeplans (2003 für den Zeitraum 2001–2012 aufgestellt), in den auch der Bedarf an Bundeswasserstraßen, Schienenwegen der Eisenbahnen des Bundes sowie die Verknüpfungen zu den Flughäfen aufgenommen ist.

Die Prioritäten wurden prinzipiell aus dem Nutzen-Kosten-Verhältnis, aus netzkonzeptionellen Überlegungen, aus Planungsständen und aus dem im Geltungszeitraum verfügbaren Investitionsrahmen festgelegt; alle Vorhaben wurden auch umwelt- und naturschutzfachlich untersucht. Sollte der BVWPl erneut überarbeitet werden, sind die Kriterien der europäischen SUP-Richtlinie gemäß § 19 b UVPG zu beachten.

6.5.1.4 Linienbestimmung, Umweltverträglichkeitsprüfung (UVP), Berücksichtigung der FFH-Gebiete

a) Linienbestimmungsverfahren
Für Bundesfernstraßen bestimmt das BMVBS im Benehmen mit den Landesplanungsbehörden der beteiligten Länder die Planung und Linienführung (§ 16 FStrG). Für den Neubau einer Ortsumgehung, also die Beseitigung einer Ortsdurchfahrt, bestimmt das BMVBS die Planung und die Linie nicht mehr. Die Linienbestimmung ist eine vorbereitende Verwaltungshandlung mit gewissen Parallelen zu einem Flächennutzungsplan gemäß BauGB; sie bindet lediglich die Verwaltungen, nicht aber den Bürger. Diesem gegenüber hat erst der auf die bestimmte Linie aufbauende Planfeststellungsbeschluss eine hoheitliche Wirkung. Die Linienbestimmung als behördeninterner Vorgang kann deshalb durch Gemeinden oder Bürger im Verwaltungsgerichtsverfahren nicht angefochten werden [BVerwG 08.06.1995]. Die Linienbestimmung kann gemäß § 15 Abs. 5 UVPG nur im Rahmen eines Klageverfahrens gegen den Planfeststellungsbeschluss überprüft werden. Bundesplanungen haben grundsätzlich Vorrang vor Orts- und Landesplanungen (§ 16 Abs. 3 FStrG)

Zweck der Planung ist es, unter Beteiligung der in ihren Belangen berührten Behörden und Stellen für den Bau von Bundesfernstraßen eine verkehrlich und technisch einwandfreie sowie wirtschaftlich vertretbare Lösung zu finden. Neben sonstigen berührten Belangen sind insbesondere die Umweltverträglichkeit und das Ergebnis von Raumordnungs- bzw. vergleichbarer Verfahren zu berücksichtigen.

Die Planung nach § 16 FStrG bestimmt v. a. die Anfangs- und Endpunkte der Straße sowie den grundsätzlichen Verlauf und die Verknüpfungen mit dem vorhandenen Straßennetz. Die Führung der Straße über Brücken, auf Dämmen, in Einschnitten oder Tunneln wird damit ebenfalls festgelegt.

Von einer förmlichen Linienbestimmung, an der neben dem BMVBS die für die Raumordnung und den Umweltschutz zuständigen Ministerien der Bundesregierung zu beteiligen sind, kann abgesehen werden, wenn durch die Linie Umweltbelange nicht betroffen werden und aus technischen Gründen nur eine Variante realisiert werden kann. In Betracht kommt sie jedenfalls beim Bau einer neuen Bundesfernstraße oder wenn bei einer Änderung die Trasse einer Bundesfernstraße auf längerer Strecke verlassen wird.

Die Planung umfasst lediglich die Linienvarianten, die von der Sache her naheliegen, sich ernsthaft anbieten oder aufdrängen ([BVerwG 20.12.1988] und seither in ständiger Rechtsprechung). Planungsalternativen, die nach einer Grobanalyse in einem früheren Planungsstadium nicht in Betracht kommen, kann die Planungsbehörde ausschalten. Für das Linienbestimmungsverfahren hat das BMV die *Hinweise zu § 16 FStrG* herausgegeben [Hinweise zu § 16 FStrG 15.04.1996]. In ihnen sind u. a. der Aufbau eines Erläuterungsberichts, eine Aufstellung der erforderlichen Planungsunterlagen und ein Beispiel für eine Übersicht der entscheidungserheblichen Daten für die untersuchten Varianten – getrennt für jede Linie – dargestellt.

b) Umweltverträglichkeitsprüfung (UVP)
(siehe auch Nr. 11 PlafeR)
In einem unselbständigen Verfahren, das nach festgelegten Verfahrensschritten abläuft, ist bei der Bestimmung der Linienführung (soweit nicht bereits in dem vorausgehenden Raumordnungsverfahren erfolgt) und darauf aufbauend intensiver bei der Planfeststellung die *Umweltverträglichkeit des Vorhabens* zu prüfen.

Das auf der europäischen UVP-RL fußende UVPG hat hierfür seit 1990 das Verfahren der Prüfung formalisiert und die Öffentlichkeitsbeteiligung erheblich ausgeweitet. Das Gesetz gilt nur für die in der Anlage zum Gesetz aufgeführten Vorhaben beim Bau und der Änderung von Bundesfernstraßen, die der Planfeststellung bedürfen (Nr. 8 PlaFeR). Neue EU-Richtlinien haben dazu geführt, dass in den letzten Jahren das UVPG überarbeitet wurde und das Öffentlichkeitsbeteiligungsgesetz sowie das Umwelt-Rechtsbehelfsgesetz neu erlassen wurden; durch diese Gesetze fanden die insbesondere im britischen Recht angesiedelten Grundsätze der Information und Bürgerbeteiligung und Formulierungen wie „schützenswerte Belange" sowie „die betroffene Öffentlichkeit" Eingang in das deutsche Rechtswesen. Die deutsche Rechtstradition kannte stattdessen bisher die starke Stellung des betroffenen Rechtsinhabers gegenüber dem staatlichen Vorhabenträger bei Verletzung subjektiver Rechte.

Die Umweltauswirkungen des Vorhabens werden frühzeitig und umfassend ermittelt, beschrieben und nach Maßgabe der gesetzlichen Umweltanforderungen unter Beteiligung der Öffentlichkeit bewertet. Hierzu beauftragt die Straßenbaubehörde bei größeren Baumaßnahmen ein einschlägiges Ingenieurbüro, für die möglichen Varianten eine Umweltverträglichkeitsstudie nach dem MUVS als gesonderten fachplanerischen Beitrag zu erarbeiten. Ihr Ergebnis wird in der Zulassungsentscheidung berücksichtigt.

Die UVP-Pflicht gilt insbesondere bei Neubau einer Autobahn oder einer Bundesstraße als Schnellstraße, beim Neubau einer vier- oder mehrstreifigen Bundesstraße, wenn die gebaute Straße mehr als 5 km lang sein wird, und bei einer Reihe von weiteren Alternativen, die sich aus der Anlage 1 zum UVPG ergeben. Erfüllt ein Vorhaben diese im Gesetz genannten Kriterien nicht, so ist in einem sog. Screening-Verfahren überschläglich durch die Planfeststellungsbehörde zu prüfen, ob das Vorhaben dennoch erhebliche nachteilige Umweltauswirkungen haben kann; Kriterien für die Erheblichkeit ergeben sich aus Anlage 2 zum UVPG. Die Planfeststellungsbehörde entscheidet über die Feststellung der UVP-Pflicht schriftlich mit Begründung. Das Schreiben ist an den Vorhabenträger zu richten. Soll die UVP unterbleiben, wird die Entscheidung zur Unterrichtung der Öffentlichkeit in einem geeigneten Veröffentlichungsorgan eingestellt. Wird im Einzelfall festgestellt, dass dennoch eine UVP-Pflicht besteht, ist diese Feststellung zugänglich zu machen. Insoweit wird auf das Umwelt-Rechtsbehelfsgesetz verwiesen.

Die UVP umfasst die Ermittlung, Beschreibung und die Bewertung der Auswirkungen eines Vorhabens auf die Schutzgüter Mensch, Tiere, Pflanzen, Boden Wasser, Luft, Klima, Landschaft, Kulturgüter und sonstige Sachgüter einschließlich der Wechselwirkungen zwischen den vorgenannten Schutzgütern. Die vorhabensbedingten Umweltauswirkungen sind unter Berücksichtigung der Erforderlichkeit und Zumutbarkeit für den Projektträger nach dem allgemeinen Kenntnisstand unter Anwendung allgemein anerkannter Prüfmethoden zu untersuchen.

Die ermittelten Umweltbelastungen für die Trassenvarianten finden bei der Abwägung der entscheidenden Behörde (bei der Linienbestimmung von Bundesfernstraßen also das BMVBS; bei Planfeststellungsverfahren die nach dem jeweiligen Landesrecht zuständige Planfeststellungsbehörde) mit den verkehrlichen, wirtschaftlichen, raumordnerischen und sonstigen vom Vorhaben berührten öffentlichen Belange Berücksichtigung.

In den *Hinweisen zu den Unterlagen gemäß §6 UVPG* für Bundesfernstraßen [BMV 31.05.1997] ist ausführlich dargelegt, welche Angaben in den entscheidungserheblichen Unterlagen gemäß § 6 UVPG für das Vorhaben erforderlich sind. Sie sind vom Träger des Vorhabens der zuständigen Behörde zur Entscheidung vorzulegen.

Das UVPG regelt lediglich Verfahrensrecht und vermittelt einem Bürger, der von dem UVP-pflichtigen Vorhaben betroffen wird, keinen selbständig durchsetzbaren Anspruch. Vielmehr muss der Bürger ggf. in einem Rechtsverfahren gegen den Planfeststellungsbeschluss geltend machen, dass sich der von ihm gerügte Verfahrensfehler bei der UVP auf seine materiell-rechtliche Position ausgewirkt hat.

c) Berücksichtigung der Gebiete von gemeinschaftlicher Bedeutung und der Europ. Vogelschutzgebiete

Straßenbauvorhaben, die geeignet sind, ein sog. Gebiet von gemeinschaftlicher Bedeutung (Natura 2000-Gebiet) oder ein Europäisches Vogelschutzgebiet erheblich zu beeinträchtigen, sind vor ihrer Zulassung oder Durchführung möglichst frühzeitig auf ihre Verträglichkeit mit den Erhaltungszielen des Gebiets zu überprüfen. Natura 2000-Gebiete sind Gebiete von großer Bedeutung für den Naturschutz, die von dem jeweiligen Mitgliedsstaat der Europäischen Kommission gemäß der europäischen Fauna-Flora-Habitat-Richtlinie (FFH-RL) gemeldet wurden; Entsprechendes gilt für Europäische Vogelschutzgebiete; Näheres im Leitfaden zur FFH-Verträglichkeitsprüfung im Bundesfernstraßenbau ARS Nr. 21 vom 20.09.2004.

6.5.1.5 Planungsgebiet

Durch Verordnung der Landesregierung oder einer von ihr ermächtigten Behörde – also nach einem landesrechtlich geregelten Verfahren – kann für den Geländekorridor, in dem eine Bundesfernstraße voraussichtlich erstellt werden soll, die Planung gesichert werden (§ 9a Abs. 3 Satz1 FStrG). Die Verordnung bewirkt, dass für das Gebiet, in dem eine Bundesfernstraße geplant wird, eine Veränderungssperre schon vor Beginn des Planfeststellungsverfahrens eintritt; wertsteigernde oder für die Straßenplanung nachteilige Veränderungen im Sinne von § 9a Abs. 1 FStrG sind damit untersagt. Diese Sperrwirkung würde anderenfalls erst mit der Auslegung der Pläne im Rahmen der Planfeststellung oder durch einen Bebauungsplan bewirkt. Für das Verfahren hat das BMVBS die *Planungsrichtlinien* erlassen [BMVBS 2008].

6.5.1.6 Planfeststellung (siehe PlafeR 2007)

Das Planfeststellungsrecht ist in §§ 72–78 VwVfG geregelt und wird durch die §§ 17–17 e FStrG modifiziert. Siehe aber nachfolgend Abschn. 6.5.6. Die gegenwärtigen Regelungen im FStrG wurden durch das IPlBG festgelegt und sollen den besonderen Erfordernissen des Fernstraßenbaus, insbesondere den Erfordernissen der Beschleunigung, Rechnung tragen. Daneben sind mehrere Gesetze von Bund und dem jeweiligen Land insbesondere aus dem Umweltbereich im weiteren Sinne zu beachten. Die wesentlichsten sind in den nachfolgenden Ausführungen genannt.

a) Allgemeines

Bundesfernstraßen dürfen gebaut werden,

– wenn ein Planfeststellungsbeschluss für die Maßnahme vorliegt (§ 17 FStrG) oder
– wenn eine Plangenehmigung (§ 74 Abs. 6 VwVfG) erteilt wurde; dies kann dann geschehen, wenn
  – für das Vorhaben keine Umweltverträglichkeitsprüfung durchzuführen ist und

  – Rechte anderer nicht beeinträchtigt werden oder die Betroffenen sich mit der Inanspruchnahme ihres Eigentums oder eines anderen Rechts schriftlich einverstanden erklärt haben und
  – mit den Trägern öffentlich-rechtliche Belange, deren Aufgabenbereich berührt werden, das Benehmen hergestellt worden ist.
– *ohne* vorherigen förmlichen Verwaltungsakt (§ 74 Abs. 7 VwVfG), wenn
  – andere öffentliche Belange nicht berührt sind oder die erforderlichen behördlichen Entscheidungen vorliegen und sie dem Plan nicht entgegenstehen, und
  – Rechte anderer nicht beeinflusst werden oder mit den vom Plan Betroffenen entsprechende Vereinbarungen getroffen worden sind, oder
– aufgrund eines *Bebauungsplanes* im Sinne von § 9 BauGB (§17 b Abs. 2FStrG), sodass sich eine Planfeststellung erübrigt oder dass eine Planfeststellung oder Plangenehmigung nur für Teilaspekte, v. a. in technischer Hinsicht oder zur Regelung von Unterhaltungspflichten, erforderlich ist.

b) Planfeststellungsverfahren
Grundsätzliches
Das Planfeststellungsverfahren ist ein sehr aufwendiges formalisiertes Verwaltungsverfahren für raumbedeutsame Maßnahmen, das in den §§ 72–78 VwVfG von Bund und Ländern geregelt ist, zusätzlich durch § 17–17 e FStrG bzw. die Länderstraßengesetze seine Ausformung erhalten hat und mit dem Planfeststellungsbeschluss seinen Abschluss erfährt. Der Planfeststellungsbeschluss – ein Verwaltungsakt – legt konkret und grundstücksgenau fest, dass die Straße gemäß dem festgestellten Plan gebaut werden kann und dass erforderlichenfalls Grundstücke, die nach dem Plan für den Bau der Straße benötigt werden, im Wege der Enteignung erworben werden können.

Da der festgestellte Plan Konzentrationswirkung hat, sind keine zusätzlichen öffentlich-rechtlichen Verfahren, Genehmigungen bzw. Erlaubnisse erforderlich, insbesondere auch keine bauordnungsrechtliche Genehmigung. Für den Länderstraßenbereich ist letzteres in § 1 Abs. 2 der jeweiligen Landesbauordnung ausdrücklich geregelt. Gegebenenfalls ist allerdings zusätzlich ein Enteignungsverfahren durchzuführen bzw. ein ergänzender Planfeststellungsbeschluss zu erlassen, wenn ein solcher im Beschluss vorbehalten wurde. Ein solcher Vorbehalt setzt allerdings eine Einschätzung der später zu regelnden Konfliktlage wenigstens in ihren Umrissen zum Zeitpunkt des Beschlusses voraus.

Das BMVBS hat 2008 die überarbeiteten *Planfeststellungsrichtlinien 2007* für die Auftragsverwaltung eingeführt.

Im Planfeststellungsverfahren gibt es im wesentlichen drei handelnde Stellen:

- Die *planaufstellende Behörde*; dies ist i. Allg. die planende Straßenbaubehörde. Sie bedient sich häufig der Unterstützung von Ingenieurbüros. In den neuen Ländern wird bei den Verkehrsprojekten „Deutsche Einheit" i. d. R. die Aufstellung der Pläne für die Landesbehörden von der DEGES, einer von Bund und den fünf neuen Ländern gegründeten Planungsgesellschaft, betreut; sie hat ihre Aktivitäten in den letzten Jahren auch auf einzelne „alte" Länder ausgedehnt. Die parzellenscharf erarbeiteten Planunterlagen fußen auf den Vorgaben durch die festgestellte Linie gemäß § 16 FStrG (vgl. 6.5.1.3). Die Baubehörde beteiligt alle einschlägigen Behörden (z. B. Gemeinden, Kreise, Denkmalschutzbehörde, Eisenbahnbundesamt, Immissionsschutzbehörde, Naturschutzbehörde, Landesplanungsbehörde, Katasteramt), aber auch sonst bedeutende Stellen wie die Telekom, die Deutsche Bahn AG sowie Verkehrs- und Wirtschaftsunternehmen mit größerem Verkehrsaufkommen. Zudem ermittelt sie, inwieweit private Bürger von den Planungen betroffen werden, und aktualisiert das Grunderwerbsverzeichnis. Die in den Vorstufen ermittelten, beschriebenen und bewerteten Auswirkungen des Vorhabens auf die Umwelt werden bei den Planunterlagen für die UVP mit einbezogen und vertieft.
- Die *Anhörungsbehörde* – je nach Bundesland kann sie mit der Planfeststellungsbehörde identisch oder eine gesonderte Behörde sein – erhält von der planaufstellenden Behörde die Planungsunterlagen und veranlasst innerhalb eines Monats deren Auslegung in den Gemeinden, in denen sich das Vorhaben voraussichtlich auswirkt; bei UVP-pflichtigen Vorhaben ist darauf hinzuweisen, dass diese Anhörung auch die Einbezie-

hung der Öffentlichkeit nach § 9 beinhaltet. Auf diese Weise wird die Öffentlichkeit einbezogen. Außerdem fordert sie innerhalb eines Monats die beteiligten Behörden und Stellen unter Fristsetzung zur Stellungnahme auf. Die Anhörungsbehörde kann auf eine Erörterung verzichten. Andernfalls werden in einem Anhörungstermin die Einwendungen gegen die Maßnahme erörtert. Ist der Kreis der Betroffenen bekannt, lässt sich ein vereinfachtes Anhörungsverfahren durchführen. Einwendungen von Betroffenen, die nicht innerhalb der Einwendungsfrist vorgebracht werden, sind für die Zukunft präkludiert, d. h. ausgeschlossen. Die gesetzlichen Auslegungs- und Einwendungsfristen dürfen von der Anhörungsbehörde nicht geändert werden [BVerwG 30.07.1998]. Die Stellungnahme der Anhörungsbehörde ist innerhalb der vorgeschriebenen Frist an die Planfeststellungsbehörde weiterzugeben (§ 18 a Nr. 5 FStrG).
- Die *Planfeststellungsbehörde* – je nach Bundesland und Bedeutung des Bauvorhabens kann es sich um ein Landesministerium bzw. eine diesem nachgeordnete Behörde handeln – stellt den Plan fest, versieht ihn mit einer Rechtsbehelfsbelehrung und stellt ihn dem Träger des Vorhabens, den Vereinigungen, über deren Einwendungen und Stellungnahmen entschieden worden ist, und denjenigen, über deren Einwendungen entschieden worden ist, zu. Bei mehr als 50 Beteiligten wird die Zustellung durch öffentliche Bekanntgabe ersetzt. Der festgestellte Plan ist außerdem in den vom Straßenbauvorhaben betroffenen Gemeinden zwei Wochen zur Einsicht auszulegen.

Gegen Planfeststellungsbeschlüsse für Bundesfernstraßenmaßnahmen gibt es kein Widerspruchsverfahren; es ist direkt Klage beim zuständigen Oberverwaltungsgericht (OVG) bzw. Verwaltungsgerichtshof (VGH) zu erheben. Für bestimmte Bauvorhaben, die gemäß § 17 e FStrG in der Anlage zum FStrG aufgeführt sind, ist das BVerwG Erst- und Letztinstanz.

Materielle Einzelaspekte

Verkehrslärm. Beim Bau oder der wesentlichen Änderung von öffentlichen Straßen sind die errechneten Immissionsgrenzwerte der 16. BImSchV zu beachten. Ein Summenpegel, d. h. die Gesamteinwirkung aller Verkehrsgeräusche von mehreren Verkehrswegen, ist dabei nicht zu bilden. Art und Umfang von Schallschutzmaßnahmen an baulichen Anlagen (passiver Lärmschutz) sind in der 24. BImSchV v. 04.02.1997 (BGB I, S. 172, berichtigt S. 1253) geregelt. Das BMV hat hierzu die *Richtlinien für den Verkehrslärmschutz an Bundesfernstraßen in der Baulast des Bundes* v. 02.06.1997 erlassen, die durch ARS 20/2006 v. 04.12.06 geändert wurden und im VkBl veröffentlicht sind.

Eingriff in Natur und Landschaft. Größere Baumaßnahmen sind in der Regel mit einem Eingriff in Natur und Landschaft verbunden. Der Verursacher eines Eingriffs ist nach dem BNatSchG bzw. den Naturschutzgesetzen der Länder verpflichtet, vermeidbare Beeinträchtigungen zu unterlassen. Die Vermeidungspflicht bezieht sich ausschließlich auf Ausführungsalternativen, nicht auf das Vorhaben als solches. In diesem Sinne unvermeidbare Beeinträchtigungen sind auszugleichen oder zu ersetzen. Soweit dies im Einzelfall nicht gelingt, darf der Eingriff nur zugelassen werden wenn, im Rahmen der Abwägung die für ihn sprechenden Belange den Belangen des betroffenen Naturguts im Range vorgeht.

Die von den Ländern nach dem BNatSchG anerkannten Naturschutzvereinigungen sind im Planfeststellungsverfahren zu beteiligen. Sie haben ein Klagerecht, wenn ihr Beteiligungsrecht verletzte worden ist oder sie geltend machen, dass der Planfeststellungsbeschluss gegen die Vorschriften des Naturschutzrechtes verstößt.

Das neue BNatSchG wurde am 19.07.2009 im BGBl bekanntgegeben.

Abschnittsbildung. Aus Gründen der Praktikabilität werden beabsichtigte, länger andauernde Straßenbaumaßnahmen abschnittsweise planfestgestellt. Um der Tatsache Rechnung zu tragen, dass durch den vorherigen bestandskräftigen Planungsabschnitt Zwangspunkte entstehen, muss für die folgenden Abschnitte der Sache nach bereits bei dem festzustellenden Abschnitt eine sachgerechte Lösung ermöglicht werden. Obwohl für die gesamte Straßenbaumaßnahme im Planungsverfahren eine sachgerechte Lösung gefunden werden muss, hat das BVerwG zusätzlich noch gefordert, dass der festzustellende Abschnitt eine eigene Verkehrsbedeutung habe.

UVP
Siehe Abschnitt Nr. 6.5.1.4 b.

6.5.1.6 Plangenehmigung

Eine Plangenehmigung nach § 74 Abs. 6 VwVfG kann für eine Baumaßnahme erteilt werden, wenn mit den zu beteiligenden Trägern öffentlicher Belange Benehmen (nicht: Einvernehmen) hergestellt wurde und Rechte anderer nicht oder nur unwesentlich beeinträchtigt werden und wenn keine UVP (mehr) durchzuführen ist. Die Plangenehmigung hat dieselbe Rechtswirkung, also auch Konzentrationswirkung, wie der Planfeststellungsbeschluss. Aufgrund einer Plangenehmigung ist es auch möglich, ein Grundstück zu enteignen.

Die Plangenehmigung unterliegt nicht den aufwendigen Formvorschriften des Planfeststellungsverfahrens. Ihr geht entweder eine UVP voraus oder die Maßnahme ist so klein, dass von einer vorherigen UVP abgesehen werden kann. Da keine Pläne auszulegen und zu erörtern sind, kann der Verwaltungsablauf erheblich beschleunigt werden. Die Genehmigung ist ein Verwaltungsakt, der denselben Rechtsvorschriften unterliegt: Rechtbehelfsbelehrung, Zustellung und ggf. Klageerhebung beim OVG (VGH) bzw. BVerwG.

6.5.1.7 Absehen von einem Verwaltungsakt (§ 74 Abs. 7 VwVfG)

Vom Erlass eines Planfeststellungsbeschlusses oder einer Plangenehmigung kann bei einem Bauvorhaben abgesehen werden, wenn

– andere öffentliche Belange nicht berührt sind oder die erforderlichen behördlichen Entscheidungen vorliegen und sie dem Plan nicht entgegenstehen, und
– Rechte anderer nicht beeinflusst werden oder mit den vom Plan Betroffenen entsprechende Vereinbarungen getroffen worden sind.

Muss ein Grundstück enteignet werden, so ist dieser rechtliche Schritt nicht möglich.

6.5.2 Eisenbahnen

6.5.2.1 Öffentliche Eisenbahn, Bedarfsplan Schiene

Das ENeuOG hat mit Wirkung von 1994 das Eisenbahnrecht weitgehend neu geordnet. Die hier interessierende Eisenbahninfrastruktur wird von *öffentlichen Eisenbahninfrastrukturunternehmen* betrieben, nämlich von Eisenbahnen (Unternehmen), die gewerbs- oder geschäftsmäßig betrieben werden und deren Schienenweg nach ihrer Zweckbestimmung von jedem Eisenbahnverkehrsunternehmen zur Personen- oder Güterbeförderung benutzt werden kann (§ 3 Abs. 1 AEG).

Soweit Eisenbahnen des Bundes – insbesondere also die Deutsche Bahn AG (Fahrweg) – betroffen sind, richten sich die Zuständigkeiten nach Bundesrecht. Entsprechend dem Bedarfsplan für die Bundesfernstraßen (S. 6.5.1.3 b) gibt es einen *Bedarfsplan Schiene* für die Schienenwege der Eisenbahnen des Bundes, der durch das 1. Änderungsgesetzes zum SchwAbG im Jahr 2004 vom Bundesgesetzgeber beschlossen wurde und ebenfalls Teil des Bundesverkehrswegeplans ist; entsprechend sind auch seine Rechtswirkungen.

Die wenige Jahre geltende Bestimmung für ein *Linienbestimmungverfahren* ist durch das Änderungsgesetz zum PlVereinfG Ende 1995 wieder beseitigt worden.

Soweit *sonstige öffentliche Eisenbahnen* betroffen sind, deren Zahl und Bedeutung wegen der mit der Neuordnung verbundenen Regionalisierung sehr zugenommen haben, sind neben dem AEG die jeweiligen Landesgesetze für die Zuständigkeitsregelungen maßgebend.

6.5.2.2 Planfeststellung, Plangenehmigung

Im Bundesbereich sind die Eisenbahnen des Bundes für die Planung der Baumaßnahmen zuständig; die Maßnahmen werden allerdings wegen der großen finanziellen Abhängigkeit der Eisenbahnen vom Bund intensiv mit dem EBA und dem BMVBS abgestimmt. Den Antrag auf Planfeststellung können nur die Eisenbahnen, die eine Genehmigung nach § 6 AEG haben, stellen. Die Anhörungsbehörde bestimmt sich gemäß § 3 Abs. 3 EVVG nach Landesrecht. Die Planfeststellungsbe-

schlüsse werden vom EBA erlassen. Das Planfeststellungsverfahrensrecht für Eisenbahnen stimmt mit demjenigen für Bundesfernstraßen überein (§ 18 ff AEG in Verbindung mit §§ 72–78 VwVfG), enthält aber naturgemäß nicht die Bestimmungen, die mit der Bundesauftragsverwaltung bei Bundesfernstraßen zu tun haben.

Im Eisenbahnrecht erfordert die Bildung von Abschnitten nicht deren Verkehrswirksamkeit. Für Vorhaben von nicht überörtlicher Bedeutung ist nach § 36 Abs. 1 Satz 1 BauGB das Einvernehmen der Gemeinde erforderlich.

Im Eisenbahnrecht gibt es ebenfalls das *Plangenehmigungsverfahren* und das Entfallen von Feststellung bzw. Genehmigung in Fällen von unwesentlicher Bedeutung

Für Rechtsstreitigkeiten sind erstinstanzlich die OVG zuständig bzw. für die in der Anlage zum AEG aufgeführten Vorhaben das BVerwG. Ein Widerspruchsverfahren ist nicht durchzuführen. Für Eisenbahnen, die nicht bundeseigene Eisenbahnen sind, gilt das jeweilige Landesrecht. Einzelne Länder oder Eisenbahnen können durch Vertrag auf das EBA oder die Deutsche Bahn AG Zuständigkeiten im Zusammenhang mit der Planung übertragen.

6.5.3 Binnenwasserstraßen

Als Binnenwasserstraßen gelten die in der Anlage zum WaStrG aufgeführten Wasserstraßen. Häfen unterstehen dem landesrechtlichen Planungsrecht. Nach § 13 WaStrG bestimmt das BMVBS im Einvernehmen mit der zuständigen Landesbehörde die Planung und Linienführung der Bundeswasserstraßen. In den §§ 14 ff WaStrG i. V. m. §§ 72–78 VwVfG sind die Regelungen zur Planfeststellung, zur Plangenehmigung und zum Entfallen beider Institute geregelt. Anhörungs- und Planfeststellungsbehörde ist die jeweilige Wasser- und Schifffahrtsdirektion. Soweit das Vorhaben Belange der Landeskultur oder der Wasserwirtschaft berührt, bedürfen die Verwaltungsakte des Einvernehmens mit der zuständigen Landesbehörde. Auch das WaStrG hat durch das IPlBG 2006 eine (zusätzliche) Anlage erhalten, in der Vorhaben für Bundeswasserstraßen aufgeführt sind, bei denen im Klagefalle das BVerwG erstinstanzlich zuständig ist.

6.5.4 Flughäfen

Für die Errichtung oder Änderung eines Flughafens ist eine Genehmigung nach § 6 LuftVG erforderlich. Das Planfeststellungsrecht für Flughäfen ist in den §§ 8–12 LuftVG geregelt. Durch das PlVereinfG wurde es weitgehend dem Planungsrecht für die anderen Verkehrswege angeglichen, enthält aber zusätzlich noch erhebliche Spezialvorschriften. Die Zuständigkeit der Anhörungs- und Planfeststellungsbehörde richtet sich nach Landesrecht. Im Planfeststellungsverfahren für die Erweiterung eines Verkehrsflughafens wird insbesondere auch über jede Lärmbelastung entschieden, die nicht lediglich als geringfügig einzustufen ist [BVerwG 27.10.1998]. Klagen gegen Baumaßnahmen sind erstinstanzlich an das OVG (VGH) zu richten.

6.5.5 Straßenbahnen, U-Bahnen

Das Planfeststellungsrecht für Straßenbahnen und U-Bahnen war bis zur Änderung des GG durch FöKo I in § 28 PBefG geregelt und war weitgehend dem Planungsrecht für die anderen Verkehrswege angeglichen. Es unterliegt nunmehr allein dem Landesgesetzgeber. Die Zuständigkeit der Anhörungs- und Planfeststellungsbehörde richtet sich also auch nach Landesrecht. Da die Planfeststellungsverfahren weitgehend in den VwVfG der Länder geregelt sind und diese wiederum unter einander nahezu identisch sind, kann davon ausgegangen werden, dass die Verfahren entsprechend §§ 72–78 VwVfG des Bundes ausgestaltet sind.

6.5.6 Bundesregierung plant Änderung des Planungsrechts

Um sicherzustellen, dass in Fällen, in denen nach bundesgesetzlichen Bestimmungen ein formales Planungsverfahren durchzuführen ist, möglichst einheitliche Bestimmungen existieren, schlägt die Bundesregierung vor, viele der nun in den Fachplanungsgesetzen getroffenen Regelungen in das VwVfG des Bundes zu übernehmen, und die entsprechenden Bestimmungen in den Fachgesetzen zu streichen. Diese Gesetzesänderungen werden voraussichtlich im Laufe des Jahres 2011 eintreten. Die Bundesländer übernehmen in der Regel – zeitlich versetzt – für ihre VwVfG die im Bundesgesetz getroffenen Regeln, um auch insoweit eine Einheitlichkeit zu erreichen.

Es ist beabsichtigt, insbesondere folgende Regelungen in das VwVfG zu übertragen und in den Fachgesetzen zu streichen:

– Fakultativstellung des Erörterungstermins

Die Durchführung eines Erörterungstermins wird in das pflichtgemäße Ermessen der Anhörungsbehörde gestellt. Sie kann also auf den Erörterungstermin zu verzichten, wenn absehbar ist, dass er seine Funktion nicht erfüllen kann und nur zu einer Verfahrensverzögerung führen würde.

– Beteiligung von Natur- und Umweltschutzvereinigungen.

Die Regelung über die Beteiligung von Natur- und Umweltschutzvereinigungen wird als eine abstrakte Regelung zur Beteiligung von Institutionen oder Vereinigungen, die aufgrund anderer Rechtsvorschriften zu beteiligen sind, übernommen.

– Einführung zwingender Fristen für den Abschluss der Erörterung und die Abgabe von Stellungnahmen durch die Anhörungsbehörde

Die verbindlichen Fristen für die Behörden verzichten auf Sanktionen, haben damit vor allem Appellfunktion.

– Zulassung der Plangenehmigung für Fälle nur unwesentlicher Beeinträchtigungen

Bei nur unwesentlicher Beeinträchtigung der Rechte anderer (z. B. unbedeutender Grundstücksteile als Logistikfläche; Behinderung einer Grundstückszufahrt wenn andere Zufahrtsmöglichkeiten nur mit unverhältnismäßigem Mehraufwand genutzt werden können) kann statt eines Planfeststellungsverfahrens eine Plangenehmigung in Betracht kommen.

– Ausschluss der Plangenehmigung und Pflicht zur Planfeststellung bei UVP-pflichtigen Vorhaben

Eine Plangenehmigung ist nicht bei UVP-pflichtigen möglich; Entbehrlichkeit von Planfeststellung und Plangenehmigung in Fällen unwesentlicher Bedeutung nur bei nicht-UVP-pflichtigen Vorhaben.

– Einführung einer obligatorischen Rechtsbehelfsbelehrung

In das VwVfG wird eine generelle Verpflichtung
zur Rechtsbehelfsbelehrung eingeführt.

– Ausdehnung der Heilungsmöglichkeit bei Män-
geln der Abwägung auch auf Ver-fahrens- und
Formfehler

Bei der Verletzung von Verfahrens- oder Formvorschriften gelten die allgemeinen Vorschriften in §§
45 und 46 VwVfG; das vorrangige Ziel ist die Planerhaltung. Nur wenn der Verfahrens- oder Formfehler nicht durch ein ergänzendes Verfahren beho-
ben werden kann, kommt eine Aufhebung des
Planfeststellungsbeschlusses oder der Plangenehmigung in Frage.

Nicht verallgemeinerungsfähige Regelungen:
Nicht in das VwVfG übertragen wird die Verlänge-
rung der Plangeltung auf 10 Jahre mit der Mög-
lichkeit der Verlängerung um weitere 5 Jahre auf
Antrag; sie bleibt aber in den oben genannten
Fachgesetzen erhalten.

**Regelungen, die in den Fachgesetzen
zusätzlich gestrichen werden:**
Die Beschränkung der Benachrichtigungspflicht
gegenüber nicht ortsansässigen Betroffenen auf
solche mit bekanntem Aufenthalt wird gestrichen.

Abkürzungen zu 6.5

AEG	Allgemeines EisenbahnG i. d. Neufas-sung v. 27.12.1993 (BGBl I S. 2378), zuletzt geändert durch G v. 26.02.08 (BGBl I S. 215)
BauGB	Baugesetzbuch
BGBl I	Bundesgesetzblatt I
BImSchV	Bundesimmissionsschutzverordnung
BMV	Bundesministerium für Verkehr
BMVBW	Bundesministerium für Verkehr, Bau- und Wohnungswesen (ab Okt. 1998)
BMVBS	Bundesministerium für Verkehr, Bau und Stadtentwicklung (ab Okt. 2005)
BNatSchG	Gesetz zur Neuregelung des Rechts des Naturschutzes und der Landschafts-pflege v. 19.07.2009
BVerwG	Bundesverwaltungsgericht
BVWPl	Bundesverkehrswegeplan

DVBl	Deutsches Verwaltungsblatt
EBA	Eisenbahn-Bundesamt, gegründet 1994 aufgrund ENeuOG
ENeuOG	EisenbahnneuordnungsG v. 27.12.1993 (BGBl I S. 2378)
EVVG	Gesetz über die Eisenbahnverkehrsver-waltung des Bundes v. 27.12.1993 (BGBl I S. 2378)
FFH-RL	(europäische) Fauna-Flora-Habitat-Richtlinie v. 21.05.1992 (92/43/EWG)
FGSV	Forschungsgesellschaft für das Straßen- und Verkehrswesen, Köln u. Berlin
FStrAbG	BundesfernstraßenausbauG i. d. Neu-fassung 20.01.2005, geä. durch IPlBG
FStrG	BundesfernstraßenG i. d. Neufassung v. 28.06.07 (BGBl I S. 1206), geä. durch Gesetz v. 18.06.2007 (BGBl I S. 1452)
G	Gesetz
geä	geändert
IPlBG	Gesetz zur Beschleunigung von Pla-nungsverfahren für Infrastukturvorha-ben vom 09.12.2006 BGBl I 2006, 2833; 2007, 691
LuftVG	Luftverkehrsgesetz, zuletzt geä. 22.12.08 BGBl I 2986
MUVS	Merkblatt zur Umweltverträglichkeits-studie in der Straßenplanung; FGSV Köln 2001
NVwZ	Neue Verwaltungszeitschrift
NVwZ-RR	Rechtsprechungsreport in der NVwZ
OVG	Oberverwaltungsgericht
ÖffBetG	Öffentlichkeitsbeteiligungsgesetz v. 09.12.2006 (BGBl I S. 2819)
PBefG	PersonenbeförderungsG, zuletzt ge-ändert am 27.12.1993 (BGBl I S. 2378)
PlafeR	Planfeststellungsrichtlinien 2007 des BMVBS VKBl. 2008 S. 30
PlVereinfG	PlanungsvereinfachungsG i. d. Fassung v. 17.12.1993 (BGBl I S. 2123)
RL	(europäische) Richtlinie
SchwAbG	SchienenwegeausbauG v. 20.01.05 (BGBl I S. 201)
UPR	Zeitschrift für Umwelt und Planungs-recht
UVP	Umweltverträglichkeitsprüfung
UVPG	G über die Umweltverträglichkeitsprü-fung v. 25.06.2005 (BGBl I S. 205)
UVP-RL	RL des Rats v. 27.06.1985 über die Umweltverträglichkeitsprüfung bei be-

stimmten öffentlichen und privaten Projekten (85/337/EWG) sowie ÄnderungsRL v. 03.03.1997 (97/11/ EG)

VerkPlBG VerkehrswegeplanungsbeschleunigungsG i. d. Fassung v. 15.12.1995 (BGBl I S. 1840) geä. durch IPlBG

VkBl Verkehrsblatt

VwVfG VerwaltungsverfahrungsG (des Bundes oder des jeweiligen Landes)

WaStrG BundeswasserstraßenG i. d. Neufassung v. 23.05.07 (BGBl I S962) ; geä18.03.08 BGBl I 449

Literaturverzeichnis Kap. 6.5

Apfelbacher D, Adenauer U, Iven K: Das Zweite Gesetz zur Änderung des Bundesnaturschutzgesetzes. Natur und Recht (1999) S 63ff.

Aust, M., Kap. 29–31, 39, 40 Grunderwerb; Eigentumsbeschränkungen in Kodal Straßenrecht 7. Aufl. 2010 C.H. Beckverlag, München

Bauer K, Burger W: Baurecht für Bundesfernstraßen nach dem Planungsrecht des Bundes. Straße und Autobahn (1998) S 195–202

Bauer, K, Herber FR (Hrsg) (1997) Recht und Technik, Schriftenreihe der FGSV, H 14. Kirschbaum-Verlag, Bonn

Bauer, K, Die Straßenbauverwaltung in Deutschland; Vortrag Weltstraßenkongress Paris 2007; in Straße u. Autobahn, Bonn, 2008, S.154

Bauer, K, Kap. 41, 42, 44 Bau, Unterhaltung, Verkehr in Kodal Straßenrecht 7. Aufl. 2010, München

BMV 1976: Planungsrichtlinien. VkBl 1976 S-370

BMV 1996: Hinweise zu § 16 VkBl 1996 S-222

BMVBW 1997: Richtlinien für den Verkehrslärmschutz an Bundesfernstraßen in der Baulast des Bundes. VkBl (1997) S 434

BMVBS 2007: Planfeststellungsrichtlinien. 2007 VkBl 2008 S 511ff

Bruns B (1997) Das A-60-Urteil des BVerwG v. 25.01.1996; Auswirkungen auf die straßenrechtliche Planfeststellung. In: Bauer K, Herber FR (Hrsg) (1997) Recht und Technik, Schriftenreihe der FGSV, H 14. Kirschbaum-Verlag, Bonn

Dürr H Kap. 36–38 Verbindliche überörtliche Straßenplanung – Die Planfeststellung; Planfeststellungs- und Plangenehmigungsverfahren. In: Kodal K, Straßenrecht. 7. Aufl. 2010 C. H. Beckverlag, München

Epiney, Astrid Umweltrecht in der EU 2. Aufl. Köln 2005

Fickert HC (1978) Die Planfeststellung für den Straßenbau. Deutscher Gemeindeverlag, Köln

Frenz W (1997) Europäisches Umweltrecht. CH Beck Verlag, München

Friesecke A (2009) Bundeswasserstraßengesetz. 6. Aufl. Carl Heymann Verlag, Köln

Gassner/Bendamil-Kohlo/Schmidt-Räntsch BNatSchG, 2. Aufl. 2003

Gassner, E./ Heugel, M. Das neue Naturschutzrecht 2010, C.H.Beckverlag, München

Herber, F.-R., Straßenklassifizierung; Straßenverkehrssicherungspflicht Kap. 2–12, 42 in Kodal Straßenrecht 2010, C. H. Beckverlag München

Heugel, M., (2007) Natura 2000, Umsetzung von FFH- und Vogelschutzrichtlinie in nationales Recht – Eine Bilanz aus Sicht des deutschen Naturschutzrechts. Vortrag im Rahmen des Verwaltungsrechtstags zum 20jährigen Bestehen der Bundesvereinigung Öffentliches Recht e.V., S. 27.

Hoppe, Werner, UVPG 3. Aufl. Köln 2007

Koch/Scheurig/ Pache GK – BImSchG Loseblatt-Kommentar, Köln

Kodal, Straßenrecht, 7. Aufl. C. H. Beckverlag, München, 2010,

Kromer, Michael in Müller, Hermann – Gerhard Schulz, Bundesfernstraßengesetz mit Autobahnmautgesetz – Kommentar C. H. Beckverlag, München, 2008

Leue, Anke Kap. 32, 34, 35 Straßenplanung; Bedarfsplanung in Kodal Straßenrecht 7. Aufl. 2010 C. H. Beckverlag, München

Marschall, EA./Schweinsberg R.: Eisenbahnkreuzung, 5. Aufl. Köln, 2000

Morzik/Witrich BNatSchG, 2004

Hinweise zu § 16 FStrG 15.04.1996: VkBl (1996) S 222

Maß, W. (1997) Planfeststellung und Enteignung. In: Bauer K, Herber FR (Hrsg) Recht und Technik, Schriftenreihe der FGSV, H 14. Kirschbaum-Verlag, Bonn

(1995) Musterkarten für Umweltverträglichkeitsstudien im Straßenbau. Verlags-Kartographie, Alsfeld

(1998) Musterkarten für die landschaftspflegerische Begleitplanung im Straßenbau. Verlags-Kartographie, Alsfeld

Numberger U Abschnitt 6: Planfeststellung und Enteignung. In: Zeitler H Bayerisches Straßen- und Wegegesetz (Loseblatt). CH Beck Verlag, München

Peters HJ (1999) Das Recht der Umweltverträglichkeitsprüfung im Übergang. UPR (1999) S 294ff.

Rengeling HW (1999) Umsetzungsdefizite der FFH-Richtlinie in Deutschland? UPR (1999) S 281ff.

Rinke S. Kap. 1, 18 Straßenaufsicht in Kodal Straßenrecht 7. Aufl. 2010 C. H. Beckverlag, München

Ronellenfitsch M (1998) §§ 16–17a: Die Planung von Bundesfernstraßen. In: Marschall-Schroeter-Kastner (1998) Bundesfernstraßengesetz. 5. Aufl. Carl Heymanns Verlag, Köln

Schink A: Auswirkungen des EG-Rechts auf die Umweltverträglichkeitsprüfung nach deutschem Recht. NVwZ (1999) S 11

Schink A: Die Verträglichkeitsprüfung nach der FFH-
Richtlinie. UPR (1999) S 417ff.

Schmidt, Jutta in Müller, Hermann – Gerhard Schulz, FStrG
– Kommentar München 2008

Schumacher/Fischer-Pästl, BNatSchG, 2003

Springe, Chr., Umweltschutz und Straßenplanung in Kodal
Straßenrecht 7. Aufl. 2010, Beckverlag München

Stahlhut, U. Kap. 19–28 Kreuzungsrecht; Leitungsrecht in
Kodal Straßenrecht 7. Aufl. 2010 C. H. Beckverlag,
München

Steenhoff H (1996) Planfeststellung für Betriebsanlagen
von Eisenbahnen. DVBl 1996, S 1236

Strick, Stefan Lärmschutz an Straßen 2. Aufl. Köln 2006

Stüer B (1997) Handbuch des Bau- und Fachplanungsrechts. CH Beck Verlag, München

Tegtbauer, T. Kap. 13–17 Straßenbaulast, Straßenfinanzie-
rung in Kodal Straßenrecht 7. Aufl. 2010 C. H. Beckverlag, München

Thyssen B (1998) Europäischer Habitatschutz entsprechend der Flora-Fauna-Habitat-Richtlinie in der Planfeststellung. DVBl (1998) S-877

Vallendar W (1998) Planungsrecht im Spiegel der aktuellen
Rechtsprechung des Bundesverwaltungsgerichts. UPR
(1998) S 81–87

VGW Baden-Württemberg 07.05.1998. UPR (1999) S 78

Wahl R (1998) Europäisches Planungsrecht – Europäisie-
rung des deutschen Planungsrechts – Rechtsschutz. In:
Grupp K, Ronellenfitsch M (1998) Festschrift für Willi
Blümel, Berlin

7 Verkehrssysteme und Verkehrsanlagen

Inhalt

7.1 Überblick über Verkehrssysteme und ihre Integration

Klaus J. Beckmann

7.1.1 Aufgaben des Verkehrs – Systemfunktionen

Unter Verkehr wird im technischen Sprachgebrauch die Gesamtheit der *Ortsveränderungen* von Personen, Gütern und Nachrichten verstanden (vgl. [Pirath 1949]). Verkehr dient

- der Sicherung der Teilnahmemöglichkeiten von Personen, Haushalten oder Gruppen an sozialen, wirtschaftlichen, politischen, kulturellen und sonstigen Vermittlungs- und Austauschprozessen,
- der Sicherung der wirtschaftlichen Austauschprozesse zwischen Unternehmen, Haushalten, öffentlichen Einrichtungen und anderen [Beckmann 1995].

Verkehr ist in seinen heutigen Ausprägungen – Häufigkeit, Wegzwecke, Weg- und Zeitaufwände oder Zeitpunkte von Ortsveränderungen – Ausdruck eines arbeitsteiligen Wirtschafts- und Gesellschaftssystems sowie funktionsteiliger Siedlungs- und Standortsysteme. Hinsichtlich der Verkehrsmittelwahl, der Reisegeschwindigkeiten, der akzeptierten Wegaufwände, der Verkehrsauswirkungen u. ä. ist Verkehr abhängig von technologischen Entwicklungen der Verkehrsmittel sowie von ökonomischen und ordnungspolitischen bzw. rechtlichen Rahmenbedingungen des Verkehrssystems.

Verkehr ist in dieser Hinsicht Mittel zum Zweck. Darüber hinaus kann Verkehr von Personen in dem Sinne Selbstzweck sein, dass Bedürfnisse des Unterwegsseins, der optischen Stimulation (optische Reize) und der Erkundung von Unbekanntem befriedigt werden (sollen) [Beckmann1989; Hilgers 1992; Weich/Heuber u. a. 1987; Götz/Jahn/Schultz 1997].

Zur Erfüllung der Funktionen von Verkehr werden Ressourcen benötigt:

– Flächen für Verkehrsanlagen und deren Nebenanlagen,
– Rohstoffe und Energie zur Herstellung von Verkehrsanlagen, Verkehrseinrichtungen und Transportmitteln,
– Betriebsstoffe und Energie für Transportvorgänge,
– Zeitaufwände für Transportvorgänge u. ä.

Zur Herstellung der Netze und Anlagen sowie zur
Sicherung des Betriebs werden öffentliche Finanzmittel (Bund, Länder, Gemeinden) eingesetzt und
sind private Finanzmittel für Betriebe und als Nut-
zungsentgelte erforderlich.

Auswirkungen von Verkehr entstehen sowohl
durch Abläufe als auch durch Anlagen:

– Verkehrslärmemissionen,
– *Luftschadstoffemissionen und Emissionen sons-
tiger Schadstoffe,*
– klimarelevante Emissionen (insbesondere CO_2),
– Entsorgungsrückstände der Anlagen, Einrich-
tungen und Transportmittel,
– Unfallgefährdungen, Unfallwirkungen,
– Trennwirkungen, Flächenzerschneidungen,
– Beeinträchtigungen von Gestaltqualitäten in
Städten und Landschaft

7.1.2 Verkehr als Teilsystem – Systemumgebung

Die Gestaltung von (Gesamt-)Verkehrssystemen
berücksichtigt die angestrebten Funktionen von Verkehr, die Art wie auch die Auswirkungen der Erfüllung dieser Funktionen. Eine wirksame und effiziente
Gestaltung von Verkehrssystemen muss daher an
den Verkehrsursachen ansetzen, die Verkehrsvorgänge und Verkehrsabläufe beeinflussen sowie un-
erwünschte Verkehrsauswirkungen vermeiden. Verkehrssystemgestaltung bezieht sich demnach notwendigerweise auf

– Verkehrsursachen und deren konstitutive Ein-
flusskomplexe,
– Verkehrsanlagen, Verkehrsmittel und Betriebseinrichtungen der Verkehrsanlagen,
– Verkehrsabläufe und deren Steuerung, Betriebsregelungen,

– Verkehrsauswirkungen und deren Folgewir-
kungen.

Im *Personenverkehr* (Ortsveränderungen von Personen) bestimmen

– *Sozialverhältnisse* die Anforderungen an die von
Personen, Haushalten oder Gruppen auszuführen-
den Tätigkeiten (z. B. Erwerbsbeteiligung), die
Möglichkeiten und die Mittelausstattungen zur
Ausübung von Tätigkeiten (Tätigkeitenreper-
toires) und damit auch den Bedarf an Ortsveränderungen und die verfügbaren Mittel zur Durchführung von Ortsveränderungen,
– *Zeitordnungen* die Erfordernisse, Möglichkeiten
und Rahmensetzungen der zeitlichen Organisation von Tätigkeiten, Raum-Zeit-Verhalten sowie
Ortsveränderungen (Tätigkeitenstrukturen),
– *Sachkonfigurationen,* d. h. Tätigkeiten-/Nut-
zungsgelegenheiten und Verkehrsangebote (Netze, Verkehrsmittel, Betriebsregelungen usw.),
die Erfordernisse und Möglichkeiten der Wahl
von Tätigkeitenstandorten und Verkehrsmitteln
(Tätigkeitenmuster in Form raumzeitlicher Mus-
ter; vgl. [Beckmann 1990; Heidemann 1985;
Heidemann 2004]).

Soll ein Verkehrssystem in seinen inneren Bezü-
gen, in seinen Verursachungen und Abhängigkeiten
sachgerecht betrachtet und wirksam beeinflusst
werden, so ist eine Berücksichtigung und Gestaltung der Umgebung des Teilsystems Verkehr, d. h.
der Sozialverhältnisse, der Zeitordnungen und der
Sachkonfigurationen, unverzichtbar. Ein besonders bedeutsames Teilsystem der Sozialverhältnisse ist das Wirtschaftssystem.

7.1.3 Struktur von Verkehrssystemen – Systemelemente, Systemrelationen

Verkehrssysteme setzen für ihre Funktionsfähigkeit voraus, dass verschiedene Arten von System-
elementen sowie von Relationen der Systemelemente vorhanden sind. Grob lassen sich als Systemelemente unterscheiden (vgl. [Cerwenka 1997];
Abb. 7.1-1):

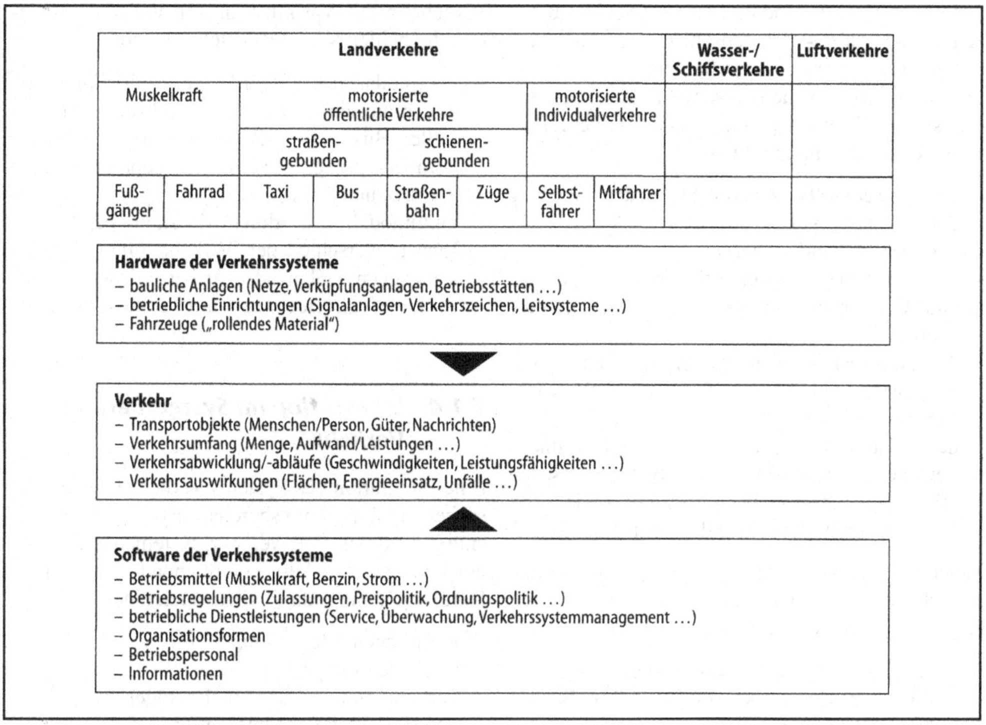

Landverkehre								Wasser-/ Schiffsverkehre	Luftverkehre
Muskelkraft		motorisierte öffentliche Verkehre				motorisierte Individualverkehre			
		straßen-gebunden		schienen-gebunden					
Fuß-gänger	Fahrrad	Taxi	Bus	Straßen-bahn	Züge	Selbst-fahrer	Mitfahrer		

Hardware der Verkehrssysteme
 – bauliche Anlagen (Netze, Verküpfungsanlagen, Betriebsstätten …)
 – betriebliche Einrichtungen (Signalanlagen, Verkehrszeichen, Leitsysteme …)
 – Fahrzeuge („rollendes Material")

Verkehr
 – Transportobjekte (Menschen/Person, Güter, Nachrichten)
 – Verkehrsumfang (Menge, Aufwand/Leistungen …)
 – Verkehrsabwicklung/-abläufe (Geschwindigkeiten, Leistungsfähigkeiten …)
 – Verkehrsauswirkungen (Flächen, Energieeinsatz, Unfälle …)

Software der Verkehrssysteme
 – Betriebsmittel (Muskelkraft, Benzin, Strom …)
 – Betriebsregelungen (Zulassungen, Preispolitik, Ordnungspolitik …)
 – betriebliche Dienstleistungen (Service, Überwachung, Verkehrssystemmanagement …)
 – Organisationsformen
 – Betriebspersonal
 – Informationen

Abb. 7.1-1 Systemelemente von Personenverkehrssystemen (in Anlehnung an [Cerwenka 1997])

– Hardware (bauliche Anlagen wie Wegenetze und Verknüpfungsanlagen; Betriebseinrichtungen wie Signalanlagen und Verkehrszeichen; Fahrzeuge),
– Software (Betriebsmittel, Betriebsregelungen, Rechtsetzungen, betriebliche Dienstleistungen, Organisation, Betriebspersonal, Preise, Information),
– Menschen als zu befördernde Objekte oder als befördernde Subjekte bzw. Güter als zu befördernde Objekte.

Eine Unterscheidung der *Verkehrsteilsysteme* nach

– Transportgütern und/oder
– verwendeten Transportmitteln

ist unter Beachtung von Aufgaben der Gestaltung von „ganzheitlichen" Verkehrssystemen zweckmäßig, da dann einerseits die spezifischen Voraussetzungen, Anforderungen und Leistungsmöglichkeiten beachtet, andererseits konkurrierende als auch substitutive und synergetische Beziehungen genutzt werden können.

In der Unterscheidung nach *Transportgütern* handelt es sich um

– Personenverkehre,
– Güterverkehre,
– Nachrichtenverkehre,

deren Abgrenzung nicht immer trennscharf ist, wie der Begriff „Wirtschaftsverkehr" zeigt, der Personenwirtschaftsverkehre (in Ausübung des Berufs) und Güterverkehre umfasst (vgl. [Sonntag u. a. 1996]).

Nach Transportmitteln werden Wasser- (Schiffs-), Luft- und Landverkehre unterschieden. Für den *Personenverkehr* werden Landverkehrsmittel untergliedert in Fußverkehr, Fahrradverkehr, öffentliche Personenverkehre (Nah- und Fernverkehre; Taxen-, Bus-, Schienenbahn- und Sonderverkehre) sowie motorisierte Individualverkehre als (Selbst-) Fahrer oder als Mitfahrer.

Im *Güterverkehr* sind im Wesentlichen Straßen-, Schienen-, Schiffs- (Binnenschiff, Seeschiff) und Luftgüterverkehre zu unterscheiden.

Die Einsatzbereiche der Verkehrsmittel bestimmen sich im Zusammenhang von Gesamtverkehrssystemen in Abhängigkeit von

- der Art, der Größe, der Anzahl und dem Gewicht der Transportobjekte,
- den Transportentfernungen,
- der räumlichen Konzentration bzw. Dispersion von Verkehrsaufkommen (Quell- und Zielverkehre),
- den Anforderungen an Reisezeiten, Transportzeitpunkte, Pünktlichkeit, Zuverlässigkeit, Komfort usw.,
- der Leistungsfähigkeit (Personenzahl, Tonnen, Personenkilometer, Tonnenkilometer, Reisegeschwindigkeiten) der Verkehrsmittel sowie
- den resultierenden Aufwand/Nutzen-Relationen.

Zunehmend gewinnen zur Festlegung der Einsatzbereiche von Verkehrsmitteln aber auch folgende Parameter an Bedeutung:

- die (lokalen) Flächenbeanspruchungen,
- die (lokalen) Umweltbelastungen (Lärm, Schadstoffe, Schadgase usw.),
- die (globalen) Umweltbelastungen (CO_2-Emissionen),
- die Ressourcenbeanspruchungen (Energie, Rohstoffe),
- die Unfallgefährdungen,
- die Trennwirkungen sowie
- die Beeinträchtigungen städtebaulicher und landschaftlicher Gestaltqualitäten durch Verkehrsanlagen und Verkehrsabläufe sowie vor allem
- die Kostenstrukturen und Finanzierungsbedingungen.

Ein effizientes und situationsangepasstes Zusammenwirken der verschiedenen Verkehrsmittel bzw. Verkehrsträger ergibt sich also aus spezifischen Betriebsmerkmalen und Betriebsqualitäten, zunehmend aber auch aus allgemeinen bzw. teilräumlichen Verträglichkeits- und Zulassungsbedingungen. Dies bedeutet vermehrte Anforderungen an die *Integration verschiedener Teilsysteme* im Bereich Verkehr und betrifft einzelne Verkehrsträger (intramodal) sowie das intermodale Zusammenwirken verschiedener Verkehrsträger bzw.

Verkehrsmittel. Vor allem nutzen Verkehrsteilnehmer die beiden Verkehrsmitteloptionen:

- intermodal, d. h. durch Verkehrsmittelkombinationen auf einem Weg (z. B. Fußweg zur Haltestelle, Bus und U-Bahn zum Hauptbahnhof, Fernverkehrzug, Taxi vom Endbahnhof zum Zielort), und
- multimodal, d. h. durch situationsspezifischen Einsatz verschiedener Verkehrsmittel zu verschiedenen Zielen oder zu verschiedenen Zeitpunkten (vgl. [Beckmann u. a., 2006]).

7.1.4 Integration im Systembereich Verkehr

Eine Integration des Systems Verkehr in seine Ursachen- und Wirkungsbereiche ist für eine effiziente Gestaltung von Verkehrssystemen zwar eine notwendige, aber keine hinreichende Bedingung. Darüber hinaus bedarf es v. a. auch einer

- räumlichen Integration,
- zeitlichen Integration,
- verkehrsmittel- und verkehrsträgerübergreifenden (intermodalen) Integration,
- Integration bzw. Kopplung von Handlungs- und Maßnahmenansätzen für Bau, Betrieb, Betriebsregelungen, Rechtsetzung, Informationen, finanzielle Anreize usw.,
- möglicherweise sogar einer partiellen Integration über die verschiedenen Transportgüter [Beckmann 1992].

Die *räumliche Integration über Planungsebenen* wie europäische Verkehrsplanung (Transeuropäische Netze TEN, Anforderungen an Fahrzeugtechnik oder Emissionscharakteristik), Bundesverkehrs(wege)planung, Landesverkehrsplanung, Regionalverkehrsplanung, kommunale Gesamtverkehrsplanung (Verkehrsentwicklungsplanung) und Stadtteil- bzw. Quartiersverkehrsplanung ist unverzichtbare Voraussetzung, um Ortsveränderungen ohne Systembrüche an Zuständigkeitsgrenzen zu gewährleisten. Dazu werden Schnittstellen zwischen verschiedenen Netzebenen gesichert. Damit werden Transportvorgänge ermöglicht, die an einzelnen Nutzungsgelegenheiten (Wohnungen, Produktionsstätten, Verkaufsstätten usw.) im lokalen Zusammenhang ihren Ausgangspunkt und an einer anderen Nutzungsgelegenheit in einem (anderen) lokalen Zusammenhang ihren Endpunkt haben, zur Erreichung dieses Ziels aber andere Gemeinden, Regionen, Bundesländer oder Teile des Bundesgebiets bzw. andere Staaten „durchfahren".

Diese räumliche Integration in benachbarte Teilräume (*horizontal*) wie auch mit über- und untergeordneten Planungsebenen (*vertikal*) betrifft im Grundsatz alle Verkehrsmittel. Ausnahmen ergeben sich am ehesten für diejenigen Verkehrsmittel, die im Regelfall Transportaufgaben nur für spezifische Entfernungsbereiche übernehmen, z. B. Fuß-, Fahrrad- und Luftverkehre. Da aber Raumerschließungen als Grundversorgung *flächenhaft* sichergestellt werden müssen, bedarf es entweder intramodal (innerhalb der Systeme eines Verkehrsmittels) oder intermodal (zwischen den Systemen verschiedener Verkehrsmittel) einer Anbindung an benachbarte Raumeinheiten sowie an über- und untergeordnete Raumeinheiten und deren jeweilige Verkehrsnetze. Zur Systemverknüpfung der Verkehrsmittel sind intra- oder intermodale Verknüpfungspunkte (Haltestellen, Bahnhöfe, Umsteigeanlagen, Umladepunkte, ÖV-Anbindungen und Straßennetzanbindungen von Flughäfen, Park-and-Ride-Anlagen, Bike-and-Ride-Anlagen usw.) erforderlich.

Die Erfordernisse einer *zeitlichen Integration* ergeben sich daraus, dass Verkehrsangebote innerhalb des jeweiligen Bedienungsraumes (Stadt, Region, Land, Bund usw.) in unterschiedlichen Bedienungszeiten (Hauptverkehrs-, Nebenverkehrs- und Schwachverkehrs- bzw. Schwachlastzeiten) ohne Versorgungs- und Bedienungslücken aufeinander abgestimmt sein müssen. Zum Teil ist dies allerdings nur durch zeitabhängigen Einsatz von Verkehrsmitteln bzw. zeitabhängige Betriebsformen (z. B. Anrufbus oder Taxen statt Linienbus in Schwachlastzeiten) zu gewährleisten.

Ein unter den Anforderungen einer Effizienzsteigerung sowie einer Verbesserung der Verträglichkeit des Gesamtverkehrssystems stark an Bedeutung gewinnender Integrationsaspekt ist die *Integration verschiedener Verkehrsmittel* (intermodal). Diese Integration bzw. die daraus resultierenden Verknüpfungserfordernisse ergeben sich sowohl aus

– den additiven bzw. subsidiären Beziehungen der verschiedenen Verkehrsmittel in Wegefolgen und

Wegeketten unter Beachtung der spezifischen Einsatzvoraussetzungen und -qualitäten der Verkehrsmittel

– als auch aus den konkurrierenden bzw. substitutiven Beziehungen der Verkehrsmittel mit gleichen bzw. ähnlichen Aufgaben- und Bedienungsbereichen.

Die Bevorzugung einzelner Verkehrsmittel durch Verkehrsteilnehmer ergibt sich nach Kriterien der individuellen Nutzenmaximierung unter Beachtung der Relationen von Kosten, Zeitaufwänden, Komfort, Sicherheit, Regelmäßigkeit, Prestige/Status oder Erlebnis. Die Bevorzugung oder Zulassung von Verkehrsmitteln in Teilräumen oder zu bestimmten Zeiten ist häufig von Aspekten wie Leistungsfähigkeit, Wirtschaftlichkeit, Ressourcenbeanspruchungen, Umweltwirkungen, Flächenbeanspruchungen oder Unfallgefährdungen abhängig.

Die verschiedenen Verkehrsmittel haben sowohl im Personenverkehr als auch im Güterverkehr spezifische Qualitäten und Grenzen des Einsatzes. Sie unterscheiden sich hinsichtlich

– der Eignung zur flächenhaften, linienförmigen oder punktförmigen Bedienung bzw. Erschließung,
– der Jederzeitigkeit der Verfügbarkeit und Nutzbarkeit,
– der Leistungsfähigkeit und Kapazitäten,
– der Reisegeschwindigkeiten, des Reisekomforts usw.,
– der spezifischen Ressourcenbeanspruchungen, Umweltbelastungen und Belästigungen.

Zur Verbesserung der Bedienungsqualitäten und auch zur Verringerung der Ressourcenbeanspruchungen und Umweltbelastungen lassen sich auch *intramodale Koordinationen und Integrationen* vorsehen. Dies umfasst u. a.

– die Kopplung von Einzelfahrten durch Fahrgemeinschaften oder City-Logistik,
– die zeitteilige Nutzung von Verkehrsmitteln durch Car-Sharing,
– den räumlich und zeitlich differenzierten Einsatz von unterschiedlichen Größen von Transporteinheiten (z. B. differenzierte Bedienungsformen im öffentlichen Personennahverkehr von Anruf-

Sammel-Taxen über Quartiersbusse, Schnellbusse, Straßenbahnen, Stadtbahnen bis zu U- und S-Bahnen).

Die Systemqualitäten der verschiedenen Verkehrsmittel können v. a. durch *intermodale Kopplungen und Integrationen* erschlossen werden. Dies setzt entweder den Umstieg bzw. die Umladung von einem Verkehrsmittel in ein anderes und entsprechende Umstieg- bzw. Umladeeinrichtungen voraus wie

- Parkplätze, Fahrradabstellanlagen,
- Haltestellen, Haltepunkte, Bahnhöfe, Häfen, Flughäfen,
- Bike-and-Ride-Anlagen, Park-and-Ride-Anlagen, Park-and-Drive-Anlagen,
- Anlagen des „Kombinierten Ladungsverkehrs" (KLV).

Diese intramodalen und intermodalen Koordinationen und Integrationen setzen voraus:

- einfache und aufwandminimierte Verkehrsmittelwechsel (kurze Wege, bequeme Umsteige- und Umlademöglichkeiten),
- abgestimmtes Betriebs- bzw. Verkehrsmanagement (Anschlusssicherung, integraler Takt, einheitliche Fahrkarten),
- verständliche und funktionstüchtige Organisationsstrukturen und Verantwortlichkeiten,
- Informationsaufbereitung und -bereitstellung (Info-Dienste),
- entsprechende Verkehrs- bzw. Mobilitätsberatung, Mobilitätsmanagement sowie
- entsprechende finanzielle Anreize zum Umstieg

Die *Integration über Transportgüter* ist denkbar, bisher aber – bezogen auf einzelne Transportvorgänge – eher die Ausnahme. So werden im Eisenbahn- und Busverkehr ebenso wie im Pkw- und Flugverkehr meist sowohl die Personen als auch deren Gepäck befördert. Ein ausgesprochener Gütertransport erfolgt dagegen nicht gleichzeitig. Dies ist z. B. anders beim Verkehr von Handwerkern zu Leistungsstandorten (Werkstattwagen u. ä.).

Die *räumliche, zeitliche und intermodale Integration von Verkehrs(teil)systemen* ist notwendige Voraussetzung zur vollständigen Erfüllung der Systemfunktionen Verkehr. Die zunehmenden Handlungsansätze zur intermodalen Integration re-

sultieren v. a. aus dem Bestreben, den Ortsveränderungsbedarf im Personen- wie auch im Güterverkehr unter Gesichtspunkten der Auslastung von Anlagen, Fahrzeugen und Personal sowie des Ressourceneinsatzes effizient abzudecken und gleichzeitig die verkehrsbedingten Umfeld- und Umweltbelastungen zu verringern.

Charakteristisches Merkmal der Gestaltung von – intramodalen wie auch intermodalen, von teilräumlichen wie auch raumübergreifenden – Verkehrssystemen ist die *Kombination* bzw. *Integration verschiedener Handlungsansätze*. Die Integration erfolgt unter Beachtung der spezifischen örtlichen, modalen, zeitlichen und sonstigen Randbedingungen, Probleme und Gestaltungsziele der Verkehrsentwicklung. Die verschiedenen Handlungsansätze haben

- notwendige ergänzende bzw. additive Wirkungen,
- mögliche substitutive bzw. arbeitsteilige Wirkungen,
- mögliche synergetische Wirkungen.

Die Handlungsansätze können sich auf folgende *Handlungsfelder* beziehen:

- Bau (Neubau, Ausbau, Umbau, Rückbau, Erneuerung von Verkehrsanlagen),
- Betrieb (Betriebsanlagen, Betriebsregelungen, Betriebssteuerung),
- Fahrzeuge (Antrieb, Kapazität, Emissionscharakteristika),
- Organisation (Zuständigkeiten, Entscheidungsabläufe),
- Rechtsetzung (Zulassungsbedingungen, Betriebsregeln),
- Kostenanlastung (Tarife, Gebühren, Steuern, Entgelte),
- Information, Beratung (Mobilitätsmanagement, Öffentlichkeitsarbeit, Nutzerinformation) (vgl. [Beckmann 1990]).

Im Zusammenhang abgestimmter Handlungskonzepte werden Maßnahmen aus den einzelnen Handlungsfeldern miteinander kombiniert. Handlungskonzepte, die unter mehrdimensionalen Zielen stehen (z. B. Effizienzsteigerung der Verkehrsabwicklung, Verbesserung der Umfeld- und Umweltverträglichkeit), erfordern notwendigerweise eine Integration der Maßnahmen der verschiedenen Handlungsfelder. Da Personen als Nachfrager nach

Ortsveränderungen (Personenverkehr) oder als Veranlasser von Austauschprozessen (Personen- und Güterverkehr) zentrale Elemente des Verkehrssystems sind, gewinnen zunehmend sog. „weiche" Maßnahmen bei der Verkehrssystemgestaltung an Bedeutung (Information, Öffentlichkeitsarbeit oder Beratung als informatorische Maßnahmen, Kostenanlastungen oder Kostenbegünstigungen als finanzielle Anreize).

7.1.5 Teilsysteme des Verkehrsangebots

Transportvorgänge unterscheiden sich nicht nur nach der Art der zu transportierenden Einheiten (Personen, Güter, Nachrichten), sondern v. a. auch nach

- der Anzahl (und eventuell der Größe) der zu transportierenden Einheiten,
- den Zeitpunkten der Transportwünsche,
- den Regelmäßigkeiten der Transportwünsche,
- den Transportentfernungen,
- den Ausgangs- bzw. Quellpunkten und den Zielpunkten der jeweiligen Transporte.

In Abhängigkeit der jeweiligen Gegebenheiten kommen bevorzugt einzelne Verkehrsmittel oder auch Verkehrsmittelkombinationen zum Einsatz. So dominieren im Personenverkehr für Ortsveränderungen im Nahbereich „muskelbetriebene Verkehrsmittel" (Zufußgehen, Fahrradfahren); sie stehen aber zunehmend in Konkurrenz zu als Selbstfahrer oder Mitfahrer genutzten motorisierten Individualverkehrsmitteln. Gleichzeitig sind Fußwege nahezu mit allen Wegen verbunden, die mit anderen Verkehrsmitteln zurückgelegt werden (Weg zum bzw. vom Parkplatz, Weg zur bzw. von der Haltestelle). Bei großen Entfernungen und entsprechender Verkehrsmittelverfügbarkeit bzw. -zugänglichkeit dominieren unter den derzeitigen Rahmenbedingungen Fahrten mit motorisierten Individualverkehrsmitteln, Hochleistungszügen oder Flugzeugen.

Mit den genutzten Verkehrsmitteln, ihren Kombinationen sowie Betriebsformen korrespondieren die Angebotsqualitäten sowie die Verkehrsauswirkungen. Tabelle 7.1-1 gibt einen Überblick über Einsatzbereiche sowie Qualitäten und Mängel verschiedener Verkehrsmittel.

Systemvergleiche von Verkehrsmitteln beziehen sich notwendigerweise auch auf die spezifischen Auswirkungen der jeweiligen Verkehrsanlagen und Verkehrsvorgänge. Um diese Systemvergleiche gezielt für die Auswahl und die Abstimmung des Einsatzes verschiedener Verkehrsmittel nutzen zu können, bedarf es zum einen einer Betrachtung spezifischer Ressourcenbeanspruchungen und spezifischer Wirkungen der Verkehrsmittel. Dazu erfolgt ein Bezug auf Fahrleistungen: Fahrzeugkilometer (Fzkm), Personenkilometer (Perskm) oder Tonnenkilometer (tkm). Zum anderen bedarf es u. a. einer Berücksichtigung der Fahrtzwecke, der mutmaßlichen Besetzungsgrade und der eingesetzten Fahrzeugkollektive. Die Vergleiche sind dadurch erschwert, dass Wirkungen durch Anlagen, Ressourcenbeanspruchungen für die Herstellung von Anlagen und Verkehrsmitteln nur überschlägig berücksichtigt werden können.

Abbildung 7.1-2 zeigt die unterschiedlichen (theoretischen) Leistungsfähigkeiten der Verkehrsmittel pro Fahrstreifen von ca. 3,50-m Breite exemplarisch, wobei die überproportional hohe Leistungsfähigkeit der schienengebundenen öffentlichen Verkehrsmittel erkennbar wird. Im Stadtverkehr haben diese Verkehrsmittel auch Vorteile hinsichtlich der mittleren Reisegeschwindigkeiten und des spezifischen Flächenbedarfs (Abb. 7.1-3).

Die spezifischen Emissionen und Primärenergieverbräuche (pro Perskm) zeigen die vergleichsweise günstige Ausgangssituation der öffentlichen Verkehrsmittel (Abb. 7.1-4), wobei über die Jahre – bis auf Kohlendioxidemissionen und den Primärenergieverbrauch – eine Abnahme der spezifischen Emissionen für Pkw und Busse erfolgt ist, insbesondere wenn rechtliche Regelungen und ökonomische Anreize dazu Anstoß geben.

Abkürzungen zu 7.1

AST	Anrufsammeltaxi
KLV	Kombinierter Ladungsverkehr
MIV	Motorisierter Individualverkehr
ÖV	Öffentlicher Verkehr

Literaturverzeichnis Kap. 7.1

Apel D (1996) Leistungsfähigkeit und Flächenbedarf der städtischen Verkehrsmittel. In: Apel D u. a. (Hrsg.) Handbuch der kommunalen Verkehrsplanung, Abschn. 2.5.1.1, Grundwerk. Economica Verlag, Bonn

Tabelle 7.1-1 Verkehrsmittel – Grobkennzeichnung der Einsatzbereiche, Qualitäten und Mängel

Verkehrsmittel	Einsatzbereiche/ Erschließungsformen; Wegenetze	Qualitäten	Mängel	Sonderaspekte
Fußgänger	Nahverkehr; flächenhafte Erschließung; Straßen- und Fußwegenetz	zeitlich flexibel; zielgenau; umweltfreundlich; geringer Flächenbedarf	umwegempfindlich; entfernungsempfindlich; steigungsempfindlich; witterungsempfindlich; Gütertransport beschränkt; geringe Reisegeschwindigkeit	Zu- u. Abgangsverkehrsmittel für alle anderen Verkehrsmittel; auch Verkehrsmittel für Übergang zwischen gleichen oder verschiedenen Verkehrsmitteln
Fahrrad	Nahverkehr; flächenhafte Erschließung; Straßen- u. Radwegenetz	wie Fußgänger	wie Fußgänger	häufig keine oder unzureichende Abstellanlagen für Fahrräder am Fahrtziel; Zu- u. Abgangsverkehrsmittel für ÖV (Bike & Ride)
Mofa, Moped, Motorrad	Nah- u. Regionalverkehr; flächenhafte Erschließung; Straßennetz	zeitlich flexibel; zielgenau; geringer Flächenbedarf	witterungsempfindlich; Gütertransport beschränkt; umweltbelastend	wie Fahrrad
Personenkraftwagen privat verfügbar	Nah-, Regional- u. Fernverkehr; flächenhafte Erschließung; Straßennetz	zielgenau (sofern Parkstand vorhanden); keine Beschränkung der zeitlichen Verfügbarkeit; geringe Beschränkung der räumlichen Verfügbarkeit; preisgünstig bei voller Besetzung; komfortabel; Privatsphäre; höhe Reisegeschwindigkeit; gepäckfreundlich	umweltbelastend (Lärm u. Abgase); Flächeninanspruchnahme an Quelle u. Ziel der Fahrt u. auf Fahrweg; hoher spezifischer Energieverbrauch	Beschränkung der räumlichen Verfügbarkeit nimmt mit Verbreitung von „autofreien Innenstädten" u. ä. zu; Parkraumproblematik nimmt zu; Zu- u. Abgangsverkehrsmittel zu ÖV (Park and Ride oder Kiss and Ride); ein Drittel der Bevölkerung ohne Pkw-Verfügbarkeit
Car-Sharing	Nah-, Regional- u. Fernverkehr; flächenhafte Erschließung; Straßennetz	wie Pkw; geringere Flächenbeanspruchung	wie Pkw, jedoch Leitzentrale notwendig; Beschränkung der zeitlichen u. räumlichen Verfügbarkeit	
Mitfahrgelegenheiten (Car-Pooling)	Nah-, Regional- u. Fernverkehr; flächenhafte Erschließung; Straßennetz	wie Pkw; geringe Flächeninanspruchnahme; reduzierter spezifischer Energieverbrauch; Leitzentrale notwendig	wie Pkw; Beschränkung der zeitlichen Verfügbarkeit u. der Privatsphäre	neben Car-Pooling existieren auch Konzepte zur Zusteigermitnahme u. Mitfahrzentralen; Entwicklung automatisierter Leitzentralen
Taxi	Nah- u. Regionalverkehr; flächenhafte Erschließung; Straßennetz	zielgenau; geringe Beschränkung der zeitlichen u. räumlichen Verfügbarkeit; hohe Reisegeschwindigkeit; komfortabel; gepäckfreundlich	umweltbelastend; relativ teuer	Zu- u. Abgangsverkehrsmittel zu ÖV

Tabelle 7.1-1 (Fortsetzung)

Verkehrsmittel	Einsatzbereiche/ Erschließungsformen; Wegenetze	Qualitäten	Mängel	Sonderaspekte
Anrufsammel-taxi (AST)	Nahverkehr; in Räumen u. Zeiten schwacher Verkehrsnachfrage als Ersatz oder Ergänzung des Linienverkehrs; flächenhafte Erschließung; als Zubringer oder Sonderverkehr; Straßennetz	(fast) zielgenau; flexibel einsetzbar; komfortabel; gute Bedarfsanpassung; kostengünstig	leistungsfähige Koordinationsstelle erforderlich; fährt nur nach telefonischer Anmeldung; nur bei nicht zu großen Fahrtweiten wirtschaftlich	Sonderformen wie Frauen-Anrufsammel-Taxi
Omnibus	Nah- u. Regionalverkehr; selbständiges System oder Zubringer- oder Sonderverkehr; flächenhafte Erschließung bedingt möglich; Straßennetz	flexibel einsetzbar; umweltfreundlicher Betrieb möglich; kein eigener Fahrweg erforderlich; hohe Anpassungsfähigkeit an Siedlungsstruktur	begrenzte Beförderungsleistung (keine Zugbildung); ggf. Behinderung durch MIV bei fehlenden Busspuren; bei flächenhafter Erschließung ggf. lange Fahrtzeiten (Umwegfaktor, viele Halte); relativ geringer Fahrtkomfort; durch Fahrplan beschränkte räumliche u. zeitliche Verfügbarkeit; ggf. hohe soziale Unsicherheit in ÖV; u.U. sehr verspätungsanfällig	
Ober-leitungs-bus	Nah- u. Stadtverkehr; linienhafte Erschließung von Flächen mittlerer Nutzungsintensität; Straßen mit Zusatzausstattung durch Oberleitungen	umweltfreundlich (keine Abgase; geringe Lärmentwicklung; Energierückgewinnung möglich); hohe Anfahrbeschleunigung; geringe Betriebskosten	Anlagekosten durch Oberleitung; spurgebunden; begrenzte Beförderungsleistung; durch Fahrplan u. Linienbindung beschränkte räumliche u. zeitlich Verfügbarkeit	Ergänzungsverkehre durch Busse erforderlich; Netzänderung nur mit Infrastrukturausbau
Dual-Mode-Bus (Spurbus)	Nahverkehr; linienhafte Erschließung bei Spurführung im Stadtverkehr; flächenhafte Erschließung ohne Spurführung in Stadtrandzonen; Straßennetz oder separat	durch streckenweise Spurführung Nutzung von Bahnkörper/Tunnel der Straßenbahn (Kosten- u. Flächenersparnis); Zugbildung möglich; bei Betrieb ohne Spurführung Vorteile wie Omnibus	teilweise spurgebunden; durch Fahrplan beschränkte räumliche u. zeitliche Verfügbarkeit	Netzänderung nur mit Infrastrukturausbau
Straßenbahn	Nahverkehr; linienhafte Erschließung von Flächen mittlerer bis hoher Nutzungsintensität; Straßennetz oder separat	umweltfreundlich (ausgenommen Lärm); Zugbildung möglich (hohe Beförderungsleistung); komfortabel	spurgebunden; durch Fahrplan beschränkte räumliche u. zeitliche Verfügbarkeit; ggf. Zubringersystem (Bus, Pkw) notwendig; ggf. Behinderung durch den MIV; beschränkte Reisegeschwindigkeit bei Führung mit Straßenverkehr; Anlagenkosten für Oberleitung/Schiene; begrenzte Anpassungsfähigkeit an Siedlungsstruktur	Möglichkeiten der Beschleunigung/Bevorrechtigung zur Erhöhung der Reisegeschwindigkeit

Tabelle 7.1-1 (Fortsetzung)

Verkehrsmittel	Einsatzbereiche/ Erschließungsformen; Wegenetze	Qualitäten	Mängel	Sonderaspekte
Stadtbahn	Nahverkehr; linienhafte Erschließung von Flächen hoher Nutzungsintensität; separat	wie Straßenbahn; außerdem eigener Fahrweg; höhere Fahr-/Reisegeschwindigkeit; schrittweiser Netzaufbau möglich	spurgebunden; durch Fahrplan beschränkte räumliche u. zeitliche Verfügbarkeit; Zubringersystem nötig; hohe Baukosten; geringe Erschließungsdichte; begrenzte Anpassungsfähigkeit an Siedlungsstruktur	
U-Bahn	Stadtverkehr; linienhafte Erschließung von Flächen hoher Nutzungsintensität; separat	sehr hohe Leisungsfähigkeit; hohe Fahr- u. Reisegeschwindigkeit; keine Flächeninanspruchnahme; störungsfrei von anderen Systemen; hoher Beförderungskomfort; umweltfreundlich; kurze Zugfolgezeiten; Taktfahrtplan	spurgebunden; durch Fahrplan beschränkte räumliche u. zeitliche Verfügbarkeit; Zubringersystem nötig; hohe Kosten der Infrastruktur (Baukosten); geringe Erschließungsdichte u. Netzbildung; abschnittsweise Inbetriebnahme schwierig	Entwicklung von automatischem Fahrbetrieb (führerlos)
S-Bahn	Nah- u. Regionalverkehr; linienhafte Erschließung von Flächen höchster Nutzungsintensität (Siedlungsschwerpunkte u. Ballungsräume); separat	sehr hohe Leistungsfähigkeit; hohe Fahr- u. Reisegeschwindigkeit; hoher Beförderungskomfort; feste Taktzeiten; unabhängig vom übrigen Schienenverkehr; kurze Zugfolgezeit; Taktfahrplan	spurgebunden; durch Fahrplan beschränkte räumliche u. zeitliche Verfügbarkeit; Zubringersystem nötig; sehr geringe Erschließungsdichte; hohe Kosten	Entwicklung von automatischem Fahrbetrieb (führerlos)

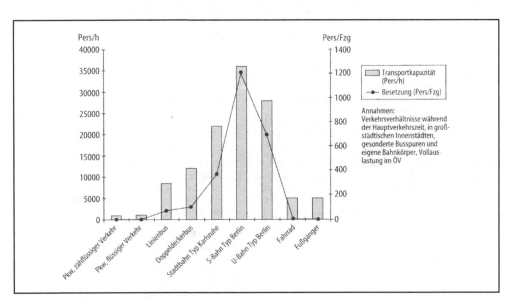

Abb. 7.1-2 Besetzung und Transportkapazität im Stadtverkehr (nach [Apel 1996, Kap.2.5.2.2, S. 7])

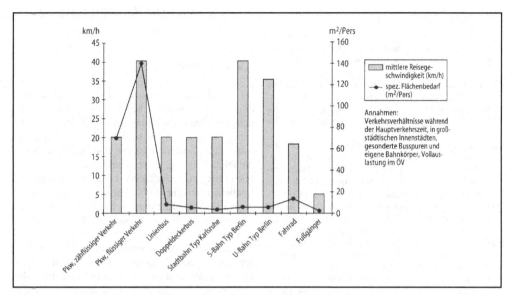

Abb. 7.1-3 Mittlere Reisegeschwindigkeit und spezifischer Flächenbedarf Stadtverkehr (nach [Apel 1996, Kap. 2.5.1.1, S. 7])

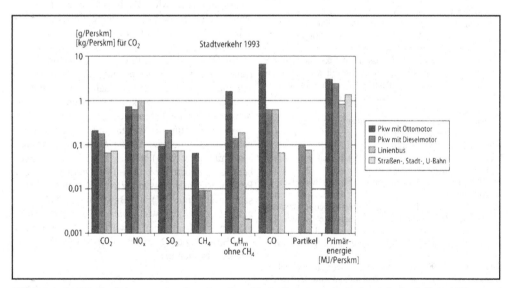

Abb. 7.1-4 Spezifischer Primärenergieverbrauch und spezifische Emissionen im Stadtverkehr (nach [Schmidt/Petersen/Höpfner 1994, Kap.2.4.4.1, S. 34])

Apel D (1996) Handbuch der kommunalen Verkehrsplanung. Economica Verlag, Bonn, S 7

Beckmann KJ (1989) Verständniswandel in der Verkehrsplanung. In: Vereinigung der Stadt-, Regional- und Landesplaner e.V. SRL (Hrsg.) Schriftenreihe, H 24. Bochum, S 22–62

Beckmann KJ (1990) Handlungsansätze zur Beeinflussung des Verkehrsverhaltens – Strategien, soziale Betroffenheiten und Forderungen. In: Forschungsgesellschaft für Straßen- und Verkehrswesen (Hrsg.) Verkehr wohin – Aspekte nach 2000. Köln, S 23–37

Beckmann KJ (1992) Integrierte Verkehrsplanung auf kommunaler Ebene – Erfordernisse, Probleme und Chancen. In: Institut für Städtebau und Landesplanung (Hrsg) Seminarberichte Sommerseminar 1992: Integration der Verkehrsplanung in die Raumplanung. Karlsruhe, S 93–123

Beckmann KJ (1995) Gesamtverkehrsplanung. In: Akademie für Raumforschung und Landesplanung (Hrsg.) Handwörterbuch der Raumordnung. Hannover, S 397–399

Beckmann KJ, Chlond B, Kuhnimhof T., von der Ruhren S, Zumkeller D (2006) Multimodale Verkehrsmittelnutzer im Alltagsverkehr – Zukunftsperspektiven für den ÖPNV. In: Internationales Verkehrswesen, Nr. 4, 2006, S. 138–144

Cerwenka P (1997) Verkehrssystemplanung zwischen allen Fronten und Stühlen – Meinung kann nicht Messung ersetzen. Der Nahverkehr (1997) H 11, S 14–17

Götz K, Jahn T, Schultz I (1997) Mobilitätsstile in Freiburg und Schwerin – Ergebnisse aus der sozialwissenschaftlichen Untersuchung zu „Mobilitätsleitbildern und Verkehrsverhalten". In: CITY mobil (Hrsg.) Magazin 3/97, Freiburg, S 10–19

Heidemann C (1985) Zukunftswissen und Zukunftsgestaltung – Planung als verständiger Umgang mit Mutmaßungen und Gerüchten. In: Daimler Benz AG (Hrsg.) Report 5: Langfristprognosen – Zahlenspielerei oder Hilfsmittel für die Planung. Düsseldorf, S 47–62

Heidemann C (2004) Nachbetrachtung einer Vorgeschichte In: Gertz, C und Stein A (Hrsg.) Raum und Verkehr gestalten, edition sigma. Berlin

Hilgers M (1992) Total abgefahren – Psychoanalyse des Autofahrens. Herder-Verlag, Freiburg

Pirath C (1949) Die Grundlagen der Verkehrswirtschaft. 2. Aufl. Springer-Verlag, Berlin

Schmidt M, Petersen R, Höpfner U (1994) Energieverbrauch und Schadstoffemissionen der Stadtverkehrsmittel. In: Apel D u.a. (Hrsg.) Handbuch der kommunalen Verkehrsplanung, Abschn. 2.5.4.1. Lieferung 6/94. Economica Verlag, Bonn

Sonntag H u.a. (1996) Entwicklung eines Wirtschaftsverkehrsmodells für Städte. Bundesanstalt für Straßenwesen (Hrsg.) Berichte „Verkehrstechnik", Heft V 33, Bergisch Gladbach

Weich G, Heuber U u.a. (1987) Mobilität – Untersuchungen und Antworten des ADAC zu den Fragen: Was ist eigentlich Mobilität? Wie wird sich Mobilität in Zukunft entwickeln? Kann man Mobilität beeinflussen? Allgemeiner Deutscher Automobil-Club e.V. (Hrsg.), München

7.2 Öffentliche Verkehrssysteme

Eberhard Hohnecker, Michael Weigel

7.2.1 Einleitung

Im Verkehrsbereich hat die Politik – historisch bedingt – einen wesentlichen Einfluss auf die unternehmerischen Entscheidungen der öffentlichen Verkehrsunternehmen. Die steigende Verschuldung sowie die zunehmende Wettbewerbs- und Handlungsunfähigkeit zwingt jedoch zum Umdenken und zur Suche nach wirtschaftlichen Lösungen für den Öffentlichen Verkehr (ÖV). Überdies hat der zunehmende Einfluss der Europäischen Union (EU) Auswirkungen auf die Entwicklung im ÖV (s. 7.2.2).

Im Mobilbereich unterscheidet man zwischen dem kollektiven (für jedermann zugänglichen) ÖV, der i. d. R. nach einem festen Fahrplan auf festgelegten Linien erfolgt, und dem Individualverkehr (IV), dessen jeweiliges Verkehrsmittel nur einem eingeschränkten Nutzerkreis zur Verfügung steht. Abhängig von den Rahmenbedingungen (Daseinsvorsorge) ist der „Modal Split" (Anteile der einzelnen Verkehrsträger bzw. -systeme am Gesamtverkehr) im *Güter-* (GV) und *Personenverkehr* (PV) verschieden.

Im ÖV wird hinsichtlich der Transport- bzw. Reiseweite zwischen *Fern-* und *Nahverkehr* unterschieden, wobei die Grenze nach dem Regionalisierungsgesetz bei 50 km Luftlinienentfernung bzw. einer Stunde Fahrtdauer liegt.

Als landgebundene Verkehrsmittel werden im IV nahezu ausschließlich *Straßenfahrzeuge* (Fahrrad, Motorrad, Pkw, Lkw) benutzt. Im ÖV kommen neben den Straßenfahrzeugen Taxi (zählt nach dem Personenbeförderungsgesetz (PBefG) im Linienersatzverkehr zum ÖV) und Bus hauptsächlich spurgeführte Fahrzeuge wie *Schienenfahrzeuge* (Eisenbahnen, Straßenbahnen usw.) bzw. Balkenbahnen zum Einsatz. Zum Nichtöffentlichen Verkehr gehören Werkbahnen u. ä.

7.2.2 Einflussnahme der EU auf den ÖV

Der EWG-Vertrag von 1957 bekundet in seiner Präambel u. a. den „festen Willen, die Grundlagen für einen immer engeren Zusammenschluss der europäischen Völker zu schaffen [...] in dem Bestreben, ihre Volkswirtschaften zu einigen und deren harmonische Entwicklung zu fördern". Darin wird ausdrücklich eine gemeinsame Verkehrspolitik als Ziel genannt. Dieses Ziel hat der Rat der EG in der Folgezeit durch den Erlass entsprechender Verordnungen für den Verkehrssektor unterstützt.

7.2.2.1 Verordnungen und Richtlinien

Um die Wettbewerbsfähigkeit des ÖV im Rahmen der Mobilitätsentwicklung zu gewährleisten, erließen EWG, EG und EU diverse Verordnungen und Richtlinien, von denen einige im Folgenden angeführt werden (vgl. [Laaser 1998]):

- *EWG/EG-Verordnungen 1191/69 und 1893/91.* Der Staat wird verpflichtet, wirtschaftliche Nachteile, die den Verkehrsunternehmen bei der Erfüllung der Daseinsvorsorge entstehen, auszugleichen.
- *EG-Richtlinie 91/440.* Zur Schaffung eigenständiger und wettbewerbsfähiger Eisenbahnunternehmen werden folgende Schritte vorgegeben:
  - Unabhängigkeit der Geschäftsführung vom Staat,
  - Sanierung der Finanzstruktur,
  - Trennung von Fahrweg und Betrieb (rechnerisch und organisatorisch),
  - diskriminierungsfreier Zugang zu den Eisenbahnnetzen für Dritte.
- *EG-Richtlinien 90/531* und *92/13* sowie *EU-Richtlinie 93/38.* Sie regeln die EU-weite Ausschreibung von Liefer-, Bau- und Dienstleistungsverträgen für den Verkehrssektor.
- *EU-Richtlinie 95/18.* Sie dient der Ausgestaltung der Richtlinie 91/440. Sie regelt, welche Unternehmen in der EU Anspruch auf Zugang zu den Eisenbahnnetzen der EU haben.
- *EU-Richtlinie 95/19.* Auch sie dient der Ausgestaltung der Richtlinie 91/440. Sie regelt die Zuweisung von Fahrwegkapazitäten der Eisenbahn und die Berechnung von Infrastrukturbenutzungsgebühren. Für die Zuweisung der Fahrwegkapazitäten hat jeder Mitgliedstaat eine Stelle zu benennen, die Neutralität bei der Vergabe gewährleistet.
- *Richtlinien 96/48/EG, 2001/16/EG, 2004/50/EG, 2007/32/EG.* Die genannten Richtlinien dienen

der Sicherstellung der Interoperabilität der Eisenbahnnetze gemäß den Artikeln 154 und 155 des EG-Vertrags. Für den Eisenbahnsektor hat der Europäische Rat die Richtlinie 96/48/EG über die Interoperabilität des transeuropäischen Hochgeschwindigkeitsbahnsystems (HGV) sowie die Richtlinie 2001/16/EG über die Interoperabilität des konventionellen Eisenbahnsystems erlassen. Damit werden gemeinschaftliche Verfahren für die Erarbeitung und Annahme von Technischen Spezifikationen für die Interoperabilität (TSI) sowie gemeinsame Vorschriften für die Bewertung der Konformität mit diesen Spezifikationen eingeführt. Die beiden genannten Richtlinien wurden durch die Richtlinien 2004/50/EG und 2008/57/EG geändert. Die Europäische Vereinigung für die Interoperabilität im Bereich der Bahn (AEIF), als das in der Richtlinie vorgesehene Gremium, in dem die Betreiber der Infrastruktur, die Eisenbahnunternehmen und die Industrie vertreten sind, arbeitete die TSI im Bereich HGV einschließlich der Revision der TSI HGV aus. Die künftigen TSI im Bereich des konventionellen Eisenbahnsystems werden von der Europäischen Eisenbahnagentur (ERA), die seit Inkrafttreten der Richtlinie 2004/50/EG die zuständige Stelle für die Erarbeitung der TSI ist, bearbeitet.
- *Richtlinie 2001/12/EG.* Sie regelt den diskriminierungsfreien Zugang zur Eisenbahninfrastruktur durch Öffnung der Schienennetze und Trennung von Fahrweg und Verkehr (Entscheidungen über die Trassenzuweisung und die Wegeentgelte durch Drittstellen).
- *Richtlinie 2001/14/EG.* Sie hebt die Richtlinie 95/19/EG auf und regelt den Netzzugang u. a. durch das Erstellen und Veröffentlichen von Schienennetz-Benutzungsbedingungen (SNB) sowie Einrichten einer Regulierungsstelle (in Deutschland: Bundesnetzagentur).
- *Richtlinie 2004/49/EG.* Sie erlässt Regelungen zur Eisenbahnsicherheit in der Gemeinschaft und die Einrichtung von unabhängigen Sicherheitsbehörden und Unfalluntersuchungsstellen.
- *Richtlinie 2004/51/EG.* Sie ändert die Richtlinie 91/440/EG und erlässt Regelungen zur schrittweisen Öffnung des Schienenwegenetzes für den nationalen und internationalen Schienengüterverkehr sowie für Kabotage.

- *Richtlinie 2007/59/EG.* Sie erlässt Regeln zur Zertifizierung von Triebfahrzeugführern.
- *EG-Verordnung 1370/2007.* Sie hebt die EWG-Verordnungen 1191/69 und 1107/70 auf und erlässt zur Erbringung öffentlicher Personenverkehrsdienste auf Schiene und Straße Neuregelungen, u. a. zur Ausschreibung und Vergabe, zu Rechten und Pflichten von Auftraggebern und Betreibern von öffentlichen Diensten, Inhalten und Laufzeiten von Verträgen sowie zur Gewährung von Ausgleichszahlungen für die Erfüllung gemeinwirtschaftlicher Verpflichtungen.
- *EG-Verordnung 1371/2007.* Sie enthält Regelungen u. a. zu den Rechten von Fahrgästen im Eisenbahnverkehr und Haftung von Eisenbahnunternehmen gegenüber Fahrgästen.

7.2.2.2 Umsetzung und Auswirkungen der EU-Vorgaben auf die Verkehrsunternehmen

In den EU-Mitgliedstaaten wurden und werden die EU-Vorgaben recht unterschiedlich umgesetzt. Dies gilt besonders hinsichtlich der zukünftigen Rolle des Staates als Eigentümer von Bahnen und bei der Beziehung zwischen Staat und Bahn hinsichtlich staatlicher Eingriffe in das unternehmerische Handeln der Eisenbahnen. Hiervon hängt auch die Neuorganisation der nunmehr mindestens rechnerisch zu trennenden Unternehmensbereiche Fahrweg und Betrieb ab.

Neben der Ausschreibung zur Erbringung reiner Verkehrsleistungen besteht z. B. die Möglichkeit, sich Gesamtleistungen (Betrieb und Infrastrukturvorhaltung) anbieten zu lassen. Dabei entstehen Vorteile hinsichtlich schneller und einfacher Entscheidungen bei Baumaßnahmen, Sonderzügen, Personaleinsatz, Störungen und Unfällen. Ausschreibungen dieser Art führen zu einer Konzentration der Unternehmen auf geographisch abgegrenzte Tätigkeitsgebiete. Es entstehen damit ähnliche Strukturen wie bei den traditionellen Eisenbahnunternehmen, welche Fahrweg und Betrieb unter einem Dach vereinten. Der Unterschied zeigt sich ausschließlich in der rein betriebswirtschaftlichen Ausrichtung, wobei der gemeinwirtschaftlich betriebene Verkehr von den jeweiligen Aufgabenträgern übernommen bzw. durch Ausgleichszahlungen abgegolten wird. Ausgleich für diese

Unternehmenskonzentration soll die europäische Marktöffnung schaffen. In ihr können sich Verkehrsunternehmen auch um Aufträge in anderen Staaten bewerben.

Umsetzung in Deutschland

Der Bundestag stimmte am 02.12.1993 dem Gesetz zur Neuordnung des Eisenbahnwesens – Eisenbahnneuordnungsgesetz (ENeuOG) – und der dazu notwendigen Änderung des Grundgesetzes zu. Nachdem sich der Bundesrat am 17.12.1993 diesem Beschluss mehrheitlich angeschlossen hatte, konnte zum 01.01.1994 die Bahnreform begonnen werden.

Nach Erlass des ENeuOG folgte die Reform in mehreren Schritten: Zunächst wurden die beiden Sondervermögen Deutsche Bundesbahn (DB) und Deutsche Reichsbahn (DR) zu einem einheitlichen Sondervermögen des Bundes – *Bundeseisenbahnvermögen* (BEV) – zusammengelegt. Es ist in einen unternehmerischen Bereich und in einen Verwaltungsbereich gegliedert. Unmittelbar danach wurde der unternehmerische Bereich aus dem BEV ausgegliedert und in eine Aktiengesellschaft – die Deutsche Bahn AG (DB AG) – umgewandelt. Ein großer Teil der Beamten des BEV wurde der DB AG per Gesetz zugewiesen. Diese zunächst „formale" Privatisierung der Bahn – der Bund bleibt vorerst Eigentümer – beinhaltet im Wesentlichen folgende Punkte:

- Trennung der eigentlichen Transportaufgaben von den hoheitlichen Funktionen und Übertragung letzterer auf das neugegründete *Eisenbahnbundesamt* (EBA);
- spartenweise Aufteilung der Geschäftsaufgaben auf mehrere Geschäftsbereiche mit eigener Kostenverantwortung innerhalb der DB AG und dem Ziel, die Kosten durch eigene Einnahmen zu decken;
- Möglichkeit der Nutzung des gesamten Schienennetzes durch Dritte gegen Entgelt;
- Verbleib der Altschulden sowie der nicht betriebsnotwendigen Immobilien beim BEV, das auch als Personalüberleitungsgesellschaft für die Beamten der DB AG dient.

Im Rahmen der zweiten Stufe der Bahnreform erfolgte zum 01.01.1999 die Aufspaltung der DB AG in Einzelaktiengesellschaften (DB Reise & Touristik, DB Regio, DB Cargo, DB Netz, DB Station& Service) unter dem Dach einer gemeinsamen Holding. Das Kapital verblieb zu 100% beim Bund. In den Folgejahren erfolgten weitere Umstrukturierungen. Die für Oktober 2008 geplante Teilprivatisierung (Börsengang) wurde wegen der Weltfinanzmarktkrise zurückgestellt (vgl. auch 7.2.3.3). Ferner wurde zum 01.01.1996 mit der Regionalisierung des *Schienenpersonennahverkehrs* (SPNV) ein weiteres wichtiges Element der Bahnreform wirksam. Sie verlagert die Verantwortung für Umfang, Qualität und Ausgestaltung des SPNV auf die Länder, Landkreise und Kommunen. Die Finanzierung erfolgt in erheblichem Umfang durch Bundeszuschüsse, die der Bund in Form von Regionalisierungsmitteln zur Verfügung stellt. Sie können den regionalen Nahverkehrsträgern zur Bestellung von Nahverkehrsleistungen – vorzugsweise im SPNV – dienen.

7.2.3 Gesetzliche Grundlagen und Organisationsformen des ÖV in Deutschland

7.2.3.1 Allgemeines
Gesetze; Rechtsverordnungen (VO) und autonome Satzungen; Erlasse, Normen, Richtlinien und Vorschriften

Der Bau und die Finanzierung von Verkehrsanlagen und das Betreiben von Verkehrsmitteln sind durch Fachgesetze, Rechtsverordnungen, Erlasse, Normen und Richtlinien bundeseinheitlich geregelt. Nachfolgend eine Auswahl der wichtigsten Regelungen:

– *Grundgesetz* (GG). Es regelt in den Artikeln 73 und 74 u. . die Zuständigkeiten für die Gesetzgebung im Eisenbahn- und Straßenwesen.
– *Straßenverkehrsgesetz* (StVG). Es enthält u. a. allgemeine Bestimmungen über die Zulassung zum Verkehr auf öffentlichen Straßen, Haftpflichtbestimmungen sowie die Ermächtigung zum Erlass von Rechtsverordnungen zur Regelung des Straßenverkehrs.
– *Gemeindeverkehrsfinanzierungsgesetz* (GVFG). Es regelt die Bezuschussung von kommunalen Verkehrsvorhaben (Infrastruktur und Fahrzeuge) durch Bund und Länder.
– *Allgemeines Eisenbahngesetz* (AEG). Es enthält Begriffsbestimmungen für Eisenbahnen, Regelungen für die Eisenbahnen des Bundes und Rahmenregelungen für die Landeseisenbahngesetzgebung hinsichtlich Genehmigung, Überwachung, Bau, Betrieb, Nutzung der Eisenbahninfrastruktur durch Dritte, Planfeststellung und Erlass von Rechtsverordnungen.
– *Landeseisenbahngesetze* (LEG). Sie enthalten innerhalb der Rahmenregelungen des AEG weitere Festsetzungen der Länder für die nichtbundeseigenen Eisenbahnen (NE-Bahnen) sowie außerhalb des AEG für Bahnen des nicht-öffentlichen Verkehrs (Anschlussbahnen).
– *Personenbeförderungsgesetz* (PBefG). Es gilt für die entgeltliche Personenbeförderung mit Straßenbahnen, O-Bussen und Straßenkraftfahrzeugen im Linien- und Gelegenheitsverkehr und enthält Vorschriften für Bau (Planfeststellung) und Betrieb (Betriebs- und Beförderungspflicht) sowie den Erlass von Rechtsverordnungen.
– *Regionalisierungsgesetz*. Es beauftragt die Länder, Landkreise und Kommunen mit der Sicherstellung einer ausreichenden Bedienung der Bevölkerung mit Verkehrsleistungen im Öffentlichen Personennahverkehr (ÖPNV). Die Finanzierungsbeteiligung des Bundes wird festgelegt.
– Weitere *wichtige* Gesetze sind u. a. das *Raumordnungsgesetz* (ROG), die *Straßengesetze der Länder* (StrG), das *Eisenbahnkreuzungsgesetz* (EkrG), die *Umwelt- und Immissionsschutzgesetze*, das *Bundesschienenwegeausbaugesetz*, das *Eisenbahnneuordnungsgesetz* (ENeuOG) sowie das *Verwaltungsverfahrensgesetz* (VwVfG).
– Die *Eisenbahninfrastrukturbenutzungsverordnung* (EIBV) legt die diskriminierungsfreie Benutzung der Eisenbahninfrastruktur und die Grundsätze zur Erhebung von Entgelt für die Benutzung der Eisenbahninfrastruktur fest; Grundlage ist § 14 AEG.
– Die *Eisenbahnbau- und Betriebsordnung* (EBO), die *Eisenbahnbau- und Betriebsordnung für Schmalspurbahnen* (ESBO) sowie die *Eisenbahnsignalordnung* (ESO) sind Rechtsverordnungen nach dem AEG.
– Grundlage der *Rechtsverordnung über den Bau und Betrieb der Straßenbahnen* (BOStrab) und der *Rechtsverordnung über den Betrieb von Kraftfahrunternehmen im Personenverkehr* (BOKraft) ist das PBefG.

- Die *Straßenverkehrsordnung* (StVO) und die *Straßenverkehrszulassungsordnung* (StVZO) sind Verordnungen (VO) nach StVG.
- *Weitere* wichtige Rechtsverordnungen sind u. a. die *Gefahrgut-* und *Immissionsschutzverordnungen.*
- *Wichtige* autonome Satzungen sind die *kommunalen Satzungen* von Landkreisen (z. B. Abfall) und Kommunen (z. B. Abwasser).

Zur konkreten Gestaltung und Handhabung von Bau und Betrieb gibt es zahlreiche Erlasse, Normen und Richtlinien:

- *Erlasse* zur Gestaltung und Ausführung von Bauwerken werden vom zuständigen Fachminister herausgegeben.
- *Normen* zur Standardisierung von Baustoffen, Bauteilen usw. werden vom Deutschen Institut für Normung e.V. (DIN), europaweit vom Comité Européen de Normalisation (CEN) aufgestellt und herausgegeben.
- *Richtlinien (Ril)* und *Vorschriften* für den ÖV werden u. a. von der DB AG als Grundlage für alle Tätigkeiten im Unternehmen sowie für Gestaltung und Betrieb der Anlagen herausgegeben.
- *Technische Spezifikationen für die Interoperabilität (TSI)* werden von der Kommission der Europäischen Gemeinschaften nach Erarbeitung durch die Europäischen Eisenbahnagentur (ERA) erlassen.

7.2.3.2 Planungsrecht, Genehmigung, Technische Aufsicht

Bei Neubau und wesentlicher Trassenänderung von Schienenstrecken der Eisenbahnen des Bundes sowie dem Neubau von Rangierbahnhöfen und Umschlageinrichtungen für den Kombinierten Verkehr ist nach § 1 Ziffer 9 der Raumordnungsverordnung auf Grund § 6a Abs. 2 Satz 1 des ROG ein *Raumordnungsverfahren* durchzuführen. Im Rahmen dieses Verfahrens wird festgestellt, ob raumbedeutsame Planungen oder Maßnahmen mit den Erfordernissen der Raumordnung übereinstimmen und wie raumbedeutsame Planungen und Maßnahmen unter den Gesichtspunkten der Raumordnung aufeinander abgestimmt oder durchgeführt werden können.

Die Durchführung des Raumordnungsverfahrens ist vom Vorhabenträger zu beantragen. Einleitung und Durchführung ist Sache der Länder. Beteiligt werden betroffene Träger öffentlicher Belange, Versorgungsunternehmen und Baulastträger anderer Verkehrswege. Eine Beteiligung der Öffentlichkeit ist im ROG nicht vorgeschrieben; sie ist in den jeweiligen Landesplanungsgesetzen geregelt. Das Verfahren schließt mit dem *Raumordnungsentscheid* ab. Dieser hat keine unmittelbare Rechtswirkung, ist jedoch bei der Planfeststellung zu berücksichtigen.

Bahnstrecken und zugehörige Betriebsanlagen für den ÖV müssen planfestgestellt werden. Die *Planfeststellung* ist ein förmliches Verfahren, in dem der Plan für eine öffentliche Baumaßnahme (nicht betroffen sind z. B. reine Verwaltungsgebäude) für alle beteiligten oder betroffenen Personen und Behörden nach Anhörung in einem Verwaltungsakt (Möglichkeit von Rechtsmitteln gemäß Verwaltungsgerichtsordnung) verbindlich festgestellt wird. Der Ablauf des Verfahrens ist im AEG, im VwVfG und in Planfeststellungsrichtlinien geregelt. Nach Abschluss des Planfeststellungsverfahrens mit Ausschöpfung aller Rechtsmittel können in einem eventuell anschließenden Enteignungsverfahren zum Zweck der Durchführung des geplanten Vorhabens keine Einwendungen gegen den Plan mehr erhoben werden.

Einleitungs-, Durchführungs- und *Planfeststellungsbehörde* bei Maßnahmen nach dem PBefG (Bus und Straßenbahn) sowie nach den LEG (NE-Bahnen) sind die höheren Landesbehörden (meist Regierungspräsidien). Bei Maßnahmen von Eisenbahnen des Bundes ist das EBA die Einleitungs- und Planfeststellungsbehörde, Durchführungsbehörden sind jedoch die höheren Landesbehörden.

Bei Vorhaben, die einer Planfeststellung bedürfen, ist nach dem *Umweltverträglichkeitsprüfungsgesetz* (UVPG) eine Umweltverträglichkeitsprüfung (UVP) durchzuführen. Sie umfasst die Ermittlung, Beschreibung und Bewertung der Auswirkungen eines Vorhabens auf Menschen, Tiere und Pflanzen, Boden, Wasser, Luft, Klima und Landschaft einschließlich der jeweiligen Wechselwirkungen sowie auf Kultur- und sonstige Sachgüter.

Räumliche Ausdehnung, Methoden und Umfang der UVP werden von der Planfeststellungsbehörde in Abstimmung mit dem Vorhabenträger sowie den betroffenen Behörden, Sachverständigen und Dritten festgelegt.

Hat im Rahmen eines Raumordnungsverfahrens bereits eine Untersuchung der Umweltverträglichkeit stattgefunden, so beschränkt sich die UVP auf zusätzliche oder geänderte Auswirkungen bei gegenüber dem Raumordnungsverfahren geänderter Planung.

Genehmigungs- und Aufsichtsbehörde für die Eisenbahnen des Bundes ist das EBA. Es erteilt und widerruft die Betriebs- bzw. die Zulassungsgenehmigung von Immobilien und mobilen Elementen für die Eisenbahn.

Im Bereich der Länderzuständigkeit gibt es unterschiedliche Regelungen: Die für Genehmigung und Aufsicht zuständigen Ministerien haben die Ausübung dieser Tätigkeiten oft delegiert: Für Genehmigungen im Bereich des PBefG sind i. Allg. die höheren Landesbehörden zuständig, bei NE-Bahnen der Landesbevollmächtigte für Bahnaufsicht (LfB). Die örtliche Überwachung ist von der *Technischen Aufsichtsbehörde* meist an Überwachungsgesellschaften delegiert (z. B. TÜV, Dekra). Für NE-Bahnen liegt sie wiederum beim LfB.

7.2.3.3 Organisationsformen von ÖV-Unternehmen

Ziel der EU ist die Abkopplung der Verkehrsunternehmen von politischen Einflüssen. Sie bevorzugt daher private Unternehmensformen (vgl. 7.2.2):

– *Nichtbundeseigene Eisenbahn- und Nahverkehrsbetriebe.* Große Teile der NE-Bahnen des ÖV sowie der regionalen Kraftverkehrsbetriebe werden seit jeher in Form von handelsrechtlichen Gesellschaften (AG, GmbH) geführt. Regiebetriebe (Eigenbetriebe der Kommunen) sind in der Minderzahl. Anteilseigner bei den handelsrechtlichen Gesellschaften ist überwiegend die Öffentliche Hand; private Anleger sind derzeit nur wenig beteiligt.
– *Deutsche Bahn AG.* Diese ist seit 1994 eine privatrechtliche Aktiengesellschaft; alleiniger Anteilseigner war und ist bis heute der Bund. Zum 01.01.1999 erfolgte die Aufspaltung der DB AG in einzelne Aktiengesellschaften unter dem Dach einer Holding „Deutsche Bahn“. Der nächste geplante Schritt war die Teilprivatisierung der

Deutschen Bahn AG, die jedoch wegen der Weltfinanzmarktkrise 2008 von der Bundesregierung gestoppt wurde.

– *Verkehrsgemeinschaften, Verkehrsverbünde.* Diese werden überwiegend in Ballungsräumen eingerichtet; vorausgesetzt werden das Vorhandensein eines erheblichen Umsteigebedürfnisses zwischen Verkehrsmitteln verschiedener Unternehmen sowie eine enge Verflechtung der Verkehrsnetze. Zur Verbesserung der Verkehrsbedienung wird versucht, durch einheitliche Tarifsysteme, abgestimmte Fahrpläne und ohne konkurrierende Parallelverkehre den Fahrgästen des ÖPNV attraktivere Reisevoraussetzungen zu bieten. Dies wird erreicht durch Zusammenschluss der Verkehrsunternehmen (auch die der DB AG) zu Verkehrsgemeinschaften oder in einem weitergehenden Schritt zu Verkehrsverbünden. Einzelheiten werden im jeweiligen Gesellschaftervertrag geregelt. Mögliche Rechtsformen der i. d. R. eigenständigen Verbundgesellschaften sind die Gesellschaft des bürgerlichen Rechts (GbR), GmbH, KG, GmbH & CoKG sowie AG. Neben der Tarif- und Fahrplanabstimmung ist eine Hauptaufgabe dieser Gesellschaften, den Verteilerschlüssel für die gepoolten Einnahmen und Ausgaben festzulegen.

7.2.3.4 Nationale und internationale Organisationen

Zur Wahrung ihrer Interessen ist die Mehrzahl der ÖV-Unternehmen in nationalen und internationalen Organisationen eingebunden. Diese dienen u. a. der gegenseitigen Abstimmung und Zusammenarbeit, der technischen, betrieblichen und verkehrlichen Weiterentwicklung, der Interessenvertretung nach außen und der Weiterbildung. Die wichtigsten sind:

– *UIC*: Internationaler Eisenbahnverband (Union Internationale des Chemins de Fer),
– *UITP*: Internationaler Nahverkehrsverband (Union Internationale des Transports Publics),
– *GEB*: Gemeinschaft der Europäischen Bahnen,
– *VDV*: Verband Deutscher Verkehrsunternehmen,
– *ERA*: Europäische Eisenbahnagentur (European Railway Agency) seit 2004 (Hauptaufgaben: europaweite Harmonisierung in den Bereichen Sicherheit, Interoperabilität, Signalwesen).

7.2.3.5 Haftung der ÖV-Unternehmen

Haftung als Vertragspartner. Aufgrund des Beförderungsvertrages (Beleg: Fahrkarte, Frachtbrief) haften die Verkehrsunternehmen für einen Schaden, wenn ein angemessener ursächlicher Zusammenhang zwischen Schadensfall und Beförderung besteht und das Verkehrsunternehmen die Schuld trägt. Klagen sind laut BGB möglich; der Geschädigte muss das Verschulden des Verkehrsunternehmens nachweisen.

Haftung als Betriebsunternehmer. ÖV-Straßenverkehrsunternehmer haften bei Unfällen im Rahmen der Verschuldenshaftung für unerlaubte Handlungen gemäß BGB und dem StVG zufolge auch nach dem Prinzip der Gefährdungshaftung.

Bei Eisenbahnunfällen – das sind alle Unfälle, bei denen eine Eisenbahn beteiligt ist – gelten ebenfalls zunächst die Regeln für unerlaubte Handlungen gemäß BGB. Darüber hinaus besteht die *erweiterte Eisenbahnbetriebshaftung* (Gefährdungshaftung).

Weiterhin haftet der Eisenbahnbetriebsunternehmer nach § 1 des eigens für die Eisenbahn aufgestellten Reichshaftpflichtgesetzes (RHG) aus dem Jahre 1871 (heute § 1 Haftpflichtgesetz) für den entstandenen Schaden, wenn beim Betrieb einer Schienenbahn ein Mensch getötet oder verletzt wird oder eine Sache beschädigt wird, sofern er nicht beweisen kann, dass der Unfall durch höhere Gewalt oder eigenes Verschulden des Geschädigten verursacht worden ist.

Nach den §§ 5–10 des Haftpflichtgesetzes ist der Betriebsunternehmer für die in § 1 bezeichneten Schäden zum Schadensersatz bis zu festgelegten Höchstbeträgen verpflichtet.

Schienenbahnen im Sinne des Gesetzes sind alle auf Schienen durch eigene Kraft fortbewegten Bahnen. Der Begriff „Eisenbahn" ist hier also weiter gefasst als im AEG § 1(2) („Eisenbahnen").

7.2.4 Grundlagen der Schienenbahnen

Schienenbahnen zählen bei den landgebundenen Verkehrsmitteln zu den wesentlichen Verkehrsträgern. Dies gilt insbesondere für den ÖV. Innerhalb der Schienenbahnen sind Eisen- und Straßenbahnen die maßgebenden Systeme. Im Folgenden beziehen sich die Ausführungen vorrangig auf diese beiden Systeme.

7.2.4.1 Merkmale der Schienenbahnen

Schienenbahnen gehören in die Kategorie der *spurgeführten Bahnen.* Anders als bei den Magnet-, Seil-, Zahnradbahnen usw. werden bei ihnen die Antriebs- und Bremskräfte meist durch Reibung zwischen Rad und Schiene übertragen (Adhäsionsbahnen).

Unterschieden werden Schienenbahnen nach *Eisenbahnen* (Vollbahnen) des öffentlichen und nichtöffentlichen Verkehrs, *Straßenbahnen* (Tram-, Stadt-, Hoch- und Untergrundbahnen), *Bergbahnen* und sonstigen *Schienenbahnen besonderer Bauart* (z. B. Wuppertaler „Schwebebahn").

7.2.4.2 Fahrzeuge

Rechtsgrundlagen, Einteilung, Begriffe

Die Rechtsgrundlagen für den Bau der Fahrzeuge des öffentlichen Schienenverkehrs sind für Regelspurbahnen in der *Eisenbahnbau- und Betriebsordnung* (EBO), für Schmalspurbahnen in der *Eisenbahnbau- und Betriebsordnung für Schmalspurbahnen* (ESBO) und für Straßenbahnen in der *Rechtsverordnung für den Bau und Betrieb der Straßenbahnen* (BOStrab) gegeben. Zusätzliche Regelungen werden z. B. in den Vorschriften und Richtlinien der DB AG und des VDV getroffen. Für Fahrzeuge, die im internationalen Verkehr eingesetzt werden, gelten darüber hinaus die Vorschriften der UIC-Merkblätter.

Diese Vorschriften regeln hauptsächlich das Zusammenwirken der Fahrzeuge im Zugverband (Bremsen, Energieversorgung, Zug- und Stoßeinrichtungen, Datenübertragung usw.), das Zusammenwirken mit der Infrastruktur (Rad/ Schiene, Fahrzeugprofil/Lichtraum, Leit- und Sicherungsanlagen, Oberleitung/Stromart), die Überwachung und Instandhaltung der Fahrzeuge, die Anforderungen an die Unfallsicherheit des Bedienpersonals und die Ladungssicherung.

Konzeption der Fahrzeuge

Fahrzeuge sollen möglichst ihrem Einsatzzweck entsprechen sowie wirtschaftlich zu fertigen und zu betreiben sein. Dabei sind die Belange des Umwelt-, Immissions- und Brandschutzes sowie der Unfallverhütung zu beachten. Speziell Personenfahrzeuge sollen überdies einen guten Komfort aufweisen, eine den Kunden ansprechende Gestaltung sowie eine leichte Zugänglichkeit (besonders für Mobilitätsbehinderte und Eltern mit Kleinkindern) haben.

Beim Einsatz in unterschiedlichen Systemen (auch grenzüberschreitend) müssen die dort jeweils geltenden Regelungen (Lichtraum, Lastgrenzen, Fahrzeugbeeinflussungssysteme, Leit- und Sicherungs- sowie Kommunikationssysteme, Stromversorgung, Bremsart, Bahnsteighöhen usw.) berücksichtigt werden.

Die Fahrzeuggröße und die Möglichkeit, durch Beistellen oder Schwächen einen Zug dem Bedarf anzupassen, sind ebenso wichtig. Dabei lassen sich unter Berücksichtigung der Kuppelbarkeit durch das Bilden kleinster Zugeinheiten (z. B. Kurz-, Halb- oder Flügelzug) Fertigungs- und Zugbildungskosten reduzieren.

Kürzere Umlaufzeiten – z. B. durch höhere Geschwindigkeit der Fahrzeuge (u. a. durch größere Beschleunigung, Einsatz der Neigetechnik) – können zur Einsparung von Fahrzeugen führen.

Begrenzungsprofile

Die *Querschnittsmaße* z. B. regelspuriger Eisenbahnfahrzeuge sind auf der Grundlage der kinematischen Betrachtungsweise durch die Festlegungen der entsprechenden UIC-Merkblätter und der EBO vorgegeben (s. auch 7.2.4.5).

Ausgehend von einer definierten Bezugslinie (G 1 für grenzüberschreitenden, G 2 für rein nationalen Einsatz), ergibt sich durch situationsabhängige Einschränkungen das *Fahrzeugprofil* (Abb. 7.2-1). Diese Einschränkungen beruhen u. a. auf den Einflüssen von horizontalen Verschiebungen aus den Querspielen zwischen Fahrzeugaufbau und Radsätzen sowie aus der Stellung der Radsätze im Gleis, auf vertikalen Verschiebungen infolge Abnutzung von Rad und Schiene, senkrechten Ausschlägen infolge Federung usw., der Stellung in Kuppen oder Wannen, ferner auf der quasistatischen Seitenneigung im Stand in einem Gleis mit einer Überhöhung $u = 50$ mm bzw. bei Fahrt in einem Gleisbogen mit einem Überhöhungsfehlbetrag von $u_f = 50$ mm sowie größeren Unsymmetrien aus Bau- und Einstellungstoleranzen.

Für Fahrzeuge mit Stromabnehmern ist die *Grenzlinie* nach Anlage 3 der EBO zu beachten.

Das Fahrzeugprofil sollte zu keinem Zeitpunkt einer Zugfahrt die Bezugslinie überschreiten, jedoch sind für Fahrzeuge in besonderen Einsatzbereichen mit besonderer Genehmigung nach EBO § 3 Ausnah-

men möglich. In besonderen Fällen (z. B. ICE, S-Bahn) sind größere Fahrzeugbreiten, bei Schwer- und Großraumtransporten nach verschiedenen Kriterien Lademaßüberschreitungen zugelassen.

ESBO und BOStrab legen u. a. fest, dass Fahrzeuge, die auch im öffentlichen Straßenraum verkehren, höchstens 2650 mm breit sein dürfen; nach BOStrab oberhalb von 3,4 m über Schienenoberkante (SO) 2250 mm. Die Höhe über SO darf dabei 4000 mm nicht überschreiten. Grundsätzlich darf es auch während der Fahrt in keinem zulässigen Betriebszustand (größte zulässige Spurerweiterung und Radreifenabnutzung, Höchstgeschwindigkeit) zu gefährdenden Berührungen zwischen Fahrzeugen und Gegenständen – auch auf benachbarten Gleisen – kommen.

Die Fahrzeuglängen sind zum einen abhängig von der Fahrzeugbreite und dem kleinsten zu befahrenden Bogenhalbmesser. Je länger ein Fahrzeug ist, desto schmaler und niedriger muss es sein, um das vorgegebene Profil nicht zu überschreiten. Zum anderen sind die Fahrzeugdimensionen abhängig von der Fahrwerkanordnung. Bei Fahrwerkanordnungen an den Wagenenden (z. B. Jacobs-Drehgestelle) bildet das Fahrzeug in der Bogenfahrt zur Bogeninnenseite eine Sehne. Bei Fahrwerkanordnungen (Einzelachsen oder Drehgestelle) im Abstand zu den Wagenenden wird das Fahrzeug entsprechend dem Drehzapfenabstand (Abstand zwischen den Drehgestellstützpunkten eines Fahrzeugs), der Fahrzeuglänge und dem Bogenhalbmesser auch nach außen „ausschlagen". Da sich hierbei der Bogenausschlag je nach Fahrwerk nach innen und außen verteilen lässt, können

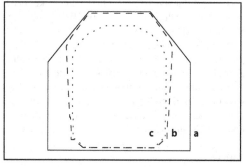

Abb. 7.2-1 Lichtraumprofil, **a** Regellichtraum, **b** Grenzlinie, **c** Bezugslinie

solche Fahrzeuge länger sein als Fahrzeuge mit Fahrwerken an den Wagenenden.

Das Verhalten bei Wannen- und Kuppenausrundungen ist analog.

Wagen des PV der DB AG sind bei einem Drehzapfenabstand von ≤ 19,0 m und bis etwa 3,05 m Breite i. Allg. 26,4 m lang.

Zweiachsige Güterwagen sind i. d. R. zwischen 8 und 15 m, vier- und mehrachsige zwischen 12 und 22 m lang. Ihre Breite liegt i. Allg. bei 3,0 m.

Lastannahmen

Zur Angabe der statischen Belastung des Fahrwegs wird einerseits die Radsatzlast (Massenanteil pro Achse), andererseits die Fahrzeugmasse je Längeneinheit (Fahrzeugmasse je 1,00 m Fahrzeuglänge über Puffer) herangezogen. Sie darf nicht größer sein, als es die Belastbarkeit des jeweiligen Fahrwegs bzw. des Bauwerks zulässt.

Grundsätzlich sind nach EBO bei Hauptbahnen 18 t Radsatzlast bzw. 5,6 t/m zulässig, bei Nebenbahnen 16 t bzw. 4,5 t/m. Höhere Lasten sind bei geeignetem Oberbau und entsprechend dimensionierten Bauwerken möglich. Bei der DB AG sind bis zu 22,5 t Radsatzlast üblich; 25 t werden europaweit angestrebt (zum Vergleich: USA bis zu 35 t auf Güterverkehrsstrecken).

Zusätzlich zu den statischen Radlasten wird der Fahrweg mit dynamischen Lasten, die ein Mehrfaches der statischen Radlast annehmen können, in Abhängigkeit der Geschwindigkeit beansprucht. Die Schwingungen stammen aus Exzentrizitäten des Fahrzeugs und Imperfektionen des Fahrwegs bzw. deren Wechselwirkungen.

Um die in der Rad-Schiene-Kontaktfläche übertragenen Spannungen besser aufnehmen zu können, kann der Raddurchmesser vergrößert oder die Stahlhärte erhöht werden.

Nach BOStrab sind beim Bau von Fahrzeugen die statische Eigen- und Nutzlast sowie die beim Betrieb auftretenden dynamischen Kräfte (Anfahr-, Brems- und Spurführungskräfte, Auffahrstöße usw.) bei der Berechnung zu berücksichtigen. Als Nutzlast sind je Sitzplatz 750 N und je m^2 Stehfläche 5000 N anzusetzen.

Fahrwerke

Fahrwerke haben die Aufgabe, das Fahrzeug sicher zu führen und die Lasten sowie die beim Betrieb auftretenden Kräfte auf die Schienen zu übertragen. Zur Reduzierung von Imperfektionen am Fahrweg und Unregelmäßigkeiten am Fahrwerk ist eine ausreichende *Federung* und *Dämpfung* (Güterwagen i. d. R. nur primär, Personenwagen primär und sekundär) erforderlich. Innerhalb der Entwicklung im Eisenbahnfahrzeugbau waren *Einzelachsfahrwerke mit Starrachsen* (beide Räder sind über die Achse torsionssteif verbunden), später auch mehrachsige *Drehgestelle* mit Starrachsen die Regel. In neuerer Zeit werden zunehmend *Losrad*- (eines oder beide Räder eines Radsatzes drehen sich auf der Achse) und *Einzelradfahrwerke* (jedes Rad ist ohne Achsenverbindung für sich gelagert) – einzeln oder in Drehgestellen – gebaut. Dabei ist die gegenseitige Seitenverschiebung des jeweiligen Radpaares (Querelastizität) wegen der Spurführung klein zu halten (nach den Spurführungsrichtlinien der BOStrab < 2 mm). Die Radsätze bzw. Drehachsen der Räder sind zur Verschleißreduzierung bei Bogenfahrt teilweise radial zum Bogenmittelpunkt hin einstellbar.

Unterschieden wird weiterhin in Trieb- und Laufdrehgestelle bzw. -fahrwerke. *Laufdrehgestelle* sind ohne Antrieb; *Triebdrehgestelle* sind Drehgestelle mit integriertem Antrieb. Bei diesen Drehgestellen ist darauf zu achten, dass die ungefederten Massen der Räder durch den Einbau des Antriebsblockes (Motor und Getriebe) nicht wesentlich vergrößert werden.

Räder für Schienenbahnen müssen *Spurkränze* haben. Ihre Lauffläche ist meist kegelförmig (Neigung 1:20 oder 1:40 analog der Schienenneigung) nach außen verjüngt, bei Straßenbahnen teilweise zylindrisch (Schienenneigung 1 : ∞). Die Lauffläche geht mittels einer Hohlkehle in den Spurkranz über. Die Räder sind häufig als monolithische Vollräder, teilweise auch als Radscheibe mit separatem aufgeschrumpftem (vorgespanntem) Radreifen konstruiert.

Maße für Räder und Radsätze sind in der EBO und der ESBO sowie in den Spurführungsrichtlinien der BOStrab vorgegeben.

Als *Achslager* für Räder und Radsätze kommen hauptsächlich Gleit- und Rollenlager zur Anwendung. Wegen der dauerhaft niedrigen Widerstände werden in neuen Fahrzeugen nahezu ausschließlich Rollenlager (Wälzlager) verwendet.

Wesentlich für den Fahrkomfort und die Transportqualität ist das Federungs- bzw. Dämpfungs-

verhalten der Fahrwerke. Um die bei Unregelmäßigkeiten der Gleislage und des Fahrzeuglaufs auftretenden Massenkräfte klein zu halten und die
Gefahr des Unrundwerdens der Räder zu reduzieren, sind die ungefederten Massen der Räder und
Radsätze möglichst zu verringern und Resonanzen
zu vermeiden.

Einzelradsätze und entsprechende Einzelräder
werden direkt am Wagenkasten aufgehängt, Drehgestelle sind über Drehzapfen mit dem Wagenkasten verbunden. Für gute Kurvengängigkeit ist wegen des Einhaltens des Lichtraumprofils ein zur
Wagenlänge relativ kurzer Abstand der Fahrwerke
sinnvoll. Demgegenüber verbessert ein größerer
Fahrwerkabstand die Laufruhe.

Als *Federn* werden bei Güterwagen hauptsächlich Blattfedern mit unterschiedlichen Kennlinien
verwendet; Schraubenfedern sind ebenfalls im
Einsatz. Bei Personenfahrzeugen kommen Schrau-
ben-, Gummi- und Luftfedern, auch in unterschiedlicher Kombination, zur Anwendung. Luftfedern
haben gute Dämpfungseigenschaften und werden
häufig als Sekundärfeder zwischen Drehgestell
und Wagenkasten eingebaut.

Bremssysteme

Die *Mindestanforderungen* an die Bremssysteme
sind in der EBO, ESBO und BOStrab vorgegeben.
Danach muss jedes Fahrzeug zwei voneinander unabhängige Bremsen aufweisen (Betriebs- und Feststellbremse). Ferner müssen bei unbeabsichtigter
Zugtrennung mindestens die nicht von Fahrbediens-
teten besetzten Zugteile selbsttätig bis zum Stillstand abbremsen (Fail-safe-Prinzip). Für Notfälle
müssen Einrichtungen vorhanden sein, mit denen
Fahrgäste eine Notbremsung einleiten können.

Die Bauart der Bremssysteme soll ein ruckfreies
Abbremsen des Fahrzeugverbands bis zum Stillstand ermöglichen. Die Größe der möglichen
Bremsverzögerung muss den jeweiligen betrieblichen Anforderungen der Verkehrsmittel entsprechen. Bei Bremsen, welche auf die Reibung zwischen Rad und Schiene angewiesen sind, kann die
Bremswirkung z. B. durch das Streuen von Sand
verbessert werden, was allerdings den Verschleiß
erhöht. Der Reibungsbeiwert Rad/Schiene liegt bei
trockenen Schienen ohne Sanden bei $\mu = 0,2 \dots 0,35$.
Für die Bremsbemessung wird i. d. R. ein Haftwert
von $\mu = 1/7$ zugrunde gelegt. Bei Fahrzeugen, die

auch am Straßenverkehr teilnehmen, muss eine
vom Kraftschluss zwischen Rad und Schiene unabhängige Bremse vorhanden sein.

Im Eisenbahnbetrieb muss durch die wechselnde Zugzusammenstellung sichergestellt sein, dass
ein Zug aus der für ihn zugelassenen Höchstgeschwindigkeit innerhalb des vorgeschriebenen
Bremsweges (i. Allg. Vorsignalabstand) zum Halten gebracht werden kann. Um die für jeden Zug
erforderliche Bremsberechnung zu vereinfachen,
wurde der Begriff des *Bremsgewichts* eingeführt.
Es gibt an, welches Fahrzeuggewicht aus einer bestimmten Geschwindigkeit auf dem vorgeschriebenen Bremsweg bis zum Halt abgebremst werden
kann. Seine Größe wird experimentell für jedes
Einzelfahrzeug bestimmt.

Als Maß für die *Bremsfähigkeit* eines Zuges
gelten die für die jeweilige Zugkonfiguration auf
der Grundlage von Zuggewicht G und Summe der
Bremsgewichte der einzelnen Fahrzeuge B auszu-
rechnenden „Bremshundertstel"

$$\lambda_r = \frac{B}{G} \cdot 100 \qquad (7.2.1)$$

(λ_r in %). Die erforderlichen Bremshundertstel
werden für jeden Zug streckenabhängig im Buchfahrplan vorgegeben.

Bremsarten. Die selbsttätige Luftdruckbremse
entspricht dem geforderten Fail-safe-Prinzip (vgl.
Mindestanforderungen). Bei Zwangsbremsungen
durch Zugtrennung, Induktive Zugsicherung (Indusi)/punktförmige Zugbeeinflussung (PZB), Sicherheitsfahrschaltung (Sifa) oder Notbremse (s.
dazu 7.2.9.3) tritt durch den Druckabfall ohne Zu-
tun des Triebfahrzeugführers (Tf) die Bremswirkung ein. Bei Betriebs- und Zwangsbremsungen
sprechen die Bremsen je nach Zuglänge unterschiedlich an, da sich der Druckabfall nur mit der
Durchschlaggeschwindigkeit (max. 270 m/s) und
unter Berücksichtigung verschiedener Widerstände (z. B. Reibung) ausbreitet. Im Zug kann es daher beim Bremsen zu einer unangenehmen Dynamik aus Stößen und Zerrungen kommen. Die
Bremswirkung muss deshalb so gesteuert werden,
dass die Bremskräfte möglichst gleichzeitig mit
derselben Verzögerung in allen Fahrzeugen einset-
zen. Bei langen Güterzügen musste aus diesem
Grund die langsamer wirkende Bremsart G (G Gü-

terzug) eingeführt werden, schnell wirkende Bremsen [Bremsarten R (R Rapid) und P (P Personenzug)] können nur bei kurzen Zügen (Reisezüge, hochwertige kurze Güterzüge) angewandt werden.

Bremsbauarten. Beim Bremsen wird die Bewegungsenergie der Fahrzeuge durch Reibung oder elektrische Gegenwirkung in Wärme umgesetzt. Zum Teil wird elektrische Energie zurückgewonnen. Grundsätzlich kann man die Bremsbauarten unterscheiden in von der Reibung zwischen Rad und Schiene abhängige und davon unabhängige Bremsen. Zu ersteren gehören die

- Druckluftbremse (pneumatische Bremse),
- Klotzbremse,
- Scheibenbremse,
- Federspeicherbremse (BOStrab-Fahrzeuge),
- Hand- oder Feststellbremse,

zu letzteren die

- Magnetschienenbremse und die
- Wirbelstromschienenbremse.

Fahrzeugverbindungen/Kupplungen

Zur Bildung von Zügen müssen Fahrzeuge untereinander kuppelbar sein. Neben der Übertragung von Zug- und Stoßkräften muss – soweit technisch möglich und notwendig – auch die Verbindung von Versorgungsleitungen, Nachrichten- und Steuerleitungen gewährleistet sein.

Bei längeren Zügen und/oder Zügen mit schwereren Wagen treten höhere Längskräfte auf als bei leichten Wagen und kurzen Fahrzeugen. Insbesondere müssen auch Aufstöße im Rangierbetrieb berücksichtigt werden. Deshalb sind Eisenbahnfahrzeuge i. Allg. auf einen Längsdruck von 1500 kN, leichte Nahverkehrstriebwagen (LNT) und Leichtbaufahrzeuge nach BOStrab für ≥ 600 kN zu dimensionieren. Der Längszug ist beschränkt durch die Zugkraft der Lok (evtl. in Doppeltraktion). Zughaken sind daher bei lokbespannten Zügen auf eine Nennlast von ≥ 450 kN auszulegen. Bei Triebwagen sind die Zugkräfte geringer.

Für die Kraftübertragung verlangen die EBO und ESBO an beiden zu verbindenden Fahrzeugen federnde Zug- und Stoßeinrichtungen. Die BOStrab schreibt bei zu verbindenden Fahrzeugen Gleichheit der Kupplungen hinsichtlich Bauart und Abmessungen vor.

Kupplungsbauarten. Bei den europäischen Eisenbahnen sind auch heute noch die nur von Hand zu kuppelnden Schraubenkupplungen mit Seitenpuffer üblich. Automatische Kupplungen (AK) gehören auf den anderen Kontinenten zum Standard und kommen international bei der Verbindung mehrerer Einheiten von Nahverkehrsfahrzeugen und modernen Triebkopf- bzw. Triebwagenzügen zum Einsatz. Dabei sind die aus mehreren Wagen bestehenden Einheiten in sich durch Kurzkupplungen ständig miteinander verbunden.

Schraubenkupplung und Seitenpuffer sind bei allen im europäischen Netz freizügig eingesetzten Eisenbahnfahrzeuge einzubauen.

Automatische Kupplungen (AK) sind weltweit in mehreren Ländern schon seit Jahren im Einsatz (USA, GUS, Japan, Indien), in Europa sind sie bei Eisenbahnen bisher kaum verbreitet.

Die *Scharfenbergkupplung* verbindet als AK Fahrzeuge starr miteinander. Sie ist gemeinsam Zug- und Stoßeinrichtung, benötigt also keine separaten Puffer.

Wagenkasten und Fahrzeugaufbau

Wagenkasten und Fahrzeugaufbau dienen der Aufnahme des Transportgutes (Personen, Güter). Sie müssen die Nutzlasten aufnehmen und an die Fahrwerke weitergeben können. Außerdem müssen die im Fahrzeugverband auftretenden Druck- und Zugkräfte – auch Aufstöße – schadlos aufgenommen werden (vgl. Fahrzeugverbindungen). Ferner wurden im Jahr 2000 unter Federführung eines Forschungsverbundes das Projekt „Safetrain" mit 16 Partnern aus den Bereichen Bahn, Industrie und Wissenschaft Crash-Tests zur Überprüfung der Kollisionssicherheit von Schienenfahrzeugen durchgeführt. Die Ergebnisse fanden Eingang in der Europäischen Norm DIN EN 15227 „Bahnanwendungen – Anforderung an die Kollisionssicherheit von Schienenfahrzeugkästen". Diese Norm ist kompatibel mit der DIN EN 12663 zur Festigkeitsanforderung an Wagenkästen bei Schienenfahrzeugen und unterstützt die Richtlinie 96/48/EG (geändert durch Richtlinie 2004/50/EG) zur Interoperabilität des transeuropäischen Hochgeschwindigkeitsbahnsystems.

Zur Energieeinsparung und zur Vermeidung von Schallabstrahlung (besonders bei schnellfahrenden Zügen) ist auf eine aerodynamisch günstige Form zu achten. Schwingungsresonanzen sind zu vermeiden.

Personenfahrzeuge. Zu den in Reisezügen der Eisenbahn laufenden Wagen gehören Personenwagen (Sitzwagen), Liege-, Schlaf- und Speisewagen sowie Reisezuggepäckwagen. Die Fahrzeuge nach BOStrab dienen fast ausschließlich dem PV.

Wagenkasten und Untergestell werden in Stahl und/oder Aluminiumlegierungen ausgeführt und zu einer tragenden Einheit zusammengefasst. Neuere Entwicklungen basieren auf der Wickeltechnik mit Glasfasern.

Beim Fern-, Regional- und Nahverkehr bestehen unterschiedliche Anforderungen hinsichtlich Zugangsmöglichkeit, Raumaufteilung (Abteile, Großräume, Stehplatzangebot, Toiletten), Komfort, Information und Service im Zug. Bei Nahverkehrsfahrzeugen kann über die in den Fahrzeugen angepasste Fußbodenhöhe gegenüber der Bahnsteighöhe, breitere Türen in ausreichendem Abstand und evtl. auf beiden Fahrzeugseiten, sowie größere Eingangsbereiche in den Fahrzeugen ein rascherer Fahrgastwechsel besonders auch für mobilitätseinschränkte Personen erzielt werden.

Personenfahrzeuge mit Neigetechnik. Zur Verbesserung des Fahrkomforts und zur Erhöhung der möglichen Geschwindigkeit (bis zu 30%) kann die nicht durch Überhöhung ausgeglichene Seitenbeschleunigung im Gleisbogen durch zusätzliches Neigen des Wagenkastens gegen das Fahrwerk zur Bogeninnenseite reduziert werden. Dabei ist die erhöhte Belastung des Gleises infolge größerer Seitenkräfte, die Anpassung der Gleisbogen, das Lichtraumprofil, die Stromversorgung und die notwendige Anpassung von Signalanlagen und Bahnübergängen zu beachten.

Hinsichtlich der Entgleisungsgefahr müssen die Vorschriften eingehalten werden, da infolge der Fliehkraft die Vertikalkräfte auf die Außenschiene stärker zunehmen als die Seitenführungskräfte. Man unterscheidet zwischen zwei Systemen:

– *Passives Neigesystem.* Bei sich passiv neigenden, wie ein Pendel ausschwingenden Fahrzeugen – z.B. Talgo Pendular (Spanien) – kann der Wagenkasten effektiv um bis zu 3,5° gegen das Fahrwerk geneigt werden.

– *Aktives Neigesystem.* Bei aktiven, motorisch bewirkten Fahrzeugneigungen – z.B. CIS Alpino Pendolino (Italien), X2000 (Schweden), VT 611, ICE-T (Deutschland) – werden effektiv bis zu 8° erreicht. Die Steuerung ist so auszulegen, dass bei der vorhandenen Gleisinfrastruktur eine verträgliche Ein- und Ausleitung der Neigung durchgeführt wird. Schaukeleffekte – besonders bei Gegenbogen – müssen u.a. durch Infrastrukturmaßnahmen verhindert werden.

Hinsichtlich der Gefahr von „Motion sickness" (fachsprachlich: Kinetose) ist die Höhe des Drehpols maßgebend.

Gütertransportfahrzeuge. Fahrzeuge für den öffentlichen Schienengütertransport sind nahezu ausschließlich Eisenbahnfahrzeuge. Nach dem Eigentümer bzw. dem Verwendungszweck unterscheidet man Güterwagen des ÖV (bahneigene Wagen), Privatgüterwagen (meist für besondere Ladegüter), Dienstgüterwagen und Bahndienstwagen. Die Bezeichnung der Güterwagen ist international einheitlich geregelt.

Der neuzeitliche Güterwagenbau ist durch die geschweißte Bauweise gekennzeichnet. Neben den sog. „klassischen" Bauarten (offene, gedeckte und Rungenwagen) werden zur Rationalisierung des Ladedienstes in zunehmendem Maße Spezialwagen (Selbstentladewagen, Schiebewand- und Schiebedachwagen, Containertragwagen, Niederflurwagen usw.) gebaut.

Auch im GV sind die Marktanforderungen durch Kostensenkung, verkürzte Transportzeiten und Qualitätssteigerung gekennzeichnet. Um die Marktchancen des Schienengüterverkehrs zu wahren, sind deshalb ständig Neuentwicklungen in der Systemtechnik hin zu einer weitgehenden Automatisierung und zu mehr Umweltschutz erforderlich.

Darüber hinaus bietet z.B. die DB AG als Ergänzung zu den reinen Transportleistungen im Wagenladungs- und Kombinierten Verkehr vermehrt Dienst- und Logistikleistungen an, mit dem Ziel der „Leistung aus einer Hand".

Traktions- und Triebfahrzeugarten
Triebfahrzeuge (Tfz) sind Fahrzeuge, die sich mit Hilfe eines Motors selbst bewegen können. Ihre Motoren sind den jeweiligen Anforderungen (Last, Streckenneigung, Kurvengängigkeit, erforderliches

Beschleunigungsvermögen, Höchstgeschwindigkeit) entsprechend auszulegen. Sie lassen sich mit zwei Unterscheidungsmerkmalen beschreiben: Art des Antriebs (Traktionsart) und Verteilung des Antriebs (Tfz-Arten).

Traktionsarten. Man unterscheidet

- *Dampftraktion* (Baureihen (BR) 0). Das Zeitalter der Dampflokomotive für den planmäßigen Einsatz auf Vollbahnen des ÖV ist in Deutschland seit dem Winterfahrplan 1974/75 vorbei. Mit Dampflokomotiven gezogene Einheiten gibt es nur noch im Sonderzugbetrieb.
- *Dieseltraktion* (BR 2, 3, 6, 7). Der Dieselmotor ist mit Wirkungsgraden bei 30% sehr wirtschaftlich.
- *Elektrische* Traktion (BR 1, 4, 5, 7). Als Sonderform des elektrischen Antriebs gibt es Akkumulatorfahrzeuge, die ihren Strom aus mitgeführten Akkumulatoren beziehen. Alle anderen Elektro-Antriebsarten beziehen ihre Energie aus einer Fahrleitung oder einer am Fahrweg installierten Stromschiene.

Elektrische Tfz werden mit unterschiedlichen Stromsystemen betrieben. Allen gemein ist jedoch, dass mit zunehmender Anhängelast und insbesondere mit zunehmender Fahrgeschwindigkeit eine größere Fahrdrahtspannung erforderlich ist.

- *Gleichstrom.* Die durch die Kommutierung in den Fahrmotoren auf 3000 V begrenzte Fahrdrahtspannung erfordert sehr hohe Stromstärken. Diese verursachen hohe Energieleitungsverluste und erfordern damit eine große Anzahl von Unterwerken (Einspeisungsstellen) sowie eine verhältnismäßig schwere Fahrleitung (großer Leitungsquerschnitt). Bei verschiedenen Straßenbahnarten sind Gleichstromversorgungen von 600 bis 800 V Spannung über Oberleitung oder Stromschiene üblich.
- *Einphasen-Wechselstrom.* Beim Wechselstrom bestehen keine Beschränkungen hinsichtlich der Stromspannung. Für Fernbahnen wird daher vielfach dieses System verwendet, wobei nur eine einpolige Fahrleitung benötigt wird.
- *Drehstrom (3-Phasen-Strom).* Eine direkte Drehstromspeisung der Motoren aus der Fahrleitung ist technisch sehr aufwendig (mehrpolige Oberleitung) und lässt wegen der konstanten Frequenz

keine optimale Bereitstellung der erforderlichen Traktionsleistung zu. Die moderne Leistungselektronik (ab GTO-Technik bzw. IGBT-Transistoren) erlaubt es, Wechselstrom in Gleichstrom und Gleichstrom in Drehstrom beliebiger Spannung und Frequenz umzuformen. Als Antrieb kommen dann Synchron- oder Asynchron-Kurzschlussläufermotoren in Betracht.

- *Mehrsystemantrieb:* Dort, wo Tfz in unterschiedlichen Stromsystemen eingesetzt werden (z. B. grenzüberschreitend Deutschland mit 15 kV/16,7 Hz und Nordfrankreich mit 25 kV/50 Hz oder Stadtbahn Karlsruhe mit 800 V/0 Hz und 15 kV/16,7 Hz), müssen sie mit entsprechenden Stromwandlern und moderner Leistungselektronik ausgerüstet sein.

Triebfahrzeugarten. *Lokomotiven* sind reine Antriebsfahrzeuge in speziellem Lokdesign ohne Raum für Fahrgäste oder Nutzlast. Sie können für Vor- und Rückwärtsfahrt vom Führerstand (beidseitig, einseitig, mittig) aus bedient werden. Lokomotiven sind bei nahezu allen Eisenbahngesellschaften derzeit noch die häufigste Tfz-Art. Sie werden einzeln bzw. in Mehrfachtraktion an die Spitze der Züge gestellt, im Zugverband eingestellt, am Ende des Zuges laufend von einem Steuerwagen an der Zugspitze aus gesteuert oder nach Anweisung eines Rangierleiters bedient. Wenn bei einer größeren Steigung die Antriebskraft einer Lok an der Zugspitze nicht ausreicht, kann mit einer zweiten Lok als Schublokomotive nachgeschoben werden.

Triebkopfzüge haben an beiden Enden im Design den Wagen angepasste Triebköpfe oder an einem Ende einen Triebkopf, der bei Fahrtrichtungswechsel von einem Steuerwagen aus am anderen Ende des Zuges gesteuert werden kann. Sie bestehen i. d. R. aus dauerhaft miteinander gekuppelten Fahrzeugeinheiten. Eine Verstärkung der Züge kann durch Kuppeln mehrerer kompletter Zugeinheiten geschehen (ICE 2 mit Flügelzugkonzept).

Bei *Triebwagenzügen* sind die Antriebsaggregate über die Zuglänge verteilt. Wegen des verteilten Antriebs ist ein besseres Ausnutzen der Reibung möglich. Außerdem zeichnet sie ein besseres Beschleunigungsverhalten aus: Das Wagengewicht und die Nutzlast zählen anteilig zur Reibungsmasse. Ferner haben sie infolge der Gewichtsverteilung geringere Achslasten (weniger Verschleiß!) und sind als in sich geschlossene Einheiten von mehreren Wagen (z. B. ET 420-Kurzzug: drei Wagen) betrieblich leicht zu handhaben (Verstärken bzw. Schwächen). Der ICE 3 ist ebenfalls ein Triebwagenzug.

Im Nahverkehr werden oft Personenwagen mit eigenem Antrieb als *Motorwagen* eines Zuges mit einem oder mehreren antriebslosen Anhängern (Schienenbus, Straßenbahn) eingesetzt, wobei der Endwagen für die Fahrt in Gegenrichtung ein Steuerwagen sein kann. Der Motorwagen hat i. d. R. an jedem Fahrzeugende einen Führerstand.

7.2.4.3 Verkehrsnetze

Die bestehenden Verkehrsnetze sind meist historisch gewachsen. Mit Stand 2007 gibt es in Deutschland rund 40000 km (davon DB AG: rund 33900 km) Eisenbahnstrecken. Davon sind 54% elektrifiziert. Die Streckenlänge in Gesamteuropa beträgt etwa 250000 km, in Nordamerika 420000 km, weltweit etwa 800000 km.

Die Struktur der Netze – in manchen Ländern auch nur einzelner Linien – ergab sich entweder aus dem Prestigedenken ehemaliger Landesherren oder aus rein betriebswirtschaftlichen Interessen. Sie tragen daher heute sehr unterschiedlich zum Verkehrsaufkommen bei und müssen behutsam den verkehrlichen und wirtschaftlichen Gegebenheiten durch Streckenstilllegungen, aber auch Wiederinbetriebnahmen und Streckenergänzungen, angepasst werden.

Der Neubau von Eisenbahnstrecken des Fernverkehrs findet überwiegend im Bereich des Schnell- (< 250 km/h) und Hochgeschwindigkeitsverkehrs (HGV, ≥ 250 km/h) statt. Die Grundlage dazu bildet der *Europäische Infrastrukturleitplan* (EIL) von 1992. Er sieht den Neu- bzw. Ausbau von 35000 km Eisenbahnstrecken in Europa für Geschwindigkeiten ≥ 200 km/h vor.

Durch Entmischung der Verkehrsarten PV und GV sowie der Schaffung artreiner Teilnetze innerhalb des Mischverkehrsnetzes versucht u. a. die DB AG im Rahmen ihres Projekts „Netz 21" den einzelnen Verkehrsbereichen (SPNV, SPFV, GV) bessere Marktchancen zu geben. Unter anderem kann dadurch die Transportgeschwindigkeit der Güterzüge erheblich gesteigert werden.

Auf Anregung der EU werden vom UIC-Ausschuss „Güterverkehr" die *Trans European Rail Freight Freeways* (TERFF) verwirklicht. Dies ist ein Netz grenzüberschreitender Güterverkehrslinien, in denen die GV-Unternehmer nicht mehr mit den einzelnen Landesbahn- bzw. -infrastrukturverwaltungen verhandeln müssen, sondern in sog. „One Stop Shops" (OSS) die notwendigen Trassenreservierungen komplett vornehmen. Unter anderem gründeten hierzu Schienennetzbetreiber aus 16 europäischen Ländern im Jahr 2002 das gemeinsame Netzwerk „Rail Net Europe" (RNE) für die Vermarktung, Abwicklung und Betreuung von internationalen Verkehren.

Netzstruktur

Von der Form her unterscheidet man *Rasternetze* (orthogonal, dreieckig usw.) und zentral orientierte *Radial-* oder *Diagonalnetze*. Letztlich wird jedoch die Struktur neben den historischen Gegebenheiten durch den Erschließungsauftrag und die Form des zu erschließenden Raumes bestimmt. Europäische Eisenbahnnetze haben häufig eine mehr rasterförmige Struktur (Nord-Süd, Ost-West) mit einzelnen Netzsternen im Bereich großer Zentren (z. B. Berlin, Paris, München).

Die für den SPNV in Ballungsräumen gebauten S-Bahn-Netze versucht man möglichst vom Fernverkehr zu trennen, um gegenseitige betriebliche Beeinflussungen zu vermeiden. In Ballungsräumen mit zentraler Ausrichtung sind sie meist als Radial- oder Diagonalnetze strukturiert (z. B. München, Stuttgart) – ohne oder mit Tangential- bzw. Ringlinien an der Peripherie des Zentrums. In Ballungsräumen mit mehreren Zentren können Netzsterne aneinandergereiht sein oder es kann eine mehr linienförmige Struktur vorhanden sein (Ruhrgebiet, Randstad (Niederlande)).

Straßenbahn-, Stadtbahn-, U-Bahn- und Busnetze weisen oft eine Kombination der Netzformen auf: in der City rasterförmige Struktur mit Längs- und Querlinien, um eine zu starke Linienkonzentrationen zu vermeiden, nach außen mit strahlenförmigen Linien entlang der Entwicklungsachsen in die angeschlossenen Teilgemeinden und Vororte.

Netzplanung

Neben der vorhandenen Infrastruktur sind bei der Gestaltung neuer Netze u. a. die möglichen Entwicklungen der Siedlungsflächen und der Wirtschaft zu berücksichtigen. Dabei sind im Rahmen einer integrierten Verkehrsplanung ebenfalls vorhandene und mögliche Linien anderer Verkehrsträger und Verkehrsmittel zu beachten. Verknüpfungspunkte – auch mit anderen Verkehrsarten (z. B. Individual- und Flugverkehr) – sind möglichst kundenfreundlich zu gestalten. Beispiele dazu sind bautechnisch neu geordnete Bahnhofsvorplätze und der Anschluss von Flughäfen an den SPNV und SPFV; betriebstechnisch der *Integrale Taktfahrplan* (ITF).

Je nach Erschließungsbedarf und Form des Erschließungsbereichs ist dabei auch das geeignete Verkehrsmittel zu wählen. Als Kriterium hierfür sind die unterschiedlichen Anforderungen an Leistungsfähigkeit, Bedienungshäufigkeit, Haltestellenabstand und Transportweite neben den betriebswirtschaftlichen und ressourcenbezogenen Merkmalen (Flächenbedarf, Art und Menge der verbrauchten Energie) zu beachten. In Ballungsräumen sind Kombinationen von Netzen unterschiedlicher Verkehrsmittel üblich.

Die Vielfalt der z. T. angeführten Wechselwirkungen zeigt, dass die Netzplanung kein deterministischer, in einer mehr oder weniger umfangreichen Formel fassbarer Vorgang ist. Wertvolle Hilfe für die Praxis bieten Netzplanungsmodelle, auch wenn in ihnen nicht alle Wirkungen abgebildet werden können. Bei der vergleichenden Beurteilung ist daher auf den Einfluss der im jeweiligen Modell nicht einbezogenen Wirkungsmechanismen zu achten.

Elemente der Netzplanung. Bei der Planung von Verkehrsnetzen für den ÖV besteht die wesentliche Aufgabe darin, eine möglichst optimale Anpassung der Linienführung an die individuellen Verkehrswünsche mit vertretbarem Aufwand für das Verkehrsunternehmen zu realisieren.

Arbeitsschritte der Netzplanung. Die Netzplanung stellt eine Stufe der Gesamtverkehrsplanung dar.

1. Schritt: Auf der Grundlage des realen Planungsraumes mit den vorhandenen Verkehrswegen, der prognostizierten Entwicklung der Siedlungsstruktur und der aus Verkehrsanalyse und -prognose ermittelten Verkehrsbedürfnisse ist durch Bündelung der individuellen Fahrtwünsche und

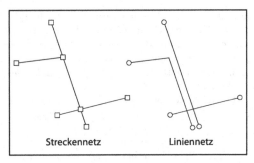

Abb. 7.2-2 Strecken- und Liniennetz

Wahl des oder der Verkehrsmittel ein passendes *Streckennetz* zu entwickeln (Abb. 7.2-2). Hierbei sind die gegebenen (wirtschaftlichen) Möglichkeiten und die jeweils gültigen Entwurfsgrundlagen zu beachten. Der sog. „Modal Split" legt dabei die jeweiligen Anteile der einzelnen Verkehrsträger bzw. -systeme am Gesamtverkehr fest. Der prognostizierte ÖV-Anteil muss auf dem entworfenen Streckennetz mit den geplanten Verkehrsmitteln bewältigt werden können.

2. Schritt: Als Zu- und Abgangspunkte des Fahrgastes zum ÖV-Angebot sind *Haltestellen* zu planen. Sie dienen der Verknüpfung von Linien gleicher oder verschiedener Verkehrssysteme. Bei ihrer Positionierung sind die Anforderungen des Fahrgastes (gute, nicht zu weite Zu- und Abgangswege, kurze Haltestellenabstände, hohe Beförderungsgeschwindigkeit, kurze Reisezeiten) und die teilweise konträren Interessen des Betreibers (möglichst geringer Fahrzeug- und Personaleinsatz durch hohe Beförderungsgeschwindigkeit; große Haltestellenabstände) zu beachten.

3. Schritt: Auf dem vorgesehenen Netz mit den geplanten Haltestellen ist durch Liniennetzplanung festzulegen, welche (und in welcher Reihenfolge) Streckenabschnitte und Haltestellen eines Netzes von dem betrachteten Verkehrsmittel befahren werden. Die Liniennetzplanung hat daher auch die Grundsätze der betrieblichen Einsatzplanung zu beachten.

Auch bei *Liniennetzen* unterscheidet man nach den prinzipiellen Formen Rasternetz (orthogonal, dreieckig) und Radial- bzw. Diagonalnetz (evtl. ergänzt um Ringlinien).

Im Gegensatz zu den meist einfach strukturierten Nahverkehrsnetzen ist das Netz der Eisenbahn (national oder gar international) sehr viel komplexer. Häufig findet eine Kombination aus reinen Linienverbindungen und einem vermaschten Netz mit Mischbetrieb zwischen Personen- und Güterverkehr und hierarchisch geordneten Zuggattungen statt.

Netzverflechtungen
Bei Netzverflechtungen sind die jeweiligen Bedingungen der beteiligten (Teil-) Systeme zu beachten. Man unterscheidet deshalb zwischen Verflechtungen innerhalb des gleichen Systems (z. B. S-Bahn-Netz) und systemübergreifenden Verflechtungen: innerhalb des ÖPNV zwischen unterschiedlichen Betreibern (z. B. Bus, Bahn), ÖPNV mit IV (z. B. P+R, Taxi), ÖPNV oder IV zu Fernverkehrssystemen (z. B. Eisenbahn, Luftverkehr). Integrierte Betrachtungen sind dabei zwingend notwendig. Bei Neubauvorhaben bzw. Netzergänzungen oder -verbesserungen ist stets die Frage der Kompatibilität mit den vorhandenen Netzen zu prüfen (Einpassungsfähigkeit, Übergangsmöglichkeiten auf bestehende Netze). Die Fahrzeiten der Züge sind so einzurichten, dass sie an den Netzknoten (Verknüpfungsstellen) „verknüpfungsgerecht" eintreffen. Dies kann dazu führen, dass Fahrzeuge mit größerer Höchstgeschwindigkeit, mit besserer Beschleunigung durch höhere Leistung oder Neigetechnikfahrzeuge beschafft werden müssen. Auch die Anpassung der Infrastruktur durch Streckenausbau und Verbesserung der Leit- und Sicherungstechnik bis zur Teilauflösung von Netzknoten kann erforderlich werden.

Anordnung von Haltestellen
Erreichbarkeit und Kriterien für die Nutzung eines Verkehrsmittels. Zur Berücksichtigung der als zumutbar empfundenen Fußwege können sog. „Ansprechbarkeitslinien" herangezogen werden. Sie zeigen, welcher potenzielle Anteil der ÖV-Benutzer welche Fußweglänge für angemessen erachtet. Die dabei subjektive Beurteilung der verschiedenen Verkehrsmittel des ÖV ist im wesentlichen auf zwei psychologische Punkte zurückzuführen: Bei größerer Reiseweite akzeptiert der Fahrgast eine längere Zu- bzw. Abgangslänge; bei Fahrtmöglichkeiten mit einem als qualitativ besser eingeschätzten Verkehrsmittel nimmt der Fahrgast ebenfalls längere Wege in Kauf.

Da in vielen Ballungsgebieten entsprechende Zubringerdienste des ÖPNV vorhanden sind, spielt die *fußläufige Erreichbarkeit* von Haltestellen des Regional- und Fernverkehrs eine untergeordnete Rolle. Beim ÖPNV beurteilt sie der Fahrgast jedoch subjektiv nach der Fußweglänge und dem dafür benötigten Zeitaufwand. Empirische Erhebungen ergaben, dass die Fußwegzeit innerhalb der Transportkette durchschnittlich 30% der Reisezeit (Gesamtzeit Tür zu Tür) beträgt.

Für die Charakterisierung der subjektiven Fahrgastanforderungen haben sich in der wissenschaftlichen und politischen Diskussion neben der Erreichbarkeit (akzeptierbare Fußweglänge und Zeitaufwand) folgende Kriterien, die vom Verkehrsteilnehmer zur Beurteilung eines Verkehrssystems herangezogen werden, als wichtigste herausgestellt:

– Häufigkeit, Regelmäßigkeit und Pünktlichkeit der Bedienung,
– Reisezweck,
– Art des Verkehrsmittels (Komfort, Image, Reisegeschwindigkeit),
– Informationsstand über das Verkehrsangebot,
– körperliche Verfassung des Verkehrsteilnehmers.

Erschließungs- und Einzugsbereiche im ÖPNV. Eine in der Praxis häufig angewandte Möglichkeit, die Erschließungsqualität eines Verkehrsangebots zu beschreiben, bietet die Ermittlung von Erschließungs- und/oder Einzugsbereichen der Haltestellen.

– Erschließungsbereiche. Unter dem Erschließungsbereich ist die räumliche Zuordnung von Flächen zu der jeweils nächstgelegenen Haltestelle zu verstehen. Dies hat den Vorteil, dass die lückenlose Abdeckung eines beliebigen Untersuchungsraumes möglich ist.
– Einzugsbereiche. Unter dem *Einzugsbereich* einer Haltestelle ist das potenzielle Quell- bzw. Zielgebiet von Benutzern des bedienenden Verkehrsmittels des ÖV zu verstehen. Man unterscheidet nach *unmittelbarem* und *mittelbarem Einzugsbereich.* Ersterer, also der fußläufige Einzugsbereich einer Station, wird i. d. R. vereinfachend als Kreisfläche mit der Haltestelle als Mittelpunkt angenommen. Letzterer fügt sich an und wird durch diverse Zubringersysteme erschlossen. Die Größe des gesamten Einzugsbereichs hängt von der Netzweite des Zubringersystems sowie dessen Linienführung ab.

Haltestellenabstände. Die Kenntnis über die Größe, die Lage und besondere Spezifikationen von *Verkehrspotenzialen* (Wohnen, Arbeitsplätze, Freizeit) hilft dem Planer bei der Optimierung der Lage von Haltestellen im ÖPNV. Zur Minimierung der mittleren Fußwegentfernung sollten die Haltestellen möglichst in den Schwerpunkt der Quell- oder Zielpotenziale gelegt werden.

So gilt z. B. bei *S-Bahnen* als ein fahrdynamischer Sollwert für den Haltestellenabstand, bei dem im Fahrtverlauf die Beschleunigungs- und Verzögerungsphase zusammen allenfalls zwei Drittel des Weges zwischen zwei Haltestellen ausmachen sollten. Infolge gedrängter Siedlungsstrukturen in den Ballungsräumen lässt sich dieser Wert jedoch oft nicht einhalten.

Im *Regionalverkehr* der Eisenbahn sind Haltestellenabstände in größeren Abständen anzustreben. Regionalbahnen sammeln z. B. in den Außenbereichen der Region bei kürzeren Haltestellenabständen die Fahrgäste, fahren sie über längere Distanzen dem Ballungszentrum zu und übergeben sie dort dem lokalen ÖPNV zur Feinverteilung. Regionalexpresszüge bedienen vorzugsweise Mittel- und Unterzentren.

Im *Fernverkehr* sind entsprechend größere Haltestellenabstände notwendig, um mit hohen Beförderungsgeschwindigkeiten Fahrgäste zu gewinnen. Bei Neubauten wird man die Haltestellen (Bahnhöfe) dort platzieren, wo Ballungszentren und Industrie- bzw. Gewerbeansiedlungen ein hohes Fahrgastaufkommen erwarten lassen, oder dort, wo bei Verknüpfungen mit anderen Strecken oder Verkehrsarten (z. B. Flughafen) mit einem entsprechend starken Umsteigeverkehr gerechnet wird. Der Haltestellenabstand sollte, sofern nicht auf Grund der geografischen Lage oder in Ballungsräumen kürzere Abstände erforderlich werden, im IC- und ICE-Verkehr mindestens 80 km betragen.

Der Zu- und Abgang vom Fahrzeug zum Bahnsteig sollte in Abhängigkeit des verwendeten bzw. angestrebten Fahrzeugtyps aus Gründen des Komforts und der Barrierefreiheit möglichst niveaugleich erfolgen, d. h. Fahrzeugboden und Bahnsteigebene sollten auf nahezu gleicher Höhe liegen; unfallträchtige Abstände zwischen Fahrzeug und Bahnsteig sind zu vermeiden.

Bei Eisenbahnen sind im Zuge von Neu-, Aus- und Umbauten Anpassungen nach den genannten Kriterien durchzuführen.

Im ÖPNV versucht man durch Hochbahnsteige (Stadt-, U- und S-Bahn) bzw. Niederflurfahrzeuge (Straßenbahn, Bus) diesen Ansprüchen gerecht zu werden. Dabei bedarf es vor allem bei Haltestellen im innerstädtischen Bereich eines besonderen Augenmerks auf die gestalterische Einpassung in den Straßenraum.

Während bei Niederflurfahrzeugen (Fußbodenhöhe ca. 18 bis 35 cm) die entsprechend niedrigen Bahnsteige mit max. 1 bis 2 Stufen gut an das Straßenniveau eingepasst werden können, stellen Hochbahnsteige mit Höhen von ca. 80 bis 100 cm besondere Anforderungen an die gestalterische Einpassung in den Straßenraum. Wegen der Anforderungen durch die Barrierefreiheit sollten Hochbahnsteige zumindest von einer Seite her über eine Rampe erreichbar sein, die bei 6% Neigung eine Länge bis zu ca. 17 m haben kann; bei Anordnung einer Treppe sind dagegen bis zu 6 Stufen erforderlich. Die Anlage eines Mittelbahnsteigs ist wegen der beidseitigen Nutzung der Bahnsteig-Längsseiten als Bahnsteigkanten eventuell günstiger als die Anlage von Außenbahnsteigen, die als doppelt vorhandener Baukörper inmitten des Straßenraums liegen und bei denen die zum Gleis abgewandte Längsseite je nach Topographie an das bis zu 1 m tiefer liegende Straßenniveau angepasst werden muss. Hier bedarf es einer an jeden Einzelfall angepassten besonderen örtlichen Gestaltung.

Problematisch ist ferner der gemischte Einsatz von Niederflur- und Hochflurfahrzeugen auf einer Linie des ÖPNV. Hier kommt es zu unterschiedlichen Kombinationen zwischen Niedrig- und Hochbahnsteigen; das Bestreben der Verkehrsunternehmen geht aber dahin, Teilnetze oder ganze Linien in Hoch- oder Niederflurstrecken aufzuteilen.

7.2.4.4 Bahnhöfe

Aus Sicht des Kunden stellen Bahnhöfe sowohl im Personen- als auch im Güterverkehr die Zutrittsmöglichkeit zum öffentlichen Schienennetz dar. Darüber hinaus wird in der öffentlichen Wahrnehmung unter dem Begriff „Bahnhof" das gesamte Umfeld (u. a. Empfangsgebäude, Bahnsteig- und Unterführungsanlagen, Reisezentrum, Bahnhofsvorplatz) verstanden. Ferner sind Bahnhöfe Verknüpfungspunkte zwischen unterschiedlichen Verkehrssystemen (Fernverkehr/Nahverkehr, Schiene/Straße, Luftfahrt/Schiff)

Tabelle 7.2-1 Bahnhofsformen[1]

Form	Bezeichnung	Beschreibung
	Kopfbahnhof	Alle Streckengleise enden stumpf an einem Gleisanschluss, durchfahrende Züge wechseln die Fahrtrichtung. Bei lokbespannten Zügen wird das Triebfahrzeug gewechselt.
	Durchgangsbahnhof	Der Durchgangsbahnhof liegt an einer durchgehenden Strecke ohne Verknüpfung mit einer weiteren Strecke. Die Streckengleise werden als durchgehende Hauptgleise durch den Bahnhof durchgeführt.
	Anschlussbahnhof	Der Anschlussbahnhof liegt an einer durchgehenden Strecke und hat eine Verknüpfung mit dem Anfangs-/Endpunkt einer weiteren Strecke. Zugübergänge zwischen den beiden Strecken finden fahrplanmäßig nicht oder nur selten statt.
	Trennungsbahnhof	Der Trennungsbahnhof liegt an einer durchgehenden Strecke und hat eine Verknüpfung mit einer weiteren Strecke. Zugübergänge zwischen den beiden Strecken finden fahrplanmäßig statt.
	Kreuzungsbahnhof	Im Kreuzungsbahnhof kreuzen sich mindestens zwei Strecken. Die Streckengleise sind nebeneinander angeordnet. Die Kreuzungen der Streckengleise in den beiden Bahnhofsköpfen werden abhängig vom Zugverkehrsaufkommen höhengleich (mit Weichen) oder höhenfrei (durch Überführungsbauwerke) ausgeführt.
	Turmbahnhof	Der Turmbahnhof ist eine Sonderform des Kreuzungsbahnhofs. Zwei Strecken kreuzen sich nahezu rechtwinklig in zwei Ebenen. Für Zugübergänge von einer auf die andere, kreuzende Strecke sind besondere Verbindungskurven erforderlich.

[1] Dargestellt ist nur der für die jeweilige Form notwendige Mindestumfang an Anlagen.

im Personen- und Güterverkehr. Eisenbahnintern werden in Bahnhöfen umfangreiche betriebliche Aufgaben erledigt, z. B. das Überholen und Kreuzen von Zügen, das Bilden und Zerlegen von Zügen, die Reinigung, Wartung und Instandhaltung der Fahrzeuge sowie deren Abstellung.

Die genannten Aufgaben und Funktionen prägen Form und Umfang der Bahnhöfe, ebenso aber auch ihre Lage im Netz sowie die Art der Streckenverknüpfungen. Die wesentlichen Bahnhofsformen sind – unabhängig von ihrer konkreten Größe – schematisch in Tabelle 7.2-1 zusammengestellt (vgl. [Schwanhäußer 1993]).

Personenverkehr. Im Personenverkehr erfolgt der direkte Zugang des Kunden zu den Zügen über die Bahnsteige. Je nach Lage zu den Gleisen werden diese unterschieden in

- Außenbahnsteig (an den äußeren Gleisen gelegen; 1 Bahnsteigkante),
- Hausbahnsteig (Außenbahnsteig, der auf der Seite des Empfangsgebäudes liegt),
- Mittelbahnsteig (zwischen den Gleisen gelegen; 2 Bahnsteigkanten),
- Zwischenbahnsteig (zwischen den Gleisen gelegen; 1 Bahnsteigkante) sowie
- Zungenbahnsteig (Sonderform des Mittelbahnsteigs bei Kopfbahnhöfen).

Der Zugang zu den Bahnsteigen vom Empfangsgebäude her erfolgt höhengleich über Reisendenüberwege (örtliche Sicherung durch Personal oder besondere technische und/oder betriebliche Vorkehrungen) oder überwiegend aus Gründen der Verkehrssicherheit höhenfrei durch Unter- oder Überführungen mit Treppen, Rampen, Rolltreppen oder Aufzügen).

Die Bemessung von Bahnsteigen erfolgt bei der DB AG nach Richtlinie (Ril) 813. Die Länge der Bahnsteige richtet sich nach der Länge der fahrplanmäßig haltenden Züge; die Breite der Bahnsteige hängt ab vom Reisendenaufkommen, den Einbauten auf dem Bahnsteig (z. B. Treppenanlagen, Dachkonstruktion) und von geforderten Mindestabmessungen (z. B. Gefahrenbereich).

Güterverkehr. Im Güterverkehr ist zu unterscheiden zwischen dem klassischen Wagenladungsverkehr und dem Kombinierten Verkehr; dieser ist wiederum zu unterteilen in den Containerverkehr und den Huckepackverkehr mit Lkw-Wechsel-Aufbauten, Sattelaufliegern sowie die „Rollende Landstraße" mit dem Transport kompletter Lastzüge. Der Zugang der Kunden zum Kombinierten Verkehr erfolgt über besondere Umschlagbahnhöfe oder -anlagen.

Der Zugang zum Wagenladungsverkehr erfolgt überwiegend über Gleisanschlüsse (im Bahnhof oder auf der Freien Strecke) oder durch Anschlussbahnen (Eisenbahnen des nicht-öffentlichen Verkehrs meist im Eigentum des Anschließers). Die im Wagenladungsverkehr aufkommenden Einzelwagen, Wagengruppen oder Ganzzüge werden dem öffentlichen Netz zugeführt und im z. B. sog. Knotenpunktsystem bis zum Zielort weitertransportiert. Das Knotenpunktsystem ist ein hierarchisches, sternförmig aufgebautes System von Zugbildungsanlagen mit den Elementen

- Satellit (Aufnahme der Wagen aus den Gleisanschlüssen/Anschlussbahnen und Bildung von Zubringerzügen zu den Knotenpunktbahnhöfen).
- Knotenpunktbahnhof (Aufnahme der Zubringerzüge; Bildung von regionalen Einzelwagenzügen zu den Rangierbahnhöfen).
- Rangierbahnhof (Aufnahme der regionalen und überregionalen Einzelwagenzügen aus anderen Rangierbahnhöfen in Einfahrgruppen; Zugzerlegung in der Ablaufanlage und Bildung neuer Züge in der Richtungs- und Ausfahrgruppe). Die neu gebildeten Züge sind sowohl überregionale Einzelwagenzüge zu einem weiteren Rangierbahnhof als auch regionale Einzelwagenzüge zu den dem jeweiligen Rangierbahnhof angeschlossenen Knotenpunktbahnhöfen.

In umgekehrter Richtung Rangierbahnhof – Knotenpunktbahnhof – Satellit wird das Verfahren analog angewendet.

Bei der DB AG gibt es heute 8 Rangierbahnhöfe, ca. 50 Knotenpunktbahnhöfe und über 1000 Satelliten. Dabei haben Knotenpunktbahnhöfe und Satelliten in technischer Hinsicht häufig die Form von Rangierbahnhöfen.

Wegen hoher Leistungsanforderungen an alle Zugbildungsanlagen sind diese heute i. d. R. sensor- und prozessorgesteuert und häufig mechansiert.

7.2.4.5 Fahrgastinformations- und Wegeleitsysteme, Verkaufssysteme

Fahrgastinformations- und Wegeleitsysteme sowie Verkaufssysteme sollen dem Kunden den Zugang zu den Verkehrsmitteln des ÖV erleichtern (Zugangswiderstände abbauen) und ihm während seiner Reise das Gefühl optimaler Betreuung vermitteln.

Unter *Information* und *Wegeleitung* versteht man die Auskunft vor der Fahrt über Verkehrsmittel, Abfahrts-, Umsteige- und Ankunftsort, Abfahrts- und Ankunftszeiten, Fahrtdauer, Fahrpreis, Platzbelegung usw., ferner Hinweise auf den Verkauf von Fahrausweisen, die Wegeleitung zum Abfahrtsort, beim Umsteigen und am Zielort (Bahnhof, Haltestelle, Gleis) sowie die Information während der Fahrt über Ort und Zeit, Umsteigebeziehungen und Abweichungen, außerdem Hinweise auf Serviceeinrichtungen wie Schließfächer, Telefon, Toiletten und Taxi.

Die dazu angebotenen Mittel sind Informationsschalter, Telefonauskunft, Videotext, Internet, Mobiltelefon, gedruckte Medien (Netzpläne, Kursbücher, Linienfahrpläne, Fahrplanaushänge, Plakate, Magazine usw.), Wegweiser, Piktogramme, Lautsprecheransagen an Haltestellen, Bahnsteigen und in den Fahrzeugen.

Zusätzlich zu den unveränderlichen (statischen) Aushängen und Wegweisern finden zunehmend sog. „dynamische" Systeme innerhalb und außerhalb der Fahrzeuge Verwendung. Das sind veränderliche Informationssysteme mit Faltblatt-, LCD-, LED- oder Plasmabildschirmanzeige. Mit zunehmender Tendenz sind *elektronische Fahrgastinformationssysteme* auf dem Markt. Diese Systeme werden dem PC-Nutzer über das Internet, das Mobiltelefon und als CD-ROM angeboten.

7.2.4.6 Einteilung der Strecken

Für die Beschreibung bestehender sowie als Grundlage für die Konzeption neuer Schienenstrecken und Netze sind diese nach bestimmten Merkmalen einzuteilen. Herangezogen werden hierzu Spurweite, Streckenklassifizierung, Geschwindigkeit, Streckenbelastung, Achslast, Streckenprofilklasse und Stromsystem.

Spurweite

Die Spurweite ist der kleinste Abstand zwischen den Innenflächen der Schienenköpfe im Bereich von 0 bis 14 mm unter Schienenoberkante (SO) im geraden Gleis (nach BOStrab teilweise zwischen 0 und 10 mm). Die *Normalspur* (1435 mm) – auch als Regel- oder Vollspur bezeichnet – ist die in Europa überwiegend verwendete Spurweite. Weltweit sind etwa 75% der gesamten Streckenlänge in dieser Spurweite ausgeführt.

Schmalspur-Spurweiten gibt es in Deutschland im Bereich der Schmalspurbahnen nach ESBO mit 750 bis 1000 mm sowie auch bei Straßenbahnen (BOStrab) mit 1000 und 1100 mm.

Die *Breitspur* (> 1435 mm; rund $^1/_6$ der Streckenlänge weltweit) spielt in Deutschland keine Rolle, wohl aber im europäischen Bereich: In Portugal und Spanien sind Spurweiten von 1672 mm die Regel (Neubaustrecken werden in Normalspur erstellt), in Finnland, Russland und anderen ehemaligen GUS-Staaten Spurweiten von 1524 mm.

Nach der EBO darf die Regelspurweite zwischen 1430 und 1465 mm schwanken, nach ESBO die Schmalspurweite zwischen 745 und 775 mm bzw. 995 und 1025 mm. Bei Bogen mit Radien unter 175 m müssen die Mindestwerte unter Beachtung der genannten Höchstwerte aufgeweitet werden. Für Anlagen nach BOStrab gelten besondere Werte. Sie sind je nach Art und Einsatzbereich der Bahn zu ermitteln.

Streckenklassifizierung

Die EBO unterscheidet in § 1 *Hauptbahnen* mit höherem Ausbaustandard (ausgelegt für schnellen und stärkeren Verkehr) und *Nebenbahnen* mit niedrigerem Ausbaustandard ($V \leq 100$ km/h, engere Kurven, geringere Achslast).

Daneben gibt es Klassifizierungen der Schienenverkehrsträger, z. B. bei der DB AG Schnellfahrstrecken bzw. Hochgeschwindigkeitsstrecken als Neubaustrecken (NBS) für $V > 200$ km/h, Ausbaustrecken (ABS) für $V \leq 200$ km/h, Hauptabfuhrstrecken (HAS) für starke Belastungen durch alle Zuggattungen, Nebenfernstrecken (NFS) für geringere Belastungen durch alle Zuggattungen, Nebenstrecken, S-Bahn-Strecken, Personenzug-, Güterzug-, Mischverkehrstrecken usw. Zur Netzstrukturierung wurden die Strecken der DB AG einem Vorrangnetz, Leistungsnetz oder Regionalnetz zugeordnet; für die konkrete technische Planung wurden Streckenstandards mit Vorgaben zur Infrastruktur gebildet.

Beim SPNV unterscheidet man:

– *Stadtschnellbahnen.* Dabei handelt es sich um in sich geschlossene, vorwiegend elektrisch betriebene Schienenbahnsysteme innerhalb einer Stadt (Hoch- und/oder Untergrundbahn) oder eines Ballungsraumes (S-Bahn). Die Höchstgeschwindigkeit beträgt z. Z. $V \leq 120$ km/h. Höhengleiche Bahnübergänge von Straßen werden möglichst vermieden. Sind höhengleiche Bahnübergänge vorhanden, hat der schienengebundene Verkehr absoluten Vorrang.

– *Stadtbahnen.* Sie werden auf vom Straßenverkehr meist unabhängigem eigenem Bahnkörper geführt – im Innenstadtbereich häufig im Tunnel (U-Strab) – und werden i. d. R. elektrisch betrieben. Als Höchstgeschwindigkeit gilt $V \leq 80$ km/h (in Ausnahmefällen $V \leq 100$ km/h). Höhengleiche Kreuzungen mit dem Straßenverkehr sind üblich. Ein besonderer Vorrang für Schienenbahnen kann in der Programmierung der Lichtsignalanlagen des Straßenverkehrs eingeräumt werden.

– *Straßenbahnen* (Trambahnen). Sie werden bei straßenbündigem Bahnkörper auf in der Straße eingelassenen Rillenschienen (Gleiszone), auf besonderem oder auch auf eigenem Bahnkörper geführt und elektrisch betrieben. Bei der Benutzung des öffentlichen Straßenverkehrsraumes unterliegen sie der StVO.

Geschwindigkeit

Die *zulässige Höchstgeschwindigkeit*, mit der ein Zug fahren darf, ist nach EBO bzw. ESBO abhängig von der Bauart der Fahrzeuge, der Art und Länge der Züge, den Bremsverhältnissen, den Streckenverhältnissen und den betrieblichen Verhältnissen. Es gelten die in Tabelle 7.2-2 angegebenen Werte. Für geschobene und nachgeschobene Züge sowie für Hilfszüge gelten nach der Fahrdienstvorschrift (FV; Ril 408) der DB AG und der ESBO besondere Regelungen.

Die genannten Abhängigkeiten gelten im Prinzip auch für Fahrten nach der BOStrab. Dort legt die Technische Aufsichtsbehörde (vgl. 7.2.3.2) die *Streckenhöchstgeschwindigkeit* fest. Beschränkungen dieser Geschwindigkeit sind je nach Bauart der Fahrzeuge, herrschenden Streckenverhältnissen sowie aus besonderem Anlass vom Betriebsleiter der jeweiligen Bahn festzulegen. Auf straßenbündigem Bahnkörper gelten die für den Straßenver-

Tabelle 7.2-2 Zulässige Geschwindigkeiten nach EBO und ESBO § 40

Zugart	zulässige Geschwindigkeit in km/h nach			
	EBO § 40		ESBO § 40	
	Hauptbahnen	Nebenbahnen	750 mm Spurweite	1000 mm Spurweite
Reisezüge mit durchgehender Bremse und wirksamer Linienzugbeeinflussung (LZB)	250	–	–	–
Reisezüge mit durchgehender Bremse und wirksamer Zugbeeinflussung (Indusi)	160	80 (100)	–	–
Güterzüge mit durchgehender Bremse und wirksamer Zugbeeinflussung (Indusi)	120	80	–	–
Züge mit durchgehender Bremse ohne wirksame LZB und Indusi	100		80	100
Züge ohne durchgehende Bremse	50	50	50	50
Züge mit Rollfahrzeugen	–	–	20	30

kehr zugelassenen Höchstgeschwindigkeiten. Die Vorbeifahrt an Bahnsteigen ohne Halt ist mit maximal 40 km/h erlaubt. Beim Befahren gegen die Spitze von nicht formschlüssig festgelegten Weichen gilt 15 km/h als Höchstgeschwindigkeit.

Die *Ausbaugeschwindigkeit* ist die Geschwindigkeit, für die ein Streckenabschnitt aus- oder umgebaut werden soll.

Entwurfsgeschwindigkeiten werden den Planungen von neuen Bahnhöfen und Neubaustrecken zugrunde gelegt. Sie sollen über möglichst große Abschnitte beibehalten werden. In Anfahr- und Bremsbereichen dürfen sie den tatsächlich realisierbaren Geschwindigkeiten angepasst werden. Im ÖPNV sind die Entwurfsgeschwindigkeiten hauptsächlich von der Fahrdynamik (Haltestellenabstände, Anfahr- bzw. Bremseigenschaften der Fahrzeuge) in Verbindung mit einer wirtschaftlichen Fahrweise abhängig.

Streckenbelastung

Die Streckenbelastung wird meist mit der Anzahl der Züge pro Tag oder der Anzahl der Fahrten pro Tag angegeben. Sie ergibt sich aus den Regel- und den Bedarfsfahrten im Bildfahrplan sowie evtl. vorhandenen Kapazitätsreserven.

Achslasten

Die vorhandene Konstruktion des Fahrwegs (Untergrund, Unter- und Oberbau) bestimmt im Zusammenhang mit der zulässigen Geschwindigkeit die Größe der aufnehmbaren Lasten. Bei Neubauten sind die vorgesehenen Belastungen anhand von definierten Lastenzügen vorzugeben.

Bei der DB AG sind die bestehenden Strecken in sog. „Streckenklassen" (A bis D4) mit zulässigen Achslasten zwischen 16 und 22,5 t eingeteilt. Für die Berechnung von Kunstbauwerken gelten zusätzlich die für jede Streckenklasse jeweils zulässigen Meterlasten zwischen 4,8 und 8 t/m.

Streckenprofilklassen, Lichtraumprofil, Fahrzeugbegrenzungsprofil, Umgrenzung des lichten Raumes

Das *Streckenprofil* charakterisiert einen Verkehrsweg in seinem Querschnitt. Als Maßstab dazu dienen *Lichtraumprofile*. Sie geben die für die Durchfahrt von Fahrzeugen sowie für bauliche und betriebliche Zwecke freizuhaltende Querschnittsfläche an. Einschränkungen haben i. Allg. auch Beschränkungen bei den einsetzbaren Fahrzeugen und den Abmessungen der zu befördernden Ladungen zur Folge. Die Definition der Lichtraumprofile wird bei Verkehrsmitteln unterschiedlich getroffen; sie sind daher nicht direkt vergleichbar!

Der für regelspurige Eisenbahnen des ÖV in der EBO vorgegebene *Regellichtraum* baut auf einer definierten Bezugslinie (unterschiedlich für den Binnen- und den grenzüberschreitenden Verkehr) auf. Diese Bezugslinie wird zur Grenzlinie unter Berücksichtigung der in 7.2.4.2 erläuterten Einflüsse erweitert. Bei den dort aufgeführten zufallsbedingten Verschiebungen darf die geringe Wahrscheinlichkeit des gleichzeitigen Auftretens aller ungünstigen Einflüsse berücksichtigt werden.

Da sich die Fahrzeuge im Gleisbogen nicht exakt der Bogenform anpassen können, sondern einen Polygonzug bildend nach innen und außen ausschwenken, muss das Regellichtraumprofil in Gleisbogen mit Radien unter 250 m nach den Vorgaben in der EBO aufgeweitet werden.

Auf elektrifizierten oder zur Elektrifizierung vorgesehenen Strecken muss bei Neubauten und umfassenden Umbauten der Regellichtraum für Oberleitungen zusätzlich berücksichtigt werden. Bei Oberleitungsnetzen mit 15 kV Nennspannung soll dafür eine Höhe von 6,15 m (an Bahnübergängen 6,50 m) freigehalten werden; die Mindesthöhe von 5,65 m darf nicht unterschritten werden.

Bei der DB AG wird bei allen Neubauten und umfassenden Umbauten das internationale UIC-Profil GC verwendet, bei allen anderen Strecken mindestens der Regellichtraum nach EBO. Zu beachten sind auch (vgl. 7.2.2.2) die „Technischen Spezifikationen für die Interoperabilität" (TSI) des transeuropäischen Hochgeschwindigkeitsbahnsystems sowie des konventionellen transeuropäischen Eisenbahnsystems.

Im Bereich der Schmalspurbahnen gelten für die *Umgrenzung des lichten Raumes* der § 9 und die Anlage 1 der ESBO. Bei Gleisen ohne Rollfahrzeugbetrieb bestimmt er sich nach der Fahrzeugbegrenzung zuzüglich der in Anlage 1 der ESBO angegebenen Mindestabstände zwischen Fahrzeugbegrenzung und Umgrenzung des lichten Raumes.

Im Bereich der BOStrab gibt es derzeit weder einen vorgegebenen Lichtraum, noch werden Mindestabstände zwischen Fahrzeugbegrenzung und Lichtraumumgrenzung gefordert. Dies bedeutet, dass der individuelle Lichtraum jeweils für die örtliche Situation (Fahrweg-, Fahrzeugeigenschaften, Geschwindigkeit, Toleranzen) zu bestimmen ist.

Zwischen der Umgrenzung des lichten Raumes und dem *Lichtraumbedarf* soll ein von der Ermittlungsgenauigkeit abhängiger Sicherheitsabstand bestehen. Außerdem muss zum Schutz von Personen außerhalb der Lichtraumumgrenzung neben jedem Gleis ein Sicherheitsraum von mindestens 0,7 m Breite und 2,0 m lotrechter Höhe vorhanden sein.

Stromsysteme

Für die Traktion technisch am günstigsten sind *Wechselströme* mit relativ niedriger Frequenz. Sie sind transformierbar und können daher ohne große Leitungsverluste zugeführt werden. Der Unterwerksabstand kann 30 bis 80 km betragen. In Deutschland, Norwegen, Österreich, Schweden und der Schweiz werden bei Vollbahnen 15 kV Spannung mit 16,7 Hz Frequenz verwendet, bei Neuelektrifizierungen in Frankreich (TGV), Spanien (AVE) und Dänemark 25 kV mit 50 Hz.

Gleichströme sind nicht auf höhere Spannungen transformierbar und haben deshalb relativ hohe Leitungsverluste. Der Unterwerksabstand muss kleiner als 15 km sein. Diese Stromart wird u. a. bei Vollbahnen in Italien, Spanien und in Südfrankreich verwendet (1,5 und 3,0 kV) sowie für elektrische Bahnen nach BOStrab (600 bis 1500 V).

Auch bei der Stromzuführung gibt es Unterschiede. Bei Vollbahnen und im Bereich der Straßen- und Stadtbahnen wird meist eine Oberleitung verwendet, bei U-Bahnen und Hochbahnen teilweise eine seitliche Stromschiene.

Um ein Einschleifen der Oberleitung in den Stromabnehmer zu vermeiden, wird sie nicht geradlinig, sondern im „Zickzack" verlegt. Der seitliche Versatz beträgt dabei bis zu ± 40 cm zur Gleisachse bei maximal 80 m Mastabstand in der Geraden (bei NBS und teilweise bei anderen Bahnen – z. B. in der Schweiz und in Frankreich – ± 30 cm bei 66 m Mastabstand). 15 cm Toleranz für zusätzlichen Windabtrieb sind dabei berücksichtigt.

Die unterschiedlichen Stromsysteme waren lange Zeit – neben der differierenden Spurweite – ein wesentliches Hindernis für international laufende Züge. Erst die moderne Leistungselektronik (Thyristor-/GTO-Technik, IGBT-Transistoren) ermöglicht bei entsprechend ausgerüsteten Tfz oder Triebzügen (z. B. Mehrsystem-ICE 3) die Aufnahme unterschiedlicher Stromarten (vgl. 7.2.4.2).

7.2.4.7 Bahnkörper, Gleisverbindungen, Querschnittgestaltung des Bahnkörpers

Der Bahnkörper (Schienenfahrweg) unterteilt sich bezüglich seines Aufbaus im Querschnitt in drei Abschnitte: Oberbau, Unterbau und Untergrund. Als Bezugslinie für die Angabe von *Höhenkoten* gilt

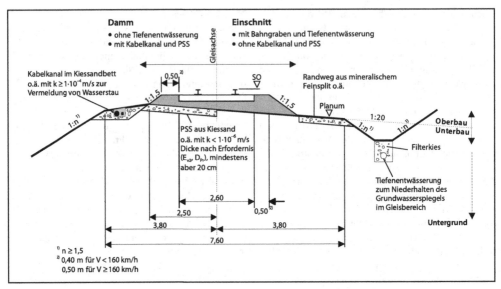

Abb. 7.2–3 Querschnitt des Bahnkörpers einer Vollbahn

i. Allg. die SO der nicht überhöhten oder unter-
tieften Innenschiene, bei zweigleisigen Strecken
z. B. des bogeninneren Gleises. Eine prinzipielle
Darstellung des Querschnitts eines Bahnkörpers
einer Vollbahn mit den maßgeblichen Bezeich-
nungen zeigt Abb. 7.2-3.

Die BOStrab unterscheidet hinsichtlich der
Lage innerhalb des Verkehrsraumes öffentlicher
Straßen nach straßenbündigem und besonderem
Bahnkörper sowie außerhalb des Verkehrsraums
nach unabhängigem Bahnkörper.

Untergrund

Der anstehende gewachsene Boden ohne Mutterbo-
denschicht bildet den Untergrund. Die oberflächen-
nahen Schichten werden ggf. so behandelt, dass die
notwendigen Trageigenschaften (Proctordichte, E-
Modul usw.) gewährleistet sind. Nichttragfähige Bodenarten auch in beanspruchten tiefergelegenen Zonen müssen verbessert oder ausgetauscht werden.

Unterbau

Der Unterbau umfasst die Schichten, die den Raum
zwischen Erdkörper (Untergrund) und Oberbau
einnehmen. Dazu gehören Erdbauwerke (An-
schnitte, Einschnitte, Dämme), Kunstbauwerke

(Brücken, Durchlässe, Stützmauern, Tunnel) sowie
Entwässerungsanlagen (Bahngräben und -mulden,
Tiefenentwässerungen). Sie sind nach den ein-
schlägigen Richtlinien herzustellen.

Erdbauwerke. Böschungen sind je nach Bodenart
und Höhe mit den Neigungen gemäß den Erdbau-
richtlinien Ril 836 der DB AG (zwischen 1 : 1,5
und 1 : 2,0) zu gestalten. Böschungen, die höher
als 12 m und mit Neigungen steiler als 1 : 1,8 angelegt sind, sollen mit Bermen (waagerechter oder
schwach geneigter Böschungsabsatz) ausgebildet
werden. Die Bermen sollen ≥ 2,5 m breit sein und
ein Quergefälle von mehr als 1 : 20 in Richtung
Böschungsfuß aufweisen.

Den oberen Abschluss der Erdbauwerke bildet
das *Planum*. Es soll 1 : 20 nach außen geneigt sein.
Bei zweigleisigen Strecken ist es i. d. R. dachför-
mig, im Bogen und bei eingleisigen Strecken einseitig geneigt. Bei drei- und mehrgleisigen Strecken soll das Planum der äußeren Gleise nach außen geneigt sein. Wechsel der Planumsneigung
werden durch Verziehen des Firstes über etwa 5 m
Länge hergestellt.

Eine *Planumsschutzschicht* (PSS) aus Kiessand
wird dort eingebaut, wo auf alten Dämmen und in

Einschnitten die Tragfähigkeit des Planums nicht ausreicht. Sie dient einerseits zur Lastverteilung, andererseits zur Entwässerung und als sperrender Filter, um ein Aufsteigen des Erdreichs in den Schotter des Schotteroberbaus (SchO) zu vermeiden. Außerdem übernimmt sie Aufgaben als Frostschutzschicht (FSS). Teilweise wird sie durch eingelagerte Folien oder Geotextilien mit Trenn-, Filter- oder/und Dränwirkung unterstützt.

Kunstbauwerke. Sie sind nach den jeweils für den Anwendungsbereich gültigen Richtlinien des Bundesministeriums für Verkehr, Bau- und Stadtentwicklung (BMVBS), der DB AG, der ESBO bzw. der BOStrab auszuführen. Für den Querschnitt von Eisenbahnbrücken gelten die Ril 800, für Tragfähigkeitsnachweise die DIN-Fachberichte 101–104, die DIN 1055-9 sowie die Ril 804. Für Tunnel sind das UIC-Merkblatt 779-11, die Ril 853 der DB AG bzw. die Tunnelbaurichtlinien der BOStrab maßgebend.

Gleisquerungen. Planung, Bemessung und Ausführung sind nach der Ril 836 vorzunehmen. Zu den Querungen zählen:

- Durchlässe mit Stützweiten < 2,00 m (bei ≥ 2,00 m: Kunstbauwerk gemäß Ril 804),
- Rohrleitungen,
- Wellstahlrohre.

Stützkonstruktionen und -maßnahmen. Diese unterliegen dem Regelwerk der Ril 836 und sind danach zu planen; dazu zählen:

- Stützmauern aus Stahlbeton oder Mauerwerk,
- Stützwände (z. B. Spundwände, Pfahlwände),
- flexible Stützbauwerke (z. B. Gabionenwände, Raumgitterwände, bewehrte Erde),
- Randwegkonstruktionen (z. B. Geogitter).

Entwässerungsanlagen. Die Gestaltung der *Entwässerung* im Bereich der Eisenbahn ist nach der Ril 836 vorzunehmen. Besonders beim SchO ist darauf zu achten, dass das anfallende Oberflächenwasser nicht in den Unterbau eindringt. Das Planum soll daher, wie zuvor erläutert, geneigt sein. *Bahngräben* dienen der Ableitung des Oberflächenwassers. Sie sollen ≥ 40 cm tief und an der Sohle ≥ 40 cm breit sein. Bei weniger als 0,3% oder mehr als 3% Längsgefälle bzw. über einer Tiefenentwässerung ist die Sohle zu befestigen.

Flache Mulden mit einer Mindesttiefe von 20 cm sind nur bei geringem Wasseranfall einzubauen.

Tiefenentwässerungen werden zur Entwässerung des Untergrunds, zur Fassung und Ableitung von Schicht- und Sickerwasser sowie zur Senkung des Grundwasserspiegels > 1,50 m unter SO benötigt. Sie dienen damit der Erhöhung der Frost- und Standsicherheit von Oberbau und Bahnkörper. Die Längsneigung soll 0,3% nicht unterschreiten. Der Filterkörper um das Sickerrohr soll ≥ 20 cm dick sein. Alle Anlagen sind ausreichend zu dimensionieren und mit dem notwendigen Gefälle zu versehen, sodass auch in tiefen Einschnitten und bei starkem Wasserandrang keine Überflutungen möglich sind. Bahndämme werden i. Allg. nicht entwässert.

Auch bei der *Festen Fahrbahn* (FF), deren Oberfläche i. d. R. geschlossen ist, ist darauf zu achten, dass anfallendes Oberflächenwasser schadlos abgeführt wird. Die Planumsneigung ist > 2,5%.

Rillenschienengleise sind wegen der Entgleisungsgefahr bei Eisbildung ebenfalls ausreichend zu entwässern.

Der Unterbau ist grundsätzlich für eine lange Nutzungszeit auszulegen (i. d. R. > 100 Jahre). Eventuelle Setzungen, Rutschungen oder Grundbrüche sowie Schäden an der Entwässerung müssen sofort erkannt und beseitigt werden, bevor sie die Sicherheit des Schienenverkehrs beeinträchtigen.

Oberbau

Der Oberbau besteht aus den Komponenten Gleis (einschließlich der Gleisverbindungen, den Weichen und Kreuzungen) und Bettung.

Das *Gleis* besteht aus den Elementen Schienen, Schienenbefestigungsmittel (Kleineisen) mit elastischen Zwischenlagen und den verbindenden Schwellen und/oder Abstandhaltern bzw. der Tragplatte. Letztere wird bei der FF mit diskreter Lagerung (Schwellenbauweise) der Bettung zugerechnet.

Die *Bettung* besteht beim SchO aus Gleisschotter (gebrochenes Hartgestein mit einer Kantenlänge zwischen 25 und 60 mm), bei der FF aus der Kombination von Tragplatte (Beton, Asphalt) und einer Tragschicht, z. B. hydraulisch gebundene (HGT).

Die Aufgabe des Oberbaus besteht in der sicheren Spurführung und Aufnahme der Gewichts-, Seitenführungs-, Antriebs- und Bremskräfte einschließlich der Fliehkraftwirkung im Bogen sowie der dynamischen Einflüsse durch das Gleis und der

– gedämpften und verteilten – Weiterleitung dieser Kräfte über die Bettung in den Unterbau. Seine Elemente müssen haltbar, austauschbar und nachjustierbar sein. Eine wirtschaftliche Herstellung und Instandhaltung ist zur Senkung der Life-Cycle Costs (LCC) zu gewährleisten.

Die Dimensionierung der verschiedenen Oberbauformen ist durch Richtlinien in Abhängigkeit von der Belastung vorgegeben (z. B. EBO und BOStrab). Außerdem stehen verschiedene Berechnungsverfahren zur Verfügung. Die für den Einbau vorgesehenen Arten des SchO und der FF müssen vom EBA zugelassen sein; ggf. muss hierfür eine Zustimmung im Einzelfall (ZIE) und vorher z. B. bei der DB AG eine Unternehmensinterne Genehmigung (UIG) beantragt werden.

Oberbau-Bauarten

Man unterscheidet nach Schotteroberbau und schotterlosem Oberbau (letzterer i. Allg. als „Feste Fahrbahn" bezeichnet). Beiden gemeinsam sind

- Schienen aus Walzstahl – Vignol- bzw. Rillenschienen unterschiedlicher Höhe (maßgebend für die Belastbarkeit) und Härte (maßgebend für die Abnutzung),
- Schienenbefestigungsmittel aus Schmiede- bzw. Federstahl (Federnägel mit und ohne Rippenplatte, Hakenschrauben mit Federring und Klemmplatte auf Rippenplatte, Spannbügel auf Rippenplatte) und
- elastische Zwischenlagen aus Kunststoff (früher Pappelholz) auch als elektrische Isolierung.

Die Schienenbefestigungsmittel müssen die Zwängungen infolge Schienendurchbiegung und einseitiger, außermittiger Belastung ohne Kippen der Schwellen ausgleichen können und zusammen mit den Schwellen oder Tragplatten eine sichere Spurhaltung gewährleisten. Die Schienen sind i. d. R. der Kegelform der Radlaufflächen entsprechend zur Unterstützung des Laufes im Spurkanal nach innen geneigt (1:20 bzw. 1:40). Eine Ausnahme stellen die Rillenschienengleise der Straßenbahnen dar, die wegen der Anpassung an die Straßenoberfläche lotrecht stehen.

Schotteroberbau. Beim SchO liegen die Schienen mit ihren Befestigungsmitteln i. d. R. auf Querschwellen (Holz-, Spannbeton-, kunstfaserbewehrte Beton-,

Stahl-, Kunststoffschwellen), wobei der Schwellenabstand 60 bis 70 cm beträgt. Die Querschwellen sind i. Allg. monolithisch (Monoblockschwellen). Jedoch finden auch Zwei-Block-Schwellen (Biblockschwellen) Verwendung, deren beide Betonblöcke als Schienenlager dienend mit einem Stahlstab zur Aufnahme der Seitenkräfte und zur Abstandhaltung verbunden sind. Die Auflagerfläche der Schwelle muss so groß sein, dass die maximale Schotterpressung den zulässigen Wert nicht überschreitet.

Neben der diskreten Lagerung auf Querschwellen wird z. Z. nur bei untergeordneten Bahnen auch die kontinuierliche Lagerung auf Längsschwellen vorgesehen.

Vorteile des SchO sind die relativ billige, problemlose und hochmechanisierte Erstellung und Instandhaltung, die leichte Korrigierbarkeit der Lagegenauigkeit bei Fertigungsfehlern, Seitenverschiebungen und Setzungen im Betrieb, ferner die relativ geringe Schallabstrahlung und die Liegedauer von bis zu 40 Jahren. Bei schwer belasteten Strecken (statisch und/oder dynamisch, z. B. HGV-Strecken) ist die Liegedauer allerdings deutlich kürzer.

Nachteilig sind der relativ niedrige Querverschiebewiderstand (muss teilweise durch Einbau von sog. „Sicherungskappen" erhöht werden), rheologische Effekte (Schotterfließen), der zunehmende Materialverschleiß des Schotters bei höheren Geschwindigkeiten infolge hoher Schwingungsübertragung sowie kurze Überwachungs- und Instandhaltungsintervalle.

Feste Fahrbahn. Bei der FF wird grundsätzlich unterschieden zwischen kontinuierlicher Lagerung der Schiene (direkt auf der Tragplatte befestigte Schienen) und den auf der Tragplatte aufliegenden diskret gelagerten Schienen (Gleisrost mit Schwellen, der nach dem Ausrichten bis zur Schwellenoberkante i. d. R. mit Beton vergossen wird). Bei einigen Bauarten wird ein spezieller Gleisrost aus Schienen, Befestigungspunkten und Abstandhaltern (Zwei-Block-Schwellen) lage- und höhengenau in den feuchten Beton eingerüttelt. FSS und Tragschicht werden vergleichbar den im Straßenbau üblichen Verfahren hergestellt: die Tragplatte aus Asphalt oder Beton mit Fertigern oder in Gleitschalung, jedoch auch in Halb- bzw. Fertigteilen.

Vorteile der FF sind die Verwendung von Fertigelementen, der sehr große Querverschiebewiderstand mit langanhaltend guter Gleisgeometrie, das Fehlen rheologischer Probleme, die Unempfindlichkeit gegen hohe Radlasten und Geschwindigkeiten, ein gutes Langzeitverhalten der Einzelteile mit einer daraus zu erwartenden Liegedauer von über 40 Jahren und mit relativ langen Wartungsintervallen. FF sind im Notfall (bei Straßenbahnen Regelfall) auch durch Straßenfahrzeuge befahrbar.

Nachteile der FF sind die z. Z. gegenüber dem SchO noch teure Herstellung, die oft geringe Anpassungsfähigkeit bei Setzungen und Abnutzungen, die i. d. R. ohne Sondermaßnahmen stark erhöhte Schallabstrahlung, die schwierige Überwachung des Unterbaus und die zwar nicht sehr häufige, aber dennoch aufwendige, bisher kaum automatisierbare Instandhaltung.

Hinsichtlich der Verringerung der Schallabstrahlung und der Verbesserung der Regulierbarkeit konnten in der neueren Forschung Lösungen gefunden werden, welche die FF mit dem SchO vergleichbar oder noch günstiger machen. FF auf Kunstbauwerken werden im HGV-Bereich der japanischen Eisenbahnen schon seit den 60er-Jahren eingebaut. Im Netz der DB AG liegen seit Anfang der 90er-Jahre in Tunneln der HGV-Strecken, seit Mitte der 90er-Jahre in größerem Umfang auch auf Erdplanum Gleise mit FF. Letztere weisen seit mehreren Jahren auch unter starker Belastung eine stabile Gleislage auf.

Im Schnellfahr- und Hochgeschwindigkeitsbereich werden wegen der dynamischen Kräfte sehr hohe Anforderungen an den Oberbau gestellt. Deshalb wurden NBS-Strecken mit FF ausgerüstet, da nur sie dauerhaft der hohen Beanspruchung gewachsen ist (NBS Köln–Rhein/Main, Hannover–Berlin, Nürnberg–Ingolstadt). Darüber hinaus ist die Anwendung der FF in Tunneln > 1000 m Länge bei Neubauten vorgeschrieben.

Sonderbauarten des Oberbaus. Beim *Breitschwellengleis* wird die gesamte Schotteroberfläche durch die Schwelle bedeckt. Dadurch wird die Last aus der Schiene nahezu auf die ganze Schotteroberfläche verteilt. Gegenüber dem herkömmlichen Schwellengleis hat diese neue Bauform einen höheren Querverschiebewiderstand. Die Vorteile des SchO werden weitgehend beibehalten, die Nachteile verringert.

Beim *Rasengleis* tragen Stahlbetonbalken als Längsschwellen die Schienen. Die darunter liegende etwa 30 cm dicke Dränbetonschicht sorgt für ausreichende Entwässerung. Der Zwischenraum zwischen den Balken wird mit Erde oder Substrat ausgefüllt und mit Magerrasen o. ä. bepflanzt. Die Dicke der Pflanzschicht ist so zu bemessen, dass die Vegetation nicht zu üppig und zu hoch wird. Rasengleise finden beim Bau von Straßenbahnlinien ihren überwiegenden Einsatzbereich; es werden jedoch auch Zulassungen für Vollbahnen erteilt.

Bei einer neueren Entwicklung im Bereich FF liegen die Schienen kontinuierlich gelagert und kontinuierlich eingebettet in einem speziellen Kunststoff eingegossen längs in Betontrögen (vergleichbar mit Längsschwellen). Durch die kontinuierliche Lagerung ist eine konstant gleiche Biegelinie (Einsenkung beim Befahren gegenüber dem Querschwellengleis unter dem Rad) gegeben. Beim diskret gelagerten und diskret befestigten Querschwellengleis stellen die Befestigungen/Lagerungen eine vorgegebene Biegelinie der Fahrbahn dar. Auch bei dieser FF-Konstruktion lässt sich durch trogförmige Aussparungen zwischen den Schienen und Ausfüllen z. B. mit einem Kies-Substrat-Gemisch ein Vegetationsgleis zur Minderung verschiedener Emissionen und zur Wasser- und Staubretention herstellen.

Rillenschienengleise werden bei Straßenbahnen dort in Längsrichtung eingebaut, wo diese innerhalb des Straßenraumes verkehren, in Querrichtung zur Straßenfahrbahn bei Eisenbahnen an Bahnübergängen, in Ladestraßen und Werkhöfen.

Bei Eisenbahnen liegen die Rillenschienen entsprechend der vorhandenen Oberbauform auf Schwellen oder Fahrbahnplatten. Als Straßenfahrbahn werden zwischen den Schienen z. B. Betonplatten oder Asphalt eingebaut. Straßenbahnen haben heute i. d. R. eine Betontragplatte, auf der die Schienen mittels Abstandhaltern und Unterlagen neigungs-, lage- und höhenmäßig ausgerichtet und anschließend vergossen werden. In die Tragplatte eingedübelte Schrauben konservieren diesen Zustand. Als Straßenbelag wird Pflaster oder Asphalt eingebaut. In nicht mit Straßenfahrzeugen befahrenen Bereichen wird die Fahrbahn häufig begrünt. Zwei Varianten stehen dabei zur Verfügung: Die Fahrbahn wird bis kurz unter die Oberkante der Schienen mit Spezialsubstrat eingedeckt bzw. nur so hoch eingedeckt, dass die Schienenbefestigung sichtbar und zugänglich bleibt. Eine ausreichende Entwässerung muss dabei gewährleistet sein. Das Emissions- und Retentionsverhalten (s. o.) wird als Nebeneffekt erzeugt.

Gleisverbindungen

Elemente der Gleisverbindungen sind Weichen und Kreuzungen. Beide sind Teile der Oberbaukonstruktion. *Weichen* ermöglichen das Verzweigen bzw. das Zusammenführen von Gleisen, *Kreuzungen* nur das Befahren von zwei einander schneidenden Gleisen. *Kreuzungsweichen* verbinden das Element Kreuzung mit dem Element Weiche.

Weichen. Die *Einfache Weiche* (EW) stellt die Grundform aller Weichen dar (Abb. 7.2-4); aus ihr werden alle anderen Weichenformen abgeleitet. Die Lage der miteinander gekoppelten Weichenzungen entscheidet beim Befahren gegen die Weichenspitze über die Fahrtrichtung. Bei der Fahrt im gekrümmten Zweiggleis muss der Spurkranz des bogenäußeren Rades die Schiene des geraden Stammgleises im Bereich des Herzstückes durchdringen. Bei der Fahrt im geraden Stammgleis wird entsprechend die bogenäußere Zwischenschiene des Zweiggleises gekreuzt. Die durch diese Herzstücklücken verursachte Unstetigkeit der Spurführung wird durch am Radrücken des gegenüberliegenden Rades angreifende Radlenker (an den Außenschienen) und durch Flügelschienen (am Herzstück) überbrückt.

Bei sehr schlanken Weichen (kleiner Öffnungswinkel), die für hohe Geschwindigkeiten im Zweig-gleis ausgelegt sind, wird die Herzstücklücke sehr lang. Sie kann jedoch durch den Einbau von beweglichen Herzstückspitzen geschlossen werden. Je nach Bauart sind sie federnd- (fb) oder gelenkig-beweglich (gb). Dabei ist zu bedenken, dass jedes bewegliche Teil zusätzliche Kosten bei Herstellung, Einbau und Instandhaltung verursacht.

Weichenzungen und bewegliche Herzstückspitzen werden durch Antriebe bewegt. Bei einfachen Verhältnissen kann das von Hand direkt vor Ort (Weichenhebel) oder mittelbar über Drahtzugleitungen vom mechanischen Stellwerk aus geschehen. Bei modernen Stellwerkanlagen oder bei Fernwirktechnik (Telematik) sind elektrische Antriebe erforderlich. Um zu gewährleisten, dass durch Fahrzeuge belegte, ferngestellte Weichen nicht umgestellt werden können und bei gegen die Weichenspitze befahrenen Weichen die Weichenzungen auch exakt anliegen, werden sog. „Spitzenverschlüsse", Zungenprüfer und Riegel eingebaut. Kurze Weichen ohne bewegliches Herzstück haben nur einen Stellantrieb. Die derzeit längste Weiche der Welt, eine Klothoidenweiche mit rund 170 m Länge, hat zwölf Stellantriebe.

Charakterisiert werden die Weichen durch die Schienenform, den Zweiggleisradius sowie den Tangens des Winkels zwischen der Endneigung des Zweiggleisbogens und dem geraden Stammgleis (jeweils auf die Gleisachse bezogen): z. B. 54-190-1:9 oder 60-1200-1:18,5-fb. Teilweise wird auch noch die Schwellenart angegeben (H Holz, B Spannbeton, St Stahl).

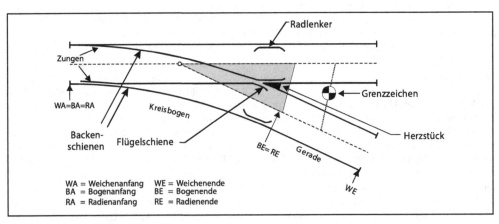

Abb. 7.2-4 Einfache Weiche (EW) mit Bogenherzstück

Die Grundform der Weichen wird unterschieden nach EW mit *geradem Herzstück* (der Zweiggleisbogen endet vor dem Herzstück) und EW mit *Bogenherzstück* (hier kann der Zweiggleisbogen bis zum Weichenende fortgeführt werden). Daraus abgeleitet ist die *Weiche mit geänderter Endneigung im Zweiggleis (Ez)* in verkürzter oder verlängerter Ausführung. Diese sind z. B. bei vom Regelabstand abweichenden Gleisachsenabständen notwendig.

Die zulässige Geschwindigkeit im Zweiggleis ist abhängig von dessen Radius bzw. Bogenverlauf.

Regelweichen werden nach definierten Richtzeichnungen gefertigt, sie können als gerade Weichen oder Bogenweichen direkt ab Werk bestellt werden.

Im Bereich von gekrümmten Stamm- und Zweiggleisen werden *Bogenweichen* eingesetzt. Dazu werden Weichen der Grundform gebogen. Bei gleichsinniger Krümmung von Stamm- und Zweiggleis entstehen Innenbogenweichen (IBW; Zweiggleisradius wird kleiner), bei gegensinniger Krümmung Außenbogenweichen (ABW; Zweiggleisradius wird größer). Die Differenz zwischen Zweiggleis- und Stammgleiskrümmung bleibt dabei erhalten: Bezeichnet r_0 den Radius des Zweiggleises der Weichengrundform, r_Z den Zweiggleisradius der Bogenweiche und r_S den Stammgleisradius der Bogenweiche, so gilt

$$\frac{1000}{r_0} = \frac{1000}{r_Z} - \frac{1000}{r_S}. \qquad (7.2.2)$$

Dabei ist zu beachten, dass bei Bogenweichen je nach Lage des Hauptfahrwegs (stärker oder schwächer gekrümmtes Gleis) die Bezeichnungen für Stamm- und Zweiggleis auch vertauscht sein können.

Zu den Sonderbauarten zählen

– *Klothoidenweichen.* Im Bereich von Schnellfahr- und Hochgeschwindigkeitsstrecken, in denen auch im abzweigenden Strang Geschwindigkeiten von ≥ 200 km/h möglich sein sollen, werden Klothoidenweichen eingebaut. Zur Zeit gibt es sie in zwei Ausführungen:
  – *Weiche für Abzweigstellen.* Nach der Weiche wird mit dem Weichenradius weitertrassiert. Der Weichenbogen beginnt an der Weichenspitze mit einer Klothoide als Vorbogen, die ausgehend von einem großen Anfangsradius

den eigentlichen Zweiggleisradius r_0 als Endradius aufweist (z. B. 60–10000/4000–1:32,050–fb). Der Zweiggleisradius erstreckt sich bis zum Weichenende.
  – *Weiche für Gleisverbindungen* (erforderlicher Gleisabstand $\geq 4{,}00$ m). Bei dieser Weiche beginnt der Weichenbogen wie vorstehend an der Weichenspitze, der Zweiggleisradius erstreckt sich aber nicht bis zum Weichenende, sondern wird mittels einer zweiten Klothoide in eine Gerade ($r = \infty$) überführt, da die Linienführung über eine kurze Zwischengerade in die Gegenweiche geführt werden muss (z. B. Weiche 60 – 10000/4000/∞-fb; die Weichenneigung wird nicht angegeben).
– *Doppel- und Mehrfachweichen.* Dort, wo in Bahnhofsköpfen und Verteilzonen eine größere Längenentwicklung nicht möglich oder nicht wünschenswert ist, kommen Doppel- oder Mehrfachweichen mit zwei- oder mehrfacher Verzweigung zur Anwendung. Da sie als Sonderkonstruktionen sehr teuer und außerdem sehr pflegebedürftig und -aufwendig sind, sollten sie möglichst vermieden werden.
– *Straßenbahnweichen.* Die Radreifenbreiten von Straßenbahnen, die vorwiegend auf straßenbündigen Gleisen mit Rillenschienen verkehren, sind relativ gering. Daher besteht in Weichen die Gefahr, dass das Rad in die Herzstücklücke absackt. Um dies zu vermeiden, wird im Bereich des Herzstückes von Rillenschienenweichen der Rillenboden so angehoben, dass das Rad auf dem Spurkranz statt auf der Radlauffläche abrollt. Wegen der geringen Höhe des Rillenschienenkopfes haben Straßenbahnweichen teilweise nicht wie üblich unterschlagende Zungen, sondern anschlagende.
– *Rillenschienenweichen* gibt es als typisierte Weichen mit den Zweiggleisradien $r_0 = 25$, 50, 100 und 150 m, mit durchlaufendem Bogen oder mit geradem Endteil. Sie werden mit Kurzzeichen für Art, Schienenform, Geometrie und konstruktive Ausführung gekennzeichnet: z. B. EW Ri 60 25–1 : 4–Fz (Sp) für Einfache Weiche mit Rillenschiene R 60, Zweiggleisradius $r_0 = 25$ m, Weichenendneigung 1:4, Federzungen und Spurstangen zur Spurhaltung.
– Eine weitere Besonderheit können *vorgezogene Weichenzungen* sein. Dabei liegt die Gleistren-

nung mehrere Meter vor dem Weichenbogen und dem Herzstück in der Geraden. Dort kann mit höherer Geschwindigkeit gefahren werden, was im Bereich von lichtsignalgeregelten Knotenpunkten eine Erhöhung der Zugfolge und damit der Leistungsfähigkeit ermöglicht.

– *Rückfallweichen* werden z. B. dort eingebaut, wo ein zweigleisiger Abschnitt in einen eingleisigen überführt werden muss (z. B. bei Straßeneinengungen, Kreuzungsstellen eingleisiger Strecken). Eine Rückfallvorrichtung bringt die Weiche, nachdem sie von einem Drehgestell oder Rad aufgeschnitten wurde, wieder in die Grundstellung zurück.

– *Gleisverschlingung:* Dort, wo ein Übergang von einem Gleis auf das andere nicht erforderlich ist, lassen sich die Rückfallweichen beiderseits eines eingleisigen Teilbereichs einer zweigleisigen Strecke durch unverbundenes Ineinanderschieben der beiden Gleise ersetzen. Bei der Ein- und Ausfahrt entsteht dabei je ein Herzstück. Es wird jedoch keine bewegliche Zunge benötigt. Dies reduziert die Investitionen und die Unterhaltungskosten.

– *Kletterweichen* werden bei Baustellen im Straßenbereich zum Herstellen vorübergehender Gleisverbindungen verwendet. Sie werden auf Schienen und Straßendecke aufgelegt. Durch ansteigende Rampenschienen werden die Fahrzeuge angehoben und fahren gleichsam in zweiter Ebene. Kletterweichen sind i. d. R. auffahrbar und werden vielfach als Rückfallweichen ausgebildet. Sie sind schnell montier- bzw. demontierbar, jedoch nur mit reduzierter Geschwindigkeit befahrbar.

Kreuzungen. Kreuzungen sind höhengleiche Gleisüberschneidungen ohne Zungenvorrichtungen mit zwei einfachen und zwei Doppelherzstücken. Sie werden unterschieden nach

– Regelkreuzungen (Neigung 1:9),
– Steilkreuzungen (Neigung < 1:9),
– Flachkreuzungen (Neigung > 1:9) mit beweglichen Doppelherzstückspitzen.

Die Bezeichnung erfolgt analog zu Weichen mittels der Schienenform und der Neigung.

Durch Biegen der geraden Grundform entstehen *Bogenkreuzungen.* Der kleinste erreichbare Radius beträgt 500 m. Kreuzungen, bei denen nur

eines der beiden Gleise gebogen ist (r_0 = 1200, 800 oder 500 m), werden mit der Schienenform, den Radien beider Gleise und der Neigung am Schnittpunkt bezeichnet, z. B.

$$60 - \frac{1200}{\infty} - 1:11,51 \, .$$

Kreuzungsweichen. Kreuzungsweichen erlauben gegenüber Kreuzungen zusätzlich den Wechsel in das andere Gleis. Sie unterscheiden sich in

– einfache *Kreuzungsweichen* (EKW) mit zwei Zungenvorrichtungen (Gleiswechsel ist nur einseitig möglich),
– doppelte *Kreuzungsweichen* (DKW) mit vier Zungenvorrichtungen (Gleiswechsel ist beidseitig möglich).

Die Grundformen der Kreuzungsweichen haben die Regelneigung 1:9 und die Zweiggleisradien r_0 = 190 m (Weichenzungen liegen innerhalb des Kreuzungsvierecks, Bezeichnung z. B. EKW 54-190-1:9) und r_0 = 500 m (Weichenzungen liegen außerhalb des Kreuzungsvierecks, Bezeichnung z. B. DKW 54-500-1:9).

Aus einfachen oder doppelten Kreuzungsweichen mit Zweiggleisradien von r_0 = 500 m können *Außen-* oder *Innenbogenkreuzungsweichen* mit $r_0 \geq 450$ m hergestellt werden (z. B. EABKW 54-500-1:9 bzw. DIBKW 54-500-1:9).

Kreuzungsweichen sind sehr investitionsaufwendig und äußerst unterhaltungsintensiv. Hinsichtlich Laufruhe und -sicherheit wirken sie störend. Nach Möglichkeit ist ein Einbau zu vermeiden. Falls örtlich möglich, können sie durch zwei mit der Spitze gegeneinander stehende einfache Weichen ersetzt werden.

Auswahl und Anordnung von Weichen, Kreuzungsweichen und Kreuzungen. Weichen sollen nur dann eingebaut werden, wenn die Fahrbeziehung anders nicht herstellbar ist.

Grundsätzlich ist die unter den vorhandenen baulichen und betrieblichen Bedingungen wirtschaftlichste Weiche zu wählen: Eine Minimierung der Kosten für Oberbau, Leit- und Sicherungstechnik unter Beachtung der zu erwartenden Unterhaltungskosten ist anzustreben.

Grundsätzlich ist ein fahrdynamisch günstiger Verlauf im Haupt- und möglichst auch im Nebenfahrweg anzustreben. Dabei soll im Hauptfahrweg

(i. Allg. das schneller befahrene Gleis) kein Krümmungswechsel vorhanden sein.

Um gegenseitige Beeinflussungen der Weichen zu vermeiden, aber auch wegen geometrischer und fahrdynamischer Randbedingungen der Fahrzeuge, sind beim Einbau von Weichen und Weichengruppen bestimmte Abstände einzuhalten. Diese sind abhängig von der Weichenbauart, den Fahrzeugen sowie der zulässigen Geschwindigkeit und können z. B. den Richtlinien der DB AG (Ril 800, Module 0110 und 0120) und des VDV entnommen werden.

Weichen sollen als einfache Weichen in den Grundformen verwendet werden. Wo sich ein gleichgerichteter weiterführender Bogen anschließt, sind Weichen mit Bogenherzstück zu wählen.

Bei starker Belastung im Zweiggleis dürfen auch Weichen für höhere Abzweiggeschwindigkeiten verwendet werden. Im Stammgleis müssen die Weichen mit Streckengeschwindigkeit befahrbar sein.

Zur Verbesserung der Linienführung in durchgehenden Hauptgleisen dürfen Bogenweichen ohne u oder mit $u \leq 100$ mm verwendet werden.

Zur Anwendung kommen i. d. R. Weichen mit feststehender Herzstückspitze, Weichen mit beweglichen Herzstückspitzen dort, wo es auf eine durchgehende Fahrkante für beide Räder ankommt (z. B. Fahrsicherheit und Fahrkomfort bei hoher Geschwindigkeit, Lärmschutz). Dabei kommen fb- und gb-Herzstücke zum Einsatz.

In Fahrstraßen mit zul $V > 200$ km/h müssen Weichen mit beweglichen Herzstückspitzen verwendet werden; bei Neubau und Erneuerung gilt dies auch für den Geschwindigkeitsbereich 160 bis 200 km/h und einem $u_f > 50$ mm (entspricht bei Normalspur einer freien Seitenbeschleunigung von 0,327 m/s²).

Klothoidenweichen sollen in allen Abzweigen, Gleisverbindungen mit anderen Strecken und Überleitstellen von NBS mit $V_e > 200$ km/h verwendet werden.

Neigungswechsel, Übergangsbogen (Ausnahme: Klothoidenweiche) und Überhöhungsrampen im Weichenbereich sind möglichst zu vermeiden. Über dem beweglichen Tragwerkende von Brücken sollen keine Weichen angeordnet werden.

Innerhalb vorhandener Bebauung ist bei Straßenbahnen die Wahl der Weichen von den Platzverhältnissen abhängig. Maßgebend ist die im abzweigenden Strang betrieblich erforderliche Geschwindigkeit.

Bei Weichen ist die in durchgehenden Hauptgleisen vorhandene Schienenform zu wählen, sonst ist sie jeweils in der Planung festzulegen.

Kreuzungen und Kreuzungsweichen mit starren Herzstückspitzen dürfen bei Neubauten nicht in Gleise eingebaut werden, die mit $V > 100$ km/h befahren werden, sonst nur, wenn die erforderlichen Fahrwege nicht mit einfachen Weichen hergestellt werden können.

Die Nutzlängen zusammenlaufender Gleise werden durch den Mindestgleisabstand bestimmt. Dieser ist abhängig vom jeweiligen Lichtraumprofil und beträgt für regelspurige Eisenbahnfahrzeuge gemäß EBO 3,50 m. Das i. d. R. an dieser Stelle stehende Grenzzeichen gibt die Grenze an, bis zu der bei zusammenlaufenden Gleisen das Gleis mit Fahrzeugen besetzt werden darf.

In Weichen mit Zweiggleisradien unter 250 m und in Fällen, in denen hinter dem Weichenende ein Gleisbogen mit $r < 250$ m anschließt, ist der Gleisabstand am Grenzzeichen um bis zu 1100 mm (bei $r_z = 100$ m) zu vergrößern.

Querschnittsgestaltung

Bei der Gestaltung des Streckenquerschnitts von Schienenbahnen sind u. a. folgende Elemente zu beachten:

– Umgrenzung des lichten Raumes bei elektrifizierten Strecken, der Regellichtraum für Strecken mit Oberleitung und die Oberleitungsanlagen (vgl. 7.2.4.2 und 7.2.4.6),
– Anzahl der Gleise,
– Fahrbahnquerschnitt (d. h. Abmessungen der Oberbauelemente),
– Rand-, Zwischen- und Rangierwege,
– Unterbau einschließlich Entwässerung (vgl. 7.2.4.7),
– Gleisabstände,
– Leit- und Sicherungsanlagen (vgl. 7.2.9), Signalanlagen und Fernmeldeeinrichtungen mit allen Kabelanlagen,
– Schall- und Lärmschutzanlagen.

Für regelspurige Eisenbahnen des ÖV gelten die Festlegungen der EBO. Für Bahnanlagen nach der BOStrab ergeben sich die Streckenquerschnitte aus der Umgrenzung des lichten Raumes (Lichtraumumgrenzungslinie) sowie den Zuschlägen zum lichten Raum nach den vorläufigen BOStrab-Lichtraum-richtlinien, den Sicherheitsräumen und den Räumen für Einbauten (z. B. Oberbau, Fahrleitungsanlagen, Signal- und Kabelanlagen). Herstellungstoleranzen von Bauwerken sind gesondert zu berücksichtigen. Die folgenden Angaben beziehen sich im Wesentlichen auf die Richtlinie 800.0130 der DB AG.

Fahrbahnquerschnitt. Die Querschnittsabmessungen der Fahrbahn sind abhängig von der Größe und Art der Belastung, der zulässigen Geschwindigkeit und den standardisierten Abmessungen der einzelnen Bauteile.

Rand-, Zwischen- und Rangierwege. Aus betrieblichen und bautechnischen Gründen ist es notwendig, Wege neben oder zwischen der Gleisbettung anzulegen. Sie sollen 80 cm (60 cm bei S-Bahnen) breit sein, bei abgeböschtem Schotterbett im Fußbereich $\geq$ 55 cm, im Rangierbereich 150 cm.

Randwege sind bei eingleisigen Strecken auf beiden Seiten neben der Gleisbettung anzuordnen; bei mehrgleisigen Strecken neben der Bettung der äußeren Gleise; in Bahnhöfen neben den äußeren Gleisen, ausgenommen im Bereich von Bahnsteigen, Rampen usw. Sie sind i. d. R. in Höhe und Neigung des Planums anzulegen und dienen u. a. der Erhaltung der Lagestabilität des Schotterbetts und somit des Gleises, der einwandfreien Abtragung der Lasten aus dem Eisenbahnbetrieb, dem Aufenthalt von Personen neben den Gleisen während der Vorbeifahrt von Zügen und der vorübergehenden Lagerung von Bauteilen und Arbeitsgeräten. Bei Randwegen mit anschließenden steil (α > 45°) abfallenden Böschungen oder auf Stützwänden mit einer Absturzhöhe von mehr als 1 m sind geeignete Absturzsicherungen anzubringen.

Zwischenwege sind anzuordnen zwischen höhengleich und parallel geführten Strecken nach jedem zweiten Gleis, neben den durchgehenden Hauptgleisen in den Bahnhöfen und – nur bei ausreichendem Gleisabstand – zwischen den durchgehenden Hauptgleisen. Zwischenwege sollen bei abgeböschtem Schotterbett in Höhe des Planums und bei durchgehendem Schotterbett in Höhe Oberkante (OK) Schwellen angelegt werden. Sie dienen dem Aufenthalt von Personen außerhalb des Gefahrenbereichs der Gleise während der Vorbeifahrt von Zügen. Bei elektrischer Traktion fallen sie i. d. R. mit der Mastgasse für die Oberleitung zusammen.

Rangierwege dienen der Behandlung von Wagen und Tfz. Ihre Oberfläche soll mit der OK Schwelle abschließen. Einbauten sind im Wegebereich von 0 bis 2,20 m über Wegoberfläche nicht zulässig (Ausnahme: Sprechstellen, Oberleitungsmasten, Signale, schalt- und rangiertechnische Einrichtungen).

Gleisabstand. Der Gleisabstand ist die kürzeste horizontale Entfernung benachbarter Gleisachsen. Die erforderlichen Gleisabstände ergeben sich i. Allg. aus den Lichtraumprofilen der Bahnen zuzüglich eventueller Sicherheitsräume. Sie sind je nach Bauart der Fahrzeuge in Bogen aufzuweiten.

Im Bestandsnetz der DB AG sind bei Streckengeschwindigkeiten V < 160 km/h noch Gleisabstände von 3,50 bis 4,00 m vorhanden. Bei Neu- und Umbauten sind nach Ril 800.0130 auf der freien Strecke in Geraden und Bogen mit $r \geq 250$ m folgende Regelgleisabstände herzustellen: Bei ABS ($V_e \leq 200$ km/h) 4,00 m, bei NBS ($V_e \leq 300$ km/h) 4,50 m und bei S-Bahnen ($V_e \leq 120$ km/h) 3,80 m. Beim Aufstellen von Beleuchtungs- oder Signalmasten zwischen den Gleisen (Gleiswechselbetrieb) ist ein Mindestabstand von 4,60 m (bei S-Bahnen 4,40 m) erforderlich. In Bahnhöfen gilt grundsätzlich ein Regelgleisabstand von 4,50 m. In Radien r < 250 m sind die Gleisabstände abhängig vom Radius um bis zu 1100 mm (bei r = 100 m) zu vergrößern.

Ist zwischen zwei Hauptgleisen ein Zwischenweg erforderlich, so erhöht sich der Gleisabstand auf 5,80 m ($V_e \leq 160$ km/h auf beiden Gleisen) bis 6,80 m (V_e > 160 km/h auf beiden Gleisen), bei S-Bahnen auf 5,40 m. Ist zwischen zwei Hauptgleisen eine Mastgasse für die Oberleitung erforderlich (i. d. R. nach jedem zweiten Gleis), so vergrößert sich der Gleisabstand abhängig von den Streckenhöchstgeschwindigkeiten auf 6,40 bzw. 6,80 m (V_e > 160 km/h in beiden Gleisen).

Planum. Die Planumsbreite setzt sich zusammen aus den o. g. Gleisabständen, den Gefahrenbereichen benachbarter Gleise (2,30 m bei $V_e \leq 120$ km/h (S-Bahnen); 2,50 m bei $V_e \leq 160$ km/h; 3,00 m bei V_e > 160 km/h) und dem Sicherheitsraum von 0,80 m.

Die erforderliche Verbreiterung des Planums in Gleisbogen (Überhöhung, vergrößerter Gleisabstand) soll an der Bogenaußenseite vorgenommen werden. Die Neigung des Erdplanums ist aus 7.2.4.7 ersichtlich.

Kabeltrassen. Werden Kabeltrassen innerhalb des Bahnkörpers vorgesehen, so sollen sie als Trog- oder Rohrtrassen in den Rand- oder Zwischenwegen angeordnet werden. Dabei sind ausreichende Abstände zur Gleismitte und zur Böschungskante einzuhalten.

Kabelquerungen sind rechtwinklig zur Gleisachse in Kunststoffrohren (Außendurchmesser 110 mm) vorzusehen. Die Überdeckung soll $\geq 1{,}00$ m (OK Schwelle zu OK Rohrzug) betragen. An Abzweigungen und statt enger Bogen sind Kabelschächte einzuplanen.

Abstände der Planumskanten und festen Anlagen von der Gleismitte. Bei ABS und NBS sollen Planumskanten und feste Anlagen i. d. R. 3,30 m bei $V_e \leq 160$ km/h bzw. 3,80 m bei $V_e > 160$ km/h von der Gleismitte entfernt sein. Dabei dürfen ab einer Höhe von 2,20 m über OK Rand- und Zwischenweg feste Anlagen in den Sicherheitsraum hineinragen.

Bei zweigleisigen Strecken mit $u > 20$ mm vergrößert sich der Abstand an der Bogenaußenseite auf bis zu 4,20 m. Bei Nebenbahnen kann bei beengten Verhältnissen der Abstand auf 3,00 m verringert werden.

Feste Anlagen von geringer Längenentwicklung (Oberleitungsmaste und Signale einschließlich Fundament, Stützen, Sprechstellen usw.) benötigen einen geringeren Abstand von der Gleismitte.

Lichte Höhe bzw. Weite unter Bauwerken. Die lichte Höhe und lichte Weite unter Bauwerken ist bei regelspurigen Eisenbahnen des ÖV gemäß EBO (Mindestwert), bei Bahnen nach BOStrab gemäß den vorläufigen BOStrab-Lichtraum-Richtlinien zu wählen. Es sind jeweils die Konstruktionshöhe der Oberleitungsanlagen und evtl. Sicherheitsabstände zu berücksichtigen.

Für die *lichte Höhe* gelten bei den Anlagen der DB AG zusätzlich die Regelungen der DB Netz AG, der DB Energie GmbH sowie des Bundesministeriums für Verkehr, Bau und Stadtentwicklung. Danach sollen die Unterkanten von Straßen- oder Fußwegbrücken über Eisenbahnstrecken mindestens 4,90 m (nicht elektrifizierte Strecken) bzw. 5,70 m (elektrifizierte Strecken im Feld zwischen zwei Masten) Höhe über SO sein. In der Neigung,

bei Höchstgeschwindigkeiten von $V = 160$ km/h und bei Überhöhung vergrößert sich dieser Wert je nach Mastabstand bis auf 7,40 m (im Bereich von Nachspannungen zusätzlich um 0,50 m). Bei Bauwerken mit größerer Ausdehnung längs der Bahnanlagen ist evtl. eine Konstruktionsänderung der Oberleitung zweckmäßig. Grundsätzlich ist die Planung – auch wegen erforderlicher Schlagleisten, Berührungsschutzdächer und Bahnerdung von Stahl- und Bewehrungsteilen – mit dem Oberleitungsdienst der Bahngesellschaft abzustimmen

Die *lichte Weite* (l. W.) soll auf der freien Strecke mindestens der Planumsbreite entsprechen. In Bahnhöfen beträgt der Abstand der Achse des nächstgelegenen Gleises bis zu Bauwerken i. d. R. mindestens 3,80 m.

Tunnel und Brücken. Tunnel und Brücken gehören zum Fahrwegunterbau (vgl. 7.2.4.7). Sie zeichnen sich durch lange Lebensdauer aus. Eine sorgfältige, weitschauende Planung und die Beachtung der technischen Regeln beim Bau sind deshalb unerlässlich.

Der *Tunnelquerschnitt* wird bestimmt durch die freizuhaltenden Räume für Flucht- und Wartungswege, die aerodynamischen Einflüsse, das Bauverfahren und die konstruktive Einpassung der Streckenausrüstung (Oberbau, Signale, Kabel).

Nach den Tunnelbaurichtlinien der BOStrab sind beidseits der Streckengleise Sicherheitsräume mit einer Standfläche von mindestens 0,50 m Breite vorzusehen. Ein für beide Gleise gemeinsamer Sicherheitsraum zwischen den Gleisen ist entsprechend breiter zu gestalten und zu kennzeichnen. Notausstiege sind in ausreichender Zahl und Entfernung anzuordnen.

Im Bereich der DB AG sind Tunnel nach dem UIC-Merkblatt 779-11, der EBA-Richtlinie „Anforderungen des Brand- und Katastrophenschutzes an den Bau und Betrieb von Eisenbahntunneln", der TSI-SRT (Technische Spezifikation für die Interoperabilität-Safety in Railway Tunnels; siehe auch 7.2.2.1) und der Ril 853 zu gestalten. Beim Neubau von Fernbahntunneln sind zur Rettung von Reisenden Fluchtwege von mindestens 1,20 m Breite, Notausgänge und an den Tunnelportalen Rettungsplätze vorzusehen. Die Fluchtweglänge zum nächsten „sicheren Bereich" (Notausgang) darf maximal 500 m betragen.

Bei S-Bahn-Tunneln mit geringen Haltestellen-abständen und bei bestehenden Anlagen benötigen eingleisige Tunnel auf einer Seite, zweigleisige Tunnel auf beiden Seiten einen Sicherheitsraum von mindestens 2,20 m Höhe und 0,80 m Breite.

Fehlt bei bestehenden Anlagen der seitliche Sicherheitsraum, so müssen gem. Ril 853.1002 im Abstand von etwa 25 m Sicherheitsnischen (sog. „Kauen") für jeweils zwei bis drei Personen vorhanden sein (bei zweigleisigen Tunneln beidseitig, bei eingleisigen einseitig).

Der Tunnelquerschnitt von Fernbahnen hängt neben den Anforderungen aus dem Lichtraumprofil (einschl. Fluchtwegbreite und Sicherheitsraum) und den vorgesehenen Einbauten maßgebend von der Entwurfsgeschwindigkeit V_e ab; aerodynamische Einflüsse müssen berücksichtigt werden. Die Ril 853.9001 enthält Richtzeichnungen für Tunnelquerschnitte für $V_e \leq 160$ km/h, $160 < V_e \leq 230$ km/h und $230 < V_e \leq 300$ km/h. Zu berücksichtigen ist auch die Oberbauform (SchO oder FF).

Lassen die Gebirgseigenschaften (z. B. keine Quellerscheinungen) den Einbau einer FF zu, so kann der Tunnelquerschnitt wegen der geringen Bau- und Nacharbeitshöhe gegenüber SchO bis zu 10 m^2 geringer ausfallen.

Je nach erwartetem Wasseranfall (Oberflächenwasser, Schichtwasser usw.) ist eine ausreichende Tunnelentwässerung einzuplanen. Entsprechende wasserrechtliche Genehmigungsverfahren sind zu beachten.

Bei geringer Überdeckung ist die offene Bauweise i. Allg. wirtschaftlicher als die Untertagebauweise. Auf feuerwiderstandsfähige Baustoffe bei tragenden Bauteilen und der Streckenausrüstung ist zu achten. Für den Brand- und Katastrophenschutz gilt neben den o. g. TSI- und EBA-Richtlinien ein spezielles Sicherheitskonzept der DB AG (KoRil 123.0111 „Notfallmanagement und Brandschutz in Eisenbahntunneln").

Für zweigleisige Strecken wurden in der Vergangenheit meist zweigleisige Tunnel verwendet. Bei größeren Längen und großer Überdeckung ergeben sich aus bautechnischer Sicht folgende grundsätzliche Lösungsvarianten zur Erfüllung der Sicherheitsanforderungen:

– zweigleisiger Tunnel mit Anordnung von Notausgängen in Abhängigkeit von der Tunnellänge (Regelfall),

– zwei eingleisige Paralleltunnel mit Verbindungsstollen,
– zweigleisiger Tunnel mit parallelem Rettungsstollen und Querverbindungen zum Tunnel,
– zwei eingleisige Paralleltunnel mit parallelem Rettungsstollen und Querverbindungen zu den Tunneln,
– weitere Kombinationen.

Gemäß der o. g. EBA-Richtlinie sind auf zweigleisigen Strecken bei Tunnelneubauten mit Längen > 1000 m die Fahrtunnel als parallele, eingleisige Tunnel anzulegen, wenn Mischbetrieb von Reise- und Güterzügen vorgesehen ist. Für die Flucht von Personen und den Einsatz von Rettungsdiensten sind Verbindungsstollen vorzusehen.

Der Querschnitt von *Eisenbahnbrücken* wird bestimmt durch die Umgrenzung des lichten Raumes der jeweiligen Bahn, der Anzahl der Gleise, dem Gleisabstand, dem Fahrbahnquerschnitt, ggf. der Form der Randkappe für die Streckenausrüstung, dem Randweg für den Aufenthalt von (Wartungs-)Personal sowie evtl. vorgesehenen maschinellen Instandhaltungsverfahren und Brückenbesichtigungsgeräten. Gegebenenfalls müssen Schall- und/oder Windschutzwände berücksichtigt werden.

Informationen zu Lastannahmen, Bemessung, Konstruktion und Bauausführung von Eisenbahnbrücken enthalten die Ril 804, die DIN-Fachberichte 101–104 und die DIN 1055-9. Regelungen für die Ermittlung der Tragfähigkeit bestehender Brücken sind in der Ril 805 getroffen.

Bei Rohrleitungen (bis 0,50 m l. W.) und Durchlässen (0,50 bis 2,00 m l. W.) soll die Überdeckung zwischen OK Tragwerk und OK Schwelle mindestens 1,50 m betragen (vgl. Ril 836).

Parallelführung mit anderen Verkehrswegen. Mit Ausnahme der im Straßenraum geführten Bahnen sind Schienenbahnen vor von der Fahrbahn abkommenden Fahrzeugen des anderen Verkehrsweges und vor Blendwirkungen zu schützen. Bei Eisenbahnen sollte ein Abstand von etwa 15 m angestrebt werden. Kleinere Abstände sind mit besonderen Schutzvorrichtungen wie Erdwällen usw. möglich.

Sonstige Vorschriften, Normen und Richtlinien. Zusätzlich zu den hier erwähnten Regelwerken sind zahlreiche weitere einschlägige Vorschriften,

Normen und Richtlinien zu beachten. Dies gilt auch für einen evtl. kreuzenden oder parallel geführten Verkehrsweg. Des Weiteren ist auch die ständige rechtliche und technische Weiterentwicklung mit der entsprechenden Anpassung des Regelwerks zu berücksichtigen.

7.2.4.8 Ausrüstung von Schienenstrecken

Zu der Ausrüstung von Schienenstrecken zählen vor allem die Anlagen der Stromzuführung, der Leit- und Sicherungstechnik sowie für den Lärmschutz.

Stromzuführungsanlagen

Die Stromzuführungsanlagen umfassen die im Bereich des Bahnkörpers befindlichen Teile der elektrischen Anlagen, die der direkten Stromversorgung der Schienenfahrzeuge dienen. Nicht dazu zählen die Bahnenergieversorgungsanlagen (Energieerzeugung, Bahnstromleitungen, Unterwerke, etc.).

Bei den Stromzuführungsanlagen ist grundsätzlich zu unterscheiden in Oberleitungsanlagen und Stromschienen; letztere finden Anwendung bei S-Bahnen (z. B. Hamburg, Berlin), U-Bahnen und Hochbahnen.

Weiter ist zu unterscheiden bei der Verwendung der Stromsysteme; näheres hierzu siehe 7.2.4.6, Abschnitt Stromsysteme.

Leit- und sicherungstechnische Anlagen

Grundsätzlich sind die Betreiber des Öffentlichen Schienenverkehrs nach dem geltenden Regelwerk (s. 7.2.3.1) zu einer sicheren Betriebsführung verpflichtet. Wesentlicher technischer Bestandteil hierfür ist die Ausrüstung von Bahnstrecken mit Leit- und Sicherungstechnik. Deren Ausprägung richtet sich danach, ob es sich um Eisenbahnstrecken gem. AEG oder um Straßenbahnstrecken gem. PBefG handelt.

Der Unterschied ergibt sich aus den unterschiedlichen Betriebsweisen:

- Fahren auf Sicht (z. B. bei Straßenbahnen auf straßenbündigen Bahnkörpern),
- Fahren im Raumabstand (Eisenbahnen, U-Bahnen, bei Straßenbahnen auf unabhängigen Bahnkörpern, in Tunneln oder auf Strecken mit einer Höchstgeschwindigkeit über 70 km/h).

Daraus resultieren unterschiedliche Anforderungen an die Leit- und Sicherungstechnik, die rechtsver-

bindlich in der EBO und der BOStrab sowie in den jeweiligen Regelwerken der Eisenbahn- und Straßenbahnunternehmen festgelegt sind. Näheres hierzu siehe 7.2.9.

Lärmschutzanlagen

Beim Lärmschutz ist zu unterscheiden zwischen passivem Schallschutz (Einbau spezieller Schallschutzfenster im Einwirkungsbereich von Eisenbahnstrecken) sowie aktivem Schallschutz (Lärmschutzwände, -wälle, -tunnel und Einhausungen). Die Ril 804, Modul 804.5501 beinhaltet Regelungen zur Planung und konstruktiven Gestaltung von Lärmschutzwänden und Steilwällen (z. B. Gabionen mit Steinfüllung oder mit Erdreich verfüllte Betonelemente).

In Deutschland besteht auf der Rechtsgrundlage der 16. Bundesimmissionsschutzverordnung (16. BImSchV) von 1990 eine Verpflichtung, beim Bau oder der wesentlichen Änderung von Schienenwegen bestimmte Grenzwerte einzuhalten (Lärmvorsorge). Dies geschieht bei gegebener Notwendigkeit durch die o. g. aktiven und passiven Schallschutzmaßnahmen.

Außerhalb dieser Maßnahmen finanziert der Bund seit 1999 ein sog. Lärmsanierungsprogramm, mit dem entlang von besonders betroffenen Streckenabschnitten ebenfalls Schallschutzwände gebaut oder Schallschutzfenster eingesetzt werden. Im Rahmen dieses Programms werden auch Lärmsanierungsmaßnahmen an Fahrzeugen (Verbundstoffbremssohlen an Güterwagen), Maßnahmen unmittelbar am Oberbau (Schienenstegdämpfer, besohlte Schwelle) sowie die Entwicklung sog. Mini-Lärmschutzwände (MSW) gefördert. Diese innovativen Maßnahmen verhindern bzw. behindern die Schallausbreitung bereits unmittelbar an der Quelle (Rad-Schiene-Kontakt).

7.2.5 Fahrdynamik

7.2.5.1 Rad–Schiene–Wechselwirkungen

Die den Anfängen des Eisenbahnwesens entstammende Rad–Schiene–Technik erscheint auf den ersten Blick recht einfach, bei näherem Hinsehen stellt sie sich jedoch als technisch bzw. physikalisch anspruchsvoll heraus.

Das Prinzip der Schienenbahnen ist das Zusammenwirken von Fahrzeug und Fahrweg an der

Rad-Schiene-Kontaktstelle. Dort müssen die Anforderungen des Tragens, Führens und Antreibens bzw. Bremsens erfüllt werden. Rad und Schiene sollen dabei so geformt sein, dass bei ruhigem, schwingungsarmem Fahrzeuglauf und größter Sicherheit gegen Entgleisen möglichst wenig Verschleiß auftritt.

Kraftübertragung (Reibung/Schlupf)

Für die Lastabtragung der senkrecht zur Rad-Schiene-Kontaktfläche wirkenden Kräfte ist es wichtig, dass der Raddurchmesser nicht zu klein ist, damit die in der Hertzschen Fläche übertragenen Druckspannungen nicht zu groß werden und keine bleibenden Deformationen an Rad und/oder Schiene eintreten. Parallel zur Kontaktfläche Rad-Schiene wirkende Seitenführungs-, Antriebs- und Bremskräfte werden durch Reibung übertragen. Bei der Haftreibung treten im Berührungsbereich durch die tangentiale Schubkraft elastische und plastische Verformungen sowie Verschiebungen in Kraftrichtung als sog. „nützlicher Schlupf" auf. Wird der Grenzwert der Haftreibung (bei etwa 10% Schlupf) überschritten, führt dies zum „freien Schlupf" – Gleiten (Rad dreht zu langsam) bzw. Durchdrehen (Rad dreht zu schnell gegenüber der Fahrgeschwindigkeit) –, die Reibungskraft fällt ab, die Raddrehungen werden instabil.

Die maximale Reibungskraft ist daher an den natürlichen Schlupf mit dem Grenzwert des Haftreibungsbeiwerts gebunden. Der Reibungsbeiwert ist nicht konstant: Er kann u. a. durch Aufrauhen der Oberflächen bzw. Sanden erhöht werden; Feuchtigkeit und Verschmutzungen durch Klima- und Umwelteinflüsse verringern die Reibung. Auch nimmt sie bei zunehmender Geschwindigkeit ab. Die bei der DB AG für Fahrzeitberechnungen verwendete empirische Formel für den Haftreibungsbeiwert μ für trockene Schienen lautet

$$\mu = \frac{7,5}{44 + V} + 0,161 \qquad (7.2.3)$$

(V in km/h) [Curtius/Kniffler 1950]. Sie hat einen hyperbolisch abnehmenden Verlauf, berücksichtigt jedoch nicht die in höheren Geschwindigkeitsbereichen zunehmenden dynamischen Einflüsse.

Während Eis und Schnee keine so große Bedeutung für das Antriebs- und Bremsverhalten eines Zuges haben, können Feuchtigkeit, Verschmutzungen durch umweltbedingte Schmierfilme sowie Laubfall im Herbst zu deutlichen Betriebseinflüssen infolge des sinkenden Haftreibungsbeiwertes führen. Bei mehreren angetriebenen Achsen sorgen die voraus laufenden Achsen für einen Reinigungseffekt und damit für eine Besserung.

Radsatz-/Radführung im Gleis

Räder bzw. Radsätze werden abhängig von der Form ihrer Lauffläche im Gleis geführt. Dabei werden die lauftechnischen Probleme – erhöhter Verschleiß bei der Führung im Gleisbogen, Laufwegunterschiede zwischen Innen- und Außenschiene bei Bogenfahrt, Laufunruhe, einseitiges Anlaufen des Spurkranzes bei außermittiger Achsbelastung, Lenkung der Räder bzw. der Radsätze im Bogen usw. – unterschiedlich gelöst.

Bei Verwendung von *Rillenschienen* (vgl. auch 7.2.4.7) entsteht bei kleiner Rillenweite infolge des geringen Spurspiels eine Zwangsführung der Räder. Ein rauer Fahrverlauf und erhöhter Verschleiß sind die Folge. Im Gleisbogen können die Achsen i. Allg. nicht zum Bogenmittelpunkt hin ausgerichtet werden. Beim Einlenken in den Bogen treten daher seitlicher Versatz der Räder und Schlupf auf, der die Laufwegunterschiede zwischen Innen- und Außenschiene ausgleicht. Eine Verbesserung bringen radial einstellbare Räder bzw. Radsätze. Die teilweise stattfindende Spurführung am Spurkranzrücken des bogeninneren Rades sowie die Gefahr des Verstopfens der Spurrille verringern die Entgleisungssicherheit.

Bei Bahnen mit eigenem Bahnkörper werden i. d. R. Gleise mit *Vignolschienen* eingebaut. Für die Führung im Spurkanal des Gleises sind die Räder mit kegelförmigen Laufflächen versehen. Die Schienen sind bei Vollbahnen entsprechend diesem Kegel nach innen geneigt. Mittels eines Radius ist der Übergang von der Radlauffläche zum Spurkranz als Hohlkehle ausgebildet. Der Abstand der Spurkranzflanken benachbarter Räder, das sog. „Spurmaß", ist kleiner als die Spurweite. Die Differenz bezeichnet man als „Spurspiel". Dieses darf zur Vermeidung von Zwängungen nicht zu klein sein, darf aber zur Vermeidung einer Laufunruhe andererseits auch nicht zu groß werden. Die Größen von Schienen- und Spurkranzverschleiß sowie von Spurmaßtoleranzen sind daher begrenzt.

Räder können mit torsions- und biegesteifer Achsverbindung zweier Räder als konventioneller *Radsatz* (Starrachse) – einzeln oder in Drehgestellen – angeordnet sein. Als *Radpaare* bezeichnet man drehzahl- und momentenentkoppelte Radsätze sowie paarweise in Drehgestellen angeordnete Losräder. *Selbstregelnde Einzelräder* sind unabhängig voneinander in besonderen Führungen aufgehängte Räder. Bei einer Querverschiebung des Rades in den Bereich der Hohlkehle ändert sich die Neigung der Berührungsfläche Rad–Schiene. Die verstärkte Schrägstellung der in der Berührungsfläche übertragenen Kraft vergrößert am anlaufenden Rad die rückstellende Seitenführungskraftkomponente, während sie am ablaufenden Rad klein bleibt. Diese Rückstellkraft zentriert das Fahrzeug im Spurkanal. Durch die Kegelform der Räder mit je nach seitlicher Stellung des Radsatzes im Gleis unterschiedlichem Raddurchmesser am Aufstandspunkt (Laufkreis) kann bei Gleisbogen mit entsprechend großem Radius der Laufwegunterschied ausgeglichen werden. Bei engeren Radien wird der dann zum Ausgleich notwendige Gleiteffekt (Schlupf) zumindest gemindert.

7.2.5.2 Fahrt im Gleisbogen

Beschleunigungen/Gleisparameter

Bei der Fahrt durch einen Gleisbogen tritt eine der führenden Zentripetalkraft entgegenwirkende Trägheitskraft („Zentrifugalkraft") auf. Die Wirkung dieser nach außen wirkenden Kraft lässt sich durch den Einfluss der Fallbeschleunigung verringern oder ganz ausschalten, indem man den Gleisbogen überhöht. Der Gleisparameter *Überhöhung* u ist dabei die vertikal gemessene Höhendifferenz zwischen den beiden Schienenoberflächen (Abb. 7.2-5).

Die Größe der in Gleisebene wirkenden Seitenbeschleunigung ist abhängig von dem Bogenradius an der Stelle x des Bogens, von der gefahrenen Geschwindigkeit und der örtlich vorhandenen Überhöhung u. Ist für die gefahrene Geschwindigkeit zu wenig oder zu viel überhöht, so verbleibt eine *nicht ausgeglichene Seitenbeschleunigung* a_q. Je nachdem, ob a_q größer, kleiner oder gleich Null ist, werden folgende Gleisparameter definiert:

– u_0 entspricht der rechnerischen Überhöhung, welche die Seitenbeschleunigung vollständig ausgleicht ($a_q = 0$),

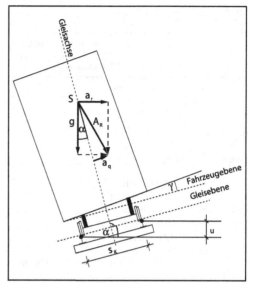

Abb. 7.2-5 Fahrt im Gleisbogen (GSt-Fahrzeug)

– u entspricht der vor Ort vorhandenen baulichen Überhöhung,
– u_f entspricht als Überhöhungsfehlbetrag der bei $u < u_0$ dann nicht ausgeglichenen, nach außen wirkenden Seitenbeschleunigung ($a_q > 0$),
– u_{GSt} entspricht bei NeiTech-Fahrzeugen der durch die Wagenkastenneigung hervorgerufenen scheinbaren Überhöhung, die der Seitenbeschleunigung entgegenwirkt,
– u_u entspricht als Überhöhungsüberschuss ($u > u_0$) der dann nach der Bogeninnenseite wirkenden Beschleunigung ($a_q < 0$).

Die Höchstwerte der Gleisparameter beeinflussen die Trassierungsparameter (vgl. 7.2.6) ebenso direkt wie die topographische Anpassung der Linienführung, den Fahrkomfort, die Investitionen, die Unterhaltungskosten und verschiedene Fahrzeugparameter. Für die Gleisparameter u und u_f gelten die in den Tabellen 7.2-3 bis 7.2-5 dargestellten Planungswerte.

Für Eisenbahnen des Bundes sind sie auf der Basis der EBO gemäß der Ril 800.0110 der DB AG „Netzinfrastruktur Technik entwerfen" innerhalb eines Ermessens- bzw. eines Genehmigungsbereichs zu bestimmen. Der *Ermessensbereich* für die

Tabelle 7.2-3 Planungswerte für die Überhöhung u (Tabelle 4 der Richtlinie 800.0110)

Gleis	Weiche, Kreuzung, Kreuzungsweiche und Schienenauszug
Mindestwert	
$\min u = \dfrac{11{,}8 \cdot v^2}{r} - u_f \, [\mathrm{mm}]$	
Regelwert	
$\operatorname{reg} u = \dfrac{6{,}5 \cdot v^2}{r} \, [\mathrm{mm}]$	–
Ermessensgrenze	
Schotteroberbau: u = 160 mm	
Feste Fahrbahn: u = 170 mm	u = 120 mm[5]
an Bahnsteigen[6]: u = 100 mm	
Zustimmungswert	
Schotteroberbau: u > 160 mm	
	120 mm < u ≤ 150 mm
Feste Fahrbahn: u > 170 mm	
EBO-Grenze	
u = 180 mm siehe § 6 (3) EBO	
TSI HGV – Grenzwert	
(siehe Ril 800.0110A01)	

[5] Bei Neuplanungen soll u = 100 mm nicht überschritten werden.

[6] Die Überhöhung an Bahnsteigen ist mit DB Station & Service abzustimmen. Ril 813.0201 ist zu beachten.

Gleisparameter der Linienführung erstreckt sich hierbei über drei Werte:

– Höchst- bzw. Mindestwert (Erfordernis der exakten Herstellbarkeit und Aufrechterhaltung),
– Regelwert,
– Ermessensgrenze (bestimmt u.a. durch Wirtschaftlichkeitsaspekte).

Höchst- bzw. Mindestwert und Regelwert sind unter den Aspekten Fahrkomfort und Instandhaltung definiert. Bei der Wahl des Gleisparameterwerts im Bereich zwischen diesen beiden Werten werden bei normalen Randbedingungen in dieser Hinsicht keine Nachteile erwartet. Wählt man Werte im Bereich zwischen Regelwert und Ermessensgrenze, ist die Notwendigkeit entsprechend zu begründen (Topographie, vorhandene Anlagen usw.). Der *Ge-*

Tabelle 7.2-4 Planungswerte für den Überhöhungsfehlbetrag u_f (Tabelle 5 der Richtlinie 800.0110)

Gleis	Weiche, Kreuzung, Kreuzungsweiche und Schienenauszug
Ermessensgrenze	
u_f = 130 mm[9] bei Radien ≥ 650 m u_f = 150 mm[10]	u_f nach Tabelle 6 *bei Rangiergeschwindigkeit: zul u_f ≤ 130 mm*
Zustimmungswert	
bei Radien 250 m ≤ r < 650 m 130 mm < u_f ≤ 150 mm[10]	u_f (nach Tabelle 6) + 20%
TSI HGV – Grenzwerte	
(siehe Ril 800.0110A01)	

[9] Güterwagen (siehe § 40 (2) EBO) sind i.d.R. fahrtechnisch nur für max u_f = 130 mm zugelassen.

[10] u_f > 130 mm für Fahrzeuge mit entsprechender fahrtechnischer Zulassung und außerhalb von Zwangspunkten, wie Brücken mit Offener Fahrbahn sowie Bahnübergängen mit starren Belägen.

nehmigungsbereich erstreckt sich über die zwei Bereiche:

– Zustimmungswert und
– EBO-Grenze.

Der Genehmigungsbereich darf nur mit Zustimmung der Zentrale der DB Netz AG in Anspruch genommen werden.

Zu den *Beschleunigungen* bzw. Gleisparametern lassen sich mit s_K als Abstand der Radaufstandspunkte (1500 mm bei Normalspur, 1050 mm bei Meterspur) und α als Winkel zwischen der überhöhten Gleisfläche und der Horizontalen folgende Zusammenhänge zeigen (vgl. Abb. 7.2-5):

$$\sin \alpha = u / s_K \qquad (7.2.4)$$

Die parallel zur Gleisebene auftretende *freie Seitenbeschleunigung* a_q errechnet sich aus:

$$a_q = a_r \cdot \cos \alpha - g \cdot \sin \alpha \qquad (7.2.5)$$

$$\text{mit} \qquad a_r = \frac{v^2}{r} \qquad (7.2.6)$$

Gleichungen (7.2.4) und (7.2.6) in Gl. (7.2.5) eingesetzt und nach *u* aufgelöst ergibt

Tabelle 7.2-5 Ermessensgrenzen für den Überhöhungsfehlbetrag in Weichen, Kreuzungen, Kreuzungsweichen und Schienenauszügen (Tabelle 6 der Richtlinie 800.0110)

Konstruktion	Geschwindigkeit v in km/h			
	V ≤ 160	160 < v ≤ 200	200 < v ≤ 230	230 < v ≤ 300
Weichenbogen mit starrer Herzstückspitze im Innenstrang	≤ 110 mm	12)		–
Weichenbogen mit starrer Herzstückspitze im Außenstrang	≤ 110 mm	≤ 90 mm	12)	–
Bogenkreuzung und Bogenkreuzungsweiche	≤ 100 mm	–		
Weichenbogen mit beweglicher Herzstückspitze	≤ 130 mm	12)		
Schienenauszug im Bogen	≤ 100 mm	≤ 60 mm		

12) Im Einzelfall mit der Zentrale zu regeln.

$$u = \frac{s_k}{g} \cdot \left(\frac{v^2}{r} \cdot \cos\alpha - a_q \right) \qquad (7.2.7)$$

Sämtliche auftretende Seitenbeschleunigungen können mit dieser Formel in Überhöhungsbeträge umgerechnet werden.

Für Berechnungen in der Praxis kann bis zur Summe aller Überhöhungsparameter *(u)* von 160 mm überschlägig

$$\cos\alpha \approx 1 \qquad (7.2.8)$$

gesetzt werden. Die bei der Bogenfahrt auftretende Seitenbeschleunigung a_q in Fahrwegebene ergibt sich damit zu

$$a_q = \frac{v^2}{r} - \frac{g \cdot u}{s_k} \qquad (7.2.9)$$

und daraus die Überhöhung *u* zu

$$u = \frac{s_k}{g} \cdot \left(\frac{v^2}{r} - a_q \right). \qquad (7.2.10)$$

Bei Normalspur (s_K = 1500 mm) erhält man aus Gl. (7.2-10) die technische Formel („Praxisformel", nicht dimensionsrein) für die ausgeglichene Überhöhung u_0 (a_q = 0)

$$u_0 = 11{,}8 \cdot \frac{(V)^2}{r} \qquad (7.2.11)$$

(u_0 in mm, *r* in m, *V* in km/h).

Für den Fahrgastkomfort ist die Seitenbeschleunigung a_y in *Fahrzeugebene* maßgebend. Diese lässt sich durch zusätzliche Neigung des Wagenkastens („GSt" oder „NeiTech" genannt) gegenüber der in Gleisebene vorhandenen Seitenbeschleunigung a_q deutlich verringern. Betrachtet man die Neigung des Wagenkastens als fiktive Vergrößerung der Überhöhung um den Wert u_{GST}, so gilt für den zur nicht ausgeglichenen Seitenbeschleunigung proportionalen Überhöhungsfehlbetrag

$$u_f = u_0 - (u + u_{GSt}). \qquad (7.2.12)$$

Bei der Berechnung dieser Werte sollten wegen des Einflusses von α die korrekten trigonometrischen Beziehungen angesetzt werden.

Während bei konventionellen Zügen die Höchstgeschwindigkeit in Gleisbogen v.a. durch den Fahrgastkomfort (a_y) bestimmt wird, treten beim Einsatz von GSt-Fahrzeugen die Festigkeitseigenschaften des Oberbaus mit in den Vordergrund. Infolge der höheren Geschwindigkeit der GSt-Fahrzeuge sind auch die in Gleisebene wirkenden Kräfte größer. Bei einer Anhebung der Geschwindigkeit um 25% nehmen die Seitenkräfte im Gleis um über 50% zu.

Entgleisen

Entgleisungen von Fahrzeugen können sehr unterschiedliche Ursachen haben. Dabei sind Mängel am Fahrweg (Schienenbrüche, Gleisverwerfungen usw.) und an den Fahrzeugen (Brüche von Achsen oder Rädern, verschobene Ladung usw.) genauso wenig allgemein fassbar wie Hindernisse im Gleis (Fahrzeuge, Bäume usw.).

Allgemein beschrieben werden kann die im Regelbetrieb durch Überschreiten der zulässigen Geschwindigkeit vorkommende *Entgleisung infolge Spurkranzaufkletterns*. Besonders gefährlich ist dabei das gleichzeitige Auftreten von Seitenstößen aus Imperfektionen in der Gleisgeometrie und Radentlastungen durch einseitige Ladung oder bei zu steilen Überhöhungsrampen.

Mit dem *Entgleisungskriterium* ist das Verhältnis Spurführungskraft Y zu Radlast Q definiert, wobei sich Q aus der auf dem Rad abgestützten Fahrzeugmasse ergibt. Überschreitet dieser Quotient einen definierten Grenzwert, so ist mit Entgleisung zu rechnen. Dieser Grenzwert ist i. Allg. von der Form des Spurkranzes und der Schiene, vom Anlaufwinkel (Bogenradius) und dem Reibungsbeiwert sowie der Stabilität des Oberbaus abhängig.

Die Entgleisungssicherheit eines Fahrzeugs gilt nach den empirischen Ermittlungen von Prud'homme als gewährleistet, wenn

$$\frac{Y}{Q} < 1,2 \qquad (7.2.13)$$

bzw. bei Bogen mit $r < 300$ m

$$\frac{Y}{Q} < 0,8 \qquad (7.2.14)$$

ist. Beide Grenzwerte gelten bei stabilisierter Bettung und Betonschwellen B 70 oder schwerer (auch bei FF).

Durch intensive Wartung von Fahrweg und Fahrzeugen, radial einstellbaren Rädern bzw. Radsätzen sowie Vermeidung hoher Längsdruckkräfte bei leichten Fahrzeugen im Zugverband (z. B. leere Güterwagen in schweren Güterzügen) kann die Entgleisungsgefahr durch Spurkranzaufklettern verringert werden.

Besonders bei der Einfahrt mit hoher Geschwindigkeit in einen engen Gleisbogen ohne Übergangsbogen (z. B. Zweiggleisbogen nicht überhöhter Weichen) treten dynamische Wirkungen auf, die eine Entgleisung begünstigen. Die Grenzgeschwindigkeit, ab der mit Entgleisung gerechnet werden muss, heißt „Entgleisungsgeschwindig-

keit" V_{ES}. Sie hängt nicht nur vom Bogenradius r ab, sondern auch weitgehend von der Bauart der Fahrzeuge (Schramm 1975). Eine allgemeingültige geschlossene Herleitung einer mathematisch-physikalischen Formel ist daher nicht möglich; es gibt allerdings verschiedene empirische Formeln, mit denen eine *Entgleisungsgeschwindigkeit* bestimmt werden kann.

Für die Größe der zulässigen Geschwindigkeit ist ein ausreichender Sicherheitsfaktor zu berücksichtigen. Die *Entgleisungssicherheit* beruht dabei auf Untersuchungen mit konventionellen Drehgestellen. Wie Versuchsfahrten zeigten, ist selbst im Bereich höherer Geschwindigkeiten – auch mit GSt-Fahrzeugen – der Sicherheitsabstand gegenüber dem Spurkranzaufklettern bei weitem noch nicht ausgeschöpft.

Bei Verwendung von radial einstellbaren Rädern bzw. Radsätzen gelten die gleichen Annahmen, obwohl die Querkraft bei dieser Bauart niedriger ist als bei den hier unterstellten konventionellen Drehgestellen.

Wird bei der Bogenfahrt die *Kippgeschwindigkeit* V_{EK} überschritten, können Fahrzeuge über die Außenschiene kippen. Die Größe von V_{EK} ist abhängig vom Bogenradius, der Gleisüberhöhung im Bogen, der Lage des Fahrzeugschwerpunkts, des Gleiszustandes (Geometrie, Imperfektionen) und der Stärke des Seitenwinds. Für regelspurige Fahrzeuge gibt Schramm

$$V_{EK} = \sqrt{r\left(\frac{107,4}{h} + 85\,u - 12,7\right)} \qquad (7.2.15)$$

an. Dabei erhält man V_{EK} in [km/h], wenn der Radius r in m, die Schwerpunktshöhe h in m und die Gleisüberhöhung u in mm eingesetzt werden. Die Höhe des Fahrzeugschwerpunkts über SO beträgt etwa

1,10..1,70 m bei Güterwagen,
1,47..1,75 m bei Triebwagen,
1,50..1,70 m bei Personenwagen,
1,25..1,52 m bei E-Loks.

V_{EK} liegt höher als V_{ES}. Imperfektionen im Fahrweg und bei Fahrzeugen (z. B. verschobene Ladung) können V_{EK} jedoch herabsetzen. Meist kommt es aber vorher zum Entgleisen durch Spurkranzaufklettern.

7.2.5.3 Widerstände

Jeder realen Bewegung setzen sich Widerstandskräfte, kurz Widerstände, entgegen. Bei den Schienenbahnen unterscheidet man dabei zwischen geschwindigkeitsunabhängigen Streckenwiderständen und geschwindigkeitsabhängigen Fahrwiderständen. Im Tunnel treten beide Widerstandsarten auf. Für die praktische Anwendung hat es sich als sinnvoll erwiesen, diese Widerstandskräfte W jeweils auf das Zuggewicht G_{Zug} zu beziehen. Dabei wird der Quotient

$$w = \frac{W}{G_{Zug}} \qquad (7.2.16)$$

als „spezifischer Widerstand" bezeichnet (w in ‰, W in N und G_{Zug} in kN).

Streckenwiderstände

Der Streckenwiderstand setzt sich aus dem Steigungs-, dem Bogen- und dem Weichenwiderstand zusammen, die im Folgenden betrachtet werden.

– *Steigungswiderstand:* Auf ein Fahrzeug mit der Gewichtskraft G, das sich in der Neigung

$$I = \tan \alpha \qquad (7.2.17)$$

bewegt, wirkt in Richtung der Fahrbahn die Hangabtriebskraft

$$G \cdot \sin \alpha \, .$$

Bei einer Steigung muss diese Hangabtriebskraft als Widerstand überwunden werden. Bei der Bewegung hangabwärts wirkt sie dagegen beschleunigend. Mit Ausnahme steiler Bergbahnen kann für praktische Berechnungen

$$\sin \alpha = \tan \alpha$$

als sehr gute Näherung angenommen werden. Der Steigungswiderstand errechnet sich dann zu

$$W_S = G \cdot \tan \alpha = G \cdot I. \qquad (7.2.18)$$

– *Bogenwiderstand:* Im Gleisbogen erhöht sich der Streckenwiderstand. Dieser Bogenwiderstand entsteht durch den zuvor beschriebenen Rad-/

Radsatzlauf und die Berührungsgeometrie der Räder (vgl. 7.2.5.2). Dabei ist zu beachten, dass Eisenbahnachsen weder ein Differential (Ausgleichsgetriebe) noch überwiegend radial einstellbare Räder haben. Neben seiner Bedeutung für das Trassieren der Strecken spielt der Bogenwiderstand besonders bei der Gestaltung von Rangierbahnhöfen und Bahnhofsköpfen eine Rolle. Im Regelfall bewegt sich der spezifische Bogenwiderstand in einem Bereich von 0,5 ‰ bis 2,5 ‰. In der Praxis zeigt sich, dass der spezifische Bogenwiderstand bei einem Radius unter 400 m auf über 2 ‰ ansteigt. Für die Berechnung des spezifischen Bogenwiderstandes gibt es Näherungsformeln u. a. von Röckl und Protopapadakis (vgl. [Matthews 2007]).

– *Weichenwiderstand:* Der Weichenwiderstand spielt überwiegend im Rangierbetrieb und im Bahnhofsbereich eine Rolle. Er entsteht im Wesentlichen durch

– das Befahren des Weichenbogens,
– die unstetige Führung der Räder beim Befahren starrer Herzstücke,
– die Zwangsführung an den Radlenkern.

Je nach Weichenbauart liegt er zwischen 0,5 ‰ und 1 ‰.

– *Maßgebende Steigung:* Um eine einfachere Handhabung für Trassierungsaufgaben zu haben, definiert der Ausdruck

$$w_{str} = w_r \pm w_s \qquad (7.2.19)$$

den spezifischen Streckenwiderstand. Dieser spielt besonders für die Bergfahrt eine Rolle. Um nicht unnötige Leistungsreserven des Antriebs für große Bogenwiderstände vorhalten zu müssen, wird versucht eine Gradiente zu finden, die eine gleichmäßige Lokleistung über die gesamte Steigungsstrecke erlaubt. Man erreicht dies, indem man in Bogen den Neigungswiderstand – also die Steigung – um den spezifischen Bogenwiderstand verringert und erhält dann für die Steigungsstrecke die Bedingung

$$w_{str} = w_r + w_s = \text{const} = s_{ma} \qquad (7.2.20)$$

Man bezeichnet s_{ma} als „maßgebende Steigung" einer Strecke. Für jede Tfz-Baureihe bestimmt sie

die höchstmögliche Zuglast auf diesem Streckenabschnitt.

Fahrwiderstände

Fahrwiderstände entstehen bei der Fahrt am Fahrzeug selbst. Sie sind ausschließlich von der Fahr-
zeug-/Fahrwerkkonstruktion abhängig. Man unterscheidet die Komponenten Laufwiderstand W_F und
den Beschleunigungswiderstand W_{ax}.

- *Laufwiderstand:* Der Laufwiderstand W_F eines
  Schienenfahrzeuges setzt sich zusammen aus
  dem Rollwiderstand W_μ und dem Luftwiderstand
  W_L.
  Der *Rollwiderstand* W_μ ist abhängig von der Rad-
  bzw. Radsatzlast und den tribologischen Eigenschaften der Kontaktfläche zwischen Rad und
  Schiene. Als weiterer tribologischer Anteil ist im
  Rollwiderstand der Reibungswiderstand aus den
  mechanischen Widerständen der Lager und der
  Kraftübertragungseinheiten enthalten. Bei Eisen-
  bahnfahrzeugen beträgt der durchschnittliche
  spezifische Rollwiderstand $w_\mu = 1{,}7‰$.
  Der *Aerodynamische (Luft-)Widerstand* W_L dominiert mit zunehmender Geschwindigkeit als
  Teil des Laufwiderstands. Er ist abhängig von
  - der Fahrgeschwindigkeit relativ zur Wind-
    strömung,
  - der angeströmten Fläche,
  - der Oberflächenreibung sowie
  - der Druck- und Sogverteilung.
  Der Luftwiderstand wird vor allem in Form von
  Schallwellen (Lärm) an die Umgebung abgegeben.
  Im Schienenverkehr liegt der Anteil des Luftwi-
  derstands im Bereich mittlerer Geschwindigkeiten
  bei ca. 3‰. Durch
  - strömungsgünstigere Formgebung,
  - Verminderung der Achsen und
  - Gestaltung des Fahrzeugquerschnitts
  kann der Fahrwiderstand – und damit auch der
  abgestrahlte Lärm – deutlich verringert werden.
- *Beschleunigungswiderstand:* Der Beschleunigungswiderstand ist im eigentlichen Sinne des
  Wortes kein Widerstand, sondern eine Massen-
  trägheitskraft. Sie tritt auf, wenn sich die Geschwindigkeit des Zuges ändert, der Zug also
  beschleunigt oder gebremst wird. Dabei spielt
  nicht nur die Masse des Zuges eine Rolle, son-

dern auch die Trägheit der im Zug rotierenden
Teile. Üblicherweise wird dies berücksichtigt, indem man die Zugmasse m mit einem Faktor $\rho > 1$
erweitert und damit die fiktive Zugmasse m' erhält. Mit der Längsbeschleunigung a_x beträgt der
Beschleunigungswiderstand damit:

$$W_{ax} = m' \cdot a_x. \tag{7.2.21}$$

Tunnelwiderstand

Der Tunnelwiderstand W_T entsteht durch die vom
Fahrzeug erzeugte Kolbenwirkung in der Tunnel-
röhre gegen die stehende Umgebungsluft außerhalb
des Tunnels und beinhaltet das Beschleunigen der
verdrängten Luftmassen, die Reibung gegen die
Luftströmung sowie die Wirkung von Druck- und
Sogkräften. Maßgebend ist dabei das Versperrmaß

$$R = \frac{A_{Tu}}{A_{Fz}} \tag{7.2.22}$$

mit A_{Tu} =Tunnelquerschnitt und A_{Fu} = Fahrzeug-
querschnitt.

7.2.5.4 Zugkraft, Leistung, Fahrzeitgewinne

Für die auf die Räder übertragbare Kraft Z ist die
effektive Leistung P_e maßgebend. Sie ergibt sich
aus der im Fahrzeug installierten induzierten Leistung P_i, reduziert um den Wirkungsgrad η, der Seitenbeschleunigung a_x und der Geschwindigkeit v
(in m/s)

$$P_e = \eta \cdot m \cdot a_x \cdot v. \tag{7.2.23}$$

m bezeichnet dabei die Gesamtmasse des betrachteten Fahrzeug(verband)s. Außerdem muss noch
nach Reibungsmasse m_r (Masse, deren Gewichts-
kräfte auf die angetriebenen Räder wirken) und
Rotationsmasse m_ρ (Masse der rotierenden Teile
wie Lauf- und Triebachsen, Getriebe) unterschieden werden.

In der Regel genügt für die Betrachtung der
translatorischen Bewegung eines Fahrzeugverbands die *Massepunkt-Betrachtung*. Bei großen
Steigungen und relativ schwach motorisierten Zügen bzw. bei fahrdynamischer Trassierung kann es
allerdings vorkommen, dass die Lauf- und Streckenwiderstände größer sind als die wirksame An-

triebskraft bzw. ein Fahrzeitgewinn erzielt werden soll. Zur Überwindung der Höhendifferenz muss der Zug dann am Fuße der Steigung eine genügend große Geschwindigkeit haben, um mit der gespeicherten kinetischen Energie die notwendige Hubarbeit verrichten zu können (Anlaufsteigung). Hierbei ist eine Betrachtung nach dem *Masseband-Modell* mit über die Zuglänge verteilter Zugmasse m erforderlich. Für theoretische Fahrzeitberechnungen sowie bei der qualitativen und quantitativen Betrachtung der Abstimmung zwischen Fahrweg und Fahrzeug wird i. Allg. das aus der Schulphysik bekannte Massepunkt-Modell angewandt.

Installierte Leistung und Zugkraftüberschuss
Die während der Fahrt eines Eisenbahnfahrzeugs auf die Schiene übertragene, im Fahrzeug erzeugte Zugkraft ist genau so groß wie die Summe aller Widerstände. Soll das Fahrzeug beschleunigt werden, so muss die Zugkraft größer sein als die Summe der Lauf- und Streckenwiderstände. Dabei bezeichnet der *Zugkraftüberschuss* $Z_ü$ die Differenz zwischen Zugkraft und Summe der Lauf- und Streckenwiderstände. Der spezifische Zugkraftüberschuss wird i. d. R. bei elektrischer Traktion mit 5 N/kN gefordert. $Z_ü$ ist in diesem Fall also so groß, dass eine Steigung von 5‰ mit konstanter Geschwindigkeit befahren werden kann. Da die Zugkraft direkt von der installierten Leistung abhängt, muss aus Wirtschaftlichkeitsgründen darauf geachtet werden, dass – je nach unterstelltem Zugkraftüberschuss – der Leistungsüberschuss in einem Fahrzeug nicht zu groß wird.

Fahrzeitgewinne
Fahrzeitgewinne erreicht man in Abhängigkeit von der installierten Leistung und der zu bewegenden Gesamtmasse m durch die Komponenten

– *Höchstgeschwindigkeit.* Durch den hyperbolischen Verlauf der Zugkraft-Geschwindigkeitskurve (Abb. 7.2-6) lassen sich Fahrzeitgewinne durch Anheben der Höchstgeschwindigkeit hauptsächlich im unteren Geschwindigkeitsbereich erzielen, im oberen Geschwindigkeitsbereich sind sie wegen des asymptotischen Verlaufs der Hyperbel eher gering.
– *Beschleunigung.* Hohe Beschleunigungswerte bedeuten Fahrzeitgewinn, da schneller eine hö-

here Geschwindigkeit erreicht werden kann. Nahverkehrstriebwagen sind auf Grund ihrer vielen Unterwegshalte für hohe Beschleunigungen ausgelegt und daher oft an allen Achsen angetrieben. Die Anfahrbeschleunigung z. B. von S-Bahnen wird aus Komfortgründen auf 1,0 m/s² begrenzt, im Gegensatz zu RE/RB-Zügen, bei denen aufgrund der technischen Gegebenheiten (i. d. R. lokbespannt) die Anfahrbeschleunigung maximal 0,5 m/s² beträgt. Technisch möglich sind heute Anfahrbeschleunigungen bis zu 1,6 m/s² bei allachsangetriebenen Schienenfahrzeugen (z. B. Shinkansen).

Übertragbare Leistung
Neben der Haftreibung gilt die thermische Begrenzung für die Motorleistung als eine weitere Grenze für die übertragbare Leistung. Sie ist durch den elektrischen Widerstand in den Transformatoren und Motoren gegeben und wird bereits in die Motorkennlinien eingearbeitet. Die Kennlinie ist in

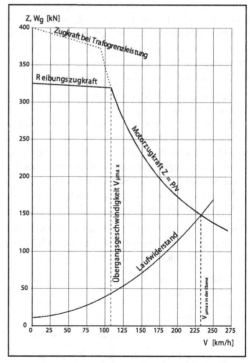

Abb. 7.2-6 Z-V-Diagramm

einem Zugkraft-Geschwindigkeits-Diagramm (vgl. Abb. 7.2-6) dargestellt.

Dieses Z-V-Diagramm zeigt die im Anfahrbereich durch die Haftreibung zwischen Rad und Schiene maßgebende übertragbare Kraft. Die Motorkennlinie allein würde im Anfahrbereich wesentlich höhere, nur theoretisch übertragbare Zugkräfte zulassen. Als Übergangs- oder Grenzgeschwindigkeit $V_{\mu max}$ bezeichnet man den Geschwindigkeitswert, bei dem im Z-V-Diagramm die Reibungszugkraftkurve die Motorkennlinie schneidet. Für höhere Geschwindigkeiten bis zur maximal möglichen Höchstgeschwindigkeit ist die Motorkraft in Verbindung mit der in Abhängigkeit der Haftreibung übertragbaren Zugkraft und den entgegenstehenden Widerstände maßgebend.

7.2.5.5 Bremsen

Wie der Antrieb, so ist auch das Bremssystem für ein sicheres und zuverlässig funktionierendes Verkehrsmittel von maßgebender Bedeutung. Für reibungsabhängige Bremsen (vgl. 7.2.4.2) haben verschiedene Versuche gezeigt, dass zwischen Bremsen und Beschleunigen kein Unterschied im Reibungsbeiwert festzustellen ist. Bei der Wahl der Bremssysteme ist zu beachten, dass

- die Umwandlung der kinetischen Energie des Zuges Wärme erzeugt,
- die kinetische Energie quadratisch von der Geschwindigkeit abhängt,
- bei haftwertabhängigen Bremsen die Haftreibung zwischen Rad und Schiene mit zunehmender Geschwindigkeit abnimmt und
- bei haftwertunabhängigen Bremsen die Bremskraft bei abfallender Geschwindigkeit zunimmt.

Diese Erkenntnisse wirken sich auf die Linienführung und Trassierung einer Strecke aus. Im Einzelnen sind folgende Faktoren betroffen:

- Höchstgeschwindigkeit V_{max},
- Fahrzeugmasse m,
- Streckenneigung I,
- Bremsvermögen sowie
- Anzahl und zeitliche Folge der Bremsungen.

Das gesamte Bremssystem eines Zuges muss so ausgelegt sein, dass der zulässige Bremsweg auch unter ungünstigen Voraussetzungen eingehalten werden kann. Zu diesen zählen

- verminderte Haftreibung (z.B. nasse Schienen, feuchtes Laub),
- starker Flugschnee und vereiste Bremseinrichtungen,
- Totalausfall eines von mehreren Bremssystemen und
- Teilausfall der Bremsanlage.

Die aus Sicherheitsgründen geforderte Ausfallwahrscheinlichkeit von Null ist durch zusätzliche Maßnahmen (Sanden, haftreibungsunabhängige Bremsen, z.B. Wirbelstromschienenbremsen) herzustellen.

Beim Bremsen unterscheidet man zwischen folgenden Bremsarten:

- Betriebsbremsung (Regelfall),
- Schnellbremsung (bei Gefahr im Verzug; kann vom Tf abgebrochen werden),
- Zwangsbremsung (wird von „außen" ausgelöst, z.B. Indusi, Notbremse usw.; kann nicht abgebrochen werden, d.h. Bremsung erfolgt bis zum Stillstand).

7.2.6 Linienführung und Trassierung

Die Linienführung einer Neu-, Um- oder Ausbaustrecke wird bestimmt durch ihre Einbindung und Aufgaben innerhalb eines definierten Netzes bzw. dessen Weiterentwicklung aufgrund politischer und/oder wirtschaftlicher Vorgaben (EIL, BVWP; vgl. 7.2.4.3). Dabei sind z.B. auch außerhalb der trassierungstechnischen Anforderungen folgende Gebiete innerhalb der dem Eisenbahnwesen eigenen umfassenden Grundlagen der allgemeinen Ingenieur-, Natur- und Wirtschaftswissenschaften nachdrücklich zu beachten:

- Raumordnung (z.B. Bebauung von freien Flächen, Bündelung von Verkehrswegen),
- Umwelt- und Naturschutz (Emissionen, z.B. Schall und Lärm, Schutzgebiete aller Art wie Geologie, Hydrologie) sowie
- Betriebs- und Volkswirtschaft.

Die Voraussetzungen für die Linienführung einer Eisenbahn unterscheiden sich prinzipiell von denen für die Linienführung im Straßenwesen, wie die in Tabelle 7.2-6 angegebenen Aspekte beispielhaft zeigen.

Im Straßenbau wirken sich die genannten Kriterien auf die physische, physiologische und psychologische Beeinflussung des Fahrers aus, d. h. eine Straße muss für den Fahrer angenehm übersichtlich und interessant, also Aufmerksamkeit erweckend, geführt werden. Im Gegensatz dazu spielt der Tf für die Bestimmung der Linienführung der Eisenbahn eine untergeordnete Rolle.

Allgemein hat beim Eisenbahnbau die Linienführung die Aufgabe, bei dem vorgesehenen Betriebsprogramm ein günstiges wirtschaftliches Verhältnis zwischen dem fahrdynamischen Verhalten der Züge sowie Investitionen, Unterhaltungs- und Kapitalkosten zu erreichen. Grundsätzlich wird dabei versucht, längere zusammenhängende Abschnitte mit nahezu gleich bleibender Qualität (z. B. gleich bleibender Entwurfsgeschwindigkeit) zu erstellen, wobei im Unterschied zur Straße bei der Eisenbahn die Gerade das vorherrschende Trassierungselement ist. Weitere *Trassierungselemente* sind

– Kreisbogen,
– Übergangsbogen,
– Bogenwechsel,
– Gleisverziehungen,
– Überhöhungsrampen und
– Ausrundung bei Neigungswechseln.

Für die Planung neuer Gleisanlagen sind im Planungsauftrag neben verkehrlichen Daten folgende Angaben vorzugeben:

– Zugart (Reise-, Güterzüge) und Zuglängen,
– Angaben zu Art und Lage von Betriebsstellen sowie
– Maßgaben zur Streckenführung und zu berücksichtigende künftige Entwicklungen.

Diese Vorgaben sind für die Bestimmung der *Trassierungsparameter* maßgebend. Diese sind

– im Lageplan: Geschwindigkeit zul V bzw. V_e (in km/h) sowie Gleisbogen mit Radius r (in m) und Übergangsbogen l_u (in m),
– im Höhenplan: Neigung I (in ‰) sowie Ausrundungshalbmesser r_a (in m) für Wannen und Kuppen.

Tabelle 7.2-6 Vergleich der Voraussetzungen für die Linienführung: Straße–Eisenbahn

	Straße	Eisenbahn
Freiheitsgrad	2 Dimensionen	1 Dimension
Konfiguration	Einzelfahrzeug	Zugverband
Verantwortung für Betriebssicherheit	Fahrer	weitgehend automatisierbar

Um einen möglichst ruhigen Fahrtverlauf zu gewährleisten, gilt für die Länge der einzelnen Trassierungselemente – Gerade und Gleisbogen – der Regelwert (in m)

$$l > 0{,}4 \cdot V_e. \qquad (7.2.24)$$

Der Mindestwert (in m) für Gleisbogen und Geraden beträgt für

$V \leq 70$ km/h   min $l \geq 0{,}10 \cdot V_e$.
$70 < V \leq 100$ km/h   min $l \geq 0{,}15 \cdot V_e$,
$V \geq 100$ km/h   min $l \geq 0{,}20 \cdot V_e$.

Für Straßenbahnen und NE-Bahnen sind die Werte für diese Parameter den jeweiligen Bau- und Betriebsordnungen und den ergänzenden Richtlinien zu entnehmen.

7.2.6.1 Lageplan

Gleisbogen und Überhöhung

Der *Gleisbogen* wird zur Vermeidung eines Querrucks (punktuelle Unstetigkeit, bezogen auf die Seitenbeschleunigung an der Übergangsstelle zwischen Gerade und Kreisbogen bzw. Kreisbogen r_1 und Kreisbogen r_2) i. d. R. mit Übergangsbogen und dem Kreisbogen gestaltet. Die Mindestradien der Kreisbogen sollen dabei an Bahnsteigen 500 m, bei Neubau von durchgehenden Hauptgleisen gem. EBO 300 m und bei allen übrigen Gleisen 180 m betragen.

Bei der Fahrt durch den Gleisbogen tritt in Gleisebene eine Seitenbeschleunigung a_q auf, die den Fahrgastkomfort beeinflusst und den Oberbau beansprucht. Um a_q zumindest teilweise zu kompensieren, sind folgende Möglichkeiten vorhanden (vgl. 7.2.5.2):

– Einbau einer die Seitenbeschleunigung ausgleichenden Überhöhung u_0 (nur dort anwendbar, wo alle Züge annähernd mit derselben Geschwindigkeit fahren),

- Einbau einer die Seitenbeschleunigung teilweise ausgleichenden Überhöhung u (Regelfall SchO: $u = u_0 - u_f \leq 160$ mm),
- Einsatz von gleisbogenabhängig wagenkastengesteuerten (GSt- oder NeiTech-genannten) Fahrzeugen (u_{GSt}) sowie eine
- Kombination der beiden letzten Möglichkeiten.

Für die Anwendung von Überhöhungsfehlbeträgen $u_f \geq 130$ mm ($a_q > 0,85$ m/s^2) ist Voraussetzung, dass die Fahrzeuge ausdrücklich dafür zugelassen sind. Negative Überhöhungsfehlbeträge sind zugelassen.

Über den gesamten Gleisbogen verläuft die Überhöhung in drei Abschnitten:

- Im Bereich des Bogenwechsels wird die neue Überhöhung durch eine Überhöhungsrampe in der Außenschiene hergestellt. Die Rampe liegt üblicherweise zur Hälfte vor und zur Hälfte hinter dem Bogenwechsel.
- Am Ende der Überhöhungsrampe erreicht die Überhöhung den für den Gleisbogen gewählten Wert u, welcher über den Bereich des Kreisbogens beibehalten wird.
- Am Ende des Kreisbogens wird die Überhöhung wieder durch eine Überhöhungsrampe auf Null zurückgeführt (Übergang Bogen–Gerade) oder auf einen anderen Überhöhungswert überführt (Übergang Bogen mit r_1 auf Bogen mit r_2). Dabei liegt die Rampe wieder je zur Hälfte vor und hinter dem Bogenwechsel.

Sind Übergangsbogen eingebaut, so sollen die Überhöhungsrampen jeweils mit den Übergangsbogen im Grundriss zusammenfallen.

Bogenwechsel und Übergangsbogen

Der Übergang von einem Kreisbogen r_1 auf einen Kreisbogen r_2 erfolgt entweder unmittelbar durch direkten Bogenwechsel ($r_1 \rightarrow r_2$) oder mittelbar durch Übergangsbogen. Er muss dabei grundsätzlich so gestaltet sein, dass ein möglichst ruhiger Fahrverlauf gewährleistet wird. Punktuell auftretende plötzliche Radienänderungen haben infolge der abrupten Änderung der Seitenbeschleunigung einen hohen Querruck zur Folge. Aus Gründen des Fahrkomforts und der Entgleisungssicherheit darf dieser Querruck nicht zu groß werden.

Tabelle 7.2-7 Planungswerte für den Vergleichsradius r_w (Tabelle 10 der Richtlinie 800.0110)

	Ermessensgrenze r_w [m]	
		für Weichen
v [km/h]	für Gleise	Zustimmungswerte r_w [m] für Gleise
25	175 / 85 [20]	150 / 75 [20]
30	175 / 125 [20]	150 / 100 [20]
40	220	178
50	340	278
60	490	400
70	670	545
80	875	710
90	1110	900
100	1370	1110
110	1735	1410
120	2170	1745
130	2680	2130
140	3275	2575
150	3990	3085
160	4825	3675
170	5810	4350
180	6975	5125
190	8365	6000
200	10000	7000

20) Zweiter Wert gilt nur für Gegenbogen nach Abschnitt 9 (3) der Ril 800.0110.

Bogenwechsel. Um den Querruck im Bereich des Bogenwechsels zu begrenzen, dürfen *unvermittelte Krümmungswechsel* nur angeordnet werden, wenn die in Tabelle 7.2-7 gegebenen Grenzwerte für den Vergleichsradius r_w eingehalten werden. Für den Bereich der BOStrab gelten die Grenzwerte aus den BOStrab-Trassierungsrichtlinien; bei Straßenbahnen auf straßenbündigem Bahnkörper sind auch die örtlichen Straßen- und Betriebsverhältnisse zu beachten.

Der Vergleichsradius r_w errechnet sich nach folgenden Formeln bei

- Elementenfolge Gerade/Kreisbogen:

$$r_w = r, \tag{7.2.25}$$

- Korbbogen (gleichgerichtete Krümmung der Kreisbogen):

$$r_w = \frac{r_1 \cdot r_2}{r_1 - r_2}, \qquad (7.2.26)$$

- Gegenbogen (entgegengerichtete Krümmung der Kreisbogen):

$$r_w = \frac{r_1 \cdot r_2}{r_1 + r_2}. \qquad (7.2.27)$$

Bei Gegenbogen mit Vergleichsradien $r_w \leq 111$ m ist eine Zwischengerade (l_g) bzw. ein Zwischenbogen (l_b) mit folgender Länge zu planen:

- bei $r_w \leq 111$ m: l_g bzw. $l_b \geq 6$ m, (7.2.28)

- bei $r_w < 90$ m: l_g bzw. $l_b \geq 8$ m. (7.2.29)

Kurze gerade Gleisabschnitte zwischen gleichgerichteten Bogen sollen durch Zwischenbogen (Kreisbogen mit oder ohne Übergangsbogen oder nur Übergangsbogen) ersetzt werden.

Übergangsbogen. Im Bereich von Übergangsbogen wird der Ausgangsradius r_1 möglichst stetig in den Folgeradius r_2 überführt. Beiderseits des Kreisbogens angeordnete Übergangsbogen garantieren daher einen nahezu stetigen Verlauf der Krümmungslinie der Bogenfolge. Für die grundsätzliche Anwendung von Übergangsbogen ist die Größe des *Ruckes* (ausgedrückt durch den oben stehenden Begriff des Vergleichsradius r_w) als zeitliche Veränderung der Seitenbeschleunigung maßgebend, die sich dann auch in der Längenentwicklung und damit in der Form des Übergangsbogens ausdrückt. Als *Übergangsbogenformen* stehen im Eisenbahnwesen zur Verfügung:

- kubische Parabel bzw. Klothoide mit gerader Krümmungslinie,
- Parabel 4. Ordnung mit S-förmigem Krümmungsverlauf nach Schramm und
- Parabel 5. Ordnung mit Krümmungslinie nach Bloss.

Der Übergangsbogen soll so gestaltet werden, dass er mit der Überhöhungsrampe im Grundriss zusammenfällt. Die Krümmung muss in gleicher Weise zunehmen wie die Überhöhung.

In der Regel sollen Übergangsbogen einen *geradlinigen Krümmungsverlauf mit Regellängen*

haben. *S-förmige Übergangsbogen* sollen im Zuge von Instandhaltungsmaßnahmen durch Übergangsbogen nach Bloss ersetzt werden. Bei der Festlegung der Übergangsbogenlänge l_u sind die Entwurfsgeschwindigkeiten für evtl. spätere Ausbaustufen zu berücksichtigen.

Bei Gegenbogen sollen zwei getrennte Übergangsbogen mit gerader Krümmungslinie hergestellt werden, wenn zwischen den beiden Übergangsbogen eine Zwischengerade (vgl. auch 7.2.6) von

$$l_g \geq 0,4 \, V_e \qquad (7.2.30)$$

angeordnet werden kann (l_g in m, V_e in km/h). Ist dies jedoch nicht möglich, so müssen eine *Gleisschere* oder zwei getrennte Übergangsbogen mit geschwungener Krümmungslinie mit entsprechendem Verlauf der Überhöhungsrampe angeordnet werden. Hierbei dürfen die Rampenanfänge direkt aneinander stoßen.

Um einen Übergangsbogen geometrisch einbauen zu können, muss der Kreisbogen von der Geraden um das Abrückmaß f abgerückt werden. Für Übergangsbogen mit gerader Krümmungslinie gilt

$$f = \frac{l_u^2 \cdot 1000}{24 \cdot r}. \qquad (7.2.31)$$

Bei Übergangsbogen nach Schramm oder Bloss wird f kleiner. Bei Übergangsbogen im Bereich von Bogenwechseln (r_1 auf r_2) sind die Abrückmaße sinngemäß zu ermitteln.

Überhöhungsrampen

Der Übergang vom nicht überhöhten zum überhöhten Gleisabschnitt oder von einer Überhöhung u_1 zu einer Überhöhung u_2 wird durch eine Überhöhungsrampe mit der Neigung 1:m vermittelt. Man unterscheidet zwischen geraden und geschwungenen Überhöhungsrampen. Erstere sollen bei Übergangsbogen mit geradlinigem Krümmungsverlauf, letztere bei Übergangsbogen mit geschwungenem Krümmungsverlauf angeordnet werden.

Zwischen zwei geraden Überhöhungsrampen muss zur Ausrundung von Knickstellen ein Abschnitt mit gleich bleibender Überhöhung oder ohne Überhöhung mit einer Länge von

$$l \geq 0,1 \cdot V_e \qquad (7.2.32)$$

vorhanden sein (l in m, V_e in km/h). Geschwungene Überhöhungsrampen dürfen unmittelbar aneinanderstoßen.

Gleisverziehungen

Zur Änderung des Gleisabstands bei Inselbahnsteigen, in alten Tunneln (Gleisabstand nur 3,5 m), zur Umfahrung von Baustellenbereichen usw. sind häufig Gleisverziehungen (paralleler Versatz eines oder beider Gleise) zu planen. Diese sollen, soweit es die Linienführung zulässt, im Bereich von Gleisbogen hergestellt werden.

Bei geraden, parallelen Gleisen sind Gleisverziehungen mit Verziehungsmaßen bis etwa 1,50 m ohne Überhöhung und ohne Übergangsbogen mit Radien

$$r \geq \frac{V_e^2}{2} \qquad (7.2.33)$$

und mit einer Zwischengeraden von

$$l_g \geq 0,4 \cdot V_e \qquad (7.2.34)$$

zu planen (r in m, V_e in km/h).

7.2.6.2 Höhenplan

Die zunächst ohne die Fahrdynamik mögliche Betrachtung der Elemente des Höhenplans bezieht sich auf die Trassierungsparameter Längsneigung I (in ‰) sowie den Ausrundungshalbmesser r_a in Wannen/Kuppen an den Neigungswechseln.

Neigungen

Die zulässige *Längsneigung I* (in ‰) ist für jeden Einzelfall im jeweiligen Planungsauftrag festzulegen. Bei Neubauten gilt nach EBO auf der *freien Strecke* für

– Hauptbahnen $I = 12,5‰$,
– Nebenbahnen $I = 40‰$ und für
– Bahnhofsgleise $I = 2,5‰$.

Nach Ril 800.0110 soll für S-Bahnen die Längsneigung 40‰ nicht überschreiten.

Aus Gründen der Entwässerung und Entlüftung soll im *Tunnel* die Längsneigung bei Längen bis 1000 m 2‰ und über 1000 m 4‰ betragen. Die beiden Tunnelportale sollen auf unterschiedlicher Höhe liegen (einseitig gerichtete Längsneigung der Tunnel).

Ausrundung von Neigungswechseln

Neigungswechsel mit $\Delta I \geq 1‰$ sind auszurunden. Neigungsunterschiede von weniger als 1‰ sind in den Plänen mit der Kurzbezeichnung „o. A." (ohne Ausrundung) zu vermerken. In Weichen und Überhöhungsrampen sollen Neigungswechsel vermieden werden.

Die Länge des Ausrundungsbogens soll $l_a \geq 20$ m betragen, der Ausrundungsradius als Regelwert bei $V_e < = 230$ km/h

$$r_a \geq 0,4 \cdot V_e^2 \qquad (7.2.35)$$

(r_a in m, V_e in km/h), mindestens jedoch 2000 m bei der Anwendung der Ermessensgrenze bzw. des Zustimmungswerts nach Ril 800.0110. Der Höchstwert von Ausrundungsradien beträgt 25000 m. Bei $V_e > 230$ km/h gelten gemäß Tabelle 11 der RiL 800.0110 abweichende Werte.

7.2.6.3 Fahrzeitoptimierung

Ist eine Neutrassierung bestehender Anlagen nicht wirtschaftlich vertretbar oder topographisch nicht möglich, so kann dort durch geeignete Maßnahmen die zulässige Geschwindigkeit erhöht und dadurch eine Fahrzeitverbesserung erzielt werden. Hierzu sind zu rechnen:

– Nutzung der Ermessens- und Genehmigungsbereiche ohne Änderung der Linienführung,
– Anheben der Geschwindigkeit für Fahrzeuge mit besonderer Zulassung,
– Anpassen der Überhöhung und Überhöhungsrampen sowie
– Anpassen der Übergangsbogen und Änderung der Gleislage auf dem bestehenden Bahnkörper.

Die Ermessensgrenzwerte zur Ermittlung der zulässigen Höchstgeschwindigkeit sind durch die Grenzwerte der EBO und die technischen Grenzen der Zulassung von Fahrzeug und Fahrweg gegeben. Außerdem kann von den Regelungen in 7.2.6.1 und 7.2.6.2 unter bestimmten Umständen abgewichen werden, wenn die entsprechende Zustimmung eingeholt wird. Für NeiTech-Strecken gelten nach Ril 800.0110 folgende Planungsparameter als Ermessensgrenze:

– Bei Gleisbogen mit Überhöhung und im Bereich $70 < V_N \leq 160$ km/h darf den Planungen ein

$u_f \leq 300$ mm, bei Gleisbogen im konventionellen Betrieb $u_f \leq 150$ mm zugrunde gelegt werden.

- Gerade Überhöhungsrampen sollen eine Mindestlänge min l_R, geschwungene Rampen nach Bloss eine Mindestlänge min l_{RB} (jeweils in m, u in mm) von

$$l_R \ bzw. \ l_{RB} = 6 \cdot V_N \cdot \frac{\Delta u}{1000}, \qquad (7.2.36)$$

haben,

- S-förmig geschwungene Rampen sollen eine Mindestlänge min l_{RS} (in m, u in mm) von

$$l_{RS} = 8 \cdot V_N \cdot \frac{\Delta u}{1000} \qquad (7.2.37)$$

haben.

- Die Ermessensgrenzen für Rampenneigungen betragen bei der geraden Rampe

$$1:m = 1:6 \cdot V_N \ bzw. \ 1:400, \qquad (7.2.38)$$

bei der geschwungenen Rampe nach Bloss und der geschwungenen S-förmigen Rampe

$$1:m = 1:4 \cdot V_N \ bzw. \ 1:400. \qquad (7.2.39)$$

Mit Zustimmung der Zentrale der DB Netz AG sind auch steilere Rampen zulässig.

- Für die Gestaltung der Linienführung hinsichtlich Überhöhung, Übergangsbogen und Bogenwechsel sind die Geschwindigkeiten der Fahrzeuge ohne Neigetechnik maßgebend.
- Für die Zulassung und Freigabe des Oberbaus ist Ril 820.0120 zu beachten.

7.2.6.4 Weitere Überlegungen zur Linienführung

Kinetische Energiehöhe (vgl. [Hohnecker 1993]) Zur Bestimmung des maximalen Zugkraftüberschusses bei hohen Geschwindigkeiten auf NBS müssen fahrdynamische Betrachtungen unter Berücksichtigung der kinetischen Energie vorgenommen werden. Um z.B. die Geschwindigkeit am Ende einer Neigung zu ermitteln, ist die Bewegungsenergie in Lageenergie umzurechnen. Die Höhendifferenz Δi ist für die kinematische Betrachtung bei Geschwindigkeitsaussagen z.B. in Neigungen vor und in Wannen bzw. Kuppen interessant. Über die errechenbaren Beschleunigungen werden die Fahrwegparameter bestimmt.

Wechselwirkung aus Neigung und Haftreibung

Bei einer überlagerten Betrachtung der Wechselwirkungen aus Neigung und Haftreibung können über die separate Bestimmung des Steigungswiderstands und der Haftreibung hinaus das Reibungsmasse/Gesamtmasse-Verhältnis, die installierte Leistung und das Beschleunigungsvermögen optimiert werden. Diese Einflüsse wirken sich direkt und indirekt auf die Trassierungsparameter aus.

Um in Neigungen mit einem haftwertabhängigen Antrieb sicher anfahren zu können, muss eine ausreichende Reibungsmasse m_r (genügend angetriebene Räder bzw. Achsen mit entsprechend großer Rad- bzw. Achslast) im Fahrzeug(-verband) vorhanden sein. Für eine *Optimierung des Verhältnisses m_r/m* in Abhängigkeit von der Neigung I und des Haftreibungsbeiwertes μ müssen diese Einzelkomponenten gemeinsam betrachtet werden. Wird der Steigungswiderstand mit der übertragbaren Zugkraft gleichgesetzt, ergibt sich

$$I = \frac{m_r \cdot \mu}{m} \qquad (7.2.40)$$

Damit wird in Abhängigkeit vom Haftreibungsbeiwert μ das Verhältnis der erforderlichen Fahrzeugreibungsmasse m_r zur Fahrzeuggesamtmasse m für eine bestimmte Neigung I definiert. Zur Oberbauschonung und damit zu einer möglichst geringen Radkraft kann im Verhältnis zur Fahrzeuggesamtmasse m die Anzahl der angetriebenen Räder mit Hilfe der Abb. 7.2-7 bestimmt werden. Die Erwartungswerte des Haftreibungsbeiwerts für verschiedene Schienenzustände sind eingetragen. „5% nass" bedeutet, dass in 5% aller Fälle ein schlechterer Haftreibungsbeiwert auftritt. Dies wiederum bedeutet: In 95% aller Fälle wird der notwendige Wert erreicht.

7.2.7 Betrieb

Der *Eisenbahnbetrieb* umfasst die Vorgänge Zugbildung, Zugförderung und Zugauflösung und somit alle Geschehnisse, die sich auf die Betriebsanlagen abspielen.

Die *Betriebssicherheit* beruht auf den gesetzlich vorgegebenen Bestimmungen, die zum einen den ordnungsgemäßen Zustand der Anlagen und Fahrzeuge und zum anderen die Grundzüge der Be-

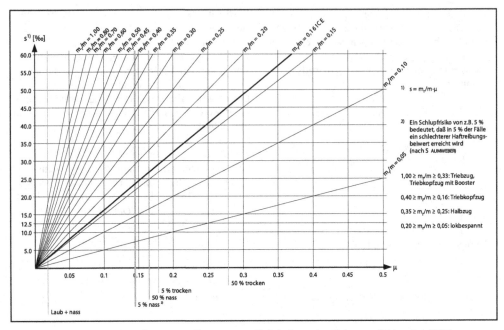

Abb. 7.2-7 Optimierung des Reibungsmasse/Gesamtmasse-Verhältnisses eines Fahrzeugs [Hohnecker 1993]

triebsweise bindend vorschreiben (z. B. EBO, ESO; vgl. 7.2.9). Überdies beruht sie auch auf der Ausbildung und Disziplin des am Betriebsdienst beteiligten Eisenbahnpersonals, das zur Einhaltung der innerdienstlichen Regeln (Vorschriften, besonders z. B. die FV) verpflichtet ist.

Die *Leistungsfähigkeit* von Eisenbahnanlagen ist eng mit der Sicherheit verknüpft. Sie hängt nicht nur von der zahlen- und größenmäßigen Auslegung der baulichen Anlagen (Streckengleise, Weichenverbindungen) ab, sondern auch von der Blockteilung der freien Strecke oder der Art der Fahrstraßensicherung im Bahnhof.

Ziel einer *wirtschaftlichen Betriebsführung* ist es, hohe Leistungen bei hoher Arbeitsqualität mit möglichst geringen Selbstkosten zu erstellen. Dies ist von den eingesetzten Betriebsmitteln (Anlagen und Fahrzeuge) sowie der Organisation abhängig, wobei aufgrund hoher Kapitalintensität dem Ausnutzungsgrad (mit möglichst großer Kontinuität der Auslastung) größtes Gewicht zukommt.

Verfahren der Betriebsführung

Grundsätzlich gibt es zwei Arten der Betriebsführung:

– fahrplanabhängiger Betrieb (vorausgeplante Betriebsführung) und
– Dispatcher-Betrieb (Betriebsführung aufgrund von zeitnahen Einzelfallentscheidungen).

Für den Reisezugverkehr ist generell eine im Voraus für eine bestimmte Periode festgelegte Betriebsplanung üblich. Im GV kommt bei den meisten europäischen Eisenbahnen ebenfalls die vorausgeplante Betriebsführung zur Anwendung (*Regelzüge*). Bei erhöhtem Verkehrsaufkommen werden dann zusätzliche Züge gefahren (*Bedarfszüge*).

Begriffe

Bahnanlagen und Betriebsstellen. Nach der EBO sind *Bahnanlagen* alle Grundstücke, Bauwerke und sonstigen Einrichtungen einer Eisenbahn, die unter Berücksichtigung der örtlichen Verhältnisse zur Abwicklung oder Sicherung des PV oder GV auf der Schiene erforderlich sind. Es gibt Bahnanlagen der Bahnhöfe, der freien Strecke und sonstige Bahnanlagen. Als *freie Strecke* bezeichnet man die Gleise außerhalb der Bahnhöfe.

Als *Betriebsstellen* werden folgende Einrichtungen bezeichnet:

- *Bahnhöfe* haben mindestens eine Weiche. Hier dürfen Züge beginnen, enden, kreuzen, überholen oder wenden. Sie werden begrenzt durch die Einfahrsignale oder Trapeztafeln, in allen weiteren Fällen durch die Einfahrweichen.
- *Blockstellen* begrenzen Blockstrecken (Gleisabschnitte, in die ein Zug nur einfahren darf, wenn sie frei von Fahrzeugen sind). Blockstellen können zugleich als Bahnhof, Abzweig-, Anschluss, Überleit-, Halte-, Deckungsstelle oder Haltepunkt eingerichtet sein.
- *Abzweigstellen* sind Blockstellen der freien Strecke, wo Züge von einer Strecke auf eine andere Strecke übergehen können.
- *Überleitstellen* sind Blockstellen der freien Strecke, wo Züge auf ein anderes Gleis derselben Strecke übergehen können.
- *Anschlussstellen* sind Bahnanlagen der freien Strecke, wo Züge ein angeschlossenes Gleis als Rangierfahrt befahren können. Man unterscheidet Anschlussstellen, bei denen die Blockstrecke nicht für einen anderen Zug freigegeben wird, und Ausweichanschlussstellen, bei denen die Blockstrecke für einen anderen Zug freigegeben wird.
- *Haltepunkte* sind Bahnanlagen ohne Weichen, in denen Züge planmäßig halten, beginnen oder enden dürfen.
- *Haltestellen* sind Abzweigstellen, Überleitstellen oder Anschlussstellen, die mit einem Haltepunkt örtlich verbunden sind.
- *Deckungsstellen* sind Bahnanlagen der freien Strecke, die den Bahnbetrieb insbesondere an beweglichen Brücken, Kreuzungen von Bahnen, Gleisverschlingungen und Baustellen sichern.
- Betriebsstellen zur unmittelbaren Regelung und Sicherung von Zug- und Rangierfahrten, z.B. Schrankenposten an Bahnübergängen.
- *Hauptgleise* sind die von Zügen planmäßig befahrenen Gleise. Durchgehende Hauptgleise sind die Hauptgleise der freien Strecke und ihre Fortsetzung in den Bahnhöfen. Alle übrigen Gleise sind *Nebengleise*.

- Als *Flankenschutzeinrichtungen* bezeichnet man alle signaltechnischen Einrichtungen (vgl. 7.2.9), die Fahrten auf Fahrstraßen gegen gefährdende Fahrzeugbewegungen schützen. Dazu gehören Weichen, Gleissperren, Sperrsignale und Hauptsignale.

Fahrzeuge. Fahrzeuge werden unterschieden nach Tfz und Wagen, sie können Regel- oder Nebenfahrzeuge sein. *Regelfahrzeuge* müssen den Bauvorschriften der EBO entsprechen. *Nebenfahrzeuge* brauchen den Vorschriften der EBO nur insoweit zu entsprechen, als es für den Sonderzweck, dem sie dienen sollen, erforderlich ist.

Triebfahrzeuge werden eingeteilt in Lokomotiven (auch Kleinlokomotiven), Triebwagen, Triebköpfe und Nebenfahrzeuge mit Kraftantrieb. *Wagen* werden eingeteilt in Reisezugwagen, Güterwagen und Nebenfahrzeuge ohne Kraftantrieb.

Züge (Reise- und Güterzüge) sind auf die freie Strecke übergehende oder innerhalb eines Bahnhofs mit Fahrplan verkehrende Einheiten oder einzeln fahrende Tfz. *Wendezüge* sind vom Führerraum an der Spitze aus gesteuerte Züge, deren Tfz beim Wechsel der Fahrtrichtung den Platz im Zug behalten. *Geschobene Züge* sind Züge, deren Tfz nicht an der Spitze laufen und nicht von der Spitze aus gesteuert werden. *Nachgeschobene Züge* sind Züge, deren Tfz an der Spitze laufen oder von der Spitze aus gesteuert werden und die von bis zu zwei Tfz nachgeschoben werden, die nicht von der Spitze aus gesteuert werden.

7.2.7.1 Dienst auf den Betriebsstellen

Betriebsstellen fungieren als

- *Zugfolgestellen*: Sie begrenzen Zugfolgeabschnitte und regeln die Folge (Abstand) der Züge auf der freien Strecke.
- *Zugmeldestellen*: Das sind diejenigen Zugfolgestellen, welche die Reihenfolge der Züge auf der freien Strecke regeln. Sie benötigen dazu Weichen und Überholungs- oder Kreuzungsgleise. Bahnhöfe, Abzweigstellen und Überleitstellen sind daher stets Zugmeldestellen.

Fahrdienst

Der Fahrdienst umfasst die Tätigkeiten zur unmittelbaren Durchführung der Zugfahrten auf freier Strecke und in den Bahnhöfen. Er wird geregelt vom *Fahrdienstleiter* (Fdl) in der Zugfolgestelle nach den betrieblichen Unterlagen und den Weisungen der *Betriebsleitung* oder der *Bahnhofsbetriebsüberwachung*.

Rangierdienst

Der *Rangierdienst* hat die Aufgabe, Züge zu bilden bzw. aufzulösen, Zusatzanlagen zu bedienen und Fahrzeuge abzustellen. *Rangierfahrten* sind – im Gegensatz zu Zugfahrten – grundsätzlich Fahrten auf Sicht (vgl. 7.2.9.1), die nur innerhalb des durch die Rangierhalttafeln begrenzten Bahnhofs durchgeführt werden dürfen (i. Allg. auf 25 km/h begrenzt). Verantwortlich für die ordnungsgemäße Durchführung des Rangierens ist der *Rangierleiter*.

Zugfolge und Zugmeldeverfahren

Die *Zugfolge* kann durch folgende Verfahren geregelt werden (vgl. 7.2.9):

– Fahren auf Sicht (Rangierfahrten; Straßenbahn, i. d. R. bei straßenbündigem Bahnkörper),
– Fahren im Zeitabstand,
– Fahren im Raumabstand (nach EBO, BOStrab),
– Fahren auf elektrische Sicht (spezielle Variante des „Fahrens im Raumabstand"),
– Fahren im absoluten Bremswegabstand.

Das Zugmeldeverfahren dient der Regelung und Sicherung der Zugfolge beim Fahren im Raumabstand.

7.2.7.2 Betriebsplanung und Betriebsleitung

Unter *Betriebsplanung* werden die Tätigkeiten zusammengefasst, die sich mit der Aufstellung der betrieblichen Vorschriften, der Anpassung der Betriebsanlagen an die sich verändernden Verkehrsanforderungen und der Gestaltung des Reisezug- und Güterzugfahrplans einschließlich aller vorbereitenden Maßnahmen zur Durchführung des Fahrdienstes mit weiteren Planungsgrundlagen befassen.

Die *Betriebsleitung* ist zuständig für die Überwachung und Steuerung des Betriebsablaufs (Disposition), die Sicherheit, die Leistungsfähigkeit und die Wirtschaftlichkeit.

Fahrplan

Der Fahrplan als planerische Grundlage für den Eisenbahnbetriebsdienst ist ein mehrschichtiger Begriff. Neben der reinen Weg-Zeit-Beziehung enthält er z. B. Angaben für jeden einzelnen Zug, die für die sichere und nach der Betriebsplanung zweckmäßige Zugförderung erforderlich sind. Für ein gesamtes Netz zeigt der Fahrplan die Integration verschiedener Strecken unter Berücksichtigung von Anschlussbindungen und Wagenübergängen. Aus ihm ist das Bedienungssystem eines ganzen Betriebs ersichtlich. Der Fahrplan ist gleichzeitig innerbetrieblicher Produktionsplan und veröffentlichtes Leistungsangebot.

Fahrplanarten

Die Fahrplanunterlagen werden je nach Anwendungsbereich unterteilt in Fahrpläne für den innerdienstlichen und den öffentlichen Gebrauch. Die wichtigsten *innerdienstlichen Fahrpläne* sind der Bildfahrplan (als Planungsgrundlage) und der Buchfahrplan. Weitere innerdienstliche Fahrpläne sind u. a. die Bahnhofsfahrordnung (Fahrplan für Zugmeldestellen), Zugbildungsvorschriften und -pläne sowie Fahrplananordnungen für Sonderzüge und Sperrfahrten. Fahrpläne für den *öffentlichen Gebrauch* werden auf der Planungsgrundlage des Bildfahrplans erstellt.

Bildfahrplan. Der Bildfahrplan ist die zeichnerische Darstellung der Zugfahrten in Abhängigkeit von Weg und Zeit als graphischer Fahrplan. Er wird EDV-unterstützt erstellt. Der Bildfahrplan wird in rechtwinkligen Koordinaten ausgeführt.

Bei der *Zeit-Weg-Darstellung* wird auf einer Achse die Strecke mit der Lage ihrer Betriebsstellen maßstäblich dargestellt, auf der anderen wird die Zeit aufgetragen. Aus der Neigung der jeweiligen *Fahrschaulinie* lässt sich die Zuggeschwindigkeit ablesen.

Eine andere Art zur Darstellung des Bildfahrplans ist die *Zeit-Zeit-Darstellung*. Hier wird die Wegachse nicht maßstäblich entsprechend der realen Wegentfernung skaliert, sondern nach einem Zeitmaßstab: Für z. B. jede Minute Fahrzeit eines Fahrzeugs auf dieser Strecke wird ein bestimmter Abstand aufgetragen. Diese Darstellungsart ist besonders (und auch nur dann) sinnvoll, wenn auf der betrachteten Strecke ausschließlich gleichartige Fahrzeuge mit gleicher Geschwindigkeit und gleichen Haltestellen verkehren. Dieser Sonderfall ist bei reinen Nahverkehrsnetzen (Straßen- und Stadtbahnen, U-Bahnen) gegeben.

Der Bildfahrplan ist die Planungsgrundlage des Betriebs und gleichzeitig die wichtigste Fahrplandarstellung für alle im Eisenbahnbetriebsdienst örtlich gebundenen Tätigkeiten.

Buchfahrplan. Als wichtigste Unterlage für das fahrende Personal enthält der Buchfahrplan alle Angaben zur Strecke und zum Zuglauf (Höchstgeschwindigkeiten, Fahrzeiten, Signalisierungsarten usw.). Das *Geschwindigkeitsheft* enthält die Streckendaten, das *Fahrzeitenheft* die Daten zum Zuglauf. Der Buchfahrplan und die auf der zu befahrenden Strecke vorhandenen Langsamfahrstellen und betrieblichen Besonderheiten (EBuLa = Elektronischer **Bu**chfahrplan und **La**ngsamfahrstellen) werden auf einem Display im Führerraum des Tfz dargestellt (EBuLa-Bordgeräte).

Betriebsplan. Der Fahrplan in seiner beschriebenen, umfassenden Bedeutung als Planungsgrundlage für die Produktion (Produktionsplan) dient auch als Basis für die Berechnung von Betriebsleistungen, Bedarf an Personal und Fahrzeugen, die technische Ausgestaltung und die Organisation der Strecken und Betriebsstellen. Diese Angaben bilden in Verbindung mit den Verkehrsdaten (Verkehrsleistungen, Erträge) wichtige Grundlagen für die Ermittlung der Kosten und der Wirtschaftlichkeit des Betriebs.

Umlaufplan. Der Umlaufplan bildet die Einsatzplanung von Fahrzeugen (Lokomotiven, Wagen, Zuggarnituren, Triebwagen, Omnibussen) ab. Er enthält alle Fahrten eines Fahrzeugs, die im Laufe eines Turnus (i. d. R. ein Tag, beim Güterfernverkehr bis zu mehreren Wochen) geleistet werden. Eine Optimierung der Kosten im Rahmen der Umlaufplangestaltung umfasst insbesondere die Optimierung des Fahrzeugbedarfs, der Leerkilometer (d. h. Leerfahrten) und der Standzeiten.

Dienstplan. Der Dienstplan enthält die Einsätze des fahrenden Personals. Er entsteht aus dem Fahrzeugumlaufplan unter Berücksichtigung der gesetzlichen und tarifvertraglichen Bestimmungen.

Zugeinteilung und Zugnummern

Hinsichtlich der Zweckbestimmung werden folgende *Zugarten* unterschieden:

- Reisezüge für den PV,
- Güterzüge für den GV sowie
- Züge für innerdienstliche Zwecke (Dienstgut-, Personal-, Leerzüge, Leerfahrten).

Anhand folgender Kriterien werden die Züge in *Zuggattungen* eingeteilt, die mit Buchstaben abgekürzt sind:

- Beförderungsgeschwindigkeit,
- Höchstgeschwindigkeit,
- mittlere Entfernung zwischen den Halten sowie
- Zweckbestimmung bzw. Ausstattungsmerkmale.

Die Kürzel der wichtigsten deutschen Zuggattungen lauten für Reisezüge

- EC   Eurocity,
- ICE,IC   Intercity-Express, Intercity,
- D   Schnellzug,
- RE   Regionalexpress,
- RB   Regionalbahn und
- S   S-Bahn;

für Güterzüge (gültig ab 11.12.2011)

- KT   Kombizug,
- G   Ganzzug für Marktbereich,
- EZ   Einzelwagenzug,
- EK   Einzelwagenzubringer.

Die bis zum 10.12.2011 gültigen Zuggattungen sind der Ril 402 (Trassenmanagement), Modul 402.0208A01 zu entnehmen. Zur genauen Kennzeichnung erhält jeder Zug neben der Zuggattung auch eine Zugnummer, die im Fernverkehr bundesweit sowie im Bezirk- und Nahverkehr regionsweit eindeutig vergeben wird.

Betriebsüberwachung

Die Betriebsführung muss sich ständig der aktuellen Lage anpassen bezüglich

- verkehrlichen Erfordernissen (Reaktion auf Unregelmäßigkeiten oder erhöhte Verkehrsnachfrage (z. B. durch zusätzliche Wagen oder Züge)),
- dem baulichen Zustand des Streckennetzes und
- der betrieblichen Situation (Gleissperrungen, Fahrzeugausfälle, Verspätungen).

Die *Betriebsleitstellen* sollen also unter ständiger Beachtung der Sicherheit und der Wirtschaftlichkeit ihrer Handlungsweise den Betriebsablauf überwachen und steuern, sich um Pünktlichkeit im Bahnbetrieb bemühen und bei schwierigen Verhältnissen Maßnahmen ergreifen bzw. Anordnungen treffen, um den Betrieb auf Strecken und in Bahnhöfen flüssig zu halten.

7.2.7.3 Fahrplankonstruktion

Fahrzeit

Die Ermittlung der reinen *technischen Fahrzeit* resultiert aus vielen Einzelberechnungen. Sie wird i. Allg. per EDV durchgeführt. Für die Erstellung eines praktikablen Fahrplans enthält die im Fahrplan angegebene Fahrzeit neben der technischen Fahrzeit Fahrzeitzuschläge. Man unterscheidet dabei Regel- und Sonderzuschläge.

Der *Regelzuschlag* berücksichtigt betriebliche, verkehrliche und technische Unregelmäßigkeiten. Er wird prozentual aus der technischen Fahrzeit der gesamten Strecke berechnet und linear auf die Teilstrecken umgelegt.

Der *Sonderzuschlag* dient zum Ausgleich von Fahrzeitverlusten, die infolge von Bauarbeiten entstehen. Die Größe des Sonderzuschlags wird in absoluten Werten angegeben. Er besteht aus der Grundausstattung (allgemeine Instandhaltungsarbeiten) und dem Bauzuschlag (länger andauernde Baumaßnahmen). Der Sonderzuschlag wird als Gesamtbetrag aus diesen beiden Bestandteilen streckenabschnittsweise festgelegt.

Die *Regelfahrzeit* setzt sich zusammen aus der technischen Fahrzeit, dem Regel- und dem Sonderzuschlag. Sie wird graphisch als Fahrschaulinie (Zeit-Weg-Linie) im Bildfahrplan dargestellt (vgl. 7.2.7.2).

Sperrzeiten

Sperrzeitenermittlungen sind eine wesentliche Grundlage für die

– Fahrplankonstruktion,
– Ermittlung der Leistungsfähigkeit,
– Bemessung von Bahnhöfen und Strecken sowie die
– Ermittlung und Bemessung sonstiger dem Betriebsablauf dienender Bahnanlagen.

Die Sperrzeit ist eine Folge des Prinzips „Fahren im Raumabstand" (siehe auch 7.2.7.1). Dazu wird eine Strecke in *Blockabschnitte* oder *Zugfolgeabschnitte* unterteilt, in die ein Zug nur einfahren darf, wenn der Abschnitt von anderen Zügen frei ist. Dies wird durch betriebliche Regelungen (z. B. Zugmeldeverfahren) und durch signaltechnische Einrichtungen gewährleistet. In der Regel werden Anfang und Ende eines Blockabschnitts durch je ein Hauptsignal begrenzt; diese werden jeweils durch Vorsignale angekündigt.

Konkret ist die Sperrzeit die Zeitspanne, während der ein *Zugfolgeabschnitt* (Sperrstrecke) durch eine bestimmte Zug- oder Rangierfahrt belegt ist; sie stellt somit den geringst möglichen zeitlichen Abstand zweier sich folgender Züge für diesen Zugfolgeabschnitt dar. Sperrzeiten setzen sich i. Allg. aus sechs Teilen zusammen:

– *Fahrstraßenbildezeit*: Zeit, die von der Signaltechnik benötigt wird, um die Fahrstraße gesichert einzustellen.
– *Sichtzeit*: Zeit, in welcher der Tf das Vorsignal einsieht und auf ein „Halt erwarten"-Signal reagieren kann. In der Regel werden hierfür bis 12 s gerechnet; bei Führerraumsignalisierung (FRS) wird sie – da die Signale online übertragen werden – zu Null. Im Bereich von Bahnhöfen und Haltestellen wird darunter z.T. auch die Abfertigungszeit zwischen Abfahrtsauftragserteilung und Zuganfahrt verstanden.
– *Annäherungsfahrzeit*: Zeit für das Durchfahren des Vorsignal–Hauptsignal-Abstands.
– *Fahrzeit*: Für den eigentlichen Streckenabschnitt zwischen den beiden betrachteten Hauptsignalen benötigte Zeit.
– *Räumfahrzeit*: Zeit, bis der Zugschluss die Zugschlussstelle überfährt.
– *Fahrstraßenauflösezeit:* Zeit, welche die Signaltechnik benötigt, um die Fahrstraße und ihre Sicherung aufzulösen.

Bildlich wird die Sperrzeit eines *Zugfolgeabschitts* als Sperrzeitkasten im Weg-Zeit-Diagramm für die Fahrschaulinie des jeweiligen Zuges (s. 7.2.7.2, Ausführungen zu Bildfahrplan) dargestellt. Bei der Darstellung für mehrere Zugfolgeabschnitte, z.B. bei der Fahrplankonstruktion für einen Streckenabschnitt (bei der DB AG ausschließlich rechnergestützt), ergibt sich durch das Aneinanderfügen einzelner Sperrzeitkästen eine Sperrzeitentreppe.

Pufferzeiten

Um eine vorgegebene Qualität halten zu können und zu vermeiden, dass sich Unregelmäßigkeiten und kleinere Verspätungen gleich auf die Pünktlichkeit der folgenden Züge auswirken, sind bei der Fahrplankonstruktion ausreichende *Pufferzeiten* (Zeitabstände in der (Vertikal-)Zeitfolge der Sperrzeitenkästen) vorzusehen.

7.2.8 Kapazität, Leistungsfähigkeit und Qualität

Bei Leistungsfähigkeitsbemessungen sind aufgrund der Spurgebundenheit usw. (vgl. 7.2.6) im Schienenverkehr immer in sich abgeschlossene Strecken (mindestens die Sperrstrecke) zu untersuchen. Querschnittsbetrachtungen, wie sie bei Verkehrsarten mit mehreren Freiheitsgraden durchgeführt werden, sind für den Schienenverkehr nicht tauglich.

Definition der Leistungsfähigkeit bzw. Kapazität

Der Begriff der *Leistungsfähigkeit* ist vielfältig und wird unterschiedlich verwendet. Deshalb ist die jeweilige Definition zu beachten!

Ältere Literatur gibt als Leistungsfähigkeit die Anzahl der Züge an, die aufgrund der Mindestzugfolgezeiten unter Berücksichtigung der planmäßigen Reihenfolge der Züge, der Rangordnung der Züge, der streckentypischen Verspätungen und eines einheitlichen Qualitätsmaßstabs den Streckenabschnitt in 24 Stunden (bzw. der örtlichen Betriebszeit) durchfahren können.

Heute wird unter dem Begriff der *Kapazität* einer Eisenbahnstrecke die mögliche Leistung verstanden, die unabhängig von ihrer Inanspruchnahme vorhanden ist; dies bedeutet, dass die Kapazität in einen technischen (quantitativen) Teil (Leistungsfähigkeit) und einen qualitativen Teil getrennt wird.

Die Qualität wird beim Leistungsverhalten berücksichtigt. Dieses ist als eine Art Reaktion des Systems Eisenbahnstrecke auf gewisse Anforderungen (z. B. Pünktlichkeit) zu betrachten.

Qualität

Die wichtigsten Qualitätsmerkmale im Eisenbahnwesen sind Sicherheit, Schnelligkeit, Häufigkeit, Regelmäßigkeit, Zuverlässigkeit, Flexibilität, Komfort und Wirtschaftlichkeit. Je nach Interessenlage (Betreiber, Kunde) können sehr unterschiedliche Qualitätsansprüche erhoben werden.

Der Begriff „Betriebsqualität" umfasst die *Fahrplanqualität* und die *Betriebsdurchführungsqualität*. Letztere wird teilweise auch als „Fahrplanstabilität" bezeichnet.

Kapazitätsqualität, bezogen auf die Strecke, beinhaltet die Qualitätskriterien, die im Zusammenhang mit der Leistungsfähigkeit stehen.

Die *Betriebsqualität* ist abhängig von der theoretisch möglichen Leistungsfähigkeit der Strecke und deren tatsächlicher Auslastung: Je größer die Auslastung, desto geringer die Betriebsqualität. Andererseits beeinflussen Qualitätsvorgaben die mögliche Belastung: Je größer der Qualitätsanspruch ist, desto geringer ist die mögliche Auslastung.

Bestimmung der Leistungsfähigkeit

Zur Bestimmung von Strecken-Leistungsfähigkeiten wurden sehr viele Verfahren entwickelt, die teilweise nur bestimmte Einzelaspekte berücksichtigen. Sie sind daher meist nicht unmittelbar vergleichbar.

Allgemein lassen sich die Verfahren zur Bestimmung der Leistungsfähigkeit in vier Gruppen einteilen:

– Die *beobachtende (*auch *analytische* oder *empirische) Methode* (Betriebsanalyse) durchleuchtet das momentane Betriebsgeschehen durch Feststellen der Soll-Ist-Abweichungen im Zeit-Weg-Diagramm und kann damit vorhandene Engpassprobleme deutlich machen. Die beobachtende Methode eignet sich daher für die Beurteilung des aktuellen Betriebsgeschehens auf den vorhandenen Anlagen, nicht jedoch für Betriebsänderungen sowie Aus-, Um- und Neubauten.
– Bei der *konstruktiven (*auch *synthetisierenden* oder *physikalischen) Methode* (Betriebssynthese) werden in ihrer zeitlichen Ausdehnung erfasste Betriebsvorgänge (Sperrzeitenkästen) mit oder ohne Pufferzeiten aneinandergereiht. Dieses Verfahren erlaubt somit Aussagen über die theoretische Realisierbarkeit geplanter Betriebsprogramme. Aussagen über die gewünschte Betriebsqualität sind nicht möglich.
– Zu den analytischen Methoden zählen die
  – *mathematisch-empirischen Methoden,*

- *bedienungstheoretischen Methoden* und
- *fundamentaltheoretischen Methoden.*

Die ersten beiden Methoden eignen sich insbesondere zur fahrplanunabhängigen Leistungsfähigkeitsuntersuchung von Streckenabschnitten bzw. Strecken. Die Ergebnisse können als allgemeingültig betrachtet werden. Auswirkungen konkreter Fahrplansituationen können allerdings nur schwer oder überhaupt nicht beurteilt werden. Inwieweit fundamentaltheoretische Ansätze gesicherte Aussagen zur Leistungsfähigkeit liefern können, ist noch nicht geklärt.

Bei den *simulativen Methoden* (synchrone, asynchrone, bedienungstheoretische Simulation) wird die Wirklichkeit in einem numerischen Modell nachgebildet. Sie erlauben auch die Beurteilung von Netzen oder Teilnetzen. Auswirkungen von Änderungen der Infrastruktur und/oder des Fahrplans auf den Betrieb im Netz können nur durch den Vergleich von Ergebnissen aus Simulationen beurteilt werden. Die zu untersuchende Infrastruktur und der Fahrplan sind mit großer Genauigkeit darstellbar. Da die Simulation jeweils nur eine Stichprobe der Gesamtheit aller möglichen Betriebsabläufe darstellt, ist eine Verallgemeinerung der Ergebnisse nur bei ausreichender Größe der Stichprobe möglich.

Keines der bisher bekannten Verfahren ist ohne Einschränkungen anwendbar und berücksichtigt alle Aspekte der Betriebsqualität. Für die Untersuchung der Leistungsfähigkeit/Kapazität – insbesondere auch der von Netzen – scheint den Simulationsmethoden die Zukunft zu gehören. Hier können zunehmend auch die Auswirkungen von Störungseinflüssen berücksichtigt werden.

7.2.9 Leit- und Sicherungs-einrichtungen von ÖV-Anlagen und Fahrzeugen

Grundsätzlich ist jeder Betreiber einer Anlage verpflichtet, dafür zu sorgen, dass durch den Betrieb der Anlage niemand in seiner persönlichen Sicherheit beeinträchtigt wird oder einen sonstigen (Sach-)Schaden erleidet. Dies gilt in verstärktem Maße für die Betreiber von Anlagen des ÖV. Als

Vorbedingung für die Betriebsgenehmigung einer solchen Anlage schreiben AEG, LEG und PBefG ausdrücklich eine sichere Betriebsführung vor.

Für den Betrieb der Anlagen sind entsprechende Vorschriften auf der Grundlage der geltenden Gesetze, Rechtsverordnungen usw. zu erstellen. Die Regeln für den Bau, die Überwachung und Instandhaltung sowie der Betrieb schienengebundener Verkehrsmittel und ihrer stationären Anlagen sind in Bau- und Betriebsordnungen, Prüfvorschriften, Instandhaltungsrichtlinien, FV, Fahrordnungen usw. gegeben.

7.2.9.1 Leit- und Sicherungstechnik

Von wesentlicher Bedeutung für die Sicherheit des Betriebs von Verkehrsmitteln des ÖV sind die Verfahren der *Verkehrssicherungs- und -leittechnik* mit den Komponenten Fahrzeugortung, Zugsicherung (Abstandhaltung einschließlich Fahrwegsicherung und Gleisfreimeldung), Geschwindigkeitsüberwachung, Dokumentation des Fahrtverlaufs und der betrieblichen Handlungen (z.B. Gleissperrung), der Möglichkeit des dispositiven Eingreifens sowie Störungs- und Notfallprogramme (Melde- und Einsatzpläne, betriebliche Ersatzmaßnahmen usw.). Dazu gehören auch die Fahrzeugeinrichtungen (vgl. 7.2.9.3) für Nothalt, Geschwindigkeitsüberwachung, FRS und Systeme zur Überwachung und Diagnose des Fahrzeugzustands, Zug- (Daten-) Bus, Zugfunk sowie Antennen für Funk und Gleisschaltmittel.

Sicherungstechnische Anlagen müssen über die gesamte Nutzungsdauer zu jedem Zeitpunkt die geforderte Sicherheit gewährleisten. Der Begriff der *signaltechnischen Sicherheit* ist in der DB AG-Richtlinie Mü 8004 (entspr. DIN VDE 0831) definiert. Grundsatz ist das Fail-safe-Prinzip, nach dem ein System bei Ausfall nur in einem sicheren Zustand verharren oder in einen sicheren Zustand übergehen kann.

Fahrzeugortung, Gleisfreimeldung

Auf Strecken ohne technische Gleisfreimeldeanlagen und bei Fahren auf Sicht werden die Fahrzeugortung und das Prüfen auf Freisein der Gleise visuell durchgeführt.

Bei Gleisfreimeldeanlagen (Gleisstromkreise, isolierte Schienen, Achszähler, Linienförmige Zugbeeinflussung (LZB)) kann anhand einer Stelltischausleuchtung oder einer Monitoranzeige im

Stellwerk bzw. in der Betriebssteuerzentrale der Zuglauf verfolgt werden.

Bei der Ortung von Fahrzeugeinheiten mittels moderner Zugbeeinflussungssysteme sind hohe Anforderungen zu erfüllen. Neben Zielbremsungen auf ortsfeste Zielpunkte (z. B. Langsamfahrstellen, Bahnsteighaltepunkte) müssen auch Zielbremsungen auf den Zugschluss des vorausfahrenden Zuges möglich sein. Zurzeit werden Forschungsvorhaben mit dem Ziel der hochgenauen Fahrzeugortung und -verfolgung durch Satellitennavigation auf der Basis der GPS (Global Positioning System) bzw. mit GSM-R (Global System for Mobile Communication-Rail) durchgeführt.

Abstandhalteverfahren/Zugfolge

Prinzipiell existieren vier Abstandhalteverfahren:

– *Fahren auf Sicht*: Dieses im nichtspurgebundenen Individualverkehr übliche Verfahren wird im Bereich der schienengebundenen Verkehrsmittel nur bei Straßenbahnen und im Rangierbetrieb der Eisenbahn (V ≤ 25 km/h) angewandt. Der Sichtweg muss länger als der Anhalteweg sein.
– *Fahren im Zeitabstand*: Dieses Verfahren wird z. B. noch in den USA angewandt. Es ist nur dort sinnvoll, wo wenige Züge mit nahezu gleicher Geschwindigkeit verkehren. Für Störungen (z. B. Liegenbleiben eines Zuges auf freier Strecke) muss eine Rückfallebene vorhanden sein (Zugfunk, Fahren auf Sicht usw.). Die für den ÖV in Deutschland geforderte Sicherheit ist dabei nicht gegeben.

Sicher ist der Fahrbetrieb nur dann, wenn der Bremsweg des Fahrzeugs oder Zuges kürzer ist als der Abstand zum Ende des vorausfahrenden Fahrzeugs oder Zuges. Die beiden folgenden Verfahren erfüllen diese Bedingung.

– *Fahren im Raumabstand*: Dieses im Eisenbahnbetrieb überwiegend angewandte Verfahren teilt die Strecke in jeweils durch Hauptsignale begrenzte *Blockabschnitte*. In jedem Blockabschnitt darf sich nur ein Zug befinden. Betriebliche Grundlage für dieses Abstandhalteverfahren ist das Zugmeldeverfahren, das zwischen den benachbarten Blockstellen (Zugmeldestellen) durchzuführen ist.
– *Fahren auf elektrische Sicht* mit FRS durch LZB ist ebenfalls Fahren im Raumabstand. Beim Fahren auf elektrische Sicht sind zwei weitere Möglichkeiten gegeben, die z. Z. nicht im Regelbetrieb zugelassen sind.

– *Fahren im absoluten Bremswegabstand*: Hier wandert der für einen Zug reservierte Streckenabschnitt (Zuglänge, maximaler Bremsweg im Betrieb, Schutzstrecke vor und hinter dem Zug) während seiner Fahrt mit (Moving Block). Voraussetzung ist ein linienförmiges Zugbeeinflussungsverfahren mit kontinuierlicher Fahrzeugortung und geschwindigkeitsabhängiger Bremswegbestimmung.
– *Fahren im relativen Bremswegabstand* (Differenz zwischen Bremsweg des vorausfahrenden Zuges und dem (Mindest-)Bremsweg des folgenden): Dieses Verfahren weist gegenüber dem Fahren im absoluten Bremswegabstand keine wesentliche Leistungssteigerung auf. Es ist im vorgenannten Sinne nicht sicher.

7.2.9.2 Fahrwegsicherung

Die Fahrwegsicherung hat zum Ziel, den Zug- und Rangierfahrten Fahrwege zur Verfügung zu stellen, auf denen alle sicherungstechnisch beeinflussbaren und für sie relevanten Gefährdungsmöglichkeiten ausgeschlossen sind (vgl. [Fenner/Naumann 1998]).

Gefährdungen im Bahnhof ergeben sich durch falsche Weichenstellung, Einfahrt in ein besetztes Gleis, Flankenfahrt bei Weichen und Kreuzungen, Gegenfahrt im selben Gleis und Durchrutschen über den vorgesehenen Zielpunkt hinaus.

Gefährdungen auf der freien Strecke ergeben sich durch zu geringen Abstand bei Folgefahrt und Gegenfahrt im selben Gleis.

Die Fahrwegsicherung wird durch Signale erreicht. Grundsätzlich gilt, dass sich ein Signal erst dann auf „Fahrt" stellen lassen darf, wenn alle Gefährdungsmöglichkeiten ausgeschlossen sind und diese Gefährdungsmöglichkeiten auch bis zum Abschluss der Fahrt ausgeschlossen bleiben. Das Ende eines zu sichernden Fahrwegs, der sich unter bestimmten Bedingungen über mehrere Bahnhofs- oder Streckenabschnitte erstrecken kann, muss ein Signal mit dem Signalbegriff „Halt" sein, hinter dem sich – meist als Sicherung gegen Verbremsen – ein *Durchrutschweg* (Ausfahrsignal), *Gefahrpunktabstand* (Einfahrsignal) oder eine *Schutzstrecke* (Streckensignale) befindet.

In Bahnhöfen, Abzweig- und Überleitstellen, wo verstärkt Verzweigungsmöglichkeiten und Flankenfahrten möglich sind, wird der Fahrweg meist abschnittsweise durch Fahrstraßen und Teilfahrstraßen gesichert, auf der freien Strecke durch Blockinformationen. Die Fahrstraße stellt einschließlich Flankenschutz den technisch gesicherten Fahrwegabschnitt dar. Sie wird vor der Durchführung der Zug- oder Rangierfahrt als Vorbedingung zur Bedienbarkeit des zugehörigen Haupt- oder Schutzsignals gebildet und nach Abschluss der Fahrt wieder aufgelöst.

Die betriebstechnische Sicherung eines beidseits durch Hauptsignale begrenzten Gleisabschnitts geschieht in mehreren Schritten, deren Reihenfolge durch folgenden Prozessablauf bestimmt ist: Einstellen, Verschließen (Festhalten der Stellelemente in der erforderlichen Stellung) und Festlegen (Verhindern der Fahrstraßenauflösung bis nach Abschluss der Zugfahrt) der Fahrstraße, zum Freiprüfen des Fahrwegs, Freigeben des (Start-)Signals und Auf–„Fahrt“–Stellen des Signals. Die technische Realisierung dieser einzelnen Phasen und die bei der Bedienung jeweils vorzunehmenden Handlungen sind je nach Stellwerktechnik unterschiedlich.

Signale

Die für Bahnen des ÖV vorgeschriebenen Signale sind in der ESO bzw. BOStrab gegeben. In der Regel dominiert das Haupt-/Vorsignal (HV)-System. Die Signalbegriffe müssen eindeutig und klar erkennbar sein. Bei Eisenbahnen unterscheidet man Hauptsignale und – wegen des meist nicht ausreichenden Sichtweges in Abhängigkeit von der Geschwindigkeit bzw. dem Bremsvermögen – Vorsignale.

Hauptsignale sind je nach Lage als Einfahr-, Ausfahr-, Zwischen-, Block- oder Deckungssignale auszuführen. Sie zeigen

- Hp0: Zughalt,
- Hp1: Fahrt ohne Geschwindigkeitsbeschränkung (Streckengeschwindigkeit maßgebend),
- Hp2: Fahrt frei mit $V_{max} = 40$ km/h, falls nicht ein Zusatzsignal (Zs3) andere Werte vorschreibt.

Die Grundstellung der Hauptsignale ist „Halt“, bei Selbstblocksignalen „Fahrt“.

Vorsignale stehen mindestens im Bremswegabstand vor dem zugehörigen Hauptsignal und kündigen den dort zu erwartenden Signalbegriff an:

- Vr0: Zughalt erwarten,
- Vr1: Fahrt ohne Geschwindigkeitsbeschränkung erwarten (Streckengeschwindigkeit maßgebend),
- Vr2: Fahrt frei mit $V_{max} = 40$ km/h erwarten, falls nicht Zs3 andere Werte vorschreibt.

Der Bremswegabstand ist geschwindigkeitsabhängig:

- 400 m   bei $V \leq 60$ km/h,
- 700 m   bei $V \leq 100$ km/h,
- 1000 m   bei $V \leq 140$ km/h (160 km/h).
- bis 12,730 km (LZB) bei $V \geq 160$ km/h.

Kombinationssignale (Ks) kommen grundsätzlich beim Bau von Elektronischen Stellwerken (Estw) zur Anwendung. Diese vereinigen die Funktionen des Vor- und Hauptsignals auf einem einzigen Signalschirm.

Zusatzsignale (Zs) ergänzen die Hauptsignale. Sie geben zusätzliche Informationen wie Ersatzsignal für Ausfall des Hauptsignals (Zs1), Richtungsanzeiger (Zs2), Geschwindigkeitsanzeiger (Zs3), Gleiswechselanzeiger (Zs6) sowie das Vorsichtsignal (Zs7).

Schutzsignale zeigen an, ob der folgende Gleisabschnitt befahren werden darf (Sh1) oder nicht (Sh0, Sh2).

Für die Abwicklung einer Rangierfahrt gibt es die Gruppe der *Rangiersignale*, an Bahnübergängen *Signale für Bahnübergänge*. Überdies existieren weitere Signale für verschiedene Zwecke.

Signale nach der BOStrab sind den ESO-Signalen häufig ähnlich. Für Fahren auf Sicht bei straßenbündigem Bahnkörper gibt es zusätzlich *Fahrsignale mit weißen Lichtbalken*. Diese gelten auch für dort verkehrende Busse.

Stellwerkstechnik

Fahrwegelemente (Weichen, Gleissperren usw.) und Signale werden von Stellwerken (Stw) aus bedient. Man unterscheidet nach ihrer Hierarchie und Bedeutung *Befehlsstellwerke* (mit Fdl), von diesen abhängige *Wärterstellwerke* und ausschließlich dem Rangierbetrieb dienende *Rangierstellwerke*. In Rangierbahnhöfen gibt es zur Durchführung des Ablaufbetriebs *Ablaufstellwerke*.

Aus technischer Sicht teilt man Stw nach der Bauform ein:

- *Mechanische Stw.* Das Umstellen der Weichen, Signale usw. erfolgt über Drahtzugleitungen durch Bedienen von Kurbeln oder Umlegen von Hebeln im Stellwerk mittels Muskelkraft der Bediener. Die Ausdehnung des Stellbereichs ist daher auf 500 bis 700 m beschränkt.
- *Elektromechanische Stw.* Bei dieser Bauform wird die Stellarbeit von Elektromotoren übernommen. Die Stellbefehle werden durch Drehen von Knebeln gegeben. Fahrwegabhängigkeiten und Verschluss sind mechanisch, die Festlegung blockelektrisch. Da die Gleisfreimeldung visuell erfolgt, ist der Stellwerkbereich auf etwa 1400 m beschränkt.
- *Gleisbild-Stw mit Relaistechnik (Drucktasten (Dr)-Stw).* Die Gleislage des Bahnhofs ist bei diesem Stw-Typ im Bedienraum auf einem Stelltisch oder einer Stelltafel als stilisiertes Gleisbild dargestellt. Durch Betätigen zweier Drucktasten (Start und Ziel der Fahrt) auf Stelltisch bzw. -tafel oder Eingabe einer Start- und Zielcodierung über ein Nummernstellpult laufen Rangier- bzw. Zugfahrstraßen selbsttätig ein. Anschließend kommen die zugehörigen Signale in Fahrtstellung. Verschluss und Festlegen der Fahrstraße erfolgen durch Relaistechnik. Die Fahrstraßen werden nach dem Räumen eines Abschnitts partiell hinter dem fahrenden Zug aufgelöst (*Teilfahrstraßenauflösung*). Die Relaistechnik mit integrierter technischer Gleisfreimeldung erhöht die Sicherheit, beschleunigt die Abläufe im Stw und erhöht damit die betriebliche Leistungsfähigkeit sowie die Wirtschaftlichkeit.

Als *Zentral-Stw* können die Relaisstellwerke über den eigenen Stellbereich hinaus mit einer Fernsteuerung für andere – örtlich nicht mit Bedienpersonal besetzte – Relaisstellwerke ausgerüstet sein.

Eine andere Möglichkeit bietet das *Fernstellen*, bei dem nicht – wie bei der Fernsteuerung – der Befehl zum Stellen und Sichern einer Fahrstraße einschließlich Signal an das örtliche Stellwerk gegeben, sondern jedes einzelne Fahrwegelement und Signal aus der Ferne vom Zentral-Stw aus gestellt und gesichert wird. Die Stellweite ist aus technischen Gründen auf ca. 6500 m begrenzt.

In Verbindung mit einer Zugnummernmeldeeinrichtung ist bei diesen Systemen eine selbsttätige Zuglenkung realisierbar. Die Anwendung erfolgt derzeit überwiegend in Nahverkehrssystemen (S-Bahnen, Stadtbahnen) sowie auf Hauptabfuhrstrecken. Die Ausdehnung des gesamten Stellbereichs ist nur durch das menschliche Leistungsvermögen begrenzt.

- *Elektronische Stw* (Estw). Bei Stellwerkneubauten oder umfassenden Umbauten werden nur noch Estw vorgesehen. Die Gleisanlagen werden hier auf Monitoren dargestellt mit der Möglichkeit, über die sog. „Bahnhofslupe" einzelne Stellbereiche vergrößert darzustellen. Die Stellaufträge erfolgen i. d. R. über Grafiktableaus. Sie werden auf mehreren Rechnerebenen verarbeitet (Kommunikations-, Bereichs- und Stellebene). Auf jeder Rechnerebene kommen signaltechnisch sichere redundante – mehrkanalige – Systeme zum Einsatz (2v2-Prinzip bzw. 2v3-Prinzip). Die Stellrechner können dezentral angeordnet sein. Der Stellbereich eines Estw ist damit nahezu unbegrenzt.

Betriebszentralen

Durch Verknüpfung von Estw mit rechnergestützten Dispositionsinstrumenten können sehr große Stellbereiche (z. Z. bis etwa 400 km) von einer Betriebszentrale aus gesteuert werden. Häufiger vorkommende Bedienungshandlungen werden dabei automatisiert, seltener vorkommende weiterhin manuell ausgeführt. Die Betriebszentralen gliedern sich in die Ebenen der Disposition (Zuglenker = zentraler Fdl) und der Operation (örtlich zuständiger Fdl) sowie der ausgelagerten Stellrechner.

Zur *Disposition* gehört die Zuglaufverfolgung mit Soll-Ist-Vergleich und bei Abweichung die Zuglaufkorrektur mit schnellstmöglicher Rückführung in den Soll-Zustand.

Zur *Operation* gehören die Zug-Fahrweg-Steuerung und die Steuerung der Rangierbewegungen. Es werden die gleichen Tätigkeiten wie im Estw ausgeführt.

7.2.9.3 Sicherungstechnik im Fahrzeug

Sicherheitsfahrschaltung (Sifa). Die Sifa überwacht selbsttätig (elektromechanisch bzw. elektronisch) die Diensttauglichkeit des Tf. Dabei muss der Tf in regelmäßigen Abständen eine Taste drücken und wieder freigeben. Bei Nicht- oder Fehlbedienung wird eine akustische Warnung abgegeben; erfolgt nicht innerhalb weniger Sekunden eine entsprechende Reaktion des Tf, so wird eine Zwangsbremsung ausgelöst.

Induktive Zugsicherung (Indusi) als punktförmige Zugbeeinflussung (PZB). Die Indusi löst bei Nichtbeachten von Signal- oder Geschwindigkeitsvorgaben eine Zwangsbremsung aus. Damit ist eine punktförmige Überwachung und ggf. Beeinflussung einer Zugfahrt gegeben. Diese befreit jedoch den Tf nicht von der Beobachtung der Strecke und der Signale.

Linienförmige Zugbeeinflussung (LZB). Strecken, die mit $V>160$ km/h befahren werden, müssen nach EBO mit LZB ausgerüstet sein, durch die ein Zug selbsttätig zum Halten gebracht (Zwangsbremsung), jedoch auch signaltechnisch sicher geführt werden kann (d. h. es werden keine ortsfesten Signale benötigt). Auf Strecken mit geringeren Geschwindigkeiten kann die LZB zur Leistungssteigerung sinnvoll sein.

Automatische Fahr- und Bremssteuerung (AFB). Auf vielen Tfz wird die LZB durch die AFB ergänzt. Diese setzt die vorgegebenen Fahr- und Bremsbefehle der LZB auf den Fahrzeugantrieb um. Die AFB kann jedoch unabhängig von der LZB auch auf Strecken ohne Linienleiter zur Regelung der Höchstgeschwindigkeit eingesetzt werden.

Fahrzeugsteuer-, Überwachungs- und Diagnosesysteme. Mit der Einführung leistungsfähiger Zugbussysteme können Überwachungs- und Diagnosevorgänge zunehmend automatisiert werden.

7.2.9.4 Funk

Zugfunk. Der Zugfunk dient der Kommunikation zwischen einer Funkzentrale und dem fahrenden Zug. Es können sowohl Gespräche als auch andere Informationen übermittelt werden. Bei der DB AG ersetzt ein digitales Mobilfunknetz in GSM-R-Technik die bestehenden acht Funkdienste für die Kommunikation zwischen einem fahrenden Zug und seiner Umwelt.

Funkbasierter Fahrbetrieb (FFB). Mit GSM-R lässt sich unter Verzicht auf herkömmliche Verkabelungen, Gleisfreimeldeanlagen und ortsfeste Signale ein Funkbasierter Fahrbetrieb (FFB) aufbauen, was zu weiteren Kosteneinsparungen führt. Durch kryptographische Verfahren werden die Daten abhör- und verfälschungssicher verschlüsselt. Die signaltechnische Sicherheit ist damit gewährleistet.

Funkzugbeeinflussung (FZB). Dieses System erlaubt es, mehrere Kilometer im Voraus Fahrerlaubnis, Geschwindigkeitsvorgaben, Bremsbefehle und entsprechende Zielentfernungen auf das Tfz zu übertragen und den Zug bei Nichtbefolgung zwangszubremsen. Analog zur LZB kann dabei weitestgehend auf ortsfeste Signale verzichtet werden.

7.2.9.5 Europäische Vereinheitlichung der Zugbeeinflussungssysteme

Der zunehmende grenzüberschreitende Schienenverkehr in Europa erfordert von den Fahrzeugen und den darauf installierten Zugsicherungsanlagen ein Höchstmaß an Interoperabilität. Da die z. Z. europaweit genutzten Zugbeeinflussungssysteme dieser Forderung weitgehend nicht entsprechen und der Einsatz von Mehrsystemfahrzeugen auf die Dauer unwirtschaftlich ist, wurde im Rahmen des von der EU geförderten *Europäischen Betriebsleitsystems ERTMS* (European Rail Traffic Management System) das *Europäische Zugsteuerungs- und Sicherungskonzept ETCS* (European Train Control System) entwickelt.

Dieses System ersetzt nicht die nationalen Sicherungssysteme, sondern schafft durch Zerlegung der Zugsicherung in ihre möglichen Subsysteme und exakte Schnittstellendefinition eine europaweite Systemspezifikation für Zugsicherungssysteme. Ein grundlegender Bestandteil dieses Systems als Ersatz für differierende bestehende Kommunikationssysteme ist das im UIC-Projekt EIRENE/MORANE entwickelte GSM-R.

ETCS setzt sich baukastenartig aus folgenden Elementen zusammen:

- *Ortsfeste Gleiseinrichtungen.* EURO-Balise (punktförmiges bidirektionales Datenübertra-

gungssystem) und EURO-Loop (kontinuierliches bidirektionales Datenübertragungssystem);
- *Funkverbindung zwischen der Streckenzentrale und dem Fahrzeug.* EURO-Radio (sicheres Datenübertragungssystem auf GSM-R-Basis);
- *Fahrzeugausrüstung.* EURO-Cab (flexibel und modular aufgebautes System zur Datenverarbeitung auf dem Fahrzeug für Zugsteuerung und Führerstandsanzeige).

ETCS stellt sich in drei aufeinander aufbauenden Funktionsstufen dar:

- *Level 1. Konventionelles* Zugbeeinflussungssystem mit ortsfestem Signalsystem und Fahren im festen Raumabstand. Erforderliche Daten werden über EURO-Balisen, evtl. EURO-Loop oder EURO-Radio, übertragen.
- *Level 2.* Hier *werden* die ortsfesten Streckensignale durch Anzeigen auf dem Tfz-Führerstand ersetzt; die Züge werden durch FZB überwacht und geführt. Die Datenübertragung erfolgt mittels EURO-Balisen (Ortsmarken) und EURO-Radio. Es wird im festen Raumabstand gefahren, die Gleisfreimeldung erfolgt über konventionelle Systeme.
- *Level 3*: Er baut bezüglich der Datenübertragung von der Streckeneinrichtung zum Tfz auf Level 2 auf. Die sicherheitsrelevante Ortung der Fahrzeuge erfolgt über EURO-Balisen oder künftig über GPS/GSM-R. Auf konventionelle Gleisfreimeldeanlagen wird verzichtet. Aus diesem Grund muss ein besonderes System zur Zugvollständigkeitskontrolle entwickelt werden, damit eine Zugtrennung rechtzeitig erkannt und eine Gefährdung für nachfolgende Züge ausgeschlossen wird. Das Fahren im wandernden Raumabstand (Moving Block) wird möglich.

Bis 2025 werden die im HV-System ausgerüsteten Hauptabfuhrstrecken mit ETCS ergänzt (Doppelausstattung). Dadurch kann Zug um Zug die volle Interoperabilität im grenzüberschreitenden Verkehr in Europa eingeführt werden.

Abkürzungen zu 7.2

ABS	Ausbaustrecke
ABW	Außenbogenweiche
AEG	Allgemeines Eisenbahngesetz
AEIF	Association Européenne pour l'Interopérabilité Ferroviaire (Europäische Vereinigung für die Interoperabilität im Bereich der Bahn)
AFB	Automatische Fahr- und Bremssteuerung
AK	Automatische Kupplung
BA	Bogenanfang
BE	Bogenende
BEV	Bundeseisenbahnvermögen
BGB	Bürgerliches Gesetzbuch
BMVBS	Bundesministerium für Verkehr, Bau und Stadtentwicklung
BOA	Bau- und Betriebsordnung für Anschlussbahnen
BOKraft	Verordnung über den Betrieb von Kraftfahrunternehmen
BOStrab	Verordnung über den Bau und Betrieb der Straßenbahnen
BR	Baureihe
BVWP	Bundesverkehrswegeplan
CB	Bedienungsfahrt im Knotenbahnhof
CEN	Comité Européen de Normalisation
CENELEC	Comité Européen de Normalisation Electrotechnique
CS	Bedienungsfahrt zwischen Knotenbahnhof und Satellit
D	Schnellzug
DB	Deutsche Bahn
DB AG	Deutsche Bahn AG
DEKRA	Deutscher Kraftfahrzeug-Überwachungs-Verein
DIN	Deutsches Institut für Normung e. V.
DKW	Doppelte Kreuzungsweiche
DR	Deutsche Reichsbahn
Dr-Stw	Drucktasten-Stellwerk
EBA	Eisenbahnbundesamt
EBO	Eisenbahnbau- und Betriebsordnung
EC	Eurocity
ECE	Eurocity-Express
EDV	Elektronische Datenverarbeitung
EIBV	Eisenbahninfrastrukturbenutzungsverordnung
EIL	Europäischer Infrastrukturleitplan
EkrG	Eisenbahnkreuzungsgesetz
EKW	Einfache Kreuzungsweiche
EneuOG	Eisenbahnneuordnungsgesetz
ERA	European Rail Agency (Europäische Eisenbahnagentur)

ERTMS	European Rail Traffic Management System	LCC	Life-Cycle Costs
ESBO	Eisenbahnbau- und Betriebsordnung für Schmalspurbahnen	LEG	Landeseisenbahngesetz
		LfB	Landesbevollmächtigter für Bahnaufsicht
ESO	Eisenbahnsignalordnung	LNT	Leichte Nahverkehrstriebwagen
Estw	Elektronisches Stellwerk	LZB	Linienförmige Zugbeeinflussung
ETCS	European Train Control System	NBS	Neubaustrecke
EUC	EuropUnitCargo	NE-Bahnen	Nichtbundeseigene Eisenbahnen
EW	Einfache Weiche	NeiTech	Neigetechnik
Ez	Weiche mit geänderter Endneigung im Zweiggleis	NFS	Nebenfernstrecke
		o. A.	ohne Ausrundung
fb	federnd-beweglich	OK	Oberkante
Fdl	Fahrdienstleiter	ÖPNV	Öffentlicher Personennahverkehr
FF	Feste Fahrbahn	OSS	One Stop Shop
FFB	Funkbasierter Fahrbetrieb	ÖV	Öffentlicher Verkehr
FRS	Führerraumsignalisierung	P+R	Park and Ride
FSS	Frostschutzschicht	PBefG	Personenbeförderungsgesetz
FV	Fahrdienstvorschrift	PSS	Planumsschutzschicht
FZB	Funkzugbeeinflussung	PV	Personenverkehr
gb	gelenkig-beweglich	PZB	Punktförmige Zugbeeinflussung
GEB	Gemeinschaft der Europäischen Bahnen	RB	Regionalbahn
		Rbf	Rangierbahnhof
GG	Grundgesetz	RC, TRC	RegionalCargo-Zug
GSM-R	Global System for Mobile Communication-Rail	RE	Regionalexpress
		RHG	Reichshaftpflichtgesetz
GPS	Global Positioning System	Ril	Richtlinie
GSt	Gleisbogenabhängige Wagenkastensteuerung	ROG	Raumordnungsgesetz
		S-Bahn	Schnellbahn (auch Stadtschnellbahn, Stadtbahn)
GV	Güterverkehr		
GVFG	Gemeindeverkehrsfinanzierungsgesetz	SchO	Schotteroberbau
		Sh	Schutzsignal
HAS	Hauptabfuhrstrecke	Sifa	Sicherheitsfahrschaltung
HGT	Hydraulisch gebundene Tragschicht	SO	Schienenoberkante
		SPFV	Schienenpersonenfernverkehr
HGV	Hochgeschwindigkeitsverkehr	SPNV	Schienenpersonennahverkehr
HV-System	Haupt-/Vorsignalsystem	StrG	Straßengesetze der Länder
IBW	Innenbogenweiche	StVG	Straßenverkehrsgesetz
IC	Intercity	StVO	Straßenverkehrsordnung
ICE	Intercity-Express	StVZO	Straßenverkehrszulassungsordnung
ICG	InterCargo-Zug	Stw	Stellwerk
IK	InterKombi-Zug	TE	TransEurop-Zug
Indusi	Induktive Zugsicherung	TEC	TransEuroCombi-Zug
IR	Interregio	TERFF	Trans European Rail Freight Freeways
ITF	Integraler Taktfahrplan		
IV	Individualverkehr	Tf	Triebfahrzeugführer
Kbf	Knotenpunktbahnhof	Tfz	Triebfahrzeug
KC, TKC	KomplettCargo-Zug	TSI	Technische Spezifikationen für die Interoperabilität
Ks	Kombinationssignal		
l. W.	lichte Weite	TÜV	Technischer Überwachungsverein

UIC	Union Internationale des Chemins de Fer
UIG	Unternehmensinterne Genehmigung
UITP	Union Internationale des Transports Publics
UVP	Umweltverträglichkeitsprüfung
UVPG	Umweltverträglichkeits-Prüfungsgesetz
VDV	Verband Deutscher Verkehrsunternehmen
VO	Rechtsverordnung
VwVfG	Verwaltungsverfahrensgesetz
WA	Weichenanfang
WE	Weichenende
Z-AK	Automatische Zugkupplung
ZIE	Zustimmung im Einzelfall
Zs	Zusatzsignal

Literaturverzeichnis Kap. 7.2

AEG, LEG, PBefG, EBO, ESBO, ESO, RiLi DB AG/VDV, Normen (DIN, CEN, CENELEC), VDI/VDE-Richtlinien

BOStrab, Verordnung über den Bau und Betrieb der Straßenbahnen, dazu Richtlinien für die Trassierung, veröffentlicht im Verkehrsblatt, Bonn 1988 bzw. 1994

BOKraft, Verordnung über den Betrieb von Kraftfahrunternehmen im Personenverkehr

Druckschriften und Richtlinien der DB AG, VDV/BO-Strab

Fenner W, Naumann P (1998) Verkehrssicherungstechnik. Siemens AG (Hrsg) Publicis MCD Verlag, Erlangen und München

Fiedler J (1980) Grundlagen der Bahntechnik. 2. Aufl. Werner-Verlag, Düsseldorf

Freise R (1994) Taschenbuch der Eisenbahngesetze. Hestra-Verlag, Darmstadt

Heimerl G, Hohnecker E et al. (1988) Studie über die Bündelungseffekte zwischen Schiene und Straße. Universität Stuttgart

Hohnecker G, (1993) Zukunftssichere Trassierung von Eisenbahn-Hochgeschwindigkeitsstrecken. Dissertation Universität Stuttgart

Hohnecker E (2008) Vorlesungsmanuskript. Universität Karlsruhe

Hohnecker E, Sautter P (1997) CDG Eisenbahnprojekt Mazedonien. Workshop A, Manuskript

Laaser C-F: Deregulierungserfahrungen und -probleme im Eisenbahnwesen in Europa. Eisenbahningenieur 49 (1998) 2, S 10–15

Matthews V (2007) Bahnbau. 7. Aufl. Vieweg+Teubner, Wiesbaden

Schwanhäußer W: Vorlesungsumdrucke 1982–1993, RWTH Aachen

7.3 Individualverkehr – Straßenentwurf und Straßenbau

7.3.1 Individualverkehrssysteme

Klaus J. Beckmann

7.3.1.1 Allgemeine Grundlagen

Der *Individualverkehr* ist Teilmenge des *Personenverkehrs* und damit ein wichtiges Teilsystem des Gesamtverkehrs. Hinsichtlich des Verkehrsaufkommens (Wege bzw. Fahrten) macht der *motorisierte Individualverkehr* in der Bundesrepublik Deutschland mehr als 80% und bezüglich des Verkehrsaufwandes – Fahrzeugkilometer (Fzkm) bzw. Personenkilometer (Pkm) – mehr als 90% des werktäglichen Personenverkehrs aus. In Ballungsräumen und Großstädten umfasst der motorisierte Individualverkehr 35–45% der Wege, der *nichtmotorisierte Individualverkehr* (Fußverkehr, Fahrradverkehr) bis zu 30% der Wege. In den auf Innenstädte bezogenen Verkehrsrelationen dominieren bei entsprechendem ÖV-Angebot (S-Bahn, U-Bahn, Stadt-/Straßenbahn, Bus) der öffentliche Personennahverkehr und der nicht-motorisierte Verkehr mit bis zu 70% der Wege.

Den Individualverkehr kennzeichnen u. a. folgende Merkmale:

– private Verfügung bzw. Verfügbarkeit über das jeweilige Verkehrsmittel (z. B. Personenkraftwagen, Fahrrad, eigene Füße),
– physisch-psychische Handhabungsfähigkeit und rechtliche Handhabungsberechtigung durch die Verkehrsmittellenker (z. B. Sehfähigkeit, Gesundheit, Führerscheinbesitz),
– private Entscheidungsmöglichkeiten über Einsatz; privat (individuell) bestimmte Wegzwecke, Betriebsarten und Mitnahmen,
– öffentliche Bereitstellung von Straßen und Anlagen bzw. Wegen (zum kleinen Teil auch teilöffentlich und privat),
– Nutzung unter öffentlich definierten Bedingungen (z. B. Fahrzeugzulassung, zeitliche und/oder räumliche Zulassung von Verkehrsmitteln, Straßenverkehrsordnung, Nutzungsbedingungen).

Der Betrieb der individuellen Verkehrsmittel und die Transportvorgänge des individuellen Verkehrs sind also hinsichtlich der Nutzung von Verkehrsmitteln (Wegzwecke, Zeitpunkte, Wegziele, Häufigkeiten, Wegewahl usw.) und bezüglich des Betriebs (Mitnahme von Personen oder Gepäck, Geschwindigkeitswahl, Risikobereitschaft usw.) individuell bestimmt. Sie stehen allerdings hinsichtlich potentieller Auswirkungen auf Dritte – z. B. Unfallgefährdungen, Umweltbelastungen, Ressourcenbeanspruchungen – unter gesellschaftlicher (öffentlicher) Kontrolle.

Besondere Qualitäten für den Nutzer ergeben sich aus

– der Jederzeitigkeit der Einsatzmöglichkeiten (Ausnahme: zeitliche Beschränkungen in bestimmten Teilräumen),
– der Ubiquität, d. h. Flächenhaftigkeit der Einsatzmöglichkeiten (Ausnahme: raumbezogene Nutzungsbeschränkungen, z. B. Fußgängerzonen),
– den weitgehenden Wege- bzw. Routenwahlmöglichkeiten,
– dem hohen Grad an Privatheit und Komfort bei der Nutzung,
– den Möglichkeiten zur Nutzung der Sekundärfunktionen individueller Verkehrsmittel (z. B. Fahrrad als Sportgerät, Auto als Mittel der Selbstdarstellung bzw. als Statussymbol),
– den Erlebensmöglichkeiten (Weg/Fahrt als „Selbstzweck").

Für den *motorisierten Individualverkehr* erfolgt u. U. eine Untergliederung nach

– Beteiligungsart der Fahrzeuginsassen (Fahrer bzw. Selbstfahrer, Mitfahrer),
– Räderanzahl der Fahrzeuge (motorisiertes Zweirad, Pkw),
– Antriebsart der Fahrzeuge (Otto-, Diesel-, Elektromotor, Hybridantrieb usw.),

für den *nichtmotorisierten Verkehr* (Muskelkraftverkehr) in

– nichtmotorisierten Verkehr ohne „Gerät" (Fußgänger, Läufer) und
– nichtmotorisierten Verkehr mit „Gerät" (Fahrrad, Liegerad, Dreirad, Skater, Rollstuhl usw.).

Die bevorzugten und günstigsten *Einsatzbereiche nichtmotorisierter Verkehrsmittel* sind die Bereiche Haus bzw. Grundstück, Straße, Quartier, Stadtteil und eventuell „kleinere" Gesamtstadt, d. h. Weglängen für Fußgänger von bis zu 2–3 km, für Fahrradfahrer von

bis zu 5–7 km. Die Einsatzbereiche sind begrenzt durch den Transport von Gütern oder die Mitnahme von anderen Personen. Die *Einsatzbereiche motorisierter Individualverkehrsmittel* erstrecken sich schwerpunktmäßig auf größere Entfernungen, auf Verkehrsvorgänge mit Transport von Gütern, auf Transporte bei ungünstigen Witterungsbedingungen: Stadt, Region, Bundesland, Land, mehrere Länder.

Die Grenzen der Einsatzbereiche bestimmen sich im Wesentlichen nach

– der Effizienz (Vorbereitungsaufwand, Zu- bzw. Abgangswege, Reisegeschwindigkeit, individuelle Kosten usw.),
– den Wirkungen (gesellschaftliche Kosten, Emissionen) sowie nach
– der Existenz konkurrierender Verkehrsmittelangebote (Tabelle 7.3-1).

7.3.1.2 Anforderungen an Individualverkehrsnetze

Zur *Gewährleistung der Funktionstüchtigkeit* von Individualverkehrsnetzen sind u. a. folgende Voraussetzungen zu erfüllen:

– Vermaschung der Verkehrswege zu Netzen,
– Differenzierung der einzelnen Verkehrswege nach den überwiegenden Funktionen,
– Hierarchisierung der Verkehrswege hinsichtlich Leistungsfähigkeit und Betriebsstandards,
– Gewährleistung intramodaler Systemübergänge an den Grenzen von Raumeinheiten,
– Gewährleistung intermodaler bzw. sogar multimodaler Systemübergänge zwischen verschiedenen Verkehrsmitteln zur Sicherung von „Transportketten".

Insbesondere Stadtstraßen können als Stadträume unterschiedliche Merkmale haben. Dabei werden verkehrliche und städtebauliche Merkmale unterschieden [RASt 06, S. 16].

Verkehrliche Merkmale umfassen:

– *Erschließungsfunktionen* für angrenzende Bauflächen bzw. Grundstücke und deren Nutzungen,
– *Verbindungsfunktionen* für den durchgehenden Individualverkehr – nichtmotorisiert und motorisiert, häufig aber auch für den Kollektivverkehr (öffentlicher Personennahverkehr).

Tabelle 7.3-1 Verkehrsmittel und ihre Einsatzbereiche

Raumbezug	Verkehrsmitteleinsatz				
	Fußgänger-verkehr	Fahrradverkehr	motorisierter Individualverkehr	Kollektivverkehr Landverkehr	Luftverkehr
Grundstück					
Straße					
Quartier					
Stadtteil					
Stadt					
Region					
Land					
Nation					

Verkehrsbelastungen im fließenden Verkehr setzen sich aus *Durchgangs-* sowie *Ziel-* und *Quellverkehren* zusammen.

Die städtebaulichen Merkmale bestimmen sich aus der Gebietscharakteristik, der Art und dem Maß der Umfeldnutzungen, den Aufenthaltsfunktionen in Beziehung zu den angrenzenden Flächennutzungen (Spiel, Kommunikation, Beobachtung, Handel, Werbung, Aufenthalt usw.) und der straßenräumlichen Situation (Begrenzung und Art der Randbebauung, Breite und Verlauf des Straßenraums).

Im Regelfall überlagern sich diese Funktionen. Außerdem haben Straßen- bzw. Verkehrsräume zusätzlich stadträumliche Funktionen. Straßen(raum)-entwürfe sind somit (ganzheitliche) stadträumliche bzw. landschaftsbezogene Entwurfsaufgaben.

Die Anforderungen an Gestaltungsprinzipien, d. h. an Bau- und Betriebsprinzipien von Individualverkehrs(teil)systemen, begründen sich aus den Aufgaben des Gesamtverkehrssystems wie *Sicherung der Teilnahmemöglichkeiten* von Individuen und Haushalten sowie *Sicherung wirtschaftlicher Austauschprozesse* (vgl. Abschn. 7.1).

Die Erfüllung der resultierenden Transportaufgaben (Verkehrsbedarf) erfolgt unter den Kriterien:

– Leistungsfähigkeit, d. h. störungsfreie und den angestrebten Qualitätsstandards entsprechende Verkehrsabwicklung,
– Zuverlässigkeit, d. h. kalkulierbare Verkehrsbedingungen,
– Sicherheit, d. h. Unfallfreiheit und in vermehrtem Umfang auch soziale Sicherheit,

– Effizienz der Abwicklung, d. h. Ausschöpfung und ggf. Ertüchtigung von Kapazitätsreserven,
– Umfeldverträglichkeit, d. h. möglichst weitgehende Belastungsfreiheit für Menschen und Siedlungsräume,
– Umweltverträglichkeit, d. h. Ressourcensparsamkeit und -schutz, möglichst weitgehende Belastungsfreiheit von Boden, Wasser, Luft, Klima, Fauna und Flora.

Die Betriebsprinzipien wie auch die Dimensionierungsgrundlagen sind dadurch bestimmt, dass zwei oder mehrere verschiedene Verkehrsvorgänge bzw. Verkehrsteilnehmer nur unter besonderen Bedingungen zur gleichen Zeit auf der gleichen Fläche stattfinden bzw. sich befinden können, sollen die Verkehrsvorgänge möglich sein bzw. konfliktfrei abgewickelt werden können. Die *Betriebsprinzipien* basieren daher u. a. auf

– der *räumlichen* Trennung – sowohl horizontal (z. B. Straßenraumgliederung, Parkplatzgestaltung) als auch vertikal (z. B. Tunnel, Brücke, Parkhaus),
– der *zeitlichen* Trennung (z. B. Signalisierung, zeitabhängige Sperrung, Bevorrechtigung).

Das Betriebsprinzip des „shared space" legt eine Selbstorganisation der zeitlichen und räumlichen Abwicklung im Sinne einer gegenseitigen Rücksichtnahme zugrunde. Dies gilt gleichermaßen für verkehrsberuhigte Bereiche und zum Teil für Fußgängerzonen.

Für städtische Straßen gibt es darüber hinaus ein Spannungsfeld möglicher Betriebsprinzipien [RASt 06] wie

- *Fahrdynamik* versus *Fahrgeometrie*,
- *Trennungsprinzip* versus *Mischungsprinzip*.

Werden *fahrdynamische Anforderungen* erfüllt, so bedeutet dies, dass Verkehrsvorgänge mit einer festgelegten Mindestgeschwindigkeit ermöglicht werden. *Fahrgeometrische Anforderungen* lassen die angestrebten Bewegungsvorgänge zu – allerdings ohne Einhalten von Geschwindigkeitsstandards. Das auf (horizontaler) räumlicher Trennung verschiedener Verkehrsmittel beruhende *Trennungsprinzip* reduziert Abstimmungserfordernisse zwischen den verschiedenen Verkehrsteilnehmern. Beim *Mischungsprinzip* oder beim Prinzip „shared space" wird die gleiche Verkehrsfläche – bei stark reduzierten Geschwindigkeiten (Schrittgeschwindigkeit) – von allen zugelassenen Verkehrsmitteln genutzt.

Grundabmessungen von Verkehrsflächen sind abhängig von

- den zulässigen Abmessungen der zugelassenen Verkehrsmittel,
- den technischen Merkmalen der Fahrzeuge (Beschleunigung, Verzögerung, Kraftschluss, Lenkeinschläge usw.),
- fahrzeugabhängigen Bewegungsspielräumen sowie Sicherheitsräumen zu anderen Verkehrsräumen (Fahrzeugbreite plus Bewegungsspielräume) und baulichen Anlagen,
- den bei Kurvenfahrten in Abhängigkeit von der Fahrzeugtechnik überstrichenen Flächen (Schleppkurven),
- möglicherweise angestrebten zusätzlichen Nutzungen der Straßenräume.

Diese Grundabmessungen werden von verschiedenen *Betriebsmerkmalen* überformt. Dabei handelt es sich insbesondere um

- den maßgeblichen Begegnungsfall verschiedener Verkehrsmittel, d. h. den wahrscheinlichen, nicht jedoch den theoretisch denkbaren Begegnungsfall,
- den angestrebten Bewegungskomfort bei der Nutzung der Verkehrsflächen (z. B. mit oder ohne Ausweichen, mit oder ohne Geschwindigkeitsdämpfung),
- die Erfordernisse gegenseitiger Abstimmungen bei Bewegungsvorgängen, da z. T. gleiche Ver-

kehrsflächen genutzt werden (z. B. Mitbenutzung der Gegenfahrbahn durch größere Fahrzeuge).

Die RASt 06 behandelt den Entwurf und die Gestaltung von *Erschließungsstraßen, angebauten Hauptverkehrsstraßen* und *anbaufreien Hauptverkehrsstraßen* im Vorfeld und innerhalb bebauter Gebiete mit plangleichen Knotenpunkten (Kategoriengruppen ES, HS, VS nach RIN 2008). Bei den Erschließungsstraßen handelt es sich um klein- bzw. nahräumige Verbindungen, bei den angebauten Hauptverkehrsstraßen um nahräumige oder regionale Verbindungen. Anbaufreie Hauptverkehrsstraßen können regionale und überregionale Verbindungen aufweisen. „Hauptziel bei Planung und Entwurf von Stadtstraßen ist die Verträglichkeit der Nutzungsansprüche untereinander und mit den Umfeldnutzungen, die auch die Verbesserung der Verkehrssicherheit einschließt. Diese Verträglichkeit muss in der Regel auf vorgegebenen Flächen unter Wahrung der städtebaulichen Zusammenhänge und unter Berücksichtigung gestalterischer und ökologischer Belange angestrebt werden" [RASt 06, S. 15]. Dazu sind alle Nutzungsansprüche abzuwägen sowie die Straßenräume in ihrer Vielfalt zu berücksichtigen. Insbesondere in Innenstädten kann dies bedeuten, dass Menge oder zumindest die Ansprüche des motorisierten Individualverkehrs an Geschwindigkeit und Komfort zu reduzieren sind – bei Förderung des Fußgänger- und Fahrradverkehrs sowie des öffentlichen Personennahverkehrs. Die straßenraumspezifischen Ziele lassen sich untergliedern in (vgl. RASt 06, S. 15):

- soziale Brauchbarkeit,
- Straßenraumgestalt,
- Umfeldverträglichkeit,
- Verkehrsablauf,
- Verkehrssicherheit,
- Wirtschaftlichkeit.

Da die Qualität des Gesamtverkehrssystems wie auch der Individualverkehrsteilsysteme maßgeblich durch das „schwächste Glied", d. h. das Systemelement mit der geringsten Qualität, bestimmt wird, ist das *Konzept des „Maßes der Verkehrsqualität"* (engl.: level of service) entwickelt worden. Es dient der Identifikation unterschiedlicher Qualitätsstufen im betrachteten Verkehrs(teil)system bzw. der Sicherung gleicher Qualitätsstandards. Dazu werden

Art der Verkehrsanlage	Maß der Verkehrsqualität	MVQ
Autobahnabschnitte außerhalb der Knotenpunkte	Reisegeschwindigkeit	v_R
Verflechtungsstrecken und Einfahrten an Richtungsfahrbahnen	Verflechtungsverkehrsstärke	q_m
Zweistreifige Landstraßen	Reisegeschwindigkeit	v_R
Knotenpunkte mit Lichtsignalanlage	Wartezeit, Anzahl der Halte	w, h
Knotenpunkte ohne Lichtsignalanlage	Wartezeit	w
Kreisverkehrsplätze	Wartezeit	w
Hauptverkehrsstraßen	Reisegeschwindigkeit	v_R
Anlagen des öffentlichen Personennahverkehrs	Bedienungsqualität	versch.
Analgen für den Fahrradverkehr	Dichte	k
Anlagen für den Fußgängerverkehr	Dichte	k

Qualitätskriterien für verschiedene Verkehrsanlagen

Verfahrensgang der Festlegung und Anwendung des MVQ

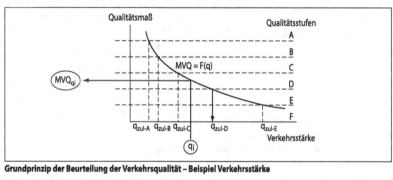

Grundprinzip der Beurteilung der Verkehrsqualität – Beispiel Verkehrsstärke

Abb. 7.3-1 Ausgewählte Kriterien und Grundprinzip einer Beurteilung der Verkehrsqualität (nach [Brilon/Großmann/Blanke 1994])

die verkehrsmittel- oder verkehrsvorgangsspezifischen Qualitätskriterien in eine sechsstufige ordinale Skala (Qualitätsstufen A bis F) überführt. Vier Stufen (A bis D) beschreiben den Bereich ausreichender, zwei Stufen (E und F) den Bereich nicht ausreichender Qualitäten (Abb. 7.3-1).

7.3.1.3 Netzplanung im Individualverkehr

Grundsätze der Netzplanung

Verkehrsnetze haben die Aufgabe, Standorte so zu verbinden, dass zwischen diesen Standorten Ortsveränderungen von Personen und Gütern mit den angestrebten bzw. zweckmäßigen Verkehrsmitteln möglich werden und dabei geforderte Qualitäten der Verbindung, Erreichbarkeit oder Lagegunst eingehalten werden. Sie sind somit Voraussetzungen für eine arbeitsteilige Gesellschaft sowie für die angestrebte Raum-, Siedlungs-, Sozial- und Wirtschaftsentwicklung. Verkehrsnetze bestehen aus baulichen Anlagen:

– Wege, Straßen, Schienenstrecken usw. („Kanten") und
– Verknüpfungspunkte wie Kreuzungen, Einmündungen, Bahnhöfe, Haltepunkte usw. („Knoten").

Verkehrsnetze sind durch Angebots- und Betriebsqualitäten der Kanten und Knoten (Fahrgeschwindigkeiten, Reisezeiten, Wartezeiten, Leistungsfähigkeit, Bedienungshäufigkeit, Transportkosten usw.) gekennzeichnet.

Die Straßen- und Wegenetze des motorisierten sowie des nichtmotorisierten Individualverkehrs dienen v. a. auch der Erschließung der „Fläche" (Raum, Siedlung).

Die *Netztopologie* der Verkehrsnetze wird u. a. beeinflusst durch

– Topographie und Landschaft, Flüsse und sonstige Wasserflächen,
– vorhandene Siedlungs- und Nutzungsstandorte, Bebauungen,
– vorhandene Netze und ihre Verknüpfungspunkte,
– ggf. Zuständigkeiten (Baulastträgerschaft, Gebietszugehörigkeit).

Die *Verkehrsnetzbildung* erfolgt unter Gesichtspunkten wie

– Erhaltung und Schaffung entwicklungsfähiger Siedlungsstrukturen,
– Minderung von Konflikten zwischen Binnen-, Ziel- bzw. Quell- und Durchgangsverkehren durch Entflechtung,
– Interessenausgleich zwischen Verkehrsfunktionen und stadträumlichen Funktionen sowie zwischen den Anforderungen der verschiedenen Verkehrsträger bzw. Verkehrsmittel.

Als Netze sind jeweils zu unterscheiden:

– *materielle Netze* (physikalische Netze) als Wegenetze von Straßen, Fuß- oder Radwegen, Gleisen,
– *organisatorische Netze* (logische Netze) als Bedienungsformen und Betriebs- sowie Zugangsregelungen (z. B. Fußgängerbereiche, Gefahrgutnetze, Sperrungen, Geschwindigkeitsregelungen, koordinierte Signalsteuerung, Bedienungshäufigkeit und Linienführung im ÖPNV).

Netze haben im Regelfall *hierarchische Gliederungen* nach verkehrlich-funktionalen, stadträumlichen oder sonstigen Merkmalen.

Die Beschreibung der *Merkmale von Netzelementen* bezieht sich somit u. a. auf

– Leistungsfähigkeit (verkehrlich: z. B. Fahrzeuge/Std., Fußgänger/m^2),
– Zuverlässigkeit (z. B. kontinuierliche Bereitstellung in gleicher/ähnlicher Qualität),
– Nutzbarkeit (sozial: z. B. mögliche Aktivitäten, Sitzmöglichkeiten),
– Sicherheit (verkehrlich und sozial: z. B. Unfälle/km, Einsehbarkeit, Beleuchtung),
– Wirtschaftlichkeit (Bau- und Betriebskosten in Euro bzw. Euro/a),
– Ressourcenbeanspruchungen (m^2 Fläche, m^3 Baustoffe usw.),
– Umweltbelastungen, Umweltverträglichkeit (dB(A), Schadstoffe mg/m^3 usw.),
– Stadt- oder Landschaftsgestalt.

Die Beschreibung der *Qualitäten und Wirkungen von Netzen* kann nach Ermittlung der voraussichtlichen Belastungen der einzelnen Netzelemente – und damit der Belastungen der Routen zwischen den verschiedenen Quellen und Zielen und der daraus resultierenden Wegaufwände (Weglänge, Wegdauer, Reisegeschwindigkeit usw.) – erfolgen. Gängige Beschreibungskomplexe der Netzqualitäten sind

– *Merkmale der Raumerschließung bzw. Lagegunst* (Erreichbarkeit von Nutzungsgelegenheiten hinsichtlich Zeit- oder Wegaufwand, Erreichbarkeit von höherwertigen Versorgungsstandorten („Zentrale Orte"), Direktheit der Wege (Weglänge zu Luftlinienentfernung)),
– *Merkmale der Verkehrsabläufe* (mittlere Reisegeschwindigkeiten, verkehrszweck- und raumlagespezifische Reisegeschwindigkeiten, Störungsfreiheit, Fahrkomfort, Verkehrssicherheit),
– *Merkmale der Verkehrsauswirkungen* (Gesamtbilanzen von Emissionen der Schadgase oder klimarelevanter Gase, Einwohnerzahlen nach Ver-

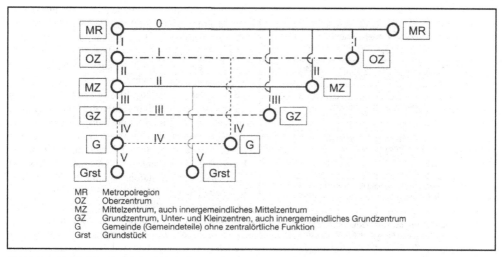

Abb. 7.3-2 Verbindungsfunktionsstufen für Verbindungen und Anbindungen [RIN 08]

kehrslärmbetroffenheit, Beeinträchtigungen der Stadt- oder Landschaftsgestalt),
- *Merkmale der Verkehrskosten* (Bau-, Unterhaltungs-, Betriebskosten).

Die „Richtlinien für integrierte Netzgestaltung" [RIN 08] legen der *funktionalen Gliederung von Verkehrsnetzen* die zentralörtliche Gliederung und die Bedeutung der zwischen den „Zentralen Orten" bestehenden und über das jeweilige Netzelement verlaufenden Verbindung zugrunde. Dabei werden Metropolregionen, Oberzentren, Mittelzentren, Grundzentren, Gemeinden/Gemeindeteile ohne zentralörtliche Funktion und Grundstücke als zentralörtliche Kategorien unterschieden. Für die Erreichbarkeit zentraler Orte von Wohnstandorten aus werden ebenso Zielgrößen der Reisezeit formuliert wie für die Erreichbarkeit zentraler Orte von anderen zentralen Orten aus. Dabei werden die Reisezeitstandards für den Pkw-Verkehr und den öffentlichen Personennahverkehr unterschieden (z. B. Erreichbarkeit Oberzentren von Wohnstandort aus: Pkw < 60 min., ÖV < 90 min.). Insgesamt werden sechs Verbindungsfunktionsstufen (0 – V) definiert (Abb. 7.3-2). Für jede Verbindung werden Kenngrößen der Angebotsqualität für die einzelnen Verkehrssysteme definiert und zu Qualitätsanforderungen für bestimmte Netzkategorien verdichtet. Jedem Netzelement wird so-

mit eine Kategorie zugeordnet, wobei die Ansprüche aus dem verkehrswegeseitigen Umfeld jedes Netzelements berücksichtigt werden.

Aufgaben der *Netzplanung* sind die Festlegung von Netzformen sowie von Bauformen, Betriebsformen und Angebotsqualitäten der einzelnen Netzelemente. Dabei handelt es sich derzeit – und vermutlich auch in Zukunft – weniger um Neuplanungen von Netzen als um Ergänzungen und Ertüchtigungen vorhandener Netze. In beiden Fällen ist der Arbeitsablauf aber nicht grundsätzlich unterschiedlich (Abb. 7.3-3). Als *Entwurfsstrategien* können stark vereinfachend unterschieden werden:

- *Reduktionsverfahren*, bei denen – ausgehend von einem stark ausdifferenzierten Wunschliniennetz, das jede Verkehrsnachfrage quasi in einer eigenen Verkehrsverbindung berücksichtigt – ein wirtschaftlich betreibbares Netz durch Reduktion und Verknüpfung von Kanten erarbeitet wird;
- *Progressivverfahren*, die von einem Basisnetz ausgehen, welches durch die größten bzw. wichtigsten Verkehrsbedarfe bestimmt ist, und dies durch Ergänzungen erweitern.

Der *Netzentwurf* erfolgt zweckmäßigerweise hierarchisch, d. h. in einer ersten Stufe beispielsweise für Netze der großräumigen Verkehre, der Verkehre, die höhere Anforderungen an Betriebsqualitäten wie Rei-

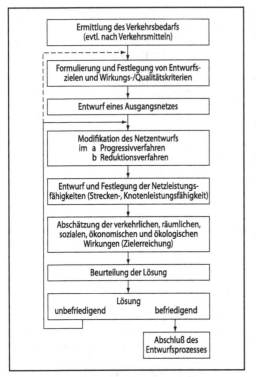

Abb. 7.3-3 Entwurfsprozess von Verkehrsnetzen

segeschwindigkeiten u. ä. stellen (in Städten: Stadtautobahnen, Hauptverkehrsstraßen und Verkehrsstraßen), in der zweiten Stufe für Netze innerhalb dieser so gebildeten Netzmaschen (Sammelstraßen, Anliegerstraßen, Anliegerwege). Es ist aber ebenso denkbar, den Entwurfsprozess mit den Netzen des „Nahraumes", d. h. mit den Netzen des Fußgängerverkehrs und der Erschließungsstraßen zu beginnen und daraus die höheren Hierarchiestufen abzuleiten.

Ebenso kann es zweckmäßig sein, für die verschiedenen Verkehrsmittel (Fußgänger-, Fahrrad-, Kraftfahrzeug-, öffentlicher Personenverkehr) Netze getrennt zu erarbeiten, um diese dann sukzessiv zu überlagern [Kötter 2005].

Entwurf von Netzen des motorisierten Individualverkehrs

Im Rahmen des Entwurfs und der Ausgestaltung von Netzen des motorisierten Individualverkehrs – wie auch des Straßengüterverkehrs – kommt der Klärung

der maßgebenden Funktionen und der Funktionsüberlagerungen von Straßen eine besondere Bedeutung zu: Verbindung, Erschließung und Aufenthalt.

Die *Verbindungsfunktion* dominiert i. d. R. dann, wenn Straßen der großräumigen Verbindung von Tätigkeiten- oder Wirtschaftsstandorten dienen. Straßen mit Verbindungsfunktion stehen vorrangig unter den Zielen der Gewährleistung der Verkehrssicherheit, der Minimierung von Reisezeiten und Transportkosten, der Verbesserung der Erreichbarkeiten und der Lagegunst. Die Verbindungsfunktion kann nach Bedeutung gestuft werden, sodass mit dem Grad der Verbindungsqualität bestimmte Verkehrsqualitäten (z. B. mittlere Pkw-Reisegeschwindigkeit) korrespondieren. Die Anforderungen an die Verbindungsqualität hängen von der Bedeutung der „verbundenen" Orte und damit auch der Stärke der Verkehrsbeziehungen ab (vgl. [RIN 08]).

Die *Erschließungsfunktion* dominiert bei Straßen, die vorrangig den Zugang und die Zufahrt zu Grundstücken sichern sollen. Dazu gehört auch die Zugänglichkeit für Besucher-, Liefer-, Notfall-, Unterhaltungs- und Entsorgungsverkehre. Es sind im Regelfall keine Standards der Fahr- bzw. Reisegeschwindigkeiten einzuhalten; allerdings muss die Erreichbarkeit der Grundstücke für die regelmäßig zu erwartenden Fahrzeuge gesichert sein. In Straßen mit Erschließungsfunktion sind i. Allg. Flächen für parkende Fahrzeuge vorzusehen. Der Flächenbedarf für nichtmotorisierte Verkehre hat eine relativ hohe Bedeutung, weil Grundstücke zu einem großen Teil zu Fuß betreten werden.

Die *Aufenthaltsfunktion* bedeutet, dass nichtverkehrliche Straßenraumfunktionen dominieren (Aufenthalt, Bummel, Spiel, Kommunikation, Handel, Dienstleistung, Gastronomie).

Beim *Entwurf von Hauptverkehrsstraßen- und Verkehrsstraßennetzen* in Gemeinden sind daher folgende Aspekte zu prüfen und festzulegen:

– Aufgabenteilung der verschiedenen Verkehrsträger, d. h. Koordinierung der Netze für den motorisierten Individualverkehr, den nichtmotorisierten Individualverkehr und den öffentlichen Personennahverkehr,
– Trennung oder Überlagerung der Netze verschiedener Verkehrsträger,
– Vermaschung des Hauptverkehrs- bzw. Verkehrsstraßennetzes,

– Hierarchisierung der Netzelemente nach Funktion und Verkehrsbedeutung,
– Bündelung von Verbindungsverkehren auf Straßen mit Verbindungsfunktionen,
– Erreichbarkeit großer Verkehrserzeuger (Wohngebiete, Gewerbegebiete, Innenstadt, Einkaufsgelegenheiten usw.) auf möglichst direkten Wegen,
– Orientierungsmöglichkeiten ortsfremder Verkehre,
– städtebauliche und stadtgestalterische Anforderungen in Straßenräumen (Funktionen, Gestalt),
– Trennwirkungen von Straßen für angrenzende Nutzungen,
– Schutz anliegender Nutzungen vor Gefährdungen, Belastungen und Beeinträchtigungen.

Als *Netzgrundformen* städtischer Hauptverkehrsstraßennetze sind zu unterscheiden (Tabelle 7.3-2):

– Radialnetze mit einer hohen Verkehrskonzentration im Stadtzentrum,
– Radial-Ringnetze mit einer partiellen Entlastung des Stadtzentrums durch die innenstadtnahen Ringe,
– Ringnetze mit guten tangentialen Verteilwirkungen, aber reduzierter Innenstadterreichbarkeit,
– Rasternetze (Quadrate, Rechtecke usw.) mit einer flächigen Erschließungswirkung,
– Tangentensysteme (gekoppelt mit Radial- und Ringnetzen) mit günstigen Verteilungswirkungen auch am Stadtrand.

Aufgrund der in den letzten Jahren entstandenen peripheren Siedlungsstandorte von Wohn- und Arbeitsplätzen, aber auch peripheren Standorten von Versorgungseinrichtungen (z. B. Verbrauchermärkte) kommt den Netzen mit tangentialen oder ringförmigen Verbindungen eine wichtige Erschließungs- und Verbindungsfunktion zu. Sie müssen die auf Innenstädte ausgerichteten Radialnetze ergänzen.

Werden die vorstehenden Prüf- und Entwurfskriterien auf die Straßen- und Erschließungsnetze einzelner Baugebiete angewandt, so sind als Grundtypen der *Erschließungsnetze* zu unterscheiden (Tabelle 7.3-3):

– Rasternetze,
– Ringnetze als Außen- oder Innenringnetze,
– Verästelungsnetze.

Die Anliegerstraßen sind z. T. als Stichstraßen, als Einhangstraßen oder als Schleifenstraßen ausgebildet.

Entwurf von Netzen des nichtmotorisierten Individualverkehrs

Die Netze des nichtmotorisierten Verkehrs müssen wegen ihrer Erschließungswirkung kleinräumig organisiert sein. Sie haben einen hohen Vermaschungsgrad. Sie müssen v. a. den besonderen Anforderungen der nichtmotorisierten Verkehrsteilnehmer genügen wie

– verkehrliche Sicherheit (evtl. Trennung von anderen Verkehrsarten, Querungshilfen, Signalisierung von Querungen oder gleichberechtigte Nutzung von Verkehrsflächen nach dem Prinzip der gegenseitigen Rücksichtnahme),
– soziale Sicherheit (Einsehbarkeit, Beleuchtung),
– Umwegempfindlichkeit (Direktheit, Engmaschigkeit der Netze, Wegealternativen),
– Steigungsempfindlichkeit (Bequemlichkeit, Steigungshilfen),
– Immissionsfreiheit (Verkehrs- und Gewerbeimmissionen),
– Orientierungsmöglichkeiten (Wegweisung, Sichtbeziehungen),
– Erlebensmöglichkeiten (Gestaltqualitäten, Beobachtungsmöglichkeiten, Aufenthalts-, Kommunikations- und Spielmöglichkeiten).

Die Netzplanung für den nichtmotorisierten ist als Angebotsplanung zu gestalten, da viele tägliche Wege bzw. Teilwege nichtmotorisiert durchgeführt werden oder aufgrund der Weglängen durchgeführt werden könnten.

Für die Netzplanung können folgende grafischen Aufbereitungen notwendiger Informationen hilfreich sein:

– *Problem- bzw. Mängelkarten*
  – der vorhandenen Wege (Breiten, Oberflächen, Querungen, Gefährdungen usw.),
  – der fehlenden Verbindungen (Umwege, Beeinträchtigungen, Gefährdungen usw.),
– *Wunschliniennetze,*
– *Angebotskarten* der vorhandenen Wege und deren Qualitäten.

Die *Netzelemente* umfassen für den nichtmotorisierten Verkehr

Tabelle 7.3-2 Netztypologie städtischer Hauptverkehrsstraßennetze

Netztyp	Raumerschließung	verkehrliche Aspekte	Aufwand	Begreifbarkeit	Eignung für andere Verkehrsmittel	Eignung für Ver- u. Entsorgungssysteme
Rechteck-/Quadratraster	gut; keine herausgehobenen Standort; Zentrenbildung überall möglich	gute Erreichbarkeit aller Standorte; hohe Geschwindigkeiten; unfallgefährdete Kreuzungen;	realtiv gering	gut; einfache Knoten	variable Führung ÖPNV; getrennte Führung Fußgänger- und Fahrradverkehr erschwert; viele Querungen	sehr gut; vermaschtes Netz
Dreiecknetz/hexagonale Netze-/Mischformen	gut; keine herausgehobenen Standort; Zentrenbildung überall möglich	gute Erreichbarkeit aller Standorte; besonders unübersichtliche und unfallgefährdete Kreuzungen; z.T. Umwege	hoch	schlecht durch schiefwinkelige Kreuzungen	z.T. schwierige Führung ÖV; getrennte Führung Fußgänger/Fahrradfahrer erschwert; viele Querungen	weniger gut; unübersichtliches Netz
Radialnetz	schlecht; Betonung des Zentrums; Vernachlässigung von Peripherie und Sektoren	Verkehrskonzentration im Zentrum; keine tangentialen Verbindungen; Umwege	relativ gering	in Richtung auf Zentrum gut, sonst stark erschwert	gut für zentrumsbezogenen ÖV; ungünstig für tangentialen ÖV; Fußwege/Radwege zwischen Achsen; wenig Fuß-/Radwegquerungen	schlecht; mangelnde Vermaschung
Radial-Ringnetz	gut; Betonung des Zentrums	reduzierte Verkehrskonzentration im Zentrum; tangentiale Verbindungen; Reduktion der Umwege	relativ gering	in Richtung auf Zentrum gut, sonst nur eingeschränkt	gut für ÖV; Trennung Fußgänger/Fahrrad nur im Zentrum, sonst Querungen	mäßig; teilvermaschtes Netz
Radial-Ringnetz	gut; Betonung des Zentrums	bedingte Verkehrskonzentration im Zentrum; tangentiale Verbindungen; Umwege auf Radialen	mäßig	schlecht	schlecht für ÖV und Fußgänger/Fahrradverkehr	mäßig; teilvermaschtes Netz

Tabelle 7.3-3 Typen der Erschließungsnetze (in Erweiterung von [EAE 1995])

Netztyp	Vorteile	Nachteile
Rasternetz	• kurze Wege für alle Verkehrsarten • Flexibilität bei Störungen • gleich gute Erreichbarkeit aller Grundstücke • viele Netzelemente für ÖV geeignet • gleichmäßige Verteilung der Verkehrsbelastungen • abschnittsweiser Ausbau einfach • einfache Orientierung • Eck- und Platzbildungen möglich	• räumliche Verteilung des Kraftfahrzeugverkehrs schwer zu beeinflussen • flächige Beeinträchtigung schutzwürdiger Nutzungen • gebietsfremder Kfz-Verkehr nicht auszuschließen • bevorrechtigte Führung des ÖV erfordert Hierarchisierungen • zahlreiche Überschneidungen zwischen Fahrbahnen und Fußwegen • bei geringer Maschenweite aufwendige Doppelerschließung
axiales Netz	• direkte Straßenführung • günstige Verbindung mit der Umgebung über das Wegenetz • günstige Erschließung durch Linienbusse möglich • einfache Orientierung	• schwierige Zuordnung zentraler Einrichtungen zur Bebauung • Trennwirkung der zentralen Sammelstraße, städtebaulich und für nichtmotorisierte Verkehrsteilnehmer • gebietsfremder Fahrzeugverkehr bei beidseitigem Anschluss nicht auszuschließen
Verästelungsnetz	• straßenbegleitende Geh- und Radwege leicht zu vermaschtem Netz ergänzbar • getrennte Führung für schienengebundenen ÖPNV u. Fußgänger-/Fahrradverkehr möglich • in Teilbereichen günstige Verbindung mit der Umgebung über das Wegenetz • gebietsfremder Kraftfahrzeugverkehr auf der Sammelstraße i.d.R. nicht möglich	• lange Wege im Binnenverkehr mit Kraftfahrzeugen • Verkehrskonzentrationen im Verküpfungsbereich Sammelstraße/höherrangige Straße nicht auszuschließen • Erschließung durch Linienbusse ungünstig (Wendevorgänge)
Innenringnetz	• Erschließung zentraler Einrichtungen über Sammelstraßen • fahrverkehrsfreie Zone im zentralen Bereich möglich • günstige Verbindung mit der Umgebung über das Wegenetz • Erschließung durch Linienbusse günstig (zweiseitiges Einzugsgebiet) • Verkehrsbedeutung der Straßen korrespondiert mit Bebauungsdichte	• Trennwirkung der Sammelstraße zwischen Wohnbereichen und Zentrum • starke Verkehrskonzentrationen im Bereich des Zentrums • geringe Knotenpunktabstände an Sammelstraßen • gebietsfremder Kraftfahrzeugverkehr bei mehrfachem Anschluss nicht auszuschließen
Außenringnetz	• straßenbegleitende Geh- und Radwege leicht zu vermaschtem Netz ergänzbar • Erschließung des zentralen Bereichs durch zusammenhängendes Wegenetz • Randlage der stark belasteten Sammelstraße	• Erschließung der zentralen Einrichtungen im Kraftfahrzeugverkehr nur über Anliegerstraßen (Störwirkungen) • Trennwirkung der Sammelstraße zur Umgebung • lange Wege im Binnenverkehr mit Kraftfahrzeugen • Erschließung durch Linienbusse ungünstig (einseitiges Einzugsgebiet) • gebietsfremder Kraftfahrzeugverkehr bei mehrfachem Anschluss nicht auszuschließen • unwirtschaftliche periphere Erschließung
Stichstraßen	• kein Durchgangsverkehr • relativ verkehrsberuhigter Bereich • Ausbildung Wendeanlage als Platz möglich • keine Trennwirkungen	• nur für kleine Baugebiete geeignet • Behinderungen bei Störungen (z.B. Baustellen) • geringe Erschließungstiefe • Flächenbedarf für Wendeanlagen • keine getrennte Geh-/Radwegführung • keine ÖV-Bedienung möglich
Einhangstraßen	• Funktionstüchtigkeit bei Störungen gegeben • getrennte Geh-(Radwegführung möglich) • ÖV-Führung unproblematisch	• Durchgangsverkehr nicht auszuschließen • zum Teil hohe Verkehrsbelastungen • mögliche Trennwirkungen
Schleifenstraßen	• kein Durchgangsverkehr • relative Verkehrsberuhigung • Funktionstüchtigkeit bei Störungen gegeben • keine Trennwirkungen	• umwegige ÖV-Führung • keine getrennte Geh-/Radwegführung

Legende:
Hauptverkehrsstraße ·········· wichtige Geh- u. Radwege
Sammelstraße –·–☐–·– Straßenbahn/Stadtbahn
Anliegerstraße ⁄⁄⁄⁄ denkbarer Bereich zentraler Einrichtungen

- Anliegerwege/Wohnwege,
- Anliegerstraßen/Wohnstraßen,
- Fußgängerzonen,
- verkehrsberuhigte Bereiche, Mischverkehrsflächen,
- Trampelpfade, Fußwege in Wäldern und grünbestimmten Freiräumen (Wanderwege),
- land- und forstwirtschaftliche Wege,
- selbständig geführte Rad- und Gehwege in bebauten Bereichen,
- straßenbegleitende Rad- und Gehwege sowie
- straßenbegleitende kombinierte Rad-Gehwege.

Für den *Fahrradverkehr* sind zusätzlich als Netzelemente zu beachten:

- Fahrradstraßen (ausnahmsweise mit einer Zulassung des Kraftfahrzeugverkehrs),
- (Fern-)Radwanderwege,
- Radfahrstreifen als auf Fahrbahnen markierte Schutzstreifen (bei zul. $v \leq 50$ km/h und möglichst Verkehrsstärken $q \leq 1800$ Kfz/h),
- Angebotsstreifen als markierte, jedoch vom Kraftfahrzeugverkehr überfahrbare Fahrbahnstreifen und
- Straßen in Tempo-30-Zonen.

Mischflächen weisen für den nichtmotorisierten Verkehr – insbesondere wenn Aufenthaltsfunktionen eine hohe Bedeutung haben – besondere Qualitäten auf. Einsatzgrenzen liegen bei Verkehrsstärken von 100 Kfz/h (in Sonderfällen 200 Kfz/h).

7.3.1.4 Anlagen des motorisierten Individualverkehrs im Stadtverkehr – Querschnitte

Die Dimensionierung und der Entwurf von Anlagen des motorisierten Individualverkehrs werden im Wesentlichen vom Straßentyp und damit von Qualitätsanforderungen an den „Betrieb" bestimmt. Die *Straßenkategorien* gliedern sich nach

- der Lage zu bebauten Gebieten (innerhalb, außerhalb),
- der Anbaucharakteristik (anbaufrei, angebaut),
- der dominierenden Straßenfunktion (Verbindung, Erschließung, Aufenthalt).

Exemplarisch sollen die Entwurfsgrundlagen für angebaute Straßen (innerhalb bebauter Gebiete)

deutlich gemacht werden. Das Entwurfsprinzip beruht darauf, dass es sich um einen ganzheitlichen stadträumlich-verkehrsfunktionalen Entwurf handelt, bei dem die knappe Ressource Straßenraum bzw. Straßenfläche auf die konkurrierenden Ansprüche von Fußgängerverkehr, sozialen Aktivitäten, Fahrradverkehr, öffentlichem Personennahverkehr, fließendem Kraftfahrzeugverkehr, ruhendem Kraftfahrzeugverkehr (Parken), Anlieferung sowie Ver- bzw. Entsorgung und Straßenraum- bzw. Grüngestaltung aufgeteilt werden muss. Bei diesem Entwurf bedarf es daher

- einer Aufnahme und städtebaulichen Analyse des Stadtraumes,
- der Ermittlung vorhandener und Festlegung geplanter Nutzungen,
- der Erfassung und Bewertung der Verkehrssituation aller Verkehrsmittel,
- der Festlegung der künftig angestrebten Verkehrssituation aller Verkehrsmittel,
- der Festlegung von Gestaltungszielen und Prioritäten der Nutzungsansprüche sowie
- der Entwicklung von Varianten bzw. Alternativen der Gestaltungsmaßnahmen (Abb. 7.3-4).

Querschnittsgestaltung von Stadtstraßen

Die im Straßenraum zu berücksichtigenden Nutzungsansprüche bzw. Verkehrsmittel bestimmen mit ihren regelmäßigen Breiten (Grundmaße der Verkehrsmittel) die Grundlagen für die Querschnittsgestaltung. Im motorisierten Individualverkehr wie auch im straßengebundenen öffentlichen Personennahverkehr (Bus, evtl. Straßenbahn) bestimmt der *maßgebliche Begegnungsfall* die Grundbreiten. Der maßgebliche Begegnungsfall selbst ist abhängig von der verkehrlichen Funktion der Straße (z. B. regelmäßiger Busverkehr) und der Art sowie dem Maß der Nutzung anliegender Grundstücke. Vereinzelt auftretende größere Fahrzeuge können unter Mitnutzung von Gegenrichtungsfahrbahnen, Nebenflächen u. a. oder unter Warten bzw. gegenseitigem Abstimmen der Bewegungsvorgänge den Straßenraum auch nutzen.

Während in Hauptverkehrs- und Verkehrsstraßen der Entwurf unter Berücksichtigung *fahrdynamischer Anforderungen* der regelmäßig verkehrenden Fahrzeuge erfolgt, werden in Anliegerstraßen und Anliegerwegen – insbesondere für größere Fahr-

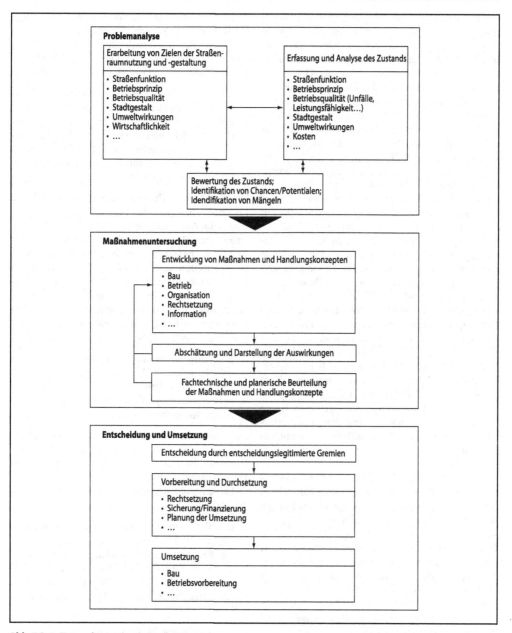

Abb. 7.3-4 Entwurfsprozess von Straßenräumen

zeuge – regelmäßig nur fahrgeometrische Anforderungen berücksichtigt. Die fahrgeometrische Bemessung für große Fahrzeuge schließt häufig fahrdynamische Bemessungen für kleinere Fahrzeuge ein.

Grundmaße für Verkehrsräume berücksichtigen Fahrzeugabmessungen und Bewegungsspielräume sowie die jeweils zugrunde gelegten Fahrweisen (Abb. 7.3-5). Lichte Räume umfassen zusätzlich Sicherheitsräume zwischen Verkehrsräumen oder als seitliche Sicherheitsräume. Für das Vorbeifahren, Begegnen usw. sind Bewegungsspielräume in der Regel von 0,25 m zu berücksichtigen, die bei beengten Verhältnissen u. U. reduziert werden können. Sicherheitsräume zwischen Verkehrsräumen betragen in der Regel 0,25 m, zwischen Linienbussen 0,40 m und zum Verkehrsraum von Radfahrern 0,75 m.

Im Zuge von Straßen müssen vielfach auch *Besucherparkplätze* oder *Parkplätze* für liefernde Fahrzeuge vorgesehen werden. Die Grundmaße sind von den Abmessungen des jeweiligen Bemessungsfahrzeugs (Radstand, Überhanglänge, Länge, Breite, Wendekreishalbmesser), von den angestrebten Fahrvorgängen beim Ein- und Ausparken (vorwärts/rückwärts, mit/ohne Rangieren) und der Aufstellart (Längs-, Schräg- oder Senkrechtparken) abhängig. Die Parkstandbreite für Pkw beträgt bei Längsparken 2,00 m (1,75 m), bei Senkrechtparken 2,50 m (2,30 m) und für Behinderte 3,50 m. Längsparkstreifen für Lieferfahrzeuge benötigen eine Breite von 2,50 m. Bequemes Ein- und Ausparken erfordert in Parkständen 0,75 m seitlichen Bewegungsspielraum, beengtes Ein- und Ausparken 0,55 m (Abb. 7.3-6).

Während die Parkstandlänge in Längsparkstreifen beim Rückwärtseinparken im Regelfall 5,70 m betragen soll, kann sie unter beengten Verhältnissen auf 5,20 m reduziert werden. Bei Senkrechtparken sind – unter Einschluss des sog. „Überhangs" – Parkstandtiefen von 5,00 m (Senkrechtparken) bzw. 4,85 m bis 5,25 m (Schrägparken) erforderlich.

Integrale Bestandteile der Querschnitte von Stadtstraßen sind häufig auch *Pflanz- und Baumstreifen* – insbesondere in Straßen mit Aufenthaltsfunktionen. Sie haben gleichermaßen straßenraumgliedernde und stadtbildgestaltende Wirkungen wie auch stadtklimatische Funktionen. Die Grundmaße der Flächen für Begrünungen müssen ausreichende Lebensbedingungen sicherstellen. Für Bäume sollte beispielsweise eine wasser- und luft-

durchlässige Fläche von mindestens 4 m² – möglichst 9 m² – zur Verfügung stehen.

Die *Standardfahrbahnbreiten für Hauptverkehrs- und Verkehrsstraßen* hängen von der Stärke des Linienbus- und Schwerlastverkehrs ab [RASt 06]:

– In zweistreifigen Hauptverkehrsstraßen beträgt die Regelbreite der Fahrbahn 6,50 m.
– Bei geringer Begegnungshäufigkeit von Linienbus- und Schwerlastverkehren reicht eine reduzierte Fahrbahnbreite von 6,00 m, bei geringem Lkw-Verkehr und seltenen Begegnungen von Bussen sogar von 5,50 m.

Die RASt 06 stellt zwar zum einen empfohlene Lösungen für typische Entwurfssituationen dar, leitet zum Anderen aber vor allem zu einer „Städtebaulichen Bemessung" an, bei der die Abmessungen der befahrenen Flächen (Fahrbahnen, Sonderfahrstreifen des ÖPNV, Radverkehrsanlagen auf Fahrbahnniveau) aus notwendigen Abmessungen für die Seitenräume und gegebenenfalls einer Abwägung mit den notwendigen Fahrbahnbreiten abgeleitet werden („Straßenraumgestaltung vom Rand aus"). Die Seitenräume bestehen aus

– erforderlichen Flächen für Randnutzungen,
– erforderlichen Flächen für Fußgänger- und Radverkehr und sollten
– angestrebte Proportionen von Fahrbahnen und Seitenräumen berücksichtigen.

Die aus der „erforderlichen" Seitenraumbreite bestimmbare „städtebaulich mögliche Breite" der Fahrbahn ist mit der „verkehrlich notwendigen Fahrbahnbreite" abzuwägen.

Die empfohlenen Querschnitte sind unterschieden nach

– den Nutzungsansprüchen des ÖPNV (kein regelmäßiger ÖPNV, Linienbusverkehr, Straßenbahn),
– der Kraftfahrzeugverkehrsstärke in der Spitzenstunde (<400 Kfz/h, 400–1000 Kfz/h, 800–1800 Kfz/h, 1600–2600 Kfz/h, >2600 Kfz/h) und
– der verfügbaren bzw. geplanten Straßenraumbreite.

Die angegebenen Straßenraumbreiten sind Mindestbreiten (Abb. 7.3-7 und 7.3-8).

Als typische Entwurfssituationen werden unterschieden: „Wohnwege", „Wohnstraßen", „Sammelstraßen", „Quartiersstraßen", „Dörfliche Hauptstra-

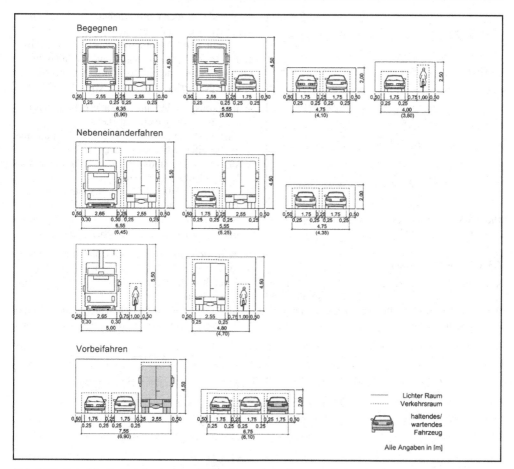

Abb. 7.3-5 Beispiele für Verkehrsräume und lichte Räume beim Begegnen, Nebeneinander- und Vorbeifahren ausgewählter Kombinationen von Bemessungsfahrzeugen (Klammermaße: mit eingeschränkten Bewegungsspielräumen) [RASt 06]

ßen", „Örtliche Einfahrtsstraße", „Örtliche Geschäftsstraßen", „Hauptgeschäftsstraßen", „Gewerbestraßen", „Industriestraßen", „Verbindungsstraßen" und „anbaufreie Straßen". Diese werden jeweils hinsichtlich Straßenkategorie, Verkehrsstärke, Existenz von Busverkehr, Existenz sonstiger Nutzungsansprüche, Bebauungsformen und Bebauungsdichte sowie Art der Nutzung charakterisiert. Außerdem werden typische Randbedingungen und Anforderungen formuliert sowie besondere Hinweise gegeben.

Zur Geschwindigkeitsdämpfung kann es zweckmäßig sein, optisch gegliederte zweistreifige Stra-

ßen vorzusehen, die eine Gesamtfahrbahnbreite von 6,50 bis 8,00 m haben, jedoch aus einer Fahrgasse von 4,50 bis 5,50 m Breite und beidseitig angrenzenden Fahrbahnseitenstreifen (1,00 bis 1,50 m) bestehen. Diese Seitenstreifen stehen als Mehrzweckstreifen allen Fahrzeugen zur Verfügung, werden jedoch im Regelfall nur bei Begegnung größerer Fahrzeuge genutzt. Entsprechende Sonderformen sind auch bei mehrstreifigen Richtungsfahrbahnen denkbar (z. B. überbreite einstreifige Richtungsfahrbahnen), sodass eine hohe Gestaltungs- und Betriebsflexibilität zu erzielen ist.

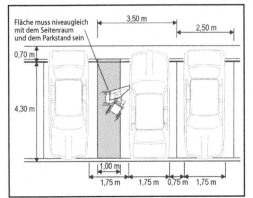

Abb. 7.3-6 Grundmaße für das Abstellen des Bemessungsfahrzeugs Pkw [RASt 06]

7.3.1.5 Knotenpunkte

Knotenpunkte (Kreuzungen und Einmündungen) sind als Verknüpfungselemente von Straßen und Wegen entscheidend für die Funktionsfähigkeit von Stadtstraßennetzen. Die große Zahl notwen-

diger und v. a. auch konfliktbehafteter Bewegungsvorgänge (Ein- und Abbiegen, Kreuzen und Queren) stellt hohe Anforderungen an Entwurf, Bau und Betrieb von Kreuzungen und Einmündungen. Entwurf, Bau und Betrieb von Knotenpunkten müssen gewährleisten, dass die Knotenpunkte

– funktionsgerecht sind, d. h. alle geforderten Bewegungsvorgänge ermöglichen,
– leistungsfähig sind, d. h. keine unzumutbaren Wartezeiten entstehen lassen,
– verkehrssicher sind, d. h. einen unfallfreien Verkehrsablauf gewährleisten,
– umweltverträglich sind, d. h. Beeinträchtigungen von Umfeld und Umwelt begrenzt halten,
– wirtschaftlich sind – z. B. hinsichtlich Flächeninanspruchnahme und Betriebskosten.

Verkehrssicherheit setzt eine frühzeitige Erkennbarkeit sowie Übersichtlichkeit, Begreifbarkeit und Befahrbarkeit der Kreuzungen bzw. Einmündungen voraus.

Man unterscheidet zwischen *planfreien* (niveaufreien) *Knotenpunkten*, in denen die durchgehenden

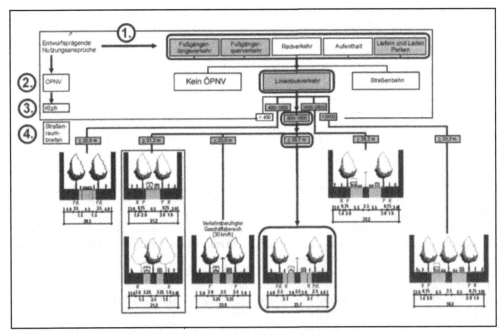

Abb. 7.3-7 Schrittweise Ermittlung eines empfohlenen Querschnitts [RASt 06]

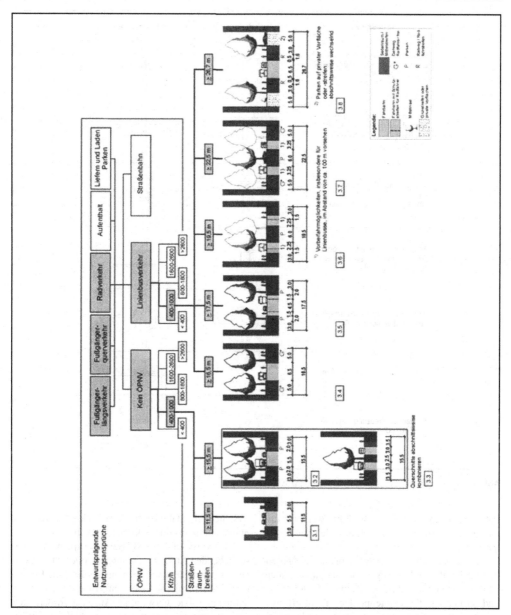

Abb. 7.3-8 Empfohlene Querschnitte für die Typische Entwurfssituation „Sammelstraße" [RASt 06]

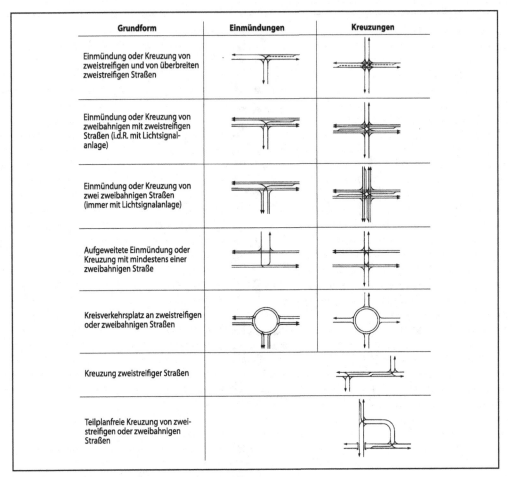

Grundform	Einmündungen	Kreuzungen
Einmündung oder Kreuzung von zweistreifigen und von überbreiten zweistreifigen Straßen		
Einmündung oder Kreuzung von zweibahnigen mit zweistreifigen Straßen (i.d.R. mit Lichtsignalanlage)		
Einmündung oder Kreuzung von zwei zweibahnigen Straßen (immer mit Lichtsignalanlage)		
Aufgeweitete Einmündung oder Kreuzung mit mindestens einer zweibahnigen Straße		
Kreisverkehrsplatz an zweistreifigen oder zweibahnigen Straßen		
Kreuzung zweistreifiger Straßen		
Teilplanfreie Kreuzung von zweistreifigen oder zweibahnigen Straßen		

Abb. 7.3-9 Grundformen plangleicher Knotenpunkte [EAHV 93]

Fahrbahnen kreuzungsfrei geführt werden, und *plangleichen* (niveau- bzw. höhengleichen) *Knotenpunkten*.

In Stadtstraßennetzen werden planfreie Knotenpunkte i. d. R. nur im Zuge von Stadtautobahnen, von einzelnen hochbelasteten Hauptverkehrsstraßen und an überlasteten Knotenpunkten realisiert. Wegen der potenziellen stadtfunktionalen und stadtgestalterischen Beeinträchtigungen werden sie möglichst vermieden oder es werden Tieflagen bevorzugt (Tunnel, teilgedeckte Einschnitte). In Abhängigkeit von den Querschnitten der verknüpften Straßen und den vorliegenden Verkehrsbelastungen können un-

terschiedliche Grundformen plangleicher Knotenpunkte zur Anwendung kommen (Abb. 7.3-9).

Die vorgesehenen Betriebsprinzipien der anschließenden Straßen (Trennungs- oder Mischprinzip), die maßgeblichen Begegnungsfälle, die Einhaltung fahrdynamischer oder fahrgeometrischer Anforderungen sowie notwendige Ausbauanforderungen einer Signalisierung von Knotenpunkten bestimmen die Ausbauformen der Knotenpunkte. Gleichrangige Erschließungsstraßen weisen an Kreuzungen und Einmündungen zumeist Rechts-vor-links-Regelungen auf – mit Ausnahme von Straßen mit regelmäßigem Busverkehr. Knotenpunkte von Erschlie-

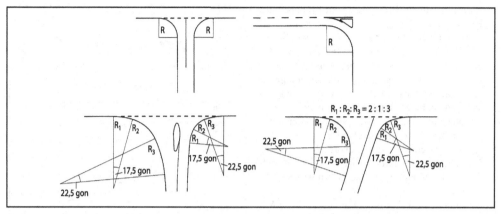

Abb. 7.3-10 Formen der Eckausrundung an Knotenpunkten und Gehwegüberfahrten [EAHV 93]

ßungsstraßen unterschiedlichen Rangs und von Erschließungsstraßen mit Hauptverkehrsstraßen weisen im Regelfall vorfahrtsregelnde Verkehrszeichen auf.

Im Lageplan sollen sich die Straßenachsen von Kreuzungen oder Einmündungen zur Gewährleistung ausreichender Sichtverhältnisse nur in einem Winkel von 80 bis 120 gon schneiden. Die Lage auf Kuppen ist wegen der schlechten Erkennbarkeit möglichst zu vermeiden.

In untergeordneten Netzbereichen wird i. Allg. auf Rechtsabbiege- und Rechtseinbiegestreifen, meist auch auf Linksabbiege- und Linkseinbiegespuren verzichtet. Gegebenenfalls sieht man für Linksabbieger Aufweitungen der Richtungsfahrbahnen vor, um sowohl das Aufstellen als auch das Vorbeifahren zu ermöglichen.

Linksabbiegestreifen an Hauptverkehrsstraßen sind erst bei höheren Verkehrsstärken des Hauptstroms und höheren Verkehrsstärken der Linksabbieger erforderlich. Sie sind insbesondere in anbaufreien Hauptverkehrsstraßen vorzusehen. Die Länge der Linksabbiegerstreifen bestimmt sich aus einer Aufstellstrecke und einer Verziehungsstrecke.

Rechtsabbieger werden in Stadtstraßennetzen – einschließlich Verkehrs- und Hauptverkehrsstraßennetzen (Straßenkategorien B, C, D, E) – nicht über gesonderte Abbiegestreifen oder mit Hilfe von Ausfahrkeilen geführt. In der Regel genügen Eckausrundungen, die fahrgeometrischen Kriterien, z. T. auch fahrdynamischen Kriterien, genügen (Abb. 7.3-10). Die Ausrundungen erfolgen als

– Kreisbögen R (Mindestradien für Rechtseinbieger 8 m, Rechtsabbieger 8 bis 12 m) oder
– Korbbögen (symmetrische Korbbögen $R_1 : R_2 : R_3 = 2 : 1 : 2$, asymmetrische Korbbögen $R_1 : R_2 : R_3 = 2 : 1 : 3$; R_2 entsprechend R).

Korbbögen passen sich besser den Schleppkurven größerer Fahrzeuge an als Kreisbögen. Bei größeren Fahrzeugen als den Bemessungsfahrzeugen kann es erforderlich werden, einen oder zwei Gegenfahrstreifen im Zuge des Ein- und Abbiegens mitzubenutzen. Zur genauen Prüfung der Eignung von Eckausrundungen können Schleppkurven einzelner Fahrzeugtypen (z. B. dreiachsiges Müllfahrzeug) herangezogen werden.

Innerorts kann in untergeordneten (einstreifigen) Knotenzufahrten meist auf die Anlage von „Inseln" bzw. Fahrbahnteilern verzichtet werden. Werden Fahrbahnteiler – auch in den Hauptfahrbahnen – angelegt, so dienen sie meist als Überquerungshilfen und Warteflächen für Fußgänger, als Haltestelleninseln oder als Pflanzstandorte, weniger zur Verdeutlichung der Wartepflicht in Knotenzufahrten. Daraus leitet sich eine Mindestbreite derartiger Fahrbahnteiler von 2,00 bis 2,50 m ab. Abweichend von diesen Grundprinzipien sind in Zufahrten zu Kreisverkehren – auch bei einstreifigen Zufahrten – Mittelinseln vorzusehen.

In bzw. an Knotenpunkten müssen geschwindigkeitsabhängig folgende Sichtweiten sichergestellt werden:

- Haltesichtweiten (Bremsweg vom Erkennen des Knotenpunkts bis zu evtl. vorhandenen Haltelinien am Knotenpunkt, zu einem möglicherweise auftretenden Stauende oder zu einer Orientierung bei Rechts-vor-Links-Regelungen),
- Anfahrsichtweite des untergeordneten einfahrenden Kraftfahrzeugverkehrs (Gewährleistung des sicheren Einbiegens durch ausreichende Einbiegezeiten bei Erkennen von bevorrechtigten Fahrzeugen bzw. Verkehrsteilnehmern),
- Kreuzungssichtweite auf bevorrechtigte Kraftfahrzeugverkehre durch Fußgänger und Fahrradfahrer, die die Fahrbahn überqueren wollen.

Knotenpunkte sind aber nicht nur verkehrliche Anlagen; sie haben auch Funktionen als Stadträume bzw. Stadtplätze. Sie bedürfen daher einer entsprechenden stadträumlichen Gestaltung.

In Hauptverkehrs-, Verkehrs- und Sammelstraßennetzen – z. T. auch in Anliegerstraßen – findet man zunehmend kleinere *Kreisverkehre* (Außenradius 26 bis 40 m). Minikreisverkehre haben Außenradien von 13–22 m. Diese sollen Geschwindigkeiten senken, die Verkehrssicherheit erhöhen, die Betriebs- und Unterhaltungskosten reduzieren sowie umgestaltete Stadtplätze schaffen. Sie dienen als Übergangselemente für Straßen unterschiedlicher Charakteristik. Zufahrten zu Kreisverkehren sind aus Gründen der Verkehrssicherheit möglichst rechtwinklig auf die Kreisfahrbahn zu führen und mit Fahrbahnteilern auszustatten. Die Kreisfahrbahn weist für kleinere Kreisverkehre Breiten von 6,50 bis 9,00 m auf. Zum Teil wird ein innerer Ring, der nur von größeren Fahrzeugen befahren wird, mit einem anderen Material versehen oder leicht aufgepflastert, um „gerade" Durchfahrten für kleine Fahrzeuge zu verhindern (Abb. 7.3-11).

Bemessung von unsignalisierten Knotenpunkten. Zur Ermittlung der *Leistungsfähigkeit von unsignalisierten Knotenpunkten* werden die Leistungsreserven bzw. die zu erwartenden Wartezeiten der nachgeordneten Ströme abgeschätzt. Der Vergleich der für jeden wartepflichtigen Strom höchstmöglichen Belastung mit der tatsächlichen Belastung ermöglicht Angaben über die Leistungsfähigkeit der einzelnen Ströme.

Ausgangspunkt der Prüfung ist die maßgebende Hauptstrombelastung q_p der bevorrechtigten Strö-

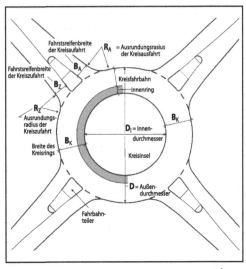

Abb. 7.3-11 Definition einzelner Entwurfselemente und Maße eines Kreisverkehrs (Systemskizze) [RASt 06]

me [Brilon/Großmann/Blanke 1994]. Für die wartepflichtigen Ströme sind umso weniger Möglichkeiten – nutzbare Zeitlücken zum Abbiegen, Einbiegen oder Kreuzen – verfügbar, je größer die Belastung der Hauptströme wird. Ausgehend von der jeweils maßgebenden Hauptstrombelastung wird eine Grundleistungsfähigkeit ermittelt, die die maximale Anzahl der Nebenstromfahrzeuge angibt, die den Knotenpunkt passieren können. Die tatsächliche maximale Leistungsfähigkeit berücksichtigt, dass nachrangige Ströme nur abfließen können, wenn es in den übergeordneten wartepflichtigen Strömen nicht zum Rückstau kommt. Bei Rückstau bedarf es einer entsprechenden Minderung der maximalen Leistungsfähigkeiten. Die praktische Leistungsfähigkeit muss zur maximalen Leistungsfähigkeit eine Leistungsreserve (Belastungsreserve) einhalten, um eine geforderte Verkehrsqualität (d. h. hier maximale Wartezeit) zu sichern.

Die Ermittlung der Leistungsfähigkeit von Kreisverkehrsplätzen erfolgt im Grundsatz nach dem gleichen Prinzip, wobei nur einfach nachgeordnete Ströme auftreten. Gegebenenfalls bedarf es zur Berücksichtigung des Fußgängerverkehrs einer Minderung der Leistungsfähigkeit.

Bemessung von signalisierten Knotenpunkten.
Reicht die Leistungsfähigkeit insofern nicht aus, als nicht ausreichende Belastungsreserven (entsprechend der geforderten Verkehrsqualität) vorhanden sind, müssen Kreuzungen und Einmündungen ggf. signalisiert werden. Dazu bedarf es folgender Arbeitsschritte [RILSA 2010]:

– Ermittlung der Bemessungsverkehrsstärke (z. B. als Vierfaches der größten in einem 15-Minuten-Intervall erhobenen Verkehrsstärke),
– vorläufiger Ausbauentwurf (Fahrstreifen in Knotenzu- und -ausfahrten, Fahrbahnteiler, Abmessungen),
– Ermittlung der Fahrstreifenbelastungen,
– Einteilung in Phasen (mindestens zwei, maximal vier Phasen von gleichzeitig abzuwickelnden Strömen, die möglichst verträglich sein sollten),
– Ermittlung der Übergangs- und Zwischenzeiten zwischen konfligierenden Strömen (Zwischenzeiten ergeben sich aus Überfahrzeiten plus Räumzeiten der zeitlich vorauslaufenden Ströme minus Einfahrzeiten der folgenden in Konflikt stehenden einfahrenden Ströme),
– Berechnung der erforderlichen Umlaufzeiten (als Summe der Grünzeiten und der Zwischenzeiten aller Phasen),
– Ermittlung der einzelnen Grünzeiten (proportional zum Verhältnis der maßgebenden Verkehrsbelastungen zu den zulässigen Belastungen),
– Prüfung von Rahmenbedingungen (Mindestfreigabezeiten, Vorgabezeiten für Linksabbieger, Zeitvorsprung für Fußgänger- bzw. Fahrradfahrerströme an Konfliktflächen usw.),
– Zusammenstellung des Signalprogramms,
– Ermittlung und Prüfung der Stauraumlänge und ggf.
– iterative Verbesserung des Knotenausbaus und der Phaseneinteilung (Fahrstreifenbildung, Phasenbildung, Wahl Umlaufzeit usw.).

7.3.1.6 Anlagen des ruhenden Kraftfahrzeugverkehrs

Die Anlagen des ruhenden Verkehrs haben im Stadtverkehrssystem große Bedeutung, da sie an Wegausgangs- und Wegendpunkten von mit individuellen Kraftfahrzeugen zurückgelegten Wegen zwingend erforderlich sind. Sie sind *systemübergreifende Ver-*knüpfungspunkte zwischen motorisiertem Individualverkehr und sich anschließenden Fußwegen (z. B. Zu- und Abgangswege) sowie zwischen motorisiertem Individualverkehr und öffentlichem Personennahverkehr. Bei den Anlagen des ruhenden Verkehrs handelt es sich um

– Parkstände bzw. -flächen im öffentlichen Straßenraum,
– öffentlich zugängliche Parkplätze und Parkbauten auf privaten oder öffentlichen Flächen,
– private Einstellplätze als private Flächen und Bauten zum Abstellen von Kraftfahrzeugen.

Der Flächenbedarf von größeren Anlagen des ruhenden Verkehrs ist von der Anzahl der Stellplätze, den Parkstandabmessungen, Aufstellwinkeln und Fahrgassenbreiten abhängig. Die Parkstandabmessungen ihrerseits variieren mit der Aufstellart, dem gewählten Bemessungsfahrzeug, den Komfortanforderungen beim Aus- und Einstieg sowie beim Aus- und Einparken.

Parkbauten als Parkdecks, (offene) Parkpaletten, Parkhäuser oder Tiefgaragen haben unterschiedliche innere Erschließungsformen:

– Parkrampen (Rampen selbst als Parkfläche),
– Vollrampen (zwischen Geschossen),
– Halbrampen (zwischen um halbe Stockwerke versetzten Parkebenen) und
– Wendelrampen (Abb. 7.3-12).

Neben den „statischen Anlagen" gibt es vermehrt auch mechanische Parksysteme (Parkplatten, Parkbühnen, Parkregale, Umsetzparker, Umlaufparker), die zwar flächensparend sind, aber derzeit noch Betriebsmängel bei ausgeprägten zeitlichen Spitzen des Zu- oder Abgangsverkehrs aufweisen (Wartezeiten).

7.3.1.7 Anlagen des nichtmotorisierten Verkehrs

Anlagen des nichtmotorisierten Verkehrs haben neben den verkehrlichen Funktionen teilweise ausgeprägte Aufenthaltsfunktionen für Aktivitäten wie Kommunikation, Beobachtung, Spiel, Handel und gebäudebezogene Aktivitäten (Reinigung, Reparatur usw.). Netze des nichtmotorisierten Verkehrs zeigen daher i. Allg. keine so ausgeprägte Hierarchisierung wie Netze des motorisierten Verkehrs.

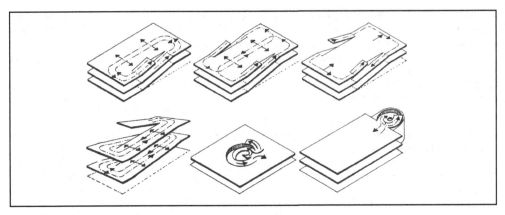

Abb. 7.3-12 Parkhaustypen [Prinz 1999]

Für die Angebotsqualität der Netze und Strecken ist maßgebend, dass sie einen hohen Vermaschungsgrad aufweisen, möglichst steigungsarm und direkt geführt werden, eine nutzerspezifische Verkehrssicherheit, aber auch eine soziale Sicherheit bereitstellen und eine Nutzung komfortabel möglich ist (z.B. glatte Oberfläche, attraktive Gestaltung, begleitende Begrünung, Sitzmöglichkeiten).

Treppenanlagen oder Rampen bei entsprechenden Geländeverhältnissen oder im Zuge von Brücken bzw. Unterführungen stellen besondere Hindernisse dar und sollten daher möglichst vermieden werden. Insbesondere ist die Nutzbarkeit von Treppen für Fahrradfahrer stark eingeschränkt, – auch wenn parallel geführte Schieberampen vorhanden sind. Nur in seltenen Fällen sind auch im öffentlichen Raum Rolltreppen oder Aufzüge denkbar; zudem bedingen sie besondere Betriebskosten und einen erhöhten Überwachungsaufwand.

Querschnittsgestaltung. Bei der Erfassung der querschnitts-, trassierungs- und betriebsrelevanten Ansprüche des *Fahrradverkehrs* ist zu beachten, dass der Fahrradverkehr i.Allg. aus zwei Teilkollektiven mit sehr unterschiedlichem Fahr- und Geschwindigkeitsverhalten besteht:

– geübte und schnelle Fahrradfahrer,
– ungeübte, unsichere, langsame Fahrradfahrer (Kinder, ältere Menschen, seltene Fahrradfahrer).

Fahrradfahrer haben z.T. ungleichmäßige und spontane Bewegungsabläufe, bevorzugen das Nebeneinanderfahren und benötigen entsprechende Bewegungsspielräume für das Auf- und Absteigen, Anhalten und Anfahren. Die Grundmaße der Fahrradfahrer betragen 1,00 m (0,80 m unter beengten Verhältnissen) bis 1,30 m – einschließlich Sicherheitsabständen zu Gebäuden, Zäunen, Mauern, Pfählen, Pollern mit 0,25 m, zum Fahrbahnrand mit 0,50 m, zu Parkbuchten bzw. Parkstreifen mit mehr als 0,70 m (Abb. 7.3-13).

Mindestabmessungen von Radfahrstreifen bestimmen sich somit nicht nur durch die Grundmaße, sondern v.a. auch durch die Lage im Straßenraum und durch die Lage zu Parkständen, da entsprechende Sicherheitsräume (0,25 m zum fließenden Verkehr und 0,75 (0,50) m zu Parkstreifen) eingehalten werden müssen.

Der Fußgängerverkehr ist in noch weit höherem Maße als der Fahrradverkehr geprägt durch

– die Mitnahme von Gepäck, Einkaufstaschen, Begleitpersonen, Kinderwagen, Fahrrädern usw.,
– eine Durchmischung mit Mobilitätsbehinderten (Gehbehinderte, Rollstuhlfahrer usw.),
– ein hohes Maß an spontanem Aufenthalt und Stehenbleiben (Treffen von Personen, Betrachtung von Auslagen, Schaufenstern oder Gebäuden usw.).

Gleichzeitig werden Gehwege und Fußgängerzonen durch Lagerung von Waren, Materialien oder Müllbehältern, Baustellen sowie durch abgestellte Fahrzeuge genutzt. Die Grundmaße der Verkehrsräume für Fußgänger und angepasste Breiten bestimmen sich daher nach der wahrscheinlichen Zu-

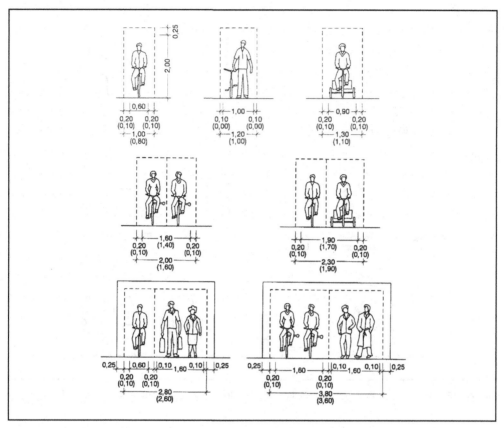

Abb. 7.3-13 Grundmaße für Verkehrsräume des Radverkehrs [EAHV 93]

sammensetzung der Nutzer dieser Verkehrsräume und nach der Wahrscheinlichkeit sonstiger Aktivitäten und Nutzungen (Abb. 7.3-14). Dabei sind Sicherheitsabstände zu Fahrbahnen (0,50 bis 0,70 m) und Parkbuchten (> 0,70 m) einzuhalten. Straßenbegleitende Gehwege sollten nicht schmaler als 1,50 m (lichte Breite) sein.

Querschnittsgestaltungen von Straßen werden durch den Fußgängerverkehr – z. T. auch den Fahrradverkehr – punktuell auch dadurch bestimmt, dass Querungshilfen vorgesehen werden. Diese Querungshilfen können ausgebildet sein als

– Mittelinseln mit Aufstellmöglichkeit (≥ 2,00 m Breite), um bei mehrstreifigen Straßen ein Queren in Etappen zu ermöglichen,

– vorgezogene Seitenräume durch Unterbrechung von Parkstreifen oder Seitenstreifen, um die Überquerung durch Fußgänger sowie die gegenseitige Sichtbarkeit und Orientierung der verschiedenen Verkehrsteilnehmer zu erleichtern.

Überquerungsanlagen sind bei ausgeprägtem Überquerungsbedarf notwendig – insbesondere bei Verkehrsstärken von mehr als 1000 Kfz/h oder bei zulässigen Höchstgeschwindigkeiten von mehr als 50 km/h.

Neben Mittelinseln, vorgezogenen Seitenräumen, Einengungen – evtl. in Kombination mit Teilaufpflasterungen – sorgen Furten (gesichert durch Signalanlagen) und Überwege (als „Zebrastreifen") für bessere Überquerungsmöglichkeiten stark be-

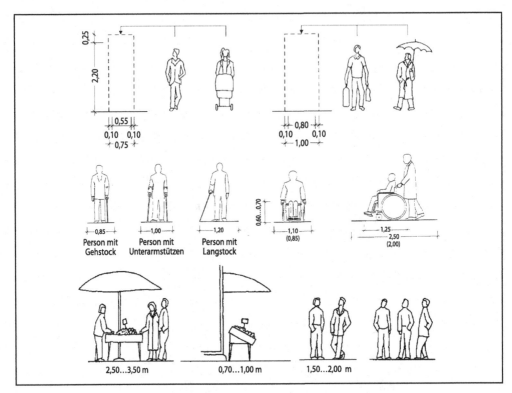

Abb. 7.3-14 Grundmaße von Fußgängern und Mobilitätsbehinderten sowie sozialen Nutzungen (Auswahl) [EAHV 93]

lasteter Straßen für Fußgänger und Fahrradfahrer. Die Einsatzbereiche sind von der Überquerungsbreite, den Verkehrsstärken, der angestrebten Sicherung und Verkehrsqualität sowie von der Straßenraumgestalt abhängig [EAHV 93].

In der Querschnittsgestaltung bedürfen Einmündungen von Radwegen in die Fahrbahn besonderer Aufmerksamkeit. Die Einmündungspunkte sollen entweder baulich (z. B. Bauminsel in Parkstreifen) oder durch Markierung deutlich sichtbar sein und geschützt werden, um dann zumindest über eine Länge von 10 bis 20 m eine gesicherte Führung als Radfahrstreifen oder als Angebotsstreifen vorzusehen.

Radfahrer und Fußgänger an Knotenpunkten. Wegen der hohen Empfindlichkeit gegenüber Umwegen und Niveauwechseln sind Fußgänger in Stadtstraßennetzen auch an Knotenpunkten mög-

lichst direkt und niveaugleich zu führen. Dies bedeutet, dass Knotenpunktaufweitungen (z. B. durch Anlage von Rechtsabbiegefahrbahnen oder von Dreiecksinseln im Zuge von Abbiege- bzw. Einbiegefahrbahnen) möglichst zu vermeiden sind. Für Fußgänger wie auch für Fahrradfahrer ist über die Knotenpunkte ein zusammenhängendes Wegenetz vorzusehen. An signalisierten Knotenpunkten soll die Querung eines Knotenpunktarmes möglichst in „einem Zuge", d. h. ohne Warten auf einer Mittelinsel, möglich sein.

Die Radwegführung soll bei ausreichender Flächenverfügbarkeit im Knotenpunkt möglichst derjenigen in den anschließenden Streckenabschnitten gleichen (Führung auf Radweg, auf kombiniertem Geh-Radweg, auf Radfahrstreifen oder auf Fahrbahn). Besondere Anforderungen ergeben sich für linksabbiegende Radfahrer, die im Knotenpunkt entweder indirekt, d. h. (außen) über die Knoten-

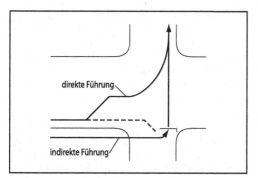

Abb. 7.3-15 Möglichkeiten für die Führung linksabbiegender Radfahrer an Knotenpunkten [ERA 95]

aus- bzw. -zufahrten, oder direkt, d. h. im inneren Knotenbereich als Linksabbieger, geführt werden können (Abb. 7.3-15).

Direkte Führungen sind besonders dann zu bevorzugen, wenn auf den anschließenden Strecken keine Radwege vorhanden sind, eine Einordnung in den fließenden Verkehr infolge geringer Kraftverkehrsstärken und einer geringen Fahrstreifenanzahl leicht möglich ist oder eine Einordnung unter dem Schutz einer Lichtsignalanlage ("Schleuse") erfolgen kann. Die indirekte Führung setzt voraus, dass neben den Radfahrerfurten ausreichende Aufstellräume für linksabbiegende Radfahrer zur Verfügung stehen.

An signalisierten Knotenpunkten ist den Belangen von Fußgängern und Fahrradfahrern besondere Aufmerksamkeit zu widmen, da sie die langsamsten und schutzwürdigsten Verkehrsteilnehmer sind. So kann an Knotenpunkten mit starken Fußgänger- und Fahrradverkehren erwogen werden, eine eigene Grünphase vorzusehen, die aber insgesamt für alle Verkehrsteilnehmer eine Verlängerung der Wartezeiten bedeuten kann.

Fußgängerfurten sollten in Richtung der Fußgängerströme liegen und möglichst wenig vom Rand der parallel verlaufenden Fahrbahn abgesetzt sein, so dass kleine Radien für die Eckausrundungen erforderlich sind. Fußgängerströme sind i. d. R. getrennt zu signalisieren, wenn die Abbiegeströme stark sind und mehrstreifig abgebogen wird. Sollte eine gleichzeitige Freigabe für den Fußgängerverkehr und den abbiegenden Kraftfahrzeugverkehr erforderlich werden, so ist den Fußgängern (und Fahrradfahrern) ein

Zeitvorsprung von 1 bis 2 Sekunden zu geben, um sie für die Fahrzeuglenker als bevorrechtigte Verkehrsteilnehmer deutlich sichtbar werden zu lassen. An Querungsstellen der Fußgänger und Fahrradfahrer sind Hochborde (Gehwege, Inseln, Fahrbahnteiler) abzusenken, um eine gute Begehbarkeit und Befahrbarkeit (Fahrräder, Rollstühle) zu gewährleisten.

Signalisierungen von Fußgängerfurten über Mittelinseln bzw. Mittelstreifen können

– simultan, d. h. bei gleichzeitigem Freigabesignal für die Überquerung beider Richtungsfahrbahnen, oder
– progressiv, d. h. bei zeitlich um die Querungszeit einer Richtungsfahrbahn versetztem Freigabesignale der beiden Richtungsfahrbahnen,

vorgenommen werden. Bei simultaner Signalisierung lässt sich nicht vermeiden, dass Fußgänger, die im zweiten Abschnitt der Grünzeit losgegangen sind, auf dem Fahrbahnteiler warten müssen. Eine progressive Signalisierung ist demgegenüber i. d. R. nicht für beide Richtungen zu gewährleisten.

Der Fahrradverkehr wird i. Allg. gemeinsam mit dem Kraftfahrzeugverkehr signalisiert, wenn er die Fahrbahn mitbenutzt, auf einem Radfahrstreifen oder auf nicht abgesetzten Radwegen bzw. Radfahrstreifen geführt wird. Eine gemeinsame Signalisierung mit den Fußgängern ist zweckmäßig, wenn Radfahrer- und Fußgängerfurten nebeneinander liegen und zudem deutlich vom Fahrbahnrand abgesetzt sind.

Anlagen des ruhenden Zweiradverkehrs. Abstellanlagen für Zweiradfahrzeuge haben als Systemelemente der Anlagen des Fahrradverkehrs zentrale Bedeutung. Neben der Diebstahlsicherung gewinnen dabei zunehmend auch Anforderungen an einen Witterungsschutz sowie an Dienstleistungen „rund um das Fahrrad" an Bedeutung (z. B. „Fahrradstationen" an Haltepunkten oder Bahnhöfen des ÖPNV). Die Abstellanlagen sollen gewährleisten, dass

– Fahrräder kippsicher abgestellt und diebstahlsicher angeschlossen werden können,
– das Ein- und Ausparken bequem möglich ist,
– ausreichende Beleuchtung und Einsehbarkeit gegeben ist sowie
– kurze Wege zu den Wegzielen (Arbeitsplätze, Schulen, Einkaufsgelegenheiten, Freizeiteinrichtungen) gegeben sind [EAHV 93; ERA 1995]

7.3.1.8 Betrieb des Individualverkehrs

Der motorisierte und auch der nichtmotorisierte Individualverkehr sind wie angesprochen dadurch gekennzeichnet, dass

- der Fahrzeugeigentümer bzw. -besitzer für die Sicherung der Betriebsfähigkeit der Fahrzeuge und
- der Fahrzeuglenker für die Betriebsführung im Rahmen der Bewältigung der aktuellen Transportaufgabe

zuständig ist. Die Gewährleistung der Betriebsfähigkeit umfasst nicht nur den Einsatz von Betriebsstoffen (Benzin, Diesel, Gas, Strom/Batterie usw.) oder die Erhaltung der Fahrfähigkeit der Fahrzeuge (Reparaturen usw.), sondern steht auch unter fahrzeugbezogenen gesetzlichen Anforderungen der Betriebssicherheit – Regelungen der Straßenverkehrszulassungsordnung (StVZO) wie regelmäßige Kfz-Hauptuntersuchungen – sowie der Betriebsauswirkungen (z. B. regelmäßige Abgasuntersuchungen, Grenzwerte der Motorgeräusche).

Gleichzeitig sind für den Betrieb des Individualverkehrs von Bedeutung:

- Anforderungen an die Eignung und Berechtigung der Fahrzeuglenker (z. B. Führerscheinbesitz),
- Regelungen der Betriebsabwicklung, d. h. der Straßenverkehrsordnung (StVO).

Anforderungen an die Betriebsabwicklung, d. h. an die Fahrzeugführung bzw. Verkehrsteilnahme, sind z. T. prinzipieller Art (vgl. § 2a StVO). Sie erfahren z. T. orts- bzw. situationsspezifische Ausgestaltungen wie Bevorrechtigungen an Knotenpunkten, teilräumliche oder zeitliche Zulassungen und Zugangsregelungen, Bereitstellung von Flächen (z. B. für fließenden und ruhenden Verkehr, verschiedene Verkehrsmittel und Fahrvorgänge) oder Geschwindigkeitsregelungen. Über diese orts- und situationsspezifischen Anforderungen müssen die Verkehrsteilnehmer informiert werden. Dies geschieht mit Hilfe von

- baulichen Anlagen (z. B. Hochborde neben Fahrbahnen, Mittelinseln bzw. Mittelstreifen und Richtungsfahrbahnen, Einengungen, Aufpflasterungen),
- Markierungen (z. B. Mittellinien, Haltelinien, Schraffurflächen, Radfahrstreifen, Parkstände, Richtungspfeile),

- Beschilderungen (z. B. Vorfahrtschilder, geschwindigkeitsregelnde Schilder, Park- bzw. Haltevorgänge regelnde Schilder, Wegweiser, Straßenkategorien kennzeichnende und damit Zulassungen signalisierende Schilder),
- Lichtsignalanlagen (z. B. Kreuzungsanlagen, Wechselverkehrszeichen).

Die Zulassungs-, Zugangs-, Bevorrechtigungs- und Geschwindigkeitsregelungen können zeitabhängig ausgestaltet werden (z. B. nächtliches Lkw-Verbot, nächtliche Geschwindigkeitsbeschränkung). Eine besondere Bedeutung für die Funktionsfähigkeit des Stadtverkehrs haben

- Geschwindigkeitsregelungen in der Differenzierung nach Innerortsgeschwindigkeiten von 50 km/h, abweichenden Streckengeschwindigkeitsregelungen (60, 70, 30 km/h), Tempo-30-Zonen, verkehrsberuhigten Bereichen, Fahrradstraßen, Spielstraßen, Fußgängerzonen, Shared-Space-Bereichen,
- Regelungen für das Abstellen von (motorisierten) Fahrzeugen des Individualverkehrs (freies Parken, Parkverbot- und Halteverbotszonen, zeitlich befristetes Parken ohne Gebühren (Parkscheibe) oder mit Gebühren (Parkuhren, Parkomaten), Anwohnerparken, Behindertenparkplätze u. ä.).

Entscheidend ist, dass diese Betriebsregelungen und Betriebsformen sowohl die Funktionsfähigkeit der Verkehrsanlagen als auch die Flexibilität ihrer Nutzung sicherstellen, damit sie im Regelfall kurzfristig und mit begrenztem Aufwand veränderten Verkehrsanforderungen angepasst werden können.

7.3.1.9 Steuerung und Lenkung

Einzelverkehrsvorgänge konkurrieren z. T. um gleiche Verkehrsflächen. Diese Konkurrenzen können u. a. verträglich gestaltet werden durch horizontale Entflechtungen (getrennte Gehwege, Radwege, Fahrstreifen pro Richtung – z. T. mit baulicher Trennung), vertikale Entflechtungen (niveaufreie Kreuzungen in Form von Brücken, Tunnel) und zeitliche Entflechtungen (Bevorrechtigung von Verkehrsvorgängen, Signalisierung).

Die horizontalen und vertikalen Entflechtungen werden im Wesentlichen baulich realisiert. Zeitliche Entflechtungen sind an allen Kreuzungs- und Verknüpfungspunkten gleicher, aber auch unterschiedlicher Verkehrsmittel unverzichtbar (querende Fußgänger; querende Fahrradfahrer, aus Radwegen bzw. Radfahrstreifen einmündende Fahrradfahrer; kreuzende, einbiegende, abbiegende Kraftfahrzeuge).

Steuerung und Lenkung des Verkehrs sollen insgesamt unter Kriterien der Verkehrssicherheit, der Leistungsfähigkeit sowie der Umfeld- und Umweltverträglichkeit erfolgen und dazu dienen, zeitliche Entflechtungen zu organisieren.

Zur Steuerung und Lenkung gehören als Basisstrategien v. a. die Vorfahrtregelungen an Einmündungen oder Kreuzungen: Rechts-vor-Links, Vorfahrtstraße oder Kreisverkehr. Dabei benötigen die einzelnen Verkehrsvorgänge bestimmte Mindestzeiten:

– Fahrzeiten (Annäherung, Überfahrung bzw. Querung),
– Reaktions- und Bremszeiten,
– Anfahrzeiten, Beschleunigungszeiten.

Zur konfliktfreien Abwicklung dieser Verkehrsvorgänge müssen in den bevorrechtigten Verkehrsströmen entsprechende Zeiten (Zeitlücken) zur Verfügung stehen, die durch nicht bevorrechtigte Verkehrsmittel bzw. Fahrzeuge genutzt werden können. Sind diese Zeitlücken (Grenzzeitlücken) derart verteilt, dass die nachgeordneten Ströme sie für die angestrebten Bewegungsvorgänge nicht oder nur teilweise nutzen können und daher nur mit langen Wartezeiten (Staus) abgewickelt werden können, bietet es sich an, die „zu kleinen" Zeitlücken zusammenzufassen. Dies ist das Prinzip der *Signalisierung*, bei dem die Summe der Zeitlücken in einem Bezugszeitraum (z. B. Umlauf einer Signalanlage oder Stunde) – unter Abzug notwendiger Schutzzeiten zwischen Räum- und Einfahrvorgängen – als Grünzeit den querenden Strömen zur Verfügung gestellt wird.

Signalprogrammauswahlen legen die Grünzeiten, Umlaufzeiten, Phasen und Phasenfolgen (Phasen als gleichzeitig abwickelbare bzw. abgewickelte, weitgehend verträgliche Verkehrsvorgänge) fest und können zeitplanabhängig oder verkehrsabhängig erfolgen. Die zeitplanabhängige Anwendung von Signalprogrammen (Festzeitsignalprogramm) ist geeignet für Verkehrssituationen mit stark ausgeprägten zeitabhängigen Richtungsbelastungen (z. B. Morgen- und Abendspitze; Sonderveranstaltungen usw.). Signalprogrammanpassungen erfolgen ebenso wie Signalprogrammbildungen verkehrs(belastungs)abhängig durch

– Freigabezeitanpassung (Verkürzung oder Verlängerung der Freigabezeiten),
– Phasentausch (Veränderung der Phasenfolge),
– Bedarfsphasenanforderung (z. B. für Verkehrsmittel des öffentlichen Personennahverkehrs, für querende Fußgänger oder Fahrradfahrer),
– freie Veränderbarkeit (im Rahmen der Signalprogrammbildung).

Zur Sicherung eines kontinuierlichen Verkehrsflusses und einer ausreichenden Leistungsfähigkeit sowie zur partiellen Reduktion von Emissionen (Lärmbelastung durch Brems- und Anfahrvorgänge; Schadstoffemissionen) kann es notwendig und zweckmäßig sein, *Signalanlagen* auf einer Strecke so zu *koordinieren („Grüne Welle")*, dass bei Einhalten einer vorgegebenen Geschwindigkeit (Progressionsgeschwindigkeit) die Folge von Signalanlagen – möglichst in beiden Richtungen – bei „Grün" durchfahren werden kann.

Um die Fahrzeuglenker über die Verkehrssituation, die Verkehrslenkung und auch über Verhaltensmöglichkeiten zu informieren, sind Kommunikationseinrichtungen bzw. Informationssysteme erforderlich. Sie unterscheiden sich nach der Art, in der sie die Nutzer beeinflussen:

– kollektive Beeinflussung mittels fahrzeugexterner Kommunikationsmittel (Wegweiser, Verkehrsschilder, Wechselwegweisung, Parkleitsystem, Fahrstreifensignalisierung),
– kollektive Beeinflussung mittels fahrzeuginterner Kommunikationsmittel (Verkehrsfunk, Radio Data System-Traffic Message Channel (RDS-TMC)),
– individuelle Beeinflussung mittels fahrzeuginterner Kommunikation (individuelle Zielführung).

Diese *Beeinflussung* kann gleichermaßen *statisch* (verkehrsunabhängig) oder *dynamisch* (verkehrsabhängig) erfolgen.

Ziele einer individuellen Zielführung – insbesondere verkehrsabhängiger Art – sind beispielsweise:

– Vermeidung von Such- und Falschfahrten Ortsunkundiger,
– Gewährleistung kürzestmöglicher Fahrtzeiten,
– Vermeidung von Überlastungen in Netzteilen,

– optimierende Auslastung von Netzteilen,
– Verringerung der Betriebskosten,
– Reduzierung von Verkehrsfolgekosten (Energie, Unfälle, Umwelt),
– Führung auf belastungsunempfindlichen Strecken (z.B. Lkw-Führungsnetz).

7.3.1.10 Verkehrsmanagement

In den letzten Jahren gewinnen zunehmend *intermodale Verkehrsmanagement*strategien und -maßnahmen an Bedeutung. Das Verkehrsmanagement ist also verkehrsträgerübergreifend [Boltze 1996] und zielt auch auf eine Beeinflussung der Verkehrsmittelwahl. Wesentliche Voraussetzungen der Funktionsfähigkeit und Wirksamkeit sind die abgestimmte Angebotsgestaltung aller Verkehrsmittel, die Sicherung von Verkehrsmittelübergängen (Park-and-Ride, Bike-and-Ride, Kiss-and-Ride usw.) und die Bereitstellung von Verkehrsinformationen (statisch und dynamisch). Ein intermodales Verkehrsmanagement benötigt i. d. R. eine Leitzentrale, die aktuelle Verkehrszustandsinformationen (MIV, Ruhender Verkehr, ÖPNV) erhebt, diese zielorientiert verarbeitet und den Nutzern zur Verfügung stellt sowie aus ihrer Beurteilung Steuerungsstrategien ableitet.

Individualverkehrssysteme sind zunehmend unter den Rahmenbedingungen knapper Finanzmittel für den Bau und Betrieb von Infrastrukturanlagen sowie verstärkter Anforderungen an Ressourcenschutz und -sparsamkeit, Umwelt- und Umfeldverträglichkeit zu gestalten. Daher sind die Kapazitätsreserven vorhandener Anlagen und Einrichtungen effizient zu nutzen, gleichzeitig der Zuwachs an Verkehrsaufwänden zu dämpfen oder zu begrenzen. Entkoppelung von Wirtschafts- und Verkehrswachstum ist ein Aspekt dieser Forderungen. Dazu bedarf es

– ergänzender baulicher Maßnahmen, insbesondere aber
– ordnender, betrieblicher, ordnungsrechtlicher, marktpolitischer und organisatorischer Maßnahmen sowie
– informierender und beratender Maßnahmen.

Hierbei werden besondere Chancen in der Nutzung – im weitesten Sinne – der *Verkehrstelematik* gesehen.

Der Mitte der 80er-Jahre geprägte Begriff „*Verkehrssystemmanagement*" bedeutet „die direkte Beeinflussung von Angebot und Nachfrage (im Verkehrsbereich, d. V.) durch organisatorisch-betriebliche Maßnahmen (…), die dem Nachfrager durch geeignete Information verständlich gemacht werden (…)" [Verkehrs-System-Management 1986]. Verkehrsmanagement wird als Gesamtheit der Handlungskonzepte verstanden, die auf einem koordinierten, situations- und problemspezifischen Einsatz von baulichen, betrieblichen, rechtlichen, organisatorischen, tariflichen und informatorischen Maßnahmen beruhen (vgl. [Verkehrsmanagement 1998]). Dabei werden alle Verkehrsmittel und Verkehrsträger berücksichtigt (intermodal), aber auch nichtverkehrliche Maßnahmen – z. B. siedlungs- und standortstruktureller oder steuerpolitischer Art – einbezogen. Verkehrsmanagement bezieht sich dabei schwerpunktmäßig auf Maßnahmen,

– die mittelfristig das routinierte Verkehrsverhalten der Verkehrsteilnehmer beeinflussen (z. B. Verkehrserziehung, Gebühren bzw. Entgelte und Kostenanlastungen für alle Verkehrsmittel),
– die kurzfristig – quasi online – steuernd in das Verkehrsgeschehen eingreifen (z. B. Wechselwegweisung, Zielführung) und das aktuelle Verkehrsverhalten (Fahrtrealisation, Fahrtzeitpunkt, Routenwahl usw.) beeinflussen.

Verkehrsmanagementmaßnahmen können zu Veränderungen von Wegezielen (Tätigkeitenstandorten), Wegehäufigkeiten, intraindividuellen Wegekopplungen (Wegeketten), interindividuellen Wegekopplungen (Mitnahme), Verkehrsmittelnutzungen, Routenwahlen, Geschwindigkeitenwahlen usw. führen.

7.3.1.11 Mobilitätsmanagement

Mobilitätsmanagement setzt im Rahmen des Verkehrsmanagements unmittelbar am Verhalten der Verkehrsteilnehmer an. Einzelpersonen, Haushalte, Unternehmen und Institutionen sollen gleichermaßen ermutigt wie befähigt werden, Verkehrsbedarfe über einen effizienten und integrierten Einsatz aller verfügbaren Verkehrsmittel zu befriedigen. Kenntnisse, „Bewusstsein" und „Einstellungen" zum Raum-Zeit- und Verkehrsverhalten (Mobilität), zur Verkehrsmittelnutzung und zum Fahrverhalten sollen verändert werden. Mobilitätsmanagement ist also ein Ansatz, der in erster Linie auf koordinierenden und informierenden Maßnahmen aufbaut [Krug/Witte 1998]. Als Maßnahmenkomplexe können unterschieden werden:

– Information und Marketing (Information und Beratung zu Verkehrsangeboten, Tarifen usw.),
– Koordination und Organisation (Zusammenarbeit zwischen verschiedenen Anbietern von Verkehrsdienstleistungen, aber auch mit Anbietern sonstiger Dienstleistungen im Bereich Kultur, Handel usw.),
– Reservierung und Verkauf (Verkauf von Fahrscheinen in Kombination mit Eintrittskarten, Hotelbuchungen u. ä.),
– Beratung und Consulting (Aufstellung individueller Mobilitätspläne oder betrieblicher Mobilitätspläne: Wegorganisation, Organisation Verkehrsmitteleinsatz),
– Ausbildung und Schulung (Mobilitätserziehung),
– neue Produkte und Services (koordinierte Informations- und Serviceangebote, z. B. Car-sharing, Mitfahrorganisation, Lieferservice für Waren oder Gepäck).

Maßnahmen des Mobilitätsmanagements sind sowohl auf der (öffentlichen) städtischen bzw. regionalen Ebene als auch auf der (teilöffentlichen) betrieblichen Ebene möglich. Im ersten Fall sind Adressaten und Maßnahmen flächenbezogen, im zweiten auf einen (oder mehrere) Betriebsstandort(e) wie Gewerbebetriebe, Großeinrichtungen des Handels oder der Freizeit bezogen.

7.3.1.12 Erweiterte Organisations- und Betriebsformen im motorisierten Individualverkehr

Zur effizienten Befriedigung des – z. T. dispersen und in Schwachverkehrszeiten auch geringen – Verkehrsbedarfs sowie zur Reduktion der Flächen- und Ressourcenbeanspruchungen bzw. Umweltbelastungen durch Verkehr bedarf es erweiterter und modifizierter Betriebs- und Nutzungsformen aller Verkehrsmittel. Dabei geht es insbesondere darum,

– individuelle Kraftfahrzeuge auch während der „Stehzeiten" (ca. 23 Stunden am Tag) einer Nutzung zuzuführen, um damit die Zunahme der Motorisierung zu dämpfen,

– die Kapazitäten (Sitzplatzzahl, Tonnage bzw. Frachtvolumen) besser auszulasten, um Verkehrsaufwände in Fahrzeugkilometern zu reduzieren,
– kombinierte Verkehrsmittelnutzungen für Wege bzw. Fahrten zu ermöglichen („intermodal") und zu erleichtern, um einen situationsangepassten Verkehrsmitteleinsatz zu fördern.

Car-sharing, d. h. die Nutzung von Fahrzeugen eines Fahrzeugparks nur bei Bedarf, dient einer besseren zeitlichen Nutzung von Pkw und ermöglicht einen Verzicht auf eine Pkw-Anschaffung – möglicherweise v. a. von Zweit- und Drittwagen in Haushalten. *Car-pooling* findet in Betrieben oder an ausgewählten Standorten spezifischen Verkehrsaufkommens (z. B. Flughäfen) statt, indem Fahrzeuge koordiniert bei Bedarf (Dienstweg; Fahrten von Flugpersonal am Zielflughafen) bereitgestellt werden.

Einer besseren Auslastung von Fahrzeugen dienen auch die Organisation von *Mitfahrgelegenheiten* sowie die *Bevorrechtigung von mit mehreren Personen besetzten Fahrzeugen* bei der Bereitstellung von Betriebsparkplätzen, der Nutzung von Sonderfahrstreifen oder der Erhebung von Straßen- oder Parkgebühren usw.

Kombinierte Verkehrsmittelnutzungen (Park-and-Ride, Bike-and-Ride) dienen insbesondere dazu, die verkehrsmittelspezifischen Einsatzbereiche gezielt zu nutzen. So erschließen Personenkraftwagen oder Fahrräder flächige Siedlungen, und leistungsfähige öffentliche Verkehrsmittel (Bus, Stadtbahn, U-Bahn usw.) übernehmen eine schnelle Verbindung zu Hauptzielgebieten (z. B. Innenstädte, Hauptarbeitsstätten).

7.3.1.13 Zukunft der Individualverkehrssysteme

Die Sicherstellung von individueller Mobilität (Teilnahme) sowie von Güter- und Informationsaustausch ist Voraussetzung für die Funktionsfähigkeit der Wirtschafts- und Gesellschaftssysteme. Die Bereitstellung und der Betrieb notwendiger Verkehrsmittel und Verkehrsanlagen stehen jedoch zunehmend unter den Randbedingungen knapper öffentlicher Mittel und verschärfter Anforderungen an Ressourcensparsamkeit und Umwelt- bzw. Umfeldverträglichkeit. Diese Anforderungen können langfristig nur erfüllt werden bei

– zielorientierter Arbeitsteilung der Verkehrsteilsysteme,
– Effizienzsteigerung jedes einzelnen Verkehrsteilsystems sowie des gesamten Verkehrssystems,
– Nutzung ressourcensparender und umwelt- bzw. umfeldverträglicher Fahrzeuge, Bau- und Betriebsformen.

Die dazu geeigneten Handlungsansätze können zur Reduktion von Verkehrsaufwänden (als Fahrzeugkilometer), zur Verlagerung auf umweltverträgliche Verkehrsmittel und zur Förderung umwelt- bzw. umfeldverträglicher Betriebsformen beitragen.

Ein zunehmend wichtiger werdender, jedoch nicht hinreichender Handlungskomplex – wie dargestellt – ist die Nutzung von Verkehrsleit- und Informationssystemen, die notwendigerweise verkehrsmittel- bzw. verkehrssystemübergreifend ausgelegt werden. Die Systeme beruhen in ortsspezifischen Konstellationen auf Teilsystemen wie

– dynamischen Parkleitsystemen (variable, belastungsabhängige Führung zu Parkgelegenheiten) und Parkraumbewirtschaftung,
– Wechselwegweisungssystemen (verkehrsabhängige kollektive Routenführung),
– Verkehrsbeeinflussungsanlagen (integrierte, verkehrsabhängige kollektive Verkehrslageinformationen; Strecken-, Knoten- und Geschwindigkeitssteuerung),
– individuellen Zielführungssystemen (verkehrsabhängige (dynamische) individuelle Ziel- bzw. Routenführung),
– rechnergestützten Betriebsleitsystemen im öffentlichen Personennah- und -fernverkehr,
– dynamischen Informationssystemen für Fahrgäste des ÖPNV (On-trip-Informationen),
– individuellen (dynamischen) Verkehrslage- und Verkehrsangebotsinformationen (Pre-trip- und On-trip-Informationen).

Eine zielorientierte Gestaltung der Verkehrssysteme kann somit nur intermodal erfolgreich sein. Sie muss jedoch gleichermaßen abgestimmte bauliche, betriebliche, ordnungspolitische, marktpolitische sowie informatorische und beratende Maßnahmen umfassen. Damit wird es den Verkehrsteilnehmern zunehmend möglich,

– auf einzelnen Wegen/Fahrten die geeigneten Verkehrsmittel kombiniert („intermodal") durch Verkehrsmittelwechsel zu nutzen,
– in Abhängigkeit von der jeweiligen individuellen Mobilitätssituation (Wegzwecke, Wegziele, Zeitverfügbarkeit, Begleitung, Wegeketten) jeweils geeignete Verkehrsmittel zu nutzen („multimodal").

7.3.2 Anlagen des Straßenverkehrs

Hartmut Beckedahl, Edeltraud Straube

7.3.2.1 Allgemeines

Zu den Aufgaben des Straßenbaus gehören die Dimensionierung, Herstellung und Erhaltung des Verkehrswegenetzes für Kraftfahrzeuge, Radfahrer und Fußgänger. Somit sind für diese Nutzer und ihre Bedürfnisse hinsichtlich Sicherheit, Verkehrsqualität und Nutzungskomfort entsprechende Verkehrswegebefestigungen zu schaffen und zu erhalten. Der anstehende oder in Dammlagen aufgeschüttete Boden wird diesen Nutzungsbedürfnissen allein nicht gerecht.

Nach den in Deutschland geltenden Regel- und Vorschriftenwerken wird der Aufbau einer Verkehrswegebefestigung in den *Oberbau* und den Untergrund bzw. *Unterbau* unterteilt (Abb. 7.3-16). Der Oberbau kann aus bis zu drei Tragschichten und der Decke bestehen.

Mit dem Einbringen von Befestigungsschichten soll ein kontinuierlicher Steifigkeitsaufbau von unten (Boden) nach oben erreicht werden. Ziel ist es, die an der Fahrbahnoberfläche auf einer kleinen

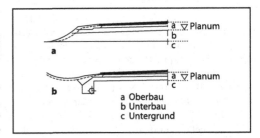

Abb. 7.3-16 Unterteilung einer Straßenbefestigung in Oberbau und Untergrund bzw. Unterbau. **a** Damm, **b** geländegleich bzw. Einschnitt

Fläche auftretende Beanspruchung mit zunehmender Tiefe auf eine größere Fläche zu verteilen und die auftretenden Spannungen soweit zu reduzieren, dass das jeweilige Material und letztlich der Boden diese über lange Zeit ertragen kann. Aber nicht nur Griffigkeit (insbesondere beim Bremsen und bei der Kurvenfahrt wirkender Reibungswiderstand zwischen Fahrzeugreifen und Fahrbahnoberfläche), Standfestigkeit (Widerstand gegen bleibende Verformungen), Standsicherheit (Quotient zwischen aufnehmbarer und vorhandener Beanspruchung) und Tragfähigkeit (Widerstand gegen Durchbiegung, Quotient zwischen einwirkender Last und der daraus resultierenden i. d. R. elastischen Deformation) einer Verkehrswegebefestigung sind von großer Bedeutung, sondern auch der Fahrbahnoberflächenzustand, der sich infolge von Verkehrs- und Klimabeanspruchungen in Form von Ausmagerungen bzw. Splittverlust, Ausbrüchen, Spurrinnen, Längsunebenheiten, Plattenversatz, Abwandern von Platten, Stufenbildung, Eckabbrüchen, polierter Fahrbahnoberfläche, Riss- und Flickstellen im Allgemeinen negativ verändert.

In der Praxis wird der Oberbau mit Hilfe von *Standardbauweisen* unter Berücksichtigung der innerhalb eines vorgesehenen Nutzungszeitraums zu erwartenden Beanspruchungen dimensioniert. Das standardisierte Dimensionierungsverfahren nach den Richtlinien für die Standardisierung des Oberbaues von Verkehrsflächen [RStO] ist darauf ausgerichtet, dass der Gebrauchswert der Verkehrswegebefestigung innerhalb des vorgesehenen Nutzungszeitraums ein Mindestmaß nicht unterschreitet. Bei der Dimensionierung werden die *Konstruktionsmerkmale der Straßenbefestigung* auf die zu erwartenden äußeren Beanspruchungen aus Klima und Verkehr abgestimmt.

Um eine angemessene Qualität des fertigen Bauwerks Straße zu gewährleisten, werden an Baustoffe, Baustoffgemische und fertige Teilleistungen Anforderungen gestellt, deren Einhaltung mit einem System zur Sicherstellung der Qualität gewährleistet werden soll. Grundlage des derzeit bestehenden Systems zur Sicherstellung der Qualität bilden neben nationalen (DIN) und Europäischen Normen (DIN EN) Technische Lieferbedingungen (TL), Technische Prüfvorschriften (TP), Allgemeine Technische Vertragsbedingungen für Bauleistungen (ATV) sowie Zusätzliche Technische Vertragsbedingungen und Richtlinien (ZTV). Die dort aufgeführten Gütebedingungen legen ein Qualitätsniveau fest, mit dem eine solide Gebrauchsqualität für Baustoffe, Baustoffgemische und fertige Teilleistungen erreicht werden kann. Dieses Qualitätsniveau wird durch Überprüfung der Güteeigenschaften, soweit erforderlich, im Rahmen von Erstprüfungen (Nachweis zur Gebrauchstauglichkeit vor der erstmaligen Verwendung), Regelprüfungen, werkseigenen Produktionskontrollen, Fremdüberwachungen, Eignungsprüfungen, Eignungsnachweisen (Angaben zu der zugehörigen Erstprüfung, Erklärung zur Eignung für den vorgesehenen Verwendungszweck, zusätzliche Angaben), Eigenüberwachungsprüfungen und Kontrollprüfungen sichergestellt.

Das Straßennetz ist nahezu vollständig, so dass der Erhaltung dieses Verkehrswegenetzes eine große Bedeutung zukommt. Die Straßenerhaltung umfasst alle Maßnahmen, die der Substanzerhaltung, der Erhaltung des Gebrauchswertes für die Straßennutzer sowie der Verbesserung von Sicherheits- und Umweltbedingungen dienen. Bei der Festlegung der Art und des Umfangs der Erhaltungsmaßnahmen müssen die Zustandsmerkmale (Spurrinnen, Risse, Längsunebenheiten, Plattenversatz usw.) sowie andere Schäden und deren Ursachen berücksichtigt werden. Die Verschlechterung des Fahrbahnoberflächenzustands und die Gebrauchswertminderung innerhalb des Nutzungszeitraums erfordert eine Straßenerhaltung. Zur *Straßenerhaltung* gehören die Zustandskontrolle, die Wartung bzw. betriebliche Unterhaltung und die bauliche Erhaltung, bei der wiederum zwischen der Instandhaltung, der Instandsetzung und der Erneuerung unterschieden wird.

7.3.2.2 Untergrund bzw. Unterbau

Der *Untergrund* ist der anstehende Boden bzw. Fels unmittelbar unter dem *Oberbau* bzw. *Unterbau*. Der Unterbau ist ein künstlich hergestellter Erdkörper zwischen dem Untergrund und dem Oberbau. Er wird auch als „Damm" bezeichnet. Der Untergrund bzw. Unterbau dient im Straßenbau i. d. R. als Auflager oder Fundament für die darüber einzubringenden Befestigungsschichten des Oberbaus. Der Baustoff des Untergrunds bzw. Unterbaus wird vom Auftraggeber gestellt und von ihm hinsichtlich seiner Eignung baugrundtechnisch untersucht, beschrieben und beurteilt.

Die Grenzfläche zwischen dem Untergrund oder Unterbau und dem Oberbau wird als „Planum" bezeichnet. Es trennt den Erdbau vom Straßenbau. Das Planum ist die technisch bearbeitete Oberfläche von Untergrund oder Unterbau, die eben, profilgerecht, ausreichend tragfähig und verdichtet sein muss. Anforderungen sind in den Zusätzlichen Technischen Vertragsbedingungen und Richtlinien für Erdarbeiten im Straßenbau [ZTV E-StB] geregelt.

Eine ausreichende Verdichtung und Tragfähigkeit von Untergrund oder Unterbau ist notwendig, um eine standfeste und tragfähige Unterlage für den weiteren Baufortschritt und die späteren Verkehrs- und Klimabeanspruchungen zu erhalten. Das Planum ist das Widerlager für den Einbau und für das Verdichten der ersten Schicht des Straßenoberbaus. Weist der Untergrund oder Unterbau eine hohe Standfestigkeit und/oder Tragfähigkeit auf, wird die Verdichtung der darüber liegenden Schicht(en) positiv beeinflusst. Lassen sich die Anforderungen gemäß [ZTV E-StB] an Verdichtung und Tragfähigkeit nicht erreichen, ist der Boden zu verbessern, zu verfestigen oder auszutauschen.

Bodenverbesserungen steigern die Verarbeitbarkeit und Verdichtbarkeit von Böden und ermöglichen damit, dass eine ausreichende Tragfähigkeit erzielt werden kann. Man unterscheidet zwischen mechanischen Bodenverbesserungen und Bodenverbesserungen mit Bindemitteln. Anforderungen an mechanische Bodenverbesserungen werden in den [ZTV E-StB] behandelt.

Die *Bodenverfestigung* bewirkt, dass der Boden dauerhaft tragfähig, wasserunempfindlich und frostbeständig wird. Anforderungen an Bodenverfestigungen und Bodenverbesserungen mit Bindemittel sind im Merkblatt für Bodenverfestigungen und Bodenverbesserungen mit Bindemitteln [M BBmB] geregelt. Im Fall, dass Böden der Frostempfindlichkeitsklasse F1 anstehen, ist gemäß [M BBmB] zu prüfen, ob sie in ausreichender Dicke anstehen, damit sie für die Ausführung als Bauweisenvariante „Verfestigung auf Schicht aus frostunempfindlichem Material" gemäß [RStO] im Sinne der Zusätzlichen Technischen Vertragsbedingungen und Richtlinien für den Bau von Tragschichten mit hydraulischen Bindemitteln und Fahrbahndecken aus Beton [ZTV Beton-StB] für

Verfestigungen verwendet werden können. Bodenverfestigungen und Bodenverbesserungen werden i. d. R. im Baumischverfahren hergestellt. Beim Baumischverfahren werden Boden, Bindemittel und Wasser an Ort und Stelle mit geeignetem Gerät gemischt. Dazu fährt das Mischgerät auf die für die Verfestigung vorbereitete Schicht, reißt sie auf und mischt das vorgesehene Bindemittel und das noch erforderliche Wasser ein. Anschließend erfolgt die Verdichtung der Schicht. Beim Zentralmischverfahren wird der Boden ausgebaut, zu einer Mischanlage transportiert und dort mit Bindemittel und Wasser gemischt. Das Baustoffgemisch wird danach wieder zur Baustelle transportiert und in gleichmäßiger Schichtdicke eingebaut und anschließend verdichtet.

Bei einem *Bodenaustausch* wird der anstehende Boden teilweise oder vollständig entfernt, wenn sich kein tragfähiger Untergrund durch Bodenverbesserungen, Bodenverfestigungen oder andere Maßnahmen zur Baugrundverbesserung herstellen lässt.

7.3.2.3 Oberbau

Die Straßenbefestigung oberhalb des Planums wird als „Oberbau" bezeichnet. Er kann aus bis zu drei Tragschichten und der Decke bestehen. Da die Baustoffe und Baustoffgemische für den Oberbau nicht frostempfindlich sind, wird er auch als „frostsicherer Oberbau" bezeichnet. Gemäß [RStO] wird zwischen Bauweisen mit Asphalt-, Beton- und Pflasterdecke sowie mit vollgebundenem Oberbau unterschieden. Bei letzterem kann durch entsprechend dicke gebundene Schichten auf die Einhaltung der Dicke des frostsicheren Oberbaus verzichtet werden, weil die lastverteilende Wirkung des Oberbaus soweit erhöht wird, dass der Untergrund bzw. Unterbau nicht höher beansprucht wird als ein vergleichbarer frostsicherer Oberbau mit Frostschutzschicht.

Tragschichten

Tragschichten sind Bestandteile des frostsicheren Oberbaus. Ihre Hauptfunktion besteht in der lastverteilenden Wirkung. Es wird zwischen Tragschichten mit und ohne Bindemittel unterschieden. Zu den Tragschichten ohne Bindemittel (ToB) zählen Frostschutzschichten (FSS), Kiestragschichten (KTS) und Schottertragschichten (STS). Tragschichten mit Bindemittel sind nach Asphalttragschichten (z. B. AC 22 T S) sowie nach Trag-schichten mit hydraulischen Bindemitteln, dazu gehören Verfestigungen, hydraulisch gebundene Tragschichten (HGT) und Betontragschichten, zu unterscheiden. Die Anforderungen an die Herstellung der Tragschichten und die Anforderungen an die Baustoffe und Baustoffgemische für die verschiedenen Tragschichten sind für

– Asphalttragschichten in den Zusätzlichen Technischen Vertragsbedingungen und Richtlinien für den Bau von Verkehrsflächenbefestigungen aus Asphalt [ZTV Asphalt-StB] bzw. Technischen Lieferbedingungen für Asphaltmischgut für den Bau von Verkehrsflächenbefestigungen [TL Asphalt-StB],
– Tragschichten mit hydraulischen Bindemitteln in den Zusätzlichen Technischen Vertragsbedingungen und Richtlinien für den Bau von Tragschichten mit hydraulischen Bindemitteln aus Beton und Fahrbahndecken aus Beton [ZTV Beton-StB] bzw. Technischen Lieferbedingungen für Baustoffe und Baustoffgemische für Tragschichten mit hydraulischen Bindemitteln und Fahrbahndecken aus Beton [TL Beton-StB],
– Tragschichten ohne Bindemittel in den Zusätzlichen Technischen Vertragsbedingungen und Richtlinien für den Bau von Schichten ohne Bindemittel [ZTV SoB-StB] bzw. Technische Lieferbedingungen für Baustoffgemische und Böden zur Herstellung von Schichten ohne Bindemittel im Straßenbau [TL SoB-StB]

geregelt.

Die erste, unmittelbar auf dem Planum aufliegende Tragschicht ohne Bindemittel hat neben den Aufgaben als Tragschicht auch noch die Aufgaben, im Aufbau auftretendes Wasser seitlich in Abflusseinrichtungen abzuführen (Flächendränage) und ein kapillares Wasseransaugen auszuschalten. Dadurch werden die Bildung von Eislinsen bei Frosteindringung und eine anschließende Wasserübersättigung beim Auftauen verhindert, womit eine Verminderung der Tragfähigkeit verbunden wäre. Die Filterstabilität zwischen der ToB und der Unterlage ist ggf. durch die Anordnung geeigneter Maßnahmen (Filterschichten, Filtervliese) zu gewährleisten.

Tragschichten ohne Bindemittel (ToB). Sie werden nach Frostschutzschichten (FSS), Kiestrag-

schichten (KTS) und Schottertragschichten (STS) unterschieden und werden dann nicht eingebaut, wenn der anstehende Boden ausreichend tragfähig und nicht frostempfindlich ist oder ein vollgebundener Oberbau vorgesehen ist. Die Herstellung von Tragschichten ohne Bindemittel setzt voraus, dass die Unterlage geeignet, also standfest, tragfähig, profilgerecht und eben ist.

Nach den Technischen Lieferbedingungen für Gesteinskörnungen im Straßenbau [TL Gestein-StB] kann die Gesteinskörnung für die Verwendung im Bauwesen natürlich, industriell hergestellt oder rezykliert sein. Natürliche Gesteinskörnungen stammen aus mineralischen Vorkommen und wurden nur mechanisch aufbereitet. Hierzu zählen Kies, Sand, gebrochener Kies und gebrochenes Felsgestein. Industriell hergestellte Gesteinskörnungen sind mineralischen Ursprungs und unter Einfluss thermischer oder sonstiger Prozesse entstanden. Von diesen künstlichen Gesteinen werden in Deutschland Hochofenstückschlacke (HOS), Hüttensand (HS), Stahlwerksschlacke (SWS), Schlacke aus der Kupfererzeugung (CUS/CUG), Gießerei-Kupolofenschlacke (GKOS), Steinkohlenflugasche (SFA), Schmelzkammergranulat (SKG), Kesselasche aus Steinkohlenfeuerung (SKA), Gießereisand (GRS), Hausmüllverbrennungsasche (HMVA) sowie Gesteinskörnungen zur Aufhellung verwendet. Rezyklierte Gesteinskörnung entsteht durch Aufbereitung anorganischen Materials, das zuvor als Baustoff eingesetzt war. Unter RC-Baustoff wird rezyklierte Gesteinskörnung mit Begrenzungen einzelner Stoffgruppen verstanden.

Tragschichten ohne Bindemittel werden aus Baustoffgemischen kornabgestufter Gesteinskörnungsgemische gemäß [TL Gestein-StB] und Wasser nach den [ZTV SoB-StB] und dem Merkblatt für die Herstellung von Trag- und Deckschichten ohne Bindemittel [M TDoB] hergestellt. Die Gesteinskörnungsgemische stellen Baustoffgemische aus grober und feiner Gesteinskörnung sowie Füller dar, die entweder ohne vorheriges Trennen in grobe und feinkörnige Gesteinskörnungen oder durch Mischen grober und feinkörniger Gesteinskörnungen sowie Füller hergestellt werden.

Gesteinskörnungsgemische und Wasser werden i. d. R. im Werk dosiert und gleichmäßig gemischt. Das zum Gesteinskörnungsgemisch dosierte Wasser erfüllt mehrere Aufgaben. Einerseits wird die

Entmischung während des Transports durch die Wirkung einer scheinbaren Kohäsion minimiert, andererseits wird der Verdichtungsvorgang infolge einer herabgesetzten Reibung zwischen den Körnern erleichtert. Der für den Einbau und die Verdichtung erforderliche Wassergehalt w_{opt} darf nach DIN EN 13286-2 um nicht mehr als 10% unterschritten werden. Das Baustoffgemisch für ToB ist auf den geforderten Verdichtungsgrad (D_{Pr}) zu verdichten.

In der Bau- und Betriebsphase muss die Tragschicht ohne Bindemittel eine gute lastverteilende Wirkung haben. Hierfür sind die Reibung des Korngerüsts und die Verspannung zwischen den Einzelkörnern maßgebend. Dies setzt voraus, dass die Tragschicht ohne Bindemittel aus einem zusammenhängenden Gerüst aus grobem Korn, dessen Hohlräume mit gut abgestuften Körnern weitgehend ausgefüllt sind, homogen zusammengesetzt ist, also das Gesteinskörnungsgemisch im verdichteten Zustand einen geringen Hohlraumgehalt aufweist. Bei Einhaltung dieser Voraussetzung haben die Körner untereinander eine hohe Anzahl an Berührungs- und Reibungspunkten.

Haftreibung zwischen den Körnern ermöglicht die Übertragung relativ hoher Kräfte. Wirken höhere Kräfte auf die Korn-zu-Korn-Verbindung ein, als es die Übertragung durch Haftreibung ermöglicht, verschieben sich die Körner gegeneinander und es treten bleibende Verformungen auf. Über die Korngrößenverteilung des Gesteinskörnungsgemischs muss gewährleistet werden, dass in der eingebauten und verdichteten Tragschicht ohne Bindemittel unter den Verkehrsbeanspruchungen in der Bau- und Betriebsphase die Reibung so groß und die Verschiebung so gering wie möglich gehalten wird.

Tragschichten ohne Bindemittel zeigen keine Kohäsion, dennoch können geringe Zugspannungen aufgenommen werden, weil aufgrund der Kornverspannung der Effekt einer Vorspannung, ähnlich wie bei Spannbeton, erzeugt wird. Eine Kornverspannung wird durch die Verdichtung des Gesteinskörnungsgemischs beim Einbau sowie durch die Nachverdichtungen beim Einbau der folgenden Schicht bzw. Schichten und aus der Verkehrsbeanspruchung erreicht.

Das Gesteinskörnungsgemisch wird i. d. R. in einer Mischanlage hergestellt, mit Lastkraftwagen transportiert, auf der Baustelle ohne Zwischenlage-

rung mit Fertiger, Grader oder Planierraupe verteilt sowie mit statisch und/oder dynamisch wirkenden Geräten verdichtet.

Tragschichten mit hydraulischen Bindemitteln. Sie werden gemäß [ZTV Beton-StB] nach Verfestigungen, hydraulisch gebundenen Tragschichten (HGT) und Betontragschichten unterschieden. Tragschichten mit hydraulischen Bindemitteln sind anforderungsgemäß insbesondere bezüglich Einbaudicke, profilgerechter Lage und Ebenheit, vgl. [ZTV Beton-StB], herzustellen.

Verfestigungen gemäß [ZTV Beton-StB] werden zur Erhöhung der Widerstandsfähigkeit von Tragschichten ohne Bindemittel gegen Beanspruchungen durch Verkehr und Klima aus grobkörnigen Böden nach DIN 18196 oder gemischtkörnigen Böden der Gruppen GU, SU, GT und ST, soweit sie der Frostempfindlichkeitsklasse F1 zuzuordnen sind, und/oder Gesteinskörnungsgemischen, Wasser und hydraulischen Bindemitteln im Bau- oder Zentralmischverfahren gemischt und ggf. nach Einbau des zentral gemischten Baustoffgemischs verdichtet. Verfestigungen werden wie die in Abschn. 7.3.2.2 beschriebene Bodenverfestigung hergestellt.

Hydraulisch gebundene Tragschichten (HGT) stellt man aus ungebrochenen und/oder gebrochenen Gesteinskörnungsgemischen, Wasser und hydraulischen Bindemitteln her. Die Gesteinskörnungsgemische müssen eine Korngrößenverteilung gemäß des in den [ZTV Beton-StB] vorgegebenen Sieblinienbereichs aufweisen. Das Baustoffgemisch einer hydraulisch gebundenen Tragschicht wird in Mischanlagen gemischt, mit Lkw transportiert, i. d. R. mit Fertigern eingebaut und mit statisch sowie dynamisch wirkenden Geräten verdichtet.

Für Verfestigungen und HGT können unter Einhaltung der einschlägigen Vorgaben der [TL Beton-StB] auch pechhaltige Straßenausbaustoffe verwertet werden. Um der Bildung klaffender Risse entgegenzuwirken, sind für Verfestigungen und HGT gemäß den [TL Beton-StB] schnell erstarrende Bindemittel unzulässig. Für Verfestigungen und HGT unter Asphalt ist in den [TL Beton-StB] ein Zielwert für die Druckfestigkeit nach 28 Tagen vorgegeben, von dem abgewichen werden kann, wenn sich bei dem Mindestbindemittelgehalt von 3,0 M.-% eine höhere Festigkeit ergibt oder

wenn aus Gründen der Frostbeständigkeit des Baustoffgemischs ein höherer Bindemittelgehalt erforderlich wird. Die obere Begrenzung der Druckfestigkeit ist erforderlich, um die Bildung von klaffen-
den Rissen, die sich als Reflexionsrisse in den
darüber liegenden Asphaltschichten auswirken
können, zu vermeiden. Unter Betondecken muss
die Lage der Pressfugen und Kerben einer hydraulisch gebundenen Tragschicht mit der Lage der
Quer- und Längsscheinfugen der Betondecke übereinstimmen. Tragschichten mit hydraulischen Bindemitteln können mit oder ohne Kerben hergestellt
werden. Sind Kerben vorgesehen, sind diese im
frischen Zustand mindesten in einer Tiefe von 35%
der vorgesehenen Einbaudicke herzustellen.

Bei relativ geringen Druckfestigkeiten zerbre-
chen Tragschichten mit hydraulischen Bindemitteln während des Schwindprozesses in Schollen,
die durch Haarrisse voneinander getrennt sind.
Sind keine Kerben vorgesehen, ist vor Einbau der
folgenden Schicht zu prüfen, ob Maßnahmen zur
gezielten Rissbildung erforderlich werden. Solche
Maßnahmen, deren Wirkungen nachzuweisen sind,
können Einschneiden von Kerben (Abstand ≤ 5 m),
Entspannen durch Vibrationswalze und/oder Bau-
stellenverkehr oder, bei größeren Schichtdicken
als 20 cm, das Entspannen der Schichten mit einem
Fallschwert in Abständen von ca. 1,50 m sein. Das
Tragverhalten von Tragschichten mit hydraulischen Bindemitteln ohne Kerben entspricht nicht
dem einer Platte.

Zur Herstellung von Verfestigungen und hydraulisch gebundenen Tragschichten werden Ze-
mente gemäß DIN 1164 und DIN EN 197 und hydraulische Tragschichtbinder gemäß DIN 18506
verwendet.

Betontragschichten werden nach betontechno-
logischen Gesichtspunkten aus Zuschlägen, Wasser und Zement hergestellt. Das Baustoffgemisch
für Betontragschichten muss in der Erstprüfung
die Nachweise gemäß DIN EN 206-1 und DIN
1045-1 sowie nach Anhang E der [TL Beton-StB]
erfüllen. Die gemäß [TL Beton-StB] vorgesehenen
Druckfestigkeitsklassen sind C 12/15 oder bis
C 20/25.

Bei Betontragschichten sind Quer- und Längsfugen sinngemäß wie bei Betondecken anzuordnen,
Querfugen sind in einem Abstand von maximal 5 m
vorzusehen. Längsscheinfugen sind erforderlich,

wenn die Fahrbahnbreite mehr als 5 m beträgt. Unter Betondecken muss die Lage der Fugen in der
Betontragschicht mit der Lage der Fugen in der Betondecke übereinstimmen. Betontragschichten werden i. d. R. nur unter Betondecken angeordnet.

Asphalttragschichten
Sie werden aus Füller, feinen und groben Gesteinskörnungen und Bitumen (Asphaltmischgut) mit abgestufter Korngrößenverteilung des Gesteinskörnungsgemischs hergestellt. Diese Asphaltmischgut-
art gehört zu den Walzasphalten, trägt die Bezeichnung Asphaltbeton und wird mit *AC* für Asphalt
Concrete gekennzeichnet. Die zugehörige Asphalt-
mischgutsorte erhält die Präzisierung durch die obere Siebgröße in mm des im Asphaltmischgut enthaltenen Gesteinskörnungsgemischs und für die Untergliederung als Asphalttragschichtmischgut die nationale Ergänzung *T* sowie die Ergänzungen *S* für
besondere, *N* für normale oder *L* für leichte Beanspruchungen, vgl. [TL Asphalt-StB]. Asphalttragschichten (AC T) müssen standfest und tragfähig
sein und sollen unter Verkehr nur wenig Nachver-
dichtung erfahren. Über die Mischgutzusammensetzung lassen sich diese Eigenschaften steuern. Nach
den [TL Asphalt-StB] werden neun Mischgutsorten
(AC 32 T S, AC 22 T S, AC 16 T S, AC 32 T N,
AC 22 T N, AC 16 T N, AC 32 T L, AC 22 T L,
AC 16 T L) unterschieden.

Decken
Die Aufgabe der Decke ist es, von der Tragschicht,
die aus relativ groben und i. d. R. gebundenen Baustoffgemischen besteht, den Übergang zu der be-
fahrbarkeitsgerechten Oberfläche zu schaffen. In
der Regel soll die in profilgerechter Lage mit Quer-
und Längsneigung hergestellte Decke auch einen
wasserdichten oberen Abschluss der Straßenbefestigung bilden und ein seitliches Abfließen des Niederschlagswassers gewährleisten. Die wesentlichen
Deckenarten sind die Asphalt-, Beton- und Pflasterdecken. Decken ohne Bindemittel werden nur
für untergeordnete Verkehrsflächen des nicht klas-
sifizierten Straßen- und Wegenetzes vorgesehen.

Asphaltdecke
Sie besteht aus der Asphaltdeckschicht und der
darunterliegenden Asphaltbinderschicht oder bei
Straßen mit geringer Verkehrsbeanspruchung nur

aus einer Asphaltdeckschicht oder einer Tragdeckschicht. Sie bildet den oberen Teil des Oberbaus.

Asphaltdeckschichten müssen eben, griffig, verschleißfest, standfest und tragfähig sein. Sofern sie nicht aus offenporigem Asphalt bestehen, müssen sie auch dicht sein. Für Asphaltdeckschichten stehen gemäß [ZTV Asphalt-StB] verschiedene Asphaltsorten zur Verfügung. Es handelt sich dabei um Asphaltbeton mit der Kurzbezeichnung *AC*, die für Asphalt Concrete steht, Splittmastixasphalt mit der Kurzbezeichnung *SMA* (Stone Mastic Asphalt), Gussasphalt mit der Kurzbezeichnung *MA*, sie steht für Mastic Asphalt, und Offenporiger Asphalt mit der Kurzbezeichnung *PA* für Porous Asphalt. Für Asphaltbinder- und Tragdeckschichten wird nur Asphaltbeton (*AC*) verwendet. Die zugehörigen Asphaltmischgutsorten erhalten Präzisierungen durch die obere Siebgröße in mm des im Asphaltmischgut enthaltenen Gesteinskörnungsgemischs, die nationalen Ergänzungen für die Untergliederung von Asphaltbeton als Asphaltdeckschichtmischgut *D*, Asphaltbinderschichtmischgut *B* oder Tragdeckschichtmischgut *TD* sowie S für besondere, *N* für normale oder *L* für leichte Beanspruchungen, vgl. [TL Asphalt-StB] und [ZTV Asphalt-StB]. Offenporiger Asphalt ist aufgrund seiner Konzeption nicht dicht, im Regelfall weniger tragfähig und nicht so verschleißfest wie andere Asphaltdeckschichten. Da Offenporiger Asphalt, Asphaltbeton und Splittmastixasphalt mit Walzen verdichtet werden, ist auch die Bezeichnung „Walzasphalt" üblich. Walzasphalte weisen im eingebauten und verdichteten Zustand Hohlräume auf. Gussasphalt wird nicht verdichtet und ist im eingebauten Zustand hohlraumfrei. Anforderungen an das Asphaltmischgut sind in den [TL Asphalt-StB] und Anforderungen an die Herstellung von Asphaltschichten in den [ZTV Asphalt-StB] geregelt.

Asphaltbeton (AC) besteht aus kornabgestuften Gesteinskörnungsgemischen und gebrauchsfertig polymermodifiziertem Bitumen oder Bitumen. Nach [ZTV Asphalt-StB] ist Asphaltbeton für die Bauklassen nach [RStO] SV und I nicht vorgesehen. Da die Korngrößenverteilung beim Asphaltbeton von derjenigen abgeleitet ist, die bei Beton verwendet wird, die wiederum dem Prinzip eines hohlraumarmen Gesteinskörnungsgemischs folgt, sollte sich dies in der Namensgebung widerspiegeln. Der Zusatz Asphalt, der im angelsächsischen

auch anstatt Bitumen verwendet wird, sollte klar anzeigen, dass als Bindemittel kein Zement, sondern Bitumen eingesetzt wird.

Splittmastixasphalt (SMA) wird aus Gesteinskörnungsgemischen mit Ausfallkörnung, gebrauchsfertig polymermodifiziertem Bitumen oder Bitumen und stabilisierenden Zusätzen hergestellt. Der hohe Splittgehalt ergibt ein in sich abgestütztes Splittgerüst, dessen Hohlräume mit Asphaltmastix (Füller und Bindemittel) weitgehend ausgefüllt sind. Die Ausfallkörnung bewirkt aufgrund des relativ geringen Anteils an Korn kleiner 2 mm, dass die Summe der Gesteinskörnungsoberflächen gering wird. Da gleichzeitig hohe Bindemittelgehalte erforderlich sind, müssen stabilisierende Zusätze (z. B. organische oder mineralische Faserstoffe, Kieselsäure, Polymere) verwendet werden, die als Bindemittelträger fungieren und gewährleisten, dass das Bindemittel gleichmäßig im Gemisch verteilt ist. Hierdurch wird einer Entmischung vorgebeugt. Asphaltdeckschichten aus Splittmastixasphalt eignen sich wegen ihrer hohen Verschleiß- und Standfestigkeit besonders für Straßen mit hohen Verkehrsbeanspruchungen.

Offenporiger Asphalt (PA) wird aus Gesteinskörnungsgemisch mit Ausfallkörnung und gebrauchsfertig polymermodifiziertem Bitumen hergestellt und soll im eingebauten Zustand einen hohen Hohlraumgehalt (22 bis 28 Vol.-%) aufweisen. Die Hohlräume sind im offenporigen Asphalt untereinander verbunden. Hieraus ergeben sich zwei Vorteile: Lärm wird in den Hohlräumen absorbiert und Oberflächenwasser wird innerhalb der Schicht abgeleitet, wodurch Aquaplaning und Sprühfahnenbildung weitestgehend unterbunden werden. Daher werden offenporige Asphaltdeckschichten auch als „Dränasphalt" oder „lärmmindernde Deckschichten" bezeichnet. Um einen Wasserstau innerhalb der offenporigen Asphaltdeckschicht zu vermeiden, werden im Merkblatt für den Bau offenporiger Asphaltschichten [M OPA] mögliche Ausführungen der Entwässerungen, getrennt nach Strecken ohne Randeinfassung, mit Randeinfassung und Flächenentwässerung, behandelt.

Neben den genannten Vorteilen sind auch Nachteile der Deckschichten aus Offenporigem Asphalt zu erwähnen: Ein Winterdienst mit abstumpfenden Mitteln ist nicht möglich, da sonst die Hohlräume verstopfen. Infolge des großen Luftzutritts altert das Bindemittel schneller als bei dichten Deckschichten. Die dadurch bedingte Versprödung des Bindemittels kann zu frühzeitigem Splittverlust und damit zu einer geringeren Haltbarkeit führen. Die Verschmutzung der offenporigen Deckschichten infolge Staub- und Schmutzablagerung sowie Reifenabrieb kann dazu führen, dass der Lärm nicht mehr in vollem Umfang gemindert wird, sodass aufwendige Reinigungsarbeiten erforderlich werden.

Zur Gewährleistung des Wasserabflusses sollen Nähte vermieden werden, daher ist eine offenporige Asphaltdeckschicht mit Fertigern über die gesamte Breite oder mit gestaffelt fahrenden Fertigern einzubauen. Längs- und Quernähte können demnach nicht ausgeschlossen werden. In solchen Fällen dürfen die Stoßflächen nicht mit Bindemittel angestrichen werden. Offenporige Asphaltdeckschichten werden mit schweren Glattmantelwalzen ohne Vibration verdichtet. Die Ausführungen im [M OPA] sind zu beachten.

Asphaltmischgut aus Walzasphalt wird mit Lkw (Hinterkipper) zur Baustelle transportiert. Vom Lkw wird es kontinuierlich in den Mischgutkübel eines Fertigers gekippt, über die Transportbänder des Fertigers zur Einbaubohle befördert und mit einer Verteilerschnecke über die gesamte Einbaubreite verteilt. Mit der Einbaubohle, die eine Vorverdichtung bewirkt, wird das Asphaltmischgut in der erforderlichen Höhe eingebaut. Die Walzen folgen direkt dem Fertiger. Der erste Walzgang ist statisch; weitere Walzübergänge, die der Hauptverdichtung dienen, können statisch oder mit Vibration durchgeführt werden (Ausnahme *PA*). Bei den Walzentypen unterscheidet man zwischen statischer Dreiradwalze, Gummiradwalze und Tandemwalze (mit und ohne Vibration). Gewalzt wird nach einem bestimmten Walzschema. Für den Einbau von Asphalttragschichten gilt die vorstehende Beschreibung sinngemäß.

Gussasphalt (MA) wird aus hohlraumarmen, kornabgestuften Gesteinskörnungsgemischen und Bitumen, in Ausnahmefällen auch mit gebrauchsfertig polymermodifiziertem Bitumen hergestellt. Der Bitumengehalt ist auf die Hohlräume des Gesteinskörnungsgemischs so abgestimmt, dass diese im Einbauzustand voll ausgefüllt sind oder ein geringer Überschuss an Bitumen vorhanden ist. Der

Gussasphalt wird in Gussasphaltkochern mit einem Lkw transportiert und in der erforderlichen Breite und Höhe mit der Einbaubohle verteilt. Ein folgender Splittstreuer streut den Splitt zur Herstellung der Rauheit auf die Oberfläche. Gussasphalt wird nicht mit Walzen verdichtet. Dennoch sind Walzen erforderlich. Um den aufgestreuten Splitt anzudrücken und ggf. vorhandene Luft- oder Wasserdampfeinschlüsse sowie Wasserdampfkanülen zu entfernen, werden Gummiradwalzen eingesetzt. Statische Glattmantelwalzen dienen dazu, die so abgewalzte Gussasphaltoberfläche anschließend zu glätten.

Betondecke

Für Fahrbahndecken aus Beton sind in den [TL Beton-StB] die Anforderungen an die Baustoffe sowie Baustoffgemische und in den [ZTV Beton-StB] die Anforderungen an die Herstellung dieser Schichten geregelt. Die Betondecke ist ein starres Befestigungselement im Straßenoberbau und weist daher praktisch weder plastische Verformungseigenschaften noch Relaxationsvermögen auf. Wegen der fehlenden Plastizität und der hohen Verschleißfestigkeit des Betons tritt eine Spurrinnenbildung nur in vernachlässigbarem Umfang auf. Die fehlende Relaxationsfähigkeit des Betons zwingt zur Aufteilung der Fahrbahn in Platten mit begrenzten Abmessungen. Dies geschieht mit Hilfe von Fugen. Die Kraftübertragung und der Zusammenhang der Platten werden durch Dübel und Anker gewährleistet.

Der Deckenbeton wird aus einem Gemisch von Zement, Gesteinskörnungsgemisch, Wasser und ggf. auch Zusätzen hergestellt. Gemäß [TL Beton-StB] wird für Betondecken nach Beton für Waschbeton, Beton (ohne Fließmittel) und Beton mit Fließmittel unterschieden. Die Betondecke weist aufgrund der Einbaudicke und der Festigkeit eine hohe lastverteilende Wirkung auf und übernimmt daher die Aufgaben, die bei Fahrbahnen mit Asphaltdecke von der Asphaltdeckschicht, der Asphaltbinderschicht und ganz oder teilweise die der Asphalttragschicht ausgeübt werden. Die Betondecke muss eine hohe Biegezugfestigkeit und Druckfestigkeit haben. Darüber hinaus muss sie verschleißfest, frost- und tausalzbeständig sowie griffig sein.

Im Beton werden zur Vermeidung wilder Risse durch Schwinden und Schrumpfen infolge des Abbindevorgangs sowie durch Längenänderungen infolge von Temperaturschwankungen Fugen angeordnet, wodurch die Betondecke in Betonplatten (mit möglichst quadratischen Abmessungen) unterteilt wird. Die Plattengeometrie mit einer Seitenlänge von ≤ 5 m und einer den Beanspruchungen angepassten Dicke gewährleistet, dass die Zugspannungen aus der Reibung der Betonplatte auf der Unterlage und die Wölbspannung aus ungleichmäßiger Temperaturverteilung über die Plattendicke in Verbindung mit den aus den Verkehrsbeanspruchungen entstehenden Spannungen kleiner bleiben als die Dauerfestigkeit des Betons. Gemäß [ZTV Beton-StB] beträgt der maximale Fugenabstand daher das 25-fache der Plattendicke bzw. bei quadratischen Platten das 30-fache der Plattendicke, wobei eine Kantenlänge von 7,50 m nicht zu überschreiten ist. In Tunnelstrecken soll der Fugenabstand im Regelfall nicht mehr als das 20-fache der Plattendicke betragen. Die Regelplattenlänge von Betondecken beträgt 5,00 m. Beträgt der Verhältniswert aus Plattenlänge zu Plattenbreite weniger als 0,4, ist eine obere Betonstahlbewehrung anzuordnen. Die Fugen werden als Schein-, Press- oder Raumfugen ausgebildet und verdübelt oder verankert. Um einen Wasserzutritt durch die Fugen in die Unterlage unter einer Betondecke zu verhindern, müssen Fugen dicht ausgebildet werden. Hierzu sind die Fugen mit Fugenfüllstoffen, elastischen Fugenprofilen oder mit heiß bzw. kalt verarbeitbaren Fugenmassen nach den Technischen Lieferbedingungen für Fugenfüllstoffe in Verkehrsflächen und Technischen Prüfvorschriften für Fugenfüllstoffe in Verkehrsflächen [TL Fug-StB und TP Fug-StB] zu verfüllen.

Dübel und Anker erfüllen in Fugenbereichen unterschiedliche Aufgaben. In Querfugen werden zur Sicherung der gleichen Höhenlage benachbarter Platten Dübel eingesetzt. Sie gewährleisten außerdem, dass die Nachbarplatten zur Lastabtragung mit herangezogen werden. Dadurch wird verhindert, dass die Plattenränder unter der Last eine zu große Durchbiegung erfahren. Darüber hinaus verhindern Dübel die freie Rückfederung einer Platte nach deren Entlastung. Um temperaturbedingte Längenänderungen in der Längserstreckung der Fahrbahn zu ermöglichen, wird die Normalkraftübertragung von Dübeln durch eine glatte und kunststoffbeschichtete Oberfläche der Dübel aus-

geschlossen. In Längsfugen werden Anker angeordnet, welche die Aufgabe von Dübeln (Querkraftübertragung) erfüllen und zusätzlich das Auseinanderwandern benachbarter Platten verhindern (Normalkraftübertragung). Das erfordert einen vollen Verbund zwischen Anker und Beton. Deshalb bestehen Anker aus geripptem Betonstahl, der nur im Bereich der Fugen wegen der Korrosionsgefahr kunststoffbeschichtet ist.

Der Frischbeton ist sowohl vor schädlichem Austrocknen als auch gegen das Aufnehmen von Niederschlagwasser zu schützen. Frischbeton darf weder auf beheizten Ladeflächen transportiert werden noch während des Transports direkten Kontakt zu Aluminium haben. Der Transport von Frischbeton in Fahrmischern ist mit langsam drehender Trommel durchzuführen. Der Einbau erfolgt im Regelfall mit Gleitschalungsfertigern. Der Beton wird über die gesamte Einbaubreite verteilt. Die Verdichtung erfolgt durch Rüttelverdichtung. Dübel und Anker werden gesetzt und eingerüttelt. Eine oszillierende Querglättbohle glättet den Beton, nachdem die Dübel und Anker gesetzt worden sind. Bei Straßen der Bauklassen SV, I bis III wird zusätzlich ein Längsglätter verwendet. Zur Herstellung der erforderlichen Rauheit auf der Oberfläche wird diese nach dem Glätten mit einem geeigneten Verfahren gemäß Merkblatt für die Herstellung von Oberflächentexturen auf Fahrbahndecken aus Beton [M OB] strukturiert. In den erhärteten Beton werden die Fugen mit einem Fugenschneidgerät geschnitten. Der Zeitpunkt des Fugenschneidens richtet sich nach den vorherrschenden Temperaturen. Tiefe Temperaturen erfordern eine längere Zeitspanne, bis der Beton soweit erhärtet ist, dass er geschnitten werden kann. Der Zeitpunkt für das Fugenschneiden ist so zu wählen, dass der Beton einerseits noch nicht so weit abgebunden hat, dass Schwindrisse (wilde Risse) entstehen können und andererseits der Abbindevorgang so weit fortgeschritten ist, dass während des Schneidvorgangs keine Körner aus dem Verbund gerissen werden.

Pflasterdecke und Plattenbelag

Die Pflasterdecke bzw. der Plattenbelag besteht aus Pflastersteinen bzw. Platten, der Bettung und der Fugenfüllung. Für Pflasterdecken und Plattenbeläge sind in den Technischen Lieferbedingungen für

Bauprodukte zur Herstellung von Pflasterdecken, Plattenbelägen und Einfassungen [TL Pflaster-StB] die Anforderungen an die Bauprodukte zur Herstellung dieser Schichten und in den Zusätzlichen Technischen Vertragsbedingungen und Richtlinien zur Herstellung von Pflasterdecken, Plattenbelägen und Einfassungen [ZTV Pflaster-StB] die Anforderungen an die Herstellung dieser Schichten geregelt. Die Pflasterdecke ist für die Befestigung von Straßen, Wegen und Plätzen eine der ältesten Bauweisen. Pflasterdecken und zum Teil auch Plattenbeläge werden innerhalb bebauter Gebiete z. B. für Straßen mit geringer Verkehrsbedeutung, Fußgängerzonen, Parkflächen, Ein- und Ausfahrten, Überfahrten und Gleiszonen verwendet. Neben gestalterischen Gesichtspunkten bieten Pflasterdecken weitere Vorteile, wie einfache Nachbesserung, Unauffälligkeit von Reparaturstellen und Wiederverwendbarkeit. Pflaster kann dann nicht wiederverwendet werden, wenn es mit Fugenvergussmassen vergossen oder in Beton verlegt wurde. Den genannten Vorteilen dieser Bauweise stehen aber auch Nachteile gegenüber. Hierzu zählen die relativ hohen Kosten, die bei manueller Verarbeitung entstehen, der infolge eines größeren Rollwiderstands erhöhte Kraftstoffverbrauch und die erheblich höhere Geräuschentwicklung, die beispielsweise im Vergleich zu Asphaltdecken zu verzeichnen ist.

Als *Pflastersteine* werden Betonpflastersteine, Pflasterklinker oder Naturpflastersteine verwendet. Betonpflastersteine werden aus Beton mit einer Druckfestigkeit von 55 N/mm² hergestellt und in vielfältigen Formen und Farben angeboten. Anforderungen an Betonpflastersteine sind in DIN EN 1338 geregelt. Betonpflastersteine werden manuell oder mit Hilfe von Maschinen verlegt. Pflasterklinker und Pflasterziegel bestehen z. B. aus Lehm oder Ton, der bis zur Sinterung gebrannt wurde. Sie sind durch das Brennen farbecht und haben eine hohe Festigkeit. Pflasterklinker sind im Regelfall rechteckig, können in verschiedenen Abmessungen und Formen hergestellt sowie in unterschiedlicher Weise (Lager- bzw. Läuferfläche) verlegt werden. Anforderungen an Pflasterziegel sind in den [TL Pflaster-StB] bzw. [DIN EN 1344] und an Pflasterklinker sind in den [TL Pflaster-StB] bzw. [DIN 18503] geregelt. Natursteine zur Verwendung in Pflasterdecken müssen die Anforderungen der [TL Pflaster-StB] und der DIN EN 1342

erfüllen. Naturpflastersteine, die immer von Facharbeitern per Hand verlegt werden müssen, unterscheidet man in Groß-, Klein- und Mosaikpflastersteine. Platten aus Naturstein müssen den Anforderungen der [TL Pflaster-StB] und der [DIN EN 1341] entsprechen.

Die *Bettung* wird gemäß [DIN 18318] aus Gesteinskörnungsgemischen bzw. Lieferkörnungen 0/4, 0/5, 0/8 oder 0/11 gemäß [TL Pflaster-StB] hergestellt. Die Anforderungen hinsichtlich des Fließkoeffizienten gemäß [TL-Pflaster-StB] sind zu beachten. Das Größtkorn soll gemäß dem Merkblatt für Flächenbefestigungen mit Pflasterdecken und Plattenbelägen Teil 1 Regelbauweise (Ungebundene Ausführung [M FP 1] im Regelfall 8 mm nicht überschreiten. Bei Natursteinpflaster mit einer Kantenlänge von mehr als 140 mm kann nach [M FP 1] ein kornabgestuftes Gemisch aus Gesteinskörnung mit einem Größtkorn von 11 mm zweckmäßig sein. Nach [DIN 18318] sind bei Steinen mit Nenndicken ab 120 mm und einer Bettungsdicke größer als 4 cm Gemische aus Gesteinskörnungen 0/11 mm zu verwenden. Die Dicke des Pflasterbetts muss im verdichteten Zustand, d. h. nach dem Rütteln oder Rammen der verfugten Pflasterdecke, 3 cm bis 5 cm betragen. Werden Steine mit einer Nenndicke ab 120 mm verwendet, kann die Dicke der Bettung auch 4 cm bis 6 cm betragen. Es ist darauf zu achten, dass das Bettungsmaterial eine ausreichende Wasserdurchlässigkeit aufweist und nicht in die Unterlage eindringt. Um dies zu gewährleisten ist entweder der Nachweis der Filterstabilität gemäß [ZTV Pflaster-StB] zu erbringen oder durch geeignete Maßnahmen (z. B. Filtervlies) zu gewährleisten.

Fugen werden mit Fugenmaterial gemäß [TL Pflaster-StB], das als Gemisch aus Gesteinskörnung 0/2, 0/4, 0/5, 0/8 oder 0/11 auf die Pflasterfläche aufgebracht wird, verfugt. Die Fugen werden kontinuierlich mit dem Fortschritt der Pflasterarbeiten vollständig durch Einfegen gefüllt und mit begrenzter Wasserzugabe eingeschlämmt, das überschüssige Fugenmaterial wird entfernt und abschließend die Pflasterfläche bis zur Standfestigkeit abgerüttelt. Die durch das Abrütteln bewirkte Verdichtung des Fugenfüllmaterials erfordert im Bedarfsfall eine erneute Verfüllung der Fugen.

Gebundene Ausführungen von Bettung und Fugen können gemäß Arbeitspapier Flächenbefestigungen mit Pflasterdecken und Plattenbelägen in gebundener Ausführung [AP FPgA] hergestellt werden. Nach [AP FPgA] kann hydraulisch gebundener Mörtel, kunststoffmodifizierter hydraulischer Mörtel oder kunstharzgebundener Mörtel verwendet werden, wenn die in den [AP FPgA] formulierten Anforderungen an diese Mörtel erfüllt werden. Die gebundene Ausführung muss sich immer auf Bettung und Fugen gleichermaßen beziehen und wird nur dann erfolgversprechend auszuführen sein, wenn die gebundenen Flächenbefestigungen mit Pflasterdecken und Plattenbelägen auf wasserdurchlässig konzipierten Asphalttragschichten oder Dränbetontragschichten auf ToB angeordnet ist. Die Wahl des Fugenfüllmaterials ist in Abhängigkeit von der Pflasterbettung (starr/starr, flexibel/flexibel), von der Art der Bewitterung (überdacht, nicht überdacht), von der Art der Nutzung (z. B. Waschplatz) und von der Art der Reinigung (von Hand, maschinell) zu treffen. Darüber hinaus müssen auf Pflasterflächen in gebundener Ausführung in einem Abstand von 4 m bis 6 m Dehnungsfugen angeordnet werden, die mit elastischer Fugenfüllung gemäß den Zusätzlichen Technischen Vertragsbedingungen und Richtlinien für Fugen in Verkehrsflächen [ZTV Fug-StB] zu verfüllen sind. Die Fugenfüllstoffe müssen den [TL Fug-StB und TP Fug-StB] entsprechen.

Pflasterrasen dient z. B. zur Begrünung von Parkflächen und wird gemäß den Richtlinien für die Anlage von Straßen, Teil: Landschaftspflege, Abschnitt 2: Landschaftspflegerische Ausführung [RAS-LP2] mit Pflastersteinen und Fugen bis etwa 3 cm Breite hergestellt. Das Fugenfüllmaterial (rieselfähiger Oberboden) ermöglicht in Verbindung mit dem Saatgut einen Bewuchs der Fugen.

Rasengittersteine ermöglichen eine Versickerung des Niederschlagswassers, wenn eine wasserdurchlässige Tragschicht ohne Bindemittel und ein ausreichend wasserdurchlässiger Untergrund bzw. Unterbau vorhanden ist. Die Kammern von Rasengittersteinen werden gemäß [RAS-LP2] mit einem Splitt-Boden-Gemisch verfüllt und mit Saatgut versehen. Das Splitt-Boden-Gemisch ist, um eine Setzung zu ermöglichen, locker einzubauen, sodass die Pflanzen in den Kammern der Rasengittersteine geschützt sind. Rasengittersteine können z. B. zur Herstellung von Parkflächen, Bankettbefestigungen, Feuerwehr- und Notarztzufahrten verwendet werden.

Für *Deckschichten ohne Bindemittel* sind die Anforderungen an die Baustoffgemische zur Herstellung dieser Schichten in den [TL SoB-StB] und die Anforderungen an die Herstellung dieser Schichten in den [ZTV SoB-StB] geregelt. Die Ausführung der Deckschichten ohne Bindemittel ist in den Zusätzlichen Technischen Vorschriften und Richtlinien für die Befestigung ländlicher Wege [ZTV LW] beschrieben. Sie werden aus Baustoffgemischen nach den [TL SoB] oder aus hohlraumarmen Baustoffgemischen aus verwitterungsbeständigen und festen Gesteinskörnungen hergestellt und auf Tragschichten ohne Bindemittel sowie ggf. auch auf naturfesten Wegen eingebaut. Anwendung finden sie im ländlichen Wegebau bei land- und forstwirtschaftlichen Wegen sowie Geh- und Radwegen. Die Mindestdicke einer Deckschicht ohne Bindemittel beträgt das Dreifache des verwendeten Größtkorns. Nach [ZTV LW] sind Gemische der Lieferkörnung 0/11, 0/16, 022, oder 0/32 sowie Gemische aus unsortiertem Gestein für Deckschichten ohne Bindemittel vorgesehen.

Wie Pflasterrasen und Rasengittersteine ermöglicht der *Schotterrasen* eine Begrünung von Parkflächen, jedoch nur für gelegentlich beparkte Flächen. Eine Versickerung von Niederschlagwasser ist in gewissem Umfang möglich. Der Schotterrasen besteht aus einem Schottergerüst von 20 cm bis 30 cm Dicke, dessen Hohlräume vor dem Verdichten mit Oberboden verfüllt werden, damit der Rasen tief wurzeln kann. Alternativ kann auch ein fertiges Gemisch gemäß [RAS-LP2] eingebaut und verdichtet werden. Als Einsaat werden anspruchslose, trittfeste Gräser und Kräuterarten verwendet.

7.3.2.4 Standardisierte Dimensionierung

Die Schichtdicken des Oberbaus neu zu bauender Verkehrsflächen werden in Abhängigkeit von den zu erwartenden Beanspruchungen und Beanspruchungswiederholungen aus Verkehr und Klima, unter Berücksichtigung der zur Verwendung vorgesehenen Baustoffe und Baustoffgemische sowie unter Beachtung der örtlichen Gegebenheiten (anstehender Boden, Grundwasserstand, Frosteindringtiefe usw.) für einen vorzugebenden Nutzungszeitraum dimensioniert. Ziel der Dimensionierung ist es, dass innerhalb des vorgesehenen Nutzungszeitraums die Straßenbefestigung keine strukturellen Schäden erfährt, die tiefgreifende Veränderungen innerhalb der Oberbaukonstruktion, d. h. Erneuerungsmaßnahmen, zur Folge haben. Die Oberbaudimensionierung hat die zur Erreichung dieses Zieles erforderlichen Dicken der Oberbauschichten zum Ergebnis. Für die Dimensionierung stehen prinzipiell drei unterschiedliche Methoden zur Verfügung: die standardisierte, die rechnerische und die empirische Dimensionierung.

Die standardisierte Dimensionierung ist prinzipiell das Ergebnis aus der Kombination von empirischer und rechnerischer Dimensionierung. Sie wurde 1966 in Deutschland mit Schreiben vom Bundesminister für Verkehr empfohlen, 1968 in Baden-Württemberg als Standardisierung der Fahrbahnbefestigungen verbindlich eingeführt und wird in ihren Grundzügen bis heute angewendet. In den Richtlinien für die Standardisierung des Oberbaus für Verkehrsflächen [RStO] wird für den Neubau und die Erneuerung nach Bauweisen mit Asphalt-, Beton- und Pflasterdecke sowie vollgebundenem Oberbau für Fahrbahnen unterschieden. Für jede dieser Bauweisen existiert ein Katalog möglicher und untereinander gleichwertig einsetzbarer Varianten, mit denen örtliche Gegebenheiten, regionale Erfahrungen, technische und wirtschaftliche Gesichtspunkte sowie Umweltbedingungen berücksichtigt werden können. Die Bauweisen und ihre Varianten haben sich größtenteils empirisch bewährt. Individuelle Schichteigenschaften, die sich aufgrund spezieller Baustoffe und Baustoffgemische nutzungsdauerverändernd auswirken, kann man bei einer Dimensionierung nach den [RStO] nicht berücksichtigen. Künftig sollen solche individuellen Schichteigenschaften aber durch eine rechnerische Dimensionierung von Verkehrsflächen mit Asphalt oder Betondecke mit Hilfe der Richtlinien für die rechnerische Dimensionierung des Oberbaues von Verkehrsflächen mit Asphaltdeckschicht [RDO Asphalt] und der Richtlinien für die rechnerische Dimensionierung von Betondecken im Oberbau von Verkehrsflächen [RDO Beton] Rechnung getragen werden können.

Neben der reinen Dickendimensionierung sind in die Standardbauweisen und ihre Varianten gemäß [RStO] auch technologische und bautechnische Gesichtspunkte eingeflossen, die größere Schichtdicken bedingen, als sie aus Sicht der Schichtdickendimensionierung notwendig wären.

Insbesondere können bei der Bauweise mit Pflasterdecke die Varianten untereinander und im Vergleich zu den Bauweisen mit Asphalt- bzw. Betondecke bezüglich Tragfähigkeit und Nutzungsdauer ungleichwertig sein.

Die Dimensionierung des Oberbaus nach [RStO] erfolgt für Verkehrsflächenbefestigungen innerhalb und außerhalb bebauter Gebiete, also für Straßen, Nebenanlagen, Flächen für den ruhenden Verkehr sowie Rad- und Gehwege. Die standardisierten Dicken der Oberbauschichten basieren auf der Einhaltung einer Mindesttragfähigkeit E_{v2}, nachgewiesen mit dem Plattendruckversuch auf dem Untergrund bzw. Unterbau und ggf. auf der(den) Tragschicht(en) ohne Bindemittel.

Die [RStO] bieten ein unkompliziertes und schnelles Verfahren, um die erforderlichen Dicken der Oberbauschichten zu bestimmen. Kern der Dimensionierung, welche die Anwendung der Standardbauweisen ermöglichen, ist die Bestimmung der Bauklasse in Abhängigkeit von der gewichteten Beanspruchung durch Verkehr und die Ermittlung der erforderlichen Dicke des frostsicheren Oberbaus. Die RStO unterscheiden sieben Bauklassen, Bauklasse SV sowie I bis VI. Die Einteilung der Bauklassen erfolgt über die Bestimmung der dimensionierungsrelevanten Beanspruchung B.

Der Oberbau wird beim Neubau, ebenso wie bei der Grunderneuerung (im Tiefeinbau), entsprechend den [RStO] vom Planum bis zur Oberfläche der Straßenbefestigung nach den Gesichtspunkten der Tragfähigkeit und der Frostsicherheit dimensioniert. Die erforderlichen Schichtdicken des Oberbaus sind grundsätzlich abhängig von den zu erwartenden Verkehrs- und Klimabeanspruchungen. Während von den Klimabeanspruchungen in den [RStO] lediglich die Frosteinwirkung für die Schichtdicken relevant ist, wird die Verkehrsbeanspruchung infolge der Fahrzeuge des Schwerverkehrs (> 3,5 t zulässiges Gesamtgewicht und Busse mit mehr als 9 Sitzplätzen einschließlich Fahrer) sehr differenziert bei der Bestimmung der Bauklasse durch äquivalente 10 t-Achsübergänge berücksichtigt.

Die Verkehrsbeanspruchung ist ein maßgebendes Kriterium für die strukturelle Schädigung und somit für die Dimensionierung von Fahrbahnen. Die aus dem AASHO Road Test [AASHO] abgeleitete Achslastäquivalenz, die sog. vierte Potenzregel, ist als Faustformel anzusehen und besagt, dass eine 10 t-Achslast dieselbe schädigende Wirkung hervorruft wie zehntausend 1 t-Achslasten. Diese (nicht allgemeingültige) Achslastäquivalenz ist in die [RStO] zur Berechnung der dimensionierungsrelevanten Beanspruchung B eingeführt worden.

$$\text{Äquivalenz-} \atop \text{faktor} = \left(\frac{\text{mittlere Achslast der Lastklasse } k}{10 \, t - \text{Achslast}} \right)^4$$

Schwerverkehr kann besondere Beanspruchungen im Oberbau verursachen, z. B.

– durch spurfahrenden Verkehr,
– in Steigungsstrecken,
– durch langsam fahrenden Verkehr,
– durch häufige Brems- und Beschleunigungsvorgänge (zum Beispiel vor Lichtzeichenanlagen, Verkehrszeichen),
– in Kreuzungs- und Einmündungsbereichen oder
– durch Standverkehr (zum Beispiel Bushaltestellen, Parkflächen).

Die Verkehrsbeanspruchungen können durch die beschriebenen besonderen Beanspruchungen und klimatische Einflüsse (z. B. intensive Sonneneinstrahlung) überlagert werden. Während nach den [RStO] spurfahrender Verkehr und Verkehr auf Steigungsstrecken bei der Ermittlung der dimensionierungsrelevanten Beanspruchung B durch die Berücksichtigung beanspruchungsverändernder Faktoren direkt in die Schichtdickendimensionierung einfließt, sind die übrigen besonderen Beanspruchungen, bezogen auf die erforderlichen Schichtdicken, nicht relevant, sondern müssen gegebenenfalls durch baustofftechnologische und/ oder bautechnische Optimierung berücksichtigt werden. Die besonderen Beanspruchungen wirken sich insbesondere auf die Entstehung und Entwick-

lung bleibender Verformungen in Quer- und/oder in Längsrichtung bei Bauweisen mit Asphaltdecke und Pflasterdecke aus.

Die dimensionierungsrelevante Beanspruchung B stellt gemäß den [RStO] die Summe der gewichteten äquivalenten 10 t-Achsübergänge dar, die in dem Fahrstreifen mit der höchsten Verkehrsbeanspruchung bis zum Ende des vorgesehenen Nutzungszeitraums zu erwarten sind. Der Regelnutzungszeitraum beträgt 30 Jahre. Die Verkehrsbeanspruchung der Straße ist von verschiedenen Faktoren abhängig, die nachfolgend beschrieben sind.

– Der Achszahlfaktor f_A stellt die durchschnittliche Achsanzahl pro Fahrzeug des Schwerverkehrs dar und ist ein aus Silhouettenerhebungen und Achslastwägungen abgeleiteter Erfahrungswert, dessen Größe von der Straßenklasse abhängig ist (Tabelle 7.3-4).
– Der Lastkollektivquotient q_{Bm} ist der Quotient aus äquivalenten 10-t-Achsübergängen sowie den tatsächlichen Achsübergängen und ist ein aus Achslastwägungen abgeleiteter Erfahrungswert, dessen Größe von der Straßenklasse abhängig ist (Tabelle 7.3-4).

Der Achszahlfaktor f_A und der Lastkollektivquotient q_{Bm} werden zur Bestimmung der dimensionierungsrelevanten Beanspruchung B dann benötigt, wenn keine detaillierten Achslastdaten vorliegen, sondern nur die durchschnittliche tägliche Verkehrsstärke der Fahrzeugarten des Schwerverkehrs $DTV^{(SV)}$ [Fz/24h] zur Verfügung stehen.

– Der Fahrstreifenfaktor f_1 berücksichtigt die Verteilung des $DTV^{(SV)}$ auf die Anzahl der Fahrstreifen (Tabelle 7.3-5).
– Der Fahrstreifenbreitenfaktor f_2 berücksichtigt die Spurtreue des Verkehrs (Tabelle 7.3-6). Je schmaler die Fahrstreifenbreite ist, desto spurtreuer fährt der Kraftfahrzeugverkehr, sodass

Tabelle 7.3-4 Achszahlfaktor f_A, Lastkollektivquotient q_{Bm} und mittlere jährliche Zunahme des Schwerverkehrs p gemäß [RStO]

Straßenklasse	Achszahlfaktor f_A	Lastkollektivquotient q_{Bm}	Mittlere jährliche Zunahme des Schwerverkehrs p
Bundesautobahnen	4,2	0,26	0,03
Bundesstraßen	3,7	0,20	0,02
Landes- und Kreisstraßen	3,1	0,18	0,01

Tabelle 7.3-5 Fahrstreifenfaktor f_1 gemäß [RStO]

Zahl der Fahrstreifen, die durch den DTV$^{(SV)}$ erfasst sind	Faktor f_1 bei Erfassung des DTV$^{(SV)}$	
	in beiden Fahrtrichtungen	für jede Fahrtrichtung getrennt
1	–	1,00
2	0,50	0,90
3	0,50	0,80
4	0,45	0,80
5	0,45	0,80
6 und mehr	0,40	0,80

Tabelle 7.3-6 Fahrstreifenbreitenfaktor f_2 gemäß [RStO]

Fahrstreifenbreite [m]	Faktor f_2
unter 2,50	2,00
2,50 bis unter 2,75	1,80
2,75 bis unter 3,25	1,40
3,25 bis unter 3,75	1,10
3,75 und mehr	1,00

Tabelle 7.3-7 Steigungsfaktor f_3 gemäß [RStO]

Höchstlängsneigung (v. H.)	Faktor f_3
unter 2	1,00
2 bis unter 4	1,02
4 bis unter 5	1,05
5 bis unter 6	1,09
6 bis unter 7	1,14
7 bis unter 8	1,20
8 bis unter 9	1,27
9 bis unter 10	1,35
10 und mehr	1,45

sich die Radüberrollungen auf eine geringere Rollspurbreite konzentrieren und somit die maximale Häufigkeit der Radüberrollungen bezogen auf die Rollspurbreite bei ansonsten gleicher Verkehrsbelastung **DTV$^{(SV)}$** mit abnehmender Fahrstreifenbreite zunimmt. Der Fahrstreifenbreitenfaktor ist unabhängig von der vorhandenen Fahrstreifenbreite dann sinngemäß anzuwenden, wenn spurfahrender Verkehr berücksichtigt werden muss; an Bushaltestellen zum Beispiel sollte $f_2 = 2,0$ gewählt werden.

– Die größte Längsneigung der Gradiente wird über den Steigungsfaktor f_3 erfasst (Tabelle 7.3-7). Durch die Einleitung höherer Horizontalkräfte in die Straßenbefestigung, die Gewichtsverlagerung auf die Hinterachse, den höheren zu überwindenden Steigungswiderstand und die absinkende Geschwindigkeit werden Mehrbeanspruchungen in die Fahrbahn eingeleitet.

– Der mittlere jährliche Zuwachsfaktor des Schwerverkehrs f_Z im Nutzungszeitraum wird durch die mittlere jährliche Zunahme des Schwerverkehrs **p** (Tabelle 7.3-4) getrennt nach den Straßenklassen berechnet.

Die Faktoren q_{Bm}, f_1, f_2, f_3 und f_Z gewichten das Schwerverkehrsaufkommen und werden zusammenfassend auch als dimensionierungsrelevante Faktoren bezeichnet. Als dimensionierungsrelevante Beanspruchung **B** werden die gewichteten äquivalenten 10 t Achsübergänge bezeichnet. Die Gewichtung erfolgt für den vorgesehenen Nutzungszeitraum N über die dimensionierungsrelevanten Faktoren. Wenn Achslastdaten nicht zur Verfügung stehen und dimensionierungsrelevante Faktoren über den Nutzungszeitraum N unveränderlich sind (Regelfall), wird folgender Berechnungsformalismus angewendet

$$B = 365 \cdot N \cdot DTV^{(SV)} \cdot q_{Bm} \cdot f_1 \cdot f_2 \cdot f_3 \cdot f_z$$

$$\text{mit} \quad f_z = \frac{(1+p)^N - 1}{p \cdot N} \cdot (1 + p)$$

für p > 0 in den Jahren 1 bis N

$$\text{oder} \quad f_z = \frac{(1+p)^N - 1}{p \cdot N}$$

für p = 0 im Jahr 1 und p > 0 in den Jahren 2 bis N

Die dimensionierungsrelevante Beanspruchung **B** des Fahrstreifens mit der höchsten Verkehrsbelastung wird einer Bauklasse zugeordnet (Tabelle 7.3-8).

Tabelle 7.3-8 Dimensionierungsrelevante Beanspruchung B und Bauklasse [RStO]

dimensionierungsrelevante Beanspruchung B in äquivalenten 10 t-Achsübergängen · 10^6	Bau-klasse
über 32	SV
über 10 bis 32	I
über 3 bis 10	II
über 0,8 bis 3	III
über 0,3 bis 0,8	IV
über 0,1 bis 0,3	V
bis 0,1	VI

Die technische Gleichwertigkeit der Bauweisen und deren Varianten führt dazu, dass man in der Auswahl der Bauweise bzw. in der Auswahl der Bauweisenvariante frei ist, sofern für die erforderliche Bauklasse und ggf. für die Dicke des frostsicheren Oberbaus die Anwendung der Bauweisenvariante unter Einhaltung der Anforderungen an den Verformungsmodul und den Verdichtungsgrad möglich ist. Für die Entscheidung, welche Bauweisenvariante letztlich gewählt wird, werden im Regelfall wirtschaftliche Gesichtspunkte ausschlaggebend sein. Letztere werden u. a. durch Baustoff- und Transportkosten, die Notwendigkeit, Altbaustoffe wiederzuverwenden, und regionale Besonderheiten beeinflusst.

7.3.2.5 Straßenerhaltung

Grundvoraussetzung für den Bestand von Straßen ist – unabhängig von einer geplanten Erhaltungsmaßnahme – eine wirksame Entwässerung sowohl des Oberflächenwassers als auch des nicht gebundenen Bodenwassers. Es ist daher zu gewährleisten, dass die Entwässerungseinrichtungen dauerhaft wirksam bleiben. Falls es erforderlich wird, ist die Wirksamkeit der Entwässerungseinrichtungen vor der Durchführung von Erhaltungsmaßnahmen wiederherzustellen.

Der Straßennutzer beurteilt den Gebrauchswert einer Straßenbefestigung über visuelle, sensitive und akustische Eindrücke, während der Baulastträger den Gebrauchswert einer Straßenbefestigung nach objektiven Merkmalen beurteilt, die den Zustand hinsichtlich der baulichen Substanz und der Gebrauchstauglichkeit beschreiben (Zustandsmerkmale). Diese Zustandsmerkmale, wie

– Risse, Spurrinnen, Längsunebenheiten, mangelhafte Griffigkeit und Wasserrückhalt (Asphalt- und Betonstraßen),
– Ausmagerung bzw. Splittverlust, Ausbrüche, Flickstellen, offene Arbeitsnähte und Bindemittelanreicherungen (Asphaltstraßen),
– Plattenbewegung, Abwandern von Platten, Plattenversatz, Eckabbrüche, Kantenschäden, Nester bzw. Abplatzungen, mangelhafte Fugenfüllung und hochgepresste Fugenvergussmassen (Betonstraßen)

verändern sich im Laufe der Nutzungsdauer. Die Veränderungsraten sind von vielen Faktoren abhängig, wie zum Beispiel von der Verkehrsbelastung, den verwendeten Baustoffen und Baustoffgemischen, den klimatischen und den örtlichen Bedingungen.

Die Straßenerhaltung umfasst alle Maßnahmen, die der Substanzerhaltung, der Erhaltung des Gebrauchswertes von Verkehrsflächen einschließlich der Nebenanlagen, der Sicherheit für den Straßennutzer und gegebenenfalls auch der Verbesserung von Umweltbedingungen dienen. Zur Straßenerhaltung gehören die Zustandskontrolle, die Wartung bzw. betriebliche Unterhaltung und die bauliche Erhaltung.

Die betriebliche Erhaltung gliedert sich in Kontrolle und Wartung bzw. betriebliche Unterhaltung. Für den Betriebsdienst sind Straßenmeistereien oder Autobahnmeistereien zuständig. Die Streckenkontrolle dient der Erfüllung der Verkehrssicherungspflicht. Unter anderem werden Kontrollen des Fahrbahnzustands oder der Nachtsichtbarkeit der Beschilderung durchgeführt.

Unter der betrieblichen Unterhaltung werden Pflegearbeiten, wie Kehren der Fahrbahn, Reinigen der Entwässerungseinrichtungen, Rückschnitt der Vegetation, Kontrolle und Pflege der Verkehrseinrichtungen und der Winterdienst zusammengefasst.

Die bauliche Erhaltung befasst sich mit der Wartung und Pflege der Straßensubstanz. Hierzu zählen Gebrauchseigenschaften sowie Substanzeigenschaften. Die bauliche Straßenerhaltung koordiniert darüber hinaus die Maßnahmen zur Verbesserung der Gebrauchs- und Substanzeigenschaften, welche in die Erhaltungsmaßnahmen Instandhaltung, Instandsetzung und Erneuerung unterteilt werden (Tabelle 7.3-9).

Tabelle 7.3-9 Umfang und Gebrauchswerterhöhungen unterschiedlicher Straßenerhaltung

Maßnahme	Umfang/Beispiele	Gebrauchswerterhöhung
Instandhaltung (bauliche Unterhaltung)	Kleinerer Umfang *Beispiele:* Schlaglochbeseitigung, kleine Oberflächenbehandlungen, Spurrinnenbeseitgung auf kürzeren Abschnitten, Pflege einzelner schadhafter Fugen, Abfräsen von Verformungen	geringfügig
Instandsetzung	*Umfang:* volle Fahrstreifenbreite, nur Deckschicht betreffend *Beispiele:* Oberflächenbehandlungen auf größeren Flächen, Hoch- oder Tiefeinbau einer Deckschicht, Spurrinnenbeseitigung auf längeren Abschnitten, großflächige Umpflasterungen, Pflege durchgehend schadhafter Fugen, Aufbringen dünner Schichten	erheblich
Erneuerung	*Umfang:* volle Fahrstreifenbreite, häufig volle Fahrbahnbreite, mehr als die Deckschicht *Beispiele:* Einbau von Deck- und Binderschicht im Hoch-, Tief- oder als Kombination aus Hoch- und Tiefbau, Ersatz der Betondecke	Neubauniveau

Instandhaltungen sind Maßnahmen kleineren Umfangs, mit denen durch bauliche Sofortmaßnahmen örtlich begrenzte Schäden maschinell oder von Hand beseitigt werden können. Diese Maßnahmen erfordern vergleichsweise wenig Aufwand. Instandhaltungsmaßnahmen sollen im engen zeitlichen Zusammenhang zur Erfassung des Schadens durchgeführt werden, um eine weitere Schädigung zu vermeiden. Ziel der Instandhaltung ist die Substanzerhaltung der Straße. Die Instandhaltung hat keine nennenswerte Verbesserung des Gebrauchswertes zur Folge.

Als *Instandsetzung* gelten Arbeiten größeren Umfangs, die der Verbesserung der Befahrbarkeit und der Bausubstanz dienen. Darunter versteht man Maßnahmen wie zum Beispiel großflächige Oberflächenbehandlungen, Deckschichtsanierungen und Verstärkungen oder Ersatz von Fugenfüllungen, Heben und Festlegen von Platten sowie Ersatz von Platten oder Plattenteilen. Instandsetzungen sind längerfristige budgetierte Sanierungsmaßnahmen, die verkehrsbedingte Absicherungen benötigen. In der Regel ist eine ganze Fahrstreifenbreite betroffen.

Eine *Erneuerung* wird zur vollständigen Wiederherstellung des Gebrauchswertes einer vorhandenen Verkehrswegebefestigung durchgeführt. Diese Wiederherstellung kommt einem Neubau gleich, so dass innerhalb des vorgesehenen Nutzungszeitraums keine Maßnahmen zur Substanzerhaltung mehr durchzuführen sind. Eine Erneuerung kann im Hoch- oder Tiefeinbau erfolgen. Ein teilweiser Ersatz der Fahrbahnkonstruktion im Tief-

einbau bei gleichzeitig größeren Schichtdicken kann auch vorgesehen werden. Erneuerungsmaßnahmen sind längerfristig geplante Maßnahmen, die i. d. R. mehrere Wochen für die Umsetzung benötigen und die gesamte Fahrbahnbreite betreffen. Bei Asphaltstraßen gilt dies, sofern mehr als die Deckschicht betroffen ist.

Für eine *systematische Straßenerhaltung* ist die Kenntnis des Straßenzustandes erforderlich. Dazu werden Straßenzustandserfassungen notwendig, die in regelmäßigen zeitlichen Intervallen wiederholt werden müssen. Die jeweils erhobenen Straßenzustandsdaten werden aufbereitet, über der Zeit aufgetragen und bewertet. Damit ist es möglich, die Straßenzustandsentwicklung zu visualisieren. Erforderlichenfalls sind für einzelne Zustandsmerkmale über Verhaltensfunktionen Trendprognosen zu erstellen, um den Zeitpunkt von Sanierungsmaßnahmen abschätzen zu können.

Zustandserfassung

Zur vorausschauenden Planung und Budgetierung von Art und Umfang erforderlicher Erhaltungsmaßnahmen muss die zeitliche Entwicklung der Zustandsmerkmale abgeschätzt werden können. Hierzu erfasst man die Zustandsmerkmale in mehr oder weniger gleichmäßigen zeitlichen Abständen wiederholt, um aus der hieraus ableitbaren Zustandsentwicklung den Zeitpunkt für eine Erhaltung zu extrapolieren. Bei progressiv verlaufenden Zustandsverschlechterungen ist der zeitliche Abstand der Zustandserfassung ggf. zu verdichten, bei degressiv verlaufenden Zustandsveränderungen kann der zeitliche Abstand beibehalten oder sogar vergrößert werden.

Vor der ersten Zustandserfassung muss zunächst das Straßennetz systematisch gegliedert werden, um eine lokale Zuordnung der Zustandsmerkmale bei periodisch zu wiederholenden Zustandserfassungen zu gewährleisten. Die Gliederung des Straßennetzes erfolgt durch ein Netzknoten- und Stationierungssystem, mit dem jede Straße in Netzstrecken unterteilt wird. Die Netzstrecken werden im Regelfall in 100 m lange Erfassungsabschnitte unterteilt. Zur Optimierung von Befahrungsrouten werden Erfassungsabschnitte zu Erfassungsrouten zusammengestellt. Erfasst werden Ebenheit in Längs- und Querrichtung, Griffigkeit und Substanzmerkmale. Im dreijährigen Turnus soll die Zustandserfassung und -bewertung des rechten Fahrstreifens jeder BAB-Richtungsfahrbahn und grundsätzlich eines Fahrstreifens der Bundesstraßen erfolgen. Im sechsjährigen Turnus, also bei jeder zweiten Messkampagne, sollen zusätzlich die Überholfahrstreifen von Bundesautobahnen und von zweibahnigen Bundesstraßen erfasst werden. Die so gewonnenen Daten werden für die netzweite streckenbezogene Erhaltungsplanung genutzt. Dazu werden sie in einer Straßendatenbank gespeichert. Aufbau und Ordnung der Daten ist in der Anweisung Straßeninformationsbank – Teilsystem Bauwerksdaten [ASB-ING] geregelt. In die Straßendatenbank können gemäß den Richtlinien für die Planung von Erhaltungsmaßnahmen an Straßenbefestigungen [RPE-Stra] Leitdaten, Funktionsdaten, geometrische Daten und Bauwerksdaten aufgenommen werden. Nach dem Merkblatt Objektkatalog für das Straßen- und Verkehrswesen [OKSTRA] werden die Daten nach vorhandene Daten, Neubaudaten, Verkehrsdaten und allgemeine Daten gruppiert. Grundsätzlich sind die visuell-sensitive Zustandserfassung und die messtechnische Zustandserfassung zu unterscheiden.

Die *visuell-sensitive Zustandserfassung* erfolgt über eine subjektive Bewertung der Eindrücke, die das Auge oder die das Fahrzeug dem Beobachtungsteam vermittelt. Diese Eindrücke werden in Erfassungsbögen dokumentiert. Zustandsmerkmale, die in der visuell-sensitiven Zustandserfassung nicht in Maß und Zahl bewertet werden, erhalten verbale Bewertungen.

Bei der *messtechnischen Zustandserfassung* werden Messsysteme eingesetzt, mit deren Hilfe i. d. R. quantitative Ergebnisse zu der jeweils erfassten Zustandsgröße für die Zustandsbewertung zur Verfügung gestellt werden. Hierzu bedient man sich vorzugsweise multifunktionaler schnellfahrender Messsysteme, die den Verkehrsfluss während der Messungen nicht nennenswert beeinträchtigen.

Wegen gültiger Rechts- und Haushaltsbestimmungen ist der Straßenbaulastträger gehalten, einen Straßenzustand zu erhalten, mit dem ein Höchstmaß an Verkehrssicherheit und eine angemessene Befahrbarkeit unter Minimierung gesamtwirtschaftlicher Kosten bei höchstmöglicher Umfeldverträglichkeit gewährleistet werden kann. Daraus ergeben sich für die systematische Straßenerhaltung die Teilziele Verkehrssicherheit, Befahrbarkeit, Substanzerhalt und Leistungsfähigkeit sowie Umfeldverträglichkeit. Wie die Zustandsmerkmale auf die Teilziele der Straßenerhaltung wirken, wird in einer Zustandsbewertung beurteilt. Die erfassten Zustandsgrößen bzw. die Zustandsindikatoren werden in Zustandswerte überführt, die den Schulnoten zwischen 1,0 „sehr gut" und 5,0 „sehr schlecht" entsprechen. Ein Zustandswert von 1,5 (der „1,5 Wert") entspricht dem Wert, der einen Neubauzustand repräsentiert. Der Zustandswert 3,5 wird „Warnwert" genannt, da ein Zustandswert dieser Größe zu einer intensiven Beobachtung und zur Analyse der Ursachen für die schlechte Benotung Anlass gibt. Erreicht ein Zustandsmerkmal den „Schwellenwert" (4,5), muss geprüft werden, ob bauliche Maßnahmen oder Verkehrsbeschränkungen erforderlich werden, vgl. Arbeitspapier Systematik der Straßenerhaltung Reihe A [AP 9/A 1 01, AP 9/A 2 01]. Die Zustandsbewertung erfolgt in mehreren Schritten:

– Erfassung der Zustandsmerkmale verknüpft mit dem spezifischen Zustandsindikator (Längeneinheit, Flächeneinheit, prozentualer Anteil der Fläche oder Anzahl betroffener Platten),
– Normierung der Zustandsgrößen: Zustandswerte,
– Zustandswerte nach Bewertungsnoten,
– Verknüpfung der Zustandswerte,
– Teilzielwerte (Gebrauchswert und Substanz),
– Verknüpfung der Teilzielwerte.
– Gesamtwert oder Zustandsklasse.

Die Erhaltung von Asphaltstraßen ist in den Zusätzlichen Technischen Vertragsbedingungen und

Tabelle 7.3-10 Zuordnung von Merkmalsgruppen zu Instandhaltungsverfahren [ZTV BEA-StB]

Merkmalsgruppe ／ Erscheinungsbild/Ursache ／ Instandhaltungsverfahren	Ebenheit				Griffigkeit		Substanzmängel				
	Längsprofil		Querprofil								
	Verformung	Tragfähigkeit	Verformung	Tragfähigkeit	Bindemittel- anreicherungen	Polierte Kornoberfläche	Netzrisse	Ausmagerung	Flickstellen	Kornausbrüche	Einzelrisse
Anspritzen und Abstreuen	–	–	–	–	–	–	+	+	–	(+)	–
Schlämme, Porenfüllmasse	–	–	–	–	–	–	(+)	$+^{2)}$	–	–	–
Ausbessern mit Asphaltmischgut	(+)	–	(+)	–	+	–	–	+	+	+	–
Verfüllen und Vergießen	–	–	–	–	–	–	–	–	–	–	+
Aufrauen	–	–	–	–	+	+	–	–	–	–	–
Abfräsen von Unebenheiten[1)]	+	–	+	–	–	–	–	–	–	–	–

+ geeignet   (+) bedingt geeignet   – nicht geeignet
1) Abfräsen ist kein Instandhaltungsverfahren aber geeignet, verkehrsgefährdende Unebenheiten kurzfristig zu beseitigen.
2) Für Zustand „Ausmagerung durch Abrieb" ist „Aufbringen von Porenfüllmassen" nicht geeignet

Richtlinien für die Bauliche Erhaltung von Verkehrsflächen – Asphaltbauweisen [ZTV BEA-StB] und für Betonstraßen in den Zusätzlichen Technischen Vertragsbedingungen und Richtlinien für die Bauliche Erhaltung von Verkehrsflächen – Betonbauweisen [ZTV BEB-StB] geregelt.

Instandhaltung und Instandsetzung
Instandhaltungs- und Instandsetzungsmaßnahmen unterscheiden sich i. Allg. durch den Umfang der Schäden bzw. die Größe der betroffenen Fläche und dadurch, dass bei Instandhaltungsmaßnahmen auch einfache Maßnahmen zur sofortigen Verbesserung bzw. Beseitigung von Schadensbildern gehören, z. B. die Schlaglochbeseitigung (Tabelle 7.3-10).

Unterschiedliche *Instandhaltungsverfahren* werden verschiedenartigen Schäden zugeordnet, so dass erkennbar wird, welches Verfahren voraussichtlich für die Schadensbeseitigung geeignet ist (Tabelle 7.3-10). Erforderlichenfalls wurden einschränkende Bemerkungen angefügt. Es fällt auf, dass Instandhaltungsverfahren auch für Schäden, die den Merkmalsgruppen Ebenheit und Rauheit zuzuordnen sind, angegeben sind, obwohl nach der Definition in den [ZTV BEA-StB] die Instandhaltung nur der Substanzerhaltung dient.

Die *Instandsetzungsverfahren* für Asphaltstraßen sind Oberflächenbehandlung (OB), Dünne Schichten im Kalteinbau (DSK), Dünne Schichten im Heißeinbau (DSH), Rückformen (RF) sowie Ersatz einer Deckschicht (ED) (Tabelle 7.3-11).

Einzelrisse sind nur durch den Ersatz einer Deckschicht mit der Einschränkung dauerhaft zu beseitigen, wenn es sich um die Häufung von Einzelrissen handelt. Diese Einschränkung ist erforderlich, da Einzelrisse, wenn sie nicht gehäuft auftreten, i. d. R. als klaffende Risse in Erscheinung treten und die Dicke einer Deckschicht nicht ausreicht, um der Reflexionsrissbildung entgegenwirken zu können. Spannungsabbauende Zwischenschichten und/oder Asphalteinlagen können im Rahmen der Instandsetzung Abhilfe schaffen.

Die *Oberflächenbehandlung (OB)* wird hergestellt, indem Bitumenemulsion zur Herstellung von Oberflächenbehandlungen gemäß den Technischen Lieferbedingungen für Bitumenemulsionen [TL BE-StB] gleichmäßig auf die Unterlage mit einem Rampenspritzgerät angespritzt und anschließend die angespritzte Unterlage, unter Verwendung eines Splittstreuers, gleichmäßig mit roher oder vorbituminierter Gesteinskörnung abgestreut wird. Die Bitumenemulsionen zur Herstellung von Oberflächenbehandlungen weisen ein Brechverhalten auf, das dem Brechwert 4 gemäß [DIN EN 13075-1] entspricht. Oberflächenbehandlungen werden nach den Arbeitsgängen in

Tabelle 7.3-11 Zuordnung von Merkmalsgruppen zu Instandsetzungsverfahren [ZTV BEA-StB]

Merkmalsgruppe	Ebenheit				Griffigkeit		Substanzmängel				
	Längsprofil		Querprofil								
Erscheinungsbild/Ursache Instandhaltungsverfahren	Verformung	Tragfähigkeit	Verformung	Tragfähigkeit	Bindemittel-anreicherungen	Polierte Kornoberfläche	Netzrisse	Ausmagerung	Flickstellen	Kornausbrüche	Einzelrisse
Oberflächenbehandlungen (OB)	−	−	−	−	+	+	+	+	(+)	+	−
Dünne Schichten im Kalteinbau (DSK)	−	−	+	−	+	+	+	+	+	+	−
Dünne Schichten im Heißeinbau (DSH) DSH auf Versiegelung (DSH-V)	−	−	+	−	+	+	+	+	+	+	−
Rückformen (RF)	+	−	+	−	+	+	+	+	−	+	−
Ersatz einer Deckschicht (ED)	+	−	+	−	+	+	+	+	+	+	+*)

+ geeignet   − nicht geeignet   *) Bei Häufung von Einzelrissen

- Oberflächenbehandlung mit einfacher Abstreuung,
- Oberflächenbehandlung mit doppelter Abstreuung und
- doppelte Oberflächenbehandlung

unterschieden. Durch eine Oberflächenbehandlung können die Griffigkeit verbessert sowie Netzrisse und Ausmagerung beseitigt werden. Eine Oberflächenbehandlung sollte nach [ZTV BEA-StB] vorwiegend auf Straßen mit geringer Beanspruchung der Bauklassen III bis VI sowie auf Wegen verwendet werden. Zur Gewährleistung einer langfristig wirksamen Griffigkeit werden Gesteinskörnungen mit hohem Polierwiderstand (PSV, Polished Stone Value) empfohlen. Bei OB-Verlegemaschinen arbeiten sowohl die Einrichtungen zum Anspritzen des Bindemittels als auch diejenigen zum Abstreuen mit Gesteinskörnungen synchron und breitenvariabel. Die Splittkörner werden im Regelfall mit einer Gummiradwalze angedrückt.

Dünne Schichten im Kalteinbau (DSK) eignen sich für die Verbesserung der Ebenheit im Querprofil, der Griffigkeit sowie für die Beseitigung von Ausmagerungen, Flickstellen und Netzrissen. Das Instandsetzungsverfahren kann darüber hinaus zur Versiegelung und in Abhängigkeit von der Wahl der Gesteinskörnung zur Verbesserung der Helligkeit der Fahrbahnoberfläche eingesetzt werden. Durch die Verwendung von DSK-Mischgut-

sorten mit der Kornfraktion 0/3 bis 0/5 ist eine Geräuschpegelminderung möglich.

Asphalt für DSK wird aus kantenfesten und polierresistenten Gesteinskörnungsgemischen abgestufter Körnung, Bitumenemulsion (aus polymermodifiziertem Bitumen) zur Herstellung von DSK gemäß [TL BE-StB], Zusätzen (zum Beispiel Zement, Kalk) und Wasser hergestellt. Die Mischgutkomponenten lagern in dem mobilen Mischfahrzeug in Silos und Tanks mit Dosierstationen.

Die Bitumenemulsion für DSK muss eine gute Haftung am verwendeten Gestein und an der Unterlage gewährleisten. Das Brechverhalten (mit dem Brechwert 1 gemäß [DIN EN 13075-1]) kann durch geringe Zementzugaben oder durch flüssige Zusätze so gesteuert werden, dass der Brechprozess dem Misch- und Verlegevorgang gerecht wird.

Das Asphaltmischgut wird in selbstfahrenden Mischgeräten kontinuierlich hergestellt und mit steuerbaren Verteilergeräten eingebaut. Dünne Schichten im Kalteinbau werden i. d. R. in einer Dicke von ≤ 1,0 cm hergestellt. Sollen Unebenheiten wie Spurrinnen mit einer Tiefe von > 1,0 cm beseitigt werden, ist eine Vorprofilierung vorzusehen.

Dünne Schichten im Heißeinbau (DSH) eignen sich zur Verbesserung der Ebenheit im Querprofil, der Griffigkeit sowie zur Beseitigung von Ausmagerungen, Kornausbrüchen, Flickstellen und Netzrissen. Zur Herstellung von DSH werden Asphaltbeton, Splittmastixasphalt oder Gussasphalt gemäß

[ZTV Asphalt-StB] verwendet. Das Größtkorn der Mischgutzusammensetzung ist abhängig von der vorgesehenen Schichtdicke. Bei der Zusammensetzung sind Randbedingungen wie Verkehrsbelastung, Dicke der Schicht, örtliche, klimatische und topographische Verhältnisse zu berücksichtigen. DSH weisen i. d. R. eine Dicke von $\leq 2{,}0$ cm auf und sollten wegen ihres raschen Abkühlens nur bei günstigen Witterungsverhältnissen von Anfang April bis Mitte Oktober eingebaut werden. Es dürfen nur statische oder oszillierende Glattmantelwalzen verwendet werden. Zur Erhöhung der Anfangsgriffigkeit wird die Oberfläche noch im heißen Zustand mit dafür geeigneter Gesteinskörnung abgestreut und mit Walzen eingedrückt. Anschließend wird das überflüssige Abstreumaterial entfernt.

Werden DSH unmittelbar auf einer Versiegelung aus polymermodifizierter Bitumenemulsion verlegt, werden diese Bauweisen als „Dünne Schichten im Heißeinbau auf Versiegelung" (DSH-V) bezeichnet. Um Versiegelung und Asphalt in einem Arbeitsgang aufbringen zu können, wird ein Straßenfertiger mit einer integrierten Ansprühvorrichtung (Sprühfertiger) benötigt. Dazu wird eine Bitumenemulsion gemäß [TL BE-StB] zur Herstellung von DSH-V verwendet, die aus polymermodifiziertem Bitumen hergestellt ist und ein Brechverhalten aufweist, das dem Brechwert 5 gemäß [DIN EN 13075-1] entspricht. DSH-V sind geeignet, polierte Kornoberflächen, Netzrisse, Ausmagerungen und Kornausbrüche zu beseitigen. Bedingt geeignet ist diese Bauweise zur Verringerung von Querunebenheiten und zur Beseitigung von Bindemittelanreicherungen und Flickstellen.

Rückformen (RF) ist nach dem Merkblatt für das Rückformen von Asphaltschichten [M RF] als Bearbeitung der Asphaltschicht durch Erhitzen, Auflockern, Mischen und Wiedereinbauen definiert. Werden Veränderungen der Eigenschaften angestrebt, sollten Bindemittel, Gesteinskörnungen oder Mischgut beigemischt werden. Das Rückformen setzt umfangreiche Voruntersuchungen über die Eignung der zu bearbeitenden Schicht voraus und kann mit drei verschiedenen Verfahren durchgeführt werden:

– Verfahren (a) Rückformen ohne Veränderung der Asphaltzusammensetzung (Reshape),
– Verfahren (b) Rückformen mit Veränderung der Asphaltzusammensetzung (Remix),

– Verfahren (c) Rückformen mit Veränderung der Asphaltzusammensetzung in Verbindung mit dem Einbau einer neuen Deckschicht mit zusätzlichem Fertiger (Remix compact).

Sind in der zu bearbeitenden Schicht pechhaltige Stoffe, Gewebe, Gitter oder sonstige störende Einlagerungen vorhanden, können die Verfahren nicht angewendet werden. Das Verfahren ohne Zugabe eines zusätzlichen Mischgutes ist nur bedingt geeignet, da zum Beispiel bei Spurrinnen infolge nicht standfesten Mischgutes dieses nicht verbessert wird. Die durch Rückformen wiederhergestellte Schicht kann mit einer neuen Asphaltschicht, sofern es die Einbauhöhe zulässt, überbaut werden.

Das Rückformverfahren (b) eignet sich dazu, die Ebenheit im Querprofil, polierte Kornoberflächen, Ausmagerungen und Kornausbrüche zu verbessern oder wiederherzustellen. Sind Netzrisse auf einen zu geringen Bindemittelgehalt zurückzuführen, ist das Rückformverfahren (b) auch zur Beseitigung dieses Schadens einsetzbar. Das Rückformverfahren (c) eignet sich dazu, die Ebenheit im Querprofil wiederherzustellen und polierte Kornoberflächen zu beseitigen.

Ersatz einer Deckschicht (ED) sollte nur vorgesehen werden, wenn die Schäden und deren Ursachen allein auf die Deckschicht zurückzuführen sind und eine andere Instandsetzungsmaßnahme unwirtschaftlich ist. Die Anwendung dieses Verfahrens kann auch dann erforderlich werden, wenn Höhenvorgaben zum Beispiel durch feste Einbauten, Randeinfassungen oder Durchfahrtshöhen unter Brücken einzuhalten sind. In der Regel wird die vorhandene Decke abgefräst und durch eine neue Deckschicht nach [ZTV Asphalt-StB] ersetzt. Mit dem Ersatz einer Deckschicht kann die Griffigkeit sowie die mangelnde Ebenheit im Längs- und Querprofil verbessert werden. Darüber hinaus werden Netzrisse, Ausmagerungen, Flickstellen und Kornausbrüche beseitigt.

Instandsetzungsverfahren für Betonstraßen gemäß [ZTV BEB-StB] sind der Ersatz von Fugenfüllungen (EF), Heben und Festlegen von Platten (HFP), Ersatz von Platten und Plattenteilen (EPuPT), Streifenweiser Ersatz (SE), Oberflächenbehandlung mit Reaktionsharz (OBRH) und Oberflächenbeschichtung mit Reaktionsharzmörtel (OBRHM). Unterschiedliche Schäden erfordern

Tabelle 7.3-12 Zuordnung von Instandsetzungsverfahren zu Erscheinungsbildern für Betonstraßen nach [ZTV BEB-StB]

Instandsetzungsverfahren		Schadhafte Fugenfüllungen	Vertikale Plattenbewegungen	Längs- und Querrisse	Eckabbrüche	Örtlich begrenzte Oberflächenschäden	Überlastungsrisse	Polierte oder ausgemagerte Oberfläche	Oberflächen mit erhöhter Lärmemission
Ersatz von Fugenfüllungen	(EF)	+	–	–	–	–	–	–	–
Heben und Festlegen von Platten	(HFP)	–	+	–	–	–	–	–	+
Ersatz von Platten und Plattenteilen	(E PuPT)	–	+	+	+	–	–	–	–
Streifenweiser Ersatz	(SE)	–	+	+	–	–	+	–	–
Oberflächenbehandlung Reaktionsharz	(OB-RH)	–	–	–	–	–	–	+	+
Oberflächenbeschichtung Reaktionsharzmörtel	(OS-RH)	–	–	–	–	+	–	+	+

+ geeignet　　　　　– nicht geeignet

unterschiedliche Instandsetzungsmaßnahmen (Tabelle 7.3-12).

Zur Vorbereitung der Instandsetzungsmaßnahmen kann zum Beispiel ein Profilausgleich erforderlich werden, der durch Abfräsen von Unebenheiten und/ oder Ausbessern mit Asphaltmischgut vorgenommen werden kann. Erfordern verschiedene Erscheinungsbilder in dem instandzusetzenden Streckenabschnitt mehrere Instandsetzungsverfahren, so ist zu prüfen, ob und in welcher Reihenfolge die verschiedenen Instandsetzungsverfahren innerhalb einer Baustellenmaßnahme durchgeführt werden können. Um gleichmäßige Fahrbahneigenschaften des Abschnitts zu gewährleisten, dürfen auf einem Streckenabschnitt nur in Ausnahmefällen verschiedene Bauverfahren angewendet werden. Die [RPE-Stra] sind zu beachten.

Schadhafte Fugenfüllungen werden bis zur festgelegten Fugentiefe schonend entfernt, Fugenflanken gereinigt und von altem Fugenmaterial befreit. Kantenschäden sind vor der Maßnahme auszubessern. Gemäß [ZTV Fug-StB] kann bei nicht ausreichendem Fugenspalt in Abhängigkeit von der Fugenart eine Änderung der Fugenspaltbreite erforderlich werden (Tabelle 7.3-13). Die Kanten des geradlinig verlaufenden Spalts müssen scharfkantig sein und unter 45° abgefast werden. Fugenspaltenbreiten, die größer als 20 mm sind, verursachen höhere Lärmemissionen und sind für das Auftreten von Kantenschäden anfällig. Wenn Fugen im Be-

Tabelle 7.3-13 Richtwerte für die Änderung der Fugenspaltbreite nach [ZTV Fug-StB]

Fugenart		Änderung der Fugenbreite [mm]
Querschein- fugen	Plattenlänge ≤ 5 m	bis 2
	Plattenlänge > 5 ≤ 7,5 m	bis 3
Längsschein- fugen	verankert	bis 1
	nicht verankert	bis 4
Raumfugen		bis 5
Pressfugen	verankert	bis 1
	nicht verankert	bis 4

reich von frischem Beton hergestellt werden, ist bei der Größe des Spaltes das Schwinden des Betons zu berücksichtigen.

Um einen guten Haftverbund zwischen Fugenfüllung und Fugenspaltflanke zu erzielen, muss vor dem Einbau der Füllungen der Fugenspalt trocken, staubfrei und sauber sein. Eine Verbesserung des Haftverbundes lässt sich durch die Verwendung eines auf die Vergussmasse abgestimmten Voranstrichmittels erreichen. Die Fugen werden mit heiß oder kalt verarbeitbaren Fugenmassen, mit Fugenprofilen oder Fugenbändern verfüllt und abgedichtet. Die Maßnahme muss in zusammenhängenden Abschnitten auf ganzer Breite erfolgen. Die Fugenfüllstoffe müssen den [TL Fug-StB 01] entsprechen.

Heiß verarbeitbare Fugenmassen sind bitumenhaltige thermoplastische Massen. Ihnen können Kunststoffe, Weichmacher und mineralische Füllstoffe als Zusätze beigemischt sein. Heiß verarbeitbare Fugenmassen können vorwiegend elastisch eingestellt sein und sollen Änderungen der Fugenspaltbreite von bis zu 25% dauerhaft schadlos aufnehmen können. Sie werden bei Verkehrsflächen eingesetzt, die keiner besonderen chemischen Beanspruchung ausgesetzt sind. Heiß verarbeitbare Fugenmassen werden so eingebaut, dass die Oberfläche rinnenförmig ausgebildet ist sowie mindestens 6 mm und höchstens 1 mm unterhalb der Fahrbahnkante enden. Der Einbau darf nur bei trockener Witterung und einer Oberflächentemperatur der Fugenflanken im Fugenbereich von mindestens 0°C erfolgen. Die Verkehrsfläche darf erst nach dem Erkalten der Fugenmasse freigegeben werden.

Kalt verarbeitbare Fugenmassen sind reaktive Ein- oder Zweikomponentensysteme, die ohne Wärmezufuhr eingebaut werden und überwiegend elastische Eigenschaften haben. Sie dürfen nur von Fachbetrieben, welche die Auflagen des Wasserhaushaltsgesetzes erfüllen, durchgeführt werden. Kalt einzubauende Fugenmassen werden in drei Belastungsklassen eingeteilt:

Belastungsklasse A: Normal beanspruchte Verkehrsflächen. Änderung der Fugenspaltbreite von 25% bis 35%.

Belastungsklasse B: Normal beanspruchte und zusätzlich durch Treibstoff von Flugzeugen beanspruchte Verkehrsflächen. Änderung der Fugenspaltbreite von 25%.

Belastungsklasse C: Normal beanspruchte und zusätzlich durch Otto- und Dieselkraftstoff beanspruchte Verkehrsflächen. Änderung der Fugenspaltbreite von 25%.

Fugenprofile sind vorgeformte Bauelemente (Elastomere) der Bauarten Hohlkammer-, Voll- und offene Profile, die in den Fugenspalt des erhärteten Betons gepresst werden. Aufgrund der dadurch herrschenden Vorspannung wird die Fuge infolge des dauerhaften Anpressdrucks verschlossen. Fugenprofile können bei zu erwartenden Änderungen der Fugenspaltbreite von bis zu 30% eingesetzt werden.

Fugenbänder werden bei Betonstraßen nur an Übergängen zu Asphaltstraßen eingesetzt. Fugenbänder sind bitumenhaltige, maschinell vorgeformte, thermoplastische Bandprofile, die beim Einbau angeschmolzen werden. Sie können Zusätze von Kunststoffen, Weichmachern und mineralischen Füllstoffen enthalten. Fugenbänder können bei Änderungen des Fugenspaltes bis zu 30% eingesetzt werden.

Heben und Festlegen von Platten (HFP). Hohlräume zwischen Unterlage und Betonplatte können durch eindringendes Wasser und daraus resultierende Kornumlagerungen, Ausspülungen und Auflockerungen oder durch bauliche Mängel der Unterlage entstehen und unter Verkehrslast zu deutlich wahrnehmbaren vertikalen Plattenbewegungen führen. Durch die wechselnde Be- und Entlastung und daraus resultierende Pumpwirkungen wird die Hohllage verstärkt. Im Randbereich führen Hohlräume zu Rissen, Stufenbildung und letztendlich zur Zerstörung der Platte. Daher ist das Heben und Festlegen von Platten möglichst frühzeitig durchzuführen. Spätestens dann, wenn der Plattenversatz eine Größe von 10 mm an Längs- und Querfugen erreicht, ist die Platte zu heben.

Bei dem herkömmlichen Verfahren wird ein fließfähiger Spezialmörtel mit feiner Gesteinskörnung und hydraulischen Bindemitteln verwendet, der einen w/z-Wert zwischen 0,40 und 0,50 aufweisen muss. Die Konsistenz des Mörtels ist beim Einbau ständig zu überprüfen. Die Zugabe von Erstarrungsbeschleunigern kann zweckmäßig sein. Diese Arbeiten sollen bei Temperaturen zwischen 0°C und 30°C durchgeführt werden. Zunächst werden die Injektionslöcher gebohrt. Die Bohrlöcher haben einen Durchmesser bis zu 40 mm und eine Tiefe, die 20 mm größer ist als die Plattendicke. Die Bohrlöcher haben einen Abstand von 0,5 m bis 1,0 m von der Quer- bzw. Längsfuge oder dem Riss und 1,5 m bis 2,0 m untereinander. Der Spezialmörtel wird durch Bohrlöcher zwischen Plattenunterseite und Plattenunterlage gepresst, wobei der Einpressdruck maximal 10 bar beträgt. Aus benachbarten Bohrlöchern darf kein Mörtel herausgepresst werden. Dübel und Anker, die das Heben behindern, sind durchzutrennen und nach Durchführung der Maßnahme nachträglich wiederherzustellen. Nach der Maßnahme sind die Fugenfüllungen zu erneuern. Das Festlegen von Platten wird prinzipiell wie das Heben von Platten durchgeführt, allerdings mit einem Einpressdruck von maximal 5 bar. Um ein ungewolltes Heben der Platten zu vermeiden, ist es hierbei besonders wichtig, die Bewegung der Platten zu kontrollieren und, falls erforderlich, den Einpressdruck zu reduzieren. Die Verkehrsfreigabe bei gehobenen oder festgelegten Platten nach dem herkömmlichen Verfahren kann frühestens eine Stunde nach Erhärtungsbeginn erfolgen, wenn der Mörtel eine Mindestdruckfestigkeit von 2 N/mm² besitzt.

Das Kunstharzinjektionsverfahren kann alternativ für das Heben und Festlegen von Betonplatten bei Verkehrsflächen angewendet werden. Während der Instandsetzungsmaßnahme werden Kleinbohrlöcher mit einem Durchmesser von 20 mm bis 40 mm gebohrt und das Zweikomponentenharz mit einem Druck von 200 bar zwischen Plattenunterseite und Plattenunterlage injiziert. Da das Injektionsmittel keine Feststoffe enthält, wird es auch in sehr feine Risse verpresst. Die Lage der Platte wird während des Injektionsvorgangs messtechnisch überwacht. Nach 7 bis 10 Minuten ist das Harz ausgehärtet und die Platte kann voll belastet werden. Dieses Verfahren ist bei Temperaturen zwischen −10°C und +50°C und auch bei feuchter Witterung anwendbar.

Das Zwei-Komponenten-Expansionsharz entfaltet beim Heben und Festlegen von Betonplatten durch Aufschäumen eine Volumenvergrößerung, ähnlich einem Montageschaum. Auf den Betonplatten werden in einem Raster von ca. 1,2 m bis 1,5 m und entlang der Fugen im Abstand von ca. 0,75 m bis 1,0 m Bohrlöcher (Ø 12 mm) angebracht. Das Zwei-Komponenten-Expansionsharz wird flüssig und unter kontrolliertem Druck direkt zwischen Betondecke und deren Unterlage injiziert. Durch die dabei entstehende Expansionskraft (bis 300 kN/m²) werden vorhandene Hohlräume verfüllt, bis die Betonplatten wieder vollflächig und kraftschlüssig über die aufgeschäumten Harze auf der Unterlage aufliegen.

Ersatz von Platten und Plattenteilen (E PuPT). Eine Betonstraße kann so stark geschädigt sein, dass ein Ersatz von Betonplatten oder Betonplattenteilen notwendig wird. Platten bzw. Plattenteile werden bei diesem Instandsetzungsverfahren in der Dicke der unmittelbar benachbarten Platten bzw. Plattenteile hergestellt. Unter Beibehaltung der Dicke und einer Verringerung der Fugenabstände können höhere Verkehrsbelastungen aufgenommen werden. Werden Plattenteile ersetzt, müssen die Seiten mindestens 1,50 m lang sein. Beim Ersatz von einzelnen Platten oder Plattenteilen sind die [ZTV Beton-StB] und die [ZTV Fug-StB] zu beachten. Bei dem Ausbau der zerstörten Platten ist darauf zu achten, dass die benachbarten Platten und die Unterlage nicht beschädigt werden. Die intakten Platten werden durch Schnitte entlang der Ränder in voller Deckentiefe von den zerstörten Platten einschließlich eventuell vorhandener Dübel und Anker getrennt. Freigelegte Tragschichten ohne Bindemittel müssen nachverdichtet werden. Vor Einbau des neuen Betons sind Klebedübel und Klebeanker in die Nachbarplatten einzubauen.

Streifenweiser Ersatz von Betondecken ist nach den [ZTV BEB-StB] dem Instandsetzungsverfahren Ersatz von Platten und Plattenteilen (E PuPT) zugeordnet und wird bei einer Unterdimensionierung der Betondecke aufgrund gestiegener Verkehrsbelastung eingesetzt. Ein streifenweiser Ersatz bietet sich auch an, wenn der Ersatz von Einzelplatten oder Plattenteilen nicht zu einer Verbesserung der Befahrbarkeit oder einer dauerhaften Verbesserung der Deckensubstanz führt. Der streifenweise Ersatz erfolgt, wie beim Neubau oder der Erneuerung unter Beachtung der [ZTV Beton-StB] und der [ZTV Fug-StB], maschinell durch Fertiger und ist daher gegenüber dem Handeinbau qualitativ hochwertiger herzustellen.

Als *Oberflächenbehandlung von Betondecken mit Reaktionsharz (OB-RH)* ist in den [ZTV BEB-StB] sowohl das Aufbringen eines Reaktionsharzes einschließlich des Abstreuens mit Splitt als auch die so hergestellte Schicht definiert. Zweck der Oberflächenbehandlung mit Reaktionsharz ist die Verbesserung der Griffigkeit, die Verminderung der Reifen- und Fahrgeräusche, die Verminderung von Aquaplaning, die Verbesserung der Nachtsichtbarkeit durch Retroreflexion sowie die Erhöhung der Verschleißfestigkeit und der Lebensdauer. Die Harze gemäß Technische Lieferbedingungen für Grundierungen und Oberflächenbehandlungen aus Reaktionsharzen sowie für Oberflächenbeschichtungen und Betonersatzsysteme aus Reaktionsharzmörtel für die Bauliche Erhaltung von Verkehrsflächen - Betonbauweisen und Technische Prüfvorschriften für Grundierungen und Oberflächenbehandlungen aus Reaktionsharzen sowie für Oberflächenbeschichtungen und Betonersatzsysteme aus Reaktionsharzmörtel für die Bauliche Erhaltung von Verkehrsflächen Betonbauweisen [TL BEB RH-StB und TP BEB RH-StB] sollen eine gute Haftung auf der Unterlage und einen dauerhaften Halt der Gesteinskörner gewährleisten. Der Einbau erfolgt vorzugsweise maschinell, über Fugen hinweg und i. d. R. einlagig. Die Rautiefe der Unterlage darf höchstens 1,5 mm betragen. Die Oberflächenbehandlung soll in der wärmeren, trockenen Jahreszeit erfolgen. Das Reaktionsharz ist mit gleichmäßiger Schichtdicke flächig aufzubringen. Unmittelbar danach ist Gesteinskörnung im Überschuss aufzustreuen, ggf. anzuwalzen und überschüssige Gesteinskörnung nach der Erhärtung wieder zu entfernen.

Wird eine Grundierung aus Reaktionsharz und eine Deckschicht aus Reaktionsharzmörtel auf eine Betonoberfläche aufgebracht und anschließend mit Gesteinskörnung abgestreut, so wird das und auch die so hergestellte Schicht nach [ZTV BEB-StB] als Oberflächenbeschichtung mit Reaktionsharzmörtel (OS-RH) bezeichnet. Die Baustoffe müssen den [TL BEB RH-StB und TP BEB RH-StB] genügen. Zweck der Oberflächenbeschichtung mit Reaktionsharzmörtel ist es, eine Verbesserung der Griffigkeit, eine Minderung der Reifen- und Fahrgeräusche, eine Verminderung von Aquaplaning, eine Verbesserung der Nachtsichtbarkeit durch Retroreflexion, eine Erhöhung der Verschleißfestigkeit und der Lebensdauer sowie eine Substanzerhaltung bei Oberfächenentmörtelungen zum Beispiel aufgrund von Frostschäden oder Enteisungen, zu erreichen. Die Deckschichtdicke soll 15 mm nicht überschreiten und bei Straßen der Bauklassen SV, I bis III mindestens 5 mm, an den Fahrbahnrändern 3 mm betragen. Die Rautiefe, die erforderliche Schichtdicke und das Größtkorn der Abstreuung bestimmt die erforderliche Mörtelmenge. Der Einbau der Oberflächenbeschichtung mit Reaktionsharzmörtel erfolgt vorzugsweise maschinell auf geeigneter Unterlage, die erforderlichenfalls abgetragen und vorbehandelt werden muss. Ist die Rautiefe größer als 1,5 mm muss die Unterlage durch Schleifen oder Feinfräsen vorbereitet werden. Die Oberflächenbeschichtung soll in

der trockeneren und wärmeren Jahreszeit erfolgen. Nach dem gleichmäßigen Auftrag der Grundierung erfolgt das Abstreuen mit feuergetrocknetem Quarzsand im Überschuss. Nach der Erhärtung wird das überschüssige Korn entfernt. Die Deckschicht soll anschließend in gleichmäßiger Dicke eingebaut und mit Gesteinskörnung im Überschuss gleichmäßig abgestreut und erforderlichenfalls angewalzt werden. Nach Erhärtung ist das überschüssige Korn zu entfernen. Nach der Oberflächenbeschichtung müssen Fugen und durchgehende Risse wieder hergestellt werden.

Ein nachträgliches Verdübeln und Verankern wird erforderlich, wenn Dübel oder Anker nicht vorhanden oder nicht mehr wirksam sind oder bei durchgehenden Quer- und Längsrissen.

Erneuerung

Unter Erneuerung von Verkehrsflächenbefestigungen werden Maßnahmen verstanden, die zur vollständigen Wiederherstellung des Gebrauchs- und Substanzwertes der vorhandenen Befestigung führen. Es handelt sich dann um eine Erneuerung, wenn bei Bauweisen mit Asphaltdecke mehr als die Deckschicht und bei Bauweisen mit Betondecke mindestens die Decke betroffen ist. Es wird zwischen der Erneuerung im Tiefeinbau, der Erneuerung im Hocheinbau und der Erneuerung im Hocheinbau bei teilweisem Ersatz der vorhandenen Befestigung unterschieden. Ist eine Fahrbahn zu erneuern, müssen die bis zum Zeitpunkt der Erneuerung eingetretenen geänderten Bedingungen berücksichtigt werden. Dies gilt insbesondere dann, wenn sich die dimensionierungsrelevante Beanspruchung verändert hat.

Zur Erneuerung von Straßenbefestigungen innerhalb und außerhalb bebauter Gebiete sowie von ländlichen Wegen werden in Deutschland i. d. R. die Richtlinien für die Standardisierung des Oberbaues von Verkehrsflächen [RStO] herangezogen. Sie beinhalten ein Verfahren zur Dimensionierung von Schichtdicken für unterschiedliche Erneuerungsarten, Erneuerungsbauweisen und Erneuerungsklassen. Erneuerungen können in Bauweisen mit Asphaltdecke, Bauweisen mit Betondecke oder Bauweisen mit Pflasterdecke erfolgen. Bei einer Erneuerung nach den [RStO] sind Art und Dicke der neuen Schichten standardisiert. In jedem Fall sind Beschaffenheit der Unterlage, verfügbare

Konstruktionshöhen, Zustand der verbleibenden Befestigung und geänderte Beanspruchungen zu berücksichtigen.

Eine Erneuerung ist dann vorzusehen, wenn die Ursachen der Mängel auch in Schichten unterhalb der Deckschicht begründet sind und deshalb durch Maßnahmen der Instandhaltung oder Instandsetzung nicht beseitigt werden können. Erneuerungsmaßnahmen sind insbesondere dann auszuführen, wenn Mängel aus Verformungen einzelner Schichten unterhalb der Deckschicht aus mangelnder Tragfähigkeit herrühren. Eine Erneuerung wird über die ganze Fahrbahnbreite ausgeführt. Mit der Planung einer Erneuerungsmaßnahme sollte stets eine Überprüfung der Linienführung im Lageplan und Höhenplan sowie des Querschnittes einhergehen. Als Erneuerungsbauweisen stehen die Erneuerung im Tiefeinbau (Vollständiger Ersatz des vorhandenen Oberbaus) und die Erneuerung im Hocheinbau (Einbau von einer oder mehreren Schichten auf die vorhandene Verkehrsflächenbefestigung) zur Verfügung. Letztere Erneuerungsbauweise kann gegebenenfalls auch den Teilausbau ungeeigneter Schichten beinhalten, sofern die Erhöhung der Gesamtdicke des ursprünglichen Oberbaues mehr als 4 cm beträgt. Die Wahl der Erneuerungsbauweise ist von technischen und wirtschaftlichen Gesichtspunkten abhängig. Wichtige Entscheidungskriterien sind mit der Wiederverwendung von Baustoffen und den örtlichen Gegebenheiten verbunden, zum Beispiel Verkehrsführung während der Bauzeit, Dauer der Bauarbeiten, Länge der Erneuerungsabschnitte, Anzahl von Über- und Unterführungsbauwerken, Einmündungen und Kreuzungen.

Zur Festlegung einer Erneuerungsart und -bauweise muss der Gebrauchswert einer vorhandenen Straßenbefestigung erfasst und bewertet werden, zudem sind die Ursachen der Schäden zu ermitteln und zu analysieren. Nur so lässt sich eine technisch befriedigende und wirtschaftlich sinnvolle Erneuerungsmaßnahme planen. Der Gebrauchswert einer Straßenbefestigung lässt sich gemäß [RStO] abschätzen.

Die Bauklasse wird über die dimensionierungsrelevante Beanspruchung gemäß [RStO] bestimmt. Die Erneuerungsklassen für eine Erneuerung im Hocheinbau werden in Abhängigkeit von den maßgebenden Zustandsmerkmalen einer vorhandenen Asphalt- oder Betonbefestigung ermittelt. Die Schichtdicken für eine Erneuerung im Hocheinbau sind in Abhängigkeit von der Erneuerungsklasse und der Bauklasse in den [RStO] festgelegt.

Tragfähigkeit

Im Rahmen der Zustandserfassung und -bewertung wird die Tragfähigkeit einer Straßenbefestigung i. d. R. nicht bestimmt. Dennoch kann aus wirtschaftlichen Gründen der Tragfähigkeitsermittlung im Rahmen der Planung von Erhaltungsmaßnahmen von Befestigungen in Asphaltbauweise große Bedeutung zukommen. Die Tragfähigkeit ist der Widerstand gegen kurzzeitige Verformungen und wird durch die Reaktion (Einsenkung, Deflexion) einer Straßenbefestigung auf eine aufgebrachte Kraft (quasistatisch bzw. dynamisch) ermittelt (Abb. 7.3-17). Die Behandlung der Messdaten sind im Arbeitspapier Tragfähigkeit, Teil D Standardisierung von Tragfähigkeitsmessdaten [AP 433 D], näher beschrieben.

Die Tragfähigkeit einer Straßenbefestigung wird von Faktoren beeinflusst wie

- der Temperatur der Fahrbahnoberfläche,
- der Temperatur innerhalb der mit Bindemittel gebundenen Befestigung in Abhängigkeit von der Tiefe,
- den saisonal bedingten Tragfähigkeitsschwankungen des Untergrunds bzw. Unterbaus,
- dem Fahrbahnoberflächenzustand (z. B. Risse) und
- der Lage der Trasse (z. B. Schattenlage).

Zur Ermittlung der Tragfähigkeit stehen unterschiedliche Messgeräte zur Verfügung, die im Arbeitspapier Tragfähigkeit von Straßen – Abschnitt A: Messverfahren [AP 33 A] beschrieben werden.

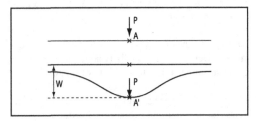

Abb. 7.3-17 Reaktion einer Straßenbefestigung infolge einer aufgebrachten Kraft

Man unterscheidet quasistatische und dynamische Messverfahren. Während der Tragfähigkeitsmessungen sollte die Oberflächentemperatur nicht unter 5°C und nicht über 35°C liegen.

Mit dem *Benkelman-Balken* (quasistatisches Messverfahren) wird die Einsenkung der Fahrbahnoberfläche aufgrund einer Radlast ermittelt. Im Arbeitspapier Tragfähigkeit, Teil B1-Benkelman-Balken, Gerätebeschreibung, Messdurchführung und Teil C1-Benkelman-Balken, Auswertung und Bewertung von Einsenkungsmessungen [AP 33 B1/C1], sind die für die Messung erforderlichen Geräte und die Durchführung sowie Auswertung der Messungen beschrieben. Zur Messung der Einsenkung mit dem Benkelman-Balken dient ein zweiachsiger Lkw mit zwillingsbereifter Hinterachse als Belastungsfahrzeug. Die Radlast wird durch Radlastmesser vor und nach den Messungen bestimmt und bei Abweichungen von der Regelradlast (i. d. R. 50 kN) auf diese umgerechnet. Während der Messungen wird die Fahrbahnoberflächentemperatur erfasst. Die Temperaturmessungen sind für die Auswertung und Interpretation der Messergebnisse erforderlich, da besonders der E-Modul von Asphalt sehr temperaturabhängig ist. Die Lage der Messpunkte sollte sich mindestens in der rechten Rollspur befinden. Der Abstand zwischen den Messpunkten sollte nicht größer als 20 m sein. Die zwillingsbereiften Hinterräder des Belastungsfahrzeugs werden auf den Messpunkt gefahren, die Tastarmspitze des Benkelman-Balkens wird im Lastzentrum zwischen den Zwil-

lingsreifen eingerichtet. Es folgt die erste Ablesung der Messuhr. Das Belastungsrad wird anschließend 5 m vom Messpunkt entfernt und die Messuhr ein zweites Mal abgelesen. Die hier beschriebene Messmethodik ist in Abb. 7.3-18 als Prinzipskizze dargestellt. Die Differenz der Messwerte im belasteten (erste Messuhrablesung) und im unbelasteten (zweite Messuhrablesung) Zustand wird maximale Einsenkung genannt, müsste aber korrekt als maximale Rückfederung bezeichnet werden. Die Auswertung der Messergebnisse erfolgt für eine auf 20°C temperaturkorrigierte und ggf. radlastkorrigierte Einsenkung. Die maximale Einsenkung wird als Längsprofil dargestellt, um homogene Abschnitte mit ähnlicher maximaler Einsenkung zu bilden und punktuelle Schwachstellen der Straßenbefestigung erkennen zu können. Darüber hinaus lässt sich mit Hilfe von Messungen mit dem Benkelman-Balken die Lasteinflusslinie ermitteln. Dabei werden die Einsenkungen sowie der Abstand zwischen dem Messpunkt und dem Zentrum der Belastungsräder elektronisch aufgezeichnet.

Mit dem *Deflektograph Lacroix* (quasistatisches Messverfahren) wird die maximale Einsenkung und die Lasteinflusslinie unter beiden zwillingsbereiften Belastungsrädern der Hinterachse ermittelt. Beim Deflektograph Lacroix ist zwischen der Vorder- und der Hinterachse ein Messschlitten angebracht, der mit zwei Tastarmen ausgestattet ist. Die Achslast kann durch die Füllmenge eines Wassertanks variiert werden. Wäh-

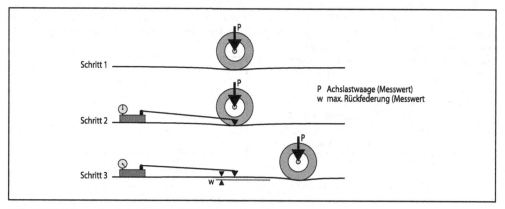

Abb. 7.3-18 Messmethodik Benkelmann-Balken, max. Einsenkung (Prinzipskizze)

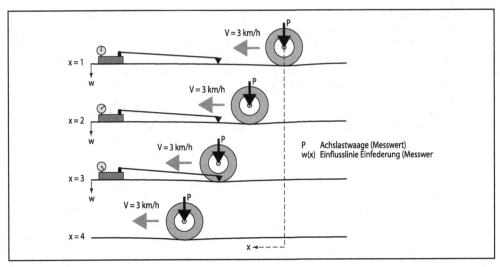

Abb. 7.3-19 Messmethodik Deflektograph Lacroix (Prinzipskizze)

rend der Messungen wird die Fahrbahnoberflä-chentemperatur elektronisch gemessen und er-fasst. Gemessen wird mit einer Fahrgeschwindig-keit von etwa 3 km/h. Hieraus resultiert ein Messpunktabstand von ca. 6 m. Die Tastarme des Messschlittens werden zwischen Vorder- und Hin-terachse des Belastungsfahrzeugs auf die Fahr-bahnoberfläche gesetzt und bleiben in dieser Posi-tion. Die Belastungsräder rollen auf die Tastarm-spitzen zu, bis sie diese erreicht haben. Danach wird der Messschlitten wieder in die Ausgangspo-sition zwischen Vorder- und Hinterachse gezogen. Die hier beschriebene Messmethodik ist in Abb. 7.3-19 als Prinzipskizze dargestellt. Die Lastein-flusslinie je Messpunkt mit der zugehörigen maxi-malen Einsenkung wird in der linken und rechten Rollspur erfasst und auf Datenträger gespeichert. Die Längsprofile werden aufgezeichnet. Die Aus-wertung der Messergebnisse erfolgt für die Stan-dardtemperatur 20°C, vgl. auch Arbeitspapier Tragfähigkeit Teil B 3 Einsenkungsmessgerät „La-croix", Gerätebeschreibung, Messdurchführung Teil C 3 Einsenkungsmessgerät „Lacroix", Aus-wertung von Einsenkungsmessungen [AP 433 B3/ C3].

Mit dem *Falling-Weight-Deflektometer* (FWD; dynamisches Messverfahren) wird die infolge eines Kraftimpulses auftretende Deflexion der

Fahrbahnoberfläche ermittelt und auf Datenträger gespeichert. Hierzu wird eine Masse aus definierter Höhe auf ein Feder-Dämpfer-System fallengelas-sen und damit ein Kraftimpuls erzeugt, der über eine Lastplatte in die Straßenbefestigung einge-leitet wird. Die Deformationsgeschwindigkeit der Fahrbahnoberfläche infolge des eingeleiteten Kraft-impulses wird an diskreten Punkten (innerhalb und außerhalb des Lastplattenzentrums) über Geo-phone aufgenommen. Mit der Integration der Ge-schwindigkeiten nach der Zeit erhält man die ma-ximale Deflexion je Geophonposition. In Abb. 7.3-20 sind die Geophonpositionen und die zugehö-rigen Deflexionen als Prinzipskizze dargestellt. Der Durchmesser der Lastplatte beträgt i. d. R.

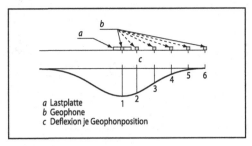

Abb. 7.3-20 FWD Geophonpositionen und zugehörige Deflexionen (Prinzipskizze)

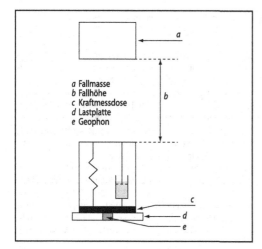

a Fallmasse
b Fallhöhe
c Kraftmessdose
d Lastplatte
e Geophon

Abb. 7.3-21 Messmethodik FWD (Prinzipskizze)

300 mm. Die Dauer des Kraftimpulses ist abhängig vom Gerätetyp. Das Maximum des Kraftimpulses beträgt während der Messungen 50 kN. Mit Hilfe von sechs bis neun Geophonen – ein Geophon im Lastzentrum – wird die Deflexion der Fahrbahnoberfläche erfasst. Geophon- und Messpunktabstand richten sich nach dem Untersuchungsziel. Die Lastplatte setzt man vollflächig auf den Messpunkt in der rechten Rollspur. Die Masse wird auf die definierte Höhe gefahren und auf das Feder-Dämpfer-System fallengelassen. Der Kraftimpuls und die Deflexionsmulde werden registriert. Die Messmethodik ist in Abb. 7.3-21 als Prinzipskizze dargestellt. Die Deflexionsmulde wird mit Hilfe eines EDV-Programms ausgewertet und meist auf eine Temperatur von 20°C und ggf. auf den Regelwert des Kraftimpulses korrigiert. Aus der Deflexionsmulde können die Schicht-E-Moduln einschließlich des E-Moduls des Untergrunds bzw. Unterbaus zurückgerechnet werden, vgl. hierzu Arbeitspapier Tragfähigkeit Teil B 2.1 Falling Weight Deflectometer (FWD), Gerätebeschreibung, Messdurchführung, Asphaltbauweisen [AP 433 B2.1].

Abkürzungen zu 7.3

ATV	Allgemeine Technische Vertragsbedingungen für Bauleistungen
CUS/CUG	Schlacke aus der Kupfererzeugung
DSH	Dünne Schichten im Heißeinbau
DSH-V	Dünne Schichten im Heißeinbau auf Versiegelung
DSK	Dünne Schichten im Kalteinbau
D_{Pr}	Verdichtungsgrad, bezogen auf die Proctordichte
ED	Ersatz einer Deckschicht
EF	Ersatz von Fugenfüllungen
EPuPT	Ersatz von Platten und Plattenteilen
FSS	Frostschutzschicht
Fzkm	Fahrzeugkilometer
GKOS	Gießerei-Kupolofenschlacke
GRS	Gießereisand
HFP	Heben und Festlegen von Platten
HGT	hydraulisch gebundene Tragschicht
HMVA	Hausmüllverbrennungsasche
HOS	Hochofenstückschlacke
HS	Hüttensand
Kfz	Kraftfahrzeug
KTS	Kiestragschicht
Lkw	Lastkraftwagen
MIV	motorisierter Individualverkehr
MVQ	Maß der Verkehrsqualität
OB	Oberflächenbehandlung
OBRH	Oberflächenbehandlung mit Reaktionsharz
OBRHM	Oberflächenbeschichtung mit Reaktionsharzmörtel
ÖPNV	Öffentlicher Personennahverkehr
ÖV	Öffentlicher Verkehr
Pkm	Personenkilometer
PSV	Polished Stone Value
RC-Baustoff	rezyklierte Gesteinskörnung mit Begrenzungen einzelner Stoffgruppen
RF	Rückform
SE	Streifenweiser Ersatz
SFA	Steinkohlenflugasche
SKA	Kesselasche aus Steinkohlenfeuerung
SKG	Schmelzkammergranulat
SoB	Schichten ohne Bindemittel
STS	Schottertragschicht
StVO	Straßenverkehrsordnung
StVZO	Straßenverkehrszulassungsordnung
SWS	Stahlwerksschlacke
TL	Technische Lieferbedingungen
ToB	Tragschichten ohne Bindemittel
TP	Technische Prüfvorschriften
w_{opt}	optimaler Wassergehalt von Baustoffgemischen für SoB

ZTV   Zusätzliche Technische Vertragsbedingungen und Richtlinien

Abkürzungen zu Asphaltmischgut

AC	Asphalt Concrete (Asphaltbeton)
SMA	Stone Mastic Asphalt (Splittmastixasphalt)
MA	Mastic Asphalt (Gussasphalt)
PA	Porous Asphalt (Offenporiger Asphalt)
D	Asphaltdeckschichtmischgut
B	Asphaltbinderschichtmischgut
TD	Tragdeckschichtmischgut
T	Asphalttragschichtmischgut
S	für besondere Beanspruchungen
N	für normale Beanspruchungen
L	für leichte Beanspruchungen

Abkürzungen zur Schichtdickendimensionierung

B	dimensionierungsrelevante Beanspruchung
DTV$^{(SV)}$	durchschnittliche tägliche Verkehrsstärke der Fahrzeugarten des Schwerverkehrs
f$_A$	Achszahlfaktor
f$_1$	Fahrstreifenfaktor
f$_2$	Fahrstreifenbreitenfaktor
f$_3$	Steigungsfaktor
f$_Z$	mittlerer jährlicher Zuwachsfaktor des Schwerverkehrs
p	Schwerverkehr
q$_{Bm}$	Lastkollektivquotient

Literaturverzeichnis Kap. 7.3

AASHO Übersetzung des AASHO-Road-Test, Bericht Nr. 5 Straßenbau und Straßenverkehrstechnik, Heft 27. Herausgegeben vom Bundesminister für Verkehr, Abt. Straßenbau, Bonn, 1963

AP 9/A 1 01: Arbeitspapier Systematik der Straßenerhaltung, Reihe A, Auswertung – Abschnitt A 1: Zustandsbewertung, Ausgabe 2001. FGSV Verlag, FGSV-Nr. AP 9/A 1, Köln 2001

AP 9/A 2 01: Arbeitspapier Systematik der Straßenerhaltung, Reihe A, Auswertung – Abschnitt A 2: Datenorganisation und Historisierung, Ausgabe 2001, FGSV Verlag, FGSV-Nr. AP 9/A 2, Köln 2001

AP 33 A: Tragfähigkeit von Straßen – Abschnitt A: Messverfahren, Ausgabe 1994. FGSV Verlag, FGSV-Nr. AP 33 A, Köln 1994

AP 33 B1/C1: Tragfähigkeit – Teil B 1-Benkelman-Balken: Gerätebeschreibung, Messdurchführung – Teil C 1-Benkelman-Balken: Auswertung und Bewertung von Einsenkungsmessungen, Ausgabe 2005, FGSV Verlag, FGSV-Nr. AP 33 B1/C1, Köln 2005

AP 433 B2.1: Arbeitspapier Tragfähigkeit Teil B 2.1 Falling Weight Deflectometer (FWD): Gerätebeschreibung, Messdurchführung – Asphaltbauweisen, Ausgabe 2008. FGSV Verlag, FGSV-Nr. 433 B 2.1, Köln 2008

AP 433 B3/C3: Arbeitspapier Tragfähigkeit Teil B 3 Einsenkungsmessgerät „Lacroix": Gerätebeschreibung, Messdurchführung Teil C 3 Einsenkungsmessgerät „Lacroix": Auswertung von Einsenkungsmessungen, Ausgabe 2008. FGSV Verlag, FGSV-Nr. 433 B 3/C 3, Köln 2008

AP 433 D: Arbeitspapier Tragfähigkeit – Teil D Standardisierung von Tragfähigkeitsmessdaten, Ausgabe 2008. FGSV Verlag, FGSV-Nr. 433 D, Köln 2008

AP FPgA: Arbeitspapier Flächenbefestigungen mit Pflasterdecken und Plattenbelägen in gebundener Ausführung, Ausgabe 2007, FGSV Verlag, FGSV-Nr. 618/2, Köln 2007

ASB-ING: Anweisung Straßeninformationsbank – Teilsystem Bauwerksdaten. Verkehrsblatt-Verlag, Dok. Nr., S 1502, Dortmund 1998

Boltze M (1996) Intermodales Verkehrsmanagement – mehr als eine Mode? Internationales Verkehrswesen 48 (1996) H 1+2, S 11–18

Brilon W, Großmann M, Blanke H (1994) Verfahren für die Berechnung der Leistungsfähigkeit und Qualität des Verkehrsablaufes auf Straßen. In: Schriftenreihe Forschung Straßenbau und Straßenverkehrstechnik, H 669. BMV 1994, Bonn

Cerwenka P (1997) Verkehrssystemplanung zwischen allen Fronten und Stühlen – Meinung kann nicht Messung ersetzen. Der Nahverkehr (1997) H 11, S 14–17

EAE (1995) FGSV Forschungsgesellschaft für Straßen- und Verkehrswesen (Hrsg) Empfehlungen für die Anlage von Erschließungsstraßen. Köln

EAHV (1993) FGSV Forschungsgesellschaft für Straßen- und Verkehrswesen (Hrsg) Empfehlungen für die Anlage von Hauptverkehrsstraßen. Köln

EAR (2005) FGSV Forschungsgesellschaft für Straßen- und Verkehrswesen (Hrsg) Empfehlungen für Anlagen des ruhenden Verkehrs. Köln

ERA (2010) FGSV Forschungsgesellschaft für Straßen- und Verkehrswesen (Hrsg) Empfehlungen für Radverkehrsanlagen. Köln

Kötter T (2005) Straßen- und Wegenetze. In: Steierwald G, Künne H D, Vogt W (Hrsg) Stadtverkehrsplanung. 2. Aufl. Springer, Berlin/Heidelberg/New York, S 463–502

Krug S, Witte A (1998) Bausteine eines Konzepts zum Mobilitätsmanagement – Das europäische Forschungsprojekt MOSAIC. Der Nahverkehr 1-2, S 15–19

M BBmB: Merkblatt für Bodenverfestigungen und Bodenverbesserungen mit Bindemitteln, Ausgabe 2004. FGSV Verlag, FGSV-Nr. 551, Köln 2004

M FP 1: Merkblatt für Flächenbefestigungen mit Pflasterdecken und Plattenbelägen. Teil 1 Regelbauweise (Ungebundene Ausführung). FGSV Verlag, FGSV-Nr. 618/1, Köln 2003

M OB: Merkblatt für die Herstellung von Oberflächentexturen auf Verkehrsflächen aus Beton M OB, Ausgabe 2009, FGSV Verlag, FGSV-Nr. 829, Köln 2009

M OPA: Merkblatt für den Bau offenporiger Asphaltdeckschichten, FGSV Verlag, FGSV-Nr. 750, Köln 1998

M RF: Merkblatt für das Rückformen von Asphaltschichten, Ausgabe 2002. FGSV Verlag, FGSV-Nr. 786/1, Köln 2002

M TDoB: Merkblatt für die Herstellung von Trag- und Deckschichten ohne Bindemittel. Ausgabe 1995, FGSV Verlag, FGSV-Nr. 633, Köln 1995

OKSTRA: Merkblatt Objektkatalog für das Straßen- und Verkehrswesen, OKSTRA. Ausgabe 2003, FGSV Verlag, FGSV Nr. 951, Köln 2003

Prinz D (1999) Städtebau. Bd. 1: Städtebauliches Entwerfen. 7. Aufl. W. Kohlhammer, Stuttgart

RAS-LP 2: Richtlinien für die Anlage von Straßen – Teil: Landschaftspflege, RAS-LP, Abschnitt 2: Landschaftspflegerische Ausführung. FGSV Verlag, FGSV-Nr. 293/2, Köln 1993

RASt 06 (2008) FGSV Forschungsgesellschaft für Straßen- und Verkehrswesen (Hrsg) Richtlinien für die Anlage von Stadtstraßen. Köln

RDO Asphalt: Richtlinien für die rechnerische Dimensionierung des Oberbaus von Verkehrsflächen mit Asphaltdeckschicht, RDO Asphalt 09. FGSV Verlag, FGSV-Nr. 498, Köln 2009

RDO Beton: Richtlinien für die rechnerische Dimensionierung von Betondecken im Oberbau von Verkehrsflächen, RDO Beton 09. FGSV Verlag, FGSV-Nr. 498, Köln 2009

RILSA 2010 (2010) FGSV Forschungsgesellschaft für Straßen- und Verkehrswesen (Hrsg.) Richtlinien für Lichtsignalanlagen – Lichtzeichenanlagen für den Straßenverkehr. Köln

RIN 08 (2008) FGSV Forschungsgesellschaft für Straßen- und Verkehrswesen (Hrsg.) Richtlinien für die Integrierte Netzgestaltung. Köln

RPE-Stra: Richtlinien für die Planung von Erhaltungsmaßnahmen an Straßenbefestigungen, RPE-Stra 01, Ausgabe 2001. FGSV Verlag, FGSV-Nr. 988, Köln 2001

RStO: Richtlinien für die Standardisierung des Oberbaues von Verkehrsflächen, RStO 01. FGSV Verlag, FGSV-Nr. 499, Köln 2001

TL Asphalt-StB: Technischen Lieferbedingungen für Asphaltmischgut für den Bau von Verkehrsflächenbefestigungen, TL Asphalt-StB 07, Ausgabe 2007. FGSV Verlag, FGSV Nr. 797, Köln 2008

TL BE-StB: Technische Lieferbedingungen für Bitumenemulsionen, TL BE-StB 07, Ausgabe 2007. FGSV Verlag, FGSV Nr. 793, Köln 2008

TL BEB RH-StB und TP BEB RH-StB Technische Lieferbedingungen für Grundierungen und Oberflächenbehandlungen aus Reaktionsharzen sowie für Oberflächenbeschichtungen und Betonersatzsysteme aus Reaktionsharzmörtel für die Bauliche Erhaltung von Verkehrsflächen – Betonbauweisen (TL BEB RH) und Technische Prüfvorschriften für Grundierungen und Oberflächenbehandlungen aus Reaktionsharzen sowie für Oberflächenbeschichtungen und Betonersatzsysteme aus Reaktionsharzmörtel für die Bauliche Erhaltung von Verkehrsflächen Betonbauweisen (TP BEB RH), Ausgabe 2002. FGSV Verlag, FGSV Nr. 898/2/3, Köln 2002

TL Beton-StB: Technischen Lieferbedingungen für Baustoffe und Baustoffgemische für Tragschichten mit hydraulischen Bindemitteln und Fahrbahndecken aus Beton, TL Beton-StB 07, Ausgabe 2007. FGSV Verlag, FGSV Nr. 891, Köln 2008

TL Fug-StB und TP Fug-StB: Technische Lieferbedingungen für Fugenfüllstoffe in Verkehrsflächen und Technische Prüfvorschriften für Fugenfüllstoffe in Verkehrsflächen, TL Fug-StB 01 und TP Fug-StB 01, Ausgabe 2001. FGSV-Nr. 897/2/3, Köln 2001

TL Pflaster-StB: Technischen Lieferbedingungen für Bauprodukte zur Herstellung von Pflasterdecken, Plattenbelägen und Einfassungen, TL Pflaster-StB 06, Ausgabe 2006, FGSV Verlag, FGSV Nr. 643, Köln 2006

TL Gestein-StB: Technische Lieferbedingungen für Gesteinskörnungen im Straßenbau, TL Gestein-StB 04, Ausgabe 2004, Fassung 2007. FGSV Verlag, FGSV Nr. 613, Köln 2008

TL SoB-StB: Technische Lieferbedingungen für Baustoffgemische und Böden zur Herstellung von Schichten ohne Bindemittel im Straßenbau, TL SoB-StB 04, Ausgabe 2004, Fassung 2007. FGSV Verlag, FGSV Nr. 697, Köln 2007

Verkehrsmanagement. Internes Arbeitspapier des Arbeitskreises 1.1.22 Verkehrsmanagement. FGSV 1998, Aachen

Verkehrs-System-Management (1986) FGSV Forschungsgesellschaft für Straßen- und Verkehrswesen (Hrsg) Verkehrs-System-Management. Köln

ZTV Asphalt-StB: Zusätzliche Technische Vertragsbedingungen und Richtlinien für den Bau von Verkehrsflächenbefestigungen aus Asphalt, ZTV Asphalt-StB 07, Ausgabe 2007. FGSV Verlag, FGSV-Nr. 799, Köln 2008

ZTV BEA-StB: Zusätzliche Technische Vertragsbedingungen und Richtlinien für die Bauliche Erhaltung von Verkehrsflächenbefestigungen – Asphaltbauweisen, ZTV BEA-StB 09, Ausgabe 2009, FGSV Verlag, FGSV-Nr. 798, Köln 2009

ZTV BEB-StB: Zusätzliche Technische Vertragsbedingungen und Richtlinien für die Bauliche Erhaltung von Verkehrsflächen – Betonbauweisen, ZTV BEB-StB 02, Ausgabe 2002, FGSV Verlag, FGSV-Nr. 898/1, Köln 2002

ZTV Beton-StB: Zusätzliche Technische Vertragsbedingungen und Richtlinien für den Bau von Tragschichten mit hydraulischen Bindemitteln und Fahrbahndecken aus Beton, ZTV Beton-StB 07, Ausgabe 2007, FGSV Verlag, FGSV-Nr. 899, Köln 2008

ZTV E-StB: Zusätzliche Technische Vertragsbedingungen und Richtlinien für Erdarbeiten im Straßenbau, ZTV E-StB 09, Ausgabe 2009. FGSV Verlag, FGSV-Nr. 599, Köln 2009

ZTV Fug-StB: Zusätzliche Technische Vertragsbedingungen und Richtlinien für Fugen in Verkehrsflächen, ZTV Fug-StB 01, Ausgabe 2001. FGSV Verlag, FGSV-Nr. 897/1, Köln 2001

ZTV Pflaster-StB: Zusätzliche Technische Vertragsbedingungen und Richtlinien zur Herstellung von Pflasterdecken, Plattenbelägen und Einfassungen, ZTV Pflaster-StB 06, Ausgabe 2006. FGSV Verlag, FGSV-Nr. 699, Köln 2006

ZTV LW: Zusätzliche Technische Vertragsbedingungen und Richtlinien für die Befestigung ländlicher Wege, ZTV LW 99/01, Ausgabe 1999/Fassung 2001 mit Änderungen und Ergänzungen Ausgabe 2007. FGSV Verlag, FGSV-Nr. 675, Köln 2007

ZTV SoB-StB: Zusätzliche Technische Vertragsbedingungen und Richtlinien für den Bau von Schichten ohne Bindemittel, ZTV SoB-StB 04, Ausgabe 2004, Fassung 2007. FGSV Verlag, FGSV-Nr. 698, Köln 2007

Normen

DIN 1045-1: Tragwerke aus Beton, Stahlbeton und Spannbeton, Teil 1: Bemessung und Konstruktion. Deutsches Institut für Normung e. V., Beuth Verlag, Berlin 2008

DIN 1164-10: Zement mit besonderen Eigenschaften, Teil 10: Zusammensetzung, Anforderungen und Übereinstimmungsnachweis von Normalzement mit besonderen Eigenschaften. Deutsches Institut für Normung e. V., Beuth Verlag, Berlin 2004

DIN 1164-11: Zement mit besonderen Eigenschaften, Teil 11: Zusammensetzung, Anforderungen und Übereinstimmungsnachweis von Zement mit verkürztem Erstarren. Deutsches Institut für Normung e. V., Beuth Verlag, Berlin 2003

DIN 1164-31, Portland-, Eisenportland-, Hochofen- und Trasszement; Bestimmung des Hüttensandanteils von Eisenportland- und Hochofenzement und des Trassanteils von Trasszement. Deutsches Institut für Normung e. V., Beuth Verlag, Berlin 1990

DIN 18196: Erd- und Grundbau; Bodenklassifikation für bautechnische Zwecke. Deutsches Institut für Normung e. V., Beuth Verlag, Berlin 2006

DIN 18318: VOB Vergabe- und Vertragsordnung für Bauleistungen – Teil C: Allgemeine Technische Vertragsbedingungen für Bauleistungen (ATV) – Verkehrswegebauarbeiten – Pflasterdecken und Plattenbeläge in ungebundener Ausführung, Einfassungen. Deutsches Institut für Normung e. V., Beuth Verlag, Berlin 2010

DIN 18503: Pflasterklinker, Anforderungen und Prüfverfahren. Deutsches Institut für Normung e. V., Beuth Verlag, Berlin 2003

DIN 18506: Hydraulische Boden- und Tragschichtbinder, Zusammensetzung, Anforderungen und Konformitätskriterien. Deutsches Institut für Normung e. V., Beuth Verlag, Berlin 2002

DIN EN 197-1: Zement, Teil 1: Zusammensetzung, Anforderungen und Konformitätskriterien von Normalzement. Deutsches Institut für Normung e. V., Beuth Verlag, Berlin 2009

DIN EN 197-2: Zement, Teil 2: Konformitätsbewertung. Deutsches Institut für Normung e. V., Beuth Verlag, Berlin 2000

DIN EN 206-1: Beton, Teil 1: Festlegung, Eigenschaften, Herstellung und Konformität. Deutsches Institut für Normung e. V., Beuth Verlag, Berlin 2001

DIN EN 1338: Pflastersteine aus Beton, Anforderungen und Prüfverfahren. Deutsches Institut für Normung e. V., Beuth Verlag, Berlin 2003

DIN EN 1341: Platten aus Naturstein für Außenbereiche – Anforderungen und Prüfverfahren. Deutsches Institut für Normung e. V., Beuth Verlag, Berlin 2009

DIN EN 1342: Pflastersteine aus Naturstein für Außenbereiche – Anforderungen und Prüfverfahren. Deutsches Institut für Normung e. V., Beuth Verlag, Berlin 2009

DIN EN 1344: Pflasterziegel – Anforderungen und Prüfverfahren. Deutsches Institut für Normung e. V., Beuth Verlag, Berlin 2009

DIN EN 13075-1: Bitumen und bitumenhaltige Bindemittel – Bestimmung des Brechverhaltens, Teil 1: Bestimmung des Brechwertes kationischer Bitumenemulsionen, Verfahren mit Feinmineralstoff. Deutsches Institut für Normung e. V., Beuth Verlag, Berlin 2009

DIN EN 13286-2: Ungebundene und hydraulisch gebundene Gemische – Teil 2: Laborprüfverfahren für die Trockendichte und den Wassergehalt-Proctorversuch. Deutsches Institut für Normung e. V., Beuth Verlag, Berlin 2010

7.4 Verkehrswasserbau – Wasserstraßen und Hinweise zu Häfen

Martin Hager †

7.4.1 Allgemeines

7.4.1.1 Inhaltliche und begriffliche Zuordnung

Der *Verkehrswasserbau* umfasst alle Maßnahmen in und an oberirdischen Gewässern im Binnenland, in und an Küstengewässern und auf der Hohen See sowie in Häfen und an Umschlagstellen, die dem Verkehr mit Schiffen, dem Umschlag von Gütern und/oder dem Personenverkehr dienen. Dazu gehören Bau, Unterhaltung und Betrieb der Schifffahrt- und Hafenanlagen nach geltenden technischen und rechtlichen Bestimmungen unter Beachtung wirtschaftlicher, umweltbezogener und ökologischer Gesichtspunkte.

Aus Platzgründen muss hinsichtlich der Planungs- und Entwurfsgrundlagen des *allgemeinen Wasserbaus* auf die einschlägige Literatur verwiesen werden. Bei den folgenden Ausführungen handelt es sich also nur um ergänzende Angaben und Aussagen, soweit sie *Wasserstraßen* und *Häfen* sowie deren Entwicklung besonders betreffen. Bautechnische Angaben zu Häfen müssen sich hier auf Hinweise beschränken.

Wichtige Begriffe des Verkehrswasserbaus im Binnen-, Küsten- und Seebereich sind in DIN 4054 unter den Abschnitten

– Hydromechanische und hydrologische Begriffe,
– Wasserstraßen,
– Regelungsbauwerke und Ufersicherungen,
– Bauwerke zum Überwinden von Fallstufen,
– Brücken, Fähren, sonstige Anlagen,
– Häfen und sonstige Anlagen für den ruhenden Verkehr,
– Nassbaggerwesen sowie
– Schifffahrtszeichen

erläutert, welche zugleich die Objektbereiche des Verkehrswasserbaus umreißen.

Als *Wasserstraßen* werden oberirdische Gewässer im Binnenland oder Küstengewässer bezeichnet, die gesetzlich für den Personen- und/oder den Güterverkehr mit Schiffen bestimmt sind.

In Deutschland wird nach dem Wasserwegerecht zwischen den dem allgemeinen Verkehr und den dem nicht allgemeinen Verkehr dienenden *Binnenwasserstraßen* und *Seewasserstraßen* unterschieden (Abb. 7.4-1). Hiermit nicht vollständig deckungsgleich sind die Zuordnungen nach dem Schifffahrtsrecht als *Binnenschifffahrtsstraßen* und *Seeschifffahrtsstraßen*.

Als verkehrsrechtliche Verordnungen gelten in festgelegten Bereichen der Binnen- bzw. Seeschifffahrtsstraßen die

– Binnenschifffahrtsstraßenordnung (BinSchStrO),
– Seeschifffahrtsstraßenordnung (SeeSchStrO),
– Rheinschifffahrtspolizeiverordnung (RheinSchPV),
– Moselschifffahrtspolizeiverordnung (MoselSchPV),
– Donauschifffahrtspolizeiverordnung (DonauSchPV),

welche hinsichtlich der Verkehrszulassungen neben internationalen Vereinbarungen oder Festlegungen bei Planungen an der Wasserstraße zu beachten sind –, z. B. solche der Zentralkommission für die Rheinschifffahrt (ZKR), der Donaukommission, der UN-Wirtschaftskommission für Europa (ECE) oder der Europäischen Verkehrsministerkonferenz (CEMT).

Für den Verkehr auf *Hoher See* gibt es Empfehlungen zur Einhaltung bestimmter Schifffahrtswege, die teilweise mit entsprechenden navigatorischen Hilfen ausgestattet sind; im Übrigen gelten Vereinbarungen der Internationalen Seekonferenz (IMO) und anderer, in erster Linie auf die Reinhaltung der Meere ausgerichteter internationaler Abkommen wie das London-Abkommen (LC 72), welches alle Meere betrifft, während andere, z. B. das Bonn-Abkommen (BA 76), allein für die Nordsee gilt.

Die *Häfen* werden nach den verkehrlichen, technischen und betrieblichen Bedingungen als „Seehäfen" oder „Binnenhäfen" bezeichnet. Häfen an der Küste oder in Flussmündungsgebieten, bei Tideflüssen im gesamten Ästuarbereich, mit überwiegendem Seeschiffumschlag sind *Seehäfen*, während die Häfen im Binnenland mit überwiegendem Binnenschiffumschlag *Binnenhäfen* sind.

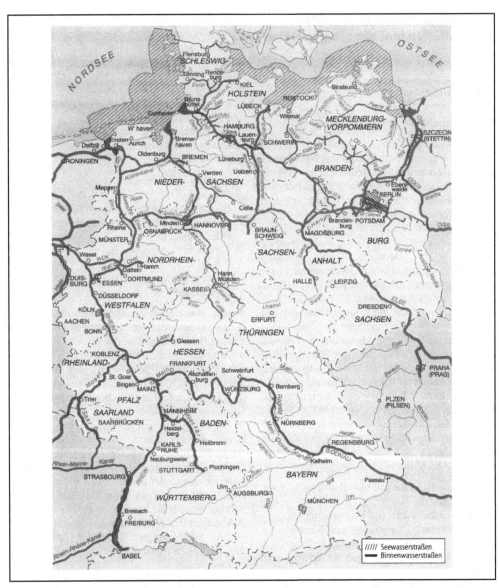

Abb. 7.4-1 Binnen- und Seewasserstraßen in Deutschland [BMV Arch 1996]

In Deutschland und Österreich wird nach rechtlichen Eigentumsverhältnissen und Betriebsformen
zwischen *Öffentlichen Binnenhäfen* und *Werkshä-
fen* unterschieden [VBW 1996]. Weitere begriff-
liche Unterscheidungen s. 7.4.7.

7.4.1.2 Verkehrsdaten und Verkehrsbedeutung der Schifffahrt

Das *Transportvolumen* auf Wasserstraßen wird in
Tonnen (t) transportierter Gütermengen für bestimmte Bereiche oder einzelne Durchgangsstellen

(Verkehrspunkte) angegeben. Die *Transportleistung* wird in Tonnenkilometern (tkm) durch Integration des Transportvolumens über zugehörige Streckenlängen ermittelt.

Umschlagmengen in Häfen werden in Tonnen Umschlaggut (t), ggf. getrennt nach Wasser- oder Landumschlag, angegeben. Für *Kapazitätsermittlungen* wird die Tragfähigkeit der maßgebenden Schiffsgrößen in t, auch (TT) bezeichnet, herangezogen.

Im Übersee- und Küstenverkehr bewältigten die deutschen Seehäfen 1996 an Aus- und Einfuhren rd. 206 Mio. t, während der Gesamtumschlag etwa 700 Mio. t umfasste. Der Wasser/Land- bzw. Land/Was-

ser-Umschlag in den Binnenhäfen erreichte 274,1 Mio. t. Die Binnenschifffahrt erbrachte im gleichen Zeitraum eine Verkehrsleistung von 65 Mrd. tkm mit einem Transportvolumen von 227 Mio. t. Auf dem deutschen Wasserstraßennetz von etwa 7700 km Gesamtlänge, das nur 2,4% der Streckenlänge aller Fernverkehrsverbindungen ausmacht, sind im Mittel der letzten Jahrzehnte rd. 20% aller Verkehrsleistungen erbracht worden. Im grenzüberschreitenden Verkehr betrug der Anteil mehr als 50%. Die Anteile der Hauptverkehrsträger am binnenländischen Güterfernverkehr und deren Entwicklung zeigt Abb. 7.4-2.

Angesichts der prognostizierten Verkehrssteigerungen und der Überlastung anderer Verkehrsträger

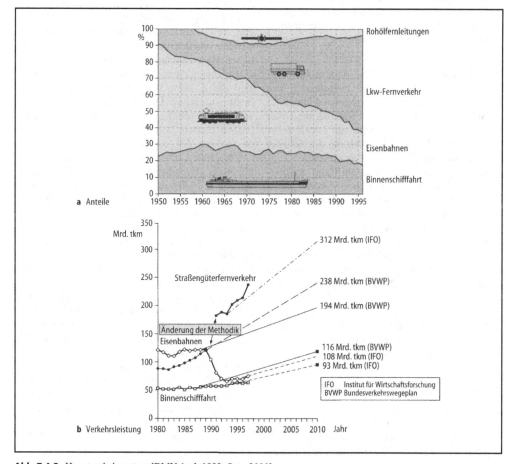

Abb. 7.4-2 Hauptverkehrsträger [BMV Arch 1998; Seus 2000]

gewinnen die Kapazitätsreserven des Systems Binnenschiff/Wasserstraße und das entsprechende Verlagerungspotential in Richtung Schifffahrt besondere Aufmerksamkeit [Krause 1994]. Hinzu kommen günstige Eigenschaften der Schifffahrt wie

– hohe Verkehrssicherheit mit geringen Unfallzahlen [Statistisches Bundesamt 1998],
– geringer spezifischer Energieverbrauch, der bei Vergleich von Binnenschifffahrt/Eisenbahn/Straßengüterverkehr im Verhältnis 1:1,2:3,7 entsprechend größere Transportweiten ermöglicht [VBW 1992],
– großes Transportvolumen der Schiffseinheiten mit einem günstigen Verhältnis von Nutzlast zu Totlast und geringem Personalbedarf; z.B. kann ein Schubverband mit sechs Leichtern auf einer Wasserstraße Klasse VI eine Transportmenge aufnehmen, die 400 Eisenbahnwaggonladungen oder 600 Lkw-Ladungen und mehr entspricht.

Die Nachteile geringerer Transportgeschwindigkeiten der Schifffahrt, meist zwischen 9 und 15 km/h, bei Talfahrten auf größeren Flüssen 25 bis 30 km/h, lassen sich unter Nutzung moderner logistischer Steuerungselemente mit Just-in-time-Lieferung bei gleichzeitiger Nutzung des Schiffes als schwimmenden Lagerraum ausgleichen.

Zur früher in der Binnenschifffahrt vorherrschenden Beförderung von Massengütern treten wegen der hohen Verkehrssicherheit vermehrt Transporte gefährlicher Güter, die Beförderung übermäßig schwerer und sperriger Güter, die auf dem Landweg nicht oder nur unter Sondermaßnahmen transportiert werden können, und in zunehmendem Maß Containertransporte in einem sich entwickelnden multimodalen Transportsystem. Diese Veränderungen wirken sich auf die *Planungs- und Entwurfsgrundlagen der Wasserstraßen* sowie auf die moderne *Gestaltung der Häfen* aus, denen künftig vermehrt Aufgaben als Güterverkehrs- und -verteilzentren zufallen (z.B. [Müller 1991]).

7.4.1.3 Entwicklung der Schiffsgrößen

Binnenschiffe

Die Entwicklung der Binnenschiffe und ihre Auswirkungen auf den Verkehrswasserbau werden u.a. in [PIANC 1985] und [WSD Mitte 1993] behandelt. Die Schleppschifffahrt mit oft bis zu zehn oder mehr gezogenen und besonders bemannten Schleppkähnen gehört nahezu vollständig der Vergangenheit an. Sie ist durch das wirtschaftlich günstigere selbstfahrende Gütermotorschiff und inzwischen auch durch den Schub- und den gekoppelten Schubschleppverband ersetzt worden. Tabelle 7.4-1 enthält auszugsweise Angaben zu gängigen Schiffs- und Verbandstypen. Neuerdings wird der Entwicklung flachgehender Großmotorschiffe besondere Aufmerksamkeit gewidmet.

Seeschiffe

Die größenmäßige Einstufung der Seeschiffe erfolgt im internationalen Seeschiffsregister mit Hilfe der dimensionslosen Bruttoraumzahl (BRZ), die sich aus der Schiffsvermessung ähnlich der früheren Angabe in Bruttoregistertonnen (BRT) ergibt, welche als Raummaß die Einheit 2,83 m³ verwendete und der international z.T. noch gebräuchlichen Bezeichnung Gross Register Tons (GRT) entspricht. Weitere Maßgrößen sind Nettoraumzahl (NRZ, etwa 30% der Bruttoraumzahl) und Bruttoraumgehalt. Die Tragfähigkeit wird in dead weight tons (dwt) angegeben, welche in der englischen Einheit 2240 lbs = 1 long ton = 1016 kg das Gewicht der gesamten Zuladung umfasst.

Für große Containerschiffe wird auch die Einteilung in „Generationen" verwendet, meist abgestuft für je 1000 aufnehmbare Container der Größe TEU (Twenty Feet Equivalent Unit). Die für Relationen durch den Panamakanal von den Schleusennutzmaßen bestimmte Größenbegrenzung von Schiffen wird inzwischen durch sog. „Post-Panmax-Schiffe" übertroffen, was bei den maßlichen Anforderungen an Seewasserstraßen und Seehäfen ggf. zu berücksichtigen ist.

Maßgrößen gängiger Seeschiffe finden sich in E 39 der [EAU 1996], in [PIANC/IAPH 1997] sowie in [ROM 0.2-90 1990]. Abweichungen sind z.T. durch Unterschiede der Ursprungsländer der Seeschiffe bedingt.

Für dynamische Vorgänge aus der Schiffsbewegung sowie als Ausrüstungsleitzahl nach Germanischem Lloyd (GL) wird die Wasserverdrängung G (engl.: deplacement) des Schiffes in t benötigt:

$$G = c_B \cdot \rho_W \cdot L_{pp} \cdot B \cdot T \qquad (7.4.1)$$

(Abb. 7.4-3), wobei

Tabelle 7.4-1 Schiffs- und Schubverbandstypen der Wasserstraßenklassen V und VI [VBW 1996]

WS-Klasse	Schiffstyp/ Schubverbandstyp	maximale Länge in m					
		0	50	100	150	200	250
Va	Großes Rheinschiff Großmotorgüterschiff						
	Schubverband einspurig – eingliedrig						
Vb	Schiebendes Motorschiff						
	Schubverband einspurig – zweigliedrig Schubverband						
VIa	Schubverband zweispurig – eingliedrig						
	Schubverband zweispurig – zweigliedrig						
VIb	Schiebendes Motorschiff zweispurig – zweigliedrig (gekuppelte Fahrzeuge)						
VIc	Schubverband zweispurig – dreigliedrig						
	Schubverband dreispurig – dreigliedrig						

L_{pp} Länge zwischen den Loten in m,
B Breite im Hauptspantquerschnitt in m,
T Tiefgang im Hauptspantquerschnitt in m,
ρ_W Dichte des Wassers in t/m^3,
c_B Völligkeitsgrad, der in Abhängigkeit von der Form des eingetauchten Schiffskörpers meist zwischen 0,5 und 0,8 für Seeschiffe sowie zwischen 0,8 und 0,9 für Binnenschiffe schwankt.

Fahrgeschwindigkeiten werden bei Binnenschiffen in km/h und bei Seeschiffen in Knoten (kn) angegeben (1 kn = 1 sm/h = 1,852 km/h). In Fließgewässern ist zwischen Fahrgeschwindigkeit über Grund und Relativgeschwindigkeit zur Strömung zu unterscheiden.

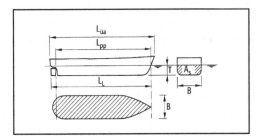

Abb. 7.4-3 Definition der Schiffsabmessungen

7.4.2 Wasserstraßen

7.4.2.1 Wasserstraßennetz

Trotz seiner Weitmaschigkeit stellt das Wasserstraßennetz die notwendigen Verbindungen der Seehäfen zur Hohen See und zum Hinterland mit Binnenhäfen, Industriezentren und Großstadtregionen her. 56 von 74 deutschen Großstadtregionen haben Häfen oder Wasserstraßenanschluss. 76% dieser Wasserstraßen sind *natürliche Gewässer*, davon etwa die Hälfte *frei fließende* und *geregelte*, im Übrigen *stauregelte Flüsse*. Lediglich 24% der Wasserstraßen sind überwiegend künstlich angelegte *Kanäle*.

Bei verkehrswasserbaulichen Planungen ist zu berücksichtigen, dass Wasserstraßen auch außerverkehrliche Funktionen haben wie

– Versorgung mit Brauchwasser; z.B. hält das westdeutsche Kanalnetz für Industrie und Landwirtschaft ein Wasserreservoir von mehr als 300 Mio. m^3 verfügbar, vgl. [WSD West 1990];
– Erhaltung der Vorflut durch Sicherstellung des geregelten Abflusses und Abwendung von Hochwassergefahren, z.B. durch Retention oder Hochwasser- (HW-) Deiche;
– umweltfreundliche und regenerierbare Energiegewinnung an Staustufen mit einer Gesamtleistung von z. Z. etwa 700 MW;
– Erholung, Sport- und Freizeitschifffahrt, Fischerei, ergänzt um Rad- und Wandermöglichkeiten auf ufernahen Betriebswegen.

Gegebenenfalls sind Umweltverträglichkeitsuntersuchungen und landschaftspflegerische Begleitplanungen nach besonderen Verfahrensvorschriften erforderlich.

7.4.2.2 Standardisierung nach Wasserstraßenklassen

Um die Befahrbarkeit auf bestimmten Wasserstraßen und ihren Relationen zu vereinheitlichen, sind verschiedentlich standardisierende Empfehlungen oder Festlegungen mit Einteilung nach Schiffs- und Schubverbandsgrößen bzw. -tragfähigkeiten entwickelt worden. In Europa gehen solche Regelungen auf die von der Europäischen Verkehrsministerkonferenz (CEMT) 1954 empfohlene Klassifizierung und die von der ECE 1960 aufgestellte Klasseneinteilung nach Tragfähigkeiten zurück, die später wiederholt ergänzt wurden (s. [Seiler 1972; Hager 1987; VBW 1981-1989; PIANC I-9 1990; Hinricher 1991]).

Inzwischen gilt die *Klassifizierung* der Binnenwasserstraßen nach ECE-Resolution No 30 v. 12.11.1992, welche von CEMT übernommen wurde und für die Bundeswasserstraßen anzuwenden ist (s. E 39 der [EAU 1996]). Darin sind die Wasserstraßen von internationaler Bedeutung in die Klassen IV bis VII eingestuft, vgl. Tabelle 7.4-1 und [Mester/Patzelt 1993]. Die Zuordnung der einzelnen Wasserstraßen findet sich in [VBW 1995].

7.4.2.3 Wechselwirkungen Schiff/Wasserstraße

Für die technisch-wirtschaftliche Gestaltung einer Wasserstraße und ihre optimale Nutzung sind die Wechselwirkungen zwischen Schiff und Wasserstraße von Bedeutung, wobei die fahrdynamischen Eigenschaften der Schiffe und die durch die Wasserverdrängung erzeugten Widerstände und Wellen in Abhängigkeit vom verfügbaren Gewässerquerschnitt zu beachten sind.

Entsprechend den im Verdrängungsvorgang um das fahrende Schiff erzeugten Strömungsgeschwindigkeiten entsteht durch Druckerhöhung am Bug eine Wasserspiegelanhebung in Form einer Stauwelle. Ihr folgt durch Druckminderung infolge Um- und Rückströmung eine Spiegelabsenkungsmulde neben dem Schiff sowie eine Schiffseinsenkung, die erfahrungsgemäß unter 0,80 m bleibt. Dem Schiff folgt durch die Nachströmung eine Heckwelle. Die Wellen bilden zusammen ein Primärwellensystem, dem sich sekundäre Schiffswellen überlagern (Abb. 7.4-4).

Die Sekundärwellen breiten sich nach wellentheoretischer Gesetzmäßigkeit unter Tiefwasserbedingungen (h/L$_w$ ≥ 0,5) wegen des konstanten Ver-

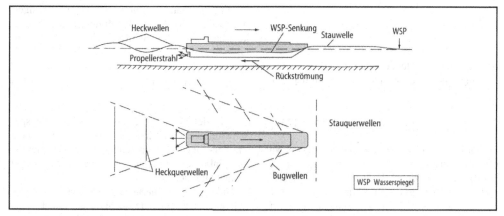

Abb. 7.4-4 Wasserspiegelverformung durch fahrendes Schiff

hältnisses von Gruppengeschwindigkeit zu Wellengeschwindigkeit $c_{Gr}/c_W = {}^1\!/_2$ unabhängig von der Schiffsgeschwindigkeit aus, sodass sich in *unbegrenztem Wasser* stets das gleiche Wellenbild ergibt (vgl. E 186 der [EAU 1996]). Dabei ist h die Wassertiefe und L_w die Wellenlänge.

Die Wellenhöhen sind von der Schiffsform und der Fahrgeschwindigkeit abhängig und überschreiten i. Allg. nicht 0,60 m. Je nach Lage und Art von Ufereinfassungen sind Wellenreflexionen, brechende Wellen oder bei flacherer Böschungsneigung am Ufer auflaufende Wellen möglich.

Bei Verhältnissen $h/L_w < 0,5$ wird die Richtung der Bugwellen von der Fahrgeschwindigkeit abhängig und erreicht unter Flachwasserbedingungen ($h/L_w \leq 0,04$) zur Fahrtrichtung den Winkel

$$\Theta = arc \sin \frac{\sqrt{g \cdot h}}{v_s} \qquad (7.4.2)$$

Die erreichbare Schiffsgeschwindigkeit v_s lässt sich für die Fahrt in *unbegrenztem Wasserquerschnitt* abschätzen zu

$$v_s = F_L \cdot \sqrt{g \cdot L_L} \qquad (7.4.3)$$

in m/s mit
$F_L \approx 0,3$ Froudesche Längenzahl für völlige Verdrängungsschiffe,
$g = 9,81$ m/s² Fallbeschleunigung,
L_L Schiffslänge in der Wasserlinie in m.

In *begrenztem Wasser* wird die Schiffsgeschwindigkeit von der vom Schiff erzeugten Stauwelle abhängig, welche wegen ihrer großen Wellenlänge L_w fast immer als Flachwasserwelle ($h/L_w \leq 0,04$) auftritt, deren Fortschrittsgeschwindigkeit in m/s nach der linearen Wellentheorie

$$c_h = \sqrt{g \cdot h} \qquad (7.4.4)$$

beträgt, die zugleich als kritische Geschwindigkeit gilt.

Infolge Rückströmung ist in begrenzter Wassertiefe h mit der Froudeschen Tiefenzahl

$$F_h = \frac{v_s}{\sqrt{g \cdot h}} \approx 0,7 \qquad (7.4.4a)$$

die erreichbare Schiffsgeschwindigkeit

$$v_{s\,max} \approx 0,7 \cdot \sqrt{g \cdot h}$$

in m/s bzw.

$$v_{s\,max} \approx 2,52 \cdot \sqrt{g \cdot h} \qquad (7.4.4b)$$

in km/h.

Bei *allseitiger Begrenzung* (z.B. im Stillwasserkanal) hängt die Schiffsgeschwindigkeit wegen des auf engem Raum zusammengeführten Verdrängungsvorgangs wesentlich ab vom Querschnittsverhältnis

$$n = \frac{A_k}{A_s} \qquad (7.4.5)$$

mit

A_k benetzter Kanalquerschnitt in m^2,
A_s eingetauchter Hauptspantquerschnitt des Schiffes in m^2.

$$A_k = h \cdot (B_w - m \cdot h) = 4{,}0 \cdot (55{,}0 - 3 \cdot 4{,}0) = 172\,\mathrm{m}^2,$$

So wird z. B. im Trapezprofil mit benetztem Wasserquerschnitt $A_k = h \cdot (B_w - m + \cdot h) = 4{,}0 \cdot (55{,}0 - 3 \cdot 4{,}0) = 172$ m^2, wobei B_w die Wasserspiegelbreite und m der Kehrwert der Böschungsneigung ist; für das Großmotorschiff mit eingetauchtem Schiffsquerschnitt ergibt sich $A_s = 11{,}40 \cdot 2{,}8 \approx 32$m^2, und der Verhältniswert wird

$$n = A_k/A_s \approx 5{,}4.$$

Der früher wegen günstigerer Verdrängungserscheinungen angestrebte Wert n = 7 wird dabei zwar nicht erreicht, was aber wegen des wirtschaftlich besser nutzbaren größeren Schiffsraumes in Kauf genommen wird.

Das Verhältnis der Wassertiefe h zum Schiffstiefgang T_r soll den Erfahrungswert h/T_r = 1,4 wegen der ungünstigen Auswirkungen geringerer Kielfreiheit auf Fahrgeschwindigkeit, Rückströmung und Schiffseinsenkung möglichst nicht unterschreiten. Für den erwünschten Schiffstiefgang T_r = 2,80 m wird diese Bedingung bei Wassertiefe h = 4 m noch erfüllt. Außer den aus Versuchen abgeleiteten Werten lässt sich die Beziehung zwischen Schiffsgeschwindigkeit v_s, Rückstromgeschwindigkeit u_r und Einsinktiefe z mit Hilfe des Erhaltungssatzes von Masse und Impuls nach [Bouwmeester 1977] auch rechnerisch herleiten. Danach ergibt sich für den Trapezquerschnitt mit Böschungsneigungen 1:m

$$u_r = v_s \cdot \frac{B_w \cdot z - m \cdot z^2 + A_s}{A_k - \left(B_w \cdot z - m \cdot z^2\right) - A_s} = v_s \cdot \frac{A_s'}{A_k'}$$

und $\qquad (7.4.6)$

$$z = \frac{B_w}{2m} - \sqrt{\left(\frac{B_w}{2m}\right) - \frac{u_r}{m \cdot (u_r + v_s)} \cdot A_k + \frac{A_s}{m}}$$

$$(7.4.6a)$$

Eine ggf. vorhandene Längsströmung u_0 verringert oder vergrößert die Rückströmung und in umgekehrtem Sinn die Schiffsgeschwindigkeit über Grund:

$$u_r \mp u_0 = (v_s \pm u_0) \cdot \frac{A_s'}{A_k'} \qquad (7.4.6b)$$

Die Beziehung für verschiedene Strömungsgeschwindigkeiten ist in Abb. 7.4-5 wiedergegeben. Im See- und Küstenbereich ist für den Begriff „Einsinktiefe" international die Bezeichnung „Squat" üblich.

Guliev (1971) hat auf der Grundlage von Modellversuchen geeignete Werte für den Squat ΔT_{max} in den graphischen Auftragungen der Abb. 7.4-6 in Abhängigkeit vom eingetauchten Schiffsquerschnitt für verschiedene Querschnittsformen des Gewässers, die insbesondere für Seehafenzufahrten gelten, angegeben.

Aus Weiterentwicklungen kann nach [ICORELS 1980] der Squat auch überschlägig bestimmt werden aus

$$z = 2{,}4 \cdot \frac{c_B \cdot B \cdot T}{L_L} \cdot \frac{F_h}{\sqrt{1 - F_h^2}} \qquad (7.4.7)$$

(Erläuterung der Bezeichnungen s. Gln. (7.4.1) und (7.4.3)).

Weitere Berechnungsverfahren und Grenzen ihrer Anwendbarkeit sind in [PIANC/IAPH 1997] angegeben.

Im Gegensatz zu den reibungsabhängigen oder spurgeführten Landverkehrsmitteln werden vom Schiff bei allen Manövrierbewegungen in der Geradeaus- oder Kurvenfahrt außer den genannten maßlichen Anforderungen an die Wassertiefe *horizontale Bewegungsspielräume* benötigt, die außer von den genannten Faktoren auch von den Ruderkräften, der gegenseitigen Beeinflussung bei Begegnungen und individuellen Schiffsbedingungen abhängig sind.

Bei einspurigen, zweigliedrigen Schubverbänden oder bei Großmotorschiffen kann für die *Geradeausfahrt* im Stillwasserbereich nach Versuchsergebnissen als Raumbedarf überschlägig ein Zuschlag von etwa 35% bis 40% zur Schiffsbreite angesetzt werden. In Fließgewässern verringert sich der Raumbedarf bei der Bergfahrt und vergrö-

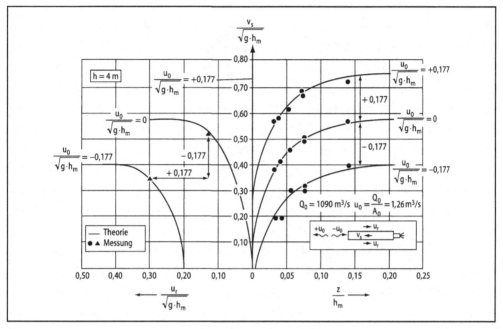

Abb. 7.4-5 Abhängigkeit der Schiffseinsenkung z von der Schiffsgeschwindigkeit v_s und der Strömungsgeschwindigkeit u_0 (nach [Bouwmeester 1977])

ßert sich bei der Talfahrt mit der dann verminderten Manövrierfähigkeit des Schiffes.

In der *Kurvenfahrt* soll entsprechend dem wirksamen Kräftesystem ein mittlerer Driftwinkel δ gegenüber dem Schiffskurs gemäß Abb. 7.4-7 in der Weise berücksichtigt werden, dass sich der Schiffskörper geometrisch im vorderen Viertel der Schiffslänge L an die Bahnkurve anlegt. Die vom Schiff eingenommene Fahrspurbreite B_F beträgt dann mit den Schiffsmaßen L und B bei einem Kurvenradius R

$$B_F = \sqrt{(R+B)^2 + \left(\frac{L}{2} + \left(R + \frac{B}{2}\right) \cdot \tan\delta\right)^2} - R$$

(7.4.8)

Der Driftwinkel δ kann im Mittel zu δ ≈ 4° angenommen werden. Er schwankt zwischen δ ≈ 1,25° bei R = 2000m und δ≈7° bei R = 600m (vgl. [BMV Ri 1994]).

Nach CEMT kann man zur Berücksichtigung eines Driftwinkels auch das zweifache Stichmaß

der Bahnkurve über der Schiffslänge ansetzen, woraus sich als Spurbreite

$$B_F \approx 2 \cdot \frac{L^2}{8R} + B$$

(7.4.8a)

ergibt, wobei das Verbreiterungsmaß allerdings einen verhältnismäßig kleinen Driftwinkel beinhaltet.

Für Kurvenradien R > 2000 m sowie für Zentriwinkel unter 30° können die Maße der Geradeausfahrt verwendet werden.

Im Küstenbereich sind die Zusatzbreiten für Zufahrten zu den Seehäfen sowohl wegen des veränderlichen Wassertiefe/Tiefgang-Verhältnisses h/T_r und der davon abhängigen Manövrierfähigkeit der Schiffe als auch wegen der erheblichen Wind-, Wellen- und Gezeiteneinwirkungen nicht in einfacher Weise bestimmbar. Nach [PIANC/IAPH 1997] variiert die Vergrößerung der Spurbreite i. Allg. zwischen 30% und 40% bei h/T_r = 1,10 sowie zwischen 100% und 160% in unbegrenzt tiefem Wasser.

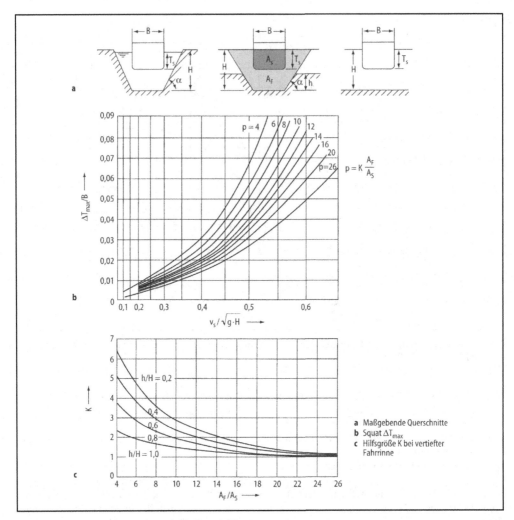

Abb. 7.4-6 Ermittlung des Squat (nach [Guliev 1971])

Außer den vom fahrenden Schiff erzeugten Wellen sind die vom Schiffsantrieb ausgehenden Belastungen auf Sohle und Böschungen zu beachten, die mit wachsender Antriebsleistung für größere Schiffe und höhere Fahrgeschwindigkeiten zunehmend an Bedeutung gewinnen. Einen Ansatz für die aus dem Schraubenstrahl in Sohlennähe auftretende und für den Nachweis der Sohlensicherung maßgebende maximale Geschwindigkeit enthält E 83 der [EAU 1996].

Neuere Entwicklungen ermöglichen auch den Einsatz von *Gleitbooten* bzw. Hochgeschwindigkeitsschiffen mit hoher Antriebsleistung und geeigneter Formgebung, wodurch Verdrängungswiderstände weitgehend verringert oder aufgehoben werden können, sodass Schiffsgeschwindigkeiten oberhalb der kritischen Geschwindigkeit erreichbar werden. Das Wellenbild entspricht dann der Flachwassersituation. Über die Auswirkungen auf Ufereinfassungen gibt z. B. [Forsman 1997] Auskunft.

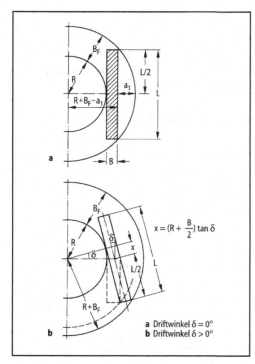

Abb. 7.4-7 Fahrspurbreite in der Kurve

7.4.2.4 Regelabmessungen der Wasserstraßen

Aus zahlreichen Erhebungen und Fahrversuchen in verschiedenen Wasserstraßen stehen heute genügend Erfahrungswerte zur Verfügung, die es erlauben, anhand der jeweiligen Verkehrsverhältnisse und Wechselwirkungen Regelabmessungen für bestimmte Wasserstraßenklassen festzulegen, die unter Beachtung der Sicherheitsanforderungen nach gesamtwirtschaftlichen Nutzen/Kosten-Kriterien bei Schifffahrtskanälen als *Regelquerschnitte* für geeignete Kanalquerschnittsformen (s. 7.4.5.1), bei Flüssen und Ästuaren als *Fahrrinnenmaße* für bestimmte Wasserstands- und Abflussverhältnisse angegeben werden (s. 7.4.3.1 und 7.4.3.3). Dabei werden unterschieden (DIN 4054):

– *Fahrwasser* als der von der durchgehenden Schifffahrt benutzte Teil des Gewässers,

– *Fahrrinne* als der mit bestimmten Breiten und Tiefen ausgestattete Teil des Fahrwassers,
– *Fahrspur* als das Verkehrsband eines Schiffes oder Schiffsverbands im Fahrwasser.

7.4.3 Flussregelung

7.4.3.1 Gewässerquer- und -längsschnitt

Entsprechend den gerinnehydraulischen Gesetzmäßigkeiten hängen Gewässerquer- und -längsschnitt im meist mäandrierenden Flusslauf wesentlich von den Abfluss- und Strömungsverhältnissen bei bestimmtem Gefälle, von der Beschaffenheit des Gewässerbetts und des Untergrunds sowie ggf. vom Feststofftransport ab.

Flussregelungen im Interesse der Schifffahrt sind überwiegend *Niedrigwasserregelungen*, die sich oft an bestehende *Mittelwasserregelungen* anschließen. Fahrrinnenmaße (Fahrrinnenbreite B_F, Fahrrinnentiefe h_F im sog. „Fahrrinnenkasten") werden daher meist für einen bestimmten Regelungsniedrigwasserstand festgelegt. Zum Beispiel gilt im Rhein als statistischer Wert der sog. „Gleichwertige Wasserstand" (GlW). Der *Fahrrinnentiefe* h_F sind dabei zunächst stark eingeschränkte Abladetiefen T_r zugeordnet, welche im Jahresmittel entsprechend der jeweiligen Abflusskurve stets erheblich überschritten werden. Bei der Abladetiefe der Schiffe soll im Übrigen eine Kielfreiheit $\geq 0,30$ m eingehalten werden, um Sohlenberührungen zu vermeiden und Beanspruchungen der Sohle klein zu halten. Die angestrebte *Fahrrinnenbreite* B_F sollte zur Minimierung von Fahrtbeschränkungen auch bei Niedrigwasser (NW) verfügbar sein. Da Sicherheitsabstände s zwischen einander begegnenden oder überholenden Schiffen und zum Fahrrinnenrand meist knapp gehalten werden können, weil in mehrspuriger Fahrt erfahrungsgemäß kleinere Driftwinkel als in Einzelfahrt eingehalten werden, genügt bei zweispurigem Verkehr mit Fahrspurbreiten B_F meist eine Fahrrinnenbreite

$$B_F = 2B + 3s \qquad (7.4.9)$$

mit $s \geq 3...5$ m.

Die verfügbare, ggf. durch Schifffahrtszeichen gekennzeichnete Fahrwasserbreite kann die Fahrrinnenbreite – je nach Wasserstand – erheblich überschreiten.

Zur Bestimmung des erforderlichen Niedrigwasserabflusses NQ in einem für die Schifffahrt benötigten Gewässerquerschnitt A (i. Allg. zwischen den Streichlinien) lässt sich überschlägig mit dem Ansatz nach Manning-Strickler ermitteln:

$$A = \frac{Q}{k \cdot R^{2/3} \cdot J^{1/2}} \qquad (7.4.10)$$

in m² mit

Q   Abfluss in m³/s,
k   Rauhigkeitsbeiwert in $m^{1/3}/s$, häufig ca. 30 $m^{1/3}/s$,
J   Längsgefälle,
R   =A/U hydraulischer Radius in m, wobei
A   benetzter Gewässerquerschnitt in m² und
U   benetzter Umfang in m.

Da bei *Niedrigwasserabfluss* NQ mit im Verhältnis zur Wassertiefe h großer Wasserspiegelbreite (etwa ab $B_w \approx 30 \cdot h$) $R \approx h$ gesetzt werden kann, lässt sich der notwendige Niedrigwasserabfluss NQ für den Gewässerquerschnitt A = b · h bzw. bei abschnittsweise zusammengesetztem Gewässerquerschnitt A = S(b_i · h_i) ermitteln zu

$$NQ = k \cdot b \cdot h^{5/3} \cdot J^{1/2}$$
$$= k \cdot \sum \left(b_i \cdot h_i^{5/3} \right) \cdot J^{1/2} \qquad (7.4.10a)$$

in m³/s, womit sich in erster Näherung abschätzen lässt, ob sich der angestrebte Fahrrinnenquerschnitt mit Mitteln der Flussregelung herstellen lässt.

Die *Linienführung* der Fahrrinne im Grundriss soll möglichst dem natürlichen Talweg als Verbindungslinie der größten Tiefen in aufeinanderfolgenden Flussquerschnitten folgen. Lage und Maße der Fahrrinne werden in Krümmungen vom Strömungsverlauf und etwaigen Tiefen- und ggf. Breitenerosionen am Außenbogen bzw. Anlandungen am Innenbogen sowie bei Gegenkrümmungen von der Wassertiefe im Talwegübergang beeinflusst. Kurvenradien unter 300 m sollten ganz vermieden werden.

Die *Lichtraummaße* werden auf Höchsten Schifffahrtswasserstand (HSW) bezogen und seitlich von der Fahrwasserbreite zwischen Streichlinien bzw. von der Fahrwasserbezeichnung begrenzt.

Für Brückendurchfahrtshöhen gelten bei schiffbaren Flüssen der Wasserstraßenklassen IV bis VII meist die oberen Grenzwerte der Klassifizierungstabelle (s. Tabelle E39-3.1 der [EAU 1996]), wodurch drei- oder vierlagiger Containertransport ermöglicht wird (s. [VBW 1995]).

7.4.3.2 Regelungselemente

Die zur Sicherung eines geregelten Abflusses im Flussbau verwendeten *Regelungselemente* sind überwiegend auch für Regelungen im Schifffahrtsinteresse geeignet. Vorgesehene ergänzende Maßnahmen sind in ihren Auswirkungen auf die Abfluss- und Geschiebeverhältnisse des Stromes und die Umwelt in Voruntersuchungen zu klären, wozu neben Naturmessungen hydraulische, aerodynamische und hydronumerische Modelle dienen können. Soweit *Uferschutz* erforderlich ist, kommen überwiegend durchlässige Deckwerke in Betracht, die unter Verwendung von Naturstoffen möglichst naturnah gestaltet werden, wobei neben Kornfiltern auch geotextile Filter die erforderliche Filterstabilität gegen den Untergrund ermöglichen (E 189 der [EAU 1996]). Für Deckwerke eignet sich die Neigung 1:3 (Abb. 7.4-8).

Bei günstigen Voraussetzungen kann ein natürliches Ufer am ausbuchtenden (konvexen) Ufer oft unberührt bleiben, sodass sich eine Sicherung gegen Breitenerosion u.U. auf den einbuchtenden (konkaven) Uferbereich beschränken lässt. Steile oder senkrechte Uferwände bleiben auf spezielle Anforderungen der Schifffahrt an Liege- bzw. Umschlagstellen oder auf andere nicht schiffahrtsbedingte Sonderanforderungen beschränkt.

Buhnen als gebräuchlichstes und meist prägendes Gestaltungselement einer Flusslandschaft stellen durch Querschnittseinschränkung gewünschte Fahrrinnentiefen zwischen den Streichlinien her und bewirken bei bettbildenden Abflüssen in Bereichen mit instabiler Sohle zugleich Sohlenumbildungen infolge erhöhter Schleppspannung (Abb. 7.4-9). Inklinante Buhnen, jedoch nicht mehr als 15° stromaufwärts geneigt, sind oft besonders wirkungsvoll. *Buhnengruppen* bewirken eine weitergehende Strombündelung, wobei ein Buhnenabstand von 1- bis 1,5-facher Buhnenlänge günstig ist, ggf. auch mit Einschaltung von Zwischenbuhnen. Ufersicherungen werden in Ruhezonen der Buhnenfelder we-

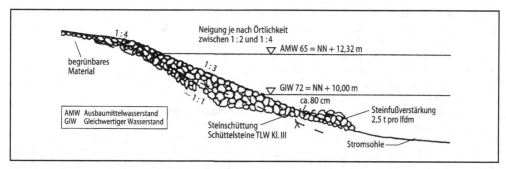

Abb. 7.4-8 Schüttsteindeckwerk (Regelprofil Rhein-km 840)

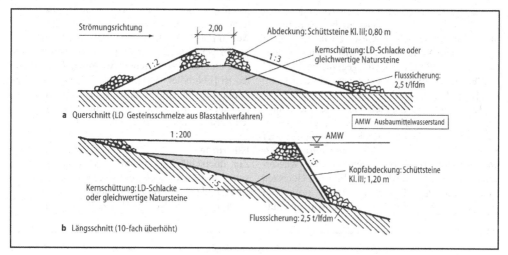

Abb. 7.4-9 Buhne (Regelausbildung am Niederrhein)

niger beansprucht oder in Versandungsbereichen ganz entbehrlich. Längswerke, ggf. mit Traversen zum Ufer, und Parallelwerke haben vergleichbare Wirkungen. Sie können durch gezielte Ausführung, Anordnung und Formgebung das hydraulisch-morphologische Gleichgewicht herstellen oder zumindest günstig beeinflussen (s. [BAW 1991]).

Sohlensicherungen mit künstlichen Sohlenaufhöhungen oder -vertiefungen sollten soweit wie möglich vermieden werden. *Großflächige Sohlensicherungen*, sog. „Panzerungen" mit Grobmaterial, sind kostenaufwendig und sollten nur in Betracht kommen, wenn die Störung des Geschiebegleichgewichts nicht zu Folgeerosionen unterhalb der Sicherungsstrecke führen kann und die Stabilität der Panzerung gegen Strömungen und Schraubenstrahleinwirkung gewährleistet ist, sodass Behinderungen der Schifffahrt auszuschließen sind. *Sohlschwellen* können zur örtlichen Sohlenstabilisierung in Betracht kommen, um Sohleneintiefungen in ihrem Nahbereich zu unterbinden, während *Grundschwellen* für Wasserstraßen ungeeignet sind, weil der hierbei gebildete unvollkommene Überfall mit Strömungsbeschleunigung die Schifffahrt besonders bei Niedrigwasserabfluss stark behindern würde [Felkel 1974].

Wenn zur Schaffung des erforderlichen Fahrrinnenquerschnitts Sohlenvertiefungen und -aufhöhungen notwendig sind, kann vorrangig das ökologisch verträgliche Verfahren der *Bodenumlagerung im Gewässer* angewendet werden. Bei Vertiefungsmaßnahmen ist besonders wichtig, dass keine erosionsgefährdeten Schichten angeschnitten werden, die schwer beherrschbare Kolkbildungen verursachen können. Die *Verfüllung* tiefer Kolke oder tiefer Bergsenkungsmulden mit ausreichend lagesicherem Material, ggf. auch mit sandgefüllten Kunststoffsäcken (Bsp.: Rees/Niederrhein) bzw. verfügbarem Abraummaterial (Bsp.: Bergsenkungsmulden im Niederrhein) ist zur Herstellung des Geschiebegleichgewichts oft zwingend notwendig.

Durch Urbanisierung, Landschaftsversiegelung oder Unterbrechung des Geschiebetransports an Staustufen verursachter Geschiebemangel lässt sich mit dem Verfahren der künstlichen Geschiebezugabe ausgleichen, wenn geeignetes Material in günstiger Entfernung gewonnen werden kann, vgl. [Felkel 1970; PIANC 1985].

Bei zusammengesetzten Gewässerquerschnitten sind die Auswirkungen von Regelungsmaßnahmen, einschließlich etwaiger *künstlicher* oder *natürlicher Leitelemente*, *Eintiefungen* oder *Aufhöhungen* im HW-Abflussbett auf die Wasserstands- und Abflussverhältnisse bis zum Höchsten Hochwasserstand (HHW) zu verfolgen (vgl. [Gesamtkonzept Rhein 1992]). Der Hochwasserschutz

muss erforderlichenfalls durch Schaffung geeigneter Retentionsräume unterstützt oder hergestellt werden.

7.4.3.3 Flussregelung in Mündungsgebieten, Ästuaren

Besonderheiten

Die Grundsätze der Flussregelung im Binnenbereich können nur eingeschränkt übertragen werden, weil in Flussmündungsgebieten Einflüsse aus Wind, Wellen und ggf. *Gezeitenströmungen* bei geringem *Längsgefälle* (meist unter 0,1‰) verstärkt in Erscheinung treten. Flüsse, die in Rand- oder Binnenmeere ohne oder mit nur geringer Tide (Ostsee, Mittelmeer) münden, sind je nach Wirkweglänge bisweilen hohen Windstau- und Wellenwirkungen mit großer Verweildauer ausgesetzt, was bei der Ausbildung und Höhe von Uferdeckwerken ggf. zu beachten ist [Führböter 1981]. In Tideflüssen ist die Befahrbarkeit für große Schiffe vom Verlauf der ein- und ausschwingenden Tide abhängig. Den generellen Zusammenhang zeigt Abb. 7.4-10.

Fahrrinne

Zur überschlägigen Bestimmung der vom Seeschiff benötigten *Fahrrinnentiefe* h und der entsprechenden *Kielfreiheit* (Underkeel Clearance) kann nach [PIANC/IAPH 1997] vom erforder-

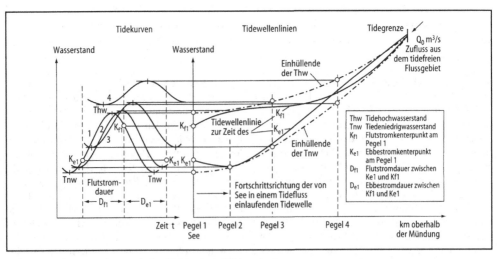

Abb. 7.4-10 Zusammenhang zwischen Tidekurve und Tideverlauf

lichen Mindestwert des Wassertiefe/Tiefgang-Verhältnisses ausgegangen werden. Danach soll h/$T_r \geq 1,1$ in wellengeschützten Bereichen, $\geq 1,3$ bei mäßigen Wellen und $\geq 1,5$ bei höheren Wellen mit ungünstigen Perioden und Richtungen betragen, worin die Einflüsse von Squat und Trimm, Krängung, Stampfen und Rollen auf die Tauchtiefe des Schiffes berücksichtigt sind. Dabei ist vorausgesetzt, dass bei der Fahrgeschwindigkeit die in begrenztem Wasser geltende Froude-Tiefenzahl $F_h \leq 0,7$ eingehalten wird (vgl. 7.4.2.3). In Bereichen mit weicher, schlickhaltiger Sohle ist die sog. „Nautische Tiefe" von Bedeutung, die ggf. vom Schiff über die gemessene Wassertiefe hinaus in Anspruch genommen werden kann (s. [PIANC II-3a 1983 und PIANC II-5 1985]).

Die *Fahrrinnentiefe* wird in tidefreier Flussmündung meist auf einen mittleren Wasserstand bezogen. In Tideflüssen werden die Möglichkeiten der Tidefahrt der Schiffe ausgenutzt. Die Tidewelle, die nach den astronomischen Gesetzmäßigkeiten die Scheitelwerte des Tidehoch- und Tideniedrigwassers im zeitlichen Abstand von 6 h 12' erreicht, wird nach den Energie- und Reflexionsbedingungen im jeweiligen Ästuar und angrenzenden Meeresbereich wesentlich umgebildet, wobei mit der in das Ästuar einlaufenden Welle stets der Wellenberg und mit der rücklaufenden Welle das Wellental fortschreitet. Die Befahrungsmöglichkeiten des Ästuars sind daher für große Tiefgänge oft auf zeitlich und räumlich begrenzte „Tidefenster" eingeschränkt [WSD Nord 1998] (Abb. 7.4-11). Dabei ist zu beachten, dass die Kenterpunkte der Tideströmung wegen nicht vollständiger Reflexion der Tidewelle gegenüber den Scheitelpunkten der Wasserstände zeitlich verschoben sind.

Die *Fahrrinnenbreite* ist entsprechend 7.4.3.1 zusammengesetzt. Die Breite der Verkehrsspur liegt jetzt, abhängig von der Manövrierfähigkeit des Bemessungsschiffes, zwischen dem 1,3- und 1,8-fachen der Schiffsbreite B, wobei berücksichtigt werden kann, dass kleine h/T_r-Verhältnisse die Kursstabilität vergrößern. Je nach den spezifischen Randbedingungen der Zufahrtsrinne werden Zusatzbreiten für gerade Fahrabschnitte und für Kurvenfahrt sowie Seiten- und Passierabstände, abhängig vom Verkehrsumfang hinzugefügt (s. [PIANC/IAPH 1997]).

Überschlägig kann als Breite der Fahrrinnensohle auch die 3- bis 4-fache Breite des Bemessungsschiffes bei einspurigem oder die 5- bis 6-fache Breite bei zweispurigem Verkehr angenommen werden.

Unterwasserböschungen, besonders an den Fahrrinnenrändern, sollen bei Feinsanden nicht steiler als 1:20 und bei Schluffen nicht steiler als 1:10 geneigt sein. Für die Nordseeästuare sind die Fahrwassertiefen und möglichen Schiffstiefgänge bei Tidefahrt aus Abb. 7.4-12 zu ersehen.

Regelungselemente

Buhnen als Regelungsbauwerke werden in Tideflüssen wegen der wechselnden Strömungsrichtungen i.d.R. rechtwinklig zum Strom und mit symmetrischem Querschnitt ausgeführt. Außerdem kommen *Leitdämme* zur Strömungslenkung und -bündelung, v.a. im Außenästuar, in Betracht. Sie sind meist als Schüttsteindämme auf Sinkstücken aus Buschwerk, bei Mangel an geeignetem Material auch auf beschwerten Kunststoffmatratzen, ausgeführt. Zu Konstruktion und Berechnung kann z.B. E 137 der [EAU 1996] herangezogen werden. Angaben zu funktionalen und konstruktiven Ausführungen im Küstenbereich finden sich in [EAK 1993].

Im meist stark aufgeweiteten Querschnitt des Ästuars sind gewünschte Fahrrinnenmaße und besonders die von der Großschifffahrt benötigten Wassertiefen in den Zufahrten zu Seehäfen mit flussbaulichen Regelungselementen allein selten erreichbar, so dass *Ausbaubaggerungen* erforderlich werden, denen wegen der oft unvermeidbaren Sandbewegungen laufende Unterhaltungsbaggerungen folgen müssen.

Durch Ausbaumaßnahmen zu erwartende Änderungen des Tidevolumens sowie die Auswirkungen auf Wasserstände, Strömungen und die Lage der Brackwasserzone mit Bereichen verstärkter Sedimentation sind in technischer und wirtschaftlicher Hinsicht zu untersuchen. Gleiches gilt für Reflexionen an Sperrwerken oder Staustufen, die von der Tidewelle erreicht werden. *Sturmflutsperrwerke* im Zuge von Tideästuaren beeinflussen die Wasserstands- und Abflussverhältnisse nur während der Sperrzeit. Wenn die Schifffahrt nicht über Schleusen abgewickelt werden kann, müssen Warteplätze (*Schiffsreeden*) an geeigneter Stelle verfügbar sein.

Der Schiffsverkehr wird an Sperrwerken nur dann ständig über eine Seeschleuse geführt, wenn die

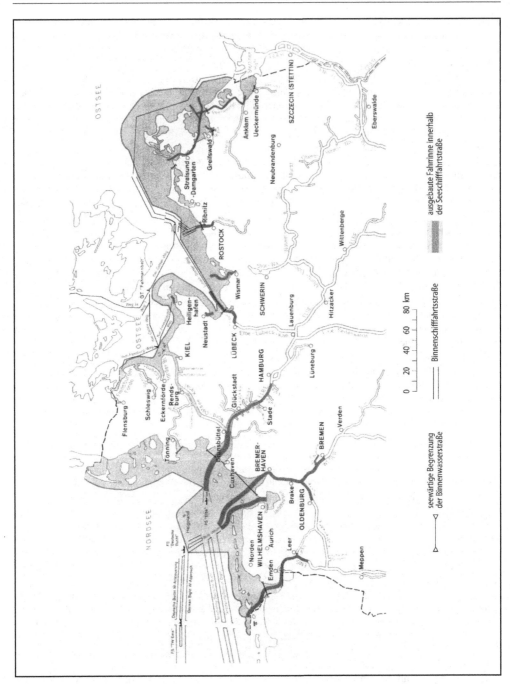

Abb. 7.4-11 Zufahrten zu deutschen Seehäfen an Nord- und Ostsee [BMV Arch 1993]

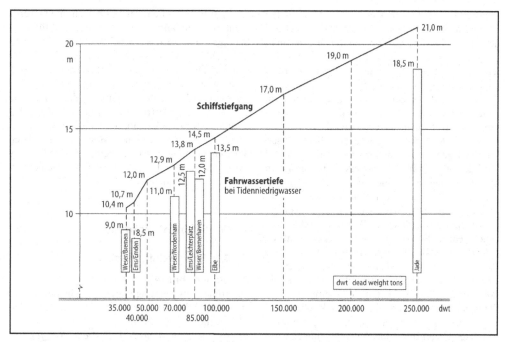

Abb. 7.4-12 Fahrwassertiefen der Zufahrten zu Nordseehäfen sowie mögliche Schiffstiefgänge und -tragfähigkeiten bei Tidefahrt

Schiffsdurchfahrt im Bereich der Sperrwerkverschlüsse auch im Öffnungszustand nicht möglich oder nicht zulässig ist.

7.4.4 Stauregelung

Wenn der Niedrigwasserabfluss bei vorhandenem Fließgefälle nicht ausreicht, um einen für die Schifffahrt erforderlichen Mindestfahrrinnenquerschnitt zu ermöglichen (vgl. 7.4.3.1), kommt die Stauregelung des Flusses mit Wehr und Schiffsschleuse in Betracht, ggf. verbunden mit der Anlage eines Wasserkraftwerks zur Energiegewinnung. Die Stauregelung kann den gesamten schiffbaren Flussbereich bis zum Mündungsbereich umfassen (z. B. staugeregelte Mittelweser, Neckar, Main, Mosel) oder bei günstigen Gefälle- und Abflussbedingungen auf Ober- und ggf. Mittellauf beschränkt bleiben (z. B. staugeregelte Oberrheinstrecke). Störungen des hydraulisch-morphologischen Gleichgewichts, insbesondere durch Unterbrechung des Feststofftrans-

ports mit der Folge von Sohlen- und Seitenerosion im unterstromigen Gewässerbett, sind durch wirtschaftlich und ökologisch geeignete Maßnahmen – z. B. Geschiebeüberleitung aus Stauräumen, Geschiebezugabe aus Kiesgruben oder Bodenumlagerung aus Anlandungsbereichen – auszugleichen. Änderungen in der Zeitfolge und Menge des Hochwasserabflusses durch Stauregelung bedürfen ebenfalls besonderer Untersuchungen und erfordern ggf. geeignete Retentionsmaßnahmen.

Die Abstände aufeinanderfolgender *Staustufen* hängen vom Längsgefälle des Flusses und den gewählten *Stauhöhen* ab. Soweit nicht wasser- oder energiewirtschaftliche Gesichtspunkte maßgebend sind, richten sich Anordnung und Fallhöhe der Stufen nach ausführungstechnischen Gesichtspunkten und betrieblichen Belangen der Schifffahrt. Bei den zur Stauregelung geeigneten Gefälleverhältnissen werden Fallhöhen von 12 m selten überschritten.

Für Staukurvenberechnungen wird auf die einschlägige Literatur verwiesen. In erster Annäherung kann häufig vom doppelten Wert der hydrostatischen

Stauweite ausgegangen werden. In Abhängigkeit vom jeweiligen Abfluss können sich hinsichtlich der Lage der Stauwurzel „übergreifende", „aneinandergereihte" oder „aussetzende" Stauweiten einstellen. Zur Stauhöhenbegrenzung bietet sich bei Niedrigwasserabfluss die aussetzende Stauweite an, bei der zur Einhaltung der Solltiefe die Fahrrinne im Unterwasser der Schleuse vertieft und der Unterdrempel entsprechend angepasst wird.

Für die Maßgrößen in staugeregelten Flussabschnitten gelten die Angaben aus 7.4.3.1. Jedoch wird der Mindestfahrrinnenquerschnitt von der am oberen Haltungsende einer Staustufe bei Niedrigwasserabfluss vorhandenen Situation bestimmt. Im unteren Haltungsteil wirkt sich die Wasserspiegelanhebung mit vergrößertem Wasserquerschnitt und abnehmender Strömungsgeschwindigkeit auf die Schifffahrt und die Beanspruchung der Ufer günstig aus. Andererseits entstehen hier Ablagerungen, die sich mit Hilfe von Spülstrom (z. B. durch Öffnen der Wehrverschlüsse) nur begrenzt beseitigen lassen. Stauspiegelanhebungen über Geländehöhe sollen klein gehalten werden, um Dammbereiche mit notwendigen Untergrund- und Seitendichtungen sowie ggf. erforderlichen Ausgleichsmaßnahmen für das Hinterland möglichst einzuschränken. Bei höheren Dammstrecken ist der Dammstandsicherheit besondere Beachtung zu schenken. Besondere Maßnahmen sind v. a. bei durchlässigem Untergrund und/ oder bei durchlässigem Dammschüttmaterial erforderlich. Die Hinweise zu Kanaldämmen in 7.4.5.1 gelten entsprechend, jedoch können Wasserüberdrucklasten auf Flussseitendämme die Größe der Gesamtstauhöhe erreichen.

Als *Innendichtungen* können Tonkerndichtungen, Spundwände oder Dichtungsschlitzwände die geeignete Lösung sein, wenn sie bis in undurchlässige Schichten reichen oder das Potential der Sickerströmung auf einen unschädlichen Wert abbauen. In schwebstoffreichen Gewässern kann sich, unterstützt vom Sickervorgang, im Stauraum auch eine Selbstdichtung des Gewässerbetts durch Kolmation einstellen, die dauerhaft wirksam bleibt, wenn sie nicht durch Baggerungen oder Grundwasserzustrom bei rascher Stauspiegelabsenkung aufgerissen wird.

Von den Schleusenvorhäfen und -zufahrten sollen größere Strömungen und Feststoffeintreibungen ferngehalten werden. Querströmungen sol-

len 0,30 m/s möglichst nicht überschreiten. Wenn Schleusenkammern zur Hochwasserabführung herangezogen werden, ist bei Art und Ausbildung der Schleusenverschlüsse hierauf Rücksicht zu nehmen. Die Stauanlagen, bestehend aus Schleuse, Wehr und ggf. Kraftwerk, werden entweder gemeinsam im Fluss oder getrennt mit den Schleusen in einem gesonderten Schleusenkanal, der u. U. auch das Kraftwerk aufnimmt, angeordnet. Beispiele für die verschiedenen Möglichkeiten bietet die Stauregelung des Oberrheins (s. [WSD Südwest 1985; Hager 1982b]). Weiteres zu Schleusen ist in 7.4.6 zu finden.

7.4.5 Schifffahrtskanäle

7.4.5.1 Binnenschifffahrtskanäle

Regelquerschnitte

Das früher für den mittig fahrenden Schleppzug entstandene Muldenprofil genügt modernen Anforderungen meist nicht mehr. Es ist durch die hydraulisch günstigeren *Trapez- und Rechteckprofile* ersetzt worden, die in [BMV-Ri 1994] erfasst sind und für verkehrsreiche Schifffahrtskanäle gelten (Abb. 7.4-13). Da bei diesen Profilen die gerinnehydraulischen Unterschiede gering sind, bestimmen v. a. die örtlichen Gegebenheiten die Profilwahl:

– Trapezprofil „T" mit beidseitig geböschtem Ufer kommt bei ausreichenden Raumverhältnissen als technisch-wirtschaftlich und ökologisch günstigste Lösung vorrangig in Betracht;
– Rechteckprofil „R" mit beidseitig senkrechtem oder nahezu senkrechtem Ufer ist bei stark eingeschränkten Platzverhältnissen geeignet;
– Rechtecktrapezprofil „RT" mit einem geböschten und einem senkrechten Ufer kommt bei einseitigem Ausbau unter eingeschränkten Platzverhältnissen zur Anwendung;
– kombiniertes Rechtecktrapezprofil „KRT" mit im Unterwasserbereich senkrechtem, im Wasserwechsel- und Überwasserbereich geböschtem Ufer kann zur Beschränkung des Raumbedarfs bei landschaftgestalterischen Ansprüchen an naturnahe Ufer das Rechteckprofil ersetzen.

Mit den Maßangaben in [BMV-Ri 1994] sind die Kanalprofile für die Regelschiffsgrößen der Was-

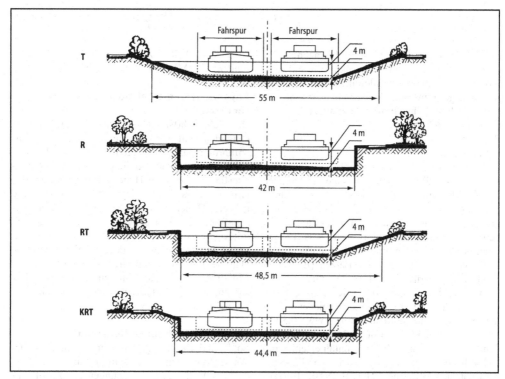

Abb. 7.4-13 Regelquerschnitte der Binnenschifffahrtskanäle, Wasserstraßenklasse V; Großmotorschiff: 11,40 m × 2,80 m, Fahrspurbreite: 16,0 m, Abstand zwischen Fahrspuren: 2,0 m, Seitenabstände: 4,0 m

serstraßenklasse V bei einem Schiffstiefgang $T_r = 2,80$ m geeignet, wobei nach gesamtwirtschaftlicher Betrachtung von verhältnismäßig geringen Fahrgeschwindigkeiten ($v_s \leq 9$ km/h) mit entsprechend kleiner fahrdynamischer Schiffseinsenkung ($z \leq 0,45$m) ausgegangen wird.

Die angegebenen Fahrspurbreiten gelten bei Begegnungen in der Geraden und in Kurven mit Radien ≥ 2000 m in Stillwasser bzw. bei Fließgeschwindigkeiten $\leq 0,5$ m/s; bei kleineren Kurvenradien werden Verbreiterungen nach 7.4.2.3 hinzugefügt.

Einflüsse auf die Schifffahrt ergeben sich im begrenzten Kanalquerschnitt aus *Schwall*- oder *Sunkwellen* infolge Wasserein- bzw. -ableitung, besonders aus Schleusungsvorgängen; Wellenhöhe und -länge sind von der Menge und Dauer der Ein- bzw. Ableitung abhängig. Aus der Kontinuitäts- und Energiebetrachtung lässt sich die Wellenfortschrittsgeschwindigkeit c abschätzen zu

$$c = \sqrt{g \cdot \left(h \pm \frac{3}{2} \cdot Z \right)} \quad \text{in m/s oder angenähert}$$

$$c = \sqrt{g \cdot h} \quad \text{für} \quad Z \ll h \qquad (7.4.11)$$

Die Wellenhöhe Z wird

$$Z = \pm \frac{Q}{c \cdot B_m} \qquad (7.4.11a)$$

(+ für Schwall; – für Sunk) in m mit
Q   sekundliche Einleitungs- bzw. Ableitungsmenge in m³/s,
B_m mittlere Wasserspiegelbreite in m.

Die Schwallwelle schreitet in Strömungsrichtung, die Sunkwelle entgegen der Strömungsrichtung voran, wobei die Strömungsgeschwindigkeiten u überschlägig

$$u = \frac{z \cdot c}{h \pm Z} = \frac{Q}{B_m(h \pm Z)} \qquad (7.4.11b)$$

$$R_i' = \Delta B \cdot \frac{\cos \alpha / 2}{1 - \cos \alpha / 2} + R \qquad (7.4.12)$$

(+ für Schwall, – für Sunk) in m/s betragen.

Zur Begrenzung der Schwankungen soll z. B. die Schleusungswassereinleitungs- bzw. -ableitungsmenge 70 m³/s möglichst nicht überschreiten, sodass sich für Schwall bzw. Sunk ungefähr

$c \approx 6{,}6$ bzw. $6{,}0$ m/s,
$Z \approx 0{,}25$ bzw. $0{,}27$ m,
$u = 0{,}39$ bzw. $0{,}43$ m/s

ergeben. Die Werte können infolge Reflexionen und Überlagerungen, besonders in kurzen Kanalhaltungen und bei glatten Kanalauskleidungen, größer oder kleiner werden und somit die Schiffsbewegung erheblich beeinflussen, was in den Grenzwerten für Manövrierraum, Lichtraum und Gefahrenraum sowie in Lastansätzen (E 185 der [EAU 1996]) berücksichtigt werden muss.

Als *Lichtraumhöhe* gilt in Kanälen entsprechend der üblichen Fixpunkthöhe beladener oder leergehender Gütermotorschiffe mit etwa 0,30 m Sicherheitsabstand einheitlich 5,25 m über maßgebendem Wasserstand; für die Containerschifffahrt ist hierbei der Transport von zwei Lagen TEU-Standardcontainern (ISO) möglich (vgl. [VBW 1991]).

Der *Gefahrenraum* muss in Breite und Höhe den Bereich umfassen, den ein fehlmanövriertes Schiff erreichen kann. Nach [BMV-Ri 1994] reicht der freizuhaltende Gefahrenraum i. d. R. bis zur Böschungsoberkante bzw. bis mindestens 1 m hinter eine lotrechte Ufereinfassung, wobei auch ein mögliches Hochgleiten des Schiffes beachtet werden muss. Etwaige Bauwerkteile im Gefahrenraum müssen auf Sicherheit gegen Schiffsstoß bemessen sein.

Uferböschungen erhalten die hydraulisch günstige Neigung 1:3. Der zugehörige Neigungswinkel von ca. 18° ist bei meist größerem innerem Reibungswinkel des Bodens zugleich für die Standsicherheit der Böschung günstig.

Kurven können stets als Kreisbögen ausgebildet werden, wobei Kurvenradien unter 800 m möglichst vermieden werden sollen. Kurvenverbreiterungen nach 7.4.2.3 können fahrdynamisch günstig und ausführungstechnisch vorteilhaft am Innenbogen, ggf. unter Einschalten von Übergangsbögen mit Radius $2 \cdot R_i$, angeordnet werden. Bei kleinem Zentriwinkel α kann ein Einzelübergangsradius

ausreichen. Weitere Angaben sind in den Erläuterungen zu [BMV-Ri 1994] enthalten.

Anpassung an die Geländegestalt, Längsschnitte

Der Schifffahrtskanal soll der topographischen Geländegestalt mit Hilfe der Elemente der Linienführung naturnah folgen, wobei der Wasserspiegel soweit wie möglich unter der Geländeoberfläche bzw. in Höhe oder unterhalb des Grundwasserspiegels liegt. Zur Überwindung größerer Höhenunterschiede werden, soweit wirtschaftlich und betrieblich vertretbar, Fallstufen mit Abstiegsbauwerken (Kanalstufen) eingeschaltet, um extrem tiefe Geländeeinschnitte bzw. hohe Dämme mit Blick auf die Standsicherheit der Erdkörper, aber auch im Interesse einer Beschränkung des Flächenbedarfs, möglichst zu vermeiden.

Böschungs- und Sohlensicherung

Sohle und Böschungen müssen gegen Erd- und Wasserdruck standsicher sein und dabei den Lasten aus Wellen und Strömungen im Kanal einschließlich der Beanspruchungen aus Schiffsverkehr nach 7.4.2.3 widerstehen. Ein generelles Lastbild zeigt Abb. 7.4-14.

In Tabelle 7.4-2 sind maßgebende hydraulische Belastungen aus den Maßgrößen und Wechselwirkungen für die Wasserstraßenklasse V aufgeführt (s. [BAW-MAR 1993]).

Je nach Lage des Kanals im Einschnitt- oder Dammbereich mit Höhe des Kanalwasserstands unter bzw. über Geländeoberkante kommen *durchlässige* oder *dichte Böschungs- und Sohlensicherungen* in Betracht. Nach Abb. 7.4-15 ist bei Grundwasserstand über dem Kanalwasserstand grundsätzlich die durchlässige Lösung zu wählen, um den Grundwasserzustrom in den Kanal nicht zu behindern, wobei die Sicherheit gegen Bodenerosion gewährleistet sein muss. Die dichte Ausführung kommt in Betracht, wenn der Kanalwasserstand stets über dem Grundwasserstand liegt. Im Übergangsbereich können veränderliche Kanal- und Grundwasserstände zum Wechsel der Wasserüberdruckrichtung führen.

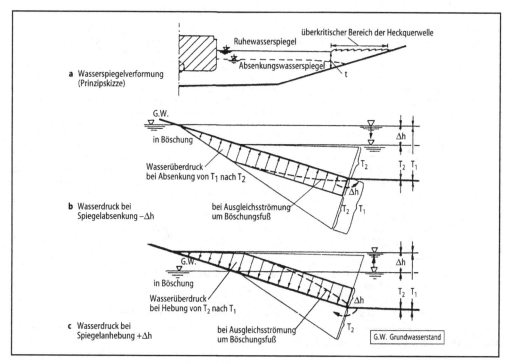

Abb. 7.4-14 Wasserdrucklasten bei wechselnden Kanal- und Grundwasserständen (vgl. [BAW-MAG 1993])

Tabelle 7.4-2 In Werkstoffnormen spezifizierte Werkstoffeigenschaften und Grenzzustände

Hydraulische Belastungsgröße		Freie Strecke		Vorhäfen, Liege- und Wendestellen	
		Böschung	Sohl	Böschung	Sohle
Absunk z_A	[m]	0,60	0,60	gering	gering
Absunkgeschwindigkeit v_A	[m/s]	0,15	0,15	gering	gering
Rückströmung v_R	[m/s]	2,00	2,00	gering	gering
Höhe H/2 der Bug- und Heckwellen, bez. auf den Ruhewasserspiegel	[m]	0,30	nicht maßgebend	gering	nicht maßgebend
Höhe H der Heckquerwelle, bezogen auf den abgesenkten Wasserspiegel	[m]	1,20	nicht maßgebend	gering	nicht maßgebend
Geschwindigkeit v_A des Schraubenstrahls bei Kielfreiheit < 1 m	[m/s]	2,50	2,50	5,00	5,00

In der Zone B-A, in welcher der Betriebswasserstand (BW) den Grundwasserstand (GW) nur wenig und seltener übersteigt und daher Versickerungsverluste gering bleiben, sollte die durchlässige Ausführung beibehalten werden. In Zone A-C sollte die gedichtete Ausführung der Dammstrecke weitergeführt werden, wobei Böschungs- und Sohlensicherungen durch Eigengewicht oder Auflast auftriebsicher auszubilden sind.

In der Vergangenheit zur Druckentlastung von Oberflächendichtungen eingesetzte Dränagen haben sich nicht als dauernd wirksam erwiesen und

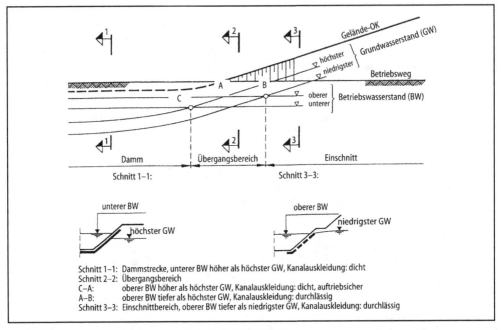

Abb. 7.4-15 Einschnitt- und Dammstrecke (vgl. [BAW-MAG 1993])

sollten wegen der Gefahr von Hohlraumbildung infolge Bodenentzugs unter einer Hartdichtung nicht verwendet werden (vgl. [BAW-MSD 1998]). Das durchlässige Deckwerk kann sich auf den Böschungsbereich beschränken, wenn die natürliche Sohle ausreichend stabil und der Böschungsfuß gegen Erosion gesichert ist. Zum Schutz gegen Wellen soll das Deckwerk bis 1,0 m über den oberen Betriebswasserstand hochgeführt werden und in der Oberfläche rau sein, um als Wellenbremse zu wirken. Vereinfachte Berechnungsansätze sind u. a. in [Knieß 1983] angegeben.

Durchlässige Deckwerke können in der Deckschicht unverklammert bleiben, wenn die Decksteine gegen Anheben und Abrutschen ausreichende Lagesicherheit haben, anderenfalls muss eine „Verklammerung" vorgesehen werden [BAW-MAV 1990]. Die Wahl der Wasserbausteinklasse ergibt sich aus [BMV-TLW 1997]. Als Filter sind neben Kornfiltern nach [BAW-MAK 1989] insbesondere auch geotextile Filter nach [BAW-MAG 1993] geeignet (vgl. [PIANC I-4 1987] und E-189 der [EAU 1996]).

In Dammstrecken werden *Oberflächen- oder Innendichtungen* verwendet. Als Oberflächendichtungen kommen mineralische Dichtungen nach E 204 der [EAU 1996], Kunststoffdichtungen nach [DVWK 1992], Asphaltdichtungen nach [EAAW 1983] in Betracht (vgl. [Hager 1982a; Kuhn 1985]). Asphaltdichtungen können, wenn Rissbildungen infolge Untergrundverformungen ausgeschlossen werden können, eine Dichtheit mit Durchlässigkeitsbeiwert $k = 10^{-8}$-m/s erreichen. Jedoch sind besondere Kontrolleinrichtungen erforderlich, um Schäden, besonders bei suffossions- und erosionsanfälligem Untergrund, rechtzeitig zu erkennen (vgl. [Armbruster 1985; PIANC I-10 1990; BAW-MSD 1998]). Bei Gefahr von Rissbildungen mit Sickerströmungen im Untergrund sind „selbstheilende" Ton- oder Presstondichtungen mit guten Kolmationseigenschaften vorzuziehen. Beispiele für moderne Sicherungen an Sohle und Böschungen finden sich u. a. in [Schmidt-Vöcks 1998]. Zu Regelbauweisen s. [BAW-MAR 1993].

Für Innendichtungen gelten die Angaben zu Flussseitendämmen entsprechend (s. 7.4.4).

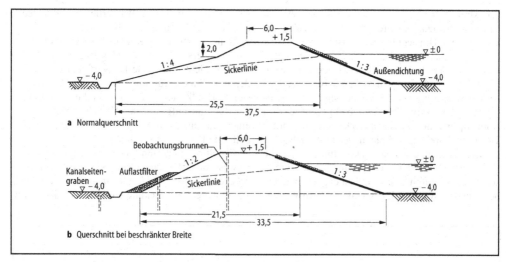

Abb. 7.4-16 Charakteristische Dammquerschnitte

Standsicherheit der Kanaldämme

Obgleich die Kanalfüllung meist 4 m Wassertiefe und die daraus herrührenden Wasserdrucklasten nur selten übersteigt, ist der *Dammstandsicherheit* und den Versagensmöglichkeiten aus etwaigen Sickerströmungen je nach Höhe, Querschnitt und Aufbau eines Dammes und der Untergrundverhältnisse besondere Aufmerksamkeit zu widmen. Eine umfassende Darstellung zur Sicherheitsbeurteilung und -berechnung enthält [BAW-MSD 1998]. Davidenkoff (1964) hat Berechnungsverfahren für die Sickerlinie und Sickerverluste bei Dämmen ohne und mit Dichtung auf undurchlässigem und durchlässigem Untergrund angegeben, mit deren Hilfe die Dammbreite in der Dammaufstandsfläche, ggf. erforderliche Fußfilter an der Austrittsstelle der Sickerlinie und die Böschungsneigungen in Abhängigkeit von den Bodenkennwerten abgeschätzt werden können.

Zu Böschungs- und Grundbruchberechnungen wird auf DIN 4084 Teil 100 hingewiesen (vgl. Kap. 3 der [EAU 1996]).

Charakteristische Dammquerschnitte bei Kanalwasserspiegel 4 m über Gelände zeigt Abb. 7.4-16.

Fragen des Aufwuchses auf Dämmen sind zu beachten, wenn tiefwurzelnde Pflanzen, Wurzelausbrüche, abgestorbene Wurzeln oder Wühltierbefall Wasserwegigkeiten zur Sickerlinie herstellen können. Um Aufwuchs zu ermöglichen, können Innendichtungen mit Spundwänden die geeignete Lösung sein.

Kanalkreuzungen

Schifffahrtskanäle kreuzen häufig Landverkehrswege, schiffbare oder nicht schiffbare Gewässer sowie Ver- oder Entsorgungsleitungen. Kreuzende Verkehrswege werden auf *Brücken* über den Kanal hinweg geführt, wenn der Kanal im Einschnitt oder in einer niedrigen Dammstrecke liegt, sofern der Raumbedarf für die notwendige Rampenentwicklung eine solche Lösung technisch und wirtschaftlich rechtfertigt [Schröder 1998]. Dabei müssen die Lichtraum- und Gefahrenraummaße beachtet werden. Bei einer Überführung von Versorgungsleitungen ist auf deren Schutz gegen Schiffsanfahrungen zu achten.

Niveaugleiche Kanalkreuzungen mit *Fähren* kommen wegen ihrer begrenzten Verkehrsleistung nur eingeschränkt zum Einsatz und dienen meist örtlichen Verbindungen.

Als Kanalunterkreuzungen kommen je nach den örtlichen Gegebenheiten Kanalbrücken oder Durchlässe und für kleine nicht schiffbare Gewässer bei geringen Niveauunterschieden auch Düker in Betracht.

Kanalbrücken verdienen, allein schon wegen der vielfältigen Lösungsmöglichkeiten zur Aufnahme der extrem hohen ständigen Wasserlasten, insbesondere auch bei Querung größerer Flüsse, in statisch-konstruktiver Hinsicht besondere Beachtung.

Vorherrschend ist der rechteckige Kanalquerschnitt auf der Brücke, der überwiegend als Stahlkonstruktion und bisweilen in Massivbauweise ausgeführt wurde und zur Lastminderung, soweit wirtschaftlich und betrieblich vertretbar, gegenüber dem Normalquerschnitt der Kanalstrecke verschiedentlich Tiefen- und Breiteneinschränkungen erhalten hat.

Die bestehende Kanalbrücke Minden über die Weser ist wegen der nicht ausreichenden Querschnittsmaße durch einen Neubau ergänzt worden, bei dem der zweischiffige Kanal mit 42 m Wasser-

spiegelbreite und 4 m Wassertiefe in Rechteckquerschnitt überführt ist (Abb. 7.4-17).

Beim Neubau der Kanalbrücke über die Elbe am Wasserstraßenkreuz Magdeburg wird der frühere, nicht vollendete Entwurf durch eine moderne Stahlkonstruktion mit seitlichen torsionssteifen Hohlkästen ersetzt, wobei die Nutzen/Kosten-Relation aufgrund der Verkehrsprognosen zu einem einschiffigen Ausbau mit 34 m Wasserspiegelbreite führte (Abb. 7.4-18).

Für Straßenunterführungen und auch für kleine Gewässerunterführungen sind neben kurzen Kanalbrücken häufig *Durchlasskonstruktionen* geeignet. Bei größerer Überdeckung wird das Kanalbett auch

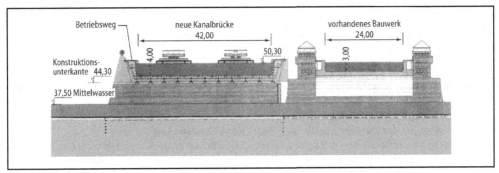

Abb. 7.4-17 Alte und neue Kanalbrücke Minden im Zuge des Mittellandkanals (Querschnitte) [WSD Mitte 1993]

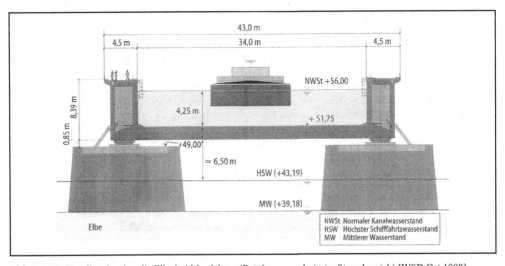

Abb. 7.4-18 Kanalbrücke über die Elbe bei Magdeburg (Brückenquerschnitt im Strombereich) [WSD Ost 1998]

konstruktiv einschließlich Kanaldichtung über den Durchlass hinweg geführt, sodass gegenüber der normalen Dammstrecke keine weitergehenden Abdichtungsprobleme bestehen. Zusätzlichen Abdichtungsmaßnahmen ist aber besondere Beachtung zu schenken, wenn die Durchlasskonstruktion aufgrund der Höhenverhältnisse unmittelbar oder in geringem Abstand unter dem Kanalbett an die Kanalauskleidung anschließt. Dichte und kontrollierbare Übergangselemente sind dann unverzichtbar (Abb. 7.4-19). Ebenso müssen an das Kreuzungsbauwerk anschließende Flügelkonstruktionen in den Damm weit einbinden, um das Potential eventuell auftretender Sickerströmungen in ausreichendem Maß abzubauen [BAW-MSD 1998].

Wasserbedarf der Schifffahrtskanäle
Bei Schifffahrtskanälen ohne natürliche Wasserzufuhr kommt der Ermittlung des Wasserbedarfs besondere Bedeutung zu. Änderungen der Kanalfüllung entstehen neben der planmäßigen Wasserabgabe zur landwirtschaftlichen oder industriellen Brauchwasserversorgung und aus der Differenz von Schleusungswasserzu- und -ableitung bei Schleusungsvorgängen auch aus natürlichen Versickerungs- und Verdunstungsverlusten sowie durch Spaltwasserverluste an Schleusentoren. Überschlägig kann z. B. angenommen werden für

– *Versickerungsverlust*: 2 l/s und ha bei geringer Durchlässigkeit des Untergrunds oder der Dichtungsschicht,
– *Verdunstungsverlust*: 720 mm/Sommerhalbjahr für mittlere Breiten,
– *Spaltwasserverlust*: 5 l/s und m Schleusenfallhöhe.

Verluste aus Schleusungsvorgängen ergeben sich innerhalb einer Haltung aus den Differenzen von Wasserzu- und -abführung der bergwärts bzw. talwärts angrenzenden Schleusen (s. 7.4.6).
Der Wasserbedarf wird aus Zuleitungen, ggf. über besondere Pumpanlagen (z. B. Pumpenzentrale Minden am Mittellandkanal) oder Rückpumpanlagen an Schleusen, auch umsteuerbare Turbinen, gedeckt (Beispiele: Rhein-Herne-Kanal, Main-Donau-Kanal).

Sicherheitstore, Sperrtore
Sicherheitstore in Schifffahrtskanälen werden bisweilen eingesetzt, wenn

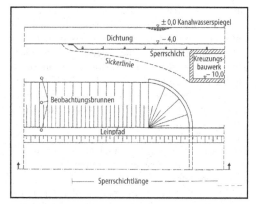

Abb. 7.4-19 Dichtes und kontrollierbares Übergangselement an Kaldurchlass

– lange Kanalhaltungen, hohe Dammstrecken, hohe Kanalstufen oder Kanalbrücken gegen *unbeabsichtigtes Auslaufen von Kanalwasser* geschützt werden sollen,
– eine abschnittsweise *Entleerung* oder Wasserspiegelabsenkungen zur Unterhaltung oder Instandsetzung ermöglicht werden sollen oder
– hohe *Wasserstandsschwankungen* in langen Kanalabschnitten, z. B. infolge Windstau, verhindert werden sollen.

Die Hubtorkonstruktion, die ein rasches Schließen auch bei strömendem Wasser ermöglicht, ist gegenüber anderen Ausführungen wie einsetzbaren Notverschlüssen oder auch Dreh- oder Versenkverschlüssen im Vorteil. Je nach Lage im Schifffahrtskanal kann doppeltkehrende Ausführung, ggf. mit Füll- und Entleerungsschützen, notwendig sein. Neue oder erweiterte Schifffahrtskanäle werden möglichst so bemessen und mit Kontrollsystemen ausgestattet, dass Sicherheitstore weitgehend entbehrlich werden.
Sperrtore dienen dem Schutz gegen Eindringen von Hochwasser in einen Schifffahrtskanal an dessen Einmündung in einen Fluss (z. B. Hochwassersperrtore in Duisburg-Meiderich am Rhein-Herne-Kanal, in Artlenburg am Elbe-Seitenkanal, in Neuses am Main-Donau-Kanal).

Behinderung durch Eis
In Fließgewässern treten im Fall größerer Brauchwassereinleitungen meist nur geringe Kältetempe-

raturen auf, sodass dort Behinderungen durch Eis verhältnismäßig unbedeutend sind. In längeren Kälteperioden sind jedoch, besonders in Stillwasserkanälen, stärkere Eisbildungen zu berücksichtigen, denen im Rahmen der Möglichkeiten durch Eisbrechen begegnet wird. Zur Entwicklung eines Verfahrens, welches das kontinuierliche Freihalten der Fahrrinne durch gezieltes Zerkleinern des Eises mit Hilfe sog. „Eisschredder" ermöglichen soll s. [Heimann/Möbius 1996]. Im Bereich beweglicher Schleuseneinrichtungsteile und an Kanalbrücken kommen ggf. auch Beheizungs- oder Luftsprudelanlagen in Betracht.

Für Lastansätze aus Eisdruck wird auf [Grundbau-Taschenbuch 1996] sowie auf E 177 und E 205 der [EAU 1996] verwiesen.

7.4.5.2 Seekanäle

Drei große Seekanäle – Panamakanal, Suezkanal, Nord-Ostsee-Kanal (NOK) – verbinden Meere oder Randmeere für Durchgangsverkehre der Seeschifffahrt. Der Noordzeekanaal stellt als weiterer großer Seekanal die Seeverbindung vom Seehafen Amsterdam her. Die Seekanäle folgen, soweit möglich, dem Verlauf natürlicher Binnengewässer. Sie sind zur Überwindung von Höhenunterschieden mit Schleusen (Panamakanal) bzw. zum Kehren und Ausgleich der Seewasserstände mit Eingangsschleusen (Nord-Ostsee-Kanal und Noordzeekanaal) ausgestattet. Der Suezkanal hat wegen verhältnismäßig kleiner Spiegelschwankungen im Mittelmeer keine Schleusen; der Tidehub am Roten Meer wird über den Bittersee ausgeglichen. Weitere Angaben finden sich in [Press 1962; Jensen 1970].

7.4.6 Abstiegsbauwerke (Schiffsschleusen und Schiffshebewerke)

7.4.6.1 Arten und Anwendung

Als Abstiegsbauwerke für die Schifffahrt an Staustufen staugeregelter Flüsse und an Fallstufen von Schifffahrtskanälen sind *Schiffsschleusen* i. d. R. bei Fallhöhen bis etwa 30 m technisch und wirtschaftlich geeignet. Bei größeren Höhenunterschieden können zur Verringerung der Fallhöhen Schleusentreppen oder Koppelschleusen in Be-

tracht kommen, wobei Beeinträchtigungen der Leistungsfähigkeit infolge der größeren Zahl von Schleusenaufenthalten u. U. durch Schaffung von Begegnungsmöglichkeiten im Schleusenbereich ausgleichbar sind. Übliche Ausführungen (s. DIN 4054) sind

– die Schiffsschleuse als *Kammerschleuse* mit Füll- und Entleerungseinrichtungen an den Schleusenhäuptern oder mit Füll- und Entleerungskanälen in den Kammerwänden oder der Kammersohle,
– die *Schachtschleuse* mit Betonquerwand (Maske) am Unterhaupt zur Vermeidung hoher Untertorkonstruktionen bei großer Schleusenfallhöhe,
– die *Sparschleuse* mit offenen oder geschlossenen Sparbecken zur Verringerung der Schleusungswassermenge,
– die *Doppelschleuse* mit zwei konstruktiv nebeneinander angeordneten Kammern,
– die *Zwillingsschleuse* mit Wasseraustausch zwischen beiden Kammern zur gegenseitigen Nutzung der Kammern als Sparbecken,
– die *Bootsschleuse* für die Kleinschifffahrt und Sportboote.

Eine Zusammenstellung aller Schleusen der deutschen Binnen- und Seeschifffahrtsstraßen enthält [VBW 1995, Abschn. III].

Seeschleusen an der Einfahrt in geschlossene Seehäfen, an Sperrwerken schiffbarer Ästuare oder an Fallstufen von Seekanälen müssen den besonderen Anforderungen aus wechselnden Wasserständen und Meereseinwirkungen genügen und dabei ggf. höhere Außen- und Binnenwasserstände kehren.

Schiffshebewerke sind in der Vergangenheit für sehr unterschiedliche Fallhöhen ausgeführt worden. Ihre Anwendung wird sich künftig auf Sonderfälle, insbesondere große Fallhöhen, beschränken, wobei sicherheits- und ausführungstechnische Grenzen zu beachten sind. Es gibt folgende Ausführungsarten:

– *Senkrechthebewerke*
  – mit Gewichtsausgleich durch Gegengewichte (Gegengewichtshebewerk),
  – mit Gewichtsausgleich durch Schwimmer (Schwimmerhebewerk),
  – mit Gewichtsausgleich über Druckkolben (Druckwasserhebewerk),

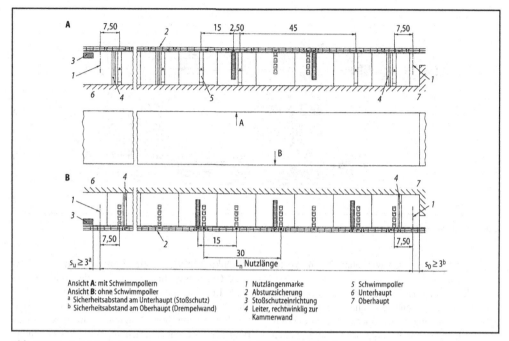

Abb. 7.4-20 Ausrüstung der Schleusenkammerwände nach DIN 19703, Maße in m

– mit senkrechtem Seilaufzug bei Trockenförderung;
– *Schräghebewerke*
  – mit Längsförderung auf geneigter Ebene (Längshebewerk),
  – mit Querförderung auf geneigter Ebene (Querhebewerk),
  – mit Längsförderung auf geneigter Ebene durch Wasserkeil (Wasserkeilhebewerk),
  – mit schrägem Seilaufzug bei Trockenförderung.

Eine Zusammenstellung ausgeführter Hebewerke enthält [PIANC 1985]. Für Neuplanungen werden vorwiegend Gegengewichtshebewerke in Betracht gezogen.

7.4.6.2 Abmessungen und Ausrüstung

Binnenschifffahrtsschleusen

Grundsätze für Abmessungen und die Ausrüstung der Schleusen von Binnenschifffahrtsstraßen sind in DIN 19703 niedergelegt. Danach gelten als Mindestmaße der Wasserstraßenklasse V für die Schleusenkammer:

– Nutzlänge für lange Schleusen 190 m entsprechend Wasserstraßen- (WStr-) Klasse Vb und für kurze Schleusen 110 m entsprechend WStr-Klasse Va, jeweils zuzüglich Sicherheitsabstände ≥3 m an beiden Enden;
– Kammerbreite 12,0 bzw. 12,5 m bei Verkehr mit Großmotorgüterschiffen (GMS) und breiten Containerschiffen;
– Tiefe über Drempel 4,0 m.

Flussschleusen der Wasserstraßenklassen VI und VII erhalten entsprechend größere Abmessungen (z. B. Schleusen am Oberrhein und an der Donau) [WSD Südwest 1985; PIANC 1986; Kuhn 1985].

Einen Überblick über die Ausrüstung einer Schleuse gibt Abb. 7.4-20; weiteres enthält DIN 19703.

Für die Verschlussorgane der Schleusen sind zahlreiche Ausführungsformen verwendet worden. An modernen Anlagen sind Stemmtore, Hub- und Hubsenktore sowie Zug- oder Drucksegmenttore

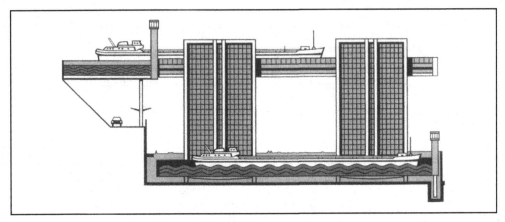

Abb. 7.4-21 Doppelschiffshebewerk Lüneburg [ESK 1976]

wegen ihrer technisch-wirtschaftlichen Vorteile vorherrschende Lösungen.

Schleusenkammern werden häufig in Stahlbeton-konstruktion als offene Halbrahmen ausgeführt, besonders wenn Längskanäle oder Grundläufe im Füll- und Entleerungssystem vorgesehen sind. Seltener sind Kammerwände in verankerter Spundwandkonstruktion oder Schwergewichtsmauern, ggf. mit durchlässiger oder dichter, auftriebssicherer Sohle.

Seeschleusen

Die Abmessungen von Seeschleusen richten sich nach dem jeweiligen Bemessungsschiff (ggf. mit zusätzlichem Raum für Schlepper), den hydrologischen Wasserstandsbedingungen (ggf. mit Einbindung in die Hochwassersicherungslinie) sowie den Solltiefen der Zufahrtsrinne und des Hafens. Für die Kammerwände kommen ggf. die für hohe Geländesprünge geeigneten Bauweisen in Betracht. Die Auftriebssicherheit der Sohle ist erforderlichenfalls durch ausreichende Durchlässigkeit der Sohle, Grundwasserentlastung, Auflast oder Untergrundverankerung herzustellen. Als Verschlussorgane werden bei großer Kammerbreite vorwiegend *Schiebetore* (auch Schwimmtore) verwendet, welche zugleich wechselnde Wasserstände kehren können.

Schiffshebewerke

Die Angaben zu Schleusen gelten sinngemäß für Hebewerke, jedoch empfehlen sich wegen der hohen Trogeigenlasten – soweit möglich – mäßliche Ein-

schränkungen. Das bisher größte in Betrieb befindliche Gegengewichtshebewerk ist das Schiffshebewerk Lüneburg mit 38 m Fallhöhe (Abb. 7.4-21). Die Trogmaße sind 100 m × 12 m × 3,50 m. Eine auf 105 m vergrößerte Nutzlänge wird durch Änderung der Stoßschutzeinrichtung erreicht. Auf Spindeln gelagerte Drehriegel stellen die Sicherheit des Troges in jeder Aufzugsstellung her.

Sparschleusen

Abweichend von Abstiegsbauwerken in staugeregelten Flüssen mit ausreichendem Wasserdargebot müssen bei fehlender oder nicht ausreichender natürlicher Wasserzufuhr, besonders in Stillwasserkanälen, die Wasserverluste infolge der Schleusungsvorgänge klein gehalten werden, was bei größeren Fallhöhen durch Sparschleusen oder, wenn Schleusungswasserein- und -ableitungen ganz vermieden werden sollen, durch Schiffshebewerke erreichbar ist (s. [ESK 1976]).

Bei Sparschleusen wird ein Teil des Schleusungswassers beim Entleeren der Kammer in ein- oder beidseitig der Schleusenkammer angeordnete *Sparbecken* ab- und beim Füllen in entsprechend tieferliegende Kammerabschnitte zurückgeleitet, sodass nur ein Teil des Schleuseninhalts ins Unterwasser abgegeben bzw. aus dem Oberwasser nachgefüllt wird. Zur Beschränkung der vom Druckgefälle abhängigen Füll- und Entleerungsdauer wird am Ende des Füll- oder Ableitungsvorgangs zwischen Kammer- und Sparbeckenwasserspiegel je-

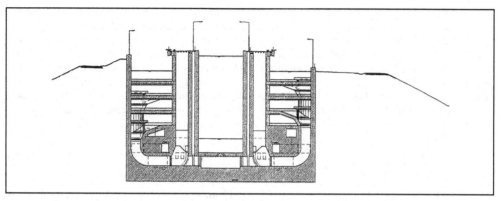

Abb. 7.4-22 Zweite Schleuse Uelzen, Schachtschleuse mit Sparbecken in Speicheranordnung (Querschnitt) [WSD Mitte 1993]

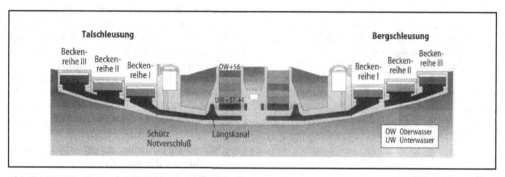

Abb. 7.4-23 Neue Doppelschleuse Hohenwarthe am Wasserstraßenkreuz Magdeburg [WSD Ost 1998]

weils ein *Ausspiegelungsunterschied* vorgesehen, der üblicherweise ≥ 0,20 m und ≤ 0,50 m ist. Bei n Sparbecken beträgt die Wasserersparnis

$$e_w = n / (n + 2) \qquad (7.4.13)$$

bezogen auf die Schleusenkammerfüllmenge, wenn bei lotrechten Kammer- und Sparbeckenwänden die Sparbeckengrundfläche im Verhältnis der Kammerabschnittshöhe zur Sparbeckenfüllhöhe vergrößert ist.

Mit wachsender Sparbeckenanzahl wird der Ersparniszuwachs kleiner, weshalb es häufig wirtschaftlich ist, die Anzahl der Sparbecken auf n = 3 oder 4 zu begrenzen (s. Beispiele in Abb. 7.4-22 und 7.4-23).

Möglichkeiten zur Einsparung von Schleusungswasser bieten auch *Zwillingsschleusen, Schleusentreppen* und *Koppelschleusen*, sofern sich der Verkehrsablauf entsprechend steuern lässt.

Bei unterschiedlichen Fallhöhen aufeinanderfolgender Schleusen wird die größte Schleusungswassermenge für den Gesamtverlust maßgebend, sodass Ausgleichsabfluss- oder Rückpumpanlagen erforderlich werden.

Einzelheiten zu Wasserersparnis, Lösungsmöglichkeiten und Beispiele für Sparschleusen enthält [Partenscky 1986].

Leistungsfähigkeit von Schleusen

Die Leistungsfähigkeit einer Wasserstraße mit Stau- bzw. Kanalstufen wird meist von der Leistungsfähigkeit der Schleusen bestimmt, die überschlägig in Anlehnung an [Mistol 1932] abschätzbar ist. Dabei werden in Abhängigkeit von der Kammergröße die mittlere Anzahl der Schiffe je Schleusung, deren mittlere Tragfähigkeit, der mittlere Anteil beladener Schiffe, die zeitraumabhängigen Schwankungen in Schiffsgröße und Abladung, der Anteil der Berg- und Talschleusungen, der Zeitbedarf für den Schleusungsablauf von Richtungs- und Kreuzungsschleusungen einschließlich der Schleusenein- und -ausfahrzeiten berücksichtigt. Die Füll- und Entleerungszeit kann überschlägig bestimmt werden aus

$$T_{\text{Füll}} = T_{\text{Leer}}$$

$$= \frac{3 \cdot A_k \cdot H^{1/2}}{0,7 \cdot (2g)^{1/2} \cdot A_u} \qquad (7.4.14)$$

$$\approx \frac{A_K}{A_U} \cdot H^{1/2} \approx 250 \cdot H^{1/2}$$

mit
A_K Schleusenkammergrundfläche in m^2,
A_U Füll-(Entleerungs-) kanalquerschnitt in m^2,
H Schleusenfallhöhe in m,
g Fallbeschleunigung in m/s^2.

Dabei ist zu beachten, dass die in den Füll- und Entleerungskanälen hydraulisch und materialtechnisch zulässigen Grenzgeschwindigkeiten (z.B. zur Vermeidung von Kavitation) nicht überschritten werden.

Schleusenvorhäfen

Anhalte für Gestaltung und Abmessungen der Schleusenvorhäfen in Schifffahrtskanälen und stauregelten Flüssen sind in [BMV-Ri 1976] enthalten. Auf darin enthaltene Angaben zu Schleuseneinfahrleitwerken, insbesondere zur besseren Einfädelung von Schubverbänden, ist hinzuweisen. Mit der zunehmenden Nutzung moderner Kommunikationsmittel können Liege- und Wartezeiten und damit der entsprechende Liegeplatzbedarf geringer werden. Zur Ermittlung der Abmessungen von Liegestellen wird im Übrigen auf [BMV-Ri 1994] Bezug genommen. Neben senkrechten Ufereinfassungen kommen an Liegestellen geböschte Ufer mit Dalben in Betracht.

Einrichtungen zur Aufnahme von Schiffsstoß und Trossenzug

Stoßschutzeinrichtungen an Schleusen. Die Untertore der Schleusen bzw. die Querwand am Unterhaupt von Schachtschleusen sind ebenso wie

der Schiffskörper gegen Schäden durch Schiffsanfahrung zu schützen. Schutzeinrichtungen am Oberhaupt beschränken sich auf Sonderfälle. Aus der in Bremsarbeit umzusetzenden Energie des anfahrenden Schiffes mit bewegter Masse m_s in t und Auftreffgeschwindigkeit v_s in m/s ergibt sich die Bewegungsenergie und somit das erforderliche Arbeitsvermögen einer Stoßschutzeinrichtung zu

$$A = E_s = \frac{1}{2} \cdot m_s \cdot v_s^2 \qquad (7.4.15)$$

in kNm, wobei als bewegte Masse m_s die Wasserverdrängung G des maßgebenden Schiffes aus E 39 der [EAU 1996] mit einem Zuschlag für mitbewegtes Wasser – bei fehlendem Nachweis etwa 20% – und die Auftreffgeschwindigkeit mit 0,9 m/s für Schubverbände bzw. 1,0 m/s für Gütermotorschiffe angesetzt werden kann. Das Arbeitsvermögen der Stoßschutzeinrichtung soll i.d.R. zwischen 1,0 und 2,0 MNm liegen, welches meist von der Torkonstruktion allein nicht erreicht werden kann, sodass ein hiervon getrennter Stoßschutz benötigt wird. Übliche Lösungen sind Stoßbalken, Stoßschutzschwingen oder Stoßschutz-Seilanlagen, ggf. mit Federelementen, ölhydraulischen Zylindern oder kompressiblen Pufferelementen.

Bei linear-elastischer Federung ist die aufzunehmende Stoßkraft

$$F_{St} = 2A / s \qquad (7.4.16)$$

und der benötigte Feder- bzw. Bremsweg

$$s = 2A / F_{St} = m_s \cdot \frac{v_s^2}{F_{St}}. \qquad (7.4.16a)$$

Im Fall einer Stoßschutz-Seilanlage, die bei heraushebbarer oder versenkbarer Anordnung des Seiles oft geeignet ist, eine größtmögliche Ausnutzung der Kammerlänge zu erreichen, ist die Nichtlinearität der Kraftzunahme zu beachten.

Dalben. Bei vollelastischem, unten eingespanntem Einfahldalben ergibt sich die Beziehung zwischen Stoßkraft F_{St}, Arbeitsvermögen A und Durchbiegung f zu

$$f = \frac{F_{St} \cdot l^3}{3 \cdot E \cdot I} \qquad (7.4.17)$$

und

$$F_{St} = \sqrt{\frac{6 \cdot A \cdot E \cdot I}{l^3}}, \qquad (7.4.17a)$$

mit

l   freie Dalbenlänge in m,
E   Elastizitätsmodul des Dalbens in kN/m²,
I   Trägheitsmoment des Dalbenquerschnitts in m⁴.

Weiteres kann E 69 und E 111 der [EAU 1996] entnommen werden.

Poller. Nach geltendem Grundsatz dienen Poller dem Festhalten liegender Schiffe gegenüber äußeren Einwirkungen aus Strömungen, Wind und Wellen, die besonders auch von vorbeifahrenden Schiffen ausgehen können. In Binnenhäfen wird eine *Trossenzuglast* von 100 kN und bei stark beanspruchten Liege- und Umschlagplätzen von 200 kN zugrunde gelegt. Da in Schleusenkammern gemäß BinSchStrO das rechtzeitige Anhalten der Fahrzeuge auch ohne Maschinenkraft durch Belegen der Poller möglich sein muss, gelten in Binnenschifffahrtsschleusen die höheren Werte mit entsprechenden Sicherheitsfaktoren, und zwar für alle Poller an den Schleusenkammerwänden einschließlich der Schwimmpoller (s. Abb. 7.4-20).

Unter der ungünstigen Annahme, dass die Bewegungsenergie des Schiffes allein in Formänderungsarbeit einer gestrafften Trosse umgesetzt wird, lassen sich der Bremsweg s_{Br} und die maximal auf den Poller wirkende Trossenzugkraft F_{Tr} des Schiffes abschätzen zu

$$s_{Br} = \sqrt{\frac{v_s^2 \cdot m_s}{c}} \qquad (7.4.18)$$

$$F_{Tr} = \sqrt{c \cdot m_s \cdot v_s^2}. \qquad (7.4.18a)$$

Darin sind

$c = \dfrac{E_{Tr} \cdot A_{Tr}}{l_{Tr}}$ Federkonstante der Trosse in kN/m,

v_s Schiffsgeschwindigkeit in m/s,
m_s Masse des Schiffes in t,
E_{Tr} Elastizitätsmodul der Trosse in kN/m²,
A_{Tr} tragender Trossenquerschnitt in m²,
l_{Tr} Trossenlänge in m.

Durch Nachfieren der Trosse lassen sich Trossenzug- und Pollerlasten auch bei einem Abbremsen am Poller in der Schleuse innerhalb der zulässigen Grenzen halten.

Einflüsse aus Strömungen in der Schleusenkammer auf die Trossenzuglasten während der Schleusungsvorgänge sind bei modernen Füll- und Entleerungssystemen mit Längskanälen in den Kammerwänden oder in der Kammersohle und günstig verteilten Wasseraustrittsöffnungen meist vernachlässigbar klein.

Für *Poller in Seehäfen* variieren die Ansätze für Trossenkräfte in Abhängigkeit von den Schiffsgrößen meist zwischen 100 und 2000 kN (s. E 102 und E 12 der [EAU 1996]).

Weitere Angaben zur Berechnung, Konstruktion und Ausrüstung von Schleusenanlagen sind in [Partenscky 1986] und von Schiffshebewerken in [Partenscky 1984] sowie in DIN 19702, DIN 19703 und DIN 19704 sowie in [Kuhn 1985] bzw. [PIANC 1986] enthalten. Im Übrigen wird hinsichtlich allgemein gültiger Grundlagen des Wasserbaus auf entsprechende Werke wie [Press 1956 und Press 1962] sowie [Bauhütte II 1970] verwiesen.

7.4.7 Häfen – Hinweise

7.4.7.1 Allgemeines

Schwerpunkte von *Hafenplanungen* im Küsten- und Binnenbereich werden künftig vorrangig in der Anpassung und ggf. Erweiterung bestehender Anlagen an den Bedarf der intermodalen Transportketten mit Ausgestaltung als Güterverkehrs- und Verteilzentren, an moderne Transportarten und Schiffsgrößen sowie neue Technologien liegen. Umfang und Art des Verkehrs in der Transportkette sind von wesentlicher Bedeutung für die Gestaltung der Wasser- und Landflächen, für die Anordnung und Größe von Freilagerflächen, Lagerhallen, Tanklagern, Siloanlagen sowie die Ausrüstung mit geeignetem Umschlag- und Transportgerät. Für die Hafengestaltung ist weiter von Bedeutung,

inwieweit im Hafen Industrie- und Gewerbegebiete für Handelsaktivitäten, industrielle und hand-
werkliche Produktionsstätten sowie ggf. auch in
Binnenhäfen Freihafenbereiche auszuweisen sind.

Aktuelle Angaben zu See- und Binnenhäfen
enthalten die Jahrbücher und Ausschussberichte
der Hafenbautechnischen Gesellschaft (HTG) und
des Vereins für europäische Binnenschifffahrt und
Wasserstraßen (VBW). Entwurfsgrundlagen finden sich in Ausschussempfehlungen, so z. B. in
Bezug auf Ufereinfassungen in den Empfehlungen
(E) der [EAU 1996], auf die vorrangig Bezug genommen wird.

Zu Fragen der Unterbringung von Baggergut s.
[HTG 1989] sowie [PIANC I-17 1996]; PIANC II-
10 1986; PIANC II-19 1992].

7.4.7.2 Seehäfen

Arten, Lage und Anordnung
Seehäfen sind in Abhängigkeit von den geogra-
phischen Gegebenheiten, dem regionalen Wirt-
schaftspotential und der Verfügbarkeit von See-
und Hinterlandverbindungen entweder vor der
Küste (Inselhafen, Atollhafen), an der Küste (Küs-
tenhafen), in Flussmündungen (Flussmündungsha-
fen, Lagunenhafen, Vorhafen) oder im Unterlauf
eines Flusses oder Ästuars (Flusshafen) entstanden. Dabei sind zu unterscheiden:

- *offener Hafen* mit zum Gewässer ständig ausge-
  spiegelten Wasserständen; in Tidehäfen, sofern
  sie durch Sturmflutsperrwerke geschützt sind,
  ggf. begrenzt auf Wasserstände unterhalb der
  Sturmflutwasserstände;
- *geschlossener Hafen* mit gleichbleibendem oder
  nur geringen Schwankungen unterliegendem
  Hafenwasserstand (HaW), und zwar als *Schleu-
  senhafen*, der bei allen Schifffahrtswasserstän-
  den der Wasserstraße über eine Schleuse erreichbar ist, oder als *Dockhafen*, der über ein Dockhaupt nur bei ausgespiegeltem Wasserstand zugänglich ist.

Eine Sonderform ist der *Halbtidehafen* mit Öffnung des Docktores nur bei Wasserständen über
dem Tidehalbwasserstand (T1/2w).

Hiernach richten sich – zugleich abhängig von
der maßgebenden Schiffsgröße – die Höhenlagen
der *Hafensohlen* und der *Hafenbetriebsebenen*.

Ein offener Hafen kann *Molenhafen, Parallelha-
fen* ohne Abgrenzung gegenüber dem Gewässer
oder *Stichhafen* mit Hafenbecken hinter Trennanla-
gen sein. Geschlossene Häfen sind stets Stichhäfen.

Nach Umschlagsgut werden unterschieden:

- Massenguthafen, Ölhafen, Erzhafen, Getreide-
  hafen;
- Stückguthafen, Containerhafen ggf. für Stückgut
  und Massenstückgut, Ro-Ro-Hafen, auch in der
  Sonderform als Export-/Import-Hafen für Fahrzeuge, Holzhafen, Fischereihafen sowie
- Fährhafen, ggf. mit Personen-, Pkw-, Lkw-, Ei-
  senbahntransport,

welche je nach Schiffsgröße unterschiedliche Anforderungen an Liegeplatz, Hafenbetriebsfläche, Umschlaggerät, Lager- und Verarbeitungsplatz, Hafenverkehrswege und Hinterlandverbindungen stellen.

Weitere Begriffe s. DIN 4054.

Hafenaußenwerke

Für die funktionale Anordnung von *Hafenau-
ßenwerken* sind neben küsteningenieurtechnischen
Gesichtspunkten die navigatorischen Möglichkeiten
der Schifffahrt in der Zufahrtsrinne in Abhängigkeit von Strömungs-, Wind- und Wellenverhältnis-
sen mit Stärke, Richtung, Häufigkeit und deren
Änderungen in ufernahen Bereichen infolge Reflexion, Refraktion, Diffraktion und Shoaling-Effekt
maßgebend.

Als Hafenaußenwerke kommen *Leitdämme,
Molen* oder *Wellenbrecher* in Betracht, für deren
Berechnung und Ausführung auf E 137 der [EAU
1996] und für zusammengesetzte Querschnitte
auch auf [PIANC 1976] hinzuweisen ist; s. auch
[PIANC II-2 1985; PIANC II-12 1992; EAK 1993].
Für die Berechnung von Schüttsteinwellenbre-
chern eignen sich die dort angegebenen Formeln
von Hudson und van der Meer. Für Deckschichten
kommen neben Natursteinen Betonformsteine in
Betracht; Tetrapoden haben eine statisch und
funktional günstige Form. Auf filterstabilen Quer-
schnittsaufbau, auch gegenüber dem Untergrund,
ist zu achten.

Hafenbecken, Fahrrinne und Liegeplätze
Maßgebend ist das jeweils zugrunde zu legende
Bemessungsschiff (s. 7.4.1.3).

Die *Breite* eines Hafenbeckens kann überschlägig als ein Vielfaches der Breite B des Bemessungsschiffs bestimmt werden; z. B. wird bei beiderseitigen Liegeplätzen in längeren Hafenbecken eine zweispurige Fahrrinne mit Sicherheitsabständen von ca. B/2 vorgehalten, womit sich eine Beckenbreite von $(5,5…6) \cdot B$ ergibt. Bei gleichzeitigem Schiff/Schiff-Umschlag kommen ggf. Verbreiterungen hinzu. Wenn Schiffe mit entsprechenden Antriebs- und Ruderanlagen ohne Schlepperhilfe an- und ablegen können, sind maßliche Einschränkungen möglich. Die Schraubenstrahlwirkungen auf Sohle und Kaianlage sind zu beachten (s. 7.4.2.3).

Die *Länge* eines Hafenbeckens hängt von der Anzahl der Liegeplätze ab. Die Liegeplatzlänge soll reichlich bemessen werden, z. B. Länge $L_{üa}$ des Bemessungsschiffes mit einem Zuschlag von ca. 20 m. Die Beckenlänge soll 1200 m möglichst nicht überschreiten.

Wendeplätze, die ggf. auch zur Kompassdeviation verwendet werden, können bei gleichzeitiger Anordnung eines Deviationsdalbens z. B. einen Durchmesser von etwa 300 m erhalten.

**Höhe von Hafensohle
und Hafenbetriebsfläche**

Für das voll beladene Schiff einschließlich etwaiger Tiefgangsänderung aus vermindertem Salzgehalt des Hafenwassers, Krängung und Trimm soll der *Sicherheitsabstand* zwischen Schiffsboden und Hafensohle bei maßgebendem Betriebs- bzw. Niedrigwasserstand 0,50 m möglichst nicht unterschreiten. Hiernach muss sich ggf. auch die Drempeltiefe von Seeschleuse oder Dockhaupt richten. Die *Hafenbetriebsfläche* eines geschlossenen Hafens sollte 2 m über dem maßgebenden Betriebswasserstand liegen. Bei offenen Häfen wird hochwasserfreie Lage angestrebt, wobei extreme Wasserstände, Windstau, Schwingungen (Seiches), Wellenauflauf aus sog. „Machreflexion", Resonanz sowie säkulare Küsten- und Wasserstandsänderungen zu berücksichtigen sind. Weitere Faktoren sind in E 122 und E 36 der [EAU 1996] genannt.

Zum Schutz von Hafengelände gegen Überflutung kommen *Hochwasserschutzwände* in Betracht. Statische und konstruktive Anforderungen sind in E 165 der [EAU 1996] erfasst.

Kaianlagen

Die *Gestaltung* moderner *Kaianlagen* wird maßgebend von den Anforderungen großer Schiffe und deren Behandlung bestimmt. *Kaizungen* können den Bedarf an Betriebs- und Lagerflächen nur begrenzt decken.

Lastansätze auf Ufereinfassungen enthält Kap. 5 der [EAU 1996]. Vereinfachte Ansätze für Wellenlasten auf senkrechte Ufereinfassungen sind in E 135 und auf Pfahlbauwerke in E 159 angegeben. Für Eisdruck gilt E-177 (vgl. [Grundbau-Taschenbuch 1996]). Anlegedruck und Anlegegeschwindigkeit von Schiffen behandeln E 38 und E 40. Pollerzuglasten ergeben sich aus E 12 und E 153. Ansätze für lotrechte Nutzlasten sind in E 5 zusammengestellt.

Zu *Erddruck* und *Erdwiderstand* sowie zu Grundwasserüberdruck und etwaigen Entlastungsmöglichkeiten wird auf Kap. 2 bis 4 der [EAU 1996] verwiesen.

Allgemein in Betracht kommende *Bauweisen* sowie statische und konstruktive Details können insbesondere den Kap. 6 bis 11 der [EAU 1996] entnommen werden. Voll geböschte Ufer bilden künftig die Ausnahme und werden nur für Liegestellen ohne Wasser/Land-Umschlag an offenen Häfen mit großen Wasserstandsschwankungen in Betracht gezogen (vgl. E 107).

Mit zunehmenden Schiffsgrößen wachsen die Anforderungen an Uferwände mit hohen Geländesprüngen. Bei Einsatz starker Antriebs- und Ruderelemente an- und ablegender Schiffe sind mögliche Auswirkungen für die Ufereinfassung, Kolkbildungen und Kolksicherungen, etwaige Änderungen der Entwurfstiefe oder konstruktive Maßnahmen an der Ufereinfassung zur Strahlablenkung in Betracht zu ziehen.

Für *senkrechte Ufereinfassungen* mit hohen Geländesprüngen kommen häufig verankerte Spundwandkonstruktionen, ggf. in kombinierter Bauweise (E 7 der [EAU 1996]), oder Pfahlrostkonstruktionen mit oder ohne vorgesetzte Spundwand in Betracht (Kap. 8.4 und 9 der [EAU 1996]). Möglichkeiten der Anwendung von Massivkonstruktionen sind in Kap. 10 der [EAU 1996] dargestellt.

Zur technischen Entwicklung wird auf die Beiträge zu Kaimauersymposien der FHH hingewiesen, z. B. [HTG 1992; Dücker 1993; HTG/ FHH 1999]. Eine Übersicht des Hamburger Hafens mit

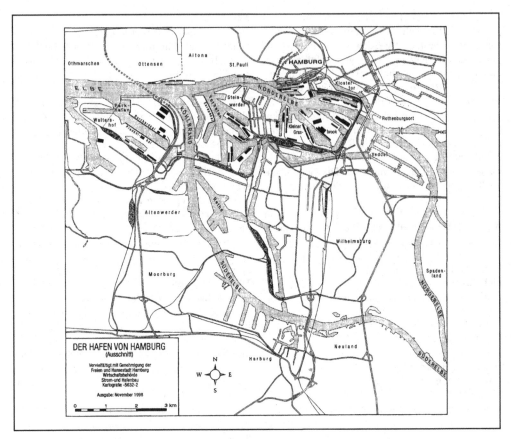

Abb. 7.4-24 Seehafen Hamburg, Lageplan; vgl. [HTG/FHH 1999]

Hinterlandverbindungen gibt Abb. 7.4-24. Eine neue Kaikonstruktion für Großcontainerschiffe zeigt Abb. 7.4-25.

Ein Beispiel einer Ausführung am offenen Strom gibt die mehrfach verlängerte Containerkaje in Bremerhaven (Abb. 7.4-26) [Gravert 1993; Vollstedt 1997].

Häufig muss der Entwicklung der Schiffsabmessungen durch Vertiefung der Hafensohlen vor vorhandenen Kaianlagen gefolgt werden. Hinzu kommen oft größere Krane und deren Nutzlasten (s. E 84 der [EAU 1996] sowie [AHU 1993]. Neben Baggerarbeiten sind *Verstärkungen* vorhandener Kaikonstruktionen erforderlich. Technisch und wirtschaftlich in Betracht kommende Maßnahmen werden in E 200 behandelt.

Ausrüstung der Kaianlagen

Steigeleitern werden nach E 14 der [EAU 1996] und *Poller* nach E 12 vorgesehen. Darüber hinaus kommen ggf. *Treppen* nach E-24 in Betracht. Großschiffsliegeplätze erhalten zum Festmachen und Lösen schwerer Trossen ggf. Sliphaken nach E 70.

Wegen der meist großen bewegten Massen und der entsprechenden Bewegungsenergien anlegender Schiffe werden Anlegestellen für Seeschiffe mit ausreichenden *Fendereinrichtungen* zum Schutz von Schiff und Bauwerk gegen Schiffsstoß ausgestattet. Je nach erforderlichem Arbeitsvermögen (s. 7.4.6.2) sowie der von Schiff und Bauwerk aufnehmbaren Stoßkraft werden Fenderelemente unmittelbar am Bauwerk oder in vorgesetzten Fenderdalben angeordnet. Als Fendermaterial sind

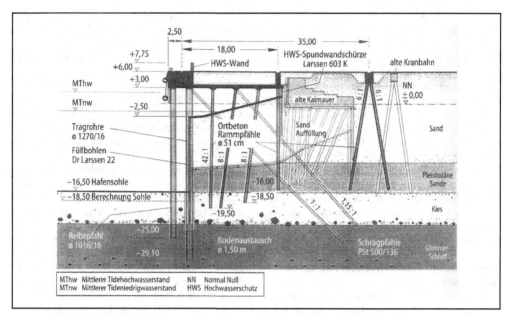

Abb. 7.4-25 Neue Kaikonstruktion (Querschnitt), Hafen Hamburg, Beispiel [HTG/FFH 1999]

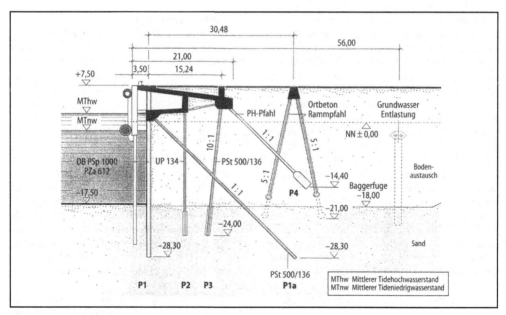

Abb. 7.4-26 Containerkaje Bremerhaven, 3. Bauabschnitt (Querschnitt) [Reinke/Vollstedt 1995]

Kunststoffe (Elastomere, Polyethylene o. ä.), vereinzelt auch Naturstoffe (Gummi, Holz, Reisig), verwendet worden. Gängige Lösungen finden sich in E 60. Fenderdalben an Ufereinfassungen sind meist Einpfahldalben. An Liegeplätzen im freien Wasser können Mehrpfahl- oder Bündeldalben das geforderte Arbeitsvermögen herstellen (s. E 69, E 111, E 128).

Zu Arten und Einsatz von *Kränen* sowie anderem Umschlaggerät wird auf E 84 der [EAU 1996] und auf die Empfehlungen [AHU 1993] verwiesen.

Kranbahnen werden gemeinsam mit der Ufereinfassung oder gesondert gegründet. Insbesondere in Erdbebengebieten ist nach jüngeren Erfahrungen die Gründung auf gemeinsamem Fundament anzustreben (vgl. E 124 und E 127 der [EAU 1996] und [JSCE-CEE 1996]).

Hafenbetriebsflächen, Transport im Hafen, Hinterlandanschluss

Die gefahrlose Bedienung am Kai hat ausreichende *Arbeitsräume* vor und zwischen gleisgebundenen Kranstützen für Leinenverholer sowie für das Auflegen des Landgangs (Gangway) zur Voraussetzung. Der Abstand zu einer vorderen Kranstütze der meist auf Voll- oder Halbportalen ruhenden Krane soll mindestens 0,80 m betragen. Absturzsicherungen durch Kantenschutz sind die Regel (E 94 der [EAU 1996]), während Geländer, auch in abnehmbarer Ausführung, an Kaianlagen mit Umschlagbetrieb meist hinderlich sind.

Transporte im Hafen werden in Gleis- oder gleislosem Betrieb abgewickelt. Nach Wegfall der früher üblichen Laderampen werden überwiegend *gleislose Flurfördermittel* wie Gabelstapler zur Bedienung zwischen Umschlaggerät am Kai und Lagerplatz bzw. Lagerhalle eingesetzt. Container können mit Gabelstapler, Portalwagen oder in Sonderfällen auch mit gleislosen Zügen transportiert werden. Weiteres ist den Empfehlungen [AFH 1994] zu entnehmen. Um den Einsatz von Flurfördermitteln zu ermöglichen oder zu erleichtern, werden Kranbahnschienen und Eisenbahngleise versenkt angeordnet (s. E 85 der [EAU 1996]).

Der Abstand der Lagerhallen von der Kaikante ist sehr unterschiedlich; i. Allg. werden mindestens 30 m angestrebt.

Die *Hafenbetriebs- und Lagerfläche* von Containeranlagen wird meist mit einer Tiefe von min-

destens 150 m geplant. Die Befestigung der Straßen und Lagerflächen hängt von der Vorbereitung des Untergrunds, z. B. nach Bodenaufspülung oder Bodenersatz, ab (E 80, E 81). Auf die Empfehlungen [AfHw 1991] wird hingewiesen.

Für die Anbindung größerer Häfen an das *Hinterland* sind neben leistungsfähigen Wasserstraßen geeignete Verteilstationen und Hafenbahnhöfe mit Anschlüssen an Fernstraßen- und Eisenbahnverbindungen eine wesentliche Voraussetzung (vgl. [Höfer 1992]).

Zur Übergabe an die Eisenbahn dienen i. d. R. Kranbrücken, sofern nicht Gleisanschluss am Kai besteht; zur Übergabe an den Lkw stehen Portalwagen oder Gabelstapler zur Verfügung oder Ro-Ro-Anlagen im Truck-to-truck-Verkehr.

Die Übergabe an das Binnenwasserstraßennetz kann über besondere Kaianlagen für Binnenschiffe oder im Schiff/Schiff-Umschlag mit Schiffsgeschirr oder mit Hilfe von Schwimmkranen geschehen. Außerdem kann die Verbindung in den Binnenbereich mit Fluss-See-Schiffen, Feederschiffen oder Trägerschiffsleichtern (z. B. Lash-Leichtern) hergestellt werden.

Fährhäfen, Fähranleger

Fährhäfen und Fähranleger müssen häufig dem wachsenden Verkehrsbedarf angepasst werden (vgl. [PIANC II-11 1995]). Als Beispiele für technisch-betrieblich moderne Lösungen sind die Fähranleger Rostock, Wismar und Warnemünde zu nennen [Hering 1993].

7.4.7.3 Binnenhäfen

Arten, Lage und Anordnung

Binnenhäfen sind wie Seehäfen (s. 7.4.7.2) in bezug auf ihre Lage an der Wasserstraße entweder *Parallelhäfen* oder *Stichhäfen. Geschlossene Stichhäfen* mit Schleuse oder Docktor sind auf Einzelfälle beschränkt. Weiteres zu Begriffserklärungen s. 7.4.1. Bei Parallelhäfen muss beachtet werden, dass v. a. in Kanalhäfen mit begrenztem Gewässerquerschnitt gegenseitige Beeinträchtigungen zwischen durchgehender Schifffahrt und liegenden Schiffen nicht völlig vermeidbar sind und dass an Flusshäfen wegen der meist notwendigen Querschnittserweiterung ungünstige Strömungen und Feststoffablagerungen auftreten können. Stichhäfen mit ungestörter Wasserfläche bieten Vorteile für Schiffe und Umschlag im Hafen. Die Richtung der Hafenmündung soll der Hauptverkehrsrichtung entsprechen. An Flüssen wird die Hafeneinmündung stromabwärts gerichtet, soll aber für einfahrende Talfahrer je nach örtlicher Gegebenheit nicht flacher als 45° geneigt sein. Sie wird zur Vermeidung ungünstiger Strömungen und Feststoffeintreibungen an der Oberstromseite ggf. mit einem Leitelement (z. B. einer deklinant angeordneten Buhne) ausgestattet.

Systemskizzen für die Anordnung von Häfen in Flüssen und Kanälen sowie Maßangaben sind der Empfehlung E 33 der [ETAB 1996] zu entnehmen.

Hafenbecken, Fahrrinne und Liegeplätze

Infolge der verbesserten Manövrierfähigkeit moderner Gütermotorschiffe und Schubboote sind Einschränkungen bei den Fahrrinnenmaßen in den Hafenbecken möglich. Wendemöglichkeiten können in der Nähe von Hafeneinfahrten angeordnet werden, so dass für die *Breite* der Hafenbecken i. Allg. ein Maß von 70 m ausreichend ist. Darüber hinausgehende Einschränkungen können bei beschränkten Platzverhältnissen in Betracht kommen.

Die *Länge* des Hafenbeckens soll 10 Schiffslängen möglichst nicht überschreiten. Bei Schubverkehr werden i. d. R. Liegeplätze für leere Schubleichter und Koppelplätze für die Zusammenstellung der Schubverbände vorgehalten.

Die *Hafeneinfahrt* soll je nach Verkehrsumfang eine Breite zwischen 60 und 80 m haben. Die *Wassertiefe* soll bei Flusshäfen mindestens 0,30 m größer als die Fahrrinnentiefe der angrenzenden Wasserstraße sein, um Sohlenberührungen der Schiffe im Hafen auch bei ungünstigsten Niedrigwasserständen zu vermeiden. Weitere Angaben enthält E 33 der [ETAB 1996].

Die Geländetiefe an Umschlagufern soll mindestens einer halben Schiffsbreite entsprechen. Für Liegeplätze an Wasserstraßen der Klasse V können die in [BMV-Ri 1994] empfohlenen Maße herangezogen werden. Diese sehen mit Rücksicht auf die Entwicklung der Schiffsabmessungen Liegeplatzlängen von mindestens 220 m und als Erweiterungsmaß jeweils 110 m vor. Für die Liegeplatzbreite sind 15 m für das Einzelschiff und 27 m für die zweischiffige Liegestelle empfohlen. Für *Wendestellen* sind 110 m angesetzt, wobei der Wende-

bereich in Kanälen ggf. die halbe Breite der durchgehenden Fahrrinne in Anspruch nehmen kann.

Ausbildung der Ufereinfassungen

Vollgeböschte Ufereinfassungen bleiben in Häfen meist auf nicht dem Umschlag dienende Bereiche beschränkt. Sie werden wegen des großen Raumbedarfs und hohen Unterhaltungsaufwands nur vereinzelt bei Parallelhäfen an Flüssen mit sehr großen Wasserstandsschwankungen (z. B. im Tidebereich) verwendet (vgl. E 107 der [EAU 1996]).

Teilgeböschte Ufereinfassungen kommen für Liegeplätze oder für Umschlagstellen in Massenguthäfen mit großen Wasserstandsschwankungen in Betracht (s. E 119). An allen übrigen Umschlagplätzen sind *senkrechte* Ufereinfassungen mit hochwasserfreier Betriebsebene erforderlich (s. E 74).

Die Uferfront soll möglichst geradlinig mit glatter Vorderfläche ausgebildet sein; sie kann in Massiv- oder Spundwandkonstruktion ausgeführt werden. Bei hoher Beanspruchung durch Großmotorschiffe und Schubverbände sind Wellenspundwände mit Panzerung zu versehen (s. E 176). Für ggf. notwendige Umgestaltungen vorhandener Ufereinfassungen kann E 201 herangezogen werden. Angaben zu Lastansätzen und zur konstruktiven Ausbildung entsprechen den Ausführungen in 7.4.7.2 über Kaianlagen.

Ausrüstung der Ufereinfassungen

Hinsichtlich der Ausstattung der Ufereinfassungen mit *Leitern*, bei geböschten Ufern auch *Treppen*, *Pollern* und ggf. *Dalben* wird auf Empfehlung E 42 und Bericht B 29 der [ETAB 1996], auf E 14 und E 102 der [EAU 1996] sowie sinngemäß auf 7.4.6.2 Bezug genommen. Auf die entsprechenden Angaben in DIN 19703 wird hingewiesen.

Umschlaganlagen, Lagerraum, Hinterlandanschluss

Der Umschlag erfolgt ähnlich dem Seehafenumschlag je nach Umschlagsgut mit Hilfe von frei fahrenden oder schienengebundenen *Krananlagen*, Band-, Löffel- und Saugförderanlagen o. ä.

Containerkrane sind in Portalausführung üblich. Für den Transport im Hafen eignen sich Flurfördermittel, sofern nicht unmittelbarer Austausch zwischen Schiff und Landverkehrsmittel erfolgt.

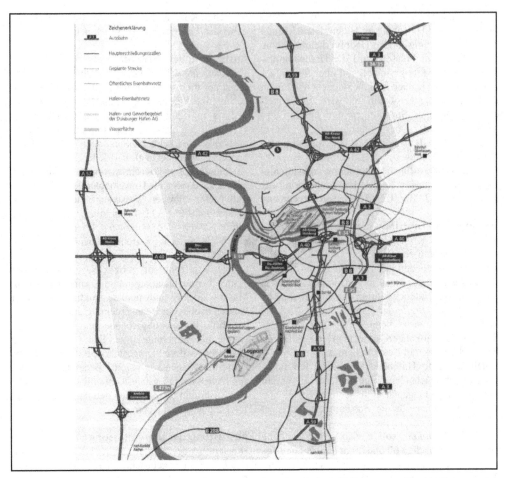

Abb. 7.4-27 Rhein-Ruhr-Hafen Duisburg – Duisport – Lageplan mit Verkehrsanbindungen zum Hinterland

Da in Binnenhäfen in zunehmendem Maß witterungsempfindliche, hochwertige Güter umzuschlagen, zu lagern und ggf. weiterzuverarbeiten sind, werden vermehrt überdachte Umschlaganlagen gebaut, in die der Liegeplatz, die Kranbahn und der Lagerraum integriert sind (s. E 24 der [ETAB 1996]).

Zu Arten und Lasten von *Kranen* und anderem Umschlagsgerät kann auf E 84 der [EAU 1996] und auf [AHU 1993] verwiesen werden.

Für die Anbindung größerer Häfen an das Hinterland gelten die für Seehäfen maßgebenden Gesichtspunkte entsprechend. Ein Beispiel gibt Abb. 7.4-27.

7.4.7.4 Schwimmende Landeanlagen

Schwimmende Landeanlagen können Bestandteil eines Hafens, einer Wassersportanlage oder eines anderen Betreibers an einer Wasserstraße sein. Für die Errichtung und den Betrieb schwimmender Landeanlagen gelten je nach Zuständigkeit unterschiedliche Bestimmungen.

Auf das Merkblatt [BMV 1994] wird hingewiesen, das zugleich speziell zu berücksichtigende Lastannahmen enthält. Diese sind für die Anforderungen in Seehäfen in E 206 der [EAU 1996] entsprechend ergänzt.

7.4.7.5 Werftanlagen

Werftanlagen finden sich im Bereich von Hafenanlagen der See- und Binnenhäfen, ggf. auch in besonderen Werfthäfen oder an See- oder Binnenwasserstraßen. Zu unterscheiden sind *Hellinge* in Quer- oder Längsanordnung sowie *Dockanlagen* als Trockendocks oder Schwimmdocks. Moderne Trockendocks sind oft ganz oder teilweise überdacht.

Wasserbautechnisch wie auch betriebstechnisch von Interesse sind insbesondere Trockendocks wegen ihrer oft außergewöhnlichen Abmessungen und der hohen wechselnden Lasten auf Wände und Sohle im Flutungs- und Leerzustand; zur Auftriebssicherung können Sohlverankerung oder Wasserhaltung in Betracht kommen. Verschlusskörper mit großen Stützweiten sind Torkonstruktionen von Seeschleusen vergleichbar. Hinzu kommen Flut- und Lenzeinrichtungen.

Beschreibungen und Einzeldarstellungen s. [Bauhütte II 1970; Press 1956 und Press 1962].

7.4.8 Anlagen für die Sport- und Freizeitschifffahrt

Sport- und Freizeitschifffahrt werden neben der gewerblichen Schifffahrt auf den Wasserstraßen und ihren Anlagen ermöglicht, soweit die Sicherheit des Schiffsverkehrs und der Sporttreibenden dieses zulässt. Eine detaillierte Darstellung der Anforderungen und Befahrungsmöglichkeiten auf Binnenwasserstraßen, der Verkehrs- und Fahrzeugarten, der Anlagen zum Überwinden von Fallstufen, der Sportboothäfen, der Anlege- und Einsetzstellen enthalten die Empfehlungen des Bundesministers für Verkehr [BMV 1979]. Für Anlagen im Küstenbereich wird auf [PIANC 1979] hingewiesen.

7.4.9 Schifffahrtszeichen

Unterschieden werden visuelle, akustische sowie funktechnische Zeichen und Hilfen (weitere Begriffe s. DIN 4054).

Während Feuerschiffe weitgehend durch unbemannte Großtonnen ersetzt sind, haben Leuchttürme, meist mit Kennungen und/oder Sektorenkennzeichnung, und Richtfeuerlinien zur Ansteuerung, Fahrwasser- und Hindernisbezeichnungen durch Tonnen, Leuchttonnen, Baken, sowie Signalgeber und -stationen weiterhin Bedeutung für die Verkehrssicherheit auf vielen See- und Binnenwasserstraßen sowie in Häfen. Hinzu kommen funktechnische Navigationshilfen, Radareinrichtungen zur Verkehrsberatung und -lenkung sowie Weiterentwicklungen elektronischer Hilfsmittel und Informationssysteme (vgl. [Hartung 1981; Gottschalk/Krajewski u. a. 1993; Wiedemann/Braun/Haase 1998]).

Die Binnenwasserstraßen sind i.d.R. hinsichtlich ihrer Eignung für die Radar- und Nachtschifffahrt benannt, und – soweit erforderlich – an Brücken, Tonnen, Baken und Landmarken mit besonderen Radarreflektoren ausgestattet. Zur Vermeidung von Fehlinterpretationen des Radarbilds durch unbeabsichtigte Reflexionen ist der Formgebung von Brückenkonstruktionen über der Wasserstraße besondere Beachtung zu schenken. Für Hafenverkehrssignale stehen Empfehlungen einer internationalen Arbeitsgruppe (s. [IALA/IAPH/PIANC 1982]) zur Verfügung. Moderne Entwicklungen der Telematik werden künftig herkömmliche Informations- und Steuerungssysteme weitgehend ablösen können.

Abkürzungen zu 7.4

BAW	Bundesanstalt für Wasserbau, Karlsruhe
BMV	Bundesministerium für Verkehr, Bonn
BMVArch	Kartenarchiv des BMV
BMVRi	Richtlinien des BMV
CEMT	Europäische Verkehrsministerkonferenz
DGGT	Deutsche Gesellschaft für Geotechnik e.V., Essen
DIN	DIN-Norm (DIN Deutsches Institut für Normung)
DVWK	Deutscher Verband für Wasserwirtschaft und Kulturbau e.V., Bonn
EAAW	Empfehlungen für die Ausführung von Asphaltarbeiten im Wasserbau
EAK	Empfehlungen für die Ausführung von Küstenschutzwerken
EAU	Empfehlungen des Arbeitsausschusses Ufereinfassungen
ECE	UN-Wirtschaftskommission für Europa
ETAB	Empfehlungen des Technischen Ausschusses Binnenhäfen
FHH	Freie und Hansestadt Hamburg (Wirtschaftsbehörde)

HTG   Hafenbautechnische Gesellschaft e.V.,
           Hamburg
IALA   International Association of Lighthouse
           Authorities, London
IAPH   International Association of Ports and
           Harbours, Tokio
ICORELS   International Commission for the Re-
           ception of Large Ships
ISO   International Standardization Organisa-
           tion
JSCE   Japanese Society of Civil Engineering
PIANC   International Navigation Association,
           Brüssel
ROM   Recomendaciones para Obras Mariti-
           mas – Maritime Works Recommenda-
           tions, Madrid
VBW   Verein für europäische Binnenschiff-
           fahrt und Wasserstraßen e.V., Duis-
           burg
VkBl   Verkehrsblatt des BMV
WSD   Wasser- und Schifffahrtsdirektion
ZKR   Zentralkommission für die Rheinschiff-
           fahrt

Literaturverzeichnis Kap. 7.4

Armbruster H (1985) Messungen, Inspektion und Kontrolle von Dämmen. Mitt. 57. BAW, Karlsruhe

Bauhütte II, 29. Aufl (1970) Kap 4: Wasserbau und Wasserwirtschaft. Verlag Ernst & Sohn, Berlin, S 624–765

BAW (1991) Gutachten über Regelungsmaßnahmen in der
Rheinstrecke Bonn-Beuel, Rhein km 651–658, auf der
Grundlage hydraulischer und aerodynamischer Modell-
versuche. BAW-Nr. 35110. BAW, Karlsruhe

BMV Arch (1993, 1996, 1998) s. im Archiv des Bundesministeriums für Verkehr, Bonn

Bouwmeester J (1977) Calculation return flow and water-
level depression. 24th International Navigation Congress, Section I 3. Leningrad (UdSSR), pp 148–152

Davidenkoff RN (1964) Deiche und Erddämme, Sickerströmung – Standsicherheit. Werner-Verlag, Düsseldorf

Dücker HP (1993) Seeschiffmauern: Anforderungsprofil –
Lösungsansätze – Entwicklungen. Jahrbuch der HTG,
48. Bd. HANSA, Hamburg, S 154–160

ESK (1976) Elbe-Seitenkanal – Natur und Technik. H.
Christians Verlag, Neumünster

Felkel K (1970) Ideenstudie über die Möglichkeiten der
Verhütung von Sohlenerosionen durch Geschiebezufuhr
aus der Talaue ins Flußbett, dargestellt am Beispiel des
Oberrheins. Mitt. 30. BAW, Karlsruhe

Felkel K (1974) Modellversuche mit Grundschwellen und
Schiffahrt. Mitt. 36. BAW, Karlsruhe

Forsman B (1997) High-speed ferries – Environmental im-
pact and safety assessment. PIANC-Bull. 96. International Navigation Association, Brüssel, pp 23–27

Führböter A (1981) Über Verweilzeiten und Wellenener-
gien bei Sturmfluten. Jahrbuch der HTG, 38. Bd. HTG,
Hamburg, S 269–282

Gesamtkonzept Rhein in Nordrhein-Westfalen (1992)
Hochwasserschutz, Ökologie, Schiffahrt. Spiekermann
GmbH, Düsseldorf, S 249–272

Gottschalk HH, Krajewski C u.a. (1993) Verkehrssiche-
rungssysteme auf dem Rhein. Jahrbuch der HTG, 48.
Bd. HANSA, Hamburg, S 40–50

Gravert H (1993) Ausbau des Container-Terminals Bremerhaven. Jahrbuch der HTG, 47. Bd. HANSA, Hamburg,
S 98–103

Grundbau-Taschenbuch (1996) Teil 1. 5. Aufl. Abschn. 1.14:
Eisdruck. Verlag Ernst & Sohn, Berlin, S 535–548

Guliev UM (1971) On squat calculations for vessels going in
shallow water and through channels. PIANC-Bull. 7. International Navigation Association, Brüssel, pp 17–22

Hager M (1982a) Stand der Risikobewertung bei durch-
strömten, gewachsenen und geschütteten nichtbindigen
Dammbaustoffen im Kanalbau. Vorträge der Baugrund-
tagung 1982, Braunschweig. Deutsche Gesellschaft für
Erd- u. Grundbau e.V., Essen, S 365–403

Hager M (1982b) Der Oberrheinausbau und das Kultur-
wehr Kehl/Straßburg. Jahrbuch der HTG, 39. Bd. Springer-Verlag, Hamburg, S 19–39

Hager M (1987) Zuordnung von Schiffsgrößen zu Wasserstraßenklassen. Z für Binnenschiffahrt u. Wasserstraßen
(1987) H 1, S 26–30

Hartung W (1981) Verkehrssicherung auf Binnenschiffahrtsstraßen. Jahrbuch der HTG, 38. Bd. Springer-Verlag, Hamburg, S 245–267

Heimann H, Möbius W (1996) Eis- und Schiffahrtsverhält-
nisse auf Mittelland- und Elbeseitenkanal im Winter
1995/96. Z für Binnenschiffahrt u. Wasserstraßen
(1996) H 5, S 9–14

Hering W (1993) Der Warnow-Fährterminal. In: Rostock-
Jahrbuch der HTG, 48. Bd. HANSA, Hamburg, S 29–31

Hinricher R (1991) PIANC-Vorschlag für eine neue Klasseneinteilung der Wasserstraßen. Z für Binnenschiffahrt
u. Wasserstrraßen (1991) H 11, S 466–467

Höfer R (1992) Die Hamburger Hafenbahn. Jahrbuch der
HTG, 47. Bd. HANSA, Hamburg, S 109–119

HTG (1989) Unterbringung von Baggergut aus See- und
Binnenhäfen sowie Wasserstraßen. Ber. der HTG-Ar-
beitsgruppe Baggergut. HTG, Hamburg

HTG (1992) Kaimauer-Workshop. SMM Conference: Kai-
mauerbau; Erfahrungen und Entwicklungen. HANSA
H 7, S 693 ff und H 8, S 792 ff. sowie Konferenzband
SMM '92, Hamburg Messe

HTG/FHH (1999) Beiträge zur Hafenerweiterung Alten-
werder. HANSA H 10, S 72–89 u. H 11, S 95–107 (vgl.
Sonderdruck HTG u. FHH)

IALA/IAPH/PIANC (1982) Recommendations for port traffic signals. Suppl. to Bull. 42, Brüssel

ICORELS (1980) International Commission for the Reception of Large Ships. WG IV, PIANC Bull. 35, Brüssel

Jensen W (1970) Der Nord-Ostsee-Kanal. K. Wachholtz Verlag, Neumünster

JSCE-CEE (1996) The 1995 Hyogoken-Nanbu earthquake – Investigation into damage to civil engineering structures. Committee of Earthquake Engineering, Soc. of Civil Engineering, Tokyo

Knieß HG (1983) Kriterien und Ansätze für die technische und wirtschaftliche Bemessung von Auskleidungen in Binnenschiffahrtskanälen. Diss. 1982, Mitt. 53. BAW, Karlsruhe

Krause N (1994) Wasserstraßen und Umwelt. Wasserstraßenausbau – ökonomische und ökologische Aspekte. Jahrbuch der HTG, 49. Bd. HANSA, Hamburg, S 12–16

Kuhn R (1985) Binnenverkehrswasserbau. Verlag Ernst & Sohn, Berlin

Lankenau D, Bartnik W (1982) Folgerungen aus Natur- und Modellversuchen für Schiffahrt und Kanalauskleidung. Jahrbuch der HTG, 39. Bd. HANSA, Hamburg, S 37–42

Mester D, Patzelt H (1993) Das neue Klassifizierungssystem für die europäischen Binnenschiffahrtsstraßen und seine Anwendung auf das neue Wasserstraßennetz. Jahrbuch der HTG, 48. Bd. HANSA, Hamburg, S 37–40

Mistol n Vorname, abgekürzt?n (1932) Die Leistungsfähigkeit von Fluß- und Kanalschleusen. Bautechnik 10 (1932) H 16, S 207 u. H 17, S 221

Müller J (1991) Rhein-Ruhr-Hafen Duisburg. Jahrbuch der HTG, 46. Bd. HANSA, Hamburg, S 144–153

Partenscky HW (1984) Binnenverkehrswasserbau: Schiffshebewerke. Springer-Verlag, Berlin

Partenscky HW (1986) Binnenverkehrswasserbau: Schleusenanlagen. Springer-Verlag, Berlin

PIANC (1976) International Wave Commission, Final report (Breakwaters, coastal structures and groynes). Annex to Bull. 25, Brüssel

PIANC (1979) Standards of yacht harbours and marinas. Suppl. to Bull. 33. Brüssel

PIANC (1985) Centenary of PIANC, Brüssel. Deutsche Beiträge s. Deutsche Berichte zum XXVI Internationelen Schiffahrtskongreß. BMV, Bonn, S 129–226

PIANC (1986) Final report of the international commission for the study of locks. Suppl. to Bull. 55, Brüssel

PIANC I-4 (1987) Guidelines for the design and construction of flexible revetments incorporating geotextiles for inland waterways. Suppl. to Bull. 57, Brüssel

PIANC I-9 (1990) Standardization of inland waterway's dimensions. Suppl. to Bull. 71, Brüssel

PIANC I-10 (1990) Supervision and control of long lateral embankments. Suppl. to Bull. 69, Brüssel

PIANC I-17 (1996) Handling and treatment of contaminated dredged material from ports and inland waterways. Suppl. to Bull. 89, Brüssel

PIANC II-2 (1985) The stability of rubble mound breakwaters in deeper water. Suppl. to Bull. 48, Brüssel

PIANC II-3a (1983) Navigation in muddy areas. Suppl. to Bull. 43, Brüssel

PIANC II-5 (1985) Underkeel clearance for large ships with hard bottom. Suppl. to Bull. 51, Brüssel

PIANC II-10 (1986) Disposal of dredged material at sea. Suppl. to Bull. 52, Brüssel

PIANC II-11 (1995) Port facilities for ferriers. Suppl. to Bull. 87, Brüssel

PIANC II-12 (1992) Analysis of rubble mound breakwaters. Suppl. to Bull. 78/79, Brüssel

PIANC II-19 (1992) Beneficial uses of dredged material – A practical guide. Suppl. to Bull. 76, Brüssel

PIANC/IAPH (1997) Approach channels – A guide for design. Suppl. to Bull. 95, Brüssel. Deutsche Fassung: Seehafenzufahrten. PIANC, Bonn 1998

Press H (1956) Wasserstraßen und Häfen.Teil I: Binnenwasserstraßen und Binnenhäfen. Verlag Ernst & Sohn, Berlin

Press H (1962) Wasserstraßen und Häfen.Teil II: Seewasserstraßen und Seehäfen. Verlag Ernst & Sohn, Berlin

Reinke U, Vollstedt HW (1995) Containerkaje Bremerhaven Nördl. Erweiterung CT-III. HTG Jahrbuch, 50. Bd. HANSA, Hamburg, S 130–135

Schmidt-Vöcks D (1998) Ufersicherungen des Mittellandkanals unter ökologischen Aspekten. Z für Binnenschiffahrt u. Wasserstraßen (1998) H 7-1, S 30–36

Schröder D (1993) Chancen und Grenzen der Erhöhung der Verkehrsleistungen auf den Binnenwasserstraßen in Deutschland. Jahrbuch der HTG, 48. Bd. HANSA, Hamburg, S 32–36

Schröder D (1998) Ausbau einer zukunftsorientierten, umweltfreundlichen Wasserstraße. Beiträge zum Brückenbau im Rahmen der Erweiterung des Mittellandkanals. Stahlbau 67 (1998) H 5, S 331–399

Seiler E (1972) Die Schubschiffahrt als Integrationsfaktor zwischen Rhein und Donau. Z für Binnenschiffahrt u. Wasserstraßen (1972) H 8, S 300 ff.

Seus P (2000) Wasserstraßeninfrastrukturplanung im Rahmen der Verkehrspolitik. Wasserstraßensymposium 2000. RWTH Aachen (unveröff.)

Statistisches Bundesamt (1998) Unfallstrukturen in der Binnenschiffahrt. Z für Binnenschiffahrt u. Wasserstraßen (1998) H 5, S 8–9, H 6, S 10–11, H 8, S 12–13

VBW (1981–1989) Sammlung von Daten und Fakten. Ringhefter des VBW. Binnenschifffahrts-Verlag, Duisburg

VBW (1991) Eignung der Binnenschiffahrtsstraßen für den Containerverkehr. Fachausschuß für Binnenwasserstraßen u. Häfen. VBW, Duisburg

VBW (1992) Wasserstraßen und Binnenschiffahrt im Vergleich zum Schienen- und Straßenverkehr. Fachausschuß für Binnenwasserstraßen u. Häfen. VBW, Duisburg

VBW (1995) Die Binnenwasserstraßen der Bundesrepublik Deutschland – Sammlung von Daten und Fakten. Fachausschuß für Binnenwasserstraßen u. Häfen. VBW u. HTG, Duisburg

VBW (1996) Die Häfen in der Bundesrepublik Deutschland und in den Nachbarländern – Sammlung von Daten und Fakten. Fachausschuß für Binnenwasserstraßen u. Häfen. VBW u. HTG, Duisburg

Vollstedt HW (1997) Die Erweiterung des Containerterminals in Bremerhaven. Bauingenieur 72 (1997) H 7/8, S 343–353

Wiedemann G, Braun J, Haase HJ (1998) Das deutsche Seezeichenwesen 1850–1990 zwischen Segel- und Container-Schiffsverkehr. DSV-Verlag, Hamburg

WSD Mitte (1993) Die Entwicklung der Binnenschiffahrt und des Kanalbaues in Deutschland. WSD Mitte, Hannover

WSD Nord (1998) Information über den Ausbau der seewärtigen Zufahrten nach Wolgast, Stralsund, Rostock, Wismar und Hamburg. WSD Nord, Kiel

WSD Ost (1998) Kanalbrücke Magdeburg. Z für Binnenschiffahrt u. Wasserstraßen 53 (1998) H 3, S 25–27

WSD Südwest (1985) Information über Bundeswasserstraßen und Schiffahrt. Ober- und Mittelrhein und Nebenflüsse. WSD Südwest, Mainz

WSD West (1990) Information über Bundeswasserstraßen und Schiffahrt. Der Rhein und die westdeutschen Kanäle. WSD West, Münster

Normen

DIN 4048: Wasserbau. Teil 1 Begriffe: Stauanlagen (1.87)
DIN 4048: Wasserbau. Teil 2 Begriffe: Wasserkraftanlagen (7.94)
DIN 4049: Hydrologie. Teil 1 Grundbegriffe (12.92), Teil 2 Begriffe der Gewässerbeschaffenheit (4.90), Teil 3 Begriffe zur quantitativen Hydrologie (10.94)
DIN 4054: Verkehrswasserbau. Begriffe (09.77)
DIN 4084: Böschungs-und Grundbruchberechnungen. Teil 100: Berechnung nach dem Konzept mit Teilsicherheitsbeiwerten (04.96)
DIN 19700 Stauanlagen. Teil 10 Gemeinsame Festlegungen (1.86)
DIN 19702: Standsicherheit von Massivbauwerken im Wasserbau (10.92)
DIN 19703: Schleusen der Binnenschiffahrtsstraßen – Grundsätze für Abmessungen und Ausrüstung (11.95)
DIN 19704: Stahlwasserbauten. Teil 1: Berechnungsgrundlagen; Teil 2: Bauliche Durchbildung und Herstellung; Teil 3: Elektrische Ausrüstung (03.97)
DIN 19712 Flußdeiche (11.97)

Richtlinien, Lieferbedingungen

BMV Ri (1976) Richtlinien für die Gestaltung der Schleusenvorhäfen der Binnenschiffahrtsstraßen. Vkbl 22. BMV, Bonn, S 690–695

BMV Ri (1994) Richtlinien für Regelquerschnitte von Schiffahrtskanälen. BMV, Abt. Binnenschiffahrt u. Wasserstraßen, Bonn

BMV-TLW (1997) Technische Lieferbedingungen für Wasserbausteine. BMV, Bonn und WSD Mitte, Hannover

Merkblätter

AW-MAG (1993) Merkblatt: Anwendung von geotextilen Filtern an Wasserstraßen. BAW, Karlsruhe
BAW-MAK (1989) Merkblatt: Anwendung von Kornfiltern an Wasserstraßen. BAW, Karlsruhe
BAW-MAR (1993) Merkblatt: Anwendung von Regelbauweisen für Böschungs- und Sohlensicherungen an Wasserstraßen. BAW, Karlsruhe
BAW-MAV (1990) Merkblatt: Anwendung von hydraulisch und bitumengebundenen Stoffen zum Verguß von Wasserbausteinen an Wasserstraßen. BAW, Karlsruhe
BAW-MSD (1998) Merkblatt: Zur Standsicherheit von Dämmen an Bundeswasserstraßen. BAW, Karlsruhe
BMV (1994) Merkblatt: Schwimmende Landeanlagen. BMV, Abt. Binnenschiffahrt u. Wasserstraßen, Bonn
DVWK (1992) Anwendung von Geotextilien im Wasserbau. Merkbl. 225/1992. Deutscher Verband für Wasserwirtschaft und Kulturbau e.V., Bonn

Empfehlungen

AFH (1994) Empfehlungen und Berichte des Ausschusses für Flurförderzeuge in Häfen. HTG, Hamburg
AfHw (1991) Flächenbefestigungen in Hafenanlagen. Empfehlungen zur Ausbildung und Ausführung. Ausschuß für Hafenverkehrswege. HTG, Hamburg
AHU (1993) Empfehlungen und Berichte des Ausschusses für Hafenumschlagtechnik. HTG, Hamburg
BMV (1979) Empfehlungen für die Gestaltung von Wassersportanlagen an Binnenwasserstraßen. VkBl-12. BMV, Bonn, S 339–381
EAAW (1983) Empfehlungen für die Ausführung von Asphaltarbeiten im Wasserbau. 4. Ausg. Deutsche Gesellschaft für Geotechnik e.V. (DGGT), Essen
EAK (1993) Empfehlungen für die Ausführung von Küstenschutzwerken. Ausschuß für Küstenschutzwerke der DGGT u. der HTG. Die Küste 55. Westholstein. Verl.-Anst. Boyens & Co, Heide
EAU (1996) Empfehlungen des Arbeitsausschusses Ufereinfassungen – Häfen und Wasserstraßen – der HTG u. der DGGT. 9. Aufl. Verlag Ernst & Sohn, Berlin
ETAB (1996) Empfehlungen und Berichte des Technischen Ausschusses Binnenhäfen. 7. Ergänzungslieferung. Bundesverband öffentlicher Binnenhäfen e.V., Neuss
ROM 0.2-90 (1990) Maritime works recommendations – Actions in the design of maritime and harbor works. Ministerio de Obras Públicas y Transportes, Madrid

7.5 Flughafenplanung, -bau und -betrieb

Wilhelm Grebe, Michael Büsing

7.5.1 Luftverkehr

7.5.1.1 Systemelemente des Luftverkehrs

Unter dem Begriff „Luftverkehr" wird die Beförderung von Personen, Fracht oder Post zwischen zwei Orten auf dem Luftweg verstanden. Er ist Teil des übergeordneten globalen Verkehrssystems und ordnet sich damit in gleicher Ebene mit dem Verkehr zu Lande (Straßen- und Schienenverkehr) und zu Wasser sowie dem Leitungstransport ein.

Die *primären Träger des Luftverkehrs* sind die Luftfahrtindustrie mit Flugzeug- und Komponentenherstellern, Luftverkehrsgesellschaften, Flughäfen, Einrichtungen der Flugsicherung (DFS), gesetzgebende und kontrollierende Behörden (z. B. Luftfahrtbundesamt LBA), Verkehrsministerien der Staaten und ggf. der Länder, Wetterdienste sowie Reiseveranstalter und -büros. Sie unterscheiden sich hinsichtlich ihrer Funktion für den Luftverkehr (Tabelle 7.5-1).

Den primären Trägern des Luftverkehrs sind *sekundäre Systemelemente* nachgeordnet, die zum Luftverkehrsablauf gehören und den Betrieb der primären Elemente sicherstellen. Zu nennen sind Wartungsgesellschaften für Flugzeugkomponenten sowie Servicegesellschaften, die für Catering, Betankung, Reinigung der Flugzeuge und Frachtumschlag zuständig sind.

Flughäfen sind die bodenbezogene Infrastrukturkomponente des nationalen und internationalen Luftverkehrs. In Abgrenzung zu den anderen Trägern des Luftverkehrs besteht ihre Aufgabe v. a. in der Bereitstellung von Anlagen für die Passagier-

und Frachtabfertigung sowie von Anlagen zum Starten, Landen, Rollen und Parken von Flugzeugen. Darüber hinaus müssen internationale Verkehrsflughäfen weitere Einrichtungen, die zur servicegerechten, reibungslosen Abwicklung des Betriebs der genannten Systeme notwendig sind, planen, bauen und in Betrieb halten. Dazu gehören z. B. eine leistungsfähige Verkehrsanbindung, Anlagen für den ruhenden Verkehr und Wartungshallen.

7.5.1.2 Historische Entwicklung

Entwicklung bis 1980

Zwischen den *Pionierleistungen* von Otto Lilienthal in den 90er-Jahren des 19. Jahrhunderts, den ersten Motorflügen der Gebrüder Wright und des Hannoveraners Karl Jatho im Jahr 1903 sowie der Gründung der ersten Luftverkehrsgesellschaften 1919 lagen lediglich zwei Jahrzehnte.

Innerhalb kürzester Zeit gelang es Unternehmen, in ihren Ländern bzw. auf den jeweiligen Kontinenten ein relativ dichtes *Streckennetz* aufzubauen, das zunächst hauptsächlich für den Posttransport, später jedoch – einhergehend mit der Entwicklung größerer Flugzeuge und komfortablerer Kabinen – gleichrangig zur Passagierbeförderung genutzt wurde. Bereits Mitte der 20er-Jahre (1926 war die Deutsche Luft Hansa gegründet worden) begann die Erschließung ferner Kontinente durch Erkundungsflüge (z. B. nach Fernost sowie Nord- und Südamerika). Die erste Non-stop-Überquerung des Atlantiks gelang Charles Lindbergh bereits 1927.

Bis 1938 stieg die Zahl der im *Weltluftverkehr* transportierten Fluggäste auf 3,6 Mio. Im 2. Weltkrieg kam allerdings der größte Teil des internationalen Luftverkehrs, insbesondere in Europa, zum Erliegen.

Bereits 1944 und 1945 wurden mit der Gründung der *International Civil Aviation Organisation* (ICAO) auf Regierungsebene und des weltweiten Dachverbands von Luftverkehrsgesellschaften, der *International Air Transport Association* (IATA), die ersten grundlegenden Voraussetzungen zur Wiederaufnahme des Weltluftverkehrs geschaffen. Wegweisende Bedeutung erlangte v. a. das sog. „Bermuda-Abkommen" zwischen den USA und Großbritannien 1946, das den Verkehr über den Nordatlantik zwischen diesen beiden Staaten re-

Tabelle 7.5-1 Träger des Luftverkehrs und ihre Funktionen

Träger des Luftverkehrs	Funktion
Industrie	Herstellung der Transportmittel
Luftverkehrsgesellschaften	Transport
Flughäfen	Abfertigung
DFS, LBA und andere Behörden	Überwachung, Sicherung
Reiseveranstalter und -büros	Vertrieb

gelte. Unvergessen ist auch die „Luftbrücke", mit der die Alliierten Berlin während der Blockade aus der Luft versorgten.

Zum dynamischen Aufschwung des Luftverkehrs trug in entscheidendem Maße auch der *technische Fortschritt im Flugzeugbau* bei. Aus ehemaligen Militärflugzeugen mit Propellerantrieb entstanden leistungsstarke langstrecken- und schlechtwettertaugliche Passagierversionen, die 1952 weltweit (ohne UdSSR und China) bereits 32,6 Mio. Fluggäste beförderten; dies kam einer Verdopplung des Volumens von 1949 gleich.

Ein großer Technologiesprung gelang Ende der 50er- und Anfang der 60er-Jahre mit der Indienststellung von *strahlgetriebenen Verkehrsflugzeugen*, von denen v. a. die englische „Comet" sowie die amerikanische Boeing 707, Douglas DC-8 und Boeing 727 die komparativen Vorteile des Luftverkehrs gegenüber anderen Verkehrsmitteln durch eine nahezu verdoppelte Reisegeschwindigkeit auf rund 900 km/h nochmals deutlich verbesserten und das *Zeitalter des Massenluftverkehrs* einleiteten. Geräumigere Passagierkabinen und Frachträume ermöglichten ein erhöhtes Nutzlastangebot zu geringeren Kosten pro geflogenem Frachttonnen- bzw. Passagierkilometer.

Damit wurde nicht nur die Produktivität verbessert, sondern eine flexiblere Preisgestaltung möglich und die *Nachfrage* stimuliert. Zwischen 1960 und 1970 stieg die Zahl der weltweit transportierten Fluggäste von 108 Mio. auf 382 Mio. Diesem Wachstum wurde durch die Entwicklung und Inbetriebnahme der ersten Großraumflugzeuge für bis zu 500 Fluggäste (Boeing 747, Douglas DC-10, Lockheed TriStar) zum Ende des Jahrzehnts zusätzlich Rechnung getragen; entsprechend erhöhten sich mit jährlichen Wachstumsraten von 7% die Fluggastzahlen im Passagierverkehr bis 1980 auf 748 Mio.

Im *Frachtverkehr* lagen die jährlichen Zuwächse – begünstigt durch die verstärkte internationale Arbeitsteilung und einen höheren Bedarf am Versand eilbedürftiger Produkte – sogar durchschnittlich bei 9,3% (1970–1980). 1980 wurden 29,4 Mrd. Tonnenkilometer produziert, ein beträchtlicher Anteil davon mit erstmals 1972 eingesetzten Großraum-Nur-Frachtflugzeugen vom Typ Boeing 747 mit einer Nutzlastkapazität von etwa 100 t [Grebe/Wegener 1995].

Jüngere Vergangenheit und Gegenwart

Der *Airline Deregulation Act* sorgte in den USA von 1978 an für eine freie Tarifgestaltung sowie die Vergabe von Streckenrechten. Mit der Abschaffung von wettbewerbshemmenden Strukturen leitete er den noch heute andauernden weltweiten Strukturwandel im Luftverkehr ein.

In den Vereinigten Staaten bewirkte dieser Prozess zwischen 1978 und 1991 eine Verdopplung des Sitzplatzangebots und der geflogenen Passagierkilometer. Die Zahl der im Luftverkehr Beschäftigten stieg im gleichen Zeitraum von 330.000 auf über eine halbe Million. Die erwirtschafteten Umsätze verdreifachten sich, obwohl die Preissteigerungsraten bei Vollzahler-Tickets im Jahresdurchschnitt weniger als zwei Prozentpunkte unter der Inflationsrate lagen, Sondertarife sogar nominal unter den Preisen von 1978.

In Europa entwickelte sich der Luftverkehr nach einer Stagnationsphase zu Beginn der 80er-Jahre von der Mitte des Jahrzehnts an zum Verkehrsträger mit der höchsten Wachstumsdynamik. So stieg das Passagieraufkommen auf den deutschen Verkehrsflughäfen von 120,36 Mio. Fluggästen [ADV 1998, 2009] im Jahr 1997 auf mittlerweile 191,02 Mio. Passagiere im Jahr 2008. Es lag damit mehr als viermal so hoch wie 1980, als lediglich 46,5 Mio. Reisende gezählt wurden (Abb. 7.5-1 und Abb. 7.5-2).

Vor dem Hintergrund des seit 1993 bestehenden Europäischen Binnenmarktes fand der Liberalisierungsgedanke zunehmend Unterstützung bei der EU-Kommission. Sie betrachtet den Luftverkehr als *Dienstleistungsprodukt*, das unter Zugrundelegung seiner komparativen Vorteile den ökonomischen und sozialen Integrationsprozess der europäischen Volkswirtschaften sichern und weitere weltwirtschaftliche Impulse auslösen soll. Ziel ist dabei die Schaffung eines *wettbewerbsorientierten Luftverkehrssystems* mit der grundsätzlichen Betonung des freien unternehmerischen Handlungsspielraumes unter weitgehender Reduzierung staatlicher Einflussnahme.

Die dafür notwendigen *Voraussetzungen* wurden zwischen 1988 und 1997 stufenweise – v. a. zum Schutz vor den oft als Instrumente staatlicher Verkehrs- und Vorsorgepolitik betrachteten „Flag Carrier" – mittels dreier sog. „Liberalisierungspakete" verwirklicht. Dazu gehören u. a. der Abbau von Subventionen, Marktzugangsbeschränkungen

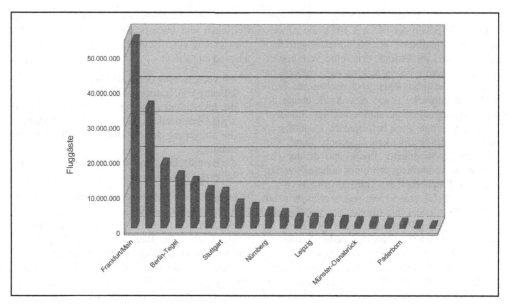

Abb. 7.5-1 Fluggäste in Deutschland 2008

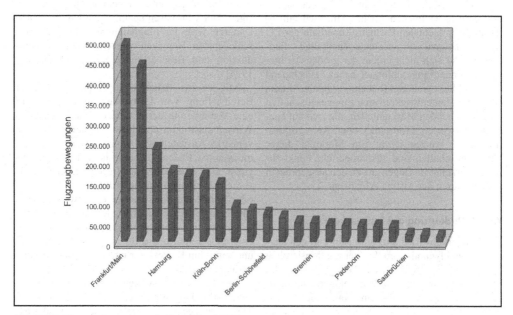

Abb. 7.5-2 Flugzeugbewegungen in Deutschland 2008

und Kapazitätsrestriktionen, das Verbot bilateraler Verträge innerhalb der EU seit 1993, die Anwendung des Grundsatzes der Niederlassungsfreiheit auch auf die Luftfahrtindustrie, eine Vereinheitlichung und damit Vereinfachung der unübersichtlichen Tarifbestimmungen, technischen und juristischen Regelwerke sowie eine Angleichung der Arbeitsbedingungen in den einzelnen Ländern. Davon abgeleitete Ziele betreffen die Qualitätsverbesserung des Luftverkehrsangebots durch Gewährleistung niedrigerer Preise und dichter Frequenzen in Verbindung mit einer hohen Zuverlässigkeit und Sicherheit des Transportmittels.

Diese *EU-Liberalisierungsregeln* erlangten zum 01.01.1993 mit dem Inkrafttreten des Vertrags über den Europäischen Wirtschaftsraum (EWR) auch für die EFTA-Staaten (Finnland, Schweden, Norwegen, Island, Schweiz und Österreich) Gültigkeit.

Infolge der Liberalisierungspakete ergab sich in den letzten 10 Jahren eine Konzentration der Luftverkehrsgesellschaften auf spezielle Produkte und Märkte im Spannungsfeld eines stark gestiegenen Wettbewerbsdrucks. Wenige große weltweit agierende Hubcarrier, wie die Deutsche Lufthansa, kooperieren in weltweiten Airline-Allianzen mit ihren interkontinentalen Partnern. Innerhalb der EU werden national ausgerichtete ehemalige „flagcarrier", die sich nicht einem der großen Airline-Kooperationen angeschlossen haben, zunehmend aus dem Markt gedrängt (Sabena, swissair, Alitalia etc.). Dagegen entwickeln sich Fluggesellschaften mit zunehmenden Marktanteilen, die sich auf spezielle Reisearten (Touristik) oder Reisegruppen (Low-cost) konzentrieren. Ein Merkmal dieser Fluggesellschaften sind ausschließliche Punkt-zu-Punkt-Verkehre im Gegensatz zu den ausgeprägten Hubstrukturen der Airline-Allianzen.

7.5.1.3 Bedeutung des Luftverkehrs

Der Luftverkehr wird aufgrund seiner in den letzten Jahren dynamischen Steigerung hinsichtlich der Anzahl der beförderten Passagiere und der Menge an beförderter Fracht zunehmend ein *wichtiger Wirtschaftsfaktor* für eine Nation oder Region, die über diesen Flughafen einen Anschluss an das internationale Luftverkehrsnetz besitzt.

Zu unterscheiden sind dabei die direkten, indirekten und induzierten wirtschaftlichen Auswir-

kungen eines Flughafens mit den dort ansässigen Betrieben und Dienststellen auf die Wirtschaftsentwicklung einer Region. Zu den *direkten* Effekten sind zu zählen:

- die Verbesserung der Verkehrsinfrastruktur (Verkürzung von Transportwegen),
- die Investitionen der auf dem Flughafen ansässigen Dienststellen und Betriebe in der Region,
- die Steigerung der regionalwirtschaftlichen Bedeutung,
- die Bereitstellung von Arbeitsplätzen mit den dabei erzielten Einkommen.

Die *indirekten* Effekte werden durch die von den Betrieben und Dienststellen auf dem Flughafengelände ihrerseits in der Region benötigten Vorleistungen (z. B. in der Baubranche) und die geleisteten Investitionen erzielt, indem Unternehmen, die von diesen Firmen beauftragt werden, ebenfalls über eigene Investitionen, Vorleistungen und Arbeitsplätze Erträge erwirtschaften.

Induzierte Effekte ergeben sich schließlich aus den Ausgaben für Güter und Leistungen von Firmenmitarbeitern der an einem Flughafen ansässigen oder von diesen beauftragten Unternehmen. Dadurch wird im Flughafenumfeld in den verschiedensten Branchen wiederum Umsatz, Produktion und Beschäftigung erzeugt [Hübl u.a. 1994].

Mit der Ansiedelung eines Flughafens und der Bereitstellung von Luftverkehrsleistungen wird eine Veränderung der nationalen oder regionalen Wirtschaftsstruktur erzielt: In Flughafennähe sind verstärkt Ansiedelungen von solchen Unternehmungen zu finden, die eine hohe Luftverkehrsgunst, also eine hohe Nachfragequote nach Luftverkehrsleistungen zur Beförderung von Personen oder Fracht auf dem Luftwege, aufweisen. Dies sind in erster Linie Unternehmen aus dem Dienstleistungs- und dem produzierenden Sektor, die eine hohe Exportquote für ihre Waren aufweisen und somit am Prozess der internationalen Arbeitsteilung teilnehmen.

Darüber hinaus wirken vorhandene Luftverkehrsverbindungen aufgrund der Verkürzung von Transportwegen und -zeiten gegenüber alternativen Verkehrsträgern bei einem entsprechendem Preisniveau als Impulsgeber für Kongresse und den Tourismus.

7.5.1.4 Luftfahrtgesetzgebung, Behörden und Organisationen

Die gesetzgeberischen Notwendigkeiten für den Bereich Luftverkehr sind eng verknüpft mit der technischen Entwicklung von Flugzeugen. So entstammt das erste multilaterale Abkommen, das wegweisenden Charakter für die Zivilluftfahrt hatte, aus der ersten Blütezeit des Zivilluftverkehrs Ende der 20er-Jahre: das *Warschauer Abkommen* von 1929. Wesentliche Inhalte dieses zunächst von 33 Staaten unterzeichneten Abkommens zur Vereinheitlichung von Regeln über die Beförderung im internationalen Luftverkehr sind die Festlegung von Haftungsregeln sowie die Vereinheitlichung des Luftrechts und der Luftverkehrsdokumente.

Zum Ende des 2. Weltkrieges wurden in den Jahren 1944 und 1945 mit der ICAO und der IATA diejenigen Behörden bzw. Interessenverbände gegründet, die seitdem grundlegende Bedeutung für die sichere und wirtschaftliche Durchführung des Zivilluftverkehrs weltweit haben.

Die *International Civil Aviation Organisation* (ICAO) mit Sitz in Montreal (Kanada) ist eine Unterorganisation der UNO. Ihr gehörten im Jahr 2009 190 Mitgliedsstaaten an. Das Exekutivorgan der ICAO, das „Council", verabschiedet die von den jeweiligen Ausschüssen erarbeiteten „Standards and Recommended Practices". Diese Veröffentlichungen stellen u. a. für die Flughafenplanung eine der Gesetzgebung gleichzusetzende Regelung dar, nach der Anlagen auf den Flughäfen bemessen sein müssen (Standards) oder sollten (Recommended Practices). Diese Richtlinien werden in Anhängen, den sog. „ICAO-Annexen", veröffentlicht (Tabelle 7.5-2).

Während die ICAO die weltumspannenden administrativen Grundlagen bereitstellt, sind die Ziele der anderen weltumspannenden Luftverkehrsorganisation, der *International Air Transport Organisation* (IATA), die betriebliche sowie wirtschaftliche Förderung und Entwicklung des Zivilluftverkehrs. Die IATA wurde 1919 zunächst von fünf europäischen Luftverkehrsgesellschaften gegründet, dann aber während des 2. Weltkrieges aufgelöst und 1945 von 57 Luftverkehrsunternehmen neu gegründet. Im Juni 2009 gehörten ihr weltweit 230 aktive Mitglieder an.

Nachdem das ursprüngliche Ziel der IATA, ein weltumgreifendes Luftverkehrsnetz aufzubauen, schnell erreicht wurde, reduziert sich die Funktion der IATA zum einen auf die Durchführung halbjährlich stattfindender Konferenzen für den Handel von Start- und Landerechten an kapazitätsbeschränkten Flughäfen. Zum anderen entwickelt die IATA technische, flugbetriebliche und buchungstechnische Regularien, die der Vereinheitlichung von Wartungsvorhaben, von Flugvorbereitungsunterlagen und der Buchbarkeit bzw. Abrechnung von Flügen dienen, an denen mehrere Fluggesellschaften beteiligt sind.

Auf europäischer Ebene verfolgt die *European Civil Aviation Conference* (ECAC) die gleichen Ziele wie die ICAO. Die *Association of European Airlines* (AEA) befasst sich mit luftverkehrspolitischen, wirtschaftlichen und technischen Fragestellungen sowie mit der Forschung und Planung zur Vereinheitlichung der Stellungnahmen der Mitgliedsgesellschaften bezüglich dieser Fragen. Sie arbeitet eng mit der IATA zusammen.

Die insofern vergleichbare Struktur der internationalen gegenüber den europäischen luftverkehrspolitischen Institutionen ICAO/ECAC und IATA/AEA wird auf europäischer Ebene um die Flugsicherungsorganisation *EUROCONTROL* erweitert. Hier wird seit Beginn der 60er-Jahre der Versuch

Tabelle 7.5-2 ICAO-Annexe

Annex	1	Zulassung von Luftfahrtpersonal
Annex	2	Luftverkehrsregeln
Annex	3	Flugwetterdienst
Annex	4	Luftfahrtkarten
Annex	5	Maßeinheiten zur Verwendung im Luftfahrtbetrieb in der Luft und am Boden
Annex	6	Betrieb von Luftfahrzeugen
Annex	7	Nationalitäts- und Luftfahrzeugkennzeichnung
Annex	8	Lufttüchtigkeit von Luftfahrzeugen
Annex	9	Einrichtungen
Annex	10	Flugfernmeldedienst
Annex	11	Flugverkehrsdienste
Annex	12	Such- und Rettungsdienste
Annex	13	Untersuchung von Flugunfällen
Annex	**14**	**Flugplätze**
Annex	15	Flugberatungsdienst
Annex	16	Fluglärm
Annex	17	Sicherheit im Luftverkehr
Annex	18	Sicherheitsbestimmungen für den Lufttransport gefährlicher Güter

unternommen, die nationalen hoheitlichen Aufgaben zur Sicherung des oberen Luftraumes zu vereinheitlichen, um mit weniger Koordinierungsaufwand zwischen den einzelnen Staaten eine größere Anzahl an Flugbewegungen auf den Luftstraßen sicher führen zu können.

Das *Airports Council International* (ACI) ist ebenso wie sein 1948 von 20 amerikanischen Flughäfen gegründeter Vorläufer *Airport Operators Council* (AOC) ein freiwilliger Zusammenschluss internationaler Verkehrsflughäfen. Seine Aufgaben und Ziele sind die Erarbeitung von einheitlichen Richtlinien in den Bereichen Flughafenmanagement, Recht, Technik, Umwelt und Öffentlichkeitsarbeit. Die in den Ausschüssen erarbeiteten Standpunkte des ACI werden von ihm auf nationalen und internationalen Tagungen zur Zivilluftfahrt vertreten.

Die administrativen Empfehlungen der ICAO sowie die technisch-betrieblichen Empfehlungen der IATA und des ACI sind weitgehend in nationale Gesetzgebung eingeflossen.

In Deutschland regelt das *Luftverkehrsgesetz* (LuftVG) das nationale Luftverkehrsrecht. Es ist in drei Abschnitte unterteilt:

– Luftverkehr,
– Haftpflicht,
– Straf- und Bußgeldvorschriften.

Das Luftverkehrsgesetz LuftVG ist ein *Instrument der staatlichen Luftverkehrspolitik*, dessen regulierende Eingriffe zur Wirtschaftlichkeit und sicheren Durchführung des Luftverkehrs um zahlreiche Verordnungen ergänzt werden. Abbildung 7.5-3 zeigt eine Übersicht über die Luftverkehrsgesetzgebung.

Der Bund hat für den Luftverkehr die ausschließliche *Gesetzgebungskompetenz* [Schwenk 1990], während für die Einhaltung und Überwachung der Gesetze die Länder zuständig sind. Für die Planung, den Bau und den Betrieb von Flughäfen sind v. a. die die Flughäfen betreffenden Paragraphen des LuftVG (§§ 6–19c) von Bedeutung:

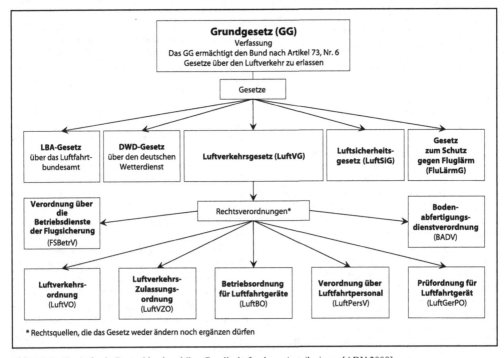

Abb. 7.5-3 Flughäfen in Deutschland und ihre Gesellschafter bzw. Anteilseigner [ADV 2009]

- § 6 Genehmigung,
- § 7 Vorarbeiten,
- § 8 Planfeststellung, § 8a Veränderungssperre,
- § 9 Wirkung, Inhalt,
- § 10 Behörde, Verfahren,
- § 11 Keine Klage auf Einstellung,
- § 12 Baubeschränkungen im Bauschutzbereich,
- § 13 Bauhöhen,
- § 14 Bauwerke außerhalb des Bauschutzbereichs,
- § 15 Andere Luftfahrthindernisse,
- § 16 Abtragung von Luftfahrthindernissen,
- § 16a Kennzeichnung von Luftfahrthindernissen,
- § 17 Beschränkter Baubereich,
- § 18 Bekanntmachung,
- § 19 Entschädigung.

Hinzu kommen die Luftverkehrszulassungsordnung LuftVZO (§§ 38–48: Flughäfen; §§ 49–53: Landeplätze; §§ 54–60: Segelfluggelände), das in 2008 nach langer Überarbeitungszeit in seinen Auswirkungen auf den Luftverkehr verschärfte Gesetz zum Schutz gegen Fluglärm sowie das in der Folge der in 2002/2003 erlassenen europäischen Rechtsverordnungen im Jahr 2007 durch die Bundesregierung verabschiedete Luftsicherheitsgesetz.

Hervorzuheben sind zudem die sog. „Zuständigkeitsgesetze":

- das Gesetz über das Luftfahrtbundesamt sieht für das LBA im Wesentlichen Aufgaben zur Zulassung und Kontrolle von Luftfahrtgerät und -personal vor;
- das Gesetz über den Deutschen Wetterdienst regelt den Umfang der meteorologischen Informationen, die der DWD dem See- und Luftverkehr zur Verfügung stellt;
- in Verbindung mit § 32 und § 63 des LuftVG weist die Verordnung über die Betriebsdienste der Flugsicherung (FSBetrV) der zuständigen Flugsicherungsstelle hoheitliche Aufgaben zur sicheren Führung des Luftverkehrs im Luftraum über Deutschland zu. Die darunter zu verstehenden Aufgaben der Flugverkehrskontrolle, -information und -beratung nimmt im Wesentlichen die *Deutsche Flugsicherung GmbH* (DFS) – vormals Bundesanstalt für Flugsicherung (BFS) – weiterhin nach der auf der Grundlage einer Grundgesetzänderung am 01.01.1993 vollzogenen Organisationsprivatisierung wahr.

Seit der Umsetzung der drei Liberalisierungspakete Ende der 90er-Jahre steigt die gesetzgeberische Bedeutung des Europäischen Parlaments und des europäischen Rates im Hinblick auf den Luftverkehr. Durch die vom Rat verabschiedeten Verordnungen werden die Mitgliedsländer gezwungen, innerhalb von festgelegten Fristen diese rahmengebenden Richtlinien in deutsches Recht umzusetzen. Betroffen sind wettbewerbsregulierende Ansätze (z. B. die Bodenabfertigungsdienstverordnung des Bundes als Folge der europäischen Normengebung zum Wettbewerbsrecht), aber auch Sonderrichtlinien zu Funktionen des Luftverkehrs, wie das Luftsicherheitsgesetz als Folge der EU-Verordnungen 2320/2002 und 1138/2003. Letztere waren wiederum Folge der terroristischen Anschläge aus 2001 in den USA, bei denen erstmals Flugzeuge als Waffen eingesetzt wurden.

Im Zusammenhang mit der nationalen Gesetzgebung in Deutschland sind die *Interessenverbände* der nationalen Träger des Luftverkehrs bezüglich ihrer Organisation und Funktion zu benennen. Für die Planung, den Bau und den Betrieb von Flughäfen ist v. a. die *Arbeitsgemeinschaft Deutscher Verkehrsflughäfen* (ADV) von Bedeutung. Die 1947 gegründete Organisation, deren Mitglieder 2009 alle 22 internationalen Verkehrsflughäfen Deutschlands und 15 Regionalflugplätze sowie als assoziierte Mitglieder die führenden Flughäfen aus der Schweiz und Österreich sind, hat das Ziel, gemeinsame Belange und Interessen der Flughäfen wahrzunehmen, den Luftverkehr zu fördern und dessen Probleme in Zusammenarbeit zu lösen. Um diese Ziele zu erreichen, beruft die ADV, deren Organe die Mitgliederversammlung, der Verwaltungsrat und die Geschäftsführung sind, in regelmäßigen Abständen sog. „Fachausschüsse" ein. In diesen Ausschüssen beraten die vertretenen Flughäfen über einheitliche Vorgehensweisen bzw. Stellungnahmen hinsichtlich Problemstellungen aus den Bereichen

- Personal- und Sozialwesen,
- Recht und Sicherheit,
- Wirtschaft,
- Non-Aviation,
- Infrastruktur,
- Umwelt,
- Verkehr,
- Operations und Security,
- Bodenverkehrsdienst.

7.5.2 Flughäfen

7.5.2.1 Definition, Rechtsform und Organisation

Im Sinne der LuftVZO werden drei Arten von *Flugplätzen* definiert: Verkehrsflughäfen, Landeplätze und Segelfluggelände. Abbildung 7.5-4 zeigt die Lage der 23 Verkehrsflughäfen in Deutschland und der assoziierten Mitglieder in der Schweiz und in Österreich.

Verkehrsflughäfen bedürfen der Ausweisung eines Bauschutzbereichs nach § 12 LuftVG. Dies bedeutet, dass in einem querab und längs der Start- und Landebahnen definierten Bereich keine Hindernisse im Sinne des Gesetzes vorhanden sein dürfen oder aber diese auf den Flugplatzkarten ausgewiesen werden müssen.

Landeplätze bedürfen dagegen nicht der Ausweisung eines Bauschutzbereichs nach § 12 LuftVG. *Segelfluggelände* sind nicht für den Motorflug zugelassene Flugplätze (Ausnahme: Schleppflugzeuge). Die Gelände sind meist nicht befestigt und selten länger als 800 m.

Die hier im Mittelpunkt stehenden *internationalen Verkehrsflughäfen* sind in Deutschland rechtlich als Gesellschaften mit beschränkter Haftung (GmbH) oder als Aktiengesellschaften (AG) organisiert. Bei den Flughäfen sind stets die namensgebenden Städte, häufig die jeweiligen Bundesländer und in einigen Fällen der Bund Gesellschafter bzw. Aktionär. Eine Übersicht über die derzeitigen Beteiligungen bietet (Tabelle 7.5-3).

Diese Art der *Organisation* und *Beteiligung* wurde nach dem 2. Weltkrieg gewählt, um einerseits den beteiligten Kommunen, Bundesländern oder dem Bund Gestaltungsrechte zu belassen, andererseits aber die Führung der Unternehmen nach betriebswirtschaftlichen Grundsätzen sicherzustellen.

Seit Mitte der 90er-Jahre sind die Anteilseigner wegen ihrer angespannten Haushaltssituation zunehmend bestrebt, ihre Gesellschafteranteile zu verkaufen. So hat beispielsweise das Land Nordrhein-Westfalen seinen 50%-Anteil an der Flughafen Düsseldorf GmbH 1997 an die Airport Partners GmbH unter Führung der Hochtief AG veräußert, wie auch der Bund seine Anteile am Flughafen Hamburg an die Hochtief AG direkt verkauft hat. Der Eintritt privater Anteilseigner als Gesellschafter von Flughäfen verstärkt die Tendenz der Unternehmensausrichtung weg von der reinen Infrastrukturvorsorge für den Luftverkehr. An Stelle dessen etablieren sich Flughäfen zunehmend als eigenständige, sich wirtschaftlich selbst tragende Unternehmen mit luftverkehrsunabhängigen Geschäftsfeldern.

7.5.2.2 Planung, Bau und Betrieb

Der *Neubau eines Flughafens* setzt umfangreiche Vorplanungen hinsichtlich der Lage im Einzugsgebiet (Attraktivität des Standortes für den Kunden), der baulichen Realisierbarkeit und der Finanzierbarkeit voraus. Er entsteht im Spannungsfeld zwischen der Nachfrage nach Luftverkehrsleistungen, der Finanzierbarkeit und den umweltpolitischen Forderungen.

Der *Betrieb eines Flughafens* wird von der Flughafengesellschaft organisiert. Hinzu kommen die vielfältigen an einem Flughafen ansässigen Dienststellen und Firmen, deren Leistungsspektrum von der Flugsicherung und der Zollkontrolle über die Flugzeuginstandhaltung bis zu den zahlreichen Konzessionären in einem Abfertigungsgebäude reicht. Teilleistungen wie die Flugzeugabfertigung sind nach der seit 1997 rechtskräftigen EU-Richtlinie zur Liberalisierung der Bodenverkehrsdienste nicht mehr den Flughafengesellschaften vorbehalten.

Fluggesellschaften und ihre Fluggäste sind die wichtigsten Nutzer von Flughäfen. Die Fluggesellschaften bestimmen mit ihrem Angebot die Vielfalt der Ziele, die von diesem Flughafen mit einer festgelegten Häufigkeit, den Flugfrequenzen, angeboten werden. Sie tragen dadurch zu einem wesentlichen Qualitätsmerkmal eines Flughafens bei. Die Flughafengesellschaft muss frühzeitig erkennen, dass durch das vergrößerte Angebot einer Fluggesellschaft oder der gestiegenen Nachfrage nach Luftverkehrsleistungen im Einzugsgebiet *Erweiterungen des Flughafens* notwendig werden. Dazu muss die entsprechende Infrastruktur auf der Grundlage einer Gesamtausbauplanung aller Flughafenteilsysteme bedarfsgerecht zur Verfügung gestellt werden. Den zeitlichen Ablauf und die Verzahnung von Flughafenplanung, Flughafenbau und Flughafenbetrieb macht Abbildung 7.5-5 deutlich.

Zur Flughafenplanung gehört zum einen die Neuplanung eines Flughafens im Sinne einer Suche nach einem (optimal) geeigneten Standort mit den dem

Abb. 7.5-4 Verkehrsflughäfen in Deutschland und der assoziierten Mitglieder in der Schweiz und in Österreich

Tabelle 7.5-3 Gesellschafter und Beteiligungsverhältnisse – internationale Verkehrsflughäfen

Flughafen	Flughafenunternehmen	Gesellschafter bzw. Aktionäre	Beteiligung v.H.
Berlin (Tegel, Schönefeld)	Flughafen Berlin-Schönefeld GmbH/ Berliner Flughafen GmbH	Land Berlin	37,0
		Land Brandenburg	37,0
		BR Deutschland	26,0
Bremen	Flughafen Bremen GmbH	Hansestadt Bremen	100,0
Dortmund	Flughafen Dortmund GmbH	Dortmunder Stadtwerke AG	74,0
		Stadt Dortmund	26,0
Dresden	Flughafen Dresden GmbH	MDF AG [1]	94,0
		Freistaat Sachsen	4,8
		Landkreis Meißen	0,6
		Landkreis Bautzen	0,6
Düsseldorf	Flughafen Düsseldorf GmbH	Airport Partners GmbH [2]	50,0
		Landeshauptstadt Düsseldorf	50,0
Erfurt	Flughafen Erfurt GmbH	Land Thüringen	95,0
		Stadt Erfurt	5,0
Frankfurt	Fraport AG	Land Hessen	31,6
		Stadt Frankfurt a.M.	20,2
		Julius Bär Holding AG	10,4
		Deutsche Lufthansa AG	9,9
		Streubesitz [3]	14,7
		Unbekannt	13,2
Friedrichshafen	Flughafen Friedrichshafen GmbH	VIE International Beteiligungsmanagement GmbH	25,2
		Stadt Friedrichshafen	14,4
		Landkreis Bodenseekreis	14,4
		Land Baden-Württemberg	12,4
		Sonstige [4]	33,6
Hahn	Flughafen Frankfurt-Hahn GmbH	Land Rheinland-Pfalz	82,5
		Land Hessen	17,5
Hamburg	Flughafen Hamburg GmbH	Airport Partners GmbH [5]	49,0
		Freie und Hansestadt Hamburg	51,0
Hannover	Flughafen Hannover-Langenhagen GmbH	Hannoversche Beteiligungs GmbH [6]	35,0
		Stadt Hannover	35,0
		Fraport AG	30,0
Karlsruhe/Baden-Baden	Baden-Airpark GmbH	Flughafen Stuttgart GmbH	66,0
		Baden-Airpark Beteiligungsgesellschaft mbH	34,0

[1] MDF AG = Mitteldeutsche Flughafen AG		Freistaat Sachsen	76,64
		Land Sachsen-Anhalt	18,54
		Stadt Dresden	2,52
		Stadt Leipzig	2,1
		Stadt Halle	0,2

[2] Gesellschafter: Hochtief AirPort GmbH / Hochtief AirPort Capital KGaA und Aer Rianta PLC

[3] Artisan Partners Ltd. Partnership 3,87%, Arnhold and S. Bleichroeder Holdings Inc.3,02%, Taube Hodson Stonex Partners Ltd. 3,01%, Morgan Stanley 2,96%, The Capital Group Companies Inc. 1,89%

[4] ZF Friedrichshafen AG 9,37%, Technische Werke Friedrichshafen GmbH 8,92%, Luftschiffbau Zeppelin GmbH 7,69%, IHK Bodensee-Oberschwaben 3,43%, Dornier GmbH 2,12%, MTU Friedrichshafen GmbH 2,12%

[5] Gesellschafter: Hochtief AirPort GmbH und Hochtief AirPort Capital GmbH

[6] Hannoversche Beteiligungs GmbH = Alleingesellschafter Land Niedersachsen

Tabelle 7.5-3 (Fortsetzung)

Flughafen	Flughafenunternehmen	Gesellschafter bzw. Aktionäre	Beteiligung v.H.
Köln/Bonn	Flughafen Köln/Bonn GmbH	BR Deutschland	30,9
		Land Nordrhein-Westfalen	30,9
		Stadt Köln	31,1
		Stadt Bonn	6,1
		Rhein-Sieg-Kreis	0,6
		Rheinisch Bergischer Kreis	0,4
Leipzig/Halle	Flughafen Leipzig/Halle GmbH	MDF AG [1]	94,0
		Freistaat Sachsen	5,5
		Landkreis Nordsachsen	0,25
		Stadt Schkeuditz	0,25
Lübeck	Flughafen Lübeck GmbH	Infratil Airports Europe Ltd.	90,0
		Hansestadt Lübeck	10,0
München	Flughafen München GmbH	Freistaat Bayern	51,0
		BR Deutschland	26,0
		Stadt München	23,0
Münster/Osnabrück	Flughafen Münster/Osnabrück GmbH	Stadtwerke Münster GmbH	35,0
		Kreis Steinfurt	30,3
		Stadtwerke Osnabrück AG	17,2
		Verkehrsges. Stadt Greven	5,9
		Verkehrsges. Landkreis Osnabrück	5,1
		Sonstige [7]	6,5
Nürnberg	Flughafen Nürnberg GmbH	Freistaat Bayern	50,0
		Stadt Nürnberg	50,0
Paderborn/Lippstadt	Flughafen Paderborn/Lippstadt GmbH	Kreis Paderborn	56,4
		Kreis Soest	12,3
		Kreis Gütersloh	7,8
		Kreis Lippe	7,8
		Stadt Bielefeld	5,9
		Sonstige [8]	9,8
Saarbrücken	Flughafen Saarbrücken Betriebsges. mbH	Verkehrsholding Saarland GmbH	100,0
Stuttgart	Flughafen Stuttgart GmbH	Land Baden-Württemberg	65,0
		Stadt Stuttgart	35,0
Weeze	Flughafen Niederrhein GmbH	Airport Niederrhein Holding GmbH	99,93
		Kreis Kleve	0,04
		Gemeinde Weeze	0,03
	[1] MDF AG = Mitteldeutsche Flughafen AG	Freistaat Sachsen	76,64
		Land Sachsen-Anhalt	18,54
		Stadt Dresden	2,52
		Stadt Leipzig	2,1
		Stadt Halle	0,2

[7] Kreis Warendorf 2,44%, FMO Flughafen Münster/Osnabrück GmbH 2,05%, Kreis Borken 0,45%, Kreis Coesfeld 0,45%, Landkreis Grafschaft Bentheim 0,45%, Landkreis Emsland 0,45%, IHK Nord Westfalen 0,07%,
IHK Osnabrück Emsland 0,03%, Handwerkskammer Münster 0,03%, Handwerkskammer Osnabrück-Emsland 0,03%, Kamer van Koophandel Veluwe en Twente 0,03 %
[8] Hochsauerlandkreis 3,92%, Kreis Höxter 3,92%, IHK Bielefeld 1,57%, IHK Detmold 0,39%

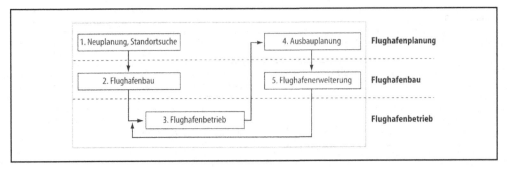

Abb. 7.5-5 Zeitlicher Ablauf und Verzahnung von Flughafenplanung, -bau und -betrieb

Bedarf entsprechend zu bemessenden Anlagen. Zum anderen ist darunter die parallel mit dem Betrieb eines Flughafens stattfindende Ausbauplanung von Infrastrukturanlagen zu verstehen. Während die internationalen Richtlinien und Rahmenbedingungen für beide Planungsarten gleichermaßen gelten, setzen sie doch unterschiedliche Planungsprozesse voraus.

Standortfaktoren

Bei der Berücksichtigung von Standortfaktoren für einen neuen Flughafen ist zu gewichten, welche Zielträgergruppen die *Standortwahl* mitbestimmen. Folgende Gruppen sind zu unterscheiden:

– Öffentlichkeit,
– Betreibergesellschaft,
– Luftverkehrsgesellschaften,
– Fluggäste,
– benachbarte Gemeinden.

Diese Interessengruppen haben hinsichtlich des Neubaus eines Flughafens unterschiedliche, z. T. auch deutlich konträre Zielvorstellungen. Die im folgenden genannten *Zielkriterien* können nur qualitativ beschrieben werden, da eine Gewichtung, die zum Vergleich alternativer Standorte den Zielkriterien zur Findung eines optimalen Flughafenstandortes auferlegt werden müsste, nur im konkreten Fall vorgenommen werden kann.

Ein *potentieller Standort* muss bezüglich folgender Kriterien als geeignet oder besser geeignet als ein anderes Gelände bewertet werden:

– Erhöhung der wirtschaftlichen Bedeutung einer Region, Schaffung von Arbeitsplätzen und Stärkung strukturschwacher Gebiete,

– Schaffung oder Verbesserung der luftverkehrlichen Leistungsfähigkeit einer Region,
– Realisierbarkeit einer leistungsfähigen Straßen- und Schienenanbindung,
– Berücksichtigung von Entfernung und Anreisezeit vom Schwerpunkt des Einzugsgebietes,
– Möglichkeiten der Anordnung der Start- und Landebahnen,
– Lage der Bebauungszonen zu den Start- und Landebahnen,
– Minimierung der Betriebs-, Investitions- und Unterhaltungskosten,
– Minimierung der Umweltbeeinträchtigungen.

Zur *Quantifizierung dieser Kriterien* für den Vergleich alternativer Flughafenstandorte steht eine Reihe von Indikatoren zur Verfügung. Beispielsweise wird die „durchschnittliche Fahrzeit vom potentiellen Flughafen zum Schwerpunkt des Einzugsgebiets" als Indikator für die Leistungsfähigkeit der Straßen- und Schienenanbindung verwendet, die „mögliche maximale jährliche Passagierkapazität" als Indikator für die Leistungsfähigkeit des Gesamtsystems angesehen oder die „Summe der Bevölkerung innerhalb der potentiellen Lärmschutzzonen" zur Beurteilung der Umweltbeeinträchtigungen herangezogen [Hentschel 1993; Büsing 1993].

Schon bei der Planung eines Flughafens werden somit nicht nur die aus Sicht der Flughafenbetreibergesellschaft wichtigsten Ziele – Maximierung der potentiell möglichen Abfertigungskapazität und hohe Wirtschaftlichkeit der Anlagen – berücksichtigt, sondern auch die Vorstellungen der Nachbargemeinden, um schließlich einen von der Öffentlichkeit weitgehend akzeptierten Flughafenbetrieb zu gewährleisten.

Planfeststellung und Genehmigung

Die *rechtlichen Grundlagen* für den Neubau eines Flughafens werden in aufwendigen Verfahren in Abstimmung zwischen den Betreibergesellschaften, deren Gesellschaftern und den Raumordnungsbehörden geschaffen. Flughafengelände werden nach Durchführung eines Raumordnungsverfahrens als Vorrangstandorte – die Maßnahmen des Flughafenbaus bzw. -ausbaus haben in diesem Bereich Priorität vor anderen Planungsvorhaben – in die jeweiligen Landes- und Regionalraumordnungsprogramme aufgenommen.

Nach der Festlegung der raumordnerischen Grenzen eines neuen Flughafengebiets ist sowohl beim Bau eines Flughafens als auch bei einer Erweiterung, wenn es sich dabei um eine „wesentliche Erweiterung" gemäß § 6 LuftVG handelt, die Durchführung eines *luftrechtlichen Genehmigungsverfahrens* erforderlich. Mit der Durchführung dieses Verfahrens soll sichergestellt werden, dass

– die geplante Maßnahme den Erfordernissen der Raumordnungs- und Landesplanung entspricht und die Erfordernisse des Naturschutzes und der Landschaftspflege sowie des Städtebaus und der Schutz vor Fluglärm angemessen berücksichtigt sind,
– das in Aussicht genommene Gelände geeignet ist,
– die öffentliche Sicherheit und Ordnung nicht gefährdet werden.

Dazu hat die Flughafengesellschaft bei der jeweiligen Luftaufsichtsbehörde einen *Genehmigungsantrag* für alle Anlagen, die dem Flugbetrieb dienen, zu stellen: Start- und Landebahnen, Rollwege, Vorfelder, die die Start- und Landebahnen umgebenden Schutzstreifen und -flächen, Befeuerungsanlagen und Anflughilfen. Darüber hinaus ist der eigentliche Flugbetrieb genehmigungspflichtig (§§ 40, 41 LuftVZO). In einigen Bundesländern sind auch Hochbauten wie Terminals, Frachtanlagen und Flugzeughallen in die Genehmigung einbezogen.

Mit der erteilten Genehmigung ist der Flughafenbetreiber zur Veröffentlichung einer *Benutzungsordnung* verpflichtet. Gleichzeitig hat er die Pflicht, den Flughafen entsprechend der erteilten Genehmigung zu betreiben und durch die notwendigen Unterhaltungsmaßnahmen für einen sicheren Betrieb zu sorgen.

Zur Erlangung dieser Betriebsgenehmigung muss bei einem geplanten Flughafenneubau oder einer wesentlichen Änderung oder Erweiterung des bestehenden Flughafens ein *Planfeststellungsverfahren* durchgeführt werden (§ 8 LuftVG), um alle rechtlichen Aspekte, die Dritte berühren, zusammenfassend und abschließend zu regeln.

Der *Planfeststellungsantrag* muss den Umfang und die Auswirkungen der geplanten Baumaßnahme gegenüber der Genehmigungsbehörde deutlich machen. Er umfasst folgende Berichte und Untersuchungen:

– Erläuterungsbericht,
– Übersichts- bzw. Lageplan mit Darstellung des veränderten Bauschutzbereichs,
– Längsschnitte durch die Mittellinie der Start- und Landeflächen mit den Sicherheitsflächen und Anflugsektoren,
– Querschnitte mit einer Darstellung der Hindernisbegrenzung nach ICAO Annex 19, Detailpläne der Anflugbefeuerung,
– Übersichtsplan mit Darstellung des festzulegenden Lärmschutzbereichs,
– technisches Lärmgutachten der Sachverständigen (Feststellung der Ausbreitung des Lärmes auf der Grundlage der vorgesehenen Flug- und Rollbewegungen auf dem Flughafen bei einem prognostizierten Flugzeugmix),
– medizinisches Lärmgutachten der Sachverständigen (Feststellung der Auswirkungen des festgestellten Lärmes auf die Betroffenen),
– Entwässerungs- und Grundwassergutachten.

Nach Prüfung der Unterlagen durch die Planfeststellungsbehörde folgt im weiteren Verlauf des Verfahrens die sog. „Anhörung". Dazu sind zunächst in den vom Bauvorhaben betroffenen Gemeinden die Planfeststellungsunterlagen mindestens zwei Wochen öffentlich auszulegen. Zusätzlich werden die Planfeststellungsunterlagen an die sog. „Träger öffentlicher Belange" zur Kenntnisnahme und ggf. Stellungnahme verschickt. Innerhalb einer befristeten Zeit besteht danach die Gelegenheit, *Einwände* bei der Anhörungsbehörde geltend zu machen. Diese muss nach Fristablauf eine Abwägung zwischen den Planungen des Flughafenbetreibers und den Einwänden herbeiführen.

Abschließend wird nach § 8 LuftVG der sog. „Planfeststellungsbeschluss" erlassen. Er umfasst den bezüglich der Anlagen des Flughafens festgestellten Plan, die Anordnung von notwendigen Maßnahmen, die der Flughafenbetreiber zum Schutz der vom Neu- bzw. Ausbau Betroffenen einzuplanen und durchzuführen hat, sowie die Entscheidung über Stellungnahmen bzw. Einwände Dritter.

Gegen diesen Beschluss kann *Klage* erhoben werden. Um während des Zeitraumes der häufig sehr lange dauernden Rechtsstreitigkeiten den Flughafenbetrieb ohne Kapazitätseinbußen aufrecht zu erhalten, kann die Flughafengesellschaft den sofortigen Vollzug der Maßnahme beantragen. Sie kann bei gerichtlichem Beschluss des sofortigen Vollzugs parallel zur Klärung der Rechtsfragen mit den Baumaßnahmen beginnen und die fertiggestellten Anlagen in Betrieb nehmen.

Aufgrund der langen luftrechtlichen Planungs- und Verfahrensdauer, für die vom Beginn der Planung bis zum rechtskräftigen Planfeststellungsbeschluss selten weniger als fünf bis sechs Jahre zu veranschlagen sind, hat der Gesetzgeber zur Vereinfachung und Beschleunigung der Verfahren 1991 ein sog. „Plangenehmigungsverfahren" ermöglicht.

Diese *Plangenehmigung* wurde ursprünglich im Rahmen des Verkehrswegeplanungsbeschleunigungsgesetzes für die luftrechtlichen Verfahren der Flughäfen in den neuen Bundesländern und im Land Berlin eingeführt, um deren Ausbau zu beschleunigen und z.T. den Betrieb innerhalb eines überschaubaren Zeitraumes nachträglich rechtskräftig zu genehmigen. Unter Beibehaltung der Einspruchsmöglichkeiten wurde dieses Verfahren schließlich auch auf die Flughäfen der alten Bundesländer ausgedehnt.

7.5.2.3 Luftverkehrsprognose und Generalausbauplan (Masterplan)

Die Planung, der Bau und die Erweiterung eines Flughafens werden vorgenommen, um die *Luftverkehrsinfrastruktur* einer Region (Start- und Landebahnen, Abstellpositionen für Flugzeuge, Terminals, landseitige Anbindungen usw.) der Nachfrage anzupassen. Mit Blick auf die langen Planungs- und Bauzeiten ist es notwendig, den zukünftigen Bedarf frühzeitig zu erkennen, d.h. die Flugbewegungen und das Fluggastaufkommen für einen Zeitraum von bis zu zehn Jahren zu prognostizieren.

Als zentraler *Planungseckwert* wird der Verkehr der typischen Spitzenstunde zugrunde gelegt. Darunter ist der Verkehr innerhalb einer Stunde zu verstehen, der im Jahr 30- bzw. 40-mal erreicht oder überschritten wird. Dadurch werden extreme Verkehrsspitzen, die unverhältnismäßig hohe Systemerweiterungen zur Folge hätten, nicht erfasst. Überbelastungen des Systems in den 30 bis 40 höchsten Spitzenstundenbelastungen eines Jahres werden akzeptiert. Aufgrund der Berücksichtigung der typischen Spitzenstunde ist das System dennoch für eine häufig wiederkehrende hohe Belastung ausgelegt. Darüber hinaus werden üblicherweise Verkehrseckwerte für den Endausbau eines Flughafens ermittelt.

Ziel einer *Verkehrsprognose* für Flughäfen ist die Ermittlung der Anzahl von Flugbewegungen und Fluggästen pro Zeiteinheit. Als grundsätzliche Prognosemethode stehen Trendextrapolationen, Indikatormodelle, Simulationen u. ä. zur Verfügung. Während bei Trendextrapolationen das Verkehrsgeschehen eines zurückliegenden Zeitraumes lediglich fortgeschrieben wird, versucht man bei den meisten anderen Modellen Indikatoren bzw. Variablen im sozialen, wirtschaftlichen und demographischen Bereich zu finden, die Rückschlüsse über die erwartete Nachfrage nach Luftverkehrsleistungen in einer Region erlauben [IATA 1997]. Als Variablen stehen z. B. zur Verfügung:

- Bevölkerungsentwicklung,
- Bruttoinlandsprodukt,
- verfügbares Nettoeinkommen,
- Außenhandel (des Landes bzw. der Region),
- gesamtwirtschaftliche Produktivität,
- Verfügbarkeit alternativer Verkehrsmittel.

Abschließend kann über die detaillierte Analyse des Aufkommens auf verschiedenen Strecken und ein darauf abgestelltes Angebot eine *kurz-, mittel- und langfristige Prognose* des Verkehrsaufkommens in Einheiten von Fluggästen, Flugbewegungen, Luftfracht und Luftpost abgegeben werden.

Der Flughafenplaner muss die Anlagen eines Flughafens dem prognostizierten Bedarf entsprechend bemessen. Zu diesen Anlagen zählen

- Start- und Landebahnen,
- Rollwege und Vorfelder,

- Passagier- und Frachtabfertigungsgebäude,
- Anflughilfen und Ausrüstung der Flugbetriebsflächen,
- Hochbauten für Sonderfunktionen wie Flugzeugwartungshallen, Lärmdämpfungseinrichtungen, Feuerwachen, Hotels und Bürogebäude,
- landseitige Straßen- und Schienenanbindung sowie Anlagen für den ruhenden Verkehr.

Ausgangspunkt der Flughafenplanung ist die vorausschauende Vorhaltung ausreichend bemessener Flughafenteilsysteme. Dies bedeutet, dass Verkehrsflussbeeinträchtigungen in allen kapazitätsrelevanten Teilbereichen des Flughafens durch frühzeitige Erweiterungen der Teilsysteme zu verhindern sind. Zur Koordinierung einer Erweiterung der Flughafenteilsysteme ist ein *Generalausbauplan (Masterplan)* unerlässlich.

Der Generalausbauplan hat den Charakter eines kleinräumigen, meist auf das Flughafengelände begrenzten Flächennutzungsplanes. Es werden darin unter Einbeziehung des Bestands die für einen festgelegten Planungszeitraum erforderlichen schrittweisen *Ausbaumöglichkeiten* der Flughafenteilsysteme festgelegt.

Der Generalausbauplan gewährleistet, dass für Flächen, bei denen konkurrierende Nutzungen möglich sind, die für die Flughafenentwicklung beste Lösung gefunden wird. Ein Generalausbauplan spiegelt somit die Aufgaben einer Flughafenplanung bereits vollständig wider. Es gilt, die durch eine Abwägung der Ausbaualternativen analysierte optimale Gestaltung festzulegen. Zur Anpassung an die Luftverkehrsentwicklung sollte der Generalausbauplan in Abständen von fünf bis zehn Jahren fortgeschrieben werden.

7.5.2.4 Systemelemente eines internationalen Flughafens

Start- und Landebahnen

Die Planung der Lage, der Anzahl und der Länge von Start- und Landebahnen gehört zu den ersten Entscheidungsaspekten bei der Suche nach einem geeigneten Flughafenstandort. Die Lage orientiert sich v. a. an den herrschenden meteorologischen Verhältnissen. Sie kann aber darüber hinaus durch die topografischen Verhältnisse beeinflusst werden. Die Richtung einer oder mehrerer Bahnen ist

so zu wählen, dass die Boden-Wind-Geschwindigkeits-Komponenten, die rechtwinklig zu den Längsachsen der Bahnen auftreten, das Starten oder Landen von Flugzeugen nicht oder nur in extremen Situationen verhindern. Grundsätzlich stehen drei verschiedene *Start- und Landebahnsysteme* zur Verfügung:

- eine einzelne Bahn, deren Ausrichtung unter Berücksichtigung der Hindernissituation nach der Hauptwindrichtung vorgenommen wird (z. B. Nürnberg, London-Gatwick);
- System von zwei oder mehr parallel zueinander angeordneten Bahnen; auch ihre Ausrichtung wird nach der Hauptwindrichtung vorgenommen (z. B. München, Hannover, Seattle-Tacoma);
- System von zwei oder mehr einander kreuzenden Bahnen (z. B. Köln-Bonn, Zürich).

Bei drei oder mehr Bahnen können zwei parallel zueinander angeordnet sein, während eine dritte Bahn diese Parallelbahnen schneidet. Abbildung 7.5-6 zeigt die drei Systemmöglichkeiten anhand von Beispielen. Die Wahl des für einen Flughafen richtigen Systems muss in Abhängigkeit von der zu erwartenden Verkehrsmenge, der Häufigkeit von Winterdiensteinsätzen und der Möglichkeit

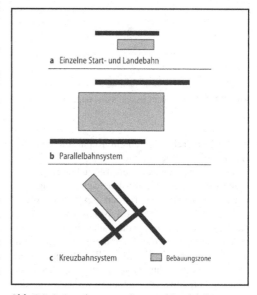

Abb. 7.5-6 Anordnung von Start- und Landebahnen

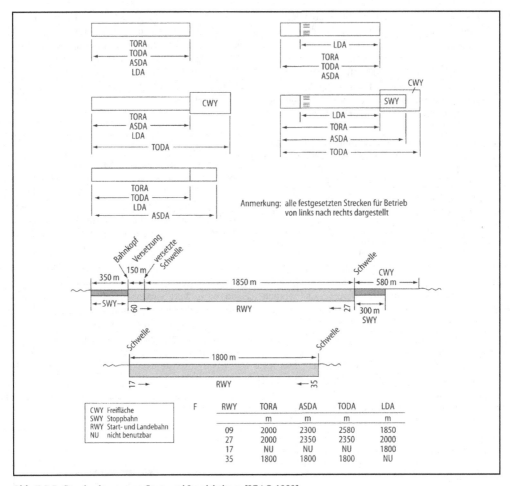

Abb. 7.5-7 Streckenlängen von Start- und Landebahnen [ICAO 1990]

von betriebsfreien Zeiten für Reparaturen an der Bahn vorgenommen werden.

Für die Berechnung der erforderlichen *Startbahnlänge* muss festgelegt werden, welches Flugzeugmuster mit seinem spezifischen maximalen Abfluggewicht (Maximum Take-off Weight (MTOW)) als Auslegungsgrenzwert für die Längenbemessung zugrunde gelegt werden soll. Für dieses Fluggerät können die unterschiedlichen Teillaufstrecken einer Start- und Landebahn bei verschiedenen meteorologischen Verhältnissen berechnet werden. Für den Start sind dies

– die verfügbare Startlaufstrecke (Take-off Distance Available (TODA)),
– die Startstrecke (Take-off Run Available (TORA)) und
– die Startabbruchstrecke (Accelerate-Stop Distance Available (ASDA)).

Für die Landung sind die verfügbare Landestrecke (Landing Distance Available (LDA)) und die sich daran anschließenden „Clearway" (CWY) und „Stopway" (SWY) zu berechnen. Die verschiedenen Streckenlängen sind in Abb. 7.5-7 dargestellt.

Neben der geschilderten Längenbemessung ist gemäß ICAO Annex 14 auch die erforderliche *Breite der Bahn* festzulegen. Für Verkehrsflughäfen, die einen regelmäßigen Betrieb von Flugzeugen mit ≥ 5,7 t MTOW vorsehen, liegt sie bei 45 m. Einige Flughäfen halten 60 m breite Bahnen vor (z. B. Frankfurt/Main), die mit Einführung des Airbus A380 als weltweiter Standard der Kategorie F (ICAO Annex 14) umzusetzen sind.

Weitere Festlegungen bei der Planung und beim Bau einer Start- und Landebahn sind die *Bahnneigung*, die sowohl in Längs- als auch in Querrichtung bestimmte Grenzwerte nicht überschreiten darf, wie auch die Spezifikation der *Tragfähigkeit* und des *Reibungskoeffizienten*.

Der Ausbau vorhandener Start- und Landebahnen erfordert zudem die Neuberechnung der für Verkehrsflughäfen nach § 12 LuftVG vorgeschriebenen Bauschutzbereiche und Hindernisbegrenzungsflächen.

Bauschutzbereich und Hindernisbegrenzungsflächen

Sind in Deutschland gemäß § 38 LuftVZO Flugplätze als Flughäfen definiert, so bedürfen sie nach Art und Umfang des vorgesehenen Flugbetriebs einer Sicherung durch einen *Bauschutzbereich*. Dieser Bereich ist in einem Plan darzustellen, dem folgende Komponenten zu entnehmen sind:

– Start- und Landebahnen mit den sie umgebenden Schutzstreifen,
– Sicherheitsflächen für jede Bahn,
– Flughafenbezugspunkt und Startbahnbezugspunkte,
– Anflugsektoren.

Die luftrechtliche Genehmigung für Bauwerke, die innerhalb des Bauschutzbereichs die Hindernisbegrenzungsflächen gemäß der „Richtlinien über die Hindernisfreiheit für Start- und Landebahnen auf Verkehrsflughäfen" vom 19.08.1971 überschreiten, ist bei der zuständigen Genehmigungsbehörde zu beantragen. Komponenten der *Hindernisbegrenzungsflächen* sind

– der die Start- und Landebahn umgebende Streifen,
– die den Streifen umgebende innere und äußere Randzone,
– die innere und äußere Hindernisbegrenzungsfläche mit den An- und Abflugflächen, seitlichen Übergangsflächen, einer Horizontalfläche und der oberen und unteren Übergangsfläche.

Anhand der Darstellung in Abb. 7.5-8 ist zu erkennen, dass die Lage sowie die Länge der Start- und Landebahnen eines Verkehrsflughafens erhebliche Auswirkungen auf die Bebauungsmöglichkeiten in der Nachbarschaft eines Flughafens haben.

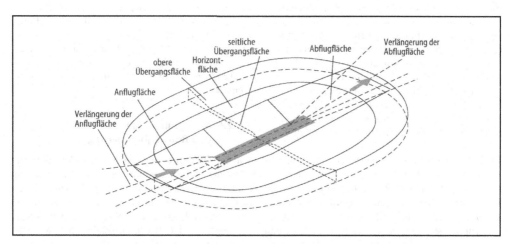

Abb. 7.5-8 Hindernisfreiheit für Start- und Landebahnen für Präzisionsanflüge [Klein 1971]

7.5.2.5 Rollwege und Vorfelder

Rollwege sind zur Verbindung der Start- und Landebahnen mit den Flugzeugabstellpositionen erforderlich. Folgende Arten von Rollwegen sind zu unterscheiden:

- Abrollwege, die von der Start- und Landebahn auf eine Parallelrollbahn oder direkt auf das Vorfeld führen,
- Parallelrollwege, die parallel zu Start- und Landebahnen geführt werden,
- Vorfeldrollwege.

Die Anordnung der Rollwege ergibt sich aus der Verkehrsbelastung eines Flughafens und der Lage der Abstellpositionen zu den Start- und Landebahnen. Bei besonders stark frequentierten Flughäfen gehören dazu auch *Schnellabrollwege*, die ein Verlassen der Start- und Landebahnen mit einer Geschwindigkeit des Flugzeugs bis zu etwa 90 km/h erlauben. Sie tragen zu einer erheblichen Verkürzung der Verweildauer eines gelandeten Flugzeugs auf der Start- und Landebahn und damit zu einer Erhöhung der Gesamtkapazität des Flughafens bei.

Die notwendige Breite der Rollwege, der minimale Abstand ihrer Mittellinien zu den Achsen der Start- und Landebahnen sowie untereinander und zu abgestellten Flugzeugen, die Oberflächenbeschaffenheit sowie die Längs- und Querneigung sind *variable Planungsparameter*, die gemäß ICAO Annex 14 festzulegen sind. Zusätzlich müssen Rollwege über eine Mittellinienmarkierung verfügen. Eine Mittellinienbefeuerung sollte vorgesehen werden. An Kreuzungspunkten mit anderen Rollwegen sowie vor Start- und Landebahnen sind Haltemarkierungen aufzubringen.

Unter einem *Vorfeld* ist der Bereich eines Flughafens zu verstehen, der für das Abstellen der Flugzeuge und deren Be- und Entladung vorgesehen ist. Teilflächen des Vorfeldes beinhalten

- Rollbereiche für Flugzeuge (s. auch Vorfeldrollwege),
- Abstellpositionen für Flugzeuge sowie
- Vorfeldstraßen und Bewegungsflächen für den bodengebundenen Verkehr, der Servicefunktionen an den Flugzeugen wahrnimmt (Be- und Entladung von Passagieren und Fracht, Reinigungs-, Tank- und Cateringfahrzeuge).

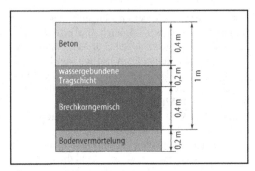

Abb. 7.5-9 Beispielhafter Aufbau einer Vorfeldbefestigung

Der ICAO Annex 14 beinhaltet auch die Anforderungen an Vorfeldbemaßungen hinsichtlich der Tragfähigkeit des Aufbaus sowie des Abstands von parkenden zu anderen parkenden oder rollenden Flugzeugen (z.B. bei Verkehrsflughäfen 7,5 m). Den beispielhaften Aufbau einer Vorfeldbefestigung aus Beton zeigt Abb. 7.5-9.

Die notwendige Größe eines Vorfeldes ergibt sich aus dem prognostizierten Bedarf an Abstellpositionen für einen bestimmten Mix aus Flugzeugen unterschiedlicher Größe (Länge, Spannweite) in der i. Allg. zur Bemessung von Flughafenanlagen verwendeten 30. Spitzenstunde eines Jahres. Die Abstellpositionen können sowohl an Abfertigungsgebäuden als auch ohne direkte Zugangsmöglichkeit zum Gebäude geschaffen werden.

Auf den Vorfeldern sind die Rollwege für Flugzeuge, Haltemarkierungen sowie Markierungen für die Vorfeldstraßen vorzusehen. Darüber hinaus sind Sperrflächen im Bewegungsbereich von Fluggastbrücken und für das Abstellen von Fahrzeugen zu markieren.

7.5.2.6 Anflughilfen, Bahn- und Rollwegbefeuerung

Für die Durchführung von An- und Abflügen im Luftraum und zur Koordinierung der Bewegungen am Boden werden an Verkehrsflughäfen technische Einrichtungen zur sicheren und wirtschaftlichen Führung der Flugzeuge benötigt. Dies sind funktechnische und optische Anflughilfen sowie optische Wegeinformationen am Boden. Zu den funktechnischen Anlagen, die die jeweilige Lage und

Entfernung zum Flughafen angeben, zählen für *Nichtpräzisionsanflugverfahren*

- NDB (Non-directional Beacon),
- VOR (Very-high-frequency Omnidirectional Range),
- DME (Distance Measuring Equipment),
- TACAN (Tactical Air Navigation/militärischer Anwendungsbereich).

VOR oder NDB werden alternativ in Verbindung mit der Entfernungsmesseinrichtung DME verwendet.

Für *Präzisionsanflugverfahren* wird bis heute nahezu ausschließlich das von der ICAO standardisierte ILS (Instrument Landing System) verwendet. Es setzt sich bodenseitig aus einem Gleitweg- und einem Landekurssender sowie den Einflugzeichen (Marker) zusammen. Über die Phase der Erprobung hinaus ist in bestimmten Situationen zusätzlich ein MLS (Microwave Landing System) mittlerweile international zugelassen, das sowohl gekrümmte Anflüge als auch Satellitennavigation für den Anflug erlaubt und bei dem bodengestützte Systeme entbehrlich werden.

In Abhängigkeit von der Genauigkeit der Anlage und der Topographie des Flughafenumfeldes sind mit dem ILS Landungen bei gestaffelten vertikalen Minimalsichten zwischen 200 ft (etwa 61 m) und 0 ft möglich. Man unterscheidet die ILS-Kategorien I, II, IIIa, IIIb und IIIc. Bei Erreichung der Entscheidungshöhe muss der Flugzeugführer die Landebahn sehen können, anderenfalls ist der Anflug abzubrechen. Flugzeugführer müssen für die Kategorie III eine gesonderte Berechtigung zur Durchführung solcher Flüge haben (Tabelle 7.5-4).

Start- und Landebahnen sowie Rollwege müssen mit einer verschiedenfarbigen Rand- und Mittellinienbefeuerung versehen werden, um es dem

Tabelle 7.5-4 ILS-Kategorien

Betriebsstufe Kategorie	Landebahnsichtweite (Runway Visual Range)	Entscheidungshöhe (Decision Height)
I	800 m	200 ft
II	400 m	100 ft
III a	200 m	0 ft
III b	50 m	0 ft
III c	0 m	0 ft

Flugzeugführer auch bei schlechter Sicht zu erlauben, die vor ihm liegenden Teilstücke als Start- bzw. Landebahn oder Rollweg zu identifizieren und das Flugzeug in der Mitte der jeweiligen Fläche sicher zu steuern. Die *Befeuerungseinrichtungen* an Verkehrsflughäfen sind in Abb. 7.5-10 und 7.5-11 wiedergegeben.

Bei Anflügen nach Sichtflugregeln sollten zusätzlich folgende *optischen Anflughilfen* am Flughafen installiert sein:

- PAPI,
- VASIS,
- 3-bar-VASIS.

Diese Anlagen liefern dem Flugzeugführer eine zusätzliche Höheninformation. Als Beispiel ist in Abb. 7.5-12 die Systematik der Anzeige einer PAPI-Anlage dargestellt [ICAO 1990].

7.5.2.7 Hochbauten

Passagierterminals

Gebäude für die *Passagierabfertigung* bilden das funktionelle Bindeglied zwischen den Flugzeugabstellpositionen und der landseitigen Erschließung eines Flughafens. Die primäre Funktion dieser Terminals besteht in der Vorhaltung von Anlagen und Bewegungsflächen für die folgenden *Reiseprozesse von Passagieren*:

- *Abflug*: Vorfahrt, Orientierung, Check-in, Sicherheits- und ggf. Reisegepäckkontrolle, Passkontrolle, Warteräume, Flugzeugzugang;
- *Ankunft*: Verlassen des Flugzeugs, ggf. Pass- und Zollkontrolle, Gepäckausgabe, landseitige Erschließung;
- *Transit und Transfer*: ggf. Verlassen des Warteraumes, ggf. Fluggastkontrolle und Grenzkontrolle, Transfer, Nutzung von Warteräumen, Boarding.

Neben diesen primären Einrichtungen gewinnen sowohl für den Fluggast als auch für den Flughafenbetreiber zunehmend die *sekundären Funktionen von Terminals* an Bedeutung: die Bereitstellung von Räumlichkeiten für Konzessionäre. Dazu zählen gastronomische Einrichtungen, Banken, Reisebüros und Einzelhandelsgeschäfte unterschiedlichster Branchen. Für den Flughafenbetreiber sind die aus Vermietung, Verpachtung oder

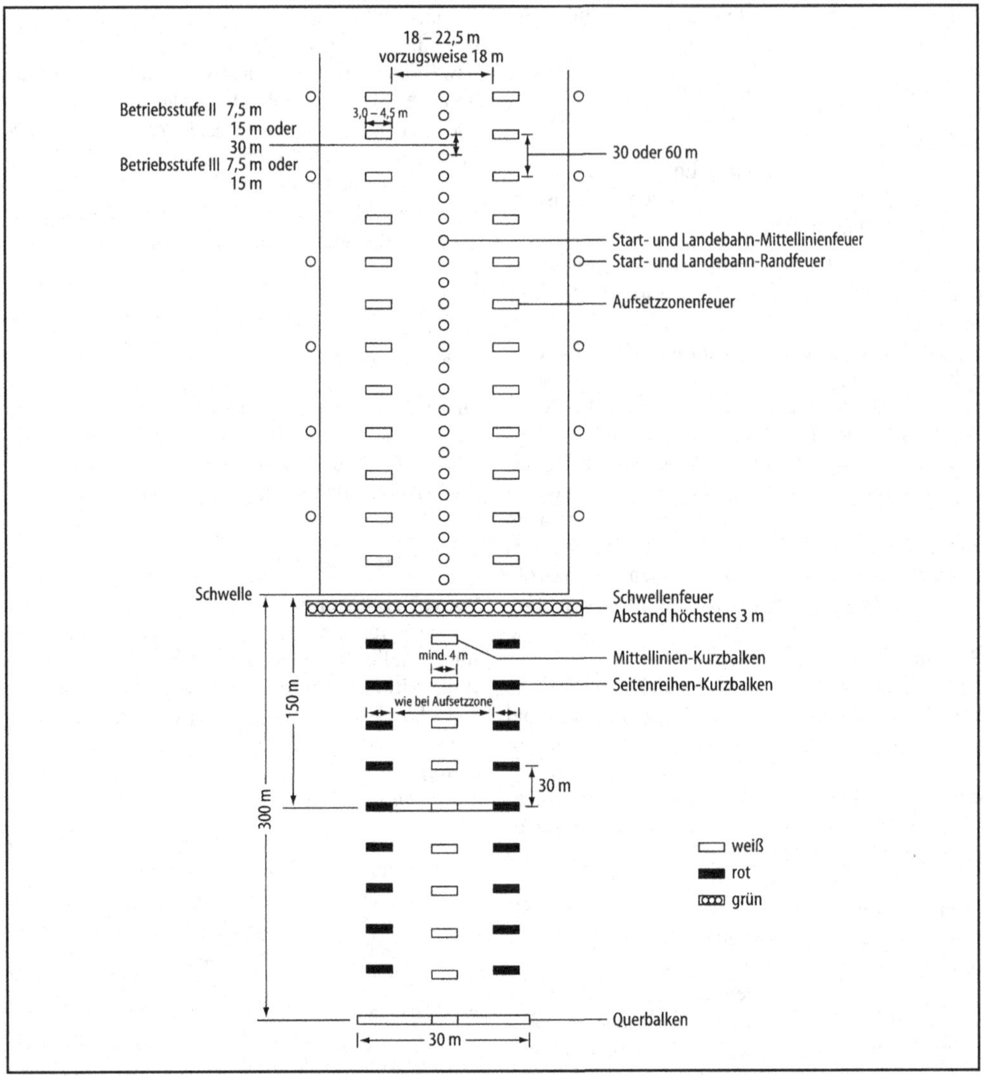

Abb. 7.5-10 Befeuerungseinrichtungen an internationalen Verkehrsflughäfen; Anflug- und Landebahnbefeuerung [ICAO 1990]

Umsatzbeteiligung erworbenen Einnahmen zu einer wichtigen dritten Ertragskomponente neben den Einnahmen aus Start- und Landegebühren sowie Abfertigungsgebühren geworden.

Zu den grundlegenden Gestaltungskriterien eines Terminals gehören

- die Anzahl der Gebäude,
- das Abfertigungskonzept,
- die Anzahl der Gebäudeebenen,
- die Art des Gebäudezugangs,
- die Geometrie des Gebäudes.

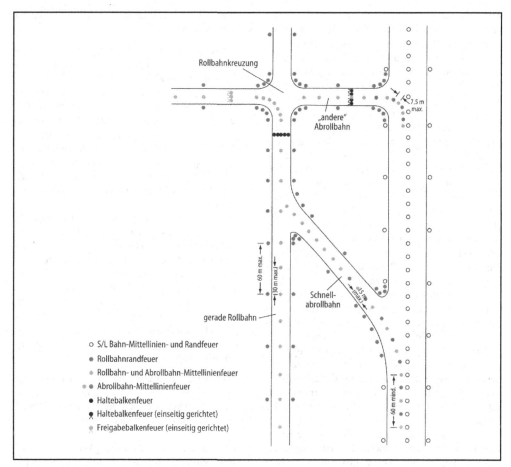

Abb. 7.5-11 Befeuerungseinrichtungen an internationalen Verkehrsflughäfen; Rollwegbefeuerung [ICAO 1990]

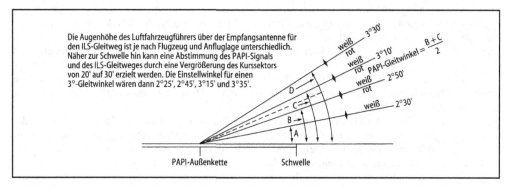

Abb. 7.5-12 PAPI-Anzeigenbereiche [ICAO, 1990]

Ausschlaggebend für die Festlegung der *Anzahl der Passagierterminals* ist die Zahl der Fluggesellschaften, die den Flughafen anfliegen und möglicherweise eigene Gebäude oder Gebäudeteile exklusiv für sich selbst nutzen wollen. So wurden auf dem größten New Yorker Flughafen – John F. Kennedy International – bei einem Gesamtaufkommen von über 47,8 Mio. Passagieren im Jahr 2008 acht Terminals betrieben, während auf dem Flughafen Amsterdam als zentralem Flughafenknoten der Fluggesellschaft KLM bei gut 50 Mio. Passagieren nur ein Gebäude zur Flugzeugabfertigung genutzt wurde.

Ein *zentrales Abfertigungskonzept* bedeutet, dass innerhalb eines Terminals die Funktionen „landseitige Erschließung (Vorfahrt)", „Ticketausgabe" und „Check-in" in einem geschlossenem Bereich (z.B. Atlanta) zusammengefasst werden. Bei der *dezentralen Abfertigung* ist dagegen jeder Flugzeugposition die Passagierabfertigung direkt zugeordnet. Die Beförderung des Reisegepäcks kann zentral durch Sortierung und Beladung der Gepäckwagen zum Transport zum Flugzeug in einem zusammenhängenden Bereich oder dezentral an den jeweiligen Flugsteigen erfolgen.

Die Anordnung der Einrichtungen für die vorgenannten Reiseprozesse in einer bestimmten *Anzahl von Ebenen* stellt ein weiteres Gestaltungskriterium für Terminals dar. Nebeneinander angeordnete Bereiche für Abflug und Ankunft in einer Ebene führen zu einem hohen Flächenbedarf innerhalb dieser einen Ebene, um notwendige Kapazitäten für die Warteräume und Gepäckrückgabebereiche vorzuhalten. Diese Lösung ist deshalb meist nur bei kleineren Flughäfen (Ausnahme z.B. Berlin-Tegel) anzutreffen. Bei einer vertikalen Trennung von Abflug- und Ankunftbereich besteht der Vorteil in der funktionellen Trennung der Passagierströme und einer damit verbundenen geringeren Belastung der Verkehrswege innerhalb der Gebäude.

Vor der grundsätzlichen Wahl des Terminalkonzepts ist schließlich die Systemkomponente *Zugang zum Flugzeug* zu bestimmen. Von ihr hängt die innere Konstruktion des Gebäudes, insbesondere die vertikale Aufteilung bzw. die Wahl der Anzahl der Stockwerke, ab. Zum Besteigen oder Verlassen eines Flugzeugs sind wegen der Einstiegshöhe von mehr als 1,60 m bei Strahlflugzeugen stets Hilfsmittel zur Überwindung dieses Hö-

henunterschieds erforderlich. Zwei Möglichkeiten stehen zur Verfügung:

– Verwendung von *mobilen Treppen* bei gebäudefernen Flugzeugstellplätzen. Die Fluggäste werden mit Bussen zwischen den Terminals und den Flugzeugen befördert und müssen zu Fuß den Weg zwischen Bus und Flugzeug über die mobilen Treppen zurücklegen. Eine Weiterentwicklung ist der Einsatz von sog. „Mobile Lounges", die die Funktion der Busse mit denen der Flugzeugtreppen dadurch verbinden, dass sie auch vertikal regulierbar auf die entsprechende Einstiegshöhe der Flugzeugtüren eingestellt werden können.

– Verwendung von *Fluggastbrücken* für gebäudenahe Flugzeugstellplätze; diese Brücken sind konstruktiver Bestandteil von Terminals. Sie erlauben den direkten Zugang zum Flugzeug. Bei ihrer Verwendung müssen zur genauen Positionierung des Flugzeugs Andocksysteme verwendet werden. Über diese Systeme erhält der Flugzeugführer optische Informationen über den genauen Haltepunkt des Flugzeugs, damit die Fluggastbrücke an die jeweiligen Flugzeugtüren herangefahren werden kann.

Bei der Konzeption eines Terminals ist abschließend die *Geometrie des Gebäudes* festzulegen. Aus den weltweit existierenden Gebäudeformen lassen sich fünf Grundformen ableiten:

– *Terminal mit offenem Vorfeld* (Abb. 7.5-13). Bei dieser einfachsten Bauweise ist die Flugzeugbelegung auf dem Vorfeld unabhängig von der internen Aufteilung des Terminals. Die Fluggäste werden mit Bussen oder Mobile Lounges zu den Flugzeugen gebracht (z.B. Montreal-Mirabel).

– *Lineares Konzept* (Abb. 7.5-14). Die Flugsteige werden mit einer direkten Zugangsmöglichkeit vom Gebäude zum Flugzeug in Linie nebeneinander angeordnet (z.B. München). Eine Variante ist das *Drive-in-Konzept* (Abb. 7.5-15; z.B. Dallas/Fort Worth).

– *Fingerkonzept* (Abb. 7.5-16). An einem oder mehreren zusammenhängenden Gebäudeflügeln sind die Flugsteige nebeneinander angeordnet (z.B. Amsterdam).

– *Satellitenkonzept* (Abb. 7.5-17). Die Gebäudeteile des Terminals sind unterirdisch oder durch

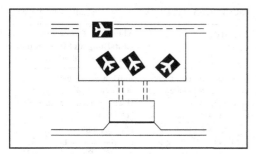

Abb. 7.5-13 Terminal mit offenem Vorfeld [ICAO, 1990]

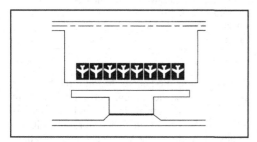

Abb. 7.5-14 Lineares Konzept [ICAO, 1990]

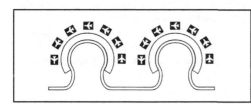

Abb. 7.5-15 Drive-in Konzept [ICAO, 1990]

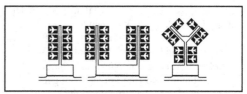

Abb. 7.5-16 Fingerkonzept [ICAO, 1990]

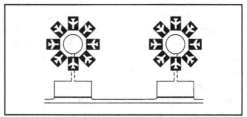

Abb. 7.5-17 Satellitenkonzept [ICAO, 1990]

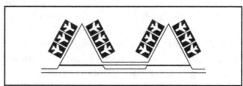

Abb. 7.5-18 Unit-Konzept [ICAO, 1990]

oberirdische Transportmittel miteinander verbunden (z. B. Genf).
- *Unit-Konzept* (Abb. 7.5-18). Das Terminal besteht aus mehreren kompakten Gebäudeeinheiten mit dezentralem Abfertigungskonzept (z. B. Hannover).

Kombinationen dieser Konzepte sind insbesondere bei großen internationalen Verkehrsflughäfen die Regel. Die Entscheidung für eines der jeweiligen Konzepte oder für bestimmte Kombinationen muss unter Beachtung der zur Verfügung stehenden Fläche sowohl für das Gebäude als auch für das Vorfeld und der Anforderungen an die landseitige Erschließung getroffen werden. Auch die Verkehrsstruktur (Umsteigeranteil) spielt eine große Rolle.

Wegeleiteinrichtungen zur Führung der Verkehrsströme innerhalb der Terminals sind ebenfalls elementare Bestandteile der Infrastruktureinrichtungen eines Terminals zur Gewährleistung der Passagierprozesse. Dazu zählen die dynamischen Anzeigen der Abflug- und Ankunftszeiten jedes Fluges mit den zur Orientierung angegebenen Flugsteigen oder Check-in-Schaltern sowie die statischen Anzeigen zur Wegeführung zu diesen Zielen und anderen Einrichtungen wie Zoll, Gepäckermittlung und -aufbewahrung, Toiletten und Parkhäuser.

Frachtabfertigung, Flugzeughallen, sonstige Gebäude
Start- und Landebahnen, Rollwege, Vorfelder und die Gebäude zur Passagierabfertigung sind die

Ausgangssysteme eines Flughafens. Mit wachsendem Luftverkehrsaufkommen lösten sich spezialisierte Bereiche von diesem Kerngeschäft, und es kamen eigenständige Wirtschaftsunternehmen hinzu. Neben Betrieben wie Nur-Frachtflugunternehmen, Spediteure und Handlingagenten gehören zu den spezialisierten Unternehmen auch Catering-Betriebe und weitere Dienstleistungsbetriebe rund um die Flugzeugabfertigung.

Die Funktionselemente und ihre Anordnung sowie die Größe von *Luftfrachtanlagen* sind von vielen Faktoren abhängig, von denen die wichtigsten in Tabelle 7.5-5 genannt werden. Die Vielfalt der Funktionen erfordert, dass Frachtgebäude in erster Linie flexibel gestaltbar sein müssen. Hochregale, Trennwände und möglichst auch Büroräume innerhalb eines Gebäudes sollten veränderbar, den Bedürfnissen der Luftfrachtunternehmen und -speditionen anpassbar gestaltet sein.

Flugzeughallen dienen der Wartung und der Unterstellung von Flugzeugen. *Wartungshallen* gibt es v. a. an Flughäfen, an denen eine Fluggesellschaft ihre Heimatbasis eingerichtet hat. In diesen Hallen werden die routinemäßigen technischen Kontrollen, aber auch länger andauernde Grundüberholungen der Flugzeuge durchgeführt. Auch Dienstleistungsunternehmen, die sich der Wartung von speziellen Flugzeugmustern, insbesondere auch derjenigen der allgemeinen Luftfahrt, angenommen haben, nutzen solche Flugzeughallen. Reine *Unterstellhallen* dienen in erster Linie der Unterbringung von Flugzeugen der allgemeinen Luftfahrt, da diese Flugzeuge nicht regelmäßig benutzt werden und daher besonders vor Witterungseinflüssen geschützt werden müssen.

Die Größe der Hallen orientiert sich an den Flugzeugmustern und der Anzahl der Flugzeuge, die in der Halle abgestellt werden sollen. Diese Flugzeuge bestimmen auch die notwendige Tragfähigkeit des Hallenbodens. Aus Wartungsanforderungen resultiert die Notwendigkeit zur Einrichtung von Sondergeräten, die den Zugang zu bestimmten Bereichen eines Flugzeugs (z. B. des Seitenleitwerkes) zu Wartungszwecken erlauben (z. B. fest installierte Arbeitsbühnen und Deckenkräne).

Die für einen Verkehrsflughafen nach den Bestimmungen der ICAO vorzuhaltende *Feuerwehr* wird üblicherweise in einem separaten Gebäude untergebracht. Zu beachten ist bei der Lage dieses

Tabelle 7.5-5 Funktionselemente von Luftfrachtanlagen

Faktoren	Abhängige Größe zur Gestaltung und Bemessung von Frachthallen
Vielfältigkeit der Frachtwaren: verderbliche Güter, besonders hochwertige Güter, Paketfracht	funktionelle Aufteilung der Halle mit Kühlräumen, Hochregallagern, Sicherheitsbereichen
tageszeitliche Verteilung der Frachtaufkommens	Dimensionierung des Anlieferbereichs, z. B. Anzahl der LKW-Rampen
Anteil der Flugzeugen beigeladenen Fracht bzw. der Nur-Fracht am gesamten Frachtaufkommen	Anzahl und Art der Transportmittel
Lagerzeiten	Lagergröße

Gebäudes, dass die Feuerwehr mit ihren Fahrzeugen jeden Punkt der Flugbetriebsflächen im Fall eines Flugunfalls innerhalb von drei Minuten erreichen kann. Die Flughafenkategorie nach ICAO Annex 14 bestimmt die Anzahl der unterzustellenden Fahrzeuge, die vorzuhaltenden Löschmittel, die Anzahl der in einer Schicht arbeitenden Feuerwehrleute und die erforderliche Anzahl der Ruhe- und Aufenthaltsräume.

Unter den sonstigen an Flughäfen anzutreffenden Gebäuden sind noch *Hotels* sowie *Bürogebäude* mit entsprechenden Konferenzräumen zu erwähnen.

7.5.2.8 Landseitige Anbindung und Anlagen für den ruhenden Verkehr

Bei der Bemessung der *landseitigen Infrastruktur* ist die Gesamtheit der Nutzergruppen eines Flughafens zugrunde zu legen:

– Fluggäste,
– Abholer bzw. Bringer,
– Besucher,
– Angestellte der am Flughafen ansässigen Firmen,
– geschäftlich bedingter Verkehr und Lieferverkehr.

Zur landseitigen Infrastruktur gehören die Elemente

– Straßen (Hauptzufahrt, Nebenzufahrt),
– ggf. Bahnhof,

- Vorfahrt,
- Taxi- und Busspur(en) sowie -parkplätze,
- Anlagen für den ruhenden Verkehr, z. T. gesondert für Betriebsangehörige.

Die *Bemessung der Anlagen* erfolgt nach anlagengetrennter Ermittlung des Bedarfs entsprechend den Grundsätzen der Wirtschaftlichkeit des Gesamtsystems. Bei der Bemessung der Straßen (Anzahl der Spuren, Einrichtung separater Abbiegespuren, Schaltungen der Lichtsignalanlagen) ist ein kontinuierlicher Verkehrsfluss zu den Hauptzielen des Flughafens zu gewährleisten. Hierzu ist ein statisches oder bei größeren Flughäfen dynamisches Wegeleitsystem, das den Straßenbenutzer zu Parkplätzen oder einzelnen Zielen führt, unerlässlich.

Im *Vorfahrtbereich* sollte dem öffentlichen Verkehr mit Bussen und Taxen Priorität bei der Erreichung des Fluggastgebäudes eingeräumt werden. Die Dimensionierung der Vorfahrt (Anzahl der Spuren und der Kurzzeitparkplätze) ist dabei abhängig vom „Modal Split" eines Flughafens. Je höher z. B. der Anteil der Bahnbenutzer ausfällt, desto geringer können die vorzuhaltenden Flächen bei gleichen Voraussetzungen für andere öffentliche Verkehrsmittel oder den Individualverkehr sein.

Bei der Dimensionierung der *Parkplatzkapazitäten* für den ruhenden Verkehr müssen neben den schon genannten Unterscheidungen (Nutzergruppe, Modal Split) noch die Parkdauer und die Anzahl gleichzeitig abzustellenden Pkw berücksichtigt werden.

Neben der Gewährleistung des Verkehrsflusses sollten es die landseitigen Anlagen den Nutzern ermöglichen, möglichst nah an ihr Ziel auf dem Flughafengelände zu gelangen. Die Weglängen, die zu Fuß zurückgelegt werden müssen (z. B. nach Abstellen eines Pkw), bestimmen erheblich den Servicestandard eines Flughafens.

7.5.3 Auswirkungen auf die Umwelt

Will man sich mit den Umweltfolgen aufgrund des weltweiten Luftverkehrs auseinandersetzen, so ist als Bezugsgröße zunächst dessen Verkehrsleistung zu betrachten. Auf den 517 im Jahr 2007 von ACI erfassten Flughäfen wurden

- 4,8 Mrd. Passagiere,
- 76,4 Mio. Flugbewegungen
- 88,5 Mio. t Fracht und Post

gezählt [ACI 2008].

Die Umweltauswirkungen infolge des Luftverkehrs können dagegen nur qualitativ beschrieben werden. Dazu ist zunächst eine Differenzierung zwischen dem Betrieb von Flugzeugen und dem Betrieb von Flughäfen bezüglich der Auswirkung auf relevante Umweltfaktoren vorzunehmen.

Dem Betrieb von Flugzeugen lassen sich folgende Einflüsse auf die Umwelt zuordnen:

- *Lärm.* Hervorgerufen durch den Verbrennungsprozess im Triebwerk sowie aerodynamische Geräusche durch Luftverwirbelungen an den Triebwerken, Flügeln, Leitwerken und am Rumpf wirken in allen Flugphasen – vom Anlassen des Triebwerkes am Abflugort über das dortige Rollen, den Steig- und Sinkflug (nicht aber den Reiseflug) bis zum Rollen am Ankunftsort und dem dortigen Abstellen des Triebwerkes – Schallemissionen auf eine Flughafenregion ein.
- *Abgasemissionen und -immissionen.* Der Verbrennungsprozess von Kerosin in den Flugzeugtriebwerken führt in allen Flugphasen zu Abgasen; in unterschiedlicher Intensität entstehen so Kohlendioxid (CO_2), unverbrannte Kohlenwasserstoffe (UHC), Kohlenmonoxide (CO) und Stickstoff (NO_x).

Beim Betrieb von Flugzeugen ist eine bestimmte Flugroute zwischen einem Abflugort und einem Ankunftsziel festgelegt. Somit lassen sich bezüglich einer eindeutig definierten Streckenlänge die Verbrauchswerte des Flugzeugs und die daraus resultierenden Emissionen bestimmen. Darüber hinaus werden bei der Herstellung und Wartung von Flugzeugen Wasser, Rohstoffe und Sekundärenergie verbraucht. Für die dafür benötigten Anlagen sind der Flächenverbrauch und die Bodenversiegelung zu berücksichtigen.

Die *Umweltbilanz einer Luftverkehrsgesellschaft* setzt sich aus den direkt dem Betrieb der Flotte zuzuordnenden Umweltfaktoren und den dazu anteilig zuzurechnenden Faktoren für die Einrichtungen dieser Gesellschaft wie Flugzeughangars sowie den Produktionsmitteln zur Durchführung von Wartungsvorhaben zusammen.

Die Erstellung einer *Umweltbilanz für Flughäfen* fällt schwer, weil sie entsprechend den verschiedenen Flughafenteilsystemen differenziert ausgeführt werden muss. Dabei sind folgende Faktoren einzubeziehen:

- Lärm,
- Abgasemissionen und -immissionen,
- Flächenversiegelung,
- Wasserverbrauch,
- Energieverbrauch,
- Abfallmenge.

Im Rahmen von Planfeststellungsverfahren werden innerhalb der dabei zu erstellenden *Umweltverträglichkeitsstudie* die Einflüsse dieser Faktoren auf die Schutzgüter

- Mensch,
- Tiere, Flora und Fauna,
- Boden,
- Wasser,
- Klima, Luft,
- Natur- und Landschaftsbild,
- Kultur- und Sachgüter

abgewogen.

Konfliktlösungen zum Umweltfaktor *Lärm* können in erster Linie durch

- eine optimale Lage der An- und Abflugwege mit gestaffelten Steigflugverfahren,
- flugbetriebliche Regelungen im Sinne zeitlicher Beschränkungen für laute Flugzeuge (z. B. während der Nachtzeit) sowie
- gestaffelte Start- und Landegebühren für unterschiedlich laute Flugzeuge

erreicht werden.

Um die Auswirkungen des Lärmes auf Anrainergemeinden auch bei steigendem Verkehrsaufkommen abschätzen zu können, müssen Flughäfen in Deutschland nach dem „Gesetz zum Schutz gegen Fluglärm" seit 1975 sog. „Lärmschutzzonen" – unter Berücksichtigung des jeweils in zehn Jahren zu erwartenden Verkehrs – ausweisen. Die Zonen sind gemäß LuftVG bzw. der neuesten Version des Gesetzes zum Schutz gegen Fluglärm wie folgt definiert:

- *Tagschutzzone I*: Der äquivalente Dauerschallpegel in den sechs verkehrsreichsten Monaten des Jahres beträgt 65 dB(A) und mehr.

- *Tagschutzzone II*: Der äquivalente Dauerschallpegel in den sechs verkehrsreichsten Monaten des Jahres beträgt 60 dB(A) und mehr.
- *Nachtschutzzone*: Der äquivalente Dauerschallpegel in den sechs verkehrsreichsten Monaten des Jahres beträgt 55 dB(A) und mehr und/oder im Durchschnitt der sechs verkehrsreichsten Monte eines Jahres werden im Rauminnern mehr als sechs mal mehr als 57 dB(A) erzeugt.

Für die betroffenen Gemeinden bedeuten diese Zonen ein Bauverbot für schutzwürdige Einrichtungen wie Altenheime, Schulen und Kindergärten, aber auch für Wohnungen. Die Auswirkungen sind für die jeweiligen Zonen unterschiedlich. -+

Auf der Grundlage des von der Bundesregierung im Jahr 1998 verabschiedeten Öko-Audit-Gesetzes, das in seiner erweiterten Fassung auch für Dienstleistungsbetriebe gilt, werden größere Flughäfen mit der Einrichtung eines Umweltmanagements effektive *Umweltkontrollen* einführen. Ziel ist es, die schädlichen Umwelteinflüsse aufgrund des Verbrauchs von Primärenergie, Frischwasser und Betriebsstoffen weiter zu reduzieren, aber auch den durch land- und luftseitigen Verkehr verursachten Lärm und die Schadstoffemissionen weiter zu verringern.

Abkürzungen zu 7.5

ACI	Airports Council International
ADV	Arbeitsgemeinschaft Deutscher Verkehrsflughäfen
AEA	*Association of European Airlines*
AOC	*Airport Operators Council*
DFS	Deutsche Flugsicherung GmbH
DME	Distance Measuring Equipment
DWD	Deutscher Wetterdienst
ECAC	*European Civil Aviation Conference*
FSBetrV	Verordnung über die Betriebsdienste der Flugsicherung
IATA	*International Air Transport Association*
ICAO	International Civil Aviation Organisation
ILS	Instrument Landing System
LBA	Luftfahrtbundesamt
LuftBO	Betriebsordnung für Luftfahrtgerät
LuftGerPO	Prüfordnung für Luftfahrtgerät
LuftPersV	Verordnung über Luftfahrtpersonal
LuftVG	*Luftverkehrsgesetz*

LuftVO   Luftverkehrsordnung
LuftVZO   Luftverkehrszulassungsordnung
MLS   Microwave Landing System
MTOW   Maximum Take-off Weight
NDB   Non-directional Beacon
PAPI   Precision Approach Path Indicator
          (Präzisionsgleitwinkelbefeuerung)
TACAN   Tactical Air Navigation
VASIS   Visual Approach Slope Indicator
          (Gleitwinkelbefeuerung)
VOR   Very-high-frequency Omnidirectional
          Range

Literaturverzeichnis Kap. 7.5

ACI (2008) Airports Council International. Monthly World-wide Airport Traffic Report – December 2008 Genf
ADV (1997) Arbeitsgemeinschaft Deutscher Verkehrsflughäfen. Informationen zur Wirtschaft. Stuttgart
ADV (1998) Arbeitsgemeinschaft Deutscher Verkehrsflughäfen. Verkehrsbericht Jahr 1997 Stuttgart
ADV (2009) Arbeitsgemeinschaft Deutscher Verkehrsflughäfen. Monatsstatistik Dezember 2008 Berlin
Büsing M (1993) Empfehlungen für ein optimales Flughafenkonzept für den Berlin-Brandenburger Raum auf der Basis eines Instrumentariums zur Bewertung alternativer Flughafenkonzepte. Institut für Luft- und Raumfahrttechnik der TU Berlin
Grebe W, Wegener B (1995) Luftverkehr. In: Akademie für Raumforschung und Landesplanung. Handwörterbuch der Raumordnung. Hannover
Hentschel T (1993) Ein Instrumentarium zur Bewertung alternativer Flughafenkonzepte für den Raum Berlin-Brandenburg. Institut für Luft- und Raumfahrttechnik der TU Berlin
Hübl L, Hübl U (1984) Regionalwirtschaftliche Bedeutung des Flughafens Hannover-Langenhagen. Institut für Volkswirtschaftslehre an der Universität Hannover
Hübl L u. a. (1994) Der Flughafen Hannover-Langenhagen als Standort- und Wirtschaftsfaktor. Untersuchung im Auftrag des Kommunalverbandes Großraum Hannover und der Flughafen Hannover-Langenhagen GmbH. Hannover
IATA (1997) Air Transport Outlook 97. Niederschrift der Konferenz vom 15.–17. Sep. 1997 in Lissabon, Portugal
ICAO (1990) International Standards and Recommended Practices. Aerodromes, Annex 14, Vol. 1 – Aerodrome design and operations. Montreal
Klein W (Hrsg) (1971) Luftverkehr. Richtlinien über die Hindernisfreiheit für Start- und Landebahnen auf Verkehrsflughäfen vom 19.8.1971, S. 8. In: Luftverkehr, Band II, Berg am Starnberger See
Schwenk W (1990) Rechtsfragen der Luft- und Raumfahrt. In: Luftverkehr II, VL-Skript an der TU Berlin

7.6 Leitungsnetze

Dietrich Stein

Leitungsnetze (Abb. 7.6-1) sind Rohrleitungs- oder Kabelnetze zum Transport von flüssigen, gasförmigen und festen Durchflussstoffen oder elektrischer Energie zu bzw. von mehreren Abnehmern oder Einspeisern innerhalb eines regional begrenzten Gebiets (Wohngebiete, Industrieanlagen). *Rohrleitungsnetze* unterteilen sich nach ihrem Aufbau in (Abb. 7.6-2)

- *Verästelungsnetze.* Bei ihnen zweigen alle Nebenleitungen von der Hauptleitung ab. Das System ist in seiner Betriebsweise gut überschaubar, und die Rohrleitungen lassen sich einfach dimensionieren. Bei Störungen kann die Versorgungssicherheit des hinter der Störstelle liegenden Versorgungsgebiets nicht gewährleistet werden. Verästelungsnetze werden auch Strahlennetze genannt.
- *Vermaschte Netze.* Hierbei handelt es sich um Verästelungsnetze, bei denen die Endpunkte der Nebenleitungen miteinander verbunden sind. Im Störungsfall kann die Versorgungssicherheit in eingeschränkter Form gewährleistet werden. Vermaschte Netze werden auch Maschennetze genannt.
- *Ringnetze.* Sie sind Sonderformen der vermaschten Rohrnetze. Die Hauptleitung ist als umschließender Rohrleitungsring ausgebildet. Die Versorgung der Abnehmer ist dadurch von mindestens zwei Seiten möglich. Das System bietet hohe Versorgungssicherheit; Verbrauchsschwankungen lassen sich gut ausgleichen.

Aus wirtschaftlichen Gründen weisen Rohrleitungsnetze in einem Versorgungsgebiet häufig alle drei Rohrnetzformen auf.

Im Folgenden wird auf *Gasversorgungs-, Fernwärmeversorgungs-, Energieversorgungs-, Informations- und Kommunikationsnetze* eingegangen. Wasserversorgungs- und Entwässerungsnetze s. 5.4 und 5.5.

7.6.1 Unterbringung von Leitungen in öffentlichen Flächen

Alle Leitungen und die zugehörigen Anlagen werden unterirdisch in öffentlichen Flächen, nach Lage und Tiefe durch DIN 1998 (05.78) geregelt, unter-

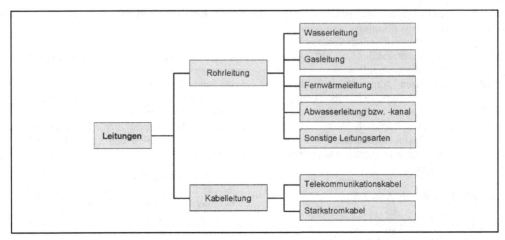

Abb. 7.6-1 Überblick über die wesentlichen Leitungsarten (Bild: Prof. Dr.-Ing. Stein & Partner GmbH)

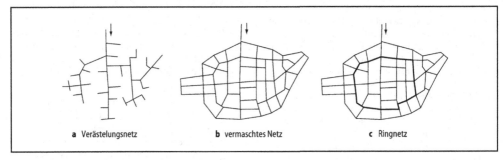

Abb. 7.6-2 Aufbau von Rohrleitungsnetzsystemen

gebracht. Oberirdische Verlegungen sind nur in Ausnahmefällen zulässig.

Die Art, Anzahl und Verteilung der Leitungen, die sich in einem *Straßenquerschnitt* befinden, sind in erster Linie von ortsspezifischen Gegebenheiten wie Straßenbreite, Entwässerungsverfahren, Anlieger und Bebauung abhängig (Abb. 7.6-3, 7.6-4). Die *Überdeckungshöhe der Leitungen* (früher als Tiefenlage bezeichnet) richtet sich einerseits nach dem Erfordernis, einen Hausanschluss ohne Störung anderer Leitungen herzustellen, und andererseits nach der Wichtigkeit und Störanfälligkeit der Leitungen. Zudem muss jedes Versorgungsunternehmen Zugriff zu seinen Leitungen haben, ohne mit den Leitungen anderer Unternehmen in Konflikt zu geraten.

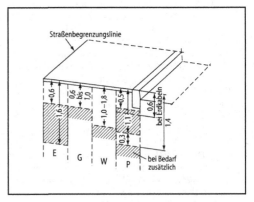

Abb. 7.6-3 Zoneneinteilung in Gehwegen für die Unterbringung von Leitungen nach DIN 1998 (1978)

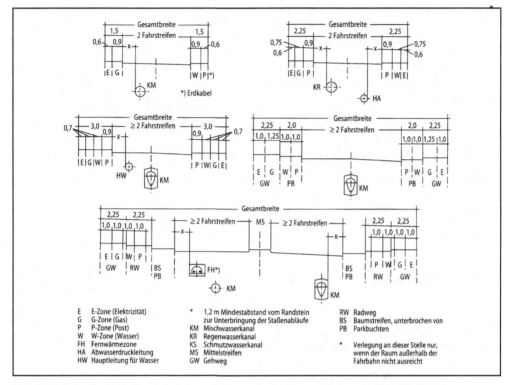

Abb. 7.6-4 Beispiele für die Unterbringung von Leitungen im Straßenquerschnitt nach DIN 1998 (1978)

Die *Verlegung der Leitungen* erfolgt in *offener, halboffener und geschlossener Bauweise* (s. 2.6.7).

Eine Alternative zur konventionellen Einzelverlegung der Leitungen im Straßenquerschnitt bildet der *Leitungsgang*. Hierbei handelt es sich um eine geschlossene, langgestreckte, begehbare bauliche Anlage zur zugänglichen Verlegung von Ver- und/oder Entsorgungsleitungen, bestehend aus Leitungsgangstrecke sowie Zugangs-, Montage-, Belüftungs-, Abzweig- und Vereinigungsbauwerken, s. Abb. 7.6-5 sowie [Stein 2002 und 1998], [Stein/Drewniok 1994 und 1997]. Mit Hilfe des begehbaren Leitungsganges werden Ver- und Entsorgungssysteme geschaffen, die aufgrund ihrer höheren Instandhaltungsfreundlichkeit langlebiger sind, eine schnelle und reibungslose Implementierung neuer Ver- und Entsorgungsleitungen erlauben und noch zusätzliche Aufgaben übernehmen können.

Insbesondere in hochverdichteten Innenstadtbereichen mit hohen indirekten Folgekosten (Umsatzverlust durch Baustellenstörung, Staueffekte durch Umleitungsverkehre usw.) rechnen sich solche Systeme bei Langzeitbetrachtungen bereits heute [Stein/Drewniok 1997].

7.6.2 Gasversorgungsnetze

In der *Gasversorgung* unterscheidet man folgende Druckstufen:

- Niederdruck (bis 100 mbar),
- Mitteldruck (100 mbar bis 1 bar) und
- Hochdruck (über 1 bar).

Rohrleitungsnetze in der kommunalen Gasversorgung werden i. d. R. im Niederdruck- oder Mitteldruckbereich betrieben, wobei die Gasgeschwin-

digkeit bei Niederdruck 3 bis 8 m/s und bei Mitteldruck 5 bis 10 m/s beträgt [Wossog 2002]. Die
Nennweiten der Rohrnetze liegen zwischen DN
100 und DN 800.

Gasleitungen werden aus duktilen Gussrohren
[DIN EN 969 (07.2009)], Kunststoffrohren [DVGW
G 472 (08.2000)] und Stahlrohren hergestellt.

In Ortsrohrnetzen werden heute ausnahmslos
Rohre aus Polyethylen nach DVGW G 472
(08.2000) verwendet. Die Verlegung erfolgt im
Sandbett. Zum Schutz vor Beschädigung bei nach-
träglichen Schachtarbeiten ist über dem Rohrschei-
tel gelbes Warnband vorzusehen.

Alle Verbindungen sind möglichst spannungsfrei
auszuführen. In Abhängigkeit vom Rohrwerkstoff
finden Schweiß-, Kleb- oder Steckverbindungen
Anwendung.

7.6.3 Fernwärmeversorgungsnetze

Fernwärmeversorgungsnetze dienen zum Transport
von *Heizwasser* oder *Dampf* vom Wärmeerzeuger
zu den Wärmeabnehmern bzw. Verbraucheranlagen.
Wegen der überwiegenden Vorteile werden sie vor-
nehmlich mit Heizwasser bei Temperaturen bis
150°C und Drücken bis zu 15 bar betrieben. Es werden aber auch Vorlauftemperaturen bis zu 200°C bei
40 bar Betriebsüberdruck gefahren.

Fernwärmeversorgungsnetze werden vorrangig
als 2-Leiter-Netze in Form von Vor- und Rücklauf gebaut. Dieses Netz gewährleistet hohe Versorgungssicherheit bei wirtschaftlichen Anlagekosten. Bei sehr
großen Bedarfsunterschieden zwischen Sommer- und
Winterbetrieb sowie zur Erhöhung der Transportkapazität kann der Ausbau zum 3-Leiter-Netz, bestehend aus zwei Vorläufen und einem gemeinsamen
Rücklauf, wirtschaftliche Vorteile bringen.

Die Verlegung von *Fernwärmeleitungen* in begehbaren oder nichtbegehbaren Kanalsystemen in
Form von in offener Bauweise verlegten Betonkanä-
len oder Stahlbetonkonstruktionen in Hauben-, U-
oder Winkelplattenbauweise gehörte lange Zeit zum
Standardverlegeverfahren, wird aber aufgrund der
hohen Bau-, Betriebs- und Wartungskosten heute nur
noch selten bzw. in Sonderfällen durchgeführt, s.
Abb. 7.6-6 und [Stein 2003].

Heute werden aus Kosten- und Produktivitäts-
gründen überwiegend werkmäßig gedämmte Ver-

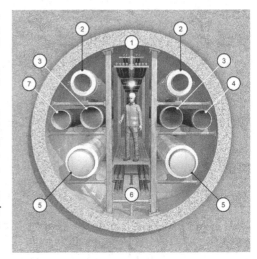

Abb. 7.6-5 Begehbarer Leitungsgang – Querschnitt und
Belegung des Leitungsganges „Energieversorgungstunnel
Kieler Förde" (Vortriebsrohr DN/ID 4100 bzw. DN/OD
5000) in Anlehnung an [Holzmann 1993] (Bild: Prof. Dr.-
Ing. Stein & Partner GmbH). *1* Telekommunikationskabel,
2 Fernwärmeleitung (Dampf), *3* Abwasserkanal, *4* Lüftungs-
rohr, *5* Fernwärmeleitung (Heißwasser), *6* Startstromkabel
(110 kV), *7* Kondensatleitung

bundmantelrohrsysteme, bestehend aus einem Mediumrohr aus Stahl [DIN EN 253 (2009)], einer Polyurethan-Wärmedämmung und einem Außenmantel
aus PE-HD in offener oder geschlossener Bauweise
verlegt.

Als Rohrwerkstoffe für das Mediumrohr kommen unlegierte oder legierte Stähle zum Einsatz.
Erforderlich sind nahtlose oder geschweißte Rohre
nach DIN EN 10216-2 (2007), DIN EN 10217-2
(2005) bzw. DIN EN 10217-5 (2005). Die Stahl-
qualität der Mediumrohre aus Stahl muss der Klasse P235GH nach DIN EN 10216-2 (2007), DIN
EN 10217-2 (2005) oder DIN EN 10217-5 (2005)
entsprechen.

7.6.4 Energieversorgungsnetze

Die Versorgung der Verbraucher mit elektrischer
Energie erfolgt über Verteilungsnetze, bestehend
aus Kabeln, Verteilerschränken und Netzstationen
(Transformatoren).

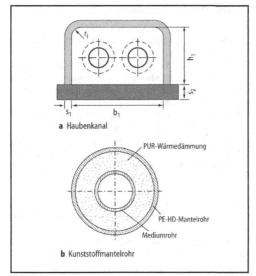

a Haubenkanal

PUR-Wärmedämmung

PE-HD-Mantelrohr

Mediumrohr

b Kunststoffmantelrohr

Abb. 7.6-6 Verlegearten für Fernwärmeleitungen

Bei Niederspannungsnetzen unterscheidet man zwischen vermaschten Netzen und Verästelungsnetzen (Strahlennetzen), wobei heute aus Gründen der Übersichtlichkeit und der Möglichkeit eines freizügigen Netzausbaus überwiegend Strahlennetze betrieben werden.

Kabel, die elektrische Energie übertragen, werden als „Starkstromkabel" bezeichnet. Ein Kabel besteht aus den Grundelementen Leiter, Isolierhülle und Schutzhülle. Der Leiterwerkstoff und der Leiterquerschnitt bestimmen die Stromtragfähigkeit. Als Leiterwerkstoffe werden Elektrolytkupfer oder Aluminium verwendet. Die Isolierung (Papier, PVC, PE und VPE) soll die Spannungsfestigkeit über die Lebensdauer des Kabels sicherstellen. Schutzhüllen (z. B. Bleimäntel bzw. Stahlbandbewehrungen) dienen dem Schutz des Kabels und werden je nach Verwendungszweck einzeln verwendet oder miteinander kombiniert.

Die Kabel werden nach ihrer Nennspannung unterteilt in [DIN EN 50160 (2011)]:

– Niederspannungskabel mit einer Nennspannung bis 1 kV,
– Mittelspannungskabel mit einer Nennspannung über 1 kV bis 35 kV,

– Hochspannungskabel mit einer Nennspannung über 35 kV bis 150 kV,
– Höchstspannungskabel mit einer Nennspannung über 150 kV.

In Deutschland werden Kabelanlagen des Spannungsbereichs bis 64/110 kV am häufigsten betrieben. Bei der Verlegung werden *Starkstromkabel* i. d. R. mit einer mindestens 10 cm dicken Sandschicht bedeckt und dann zum Schutz gegen äußere Beschädigungen bei später erforderlichen Erdarbeiten mit Ziegelsteinen, Kunststoffabdeckungen oder ähnlichem abgedeckt. Werden keine Abdeckungen vorgesehen, so sind Warnbänder aus Kunststoff in der Trasse üblich. Es besteht darüber hinaus die Möglichkeit, die Kabel in Schutzrohren aus Kunststoff oder in Kabelformsteinen zu verlegen, um sie rundum vor Umgebungseinflüssen zu schützen.

Werden *Hoch- und Niederspannungskabel* in den gleichen Kabelgraben gelegt, so ist es zweckmäßig, die Hochspannungskabel auf die Grabensohle zu legen. Sie werden dann in Sand gebettet und mit Schutzsteinen abgedeckt. Darüber folgen auf einer weiteren Sandschicht die Niederspannungskabel.

7.6.5 Informations- und Kommunikationsnetze

Über die nationalen und internationalen Kommunikations- und Datennetze ist es möglich, Sprache, Briefe, Nachrichten, Daten und Bilder zu versenden und zu empfangen, entfernte Rechner oder andere Großgeräte zu nutzen und auf Datenbestände weltweit zuzugreifen. Metallene oder Lichtwellenleiter und das Satellitensystem sind die Übertragungsmedien, welche zentrale Supercomputernetze, dezentrale Client-Server-Systeme sowie Arbeitsplatzrechner weltweit verknüpfen.

Aus technischen und wirtschaftlichen Gründen besteht der metallene Leiter aus Kupfer, der Lichtwellenleiter aus Glas- oder Polymerfasern. *Kommunikationskabel* mit Kupferleitern werden aus einer Anzahl von symmetrisch angeordneten, isolierten Kupferdrähten gebildet, die zum Schutz vor äußeren Einwirkungen mit einer Schutzhülle oder einem Mantel umgeben sind.

Seit den 70er-Jahren werden im überregionalen Fernliniennetz *Lichtwellenleiter aus Glasfasern* verwendet, neue Kabel mit Kupferleitern werden nur noch als Innenraumkabel oder im Zugangsnetz verwendet.

Bei den im Fernliniennetz eingesetzten Glasfasern bestehen Kern und Mantel aus Quarzglas. Zum Schutz vor mechanischen Belastungen ist die Glasfaser von einer Kunststoffhülle, dem Coating, umgeben. Zur Identifizierung der Faser ist das Coating unterschiedlich eingefärbt. *Glasfaserkabel* zeichnen sich gegenüber Kupferkabeln neben der um viele Potenzen größeren Übertragungskapazität u. a. durch geringeres Gewicht aus (umgerechnet können mit 1 kg Glas etwa 5000 kg Kupfer substituiert werden).

Der Kabelmantel muss neben dem mechanischen Schutz bei der Verlegung im Erdreich, im Kabelschutzrohr oder als Luftkabel einen wirksamen Schutz gegen äußere Einflüsse durch Nagetiere, Insekten (in den Tropen), Eis- und Schneelast, Wind (bei Luftkabeln) und elektromagnetische Felder von Energiekabeln besitzen.

Fernmeldekabel werden innerhalb der Bebauungsgrenze der Städte in Kabelkanalanlagen ausgelegt [Deutsche Bundespost 1984]. Bei einer Kabelkanalanlage handelt es sich um ein im Straßenkörper verlegtes Röhrensystem aus Kabelkanalformsteinen (KKF) oder Kunststoff-Kabelkanalrohren (KKR). Durch die Anordnung von Leerrohren sollen beim späteren Verlegen weiterer Kabel erneute Aufgrabungen vermieden werden.

Die *Kabelkanalanlage* besteht aus Kabelkanal, *Kabelschächten* und Abzweigkästen. Kabelkanäle, früher normalerweise aus Kabelformsteinen bestehend, werden heute i. d. R. aus PVC-Rohren mit einem Außendurchmesser von 110 mm hergestellt, die mittels Abstandhaltern fixiert werden.

Kabelschächte und Abzweigkästen werden benötigt, um Kabelteillängen einziehen, Spleißstellen herstellen und Kabelmuffen lagern zu können. Sie sind an allen Gabel- und Winkelpunkten in der Nähe der Kabelverzweiger und auch oft vor und hinter Brücken sowie Toreinfahrten notwendig. Sie erfordern gesonderte Baugruben, deren Ausführung in [ZTV-TKNetz 2006] geregelt ist.

Kabel werden üblicherweise auf Trommeln geliefert und sind als möglichst langer Strang ohne Unterbrechungen zu verlegen. Beim Verlegen in Kabelkanälen wird ein abschnittweises Einziehen zwischen den Kabelschächten, deren Abstand etwa 50 m beträgt, vorgenommen.

Literaturverzeichnis Kap. 7.6

Autorenkollektiv (1976) Komplexrichtlinie Sammelkanäle. Schriftenreihe der Bauforschung, Reihe Ingenieur- und Tiefbau. Sonderheft 1, Berlin

Deutsche Bundespost (1984) Linientechnik (1): Kabelmontage, ober- und unterirdischer Fernmeldebau

DIN 1998 (1978) Unterbringung von Leitungen und Anlagen in öffentlichen Flächen (05.78)

DIN 18178 (1972) Haubenkanäle aus Beton und Stahlbeton; Abdeckhauben und Kanalsohle, Maße, Anforderungen, Prüfung (05.72)

DIN EN 253 (2009) Fernwärmerohre – Werkmäßig gedämmte Verbundmantelrohrsysteme für direkt erdverlegte Fernwärmenetze – Verbund-Rohrsystem bestehend aus Stahl-Mediumrohr, Polyurethan-Wärmedämmung und Außenmantel aus Polyethylen (07.2009)

DIN EN 969 (2009) Rohre, Formstücke, Zubehörteile aus duktilem Gusseisen und ihre Verbindungen für Anforderungen und Prüfverfahren (07.2009)

DIN EN 50160 (2011) Merkmale der Spannung in öffentlichen Elektrizitätsversorgungsnetzen (02.2011)

DVGW G 472 (2000) Gasleitungen bis 10 bar – Betriebsdruck aus Polyethylen (PE 80, PE 100 und PE-Xa) – Errichtung (08.2000)

DVGW GW 335-A2 (2005) Kunststoff-Rohrleitungssysteme in der Gas- und Wasserverteilung – Anforderungen und Prüfungen – Teil A2: Rohre aus PE 80 und PE 100 (11.2005)

DVGW GW 335-A3 (2003) Kunststoff-Rohrleitungssysteme in der Gas- und Wasserverteilung – Anforderungen und Prüfungen – Teil 3: Rohre aus PE-Xa (06.2003)

DVGW GW 335-B2 (2004) 2. Beiblatt zum DVGW-Arbeitsblatt GW 335 – Kunststoff-Rohrleitungssysteme in der Gas- und Wasserverteilung – Anforderungen und Prüfungen – Teil B2: Formstücke aus PE 80 und PE 100 (09.2004)

Holzmann (1993) Holzmann AG (Frankfurt) Fördertunnel Kiel. Tiefbau-BG (1993) 4, S 216–221

Stein D, Drewniok P (1994) Der begehrbare Leitungsgang. Umwelt Technologie Aktuell (UTA) (1994) 4, S 267–279

Stein D, Drewniok P (1997) Innerstädtische Infrastrukturprobleme und ihre technische Lösung durch begehbare Leitungsgänge. In: 5. Internationaler Kongress Leitungsbau. Hamburg-Messe & Congress GmbH Hamburg, S 837–848

Stein D (1998) Trenchless technology for utility networks – An important part of the development of mega-cities. In: Proceedings of the World Tunnel Congress '98 on Tunnels and Metropolises in Sao Paulo, Brazil (Eds. Negro A, Ferreira A A) Balkema, Rotterdam/Brookfield, S 1247–1254

Stein D (2002) Der begehrbare Leitungsgang. Verlag Ernst & Sohn, Berlin

Stein D (2003) Grabenloser Leitungsbau. Verlag Ernst & Sohn, Berlin

Wossog G (Hrsg) (2002) Handbuch Rohrleitungsbau. Band II
    (Berechnung). 2. Aufl. Vulkan Verlag, Essen
ZTV-TKNetz (2006) Zusätzliche Technische Vertragsbedin-
    gungen der Deutschen Telekom AG für Bauleistungen am
    Telekommunikations-Netz. Teil 10: Tiefbauarbeiten für
    Gräben und Baugruben

Stichwortverzeichnis

Überkonsolidierung 1518, 1519, 1555
Überlagerungsdruck 1518, 1519
Überschussschlammproduktion 1954, 1955, 1961
Ufereinfassung 2265
– teilgeböschte 2265
– vollgeböschte 2265
Uferfiltration 1906
Ultrafiltration 1915
Umkehrosmose 1915
Umlagerung 1115, 1120, 1348
Umlaufvermögen 440
Umlenkkraft 1138
Umsatz 411
– -erlös 444
– -rendite 412
– -rentabilität 544
– -steuer 478
Umschlaganlage 2265
– Kran 2265, 2266
Umwehrung 2072
Umweltaspekte 170
– Sekundärbrennstoffe 170
– Sekundärrohstoffe 170
– Zumahlstoffe 170
Umweltgeotechnik 1640
Umweltinformationssystem (UIS) 53
Umweltmanagementsystem (UMS) 598
Umweltprüfung 2037, 2054
Umweltschutz 597, 598, 603, 2072
Umweltverträglichkeit 1012, 1342, 1343, 1344
Umweltverträglichkeitsprüfung (UVP) 1836
Umweltverträglichkeitsprüfungsgesetz (UVPG) 2112
Umwidmung 623
Unified Modeling Language (UML) 50
Unikatfertigung 410
Unit-Hydrograph 1829
Unterbau 2130, 2198, 2199
Untergrund 2130, 2198, 2199
– -abdichtung 1876
Unternehmensentwicklung 570, 575
Unternehmensführung 569, 575, 584
Unterschicht, viskose 1766
Unterwasserbetonsohle 1632
Unterwerksabstand 2129
Up-hole-Messung 1563
UV-Desinfektionsanlage 1920

V

Vakuumbeton 1015
Vakuumentwässerung 1584
Value Engineering 708
Variantentechnik 28
Veränderungssperre 2054, 2089
Verankerungslänge 1127
Verbau 956
Verbindung(s) 1394
– -funktion 2170, 2176
– geklebte 1394
– mechanische 1395
– -mittel 1396, 1397
Verbrennung 1661
Verbund 1079, 1081
– -bauweise 1402
– -decke 1274
– Differentialgleichung 1083
– -dübel 1445, 1466
– -festigkeit 1279
– -hinterschnittdübel 1448
– Kriechen 1081
– mechanischer 1274
– -mittel 1234, 1264
– -sicherheitsglas 1030
– -sicherung 1249, 1263, 1290, 1293
– -spannung 1080, 1127
– -spreizdübel 1448
– -stützen 1279
– -träger 1234, 1236
Verdichtungsmaß 1003
Verdrängungsdicke 1766
Verdrängungspfahl 1597
Verdübelung(s) 1251
– -grad 1249, 1277
– teilweise 1250, 1251, 1258,
– vollständige 1251, 1263
Verdunstung 1821
– Evaporation 1821
– Evapotranspiration 1821
– Transpiration 1821
Verdunstungsmasse 140
Vereinigungsbaulast 2079
Verfahren
– aktives 1662
– bemannt arbeitendes 958
– geophysikalisches 1575
– hydraulisches 1662
– mit steuerbarem Verdrängungs- hammer 963
– mit Verdrängungshammer 960
– passives 1663
– pneumatisches 1663
– programmiertes 523

– statisches 530
– thermisches 1661
– unbemannt arbeitendes 959
Verfestigung(s) 2202
– -regel 211
Verflüssiger 184
Verformung 1425
– übermäßige 1271
Vergaberecht 712, 772
– Vorschriften 774
Vergabeverfahren 415
Vergärung 2010, 2011
Verglasung 111
Vergleichsradius 2152
Vergleichswertverfahren 745
Vergrößerungsfaktor 325–327, 1551
Vergüten 1020
– Anlassen 1020
– Härten 1019
Vergütung(s) 800
– -grundlage 586
– Pauschalvertrag 512
– -struktur 704
Verkehr 2097
– Fläche 2172
– Grundmaß 2182
– Minimierung 2034
– Straßenkategorie 2172, 2176, 2180
Verkehrslärm 2090
Verkehrsnetze 2121, 2173
– funktionale Gliederung 2175
– Merkmale von Netzelementen 2174
– Netzgrundformen 2177
– Netzplanung und Netzentwurf 2175–2176
– Netztopologie 2174
– Verkehrsstraßennetze 2176
Verkehrsplanung
– in der Bauleitplanung 2050
– integrierte 2046
Verkehrssicherheit 2172, 2184
Verkehrssteuerung 2194–2196
– dynamische Beeinflussung 2195
– intermodales Verkehrsmanagement 2196
– Koordinierung „Grüne Welle" 2195
– Mobilitätsmanagement 2196
– Signalanlage 2195
– statische Beeinflussung 2195
– Verkehrssystemmanagement 2196
– Verkehrstelematik 2196
Verkehrssystem 2098, 2099
– -integration 2101